Air Pollution Complex in Central Plains Urban Agglomeration
Formation Mechanisms · Source · Control

中原城市群大气复合污染
成因·来源·控制

张瑞芹　主编

化学工业出版社

·北京·

内容简介

本书以我国空气质量改善的重大需求为主线，主要介绍了河南省典型污染源颗粒物成分谱和排放数据库的构建及高分辨率大气污染物排放清单的建立；大气复合污染成因诊断与$PM_{2.5}$溯源，包括颗粒物来源、秋冬季重污染成因、污染机制和关键影响因素，以及中原区域大气污染传输影响和延迟效应；"十三五"期间大气污染物管控历程及效果；中原城市群空气质量达标方案与联防联控，旨在为区域大气复合污染防控提供科技支撑和案例参考。

本书具有较强的针对性和较高的参考价值，可供从事大气污染源分析、污染控制等的科研人员和管理人员参考，也可供高等学校环境科学与工程、生态工程及相关专业师生参阅。

图书在版编目（CIP）数据

中原城市群大气复合污染：成因·来源·控制 / 张瑞芹主编 . -- 北京：化学工业出版社，2024.11.
ISBN 978-7-122-46811-6

Ⅰ.X51

中国国家版本馆 CIP 数据核字第 2024YM4383 号

责任编辑：刘兴春　刘　婧　文字编辑：李晓畅　王云霞　郭丽芹
责任校对：李　爽　　　　　　装帧设计：韩　飞

出版发行：化学工业出版社
　　　　　（北京市东城区青年湖南街 13 号　邮政编码 100011）
印　　装：中煤（北京）印务有限公司
787mm×1092mm　1/16　印张 27¾　彩插 30　字数 686 千字
2024 年 12 月北京第 1 版第 1 次印刷

购书咨询：010-64518888　　　　　　售后服务：010-64518899
网　　址：http：//www.cip.com.cn

凡购买本书，如有缺损质量问题，本社销售中心负责调换。

定　价：298.00 元　　　　　　　　　版权所有　违者必究

《中原城市群大气复合污染：成因·来源·控制》
编委会

主　　编： 张瑞芹

编委会成员： 张瑞芹　尹沙沙　李　杰
　　　　　　　苏方成　王申博　王　克
　　　　　　　李　晓　张剑波　董　喆
　　　　　　　吕金岭　燕　丽

参编单位： 郑州大学
　　　　　　北京大学
　　　　　　中国科学院大气物理研究所
　　　　　　生态环境部环境规划院
　　　　　　河南省农业科学院

序

党的十八大提出"美丽中国"建设目标，让人民群众呼吸清新空气，还老百姓蓝天白云、繁星闪烁。然而，2013年以来我国中东部地区多次出现长时间、大范围的大气重污染过程，严重时个别地区甚至出现空气质量指数（AQI）"爆表"的情况，成为社会各界关注的焦点和大气污染治理的难点。为改善空气质量和保护公众健康，国务院先后发布了《大气污染防治行动计划》和《打赢蓝天保卫战三年行动计划》，从国家层面上对城市和区域大气污染防治进行了全方位、分层次的战略布局。

中原城市群及周边区域（河南省）是我国大气污染最重的区域之一，煤烟型污染、灰霾、光化学烟雾等多种污染类型集中爆发，秋冬季重污染频发。造成了航班停飞、高速封闭、中小学停课、医院病人激增等现象，社会压力巨大。河南省空气质量关乎京津冀地区和黄河流域的高质量发展，成为国家大气污染防治攻关攻坚的重点区域。与京津冀、长江三角洲和珠江三角洲等地相比，中原城市群污染排放强度更高且污染源类型更加多元化，加之复杂的地形和气候气象条件，大气污染防控难度巨大，亟须强化科技支撑以实现精准高效的空气质量管理。

在此背景下，由郑州大学牵头，联合北京大学、中国科学院大气物理研究所、生态环境部环境规划院和河南省农业科学院等多家单位，在国家、省部级和地方多项科技计划的支持下，历经十余年的基础研究与技术攻关，围绕中原城市群大气复合污染的成因、来源与转化机制及精准调控等核心科技问题，创建了中原城市群大气复合污染防控技术体系，在高分辨率污染源排放清单建立、$PM_{2.5}$成因诊断和综合溯源、大气智慧环保系统及智能监管等省市一体化平台构建方面取得了重大突破。构建了河南省典型污染源排放数据库及高分辨率大气污染物排放清单，完善了中原城市群大气重污染形成的化学机制，量化了不同行业污染物排放对大气重污染的贡献，明确了秋冬季存在的 4 条区域 $PM_{2.5}$ 输送路径，发现中原城市群重污染输送的"延迟效应"并研发了诊断评估技术，设计并建立了中原城市群大气污染联防联控协作机制及达标方案，研发了集大气污染物在线观测、污染源排放监测分析、环境空气质量预报预警及源排放智慧监管等功能于一体的技术平台。相关科研成果已经成功应用于河南省及重点城市"十三五"秋冬季大气重污染防控、民运会等重大活动空气质量保障和河南省大气环境管理工作中，实现了河南省重污染天数的减少和 $PM_{2.5}$ 浓度的降低，保护了人民的身体健康，取得了显著的社会效益和生态环境效益。

  本书主编张瑞芹教授来自郑州大学，其领导的研究团队长期从事大气环境与能源影响研究。根据研究团队及合作单位十余年来在中原城市群开展的大气重污染特征、来源成因和控制途径等研究所取得的成果，总结和提炼出了本书的主要内容。希望本书的出版，能进一步发挥技术示范作用，助力中原城市群及其他重点区域完善大气重污染治理的管理技术，提升科学、精准、依法治污的能力，并为重污染天消除和空气质量持续改善提供科学支撑。

中国工程院院士

2024 年 7 月

前 言

近年来,河南省大气污染形势严峻,重霾频发,成为我国大气污染最严重的区域,秋冬季 $PM_{2.5}$ 浓度持续较高是造成 $PM_{2.5}$ 年均浓度不达标的主要原因。以郑州为核心的中原城市群及周边地区 $PM_{2.5}$ 污染尚未得到根本改善,O_3 污染也较为显著,从而使大气污染防控难度加大。同时,由于河南省能源结构偏煤、轻重工业并重导致了污染物排放量大,还有大量来自农牧业、陆路交通等的排放,与周边的高排放地区相互叠加,早期大气污染防治面临成因机制不清、来源输送不明、防控技术不精等科学瓶颈,无成熟经验可利用,对我国区域和城市空气质量达标和大气污染防治工作提出了严峻的挑战。

面对我国空气质量改善的重大需求,2014年国家环保公益性行业科研专项支持了"中原经济区大气细颗粒物来源及控制研究"项目,2017年国家重点研发计划"大气污染成因与控制技术研究"重点专项支持了"中原城市群及周边地区大气复合污染联防联控技术集成与应用示范"项目。这两项国家级项目均由郑州大学牵头,联合北京大学、中国科学院大气物理研究所、生态环境部环境规划院、中国环境科学研究院、河南省生态环境监测中心、河南省农业科学院等单位相关团队,通过多学科集成攻关,全面系统地掌握了中原城市群大气复合污染的成因、来源和重污染诱发因素,构建了中原城市群大气复合污染防控技术体系,为河南省空气质量持续改善提供了科技支撑,保护了人民身体健康,产生了良好的生态效益、经济效益和社会效益。其间培养了一支河南省大气污染防治的专家团队,推动了河南省大气环境学科发展,为美丽河南建设提供了人才支撑。本书可为从事相关工作的科研人员、工程技术人员和管理人员提供参考,为打好污染防治攻坚战、建设美丽中国以及降碳减污等工作提供理论依据、技术支撑和案例借鉴。

本书涉及的主要内容和研究成果得到了国家环保公益性行业科研专项项目、国家重点研发计划项目、中央引导地方科技发展资金项目及地方相关科技项目等经费支持，在此深表感谢。特别感谢北京大学唐孝炎院士和张远航院士、清华大学郝吉明院士、中国环境科学研究院柴发合研究员等长期以来的指导和帮助。本书由张瑞芹主编，在图书成稿过程中，苏方成、王克对第 1 章，董喆、李晓、吕金岭对第 2 章，尹沙沙对第 3 章，李晓对第 4 章，王申博、张剑波对第 5 章，苏方成、王克、李杰对第 6 章，王克对第 7 章，王克、燕丽对第 8 章涉及的内容做出了贡献。化学工业出版社负责编辑对本书出版过程中的各个环节提供了建议和帮助，在此一并表示衷心的感谢。另外，还需要特别感谢燕启社、姜楠、朱仁成、卢轩、徐媛倩、余飞、张莉、王群、郭月、王琛、谷幸珂、白玲、张欢等，他们在课题研究过程中也做出了贡献。

随着管理需求的动态调整，治理技术和方法推陈出新，一些观点有待未来进一步完善，书中的疏漏和不足之处在所难免，敬请广大读者和同行朋友们批评指教。

编者

2024 年 7 月

目 录

第1章 中原城市群及周边区域（河南省）特征演变概述 —— 001

1.1 自然地理特征　　002
1.2 河南省经济发展特征　　003
  1.2.1　GDP 发展趋势　　003
  1.2.2　产业结构和产业布局　　004
  1.2.3　能源结构及消费　　006
  1.2.4　机动车保有量　　008
  1.2.5　人口变化　　009
1.3 河南省区域空气质量及变化特征　　011
  1.3.1　区域污染特征及演变　　011
  1.3.2　环境指标评价　　018
  1.3.3　典型城市郑州市空气质量现状　　025
参考文献　　041

第2章 基于实测的五类典型污染源大气污染物排放特征 —— 042

2.1 工业源　　043
  2.1.1　现场调研与样品采集　　043
  2.1.2　大气污染物排放特征分析方法　　044
  2.1.3　典型重工业行业大气污染物本地化排放因子　　047
  2.1.4　耐火材料行业 $PM_{2.5}$ 化学成分谱　　047
  2.1.5　碳素行业 $PM_{2.5}$ 及 VOCs 化学成分谱　　048
  2.1.6　氧化铝行业 $PM_{2.5}$ 化学成分谱　　052
  2.1.7　电解铝行业 $PM_{2.5}$ 化学成分谱　　053
  2.1.8　水泥行业 $PM_{2.5}$ 化学成分谱　　053

	2.1.9 砖瓦行业 PM$_{2.5}$ 化学成分谱	054
2.2	移动源	055
	2.2.1 隧道采样及分析测试	055
	2.2.2 隧道污染物浓度特征	057
	2.2.3 隧道机动车污染物排放因子	061
	2.2.4 郑州市本地化机动车综合排放因子	064
2.3	农业氨源	069
	2.3.1 采样方法	069
	2.3.2 主要农区大气氨浓度特征	070
	2.3.3 河南省小麦玉米轮作农田氨排放特征	072
	2.3.4 潮土小麦玉米轮作体系氨排放系数及关键影响因素	075
	2.3.5 砂姜黑土小麦玉米轮作氨排放系数及关键影响因子	081
2.4	扬尘源	086
	2.4.1 扬尘源分类及样品采集方法	086
	2.4.2 扬尘样品的再悬浮及组分分析	087
	2.4.3 扬尘源颗粒物成分谱特征	088
	2.4.4 扬尘源重金属污染水平评估	089
2.5	生物质燃烧源	092
	2.5.1 生物质燃烧实验室模拟系统	092
	2.5.2 燃烧模拟实验及样品分析	094
	2.5.3 生物质燃烧颗粒物成分谱特征及影响因素	094
2.6	结论与建议	097
参考文献		099

第 3 章　河南省精细化大气污染物排放清单 —— 100

3.1	大气污染物排放清单编制方法	101
	3.1.1 排放源分类	102
	3.1.2 估算方法	102
3.2	2017 年河南省人为源大气污染物排放清单	117
	3.2.1 大气污染物排放清单总量分析	117
	3.2.2 不同大气污染物的源贡献分析	117
	3.2.3 重点污染物不同城市的源贡献分析	119
	3.2.4 基于重点源的 2017 年大气污染物排放特征	123

- 3.3 河南省高耗能行业排放特征分析 — 139
  - 3.3.1 耐火材料 — 139
  - 3.3.2 石墨及碳素 — 139
  - 3.3.3 水泥 — 140
  - 3.3.4 烧结砖 — 140
  - 3.3.5 铝行业 — 141
  - 3.3.6 其他有色金属业 — 141
  - 3.3.7 黑色金属业 — 142
- 3.4 河南省重点VOCs贡献行业排放特征分析 — 143
  - 3.4.1 橡胶塑料 — 143
  - 3.4.2 炼焦 — 143
  - 3.4.3 化学原料制造 — 144
  - 3.4.4 食品制造 — 144
  - 3.4.5 包装印刷 — 145
  - 3.4.6 汽车制造 — 146
- 3.5 大气污染物排放时空特征分析 — 146
- 3.6 河南省2016~2020年大气污染物排放变化趋势分析 — 150
- 3.7 结论与建议 — 151
- 参考文献 — 153

第4章 核心城市大气颗粒物化学组分特征及来源解析 —— 155

- 4.1 典型城市环境受体颗粒物受体点位与样品采集 — 156
- 4.2 颗粒物化学组分分析 — 156
  - 4.2.1 样品采集与分析 — 156
  - 4.2.2 $PM_{2.5}$质量浓度对比 — 157
- 4.3 $PM_{2.5}$污染状况及组分构成特征 — 158
  - 4.3.1 $PM_{2.5}$质量浓度水平及时空变化 — 158
  - 4.3.2 水溶性离子的污染特征 — 159
  - 4.3.3 碳组分的污染特征 — 164
  - 4.3.4 元素的污染特征 — 166
  - 4.3.5 多环芳烃的污染特征 — 168
  - 4.3.6 正构烷烃的污染特征 — 173
- 4.4 颗粒物源解析 — 176

  4.4.1 受体模型源解析概述 176
  4.4.2 受体组分重构结果 177
  4.4.3 PMF 源解析结果 179
  4.4.4 CMB 源解析结果 185
4.5 健康风险评估 187
  4.5.1 重金属元素的健康风险评估 187
  4.5.2 多环芳烃的健康风险评价 188
4.6 郑州市颗粒物化学组分与源解析长期变化趋势 190
  4.6.1 颗粒物化学组分变化 190
  4.6.2 颗粒物源解析变化趋势 193
4.7 结论与建议 194
参考文献 195

第5章 中原城市群污染过程的关键影响因素研究 197

5.1 2014 年中牟郊区大气污染过程分析 198
  5.1.1 样品采集及观测仪器 198
  5.1.2 污染过程 198
  5.1.3 观测期间颗粒物化学组分特征 199
  5.1.4 颗粒物质量浓度和数浓度特征 200
5.2 2015 年秸秆燃烧期郑州市大气污染过程分析 202
  5.2.1 样品采集及分析 202
  5.2.2 化学组分与气象因素关系 203
  5.2.3 基于比值法的生物质燃烧类型确定 205
  5.2.4 生物质燃烧对郑州市 $PM_{2.5}$ 污染贡献分析 205
5.3 秋冬季重污染过程形成的诱发因素 206
  5.3.1 在线观测点位及仪器 207
  5.3.2 秋冬季重污染过程的气象特征 208
  5.3.3 秋冬季重污染过程的 $PM_{2.5}$ 组分特征 210
  5.3.4 郑州市 2017～2020 年秋冬季本地积聚污染过程分析 215
  5.3.5 郑州市 2017～2020 年秋冬季传输污染过程分析 217
  5.3.6 郑州市典型沙-霾混合污染过程分析 219
5.4 二次气溶胶生成路径及影响因素 222
  5.4.1 二次无机气溶胶生成路径及主控因素 222

5.4.2　有机气溶胶来源、生成路径及影响因素　　234
5.5　羰基化合物和 PAN 的污染特征及来源　　246
　　5.5.1　羰基化合物观测　　246
　　5.5.2　PAN 在线观测及来源解析　　255
5.6　结论与建议　　269
参考文献　　270

第 6 章　河南省及周边城市大气污染传输特征　　273

6.1　区域及模型建置　　274
　　6.1.1　模型简介　　274
　　6.1.2　气象数据模拟性能评估　　275
　　6.1.3　大气污染物模拟性能评估　　282
　　6.1.4　区域传输影响情景　　286
6.2　河南省及周边城市受区域外传输影响　　286
　　6.2.1　基本案例模拟　　286
　　6.2.2　区域传输影响整体情况分析　　288
　　6.2.3　典型城市受区域外污染传输影响　　296
6.3　郑州市大气环境受省外污染传输影响　　305
　　6.3.1　基准案例模拟　　305
　　6.3.2　郑州市受河南省外污染影响　　306
6.4　中原城市群秋冬季污染传输通道与延迟效应　　309
　　6.4.1　中原城市群污染物输送通道分析　　309
　　6.4.2　区域输送影响的定量评估　　311
　　6.4.3　区域输送的时间和空间尺度　　312
　　6.4.4　区域输送的垂直结构　　315
　　6.4.5　延迟效应对中原城市群污染的影响　　315
　　6.4.6　典型污染源结构对中原城市群重污染形成的影响　　318
6.5　河南省内城市间输送路径研究　　321
　　6.5.1　各城市间 $PM_{2.5}$ 及其组分的传输情况　　321
　　6.5.2　河南省内 $PM_{2.5}$ 的传输路径特征　　324
6.6　结论与建议　　327
参考文献　　328

第 7 章　河南省大气污染物管控历程与效果 —— 330

7.1　河南省空气质量改善进程　331
7.1.1　河南省大气污染防治成效　331
7.1.2　河南省大气污染防治政策历程　334
7.1.3　郑州市城市站点 $PM_{2.5}$ 演变特征　339

7.2　大型活动空气质量保障与疫情封控对空气质量的影响评估　342
7.2.1　2015 年国庆阅兵期间空气质量改善研究　342
7.2.2　第十一届全国少数民族传统体育运动会空气质量保障案例　349
7.2.3　2020 年初疫情封控下的大气污染物演变特征　372

7.3　结论与建议　379

参考文献　380

第 8 章　中原城市群空气质量达标方案及联防联控 —— 382

8.1　基于 $PM_{2.5}$ 浓度达标约束的中原城市群分阶段空气质量改善路线　383
8.1.1　中原城市群空气质量达标差距分析　383
8.1.2　空气质量改善目标确定方法　384
8.1.3　中原城市群空气质量改善目标　385

8.2　中原城市群空气质量达标实施方案研究　388
8.2.1　2030 年空气质量达标情景下的环境容量　388
8.2.2　空气质量改善与大气污染物减排关系分析　389
8.2.3　空气质量达标路径与措施建议　392

8.3　中原城市群大气污染联防联控协作机制设计　401
8.3.1　国内外大气污染区域联防联控协作机制经验总结　401
8.3.2　中原城市群大气污染联防联控机制框架设计　406

8.4　结论与建议　412

参考文献　414

附录 —— 415

附录 1　空气质量持续改善行动计划　416
附录 2　减污降碳协同增效实施方案　422

第 1 章

中原城市群及周边区域（河南省）特征演变概述

1.1 自然地理特征

1.2 河南省经济发展特征

1.3 河南省区域空气质量及变化特征

中原城市群以郑州、洛阳为中心，包括开封、新乡、焦作、许昌、平顶山、漯河、济源在内共9个城市，位于我国中部，按照"核心带动、轴带发展、节点提升、对接周边"的原则形成放射状、网络化空间开发格局。中原城市群及周边区域是我国的交通枢纽，具有区域发展的核心带动能力，依托京广通道、亚欧大陆桥通道形成的"米"字形重点开发地带，贯通我国南北方，承接东西部协调发展，在我国中部崛起中居于关键地位。

中原城市群及周边区域所属的河南省是我国空气污染最严重的区域之一，成为制约京津冀及周边地区乃至全国空气质量持续改善的难点和焦点。近年来，区域$PM_{2.5}$浓度尚未得到有效改善的同时，也面临着O_3浓度逐渐升高的问题。目前我国中北部已然成为大范围$PM_{2.5}$和O_3双污染区域，中原城市群及周边区域地理气象形势复杂，北部区域为典型的工业区、核心区域，郑州市是综合型经济发展区，东南部区域以农业为主，区域内大气污染物的分布特征、来源贡献和成因机制异质性明显，是集成了我国不同空气污染特征和改善进程的典型区域，因此应针对这一区域大气污染特征、影响因素和控制策略进行深入探究，为中原城市群及其他区域大气污染防治提供参考。

1.1　自然地理特征

中原城市群及周边区域（河南省）是我国重要的粮食生产和现代农业基地，全国工业化、城镇化、信息化和农业现代化协调发展示范区，全国重要的经济增长板块，全国区域协调发展的战略支点和重要的现代综合交通枢纽，华夏历史文明传承创新区。就地理位置来看，河南省位于我国中部地区，承东启西、连南贯北，是全国"两横三纵"城市化战略格局中陆桥通道和京广通道的交会区域，是全国综合交通运输网络中重要的枢纽之一，具有显著的交通区位优势。从地形地势来看，中原城市群区域正处于我国第二阶梯向第三阶梯的过渡地带，区域内地质条件复杂，地层系统齐全，构造形态多样，地势西高东低，东西差异明显。山脉集中分布在区域内西北部、西部和南部地区，北有太行山，南有桐柏山、大别山，西有伏牛山。区域内中部、东部和北部平原农业生产条件优越，是我国重要的农产品主产区。就自然资源情况来看，中原区域成矿条件优越，蕴藏着丰富的矿产资源，其中煤炭、有色金属、天然碱等矿产储量均居全国前列；中原城市群及周边区域横跨了黄河、长江、淮河和海河四大水系，区域内河流众多，但水资源储量不足，人均水资源占有量仅为全国的1/5，水资源相对匮乏。

河南省属于暖温带-亚热带、湿润-半湿润过渡型气候，一般特点是：冬季寒冷雨雪少，春季干旱风沙多，夏季炎热雨丰沛，秋季晴和日照足。季风气候的影响、南北所处纬度的不同、东西地形的差异，使区域的热量资源南部和东部多、北部和西部少，降水量南部和东南部多、北部和西北部少，气候的地区差异性明显。由于地理位置、地形地貌等原因，在气象条件不利时区域内容易出现污染物的积累和聚集。当东南风盛行时，由于西北部太行山脉和豫西山脉的阻挡，导致大气中的各类污染物无法随风向西北运动，滞留原地；当西北风盛行时，由于受到西北太行山脉的阻挡，大气中的污染物无法清除，导致污染物聚集，进而引起空气质量恶化。此外，由于河南省毗邻京津冀地区，且多数城市属于传输通道城市，沿太行山脉的大气污染输送是秋冬季$PM_{2.5}$重污染的主要诱因。

1.2 河南省经济发展特征

河南省是中国的人口大省和经济大省,经济迅速发展的同时大气污染物排放体量也迅速增加,截至2020年底,河南省下辖18个省辖市(含直管县),共计总人口9941万人,在全国总人口数中排名第3(占全国7.0%);国民生产总值为55435亿元,全国排名第5(占全国5.4%),人均GDP与能效消费呈西北高,东南低的态势;第二产业增加值占比8.9%;能源消费总量为22752万吨标准煤,煤炭消费量约占全国的5.7%。河南省的经济发展较为依赖传统农业、交通运输业和重工业,河南省耕地面积为1.1亿亩(1亩=666.67m²)以上,居中国第3位,南部的南阳、信阳和周口等市是全国农产品主产区;以河南省省会郑州市为中心的区域是全国"两横三纵"城市化战略格局中陆桥通道和京广通道的交会区域,全省1/3以上的机动车分布在"郑汴洛"城市群;河南省工业产业主要分布在豫北、豫西和豫中的安阳、鹤壁、濮阳、新乡、郑州、焦作、济源等区域,同时这些城市在河南省能源消费中的占比也较大。总的来说,河南省交通、工业、能源消耗及污染物排放高值集中在沿京广线和陇海线分布的以郑州为核心的中原城市群。

1.2.1 GDP发展趋势

自改革开放以来,河南省经济一直保持高速发展,1978~2022年间的年均GDP增长达到14%(图1-1),高于全国平均水平,已成为我国中部地区的首位经济大省,2022年时GDP总量达6.1万亿元,紧跟在广东省、江苏省、山东省、浙江省之后,居于全国第5位,占全国GDP比重达5%,较1978年时的4.4%有了显著提高。但是河南省人口基数大,人均GDP水平远远落后于先进省份。2022年河南省人均地区生产总值为62106元,只相当于全国平均水平的90%,与其他经济发达省份的差距较大。

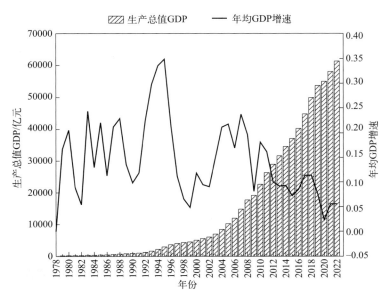

图1-1 河南省1978~2022年GDP变化趋势

就河南省各省辖市（含直管县）的经济发展情况来看，郑州市作为省会，2022年其GDP总量居全省18个省辖市（含直管县）中第1位，GDP占全省比重达到21%（图1-2），对全省经济发展的首位效应和辐射效应明显。就人均GDP来看，郑州和济源两市的人均GDP分别达到了10.15万元/人和11.09万元/人，远超其他城市，并已超过了全国平均水平；而除郑州和济源外，人均GDP高于全省平均水平的城市只有5个，可见河南省各市的经济发展仍较不平衡，尤其是河南省南部，其各市人均GDP普遍低于全省水平，均不足4万元/人，经济发展有待进一步提升。

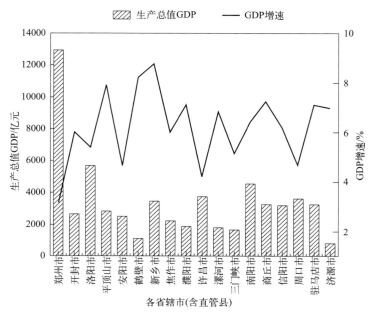

图1-2 河南省各省辖市（含直管县）2022年GDP及增速

1.2.2 产业结构和产业布局

改革开放以来，河南省的经济结构有了明显变化，省域经济已经由新中国成立初期的几乎纯农业经济状态进入工业经济中期阶段，并逐步向高科技产业和服务业转移。如图1-3所示，1978年，河南省第一、二、三产业的比例为39.8∶42.6∶17.6；1997年为24.7∶47.1∶28.1，第一产业大幅下降，第二产业和第三产业则有显著提升；到2008年，第二产业比重达到历史最高值，三次产业占比为14.5∶55.9∶29.6，之后第二产业比重开始逐步下降；2022年时，河南省三次产业占比为9.5∶41.5∶49.0，以服务业为主的第三产业占比显著上升。与全国的产业结构相比，河南省虽然在变化趋势上与全国基本一致，但仍有所滞后，第二产业占比显著高于全国平均水平，而第三产业占比则远低于全国平均水平，因此未来河南省产业结构仍需持续优化升级。

从各市的产业结构和总体产业布局来看，河南省呈现出了明显的"北工南农"的产业分布特点。如图1-4所示，河南省部分城市（鹤壁、许昌）的第二产业占GDP比重在50%左右，远高于全省平均水平；而南部城市（信阳、驻马店、周口等）的第一产业占比均在10%以上，接近20%，也远高于全省平均水平。而河南省的第三产业集中在"郑汴洛"城市群及其周边区域，第三产业占GDP比重高于全省平均水平的5个城市中有4个地市（郑州、洛阳、开封、平顶山）属于这一区域。结合各市经济发展情况来看，河南省内南部第一产业占比较大的城市，如信阳、驻马店、周口等，经济发展普遍滞后于北部第二产业占比较大的城市，如安阳、鹤壁、焦作、新乡、濮阳等。

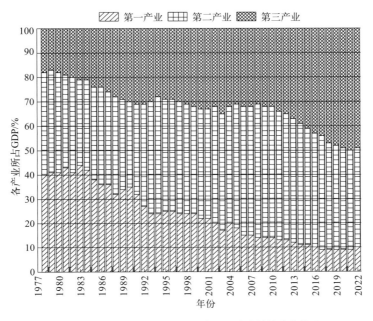

图1-3 河南省1978~2022年三次产业结构变化情况

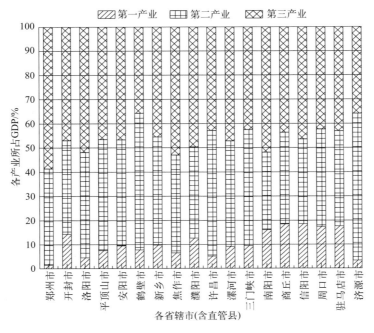

图1-4 河南省各省辖市（含直管县）2022年三次产业结构

1.2.3 能源结构及消费

随着河南省经济的快速发展，河南省的能源消费量也大幅增长，尤其是在2000年之后，河南省能源消费进入快速增长阶段，到2022年时综合能源消费量达24371万吨标准煤，较2000年增长了208%，年均增长5%[图1-5(a)]，与同期全国平均增速相当。由于能源消费的快速增长，河南省在2000年之后逐渐由传统能源调出省份变为能源调入省份。2008年之后随着能源生产量的逐步下降，河南省的能源自给率持续降低，到2015年已降至42%，超过50%的能源消费需要依靠省外调入。河南省能源利用效率如图1-5(b)所示，2022年单位GDP能耗为0.66t标准煤/万元（以2015年可比价计），较2010年累计下降41%，超额完成了国家下达的"十二五"节能目标。对比全国平均单位GDP能耗，河南省在2012年之前一直高于全国平均水平，在2012年时已基本降至全国平均水平。对比其他先进省份，如广东省、浙江省等，河南省的单位GDP能耗仍然较高。在中部省份中，河南省的单位GDP能耗仅低于安徽省和湖北省，这说明河南省能源使用效率偏低，仍存在巨大的节能潜力。

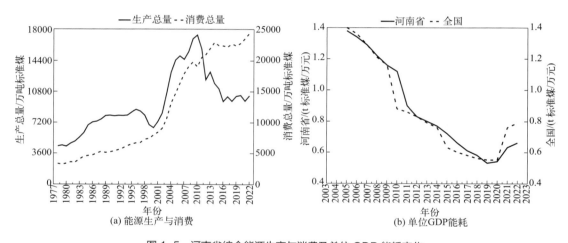

图1-5 河南省综合能源生产与消费及单位GDP能耗变化

就能源消费结构来看，河南省能源消费长期以煤炭为主，如图1-6所示。2000～2012年，每年煤炭的消耗比重高达80%以上，2013～2015年稍微有所降低。2022年，河南省煤炭、石油、天然气、水电分别占能源消费总量比重的63%、15%、7%、15%，煤炭消费占比为63%，与2005年时的87.2%相比有明显的下降，但仍远高于全国同期平均水平。虽然近年来河南省能源结构调整取得了显著成效，但是受自身资源禀赋的制约，以煤炭为主的局面短期内仍难以得到根本性的扭转。

就能源消费的部门构成来看，如图1-7所示，与经济发展相似，河南省的能源消费同样呈现出了以工业部门为主的特征。从2005年到2015年，其能源消费占全省能源消费比重始终保持在70%以上，其中2007～2009年工业能源消费占比一度达到80%，之后开始逐步下降，到2015年时降至70.8%，2018～2020年均在70%以下，基本接近全国平均水平。就其他部门的能源消费占比来看，农业部门的消费占比在3%左右，在2020年时下降到2.6%；交通运输、仓储和邮政业，批发和零售业、住宿和餐饮业，及其他三个部门的能源消费则显著上升，占比分别从2005年时的4.4%、1.1%和1.6%上升到2020年的8.1%、5.2%、

4.2%；居民生活的能源消费占比则一直处于波动的状态，2020年达到15.7%。

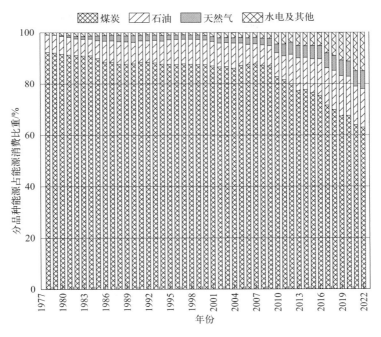

图1-6 河南省1978～2022年主要能源消费比例变化情况

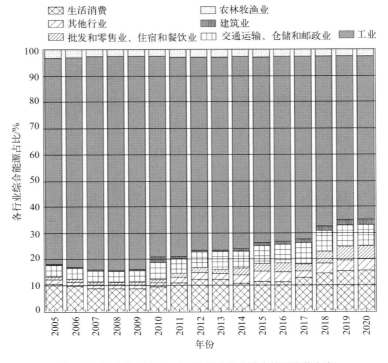

图1-7 河南省2005～2020年分行业综合能源消费占比

河南省各省辖市（含直管县）2022年的能源消费总量及单位GDP能耗（以2015年可比

价计）如图1-8所示。河南省18个省辖市（含直管县）的单位GDP能耗差异较大，其中，济源的单位GDP能耗最高，达1.58t标准煤/万元，而周口最低，为0.18t标准煤/万元。根据产业结构及单位能耗情况，可将河南省18个省辖市（含直管县）分为三类：第一类为综合型城市，如郑州；第二类为工业型城市，如济源；第三类为农业型城市，如周口。第一类城市的工业产品单位附加值相对较高，单位产品能耗较低，产业结构相对优化，第三产业较为发达，单位GDP能耗较低；第二类城市以重工业为主，如钢铁、有色金属等，能耗强度大，单位GDP能耗远高于全省平均水平；第三类城市以农业为主，工业在其产业结构中所占比例相对较小，单位GDP能耗处于较低的水平。就能源消费量来看，能源消耗较大的城市有郑州市、安阳市、洛阳市、焦作市、平顶山市、新乡市、南阳市、商丘市、济源市，分别占全省能源消耗总量的9.7%、11.1%、9.1%、8.1%、7.6%、7.4%、6.1%、5.7%、5.5%，均在5%以上。

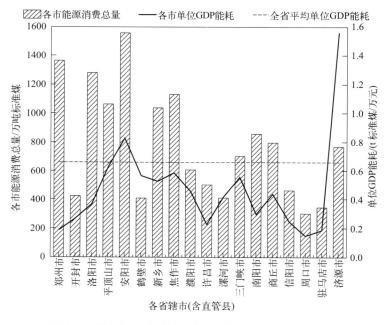

图1-8 河南省各省辖市（含直管县）2022年能源消费情况

1.2.4 机动车保有量

汽车特别是用于消费的私人轿车保有量的多少，与经济发展、经济活跃程度、国内生产总值、人均国内生产总值的增长有密切的关系。如图1-9所示，自1978年以来，河南省的机动车保有量逐年增加，年均增速达到14%，到2022年时全省机动车保有量达到1997万辆。就人均指标来看，2022年时河南省的人均机动车保有量为2023辆/万人，略低于全国同期水平。如图1-10所示，河南省各市的机动车保有量分布极度不平衡，集中在了"郑汴洛"城市群，郑州、开封、洛阳三市占了全省总量的34.3%，其中郑州市更是占了全省总量的22.9%。河南省各市的人均机动车保有量也呈现出了极大差异，郑州和济源两市显著高于其他市和全省平均水平，分达到3562辆/万人和2740辆/万人，而人均保有量最少的信阳市仅为1406辆/万人。

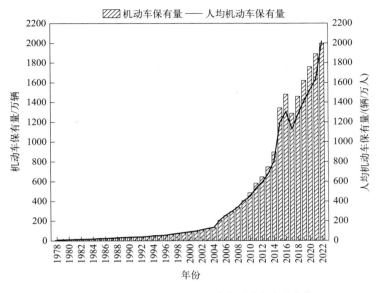

图1-9 河南省1978～2022年机动车保有量变化

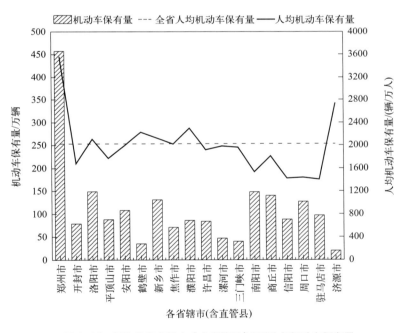

图1-10 河南省各省辖市（含直管县）2022年机动车保有量

1.2.5 人口变化

如图1-11所示，河南省人口保持稳定增长，1978～2015年间，河南省总人口的年均增长率为1.15%。到2022年时，河南省全省总人口数为9872万人。从城镇化率来看，自1995年后，河南省城镇化率保持快速增长，到2022年时，河南省城镇化率达到57.1%，较1995

年时的 17.2% 有了显著增长，但仍低于全国平均水平。如图 1-12 所示，从河南省各市的人口分布来看，河南省人口最多的城市为郑州、南阳、周口、商丘和洛阳五市，2022 年总人口数分别为 1283 万人、962 万人、881 万人、773 万人和 708 万人。从城镇化率来看，河南省各市也存在极大差异，城镇化率最高的郑州市为 79.4%，远高于其他城市，而最低的周口市城镇化率仅为 44.3%。

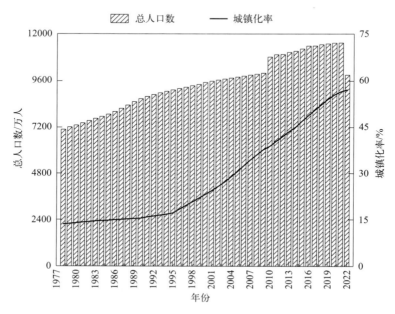

图 1-11　河南省 1978～2022 年人口数及城镇化率

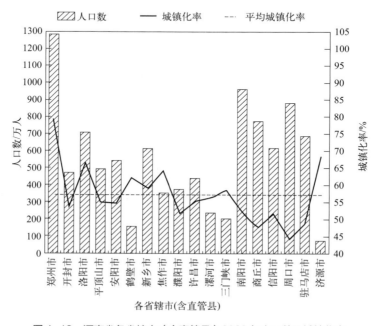

图 1-12　河南省各省辖市（含直管县）2022 年人口数及城镇化率

1.3 河南省区域空气质量及变化特征

1.3.1 区域污染特征及演变

1.3.1.1 整体演变特征

伴随着工业化和城市化进程的发展，2013年以来我国大气环境问题呈现出以 SO_2 和颗粒物为主的传统污染特点，《大气污染防治行动计划》（又称"大气十条"）实施以来空气质量得到显著改善，2018年以后大气污染呈现以 $PM_{2.5}$ 和 O_3 为主的复合污染。位于我国中部的河南省具有人口稠密、经济总量大等显著特征，改革开放以来经济的高速发展和以资源消耗为主的粗放型经济增长方式带来的高强度污染排放，使得大气污染物排放总量居高不下，区域大气环境污染形势严峻。此外，河南省毗邻京津冀和长江三角洲两大经济区，受周边区域污染跨区传输的影响明显。近年来，区域性大气复合污染特征日益突出，多次形成覆盖整个中东部地区、规模较大的重污染事件，进一步加大了中部区域大气环境污染控制工作的难度。从环境空气质量污染的整体分布来看，河南省仍是全国污染最严重的省份之一（图1-13）。

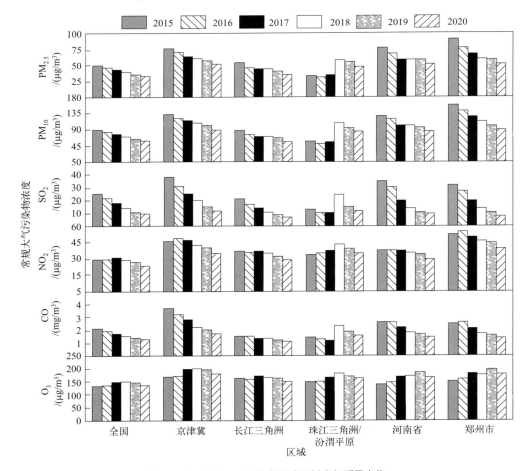

图1-13 2015～2020年重点区域空气质量变化

（第四列2015～2017年为珠江三角洲，2018～2020年为汾渭平原）

与其他地区对比，河南省 $PM_{2.5}$ 年均浓度高，同比下降幅度小，且 2018～2020 年河南省 $PM_{2.5}$ 年均浓度均高于全国、长江三角洲和汾渭平原。郑州市 $PM_{2.5}$ 年均浓度虽然一直下降，但超标（35μg/m³）情况依然严重（图 1-14）；河南省 O_3-8h 浓度在 2018～2020 年呈现先增后降的趋势，2018 年河南省 O_3-8h 浓度高于全国和长江三角洲地区，低于京津冀地区和汾渭平原，而 2019 年和 2020 年河南省 O_3-8h 浓度反超汾渭平原。2020 年郑州市 O_3-8h 浓度高于全国、长江三角洲、汾渭平原及河南省平均水平，与京津冀地区平均浓度接近（图 1-15）。

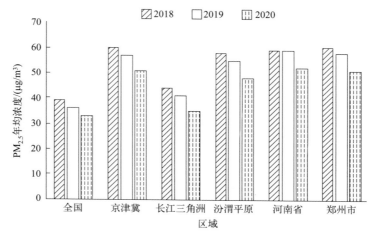

图 1-14　2018～2020 年各区域 $PM_{2.5}$ 年均浓度

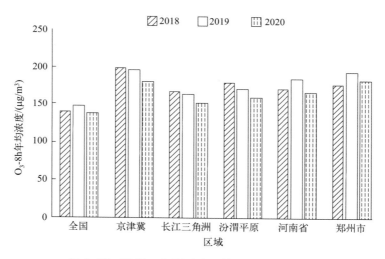

图 1-15　2018～2020 年各区域 O_3-8h 年均浓度

随着"大气十条"和《打赢蓝天保卫战三年行动计划》等一系列大气污染防控政策的实施，河南省环境空气质量得到持续改善和提升，整体来看长期监测的主要污染物浓度除 O_3 外基本呈现持续下降的趋势。然而，河南省仍是全国污染最严重的省份之一，主要表现在：一方面，2015～2020 年河南省 PM_{10} 和 $PM_{2.5}$ 下降明显，但与国家二级标准相比仍超标严重，大气 $PM_{2.5}$ 问题，尤其是秋冬季重污染问题尚未根本消除；另一方面，O_3 污染凸显，从 2017

年开始，O_3-8h 浓度持续超标，成为空气污染治理的新难题（图 1-16）。

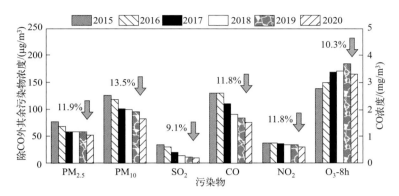

图 1-16 2015～2020 年河南省六参数及 2020 年同比变化

从空间分布来看，河南省西北部城市的污染高于东南部城市。各项污染物浓度空间分布如图 1-17 所示（各分图仅表示研究区域污染物空间浓度变化，不体现区域行政区划；书后另见彩图）。

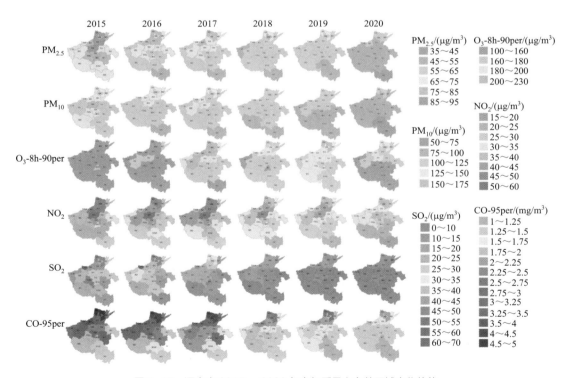

图 1-17 河南省 2015～2020 年空气质量六参数区域变化趋势

（O_3-8h-90per 表示在一年内，O_3-8h 平均浓度的第 90 百分位数；CO-95per 表示 CO 的第 95 百分位浓度）

① 河南省 $PM_{2.5}$ 污染近几年明显改善，年均浓度持续下降，从 2015 年的 77μg/m³ 逐年下降到 2020 年的 52μg/m³，2020 年较 2019 年浓度下降 7μg/m³，同比下降 11.9%，但仍超标严重；

空间分布差异明显，西北部显著高于东南部，其中以郑州为核心的中原城市群和京津冀传输通道上的城市污染严重。分城市来看，2020年各省辖市（含直管县）均值浓度均超二级标准（40～62μg/m³），由低到高依次为信阳、驻马店、三门峡、周口、郑州、洛阳、平顶山、新乡、南阳、商丘、许昌（该城市及后续的城市均高于全省均值浓度）、济源、开封、漯河、焦作、鹤壁、濮阳、安阳；与2019年同期相比，各省辖市（含直管县）浓度均下降，下降比例前三位的城市为洛阳（同比下降11μg/m³，17.7%）、信阳（同比下降8μg/m³，16.7%）和济源（同比下降10μg/m³，15.6%）。

② 河南省PM_{10}年均浓度整体呈下降趋势，从2015年的126μg/m³下降到2020年的83μg/m³，2020年较2019年浓度下降13μg/m³，同比下降13.5%，但仍超空气质量标准；空间分布与$PM_{2.5}$相似，呈现西北高、东南低的特征，以郑州为核心的中原城市群污染严重。分城市来看，2020年各省辖市（含直管县）均值浓度（62～104μg/m³）由低到高依次为信阳、驻马店、许昌、周口、三门峡、商丘、南阳、平顶山、漯河（该城市及后续的城市均高于全省均值浓度）、济源、开封、洛阳、濮阳、郑州、新乡、鹤壁、焦作、安阳；与2019年同期相比，各省辖市（含直管县）浓度均下降，其中周口（同比下降19μg/m³，20.2%）、洛阳（同比下降21μg/m³，19.6%）和驻马店（同比下降15μg/m³，17.4%）改善比例最明显。

③ 河南省O_3污染呈先升后降整体加重的趋势，O_3-8h浓度从2015年的139μg/m³上升到2019年的185μg/m³（年度同比上升1.1%～13.0%），再下降到2020年的166μg/m³，同比下降10.3%，浓度空间分布整体呈北高南低态势，随年度污染状况略有变化。分城市来看，2020年各省辖市（含直管县）O_3-8h浓度范围为150～190μg/m³，由低到高依次为南阳、信阳、漯河、周口、驻马店、许昌、三门峡、平顶山、濮阳、洛阳、商丘、开封（该城市及后续的城市均高于全省O_3-8h浓度）、济源、新乡、鹤壁、郑州、焦作、安阳；与2019年同期相比，各省辖市（含直管县）浓度均下降，下降比例前三位的城市为南阳（同比下降31μg/m³，17.1%）、漯河（同比下降27μg/m³，14.9%）和平顶山（同比下降25μg/m³，13.5%）。

④ 河南省SO_2、CO和NO_2空间分布差异明显，整体上呈现西北高、东南低的特征，与颗粒物污染分布状况较为一致。2020年SO_2、CO和NO_2浓度分别为10μg/m³、1.5mg/m³和30μg/m³，与2019年相比分别下降9.1%、11.8%和11.8%。分城市来看，各省辖市（含直管县）SO_2、CO和NO_2浓度均优于《环境空气质量标准》（GB 3095—2012）中的二级标准。

综上所述，河南省除O_3外，其余年均浓度均呈现出下降趋势，但$PM_{2.5}$浓度仍严重超标。污染物浓度整体呈西北高、东南低的分布特征。信阳为河南省污染物年均浓度最低的城市，安阳、焦作和鹤壁为污染物年均浓度较高的城市。

2015～2020年河南省重度及严重污染天数有明显下降，见图1-18（书后另见彩图），优良天数占比整体呈增加趋势，轻度和中度污染天数占比呈减少趋势。从不同季节和月份来看（图1-19，书后另见彩图），秋冬季重度及严重污染天数占比有明显降低，但优良天数占比并未有明显增加；同时受O_3污染加剧的影响，夏季轻度和中度污染天数上升明显，造成优良天数占比出现较大幅度的下降。尤其是2018年和2019年的6月，优良天数为全年最少，表明O_3污染问题越发严重。

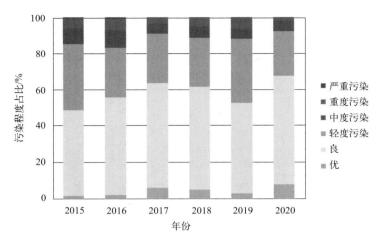

图 1-18　河南省 2015～2020 年年度污染程度变化

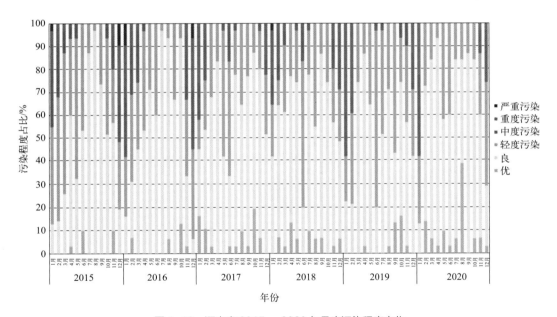

图 1-19　河南省 2015～2020 年月度污染程度变化

从首要污染物来看，NO_2 为首要污染物的天数占比从 2015 年的 0.8% 下降到 2020 年的 0.3%；SO_2 为首要污染物的天数仅在 2017 年有 1d，其他年份为 0；CO 为首要污染物的天数仅在 2018 年有 1d，其他年份为 0；$PM_{2.5}$ 为首要污染物的天数占比从 2015 年的 63.3% 下降到 2020 年的 36.3%，主要表现在春季和冬季；PM_{10} 为首要污染物的天数占比在 17.8%～26.2% 范围内波动，下降幅度不明显（图 1-20，书后另见彩图）；O_3 为首要污染物的天数占比则明显增加，从 2015 年的 11.2% 增加到 2020 年的 43.2%，主要表现在 5～9 月（图 1-21，书后另见彩图）。O_3 已成为继 $PM_{2.5}$ 之后区域大气污染的第二大污染问题，因此必须进行区域 O_3 和 $PM_{2.5}$ 的协同控制。

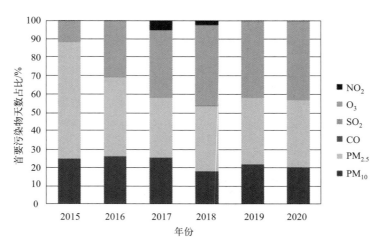

图 1-20　河南省 2015～2020 年年度首要污染物天数占比变化

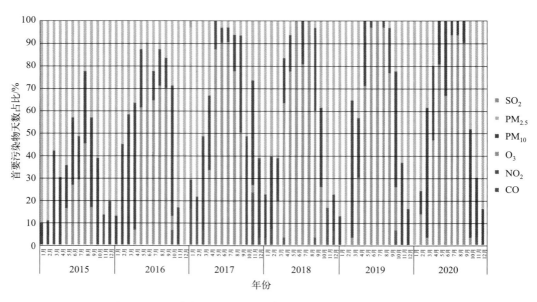

图 1-21　河南省 2015～2020 年月度首要污染物天数占比变化

1.3.1.2　典型季节特征及重污染影响

从空间分布来看（图 1-22，各分图仅表示研究区域污染物空间浓度变化，不体现区域行政区划；书后另见彩图），河南省秋冬季（11 月至次年 2 月）的 $PM_{2.5}$ 污染和夏季（5 月至 9 月）的 O_3 污染都集中在以郑州为核心的中原城市群区域，西北部高于东南部。秋冬季 $PM_{2.5}$ 超标明显，2018 年出现反弹，O_3 污染不明显。夏季 $PM_{2.5}$ 污染逐年下降，而 O_3 污染逐年上升。

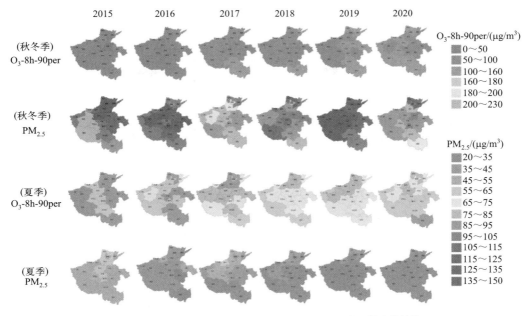

图 1-22 河南省 2015 ~ 2020 年 O_3 和 $PM_{2.5}$ 季节区域变化趋势

河南省秋冬季区域霾频发，$PM_{2.5}$ 污染严重。虽然秋冬季 $PM_{2.5}$ 平均浓度整体呈下降趋势，但重污染天 $PM_{2.5}$ 浓度仍居高位（图 1-23）。2015 ~ 2020 年秋冬季重污染天 $PM_{2.5}$ 均值从 209.3μg/m³ 降至 179.4μg/m³，分别是该年秋冬季 $PM_{2.5}$ 均值的 1.3 倍、2.1 倍、2.6 倍、2.3 倍、2.1 倍和 2.2 倍。其中 2018 年秋冬季 $PM_{2.5}$ 较 2017 年不降反升 13.1μg/m³，增幅为 18.3%，重污染天浓度增幅为 19.6%。从 2018 年开始，秋冬季 $PM_{2.5}$ 平均浓度保持稳定，下降幅度极缓，仍超国家二级标准（75μg/m³）。此外，2015 ~ 2020 年秋冬季重污染天数对该年全年重污染天数的贡献为 70% ~ 100%，2020 年秋冬季重污染天数对全年重污染天数的贡献达到 100%。由此可见，秋冬季重污染天仍是影响河南省 $PM_{2.5}$ 年均浓度的重要因素，秋冬季 $PM_{2.5}$ 浓度持续高位运行明显拉高了其年均浓度，因此应针对秋冬季做好每一次重污染过程的预警管控，从而有效降低郑州市乃至河南省的 $PM_{2.5}$ 年均浓度，达到"削峰"效果。

河南省 2015 ~ 2020 年夏季 O_3-8h 平均浓度呈现前期波动抬升、后期高位振荡的态势，最高浓度自 2017 年起略有降低，但 2020 年最高浓度仍高于 2015 年水平（图 1-24）。2020 年夏季 O_3-8h 平均浓度为 137μg/m³，超过国家二级标准（160μg/m³）的天数占比为 25.5%，是 2015 年的 2.4 倍。虽然整体上全年的首要污染物以 $PM_{2.5}$、PM_{10} 居多，但是夏季以 O_3 为首要污染物的天数占比在逐年增长，由 2015 年的 26.8% 增长至 2020 年的 90.2%，O_3 已成为夏季空气质量不达标（按 AQI 评价）的首要因素。同样，O_3 超标的天数也在逐年增长，2015 ~ 2020 年夏季因 O_3 污染损失的优良天数占比为 7.2% ~ 48.4%，2020 年为 25.5%，这严重限制了 O_3 污染防治攻坚行动目标的实现。

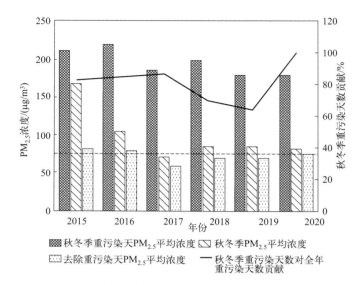

图 1-23　2015～2020 年河南省秋冬季 PM$_{2.5}$ 平均浓度及重污染天数贡献

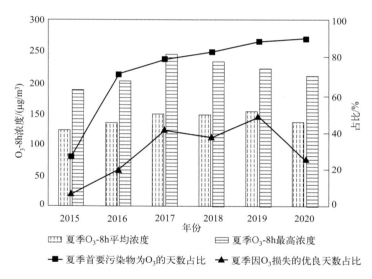

图 1-24　2015～2020 年河南省夏季 O$_3$-8h 浓度及占比

1.3.2　环境指标评价

选取了河南省 18 个省辖市（含直管县）的 2015～2020 年常规大气污染物年均值作为研究对象，分析主要污染物浓度变化及污染状况。按照《环境空气质量指数（AQI）技术规定（试行）》，求解各市各污染因子浓度值，计算出相应的各污染因子的空气质量分指数；计算出各地市的 AQI 值、首要污染因子及污染等级；其中污染等级根据《环境空气质量标准》中的规定确定。根据 HJ 663—2013 中规定的 SO$_2$、NO$_2$、PM$_{10}$、PM$_{2.5}$、CO、O$_3$ 年评价项目，河南省 2020 年 SO$_2$、NO$_2$、PM$_{10}$、PM$_{2.5}$、CO、O$_3$ 评价项目情况如下所述。

1.3.2.1 单项因子评价

（1）$PM_{2.5}$

2020年，河南省18个省辖市（含直管县）$PM_{2.5}$浓度点位日均值范围为4～410μg/m³，浓度日均值二级标准平均达标率为80.3%。全省城市$PM_{2.5}$浓度日均值二级标准达标率介于74.0%～87.4%之间。全省$PM_{2.5}$浓度年均值为52μg/m³，超过二级标准的城市（浓度由低到高排序）依次为信阳、驻马店、三门峡、周口、郑州、洛阳、平顶山、新乡、南阳、商丘、许昌、济源、开封、漯河、焦作、鹤壁、濮阳、安阳18个城市，具体数据见表1-1。

表1-1　2020年$PM_{2.5}$监测浓度及评价结果

城市名称	日均值评价			年均值评价		第95百分位数浓度评价	
	最小值/(μg/m³)	最大值/(μg/m³)	达标率/%	浓度/(μg/m³)	类别	浓度/(μg/m³)	类别
郑州	8	248	82.0	51	超二级	134	超二级
开封	9	262	79.2	55	超二级	158	超二级
洛阳	7	269	81.1	51	超二级	126	超二级
平顶山	11	235	82.8	51	超二级	116	超二级
安阳	8	410	74.0	62	超二级	173	超二级
鹤壁	12	303	77.3	57	超二级	143	超二级
新乡	14	246	80.3	51	超二级	125	超二级
焦作	11	220	79.5	56	超二级	127	超二级
濮阳	8	286	76.0	58	超二级	157	超二级
许昌	7	242	79.8	53	超二级	139	超二级
漯河	5	231	78.4	55	超二级	141	超二级
三门峡	5	244	82.8	48	超二级	122	超二级
南阳	6	201	79.5	51	超二级	138	超二级
商丘	5	280	79.2	52	超二级	139	超二级
信阳	7	179	87.4	40	超二级	100	超二级
周口	4	215	80.1	50	超二级	138	超二级
驻马店	7	190	86.1	45	超二级	111	超二级
济源	6	304	79.5	54	超二级	131	超二级
全省	4	410	80.3	52	—	127	—

（2）PM_{10}

2020年，18个省辖市（含直管县）的PM_{10}浓度点位日均值在5～428μg/m³之间，浓度日均值二级标准平均达标率为90.8%。全省城市PM_{10}浓度日均值二级标准达标率介于82.4%～97.0%之间。全省PM_{10}浓度年均值为83μg/m³。PM_{10}浓度年均值达到二级标准的城市为信阳市，浓度年均值超过二级标准的城市（浓度由低到高排序）依次为驻马店、许昌、周口、三门峡、商丘、南阳、平顶山、漯河、济源、开封、洛阳、濮阳、郑州、新乡、鹤壁、焦作、安阳17个城市（表1-2）。

表 1-2　2020 年 PM_{10} 监测浓度及评价结果

城市名称	日均值评价			年均值评价		第 95 百分位数浓度评价	
	最小值/($\mu g/m^3$)	最大值/($\mu g/m^3$)	达标率/%	浓度/($\mu g/m^3$)	类别	浓度/($\mu g/m^3$)	类别
郑州	13	295	92.1	88	超二级	176	超二级
开封	13	285	89.9	86	超二级	180	超二级
洛阳	11	314	89.1	86	超二级	176	超二级
平顶山	16	282	92.9	82	超二级	170	超二级
安阳	20	428	82.4	104	超二级	217	超二级
鹤壁	29	319	89.6	92	超二级	176	超二级
新乡	20	303	89.3	89	超二级	185	超二级
焦作	21	313	85.0	97	超二级	190	超二级
濮阳	16	280	88.0	87	超二级	178	超二级
许昌	9	240	94.8	75	超二级	151	超二级
漯河	5	266	90.7	82	超二级	171	超二级
三门峡	9	228	94.8	76	超二级	152	超二级
南阳	8	260	85.2	80	超二级	181	超二级
商丘	9	296	92.6	78	超二级	166	超二级
信阳	10	241	97.0	63	二级	139	超二级
周口	8	240	94.5	75	超二级	155	超二级
驻马店	11	254	94.8	71	超二级	152	超二级
济源	13	320	91.9	85	超二级	160	超二级
全省	5	428	90.8	83	—	159	—

（3）SO_2

2020 年，18 个省辖市（含直管县）SO_2 浓度点位日均值在 2～40$\mu g/m^3$ 之间，18 个城市浓度日均值二级标准达标率均为 100%。全省 SO_2 浓度年均值为 10$\mu g/m^3$，浓度年均值达到一级标准的城市（浓度由低到高排序）依次为信阳、三门峡、商丘、驻马店、洛阳、南阳、郑州、开封、漯河、周口、濮阳、鹤壁、许昌、平顶山、焦作、安阳、新乡、济源 18 个城市（表 1-3）。

表 1-3　2020 年 SO_2 监测浓度及评价结果

城市名称	日均值评价			年均值评价		第 98 百分位数浓度评价	
	最小值/($\mu g/m^3$)	最大值/($\mu g/m^3$)	达标率/%	浓度/($\mu g/m^3$)	类别	浓度/($\mu g/m^3$)	类别
郑州	2	22	100	8	一级	18	一级
开封	2	40	100	9	一级	20	一级
洛阳	3	25	100	8	一级	15	一级
平顶山	5	28	100	12	一级	22	二级
安阳	2	34	100	13	一级	26	二级
鹤壁	3	33	100	11	一级	26	二级
新乡	5	35	100	13	一级	27	二级
焦作	2	36	100	12	一级	25	二级
濮阳	2	33	100	10	一级	23	二级
许昌	4	37	100	11	一级	26	二级
漯河	4	24	100	9	一级	18	一级
三门峡	2	19	100	7	一级	15	一级
南阳	4	17	100	8	一级	14	一级
商丘	2	19	100	7	一级	15	一级
信阳	3	14	100	6	一级	12	一级

续表

城市名称	日均值评价			年均值评价		第98百分位数浓度评价	
	最小值/(μg/m³)	最大值/(μg/m³)	达标率/%	浓度/(μg/m³)	类别	浓度/(μg/m³)	类别
周口	3	21	100	9	一级	17	一级
驻马店	2	15	100	7	一级	13	一级
济源	2	36	100	13	一级	28	二级
全省	2	40	100	10	—	16	—

（4）NO_2

2020年，18个省辖市（含直管县）NO_2浓度点位日均值范围为4~102μg/m³，二级标准平均达标率为99.6%。开封、洛阳、平顶山、许昌、漯河、三门峡、南阳、商丘、信阳、周口和驻马店11个城市浓度日均值二级标准达标率为100%，其他城市在98.4%~99.7%之间。河南省NO_2浓度年均值为30μg/m³。浓度年均值达到二级标准的城市（浓度由低到高排序）依次为信阳、驻马店、南阳、周口、漯河、开封、商丘、濮阳、许昌、平顶山、三门峡、焦作、洛阳、济源、新乡、安阳、鹤壁、郑州18个城市（表1-4）。

表1-4　2020年NO_2监测浓度及评价结果

城市名称	日均值评价			年均值评价		第98百分位数浓度评价	
	最小值/(μg/m³)	最大值/(μg/m³)	达标率/%	浓度/(μg/m³)	类别	浓度/(μg/m³)	类别
郑州	11	98	98.4	39	二级	80	超二级
开封	6	78	100	29	二级	66	超二级
洛阳	9	79	100	34	二级	68	超二级
平顶山	8	76	100	31	二级	62	超二级
安阳	10	98	98.6	36	二级	77	超二级
鹤壁	10	89	98.9	36	二级	71	超二级
新乡	9	102	99.2	35	二级	72	超二级
焦作	8	96	99.2	33	二级	65	超二级
濮阳	7	92	99.7	30	二级	69	超二级
许昌	10	74	100	30	二级	58	超二级
漯河	6	66	100	26	二级	55	超二级
三门峡	9	70	100	31	二级	62	超二级
南阳	7	72	100	24	二级	56	超二级
商丘	6	62	100	29	二级	57	超二级
信阳	4	55	100	20	二级	46	超二级
周口	6	60	100	25	二级	52	超二级
驻马店	6	54	100	21	二级	48	超二级
济源	6	87	99.4	34	二级	64	超二级
全省	4	102	99.6	30	—	58	—

（5）CO

2020年，18个省辖市（含直管县）的CO浓度点位日均值在0.2~4.1mg/m³之间，二级标准平均达标率为99.9%。除安阳（99.7%）外，其他17个城市的CO浓度日均值二级标准达标率均为100%。CO第95百分位数浓度达到二级标准的城市（浓度由低到高排序）依次为信阳、驻马店、漯河、洛阳、平顶山、周口、三门峡、郑州、南阳、商丘、开封、许昌、濮阳、新乡、焦作、鹤壁、济源、安阳18个城市（表1-5）。

表 1-5 2020 年 CO 监测浓度及评价结果

城市名称	日均值评价			第 95 百分位数浓度评价	
	最小值 /(mg/m³)	最大值 /(mg/m³)	达标率 /%	浓度 /(mg/m³)	类别
郑州	0.4	2.2	100	1.4	二级
开封	0.3	2.2	100	1.5	二级
洛阳	0.3	2.7	100	1.3	二级
平顶山	0.5	2.1	100	1.3	二级
安阳	0.4	4.1	99.7	2.1	二级
鹤壁	0.2	3.8	100	1.9	二级
新乡	0.4	3.0	100	1.7	二级
焦作	0.3	3.1	100	1.7	二级
濮阳	0.3	2.6	100	1.6	二级
许昌	0.5	2.3	100	1.5	二级
漯河	0.3	2.0	100	1.2	二级
三门峡	0.3	2.2	100	1.4	二级
南阳	0.4	1.9	100	1.4	二级
商丘	0.3	2.2	100	1.4	二级
信阳	0.3	1.6	100	1.1	二级
周口	0.4	2.3	100	1.3	二级
驻马店	0.2	2.1	100	1.1	二级
济源	0.5	3.2	100	2.0	二级
全省	0.2	4.1	99.9	1.5	—

（6）O_3

2020 年，河南省 18 个省辖市（含直管县）的 O_3-8h 浓度在 7～300μg/m³ 之间，O_3-8h 浓度日均值二级标准平均达标率为 89.1%。全省城市浓度日均值二级标准达标率介于 77.0%～94.8% 之间。O_3-8h 浓度达到二级标准的城市（浓度由低到高排序）依次为南阳、信阳、漯河、周口、驻马店、许昌、三门峡、平顶山 8 个城市，超二级标准的有濮阳、洛阳、商丘、开封、济源、新乡、鹤壁、郑州、焦作、安阳 10 个城市（表 1-6）。

表 1-6 2020 年 O_3-8h 监测浓度及评价结果

城市名称	最大 8 小时均值			第 90 百分位数浓度评价	
	最小值 /(μg/m³)	最大值 /(μg/m³)	达标率 /%	浓度 /(μg/m³)	类别
郑州	10	262	85.4	183	超二级
开封	16	259	87.7	168	超二级
洛阳	12	246	87.7	166	超二级
平顶山	13	216	90.4	160	二级
安阳	7	300	77.0	190	超二级
鹤壁	8	291	84.2	177	超二级
新乡	8	232	85.8	173	超二级
焦作	11	259	80.9	188	超二级
濮阳	8	284	87.7	164	超二级
许昌	17	224	91.3	158	二级
漯河	18	220	92.9	154	二级
三门峡	9	225	91.8	158	二级
南阳	9	195	94.0	150	二级
商丘	12	228	88.0	166	超二级
信阳	10	202	94.8	152	二级

续表

城市名称	最大8小时均值			第90百分位数浓度评价	
	最小值/(μg/m³)	最大值/(μg/m³)	达标率/%	浓度/(μg/m³)	类别
周口	18	230	91.5	156	二级
驻马店	16	226	91.3	156	二级
济源	7	241	86.3	172	超二级
全省	7	300	89.1	166	—

1.3.2.2 综合评价

（1）定性评价

2020年，河南省各省辖市（含直管县）环境空气质量级别总体为轻度污染。其中，信阳和驻马店2个城市空气质量级别为良，其他16个城市均为轻度污染（图1-25）。

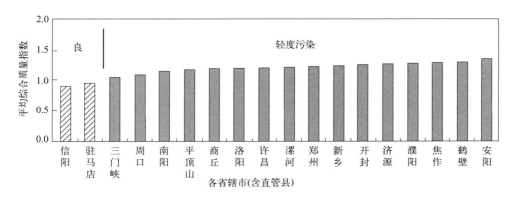

图1-25　2020年城市定性评价指数

（2）级别评价

信阳、驻马店2个城市环境空气质量级别为二级，其余16个城市环境空气质量级别均超过二级标准（简称超二级），见表1-7。

表1-7　2020年城市环境空气质量级别评价

城市名称	$PM_{2.5}$	PM_{10}	SO_2	NO_2	CO-95per	O_3-8h-90per	城市类别
郑州	超二级	超二级	一级	二级	二级	超二级	超二级
开封	超二级	超二级	一级	二级	二级	超二级	超二级
洛阳	超二级	超二级	一级	二级	二级	超二级	超二级
平顶山	超二级	超二级	一级	二级	二级	二级	超二级
安阳	超二级	超二级	一级	二级	二级	超二级	超二级
鹤壁	超二级	超二级	一级	二级	二级	超二级	超二级
新乡	超二级	超二级	一级	二级	二级	超二级	超二级
焦作	超二级	超二级	一级	二级	二级	超二级	超二级
濮阳	超二级	超二级	一级	二级	二级	超二级	超二级
许昌	超二级	超二级	一级	二级	二级	二级	超二级
漯河	超二级	超二级	一级	二级	二级	二级	超二级
三门峡	超二级	超二级	一级	二级	二级	二级	超二级

续表

城市名称	PM$_{2.5}$	PM$_{10}$	SO$_2$	NO$_2$	CO-95per	O$_3$-8h-90per	城市类别
南阳	超二级	超二级	一级	二级	二级	二级	超二级
商丘	超二级	超二级	一级	二级	二级	超二级	超二级
信阳	超二级	二级	一级	二级	二级	二级	二级
周口	超二级	超二级	一级	二级	二级	二级	超二级
驻马店	超二级	超二级	一级	二级	二级	二级	二级
济源	超二级	超二级	一级	二级	二级	超二级	超二级

（3）日达标情况

2020年18个省辖市（含直管县）城市环境空气质量优良天数占比为66.7%，同比上升14.0个百分点。信阳、驻马店、三门峡、平顶山、周口、南阳、许昌、漯河、洛阳、商丘10个城市在65%以上，开封、新乡、郑州、济源、濮阳、鹤壁、焦作、安阳8个城市在65%以下。2020年18个省辖市（含直管县）城市环境空气质量重度污染及以上天数比例为3.3%，同比下降3.0个百分点。安阳、濮阳、开封3个城市在5%以上，漯河、许昌、鹤壁、商丘、焦作、南阳、周口、济源、郑州、新乡、平顶山、三门峡、洛阳、驻马店、信阳15个城市在5%以下，见表1-8。

表1-8 2020年城市环境空气质量日达标情况　　　单位：%

城市名称	2020年		2019年		比较	
	优良天数比例	重度污染及以上天数比例	优良天数比例	重度污染及以上天数比例	优良天数比例	重度污染及以上天数比例
郑州	62.8	3.0	48.5	7.1	14.3	-4.1
开封	64.8	5.2	48.5	7.4	16.3	-2.2
洛阳	66.7	1.9	48.5	8.5	18.2	-6.6
平顶山	72.1	2.5	51.2	5.5	20.9	-3.0
安阳	49.5	7.7	41.1	10.4	8.4	-2.7
鹤壁	60.7	3.8	50.7	7.4	10.0	-3.6
新乡	64.5	2.5	55.9	6.0	8.6	-3.6
焦作	57.4	3.6	44.9	7.4	12.4	-3.8
濮阳	61.2	5.7	52.6	9.3	8.6	-3.6
许昌	69.9	4.1	51.5	7.7	18.4	-3.6
漯河	69.1	4.4	50.4	5.2	18.7	-0.8
三门峡	73.2	2.2	64.9	5.5	8.3	-3.3
南阳	70.5	3.6	53.4	6.6	17.1	-3.0
商丘	66.1	3.8	55.3	3.8	10.8	0.0
信阳	81.7	0.3	66.8	1.1	14.8	-0.8
周口	71.0	3.3	55.1	4.4	16.0	-1.1
驻马店	76.5	0.8	60.8	1.6	15.7	-0.8
济源	62.6	3.0	48.8	9.0	13.8	-6.0
全省	66.7	3.3	52.6	6.3	14.0	-3.0

（4）2020年与2019年指标对比

2019年和2020年河南省各省辖市优良天数比例和综合指数分布情况如表1-9所列。从空间分布来看，优良天数占比呈现出从北向南递增的趋势，其中信阳市优良天数占比高达

81.7%；而安阳市优良天数占比较低，仅为49.5%。与2019年相比，优良天数占比上升最多的是平顶山市，上升了20.9%。两年中污染最轻的城市均是信阳市，其综合指数分别为4.532和3.868；污染最严重的城市均是安阳市，其综合指数分别为6.854和6.097。整体而言，2020年各城市较2019年污染程度均有所下降。

表1-9　河南省2019年和2020年各省辖市（含直管县）优良天数比例和综合指数分布情况

城市名称	优良天数比例/%			综合指数		
	2020年	2019年	与2019年差值	2020年	2019年	与2019年同比变化/%
郑州	62.8	48.5	14.3	5.270	5.944	−11.3
开封	64.8	48.5	16.3	5.094	5.677	−10.3
洛阳	66.7	48.5	18.2	5.026	6.017	−16.5
平顶山	72.1	51.2	20.9	4.928	5.671	−13.1
安阳	49.5	41.1	8.4	6.097	6.854	−11.0
鹤壁	60.7	50.7	10.0	5.607	6.062	−7.5
新乡	64.5	55.9	8.6	5.320	6.086	−12.6
焦作	57.4	44.9	12.4	5.611	6.293	−10.8
濮阳	61.2	52.6	8.6	5.242	5.883	−10.9
许昌	69.9	51.5	18.4	4.881	5.546	−12.0
漯河	69.1	50.4	18.7	4.804	5.352	−10.2
三门峡	73.2	64.9	8.3	4.681	5.258	−11.0
南阳	70.5	53.4	17.1	4.621	5.401	−14.4
商丘	66.1	55.3	10.8	4.805	5.199	−7.6
信阳	81.7	66.8	14.8	3.868	4.532	−14.7
周口	71.0	55.1	16.0	4.575	5.229	−12.5
驻马店	76.5	60.8	15.7	4.192	4.921	−14.8
济源	62.6	48.8	13.8	5.399	6.143	−12.1
全省	66.7	52.6	14.1	5.002	5.669	−11.8

1.3.3　典型城市郑州市空气质量现状

1.3.3.1　2016～2020年空气质量变化趋势与污染特征分析

（1）污染物浓度水平

随着"大气十条"等一系列大气污染防控政策的实施，郑州市空气质量得到有效改善，SO_2、PM_{10}和$PM_{2.5}$年均浓度呈稳定下降趋势，但$PM_{2.5}$和PM_{10}仍高于国家二级标准，秋冬季重污染依旧频发，且各县区的污染趋势有所差异。以2020年为例，识别各县区的污染特征（图1-26）。郑州市区PM_{10}和$PM_{2.5}$年均浓度分别是84μg/m³和51μg/m³，其他县市PM_{10}和$PM_{2.5}$年均浓度同样超过国家二级标准。郑州市区O_3-8h浓度为183μg/m³，超过二级标准14.4%；其余县市O_3-8h浓度低于郑州市区，但均处于较高水平。郑州市区CO和SO_2浓度较低，均值分别为1.4mg/m³和8μg/m³。需要指出的是，郑州市区NO_2污染仍较为严重，其年均值为39μg/m³，接近国家二级标准限值（40μg/m³）；而其余县区NO_2浓度均远低于国家二级标准限值。

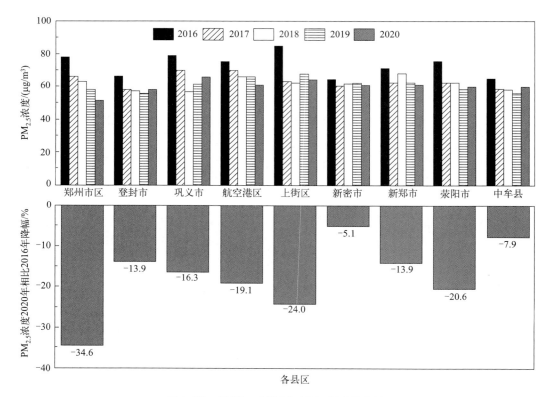

图1-26 2016～2020年PM$_{2.5}$浓度及降幅

各县区对比来看，2020年巩义市PM$_{2.5}$浓度最高，郑州市区最低。PM$_{2.5}$在郑州市区改善幅度最大，从2016年的78μg/m^{3}下降到2020年的51μg/m^3，降幅为34.6%；其次是上街区和荥阳市，降幅分别为24.0%和20.6%；新密市2020年PM$_{2.5}$浓度为61μg/m^3，但由于2016年浓度较低，所以在整个区域内降幅最低，为5.1%。

PM$_{10}$浓度改善幅度在主城区范围内最高，由2016年的142μg/m^{3}下降到2020年的84μg/m^3，降幅为40.8%，高于同期PM$_{2.5}$降幅（34.6%）；新密市和荥阳市降幅较低，分别为13.5%和11.8%；值得注意的是，登封市2016年PM$_{10}$浓度（94.0μg/m^3）较低，2020年浓度（94.3μg/m^3）与2016年较为接近且表现出轻微上升的趋势，因此仍需加强对扬尘等方面的治理工作（图1-27）。

SO$_2$浓度在全市范围内整体降幅较大，除上街区、新密市和新郑市在2018年有反弹迹象外，其他各县区均保持逐年下降态势，超过50%的县区降幅在50%以上，其中巩义市降幅最高，由2016年的59μg/m^{3}下降到2020年的15μg/m^3，降幅为74.7%；其次是郑州市区，其浓度逐年改善，2020年年均浓度为9μg/m^3，低于郑州市其他县区，说明郑州市区燃煤电厂超低排放和"双替代"等一系列的治理工作取得了显著成效（图1-28）。

NO$_2$浓度变化趋势各县区有所差异，其中郑州市区浓度改善最明显，由2016年的56μg/m^{3}下降到2020年的39μg/m^3，降幅为30.4%；其次是巩义市和航空港区，降幅分别为21.8%和18.7%；登封市、新密市和新郑市在2016～2018年出现浓度上升的情况，2019年有所改善，但2020年又有所反弹；航空港区经历两次波动后，在2020年有所改善（图1-29）。

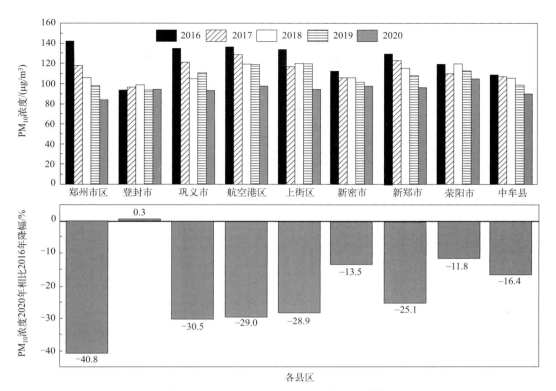

图 1-27　2016～2020 年 PM_{10} 浓度及降幅

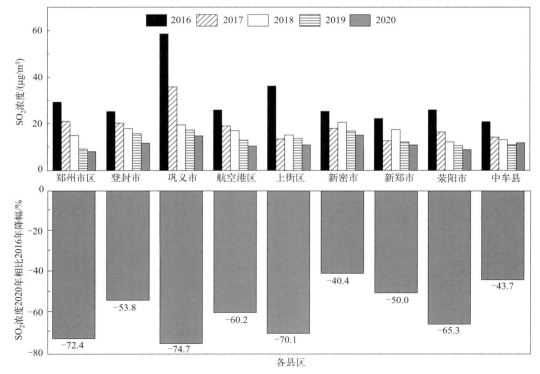

图 1-28　2016～2020 年 SO_2 浓度及降幅

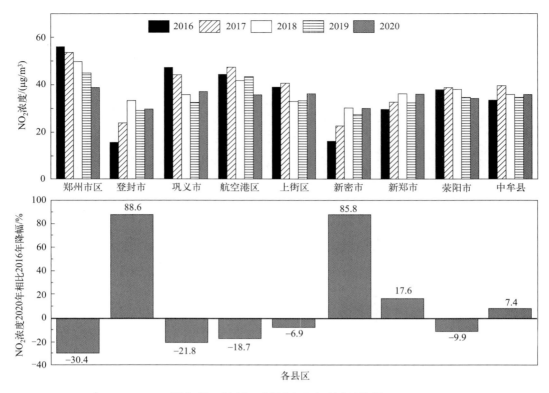

图 1-29 2016～2020 年 NO₂ 浓度及降幅

郑州市 CO 浓度总体呈现下降趋势，航空港区降幅最大，由 2016 年的 3.4mg/m³ 下降到 2020 年的 1.4mg/m³，降幅为 58.2%；其次是巩义市、上街区、新密市和郑州市区，降幅均超过 50%。登封市和荥阳市在 2017～2018 年出现浓度上升的情况，2020 年有所改善；2020 年荥阳市 CO 浓度最高，达到 1.5mg/m³，新密市 CO 浓度最低，为 1.3mg/m³（图 1-30）。

与其他污染物不同，郑州市 O_3-8h 浓度呈上升趋势，各县区差异也比较明显，其中航空港区上升幅度最大（59.9%），由 2016 年的 103μg/m³ 上升到 2020 年的 165μg/m³；其次是上街区、荥阳市和新密市，增幅分别为 29.8%、15.4% 和 10.3%。尽管增幅明显，但在 2018～2020 年，全市范围内 O_3-8h 浓度均呈现下降趋势，其中登封市 2020 年 O_3-8h 浓度低于 2016 年水平，整体呈现负增长，表明郑州市的 O_3 治理工作取得了一定成效（图 1-31）。

（2）污染等级和首要污染物

如图 1-32 所示（书后另见彩图），2016～2020 年重度及严重污染天数占比明显减少，优良天数占比有所增加，但轻度和中度污染天数占比变化并不明显。就不同季节和月份来看，秋冬季重度及严重污染天数占比有明显降低，但优良天数占比增加并不明显；同时夏季受 O_3 污染加剧的影响，轻度和中度污染天数占比上升明显，优良天数占比大幅度下降。尤其是 2018 年 6 月，该月优良天数占比仅为 17.8%，为全年最低，O_3 污染问题越发严重。从图 1-32 可以看出，2020 年中牟县优良天数占比最高（73%），巩义市和上街区最低（61%）。

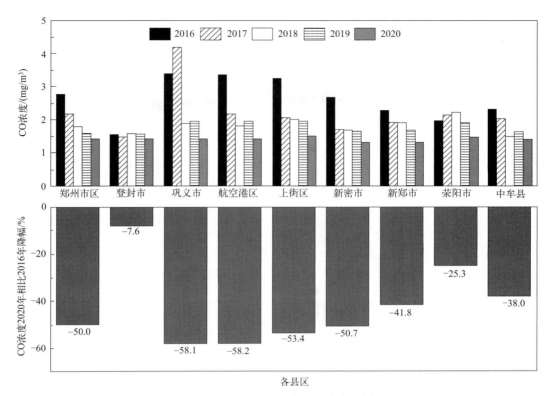

图 1-30　2016～2020 年 CO 浓度及降幅

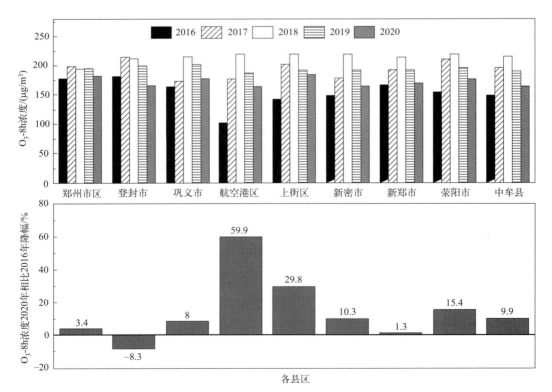

图 1-31　2016～2020 年 O_3-8h 浓度及降幅

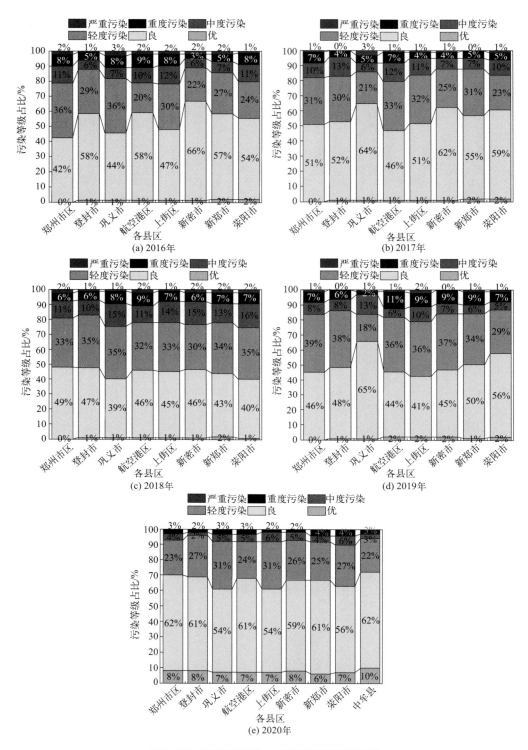

图 1-32 郑州市 2016～2020 年污染程度变化

就首要污染物来看（图1-33，书后另见彩图），2017年以SO_2为首要污染物的天数已经为0天；CO为首要污染物的天数占比从2016年的0.62%下降到2020年的0.01%；$PM_{2.5}$作为首要污染物的天数占比从2016年的48.0%下降到2020年的18.8%；PM_{10}作为首要污染物的天数在2017年达到最高，为34.9%，之后开始下降，2020年降至24.7%；而O_3作为首要污染物的天数占比则呈明显增加趋势，从2016年的16.3%增加到2018年的42.0%，主要表现在5~9月。2020年O_3作为首要污染物占比最高的为登封市（62%），最低的为郑州市区（46%）；PM_{10}作为首要污染物占比最高的为郑州市区（29%），最低的为登封市（12%）。O_3已成为继$PM_{2.5}$之后区域大气污染的第二大污染问题，因此必须进行区域O_3和$PM_{2.5}$的协同控制。

（3）综合指数特征

图1-34展示了郑州市主城区及五市一县两区空气质量综合指数分布情况。结果表明，郑州市区综合指数大体呈现逐年下降的趋势，由2016年的7.44降低至2020年的5.24。郑州市

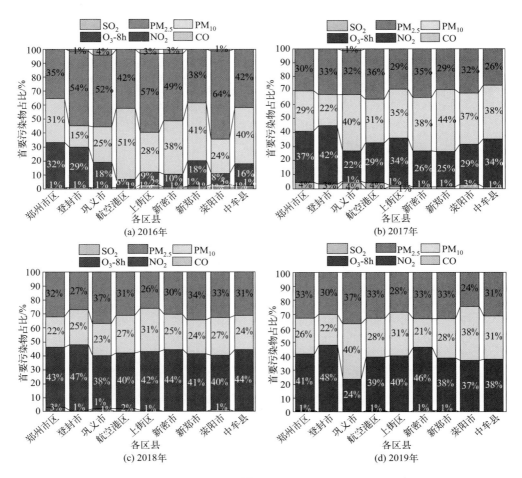

图1-33

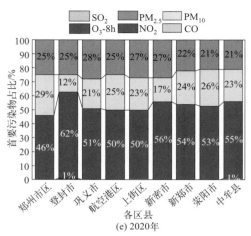

图 1-33 郑州市 2016～2020 年首要污染物天数占比变化

周边县区的综合指数表现出相似的年际变化规律，但污染程度略有差异。2020 年，巩义市污染最为严重，综合指数为 5.73，其次是上街区（5.72）；污染最轻的两个区域分别是郑州市区（5.24）和登封市（5.39）。

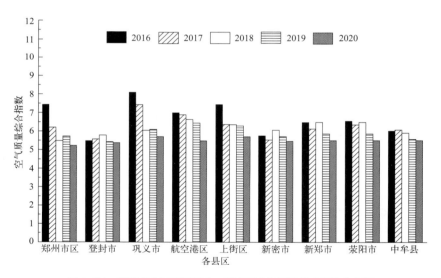

图 1-34 郑州市主城区及五市一县两区空气质量综合指数分布图

1.3.3.2 典型污染时段分析

为探究近几年污染高发期 O_3 和 $PM_{2.5}$ 浓度变化规律，分析了 2016～2020 年夏季和秋冬季郑州市国控和省控站点 O_3-8h 浓度和 $PM_{2.5}$ 浓度水平。

（1）季节变化和日变化规律

2016～2020 年夏季和秋冬季郑州市国控和省控站点 O_3-8h 浓度和 $PM_{2.5}$ 浓度，如图 1-35 所示。

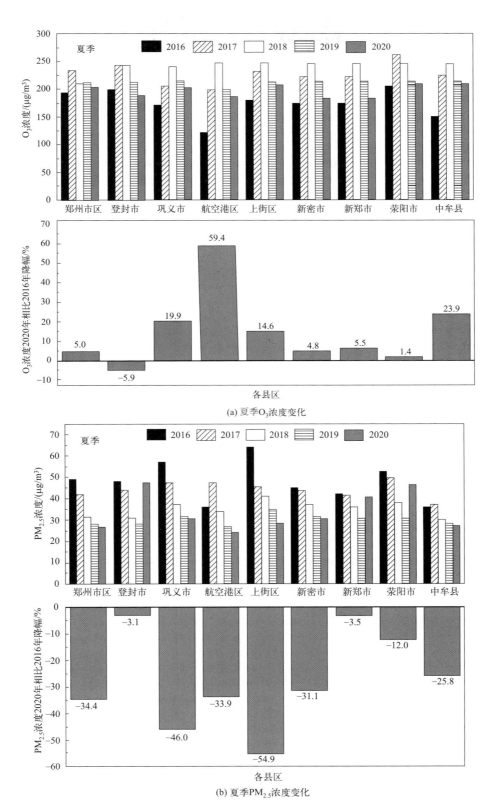

图 1-35

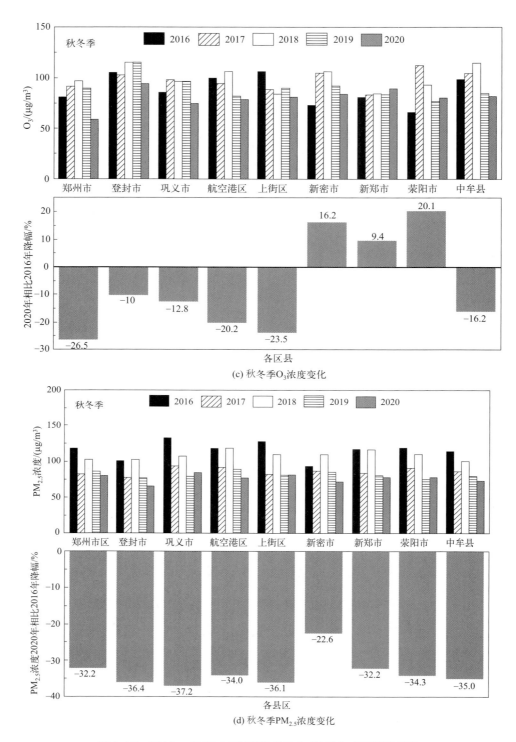

图 1-35 2016~2020 年夏季和秋冬季 O_3 和 $PM_{2.5}$ 浓度变化趋势

可以看出，2016~2020 年夏季郑州市各县区 O_3-8h 浓度变化呈倒 U 形，在 2017 年或 2018 年达到峰值，2020 年有所降低，但 2020 年郑州市各县区 O_3-8h 浓度均在 200μg/m³ 左右，整体超标。从变化率上看，2016～2020 年夏季 O_3 整体呈上升趋势，航空港区、中牟县和巩义市更加明显，分别上升了 59.4%、23.9% 和 19.9%。新密市和荥阳市上升率较低，分别为 4.8% 和 1.4%，郑州市区浓度较高，达到 203.7μg/m³。夏季各县区 $PM_{2.5}$ 变化整体呈下降趋势，相较于 2019 年，2020 年登封市、新郑市、荥阳市 $PM_{2.5}$ 出现不同程度上升，应当引起重视；上街区、巩义市、郑州市区 $PM_{2.5}$ 浓度有所下降，由于 2019 年上街区 $PM_{2.5}$ 浓度较高，其降幅最大，为 18.2%。

除新郑市、荥阳市以外，2020 年秋冬季 O_3-8h 浓度较 2019 年同期均有所下降。2020 年与 2016 年相比，秋冬季郑州市区、登封市、巩义市、航空港区、上街区和中牟县 O_3-8h 浓度均有所下降，新密市、新郑市和荥阳市均有所上升。荥阳市增幅最大，为 20.1%，郑州市区降幅最大，为 26.5%。秋冬季 $PM_{2.5}$ 呈波动下降趋势，2016 年各地 $PM_{2.5}$ 浓度较高，整体在 100μg/m³ 以上。郑州市区浓度处于高位，达到 117.7μg/m³，2017 年浓度有所下降，但 2018 年相较于 2017 年上升了 20μg/m³，2020 年相较于前 3 年浓度值较低，相较于 2016 年下降显著。巩义市和登封市降幅较大，分别为 37.2% 和 36.4%，新密市降幅较低，为 22.6%。

以郑州市 9 个国控站点的 O_3-8h 和 $PM_{2.5}$ 小时浓度为基础，探究 2020 年夏季和秋冬季 O_3 和 $PM_{2.5}$ 日变化规律，如图 1-36 所示。可以看出，夏季和秋冬季 O_3-8h 日变化趋势

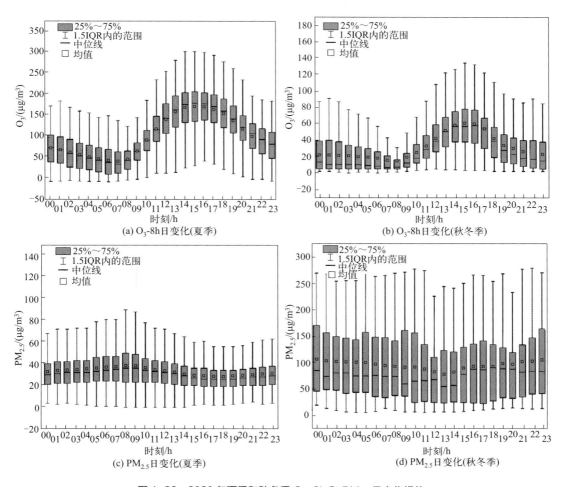

图 1-36　2020 年夏季和秋冬季 O_3-8h 和 $PM_{2.5}$ 日变化规律

（IQR 表示四分位距）

一致，O_3-8h 浓度随着时间推移先下降，到 7:00 左右达到一天中最低值，随后上升，在 15:00 左右达到一天中最高值，之后浓度又下降。夏季一天中的最低和最高值分别在 45μg/m³、180μg/m³ 左右，秋冬季浓度最低和最高值分别在 10μg/m³、50μg/m³ 左右。夏季 $PM_{2.5}$ 日变化规律与 O_3-8h 相反，随着时间变化，$PM_{2.5}$ 浓度先上升，在 8:00 左右达到一天中最高值，之后开始下降，在 18:00 左右达到一天中最低值，日极值时间比 O_3-8h 稍晚 1～3h。秋冬季 $PM_{2.5}$ 日变化规律并不明显。

（2）典型污染时段

2015～2020 年郑州市夏季（5 月至 9 月）分别发生了 11 次、7 次、9 次、9 次、14 次和 11 次污染过程，如表 1-10 所列。可以看出，6 年间夏季污染时段不断增加，且日 O_3-8h 浓度最大值达到 200μg/m³ 的次数也在增加，污染过程是导致郑州市夏季 AQI 和 O_3-8h 浓度值偏高的重要原因，其中 2016 年 6 月 8～29 日和 2017 年 6 月 12～20 日两个重度污染过程，日 O_3-8h 浓度最大值分别达到 266μg/m³ 和 285μg/m³。可以看出，夏季污染过程对郑州市空气质量影响显著。

表 1-10 2015～2020 年夏季污染过程详细情况汇总表

年份	序号	时间段	日 AQI 最大值	日 O_3-8h 浓度平均值/（μg/m³）	日 O_3-8h 浓度最大值/（μg/m³）
2015	1	5 月 3～7 日	196	122.6	146
	2	5 月 13～19 日	134	148.9	178
	3	5 月 22～31 日	147	167.1	206
	4	6 月 1～3 日	172	139.3	164
	5	6 月 5～11 日	180	170.3	245
	6	6 月 13～22 日	186	191.5	246
	7	7 月 7～9 日	134	154.3	167
	8	8 月 20～22 日	147	179.3	211
	9	8 月 26～28 日	116	173.7	177
	10	9 月 16～22 日	130	131.6	162
	11	9 月 25～28 日	138	116.6	200
2016	1	5 月 4～7 日	163	174.7	198
	2	5 月 10～12 日	139	164.7	202
	3	5 月 28～30 日	154	202.7	219
	4	6 月 8～29 日	201	184.9	266
	5	9 月 3～6 日	176	206.3	241
	6	9 月 14～17 日	148	183.0	212
	7	9 月 21～24 日	125	162.3	180
2017	1	5 月 19～22 日	169	207.7	234
	2	5 月 24～29 日	169	204.0	229
	3	6 月 12～20 日	204	225.4	285
	4	6 月 24 日～7 月 4 日	171	209.3	236
	5	7 月 23～26 日	119	174.5	180
	6	8 月 3～6 日	173	225.7	238
	7	8 月 9～11 日	184	192.0	249
	8	8 月 14～16 日	136	185.3	199
	9	9 月 15～21 日	162	174.4	227

续表

年份	序号	时间段	日 AQI 最大值	日 O_3-8h 浓度平均值 / ($\mu g/m^3$)	日 O_3-8h 浓度最大值 / ($\mu g/m^3$)
2018	1	5月8~10日	163	210.3	228
	2	5月12~14日	123	178.3	185
	3	5月28日~6月8日	191	210.3	256
	4	6月10~17日	261	218.3	296
	5	6月19~24日	151	199.0	216
	6	6月27日~7月1日	159	188.8	224
	7	7月5~7日	140	189.7	204
	8	8月21~29日	164	204.8	229
	9	9月8~12日	120	175.0	181
2019	1	5月12~17日	143	151.2	207
	2	5月22~26日	144	188.6	208
	3	5月30日~6月2日	124	175.5	186
	4	6月6~18日	177	195.1	242
	5	6月22~27日	152	190.8	217
	6	6月30日~7月3日	193	214.5	258
	7	7月13~16日	168	210.8	233
	8	7月18~21日	186	208.3	251
	9	7月23~25日	182	200.3	247
	10	8月17~19日	130	181.0	192
	11	8月22~24日	131	186.7	194
	12	8月30日~9月1日	132	178.3	195
	13	9月3~9日	175	204.1	240
	14	9月22~30日	166	194.4	231
2020	1	5月2~3日	197	159.0	159
	2	5月19~23日	161	200.6	226
	3	5月25~28日	129	178.7	191
	4	5月30~31日	122	182.0	184
	5	6月1~8日	159	189.5	224
	6	6月29~30日	134	182.0	197
	7	7月1~2日	121	181.5	183
	8	7月5~10日	167	191.0	232
	9	7月23~25日	139	183.7	202
	10	8月26~30日	144	194.2	208
	11	9月6~10日	158	194.4	223

表1-11为2015~2020年夏季污染主要参数统计，结果表明：对比夏季O_3-8h浓度可知，2015~2017年夏季O_3-8h浓度逐年上升，2017年较2015年增幅约为20%，2017~2019年并无下降趋势，继续保持较高浓度；污染过程次数和污染天数从2016年开始逐年缓慢增加；此外，首要污染物为O_3的污染天数2015~2019年逐年剧增，2019年较2015年增幅达326%，且占总污染天数比例不断上升，由2015年的24%增加到2019年的92%。夏季污染过程中O_3-8h浓度从2015年的154.1$\mu g/m^3$上升到2019年的221.5$\mu g/m^3$，可见郑州市夏季空气污染逐渐呈现出以O_3污染为主的态势，污染频率和强度逐渐增加。

表 1-11　2015～2020 年夏季污染主要参数统计表

参数	2015 年	2016 年	2017 年	2018 年	2019 年	2020 年
夏季 O_3-8h 浓度 /($\mu g/m^3$)	133	147	159	153	159	149
首要污染物为 O_3 的污染天数 /d	19	57	66	68	81	58
因 O_3 污染损失优良天数 /d	0	2	2	6	12	13
污染天数 /d	78	70	70	70	88	59
污染过程次数 /次	11	7	9	9	14	11
污染过程平均 O_3-8h 浓度 /($\mu g/m^3$)	154.1	182.7	199.8	197.2	221.5	190.2

2015～2020 年郑州市秋冬季（11 月至次年 2 月）分别发生 10 次、11 次、10 次、11 次和 6 次重污染过程，详细结果见表 1-12。重污染过程是导致郑州市 AQI 和 $PM_{2.5}$ 浓度出现极值的重要因素，其中 2015 年 12 月 27 日～2016 年 1 月 12 日和 2016 年 12 月 14～22 日两个重污染过程中，AQI 达到 500，日 $PM_{2.5}$ 浓度最大值爆表，分别达到 586$\mu g/m^3$ 和 608$\mu g/m^3$，这一天的 $PM_{2.5}$ 浓度相当于拉高郑州市年均 $PM_{2.5}$ 浓度约 1.5$\mu g/m^3$，可见秋冬季重污染过程对郑州市空气质量影响显著。

表 1-12　2015～2020 年秋冬季污染过程详细情况汇总表

年份	序号	时间段	日 AQI 最大值	日 $PM_{2.5}$ 浓度平均值 /($\mu g/m^3$)	日 $PM_{2.5}$ 浓度最大值 /($\mu g/m^3$)
2015～2016	1	11 月 2～6 日	264	97.0	214
	2	11 月 8～16 日	204	102.2	154
	3	11 月 25 日～12 月 3 日	439	145.0	398
	4	12 月 4～12 日	411	187.2	360
	5	12 月 17～25 日	328	171.3	278
	6	12 月 27 日至次年 1 月 12 日	500	202.1	586
	7	1 月 14～18 日	275	119.0	225
	8	1 月 18～23 日	256	104.5	206
	9	1 月 26～30 日	230	105.6	180
	10	2 月 8～13 日	243	129.8	193
2016～2017	1	11 月 11～21 日	262	141.3	212
	2	11 月 23 日～12 月 4 日	244	111.5	194
	3	12 月 4～9 日	277	112.0	227
	4	12 月 9～14 日	202	106.0	152
	5	12 月 14～22 日	500	228.7	608
	6	12 月 27 日至次年 1 月 12 日	390	174.9	340
	7	1 月 15～20 日	368	155.0	318
	8	1 月 21～30 日	282	153.6	232
	9	1 月 31 日～2 月 7 日	375	150.5	325
	10	2 月 11～17 日	226	112.6	176
	11	2 月 17～21 日	215	80.4	165
2017～2018	1	11 月 5～10 日	216	96.2	166
	2	11 月 30 日～12 月 5 日	286	126.5	236
	3	12 月 12～16 日	242	96.4	192
	4	12 月 21～24 日	217	93.5	167

续表

年份	序号	时间段	日AQI最大值	日$PM_{2.5}$浓度平均值/($\mu g/m^3$)	日$PM_{2.5}$浓度最大值/($\mu g/m^3$)
2017～2018	5	12月25～31日	337	145.6	287
	6	12月31日至次年1月3日	216	100.2	166
	7	1月11～23日	406	177.0	359
	8	1月26～29日	220	84.0	170
	9	2月15～22日	236	116.6	186
	10	2月25～28日	277	158.5	227
2018～2019	1	11月9～16日	240	119.4	190
	2	11月22日～12月4日	500	143.5	169
	3	12月12～16日	208	97.6	158
	4	12月17～23日	311	141.7	261
	5	12月30日至次年1月9日	326	126.3	276
	6	1月9～16日	285	141.1	235
	7	1月17～21日	209	84.4	159
	8	1月23～26日	209	90.0	159
	9	1月26～31日	254	116.7	204
	10	2月4～7日	295	116.7	245
	11	2月18～28日	306	164.6	256
2019～2020	1	11月21～25日	250	98.2	200
	2	12月5～9日	213	99.0	163
	3	12月18～26日	282	145.3	232
	4	1月1～7日	276	131.0	226
	5	1月9～19日	238	119.1	188
	6	1月20日～2月5日	281	110.6	231

对比秋冬季$PM_{2.5}$浓度可知，2016～2017年郑州市秋冬季污染最严重，2017～2018年污染显著改善，而2018～2019年秋冬季$PM_{2.5}$浓度出现反弹，相比2017～2018年秋冬季上升18%，并且2018～2019年秋冬季重度污染及以上天数增多11d（表1-13）。受疫情封控等因素影响，2019～2020年秋冬季$PM_{2.5}$浓度和污染过程次数均达到2016～2020年5年内秋冬季最低值。从污染过程中$PM_{2.5}$浓度来看，平均$PM_{2.5}$浓度和最大日$PM_{2.5}$浓度均呈显著下降趋势，并且2017～2020年期间未出现$PM_{2.5}$爆表情况，2018～2020年秋冬季也未出现$PM_{2.5}$浓度日均值超过300$\mu g/m^3$的情况，可见郑州市秋冬季重污染程度减轻，表明近年来郑州市对秋冬季重污染的应急管控取得了显著成效。

表1-13　2015～2020年秋冬季重污染主要参数统计汇总表

主要参数	2015～2016年	2016～2017年	2017～2018年	2018～2019年	2019～2020年
秋冬季$PM_{2.5}$浓度/($\mu g/m^3$)	120.2	133.7	92.4	109.0	86.5
重度污染及以上天数/d	29	17	20	31	14
污染过程次数/次	10	11	10	11	6
污染过程平均$PM_{2.5}$浓度/($\mu g/m^3$)	148.8	149.2	128.3	123.5	118.7
污染过程最大日$PM_{2.5}$浓度/($\mu g/m^3$)	586	608	359	276	232

由 2015～2019 年秋冬季重污染过程 $PM_{2.5}$ 统计结果（图 1-37）可以看出，郑州市秋冬季重污染过程 $PM_{2.5}$ 浓度是年均 $PM_{2.5}$ 浓度的 1.5～2 倍，其中 2019 年秋冬季重污染过程 $PM_{2.5}$ 浓度为 $128\mu g/m^3$，年均 $PM_{2.5}$ 浓度为 $58\mu g/m^3$，秋冬季重污染过程平均浓度是年均浓度的 2.2 倍。去除污染过程后，年均 $PM_{2.5}$ 浓度下降约 $18\mu g/m^3$，污染过程对年均 $PM_{2.5}$ 浓度贡献达到 15%～30%。其中，2019 年去除污染过程后年均 $PM_{2.5}$ 浓度仅为 $42\mu g/m^3$，污染过程对年均 $PM_{2.5}$ 浓度贡献可达 27%。综上所述，秋冬季重污染过程仍是影响郑州市年均 $PM_{2.5}$ 浓度的重要因素。因此应做好秋冬季重污染过程的预警管控，达到"削峰"效果，从而有效降低郑州市年均 $PM_{2.5}$ 浓度。

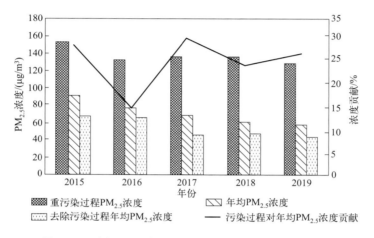

图 1-37　秋冬季重污染过程对郑州市年均 $PM_{2.5}$ 浓度的影响

综上所述，从地理位置及经济发展特征来看，河南省作为我国中部的核心区域，具有人口基数大、能源消费量高、单位 GDP 能耗高等特点。近年来河南省 GDP 增长高于全国平均水平，但人均 GDP 水平较低，区域人均 GDP 水平差异显著，经济发展有待进一步提升。河南省产业结构发展与全国相比仍有所滞后，第二产业中高耗能产业占比高于全国平均水平，呈现出明显的"北工南农"的产业分布特点，且第三产业占比远低于全国平均水平，未来河南省产业结构仍需持续优化升级。2020 年，河南省煤炭占能源消耗的 67.6%，仍远高于全国同期平均水平，能源消费以工业部门为主。河南省以重化工为主的产业结构、以煤为主的能源结构以及其作为全国的陆路运输枢纽的特点造成了高污染排放，且城市分布较为密集，缺少天然屏障，加之受自身地理地形条件影响，河南省北部太行山脉和西部伏牛山脉形成"大簸箕"形态，使得污染物不易扩散且极易在区域内形成滞留叠加，北部输送通道沿太行山脉的大气污染输送是秋冬季 $PM_{2.5}$ 重污染的主要诱因之一，因此河南省也是近年来我国污染最为严重的省份之一，且同样减排历程下，河南省 $PM_{2.5}$ 浓度仍居高不下，2020 年河南省 $PM_{2.5}$ 年均浓度仍高达 $51\mu g/m^3$，在全国处于高位。

从河南省空气质量特征来看，河南省大气污染物时空分布差异显著，整体呈现西北高、东南低的区域特征，冬季首要大气污染物以 $PM_{2.5}$ 为主，夏季首要污染物以 O_3 为主。从可比的 2015～2020 年 $PM_{2.5}$ 年均浓度值来看，河南省 $PM_{2.5}$ 污染明显改善，2020 年较 2019 年年均浓度下降 $7\mu g/m^3$，同比下降 12.1%，但 2020 年各省辖市（含直管县）均值浓度均超二级标准，且超标严重，其中以郑州为核心的中原城市群污染严重。此外，京津冀传输通道城市的大气污染输送是秋冬季 $PM_{2.5}$ 重污染的主要诱因之一，叠加本地不利气象条件后，引发了区域重污染状况。因此，必须加强区域间，尤其是京津冀传输通道城市区域的 $PM_{2.5}$ 联防联控。

近年来河南省气态污染物 SO_2、CO 和 NO_2 污染程度明显改善，整体污染水平稳中有降。就首要污染物来看，2020 年以 SO_2 或 CO 为首要污染物的天数为 0；以 NO_2 为首要污染物的天数占比从 2015 年的 0.8% 下降到 2020 年的 0.3%。O_3 污染呈上升趋势：2020 年河南省 O_3-8h 污染呈先升后降的整体加重趋势，各省辖市（含直管县）O_3-8h 浓度范围在 150～190μg/m³。与其他地区相比，O_3-8h 浓度高于全国、长江三角洲地区、汾渭平原地区。河南省全省城市 O_3-8h 浓度二级标准达标率介于 77.0%～94.8% 之间。就首要污染物来看，O_3 作为首要污染物的天数占比则明显增加，从 2015 年的 11.2% 增加到 2020 年的 43.2%，主要表现在 5～9 月。O_3 已成为继 $PM_{2.5}$ 之后区域大气污染的第二大污染问题，因此必须进行区域 O_3 和 $PM_{2.5}$ 的协同控制。

参考文献

[1] 国家统计局. 中国统计年鉴（2016—2023）[M/OL]. 北京：中国统计出版社.
[2] 国家统计局. 中国能源统计年鉴（2016—2023）[M/OL]. 北京：中国统计出版社.
[3] 河南省统计局. 河南统计年鉴（2016—2023）[M/OL]. 北京：中国统计出版社.
[4] 河南省生态环境厅. 2015—2023 年河南省生态环境状况公报[N].
[5] 中华人民共和国生态环境部. 2015—2023 年中国生态环境状况公报[N].
[6] 环境保护部，国家质量监督检验检疫总局. 环境空气质量标准：GB 3095—2012[S]. 北京：中国环境科学出版社，2012.

第 2 章

基于实测的五类典型污染源大气污染物排放特征

2.1 工业源

2.2 移动源

2.3 农业氨源

2.4 扬尘源

2.5 生物质燃烧源

2.6 结论与建议

掌握排放源的排放特征对于制定有效的治理措施至关重要。河南省是农业大省，也是重要的工业基地，典型污染源包括工业、交通、农牧业、扬尘和生物质燃烧源，显著影响区域空气质量。为满足大气污染治理基础数据需求，张瑞芹教授及其研究团队对典型行业污染源进行实地调研和观测，识别了河南省典型大气污染物排放源的排放特征和影响因素，掌握了污染源的排放水平和特征，可为后续研究提供数据基础，为行业治理提供措施。

2.1 工业源

2.1.1 现场调研与样品采集

2.1.1.1 现场调研

本研究筛选重点废气排放工业企业进行实地入户调查。调研基于污染流向分析企业的实际生产排污情况，确保不遗漏每个排污环节。通过现场调查、填报表格、数据审核、纸质版表格回收、企业现场照片拍摄及问题质询等环节的工作，建立每个重点企业的污染源信息档案，主要内容包括生产信息、排放口信息、治理措施信息、自备发电机组信息、锅炉信息、炉窑信息、生产线信息、露天堆场信息、有机液体储运与装卸信息等。在此基础上，选取河南省典型重工业行业进行排放采样，对象包括电厂、耐火材料、碳素制品、氧化铝、电解铝、水泥和砖瓦行业等（表 2-1）。

表 2-1 本研究中采样源类别及企业信息

采样源类别	企业代号	企业地址
耐火材料行业	郑州耐火材料企业 A	新密市
	郑州耐火材料企业 B	新密市
	郑州耐火材料企业 C	新密市
碳素行业	河南碳素企业 A	荥阳市
	河南碳素企业 B	郑州市
	河南碳素企业 C	郑州市
氧化铝行业	河南氧化铝企业 A	郑州市上街区
	河南氧化铝企业 B	郑州市上街区
	河南氧化铝企业 C	登封市
电解铝行业	河南电解铝企业	登封市
水泥行业	河南水泥企业 A	荥阳市
	河南水泥企业 B	登封市
	河南水泥企业 C	郑州市上街区
砖瓦行业	河南砖瓦企业 A	新密市
	河南砖瓦企业 B	新密市

2.1.1.2 样品采集

（1）颗粒物采集

利用稀释通道采样法采集工业大气污染源中的颗粒物，其原理为高温废气经等速采样嘴被吸收，之后通过颗粒物切割器在稀释通道内稀释冷却，最后进入采样舱经碰撞式采样器的颗粒物按一定粒度通过惯性撞击沉降被收集。颗粒物采集仪器为芬兰 Dekati 公司生产的 ELPI（electrical low pressure impactor）颗粒物测试仪和撞击式采样器 MOUDI，其中 FPS（fine particle sampler）稀释系统的稀释比在（1∶200）～（1∶20）之间可调，能满足不同样品采集过程中的稀释比要求。

（2）气态污染物采集

在监测固定燃烧源中气体污染物（SO_2、NO_x、CO 等）浓度时所利用的仪器为 3012H 型烟气分析仪，本项目主要测定各类污染源排放的 SO_2 和 NO_x 浓度。测量烟气时，将分析仪器的采样枪放入采样口中，并正对烟道中的烟气气流，同时要保证采样嘴吸气速度与烟气流速相同，抽出来的烟气经除尘和脱水后，通过电化学反应器输出对应的电流，进一步将电流转化成相应被测污染物的浓度。

（3）挥发性有机物采集

碳素行业使用的原料有石油焦、煤沥青等，在燃烧过程中会产生挥发性有机物（VOCs），为全面了解碳素行业大气污染物排放特征，本项目对碳素行业排放的 VOCs 进行采集。采样方式可分为有组织排放采样和无组织排放采样。有组织排放采样是指在具有废气收集系统的烟囱（如排气筒）处采样；而无组织排放采样是指当没有统一的排气口或无法在排气口采样时，在排放源周围 10m 内进行采样。

本项目中工业源采样方法参照《固定污染源废气 挥发性有机物的采样 气袋法》（HJ 732—2014）和《固定污染源排气中颗粒物测定与气态污染物采样方法》（GB/T 16157—1996），根据碳素行业 VOCs 排放过程、环节和方式，采取有组织排放采样和无组织排放采样两种采样方式。

2.1.2　大气污染物排放特征分析方法

2.1.2.1　污染物浓度计算

（1）$PM_{2.5}$ 浓度计算

$$c = \sum_{i=1}^{n} \frac{(M_{i2} - M_{i1}) \times 10^6}{L \times t_i} \times R \tag{2-1}$$

式中　i——第 i 个粒径的样品膜；

n——不同粒径样品膜数量；

c——大气中 $PM_{2.5}$ 的质量浓度，mg/m^3；

M_{i2}——第 i 个样品膜采样后的质量，g；

M_{i1}——第 i 个样品膜采样前的质量，g；

R——稀释比；

L——采样器流量，L/min；

t_i——第 i 个样品膜的采集时间，min。

（2）SO_2 和 NO_x 浓度计算

$$c_2 = \frac{21-O}{21-O_1} \times c_1 \tag{2-2}$$

式中　c_2——大气污染物基准排放浓度，mg/m^3；
　　　c_1——实测排气筒中大气污染物排放浓度，mg/m^3；
　　　O_1——干烟气中含氧量百分率实测值，%；
　　　O——基准含氧量，%。

2.1.2.2　排放因子计算

$$EF_i = \frac{c_i \times Q_i \times t}{M_i} \times 10^{-6} \tag{2-3}$$

式中　EF_i——排放因子，kg/t 产品，kg/t 燃料，kg/t 原料；
　　　c_i——排放到大气中的污染物浓度，mg/m^3；
　　　Q_i——排气筒中平均烟气量，m^3/h；
　　　t——采样时间，h；
　　　M_i——采样期间产品产量或燃料消耗量，t 或 m^3。

2.1.2.3　样品组分分析

（1）水溶性无机离子分析

水溶性无机离子（Na^+、NH_4^+、K^+、Mg^{2+}、Ca^{2+}、F^-、Cl^-、NO_3^- 和 SO_4^{2-}）的分析使用的是美国戴安公司的 ICS-900 型（阴离子）离子色谱仪和 ICS-90 型（阳离子）离子色谱仪。阴离子检测使用 IonPac ASll-HC 4mm 阴离子分离柱和 IonPac AGll-HC 4mm 保护柱，阳离子检测使用 IonPac CS12A 阳离子分离柱和 IonPac CG12A 保护柱，各离子根据保留时间定性。

（2）无机元素分析

使用德国布鲁克公司生产的 S8TIGER 型波长散射 X 射线荧光光谱仪分析 $PM_{2.5}$ 中的 27 种元素，首先使用元素标准样品，建立校准曲线，之后再分析空白样品和样品中的元素浓度。检测元素包括 Na、Mg、Al、Si、P、S、Cl、K、Ca、Ti、V、Ni、Cu、Zn、Ga、As、Se、Sr、Cd、Sb、Sn、Ba、Pb、Cr、Mn、Fe 和 Co。

（3）碳分析

使用美国 Sunset Laboratory Inc. 的半连续 OC/EC 碳气溶胶分析仪基于程序升温法进行有机碳（OC）和元素碳（EC）的测定。数据测定主要由非扩散红外（NDIR）探测系统完成，在测量的过程中使用甲烷气体作为内标对 NDIR 的响应信号进行标定。仪器对 OC 的最佳检测范围为 5～400μg C，EC 的最佳检测范围为 1～15μg C。对 OC 和 EC 的最低检测限均为 0.2μg C。

表2-2 不同行业的本地化排放因子

行业	产品类型	原料名称	工艺名称	等级规模	单位	污染物指标的排放因子			末端治理技术名称		
						$PM_{2.5}$	SO_2	NO_x	$PM_{2.5}$	SO_2	NO_x
耐火材料行业	高铝耐火砖	耐火黏土等	隧道窑+天然气	所有规模	kg/t产品	0.054	8.329	4.663	直排	直排	直排
	烧成镁制砖	镁制原料		所有规模	kg/t产品	0.011	1.294	3.844	直排	直排	直排
碳素行业	铝用阳极炭块	石油焦、煤沥青等	煅烧（天然气）	所有规模	kg/t产品	0.042	1.524	3.529	直排	直排	直排
			焙烧（天然气）			0.024	0.261	0.466	湿式电除尘	石灰石/石灰-石膏湿法	直排
氧化铝行业	氧化铝	铝土矿	拜耳法	所有规模	kg/t产品	0.022	0.272	1.210	湿式电除尘	石灰石/石灰-石膏湿法	直排
电解铝行业	原铝	氧化铝	熔盐电解法	所有规模	kg/t产品	0.004	0.009	0.089	静电除尘	双碱法	SNCR
水泥行业	熟料	钙、硅、铝、铁质原料	新型干法（窑尾）	≥4000t/d (kg/t熟料)		0.088	0.329	0.150	袋式除尘	双碱法	直排
						0.013	0.064	0.802	袋式除尘	直排	SNCR+分级燃烧
				≤4000t/d (kg/t熟料)		0.001	0.021	0.259	袋式除尘	炉内掺烧	SNCR+分级燃烧
砖瓦行业	煤矸石砖	煤矸石、污泥等	砖瓦炉窑焙烧工段	所有规模	kg/万块标砖	0.007	0.068	0.089	电袋组合	干法脱硫	SNCR+分级燃烧+无氨燃烧
						0.140	34.856	7.148	其他类除尘设备	石灰石/石灰-石膏湿法	直排
	烧结类砖	页岩、粉煤灰、煤矸石				0.033	0.948	2.016	湿式电除尘	双碱法	直排

注：SNCR为选择性非催化还原法。

2.1.3 典型重工业行业大气污染物本地化排放因子

由实测采样数据和相应的活动水平得到本地化排放因子，同时用调研所得的数据及在线数据对部分实测排放因子进行修正和推算，结合实际情况以及污染物产生的原理，选定了最终的本地化排放因子，如表 2-2 所列。

表 2-3 本地化实测因子与文献、手册提供排放因子的对比

行业	排放因子	SO_2	NO_x	$PM_{2.5}$
耐火材料行业	本地实测	8.329	4.663	0.054
		1.294	3.844	0.011
		1.524	3.529	0.042
	本地实测平均	3.716	4.012	0.036
	文献提供	12.16	10.24	0.11
碳素行业	本地实测	0.261	0.466	0.024
		0.272	1.210	0.022
	本地实测平均	0.267	0.838	0.023
	手册提供	18.87	1.04	1.6
氧化铝行业	本地实测	0.009	0.089	0.004
	手册提供	—	—	297.13
电解铝行业	本地实测	0.329	0.150	0.088
	手册提供	7.50	—	18.25
水泥行业	本地实测	0.064	0.802	0.013
		0.021	0.259	0.001
		0.068	0.089	0.007
	本地实测平均	0.051	0.383	0.007
	手册提供	0.51	1.88	26.50
砖瓦行业	本地实测	34.856	7.148	0.14
		0.948	2.016	0.033
	本地实测平均	17.902	4.582	0.087
	手册提供	0.60	0.05	0.27

表 2-3 为上述行业采用的实测排放因子与《城市大气污染物排放清单编制技术手册》或相关文献所提供的相关行业排放因子的对比。

根据表 2-3，通过对比本地实测的排放因子以及相关文献、手册提供的排放因子可以看出，除碳素行业、氧化铝行业、水泥行业的 $PM_{2.5}$，碳素行业的 SO_2，砖瓦行业的 SO_2 和 NO_x 外，其他行业对应污染物排放因子二者之间的差距不大。碳素行业的 SO_2 差距较大，可能与所使用的原材料含硫率有关。砖瓦行业的 SO_2、NO_x 实测与手册提供因子差距较大，其原因可能是实际采样过程只测试了部分工序产生的污染物而没有考虑整体工艺过程，因此与手册提供的排放因子有较大的误差。而其余行业 $PM_{2.5}$ 排放因子差异较大的原因可能是，本地化测试与手册测试的测试方法和选择工艺过程的工序不同。

2.1.4 耐火材料行业 $PM_{2.5}$ 化学成分谱

对耐火材料企业得到的 $PM_{2.5}$ 样品膜进行水溶性离子、元素组分和碳组分分析，得到

PM$_{2.5}$化学成分谱，见表2-4。在PM$_{2.5}$化学成分谱中含量丰富的组分为SO_4^{2-}、NH_4^+、OC、Na^+、Cl^-、F^-、S、Ca^{2+}、K^+、EC和Pb等。该源成分谱中SO_4^{2-}的占比最高，为17.7%，其次为NH_4^+和OC的占比，分别为13.7%和12.6%，较高的占比可能与原料的使用、回收利用碳素行业炉窑废弃的内衬耐火砖等有关。

表2-4 耐火材料企业PM$_{2.5}$化学成分谱

组分	占比/%	组分	占比/%
OC	12.648±12.515	P	0.058±0.030
EC	1.296±1.996	S	1.929±0.510
Na^+	4.687±3.488	Cl	0.539±0.720
NH_4^+	13.660±5.151	K	0.205±0.088
K^+	1.335±0.532	Ca	0.011±0.006
Mg^{2+}	0.288±0.183	Ti	0.002±0.001
Ca^{2+}	1.727±1.397	V	0.046±0.036
F^-	4.124±3.535	Ni	0.004±0.005
Cl^-	4.259±3.676	Cu	0.007±0.003
NO_3^-	0.028±0.035	Zn	0.145±0.212
SO_4^{2-}	17.713±3.148	Ga	0.028±0.042
Cr	0.040±0.023	As	0.052±0.035
Mn	0.001±0.001	Se	0.003±0.003
Fe	0.053±0.031	Sr	0.000±0.000
Co	0.000±0.000	Cd	0.005±0.005
Na	0.017±0.014	Sn	0.048±0.062
Mg	0.006±0.003	Sb	0.005±0.002
Al	0.013±0.013	Ba	0.001±0.001
Si	0.086±0.117	Pb	1.143±1.636

2.1.5 碳素行业PM$_{2.5}$及VOCs化学成分谱

（1）PM$_{2.5}$源成分谱

对碳素行业煅烧工段和焙烧工段采集的PM$_{2.5}$样品膜进行分析，分析结果如表2-5和表2-6所列。在煅烧工段中含量丰富的组分为EC、S、Ca^{2+}、SO_4^{2-}、OC、NH_4^+和NO_3^-等。其中，EC占比最高，为11.5%；其次为S，占比为9.7%。焙烧工段中含量较高的组分为Ca^{2+}、Na^+、EC、OC、S、Al和Ca等。其中Ca^{2+}占比最高，为11.7%；其次为Na^+，占比为11.3%。

表2-5 碳素行业煅烧工段PM$_{2.5}$化学成分谱

组分	占比/%	组分	占比/%
OC	7.748±6.708	P	0.081±0.016
EC	11.529±9.533	S	9.687±4.487
Na^+	2.051±1.468	Cl	1.100±0.714
NH_4^+	7.226±6.405	K	1.842±1.175
K^+	0.566±0.373	Ca	5.828±2.368
Mg^{2+}	0.858±0.434	Ti	0.184±0.057

续表

组分	占比 /%	组分	占比 /%
Ca^{2+}	8.992±9.757	V	0.028±0.017
F^-	0.921±0.970	Ni	0.034±0.024
Cl^-	0.938±0.599	Cu	0.088±0.067
NO_3^-	6.197±4.789	Zn	0.193±0.064
SO_4^{2-}	8.322±4.222	Ga	0.010±0.006
Cr	0.036±0.024	As	0.014±0.010
Mn	0.076±0.013	Se	0.010±0.005
Fe	2.189±0.604	Sr	0.018±0.009
Co	0.012±0.004	Cd	0.035±0.026
Na	1.947±1.501	Sn	0.030±0.015
Mg	0.679±0.200	Sb	0.066±0.030
Al	5.151±3.361	Ba	0.039±0.018
Si	4.956±1.715	Pb	0.096±0.045

表 2-6 碳素行业焙烧工段 $PM_{2.5}$ 化学成分谱

组分	占比 /%	组分	占比 /%
OC	10.168±7.111	P	0.078±0.051
EC	10.444±7.175	S	8.819±3.600
Na^+	11.337±8.047	Cl	0.739±0.386
NH_4^+	2.949±2.019	K	1.786±0.931
K^+	0.349±0.253	Ca	5.156±0.729
Mg^{2+}	0.775±0.503	Ti	0.338±0.075
Ca^{2+}	11.711±8.875	V	0.070±0.043
F^-	0.230±0.181	Ni	0.082±0.028
Cl^-	0.773±0.687	Cu	0.547±0.311
NO_3^-	4.739±3.679	Zn	0.509±0.207
SO_4^{2-}	3.892±1.798	Ga	0.020±0.025
Cr	0.204±0.093	As	0.019±0.011
Mn	0.139±0.038	Se	0.029±0.029
Fe	2.281±0.854	Sr	0.041±0.027
Co	0.043±0.043	Cd	0.197±0.217
Na	0.510±0.303	Sn	0.167±0.241
Mg	0.654±0.234	Sb	0.122±0.142
Al	6.172±2.814	Ba	0.118±0.107
Si	4.854±2.600	Pb	0.162±0.049

（2）VOCs 源成分谱

表 2-7 为碳素行业煅烧工段、混捏成型工段及焙烧工段排放的 VOCs 源成分谱。在煅烧工段中，萘、苯、间/对二甲苯、苯乙烯、邻二甲苯、甲苯和乙苯等均有着较高的占比，这主要是因为石油焦或炼焦原料具有芳香结构，在受到高温时会排放出大量的芳香族化合物。乙酸乙酯的占比排在第二位，因在碳素生产过程中不使用有机溶剂，所以乙酸乙酯的可能来源为石油焦大分子在高温下的热解。卤代烃中占比最高的 1,1- 二氯乙烯可能来源于原料中含

氯组分的热解。混捏成型工段中小分子的异丁烷、正丁烷和 1-丁烯等占比较高，主要来源于原料中大分子烷烃等的断裂，混捏成型工段也能释放出一定量的氯苯，是沥青中的卤素与大分子在高温下结合所致。在焙烧工段占比最高的为萘，由于石油焦中挥发分已大多数燃烧殆尽，焙烧工段的萘主要来源于原料中煤沥青的使用。在 200～700℃加热条件下，煤沥青本身成分将发生改变，挥发性较强的萘、苯和甲苯等芳烃将会被大量地释放出来。二硫化碳作为一个标识物种，在焙烧工段的可能来源有两方面：一方面为煤沥青中的含硫组分；另一方面为其余原料（如煅烧后的石油焦、冶金焦等）中的含硫组分。而丙烷、正丁烷的含量也较高，可能来源于沥青受热后的大分子分解。

表 2-7 碳素行业煅烧工段、混捏成型工段及焙烧工段 VOCs 源成分谱

物种	类别	煅烧工段		混捏成型工段		焙烧工段	
		百分比	SD	百分比	SD	百分比	SD
丙烷	烷烃	0.4%	0.1%	0.7%	0.1%	4.4%	0.6%
二氯二氟甲烷	卤代烃	0.5%	0.1%	0.3%	0.1%	0.0%	0.0%
1,2-二氯-1,1,2,2-四氟乙烷	卤代烃	0.3%	0.2%	0.3%	0.2%	0.0%	0.0%
异丁烷	烷烃	0.5%	0.4%	10.3%	2.1%	0.6%	0.1%
氯甲烷	卤代烃	0.5%	0.1%	0.2%	0.1%	0.7%	0.6%
1-丁烯	烯烃	1.1%	0.1%	5.1%	0.8%	0.9%	0.4%
正丁烷	烷烃	0.4%	0.0%	9.1%	1.7%	2.3%	0.9%
氯乙烯	卤代烃	0.2%	0.1%	0.0%	0.0%	0.1%	0.1%
1,3-丁二烯	烯烃	0.1%	0.1%	0.1%	0.1%	0.6%	0.5%
反-2-丁烯	烯烃	0.7%	0.5%	2.2%	0.4%	0.3%	0.1%
顺-2-丁烯	烯烃	0.5%	0.4%	1.3%	0.2%	0.2%	0.1%
溴甲烷	卤代烃	0.2%	0.2%	0.0%	0.0%	0.0%	0.0%
氯乙烷	卤代烃	0.1%	0.0%	0.1%	0.1%	0.0%	0.0%
异戊烷	烷烃	0.3%	0.1%	0.5%	0.1%	0.3%	0.0%
三氯一氟甲烷	卤代烃	0.2%	0.1%	0.1%	0.1%	0.0%	0.0%
1-戊烯	烯烃	0.2%	0.1%	0.0%	0.0%	0.1%	0.2%
正戊烷	烷烃	0.3%	0.0%	0.2%	0.1%	0.5%	0.2%
乙醇	OVOC	0.2%	0.1%	0.1%	0.1%	0.0%	0.0%
反-2-戊烯	烯烃	0.1%	0.1%	0.0%	0.0%	0.0%	0.0%
异戊二烯	烯烃	0.1%	0.0%	0.0%	0.0%	0.0%	0.0%
顺-2-戊烯	烯烃	0.1%	0.1%	0.0%	0.0%	0.0%	0.0%
2-丙烯醛	OVOC	1.0%	0.6%	0.2%	0.0%	2.2%	1.1%
1,1-二氯乙烯	卤代烃	0.1%	0.1%	0.0%	0.0%	0.0%	0.0%
1,2,2-三氟-1,1,2-三氯乙烷	卤代烃	0.1%	0.1%	0.0%	0.0%	0.0%	0.0%
2,2-二甲基丁烷	烷烃	0.1%	0.1%	0.0%	0.0%	0.0%	0.0%
2,3-二甲基丁烷	烷烃	0.2%	0.0%	0.3%	0.4%	0.0%	0.0%
2-甲基戊烷	烷烃	0.5%	0.2%	0.8%	0.2%	0.2%	0.0%
3-甲基戊烷	烷烃	0.3%	0.1%	0.3%	0.1%	0.1%	0.0%
正己烷	烷烃	1.8%	0.2%	0.4%	0.2%	0.4%	0.2%
丙酮	OVOC	0.1%	0.0%	0.0%	0.0%	0.0%	0.0%
异丙醇	OVOC	1.8%	1.7%	0.8%	0.2%	0.1%	0.0%
二硫化碳	硫化物	3.6%	1.3%	17.1%	1.0%	9.8%	13.7%
二氯甲烷	卤代烃	0.1%	0.0%	0.0%	0.0%	0.0%	0.0%

续表

物种	类别	煅烧工段		混捏成型工段		焙烧工段	
		百分比	SD	百分比	SD	百分比	SD
环戊烷	烷烃	0.1%	0.0%	0.0%	0.0%	0.3%	0.3%
甲基叔丁基醚	OVOC	0.2%	0.1%	0.2%	0.1%	0.1%	0.0%
顺-1,2-二氯乙烯	卤代烃	0.1%	0.0%	0.0%	0.0%	0.0%	0.0%
1-己烯	烯烃	0.5%	0.2%	0.2%	0.2%	0.1%	0.1%
1,1-二氯乙烯	卤代烃	3.7%	5.1%	0.0%	0.0%	0.1%	0.1%
乙酸乙烯酯	OVOC	0.2%	0.0%	0.0%	0.0%	0.0%	0.0%
2,4-二甲基戊烷	烷烃	0.2%	0.0%	0.0%	0.0%	0.1%	0.0%
甲基环戊烷	烷烃	0.1%	0.0%	0.1%	0.1%	0.2%	0.1%
反-1,2-二氯乙烯	卤代烃	0.7%	0.5%	0.0%	0.0%	1.6%	1.5%
2-丁酮	OVOC	0.8%	0.4%	0.2%	0.1%	0.4%	0.4%
乙酸乙酯	OVOC	7.1%	1.5%	1.2%	0.2%	0.6%	0.1%
四氢呋喃	OVOC	0.3%	0.0%	0.0%	0.0%	0.0%	0.0%
三氯甲烷（氯仿）	卤代烃	0.6%	0.1%	0.1%	0.0%	0.1%	0.0%
1,1,1-三氯乙烷	卤代烃	0.1%	0.0%	0.0%	0.0%	0.0%	0.0%
2-甲基己烷	烷烃	0.2%	0.0%	0.0%	0.0%	0.0%	0.0%
环己烷	烷烃	0.1%	0.0%	0.0%	0.0%	0.3%	0.4%
2,3-二甲基戊烷	烷烃	0.1%	0.0%	0.0%	0.0%	0.3%	0.5%
四氯化碳	卤代烃	0.1%	0.0%	0.0%	0.0%	0.0%	0.0%
3-甲基己烷	烷烃	0.2%	0.0%	0.0%	0.0%	0.0%	0.0%
苯	芳烃	5.0%	2.3%	0.2%	0.1%	19.7%	14.1%
1,2-二氯乙烷	卤代烃	1.2%	0.3%	0.8%	0.2%	0.7%	0.1%
2,2,4-三甲基戊烷	烷烃	0.1%	0.0%	0.0%	0.0%	0.0%	0.0%
庚烷	烷烃	0.1%	0.0%	0.0%	0.0%	0.2%	0.1%
三氯乙烯	卤代烃	0.2%	0.0%	0.0%	0.0%	0.0%	0.0%
甲基环己烷	烷烃	0.2%	0.0%	0.0%	0.0%	0.1%	0.1%
1,2-二氯丙烷	卤代烃	1.3%	0.9%	0.0%	0.0%	0.0%	0.0%
甲基丙烯酸甲酯	OVOC	0.3%	0.1%	0.0%	0.0%	0.0%	0.0%
1,4-二噁烷	OVOC	0.2%	0.0%	0.0%	0.0%	0.0%	0.0%
一溴二氯甲烷	卤代烃	0.1%	0.0%	0.0%	0.0%	0.0%	0.0%
2,3,4-三甲基戊烷	烷烃	0.2%	0.0%	0.0%	0.0%	0.0%	0.0%
2-甲基庚烷	烷烃	0.2%	0.1%	0.1%	0.1%	0.0%	0.0%
顺-1,3-二氯-1-丙烯	卤代烃	0.2%	0.0%	0.0%	0.0%	0.0%	0.0%
3-甲基庚烷	烷烃	0.1%	0.0%	0.0%	0.0%	0.0%	0.0%
4-甲基-2-戊酮	OVOC	0.4%	0.1%	0.8%	0.4%	0.0%	0.0%
甲苯	芳烃	3.5%	2.2%	1.4%	0.5%	5.8%	1.8%
辛烷	烷烃	0.2%	0.0%	0.1%	0.0%	0.1%	0.1%
反-1,3-二氯丙烯	卤代烃	0.1%	0.0%	0.0%	0.0%	0.0%	0.0%
4-甲基-1,3-戊二烯	烯烃	0.5%	0.2%	0.0%	0.1%	0.4%	0.5%
1,1,2-三氯乙烷	卤代烃	0.3%	0.2%	0.0%	0.0%	0.0%	0.0%
四氯乙烯	卤代烃	0.2%	0.0%	0.0%	0.0%	0.0%	0.0%
2-己酮	OVOC	0.3%	0.2%	0.1%	0.1%	0.1%	0.1%
一氯二溴甲烷	卤代烃	0.2%	0.1%	0.0%	0.0%	0.0%	0.0%
1,1-二溴乙烷	卤代烃	0.2%	0.1%	0.0%	0.0%	0.0%	0.0%
氯苯	卤代烃	2.7%	2.6%	5.0%	3.0%	0.3%	0.1%

续表

物种	类别	煅烧工段		混捏成型工段		焙烧工段	
		百分比	SD	百分比	SD	百分比	SD
乙苯	芳烃	3.2%	3.8%	0.7%	0.2%	1.8%	2.3%
间/对二甲苯	芳烃	4.8%	5.2%	0.7%	0.2%	2.7%	2.7%
壬烷	烷烃	0.3%	0.0%	0.3%	0.1%	0.1%	0.1%
邻二甲苯	芳烃	4.0%	4.7%	0.7%	0.1%	3.5%	4.0%
苯乙烯	芳烃	4.6%	2.7%	0.2%	0.0%	1.2%	1.8%
三溴甲烷（溴仿）	卤代烃	0.2%	0.1%	0.0%	0.0%	0.0%	0.0%
异丙苯	芳烃	0.4%	0.2%	0.2%	0.1%	0.1%	0.1%
1,1,2,2-四氯乙烷	卤代烃	0.1%	0.0%	0.2%	0.2%	0.0%	0.0%
丙苯	芳烃	0.2%	0.1%	0.3%	0.1%	0.1%	0.1%
间乙基甲苯	芳烃	0.3%	0.1%	1.2%	0.1%	0.7%	0.8%
对乙基甲苯	芳烃	0.1%	0.0%	0.5%	0.1%	0.2%	0.3%
1,3,5-三甲基苯	芳烃	0.1%	0.0%	0.2%	0.1%	0.3%	0.3%
正癸烷	烷烃	0.4%	0.1%	0.5%	0.1%	0.1%	0.1%
邻乙基甲苯	芳烃	0.3%	0.1%	0.5%	0.1%	0.4%	0.5%
1,2,4-三甲基苯	芳烃	2.1%	1.0%	0.6%	0.1%	1.7%	0.9%
间二氯苯	卤代烃	0.3%	0.1%	0.2%	0.0%	0.0%	0.0%
对二氯苯	卤代烃	0.3%	0.1%	0.1%	0.1%	0.0%	0.0%
1,2,3-三甲基苯	芳烃	0.3%	0.1%	0.7%	0.1%	0.3%	0.1%
苄基氯	卤代烃	0.2%	0.1%	0.0%	0.0%	0.0%	0.0%
间二乙基苯	芳烃	0.3%	0.1%	2.2%	0.3%	0.3%	0.4%
对二乙基苯	芳烃	0.3%	0.1%	0.8%	0.2%	0.3%	0.4%
邻二氯苯	卤代烃	0.2%	0.1%	0.0%	0.0%	0.0%	0.0%
正十一烷	烷烃	0.9%	0.3%	2.2%	0.5%	0.2%	0.1%
十二烷	烷烃	2.8%	0.7%	8.8%	3.3%	0.3%	0.1%
1,2,4-三氯苯	卤代烃	0.6%	0.3%	0.3%	0.2%	0.0%	0.0%
六氯丁二烯	卤代烃	0.7%	0.3%	0.3%	0.1%	0.0%	0.0%
萘	芳烃	22.1%	10.3%	16.4%	5.6%	29.6%	11.9%

注：SD 表示标准偏差；OVOC 表示含氧挥发性有机物。

2.1.6 氧化铝行业 PM$_{2.5}$ 化学成分谱

氧化铝行业采集的 PM$_{2.5}$ 样品化学成分谱如表 2-8 所列。在成分谱中含量较高的组分为 Cl$^-$、Cl、NH$_4^+$、OC、F$^-$、Na$^+$、K$^+$、SO$_4^{2-}$ 和 K 等。其中，Cl$^-$ 的占比最高，为 20.9%；其次为 Cl，占比为 12.7%。值得注意的是 F$^-$，其占比为 4.9%，主要来源于铝矾土。

表 2-8 氧化铝行业 PM$_{2.5}$ 化学成分谱

组分	占比/%	组分	占比/%
OC	9.611±5.776	P	0.085±0.045
EC	0.250±0.154	S	0.943±0.593
Na$^+$	3.157±0.342	Cl	12.650±9.849
NH$_4^+$	10.952±1.103	K	2.641±1.363
K$^+$	2.795±0.355	Ca	0.181±0.090
Mg^{2+}	0.000±0.000	Ti	0.009±0.008

续表

组分	占比 /%	组分	占比 /%
Ca^{2+}	0.000±0.000	V	0.013±0.014
F^-	4.865±0.420	Ni	0.024±0.023
NO_3^-	0.000±0.000	Cu	0.024±0.034
Cl^-	20.883±2.407	Zn	0.107±0.065
SO_4^{2-}	1.915±0.019	Ga	0.012±0.011
Cr	0.021±0.032	As	0.116±0.061
Mn	0.007±0.007	Se	0.005±0.003
Fe	0.232±0.218	Sr	0.004±0.003
Co	0.006±0.002	Cd	0.028±0.004
Na	2.728±1.036	Sn	0.018±0.017
Mg	0.015±0.003	Sb	0.030±0.017
Al	0.939±0.248	Ba	0.023±0.014
Si	0.427±0.326	Pb	0.376±0.232

2.1.7 电解铝行业 $PM_{2.5}$ 化学成分谱

电解铝行业 $PM_{2.5}$ 化学成分谱如表2-9所列。在成分谱中含量较高的组分为EC、OC、Al、S、Na^+ 和 Ca^{2+} 等。其中，含量最高的组分为EC，占比为21.7%；其次为OC，占比为10.0%。总体来看，电解铝行业 $PM_{2.5}$ 化学成分谱以碳组分和元素组分为主。

表2-9 电解铝行业 $PM_{2.5}$ 化学成分谱

组分	占比 /%	组分	占比 /%
OC	9.988±2.838	P	0.073±0.020
EC	21.669±5.808	S	6.912±2.271
Na^+	6.131±4.730	Cl	0.570±0.261
NH_4^+	3.799±2.529	K	3.426±1.152
K^+	0.264±0.233	Ca	3.563±0.391
Mg^{2+}	0.053±0.056	Ti	0.156±0.041
Ca^{2+}	4.301±3.487	V	0.010±0.001
F^-	0.210±0.205	Ni	0.160±0.018
NO_3^-	1.003±0.584	Cu	0.133±0.084
Cl^-	4.196±2.863	Zn	0.133±0.040
SO_4^{2-}	3.383±2.675	Ga	0.012±0.006
Cr	0.024±0.021	As	0.022±0.012
Mn	0.048±0.026	Se	0.008±0.002
Fe	1.564±0.321	Sr	0.018±0.019
Co	0.012±0.003	Cd	0.065±0.037
Na	3.992±1.431	Sn	0.017±0.013
Mg	0.453±0.105	Sb	0.101±0.035
Al	9.774±2.298	Ba	0.064±0.048
Si	3.720±0.709	Pb	0.109±0.059

2.1.8 水泥行业 $PM_{2.5}$ 化学成分谱

水泥行业 $PM_{2.5}$ 化学成分谱如表2-10所列，其中含量较高的组分为OC、Na^+、Ca^{2+}、SO_4^{2-}、NO_3^-、NH_4^+、EC、Cl^- 和 Al 等，主要与所用燃料和原辅料有关。$PM_{2.5}$ 化学成分谱中含

量最高的组分为 OC，占比为 26.1%；其次为 Na^+ 和 Ca^{2+}，占比分别为 14.3% 和 11.9%。总体来看，水泥行业 $PM_{2.5}$ 化学成分谱中主要以碳组分和水溶性离子为主。

表 2-10　水泥行业 $PM_{2.5}$ 化学成分谱

组分	占比 /%	组分	占比 /%
OC	26.062±6.845	P	0.010±0.002
EC	2.109±1.128	S	0.972±0.439
Na^+	14.338±4.400	Cl	0.128±0.016
NH_4^+	3.442±1.515	K	0.164±0.023
K^+	0.366±0.174	Ca	0.967±0.379
Mg^{2+}	0.755±0.288	Ti	0.037±0.022
Ca^{2+}	11.879±4.631	V	0.002±0.001
F^-	0.677±0.379	Ni	0.005±0.003
Cl^-	1.519±1.238	Cu	0.011±0.007
NO_3^-	3.496±1.892	Zn	0.041±0.025
SO_4^{2-}	4.702±1.581	Ga	0.001±0.001
Cr	0.005±0.004	As	0.002±0.001
Mn	0.013±0.005	Se	0.001±0.001
Fe	0.266±0.083	Sr	0.004±0.001
Co	0.002±0.001	Cd	0.007±0.002
Na	0.043±0.021	Sn	0.005±0.004
Mg	0.064±0.027	Sb	0.005±0.000
Al	1.005±0.511	Ba	0.008±0.001
Si	0.422±0.120	Pb	0.016±0.006

2.1.9　砖瓦行业 $PM_{2.5}$ 化学成分谱

砖瓦行业 $PM_{2.5}$ 化学成分谱如表 2-11 所列。成分谱中含量较高的为 Ca^{2+}、Na^+、NH_4^+、Cl^-、SO_4^{2-}、NO_3^-、OC、Cl、EC 和 Si 等，主要与所用燃料和原辅料有关。$PM_{2.5}$ 成分谱中 Ca^{2+} 含量最高，占比为 6.3%，可能与该行业使用的石灰-石膏法脱硫中使用 $CaSO_4$ 有关。Na^+ 的占比也较高，为 5.9%，可能与该行业使用双碱法脱硫有关。Cl 和 Si 的占比分别为 1.7% 和 1.1%，与煤矸石的使用有关。

表 2-11　砖瓦行业 $PM_{2.5}$ 化学成分谱

组分	占比 /%	组分	占比 /%
OC	1.904±0.790	P	0.009±0.005
EC	1.156±0.254	S	0.953±0.558
Na^+	5.870±3.974	Cl	1.670±1.983
NH_4^+	5.263±4.415	K	0.219±0.096
K^+	0.144±0.038	Ca	0.552±0.289
Mg^{2+}	0.556±0.158	Ti	0.047±0.025
Ca^{2+}	6.308±1.673	V	0.002±0.001
F^-	0.199±0.123	Ni	0.003±0.003
Cl^-	4.972±6.800	Cu	0.032±0.031
NO_3^-	2.607±2.070	Zn	0.052±0.028

续表

组分	占比 /%	组分	占比 /%
SO_4^{2-}	3.530±0.786	Ga	0.002±0.001
Cr	0.006±0.004	As	0.002±0.001
Mn	0.009±0.005	Se	0.004±0.004
Fe	0.349±0.151	Sr	0.004±0.003
Co	0.002±0.001	Cd	0.010±0.005
Na	0.064±0.034	Sn	0.004±0.001
Mg	0.067±0.034	Sb	0.005±0.004
Al	0.799±0.448	Ba	0.010±0.006
Si	1.075±0.618	Pb	0.060±0.043

2.2 移动源

2.2.1 隧道采样及分析测试

本试验选取的采样段位于隧道孔道南侧，图2-1是郑州市北三环隧道试验采样点位置图。在隧道入口和匝道出口之间同侧设置两个采样点，靠近隧道入口约110m处的为采样点1（SP1），靠近匝道出口的为采样点2（SP2），两个采样点之间的距离为760m。车辆由SP1驶向SP2，单向直行。

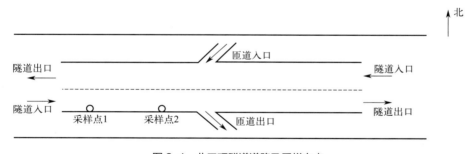

图 2-1 北三环隧道道路及采样布点

2.2.1.1 隧道采样污染物分析方法

（1）CO/CO_2 分析

隧道中 CO/CO_2 气体浓度测定采用符合《空气质量 一氧化碳的测定 非分散红外法》（GB 9801—88）的便携式红外 CO/CO_2 分析仪（JC-3010/3011AE，青岛聚创环保设备有限公司）进行在线监测。

（2）NO/NO_x 分析

隧道中 NO/NO_x 气体主要按照《环境空气 氮氧化物（一氧化氮和二氧化氮）的测定 盐酸萘乙二胺分光光度法》（HJ 479—2009）中规定的方法进行采样和分析。

（3）O_3 分析

隧道中 O_3 气体浓度主要基于《环境空气 臭氧的测定 靛蓝二磺酸钠分光光度法》（HJ 504—2009）中规定的方法进行测定。

（4）SO_2 分析

隧道中 SO_2 气体浓度的测定采用《环境空气 二氧化硫的测定 甲醛吸收-副玫瑰苯胺分光光度法》（HJ 482—2009）中规定的方法。

（5）颗粒物采样

采用 TH-16A 四通道大气颗粒物采样器对颗粒物进行采样，同时采集 TSP（总悬浮颗粒物）、PM_{10}、$PM_{2.5}$ 等颗粒物，随后基于 2.1 部分测试方法进行组分分析。

（6）VOCs 采样及组分分析

用 Summa 罐对隧道内 VOCs 进行采样，采样流量为 45mL/min，控制采样时间为 60min。采集的 VOCs 样品采用气相色谱-质谱联用仪（7890 GC-5975 MS，安捷伦，美国）进行分析，所有样品均在采样后 15d 内完成分析。样品分析按照美国环保署推荐的 TO-15 方法进行，共对 102 种 VOCs 进行了定量分析。

（7）交通流量测定

车辆流量统计主要基于隧道管理部门提供的车流量数据，借助数字高清双雷达微波车辆检测器（Wavetronix，SmartSensor HD SS-126）获得车流量、平均车速等信息，按车型主要划分为非机动车、小型车、中型车和大型车。

2.2.1.2 数据分析方法

基于隧道试验得出的汽车污染物排放因子是汽车在实际道路行驶状态下的平均排放因子，更能反映当地汽车车队的综合平均排放因子。在一定条件下，隧道试验进出口处所测试大气污染物的质量浓度差主要跟采样期间的车流量有关。机动车污染物的平均排放因子计算方法如下：

$$m = c_2 \times V_2 - c_1 \times V_1 \tag{2-4}$$

$$EF = m/(N \times L) \tag{2-5}$$

式中　m——在一定时间内通过隧道的某种机动车排放污染物的总质量，g；
　　　c_1，c_2——隧道入口和隧道出口处污染物的浓度，g/m^3；
　　　V_1，V_2——隧道入口和隧道出口处空气的流通体积，m^3；
　　　EF——机动车某种污染物的平均排放因子，$g/(veh \cdot km)$；
　　　N——该时间段内通过隧道的某种机动车的总车流量，veh；
　　　L——隧道内两个采样点之间的距离，km。

注意：veh 表示"辆"。

本项目中通过数字高清双雷达微波车辆检测器分析车辆占比，基于车队平均排放因子及各车型占比，可以通过多元回归数学模型分析，判别不同车型的平均排放因子，如式（2-6）所示：

$$EF=\sum_{i=1}^{3} e_i \times m_i + b \tag{2-6}$$

式中　　EF——车队的平均排放因子，mg/(veh·km)；

　　　　e_i——大、中、小型车的平均排放因子，mg/(veh·km)；

　　　　m_i——大、中、小型车的车流量占比，%；

　　　　i——三种不同的车型，取 1、2、3；

　　　　b——多元回归拟合方程的一个常数。

2.2.2 隧道污染物浓度特征

2.2.2.1 颗粒物组成特征

隧道出入口 $PM_{2.5}$ 及其各化学组成成分的平均质量浓度见表 2-12。主要测试组分有 OC、EC、9 种水溶性无机离子（F^-、Cl^-、NO_3^-、Na^+、NH_4^+、K^+、SO_4^{2-}、Mg^{2+}、Ca^{2+}）和 25 种元素组分（B、Be、Mg、Al、Ca、K、Si、Ti、V、Cr、Mn、Co、Fe、Cu、Zn、As、Se、Mo、Sr、Ag、Cd、Sb、Sn、Ba、Pb）。两个采样点位入口处和出口处的 $PM_{2.5}$ 浓度分别是 198.5μg/m³±62.5μg/m³ 和 246.6μg/m³±44.9μg/m³，远超过国家规定的 $PM_{2.5}$ 浓度二级限定值（75μg/m³），且出口处的浓度普遍要高于入口处，显然机动车在隧道中的污染贡献显著。

表 2-12　隧道出入口 $PM_{2.5}$ 及其各化学组分的平均质量浓度　　　　单位：μg/m³

物质	入口处	出口处	物质	入口处	出口处
$PM_{2.5}$	198.5±62.5	246.6±44.9	Ti	0.092±0.034	0.080±0.017
OC	21.2±7.7	34.8±9.8	V	0.002±0.001	0.003±0.001
EC	9.7±4.0	15.1±4.3	Cr	0.027±0.011	0.038±0.007
Na^+	0.5±0.2	0.6±0.2	Mn	0.124±0.049	0.159±0.026
NH_4^+	13.1±5.9	10.4±4.9	Fe	1.004±0.337	1.937±0.790
K^+	1.2±0.5	1.2±0.5	Co	0.025±0.016	0.021±0.005
Mg^{2+}	0.4±0.2	0.5±0.1	Cu	0.059±0.016	0.094±0.017
Ca^{2+}	8.0±4.3	12.3±4.5	Zn	0.307±0.071	0.317±0.090
F^-	0.3±0.2	0.3±0.1	As	0.003±0.001	0.003±0.001
Cl^-	3.2±1.6	3.2±1.5	Se	0.012±0.005	0.011±0.006
NO_3^-	23.2±9.8	21.7±9.3	Sr	0.017±0.008	0.033±0.014
SO_4^{2-}	30.7±16.7	28.1±14.0	Mo	0.000±0.000	0.001±0.001
Be	0.00±0.00	0.00±0.00	Ag	0.003±0.003	0.003±0.003
B	0.11±0.08	0.14±0.07	Cd	0.002±0.002	0.001±0.001
Mg	0.43±0.23	0.81±0.52	Sn	0.014±0.006	0.027±0.008
Al	0.52±0.20	1.26±0.57	Sb	0.004±0.002	0.005±0.002
Si	0.38±0.24	0.46±0.36	Ba	0.097±0.025	0.219±0.041
K	2.79±0.98	3.82±1.37	Pb	0.058±0.027	0.066±0.038
Ca	1.79±1.61	2.91±1.54			

入口处及出口处的 OC 浓度分别是 21.2μg/m³±7.7μg/m³ 和 34.8μg/m³±9.8μg/m³，EC 浓度分别是 9.7μg/m³±4.0μg/m³ 和 15.1μg/m³±4.3μg/m³。OC 的浓度普遍要高于 EC，这是因为通过隧道的机动车主要以小型车为主。OC 主要来源于汽油车，虽然隧道内 86% 的机动车都是小型车，油品的燃料类型以汽油为主，但由于隧道内几乎没有光照，所以 OC 浓度主要为机动车直接排放的一次有机碳。EC 是柴油车排放的一个标志性成分，但由于隧道内的大型车只占总量的 14% 左右，所以 EC 浓度并不高。OC/EC 值能够辨别一次排放源和二次排放源，当这个值在 1～3 之间时可以认为此时 OC 和 EC 的排放更可能单一地来自机动车源。本研究中入口和出口处的 OC/EC 值分别为 2.2 和 2.3，表明本研究中隧道内的 OC 和 EC 均主要来自机动车排放。

在机动车 $PM_{2.5}$ 中，浓度相对比较突出的组分是 SO_4^{2-}、NO_3^- 和 NH_4^+。隧道内入口处以及出口处的 SO_4^{2-} 浓度分别是 30.7μg/m³±16.7μg/m³ 和 28.1μg/m³±14.0μg/m³，NO_3^- 的浓度分别是 23.2μg/m³±9.8μg/m³ 和 21.7μg/m³±9.3μg/m³，NH_4^+ 的浓度分别是 13.1μg/m³±5.9μg/m³ 和 10.4μg/m³±4.9μg/m³。

金属元素的含量普遍偏低，在测定的 25 种金属元素中，钾元素含量最高，隧道内入口和出口处的钾元素浓度分别是 2.8μg/m³±1.0μg/m³ 和 3.8μg/m³±1.4μg/m³，钾元素主要与生物质燃烧源有关，由于当时的采样时间是 2019 年 11 月，与河南省秋季秸秆焚烧时间接近，隧道入口处的通风量也很大，易受外界大气影响。入口和出口处的铁元素浓度分别是 1.0μg/m³±0.3μg/m³ 和 1.9μg/m³±0.8μg/m³，两个点位的铝元素浓度分别是 0.5μg/m³±0.2μg/m³ 和 1.3μg/m³±0.6μg/m³，镁元素浓度分别是 0.4μg/m³±0.2μg/m³ 和 0.8μg/m³±0.5μg/m³，这三者都是出口的浓度高于入口，推测是受到了机动车行驶过程中道路扬尘的影响。硅是一种土壤元素，本次试验中测得的硅元素浓度分别是 0.4μg/m³±0.2μg/m³（入口）和 0.5μg/m³±0.4μg/m³（出口），沿机动车流动方向，硅元素含量增加，说明机动车颗粒物也易受土壤扬尘因素的影响。另外，锌元素的浓度分别是 0.3μg/m³±0.1μg/m³（入口）和 0.3μg/m³±0.1μg/m³（出口），铜元素的浓度分别是 0.06μg/m³±0.02μg/m³（入口）和 0.09μg/m³±0.02μg/m³（出口），由于锌元素被广泛地用于轮胎的抗氧化剂中，铜元素与刹车和机动车轮胎磨损有关，所以沿机动车流动方向，这两种元素浓度都有所增加。入口与出口处铅元素的浓度分别为 0.06μg/m³±0.03μg/m³ 和 0.07μg/m³±0.04μg/m³，相比于其他金属元素，铅元素的含量非常低，由此看来，国家对于无铅汽油政策的推广卓有成效。

表 2-13 列出了隧道内机动车 $PM_{2.5}$ 的源成分谱。两个采样点机动车颗粒物中的 OC 在 $PM_{2.5}$ 中的占比分别是 10.6%±2.1%（入口）和 14.0%±2.4%（出口），EC 在 $PM_{2.5}$ 中的占比分别是 4.8%±1.3%（入口）和 6.1%±1.2%（出口），低于 OC 的占比，可见汽油车的比例要高于柴油车。碳组分（OC+EC）总浓度占 $PM_{2.5}$ 的 20% 左右，是含量最高的成分。这与其他隧道试验研究结果是相同的。其次是 SO_4^{2-}，SO_4^{2-} 对 $PM_{2.5}$ 的贡献率分别是 15.5%±6.8%（入口）和 11.3%±5.1%（出口）。然后是 NO_3^-，NO_3^- 对 $PM_{2.5}$ 的贡献率分别是 11.7%±4.4%（入口）和 8.7%±3.6%（出口）。可见，二次无机组分含量较高，这是由于在采样时间内通过隧道的机动车流量很大，平均每天有 38559 辆机动车通过隧道，并且由机动车引起的隧道通风量也很大，造成了二次无机组分在隧道中的传输和积累。在测定的全部金属元素中，钾元素含量最高，具体占比分别是 2.9%±2.4%（入口）和 2.5%±0.9%（出口）；其次是钙元素，其在 $PM_{2.5}$ 中的占比分别是 1.4%±0.8%（入口）和 1.9%±1.0%（出口）；随后是铁元素，其在 $PM_{2.5}$ 中的占比分别是 0.9%±0.4%（入口）和 1.2%±0.4%（出口）。若以两处采样点为例，

它们的具体顺序是 K > Ca > Fe > Al > Mg > Si > Zn > Ba > B > Mn > Ti > Cu > Pb > Cr > Sr > Sn > Co > Se，其余元素占比较低（低于 0.00%），元素含量总和约占 $PM_{2.5}$ 的 8%。

表 2-13　隧道出入口颗粒物源成分谱　　　　　　　　　　　　单位：%

组分	入口处	出口处	组分	入口处	出口处
OC	10.61±2.13	13.99±2.38	Ti	0.08±0.04	0.06±0.04
EC	4.82±1.28	6.06±1.19	V	0.00±0.00	0.00±0.00
Na^+	0.23±0.07	0.25±0.05	Cr	0.03±0.01	0.03±0.01
NH_4^+	6.73±3.13	4.20±2.04	Mn	0.11±0.05	0.10±0.03
K^+	0.61±0.18	0.50±0.20	Fe	0.89±0.37	1.22±0.35
Mg^{2+}	0.20±0.07	0.21±0.04	Co	0.02±0.02	0.01±0.00
Ca^{2+}	4.06±1.88	4.98±1.59	Cu	0.06±0.03	0.06±0.02
F^-	0.13±0.06	0.13±0.04	Zn	0.28±0.12	0.21±0.06
Cl^-	1.62±0.73	1.31±0.66	As	0.00±0.00	0.00±0.00
NO_3^-	11.65±4.39	8.67±3.61	Se	0.01±0.01	0.01±0.01
SO_4^{2-}	15.52±6.82	11.30±5.11	Sr	0.02±0.01	0.02±0.01
Be	0.00±0.00	0.00±0.00	Mo	0.00±0.00	0.00±0.00
B	0.12±0.11	0.10±0.06	Ag	0.00±0.00	0.00±0.00
Mg	0.39±0.22	0.51±0.27	Cd	0.00±0.00	0.00±0.00
Al	0.45±0.17	0.79±0.30	Sn	0.01±0.00	0.02±0.00
Si	0.41±0.43	0.32±0.27	Sb	0.00±0.00	0.00±0.00
K	2.87±2.42	2.46±0.92	Ba	0.09±0.04	0.14±0.02
Ca	1.40±0.84	1.90±1.00	Pb	0.05±0.02	0.04±0.02

2.2.2.2　VOCs 组成特征

本研究按照 VOCs 的分子结构、元素组成等特性，将检测的 102 种 VOCs 组分分为烷烃、环烷烃、烯烃、芳烃、卤代烃等 10 大类，并采用最大增量反应活性系数法（MIR）来研究各 VOCs 组分对近地面臭氧生成的影响。图 2-2（书后另见彩图）是北三环隧道中所测机动车排放的 VOCs 中各类组分的占比情况（以各类组分的排放因子计算）以及其对臭氧生成潜势（OFP）的贡献情况。如图 2-2 所示，郑州市机动车排放的 VOCs 呈卤代烃>芳烃>烷烃>烯烃>其他各组分的分布，卤代烃排放占比最高，达到 43.8%，其次为芳烃和烷烃，占比分别为 20.5% 和 17.7%，这三种 VOCs 的排放因子能够占到总 VOCs 的 80% 左右，而烯烃、环烷烃、醛酮类等其他各 VOCs 组分的排放占比均在 5% 左右或者更低。本研究结果与国内其他隧道研究有较大的不同，但主要体现在卤代烃排放占比上，如在上海市某隧道中的测试结果显示，机动车 VOCs 排放占比从高到低依次为烷烃>烯烃>芳烃>乙炔>含氧/含硫化合物>卤代烃；在珠江隧道中的研究也显示 VOCs 排放占比由高到低依次为烷烃>芳烃>烯烃>其他 VOCs。分析其原因，可能是受郑州市本地燃油特性的影响，郑州市车用汽油多为催化重整汽油，在炼制过程中会引入部分含氯催化剂，导致汽油中氯元素含量高，进而在燃烧过程中转化为卤代烃。

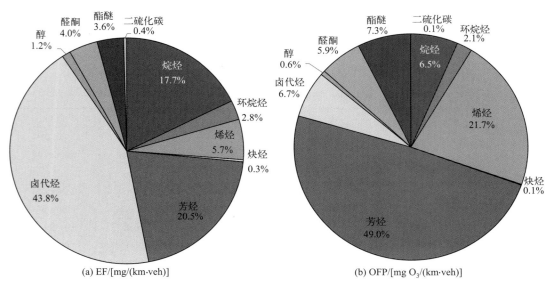

图 2-2　郑州市机动车排放 VOCs 中各组分占比及其对臭氧生成潜势的贡献

从 VOCs 对臭氧生成潜势的影响来考虑，郑州市机动车排放 VOCs 中对臭氧生成潜势贡献较大的主要为芳烃和烯烃。其中，芳烃贡献最高，在总 OFP 中占比接近 50%；其次是烯烃，占比为 21.7%；接着是酯醚类、卤代烃、烷烃和醛酮类，占比在 5.9% 至 7.3% 不等。这与国内其他研究的结果类似，珠江隧道中 VOCs 臭氧生成潜势最高的组分为烯烃与芳烃，分别占总 OFP 的 39% 和 34%；在南京市的富贵山隧道中也发现芳烃和烯烃对尾气 VOCs 的 OFP 贡献最高，其中乙烯、丙烯和间/对二甲苯的贡献率分别达到了 21.1%、17.1% 和 8.9%。值得注意的是，本研究中一些组分，如烯烃、酯醚类和醛酮类含氧 VOCs，在总 VOCs 排放占比中虽然较低，但其各组分的 MIR 值均较高，因此对尾气 VOCs 的臭氧生成具有不可忽视的影响，因此在尾气 VOCs 控制过程中，不能仅对 VOCs 排放总量进行削减，而应重点加强对芳烃、烯烃和含氧 VOCs 的控制。

2.2.2.3　其他气体污染物组成特征

为分析隧道内空气中其他常规和非常规污染物情况，对总碳氢（THC）、CH_4、NO、NO_2、NO_x、NH_3、SO_2 等污染物进行了采样和分析，进出口采样点这些目标污染物的平均浓度及浓度范围如表 2-14 所列。

表 2-14　北三环隧道中空气目标污染物平均浓度及浓度范围

污染物	进口采样点 / (μg/m³)			出口采样点 / (μg/m³)		
	平均值	95% 置信区间	范围	平均值	95% 置信区间	范围
THC	2.2×10^4	1.2×10^3	$(1.9 \sim 2.4) \times 10^4$	2.4×10^4	2.9×10^3	$(2.0 \sim 3.3) \times 10^4$
CH_4	1348.9	521.3	272 ~ 2142	1966.4	859.9	480.5 ~ 4228.0
NO	279.1	78.2	207.0 ~ 425.2	401.5	132.7	194.3 ~ 557.7
NO_2	75.3	18.8	52.9 ~ 102.4	89.5	22.3	56.1 ~ 113.1
NO_x	354.5	94.5	259.9 ~ 527.6	491.0	151.3	250.3 ~ 670.7
NH_3	353.3	41.2	280 ~ 580	462.0	102.8	280 ~ 770
SO_2	31.5	11.1	10 ~ 37	33.2	11.4	11 ~ 38

隧道内 SO_2 平均浓度（进口 31.5μg/m³，出口 33.2μg/m³）远低于《环境空气质量标准》（GB 3095—2012）中 1 小时平均的一级浓度限值（150mg/m³），这主要是因为自 2017 年开始河南省逐渐使用了符合国六标准的车用汽油、柴油，硫含量较低，所以汽车尾气排放的 SO_2 含量也较低。同样，隧道内 NO_2 的浓度也低于《环境空气质量标准》(GB 3095—2012) 中的 1 小时平均值，这是因为所测试的北三环隧道内通行的主要是汽油车，而且以国三以上标准为主，后处理装置较为先进，单车 NO_2 排放因子处于较低水平。由表可知，对于 THC、CH_4、NO、NO_2、NH_3、SO_2 等污染物，均呈现出口浓度大于进口浓度的状况，说明机动车排放的污染物在隧道内有一定的积累，符合机动车隧道观测试验的预期效果，可以用于机动车污染物排放因子的计算。

2.2.3 隧道机动车污染物排放因子

为获得本地化机动车污染排放特征，基于隧道车流量、大气污染物浓度及隧道尺寸等数据进行统计分析，分别得出碳氧化物、氮氧化物、硫氧化物、VOCs 及其他非常规污染物的平均排放因子。图 2-3 为 CO 和 CO_2 分时段平均排放因子。

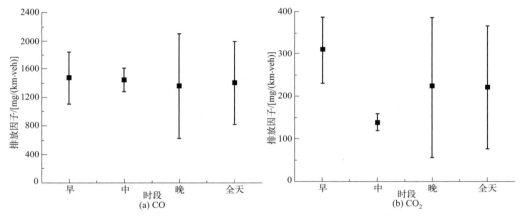

图 2-3 基于隧道测试的机动车 CO 和 CO_2 分时段平均排放因子
（误差棒表示标准差，下同）

隧道试验的机动车测试结果显示，早上、中午和晚上三个时间段的 CO 平均排放因子一致性较好，处于 1364～1448mg/(km·veh) 之间，全天平均值为 1408mg/(km·veh)，此外晚上平均排放因子的波动性较大，可能与晚上大型车车流占比有所增加有关。隧道内早中晚期间的 CO_2 平均排放因子有很大差异，处于 139.4～308.8mg/(km·veh) 之间，全天平均排放因子为 222.4mg/(km·veh)。

早上、中午和晚上三个时间段的 NO 平均排放因子并无显著性差异，处于 75.6～93.4mg/(km·veh) 之间，全天平均排放因子为 84.1mg/(km·veh)（图 2-4）。早、晚期间，隧道大气中 NO_2 平均排放因子大小基本一致，处于 7.3～8.0mg/(km·veh) 之间，但中午期间平均排放因子略高，这可能与中午的光照较强及车流量较小有关。经检测发现，早、晚期间 NO_2 在 NO_x 中的比例相近，分别为 8.0% 和 7.9%；由于中午 NO_2 排放因子较高，导致 NO_2 在 NO_x 中的占比较高，达 13.1%。从全天来看，NO_x 的排放因子为 93.0mg/(km·veh)，NO_2 在 NO_x 中的占比为 9.5%。

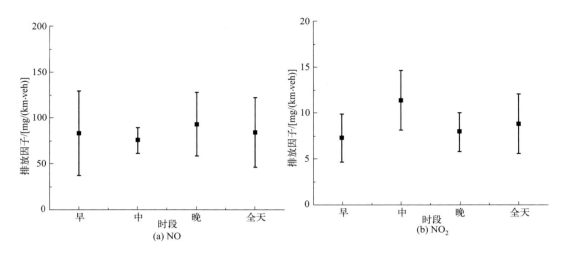

图 2-4　基于隧道测试的机动车 NO 和 NO_2 分时段平均排放因子

不同时间点的 THC 和 CH_4 平均排放因子见图 2-5。8∶00～12∶00 的汽车尾气 THC 和 CH_4 平均排放因子比较一致，分别处于 626.4～836.5mg/(km·veh) 和 62.1～111.4mg/(km·veh) 范围内；15∶00、16∶00 和 17∶00 时，汽车尾气 THC 和 CH_4 平均排放因子比较一致，分别处于 457.2～600.3mg/(km·veh) 和 118.1～285.6mg/(km·veh) 范围。总体来看，汽车 THC 排放呈现上午时间点的平均排放因子略高于下午时间点的趋势，而 CH_4 排放则相反，即下午排放略高于上午，这可能与上午和下午经过的车型组成不同有关。另外，通过计算发现 CH_4 在 THC 中的占比范围波动较大（11.7%～50.6%）。通过对不同时间点的碳氢排放计算，得到 THC 和 CH_4 的平均排放因子分别为 665.5mg/(km·veh)±130.5mg/(km·veh) 和 126.9mg/(km·veh)±71.0mg/(km·veh)。

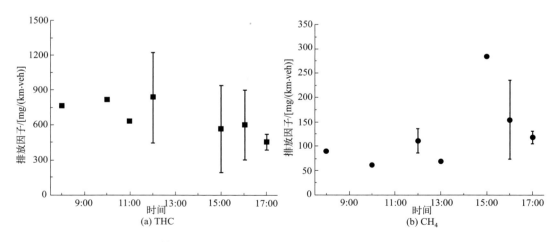

图 2-5　基于隧道测试的不同时间点机动车 THC、CH_4 平均排放因子

图 2-6 为早、中、晚各时段的 VOCs 排放因子及烷烃、环烷烃、芳烃等各 VOCs 组分的排放结果。由图可知，中午和晚上 VOCs 平均排放因子分别为（323.6±211.9）mg/(km·veh) 和（197.1±185.1）mg/(km·veh)，但早上机动车平均排放因子较低，仅为（48.1±26.0）

mg/(km·veh)。就全天来看,机动车平均排放因子为(202.5±94.7)mg/(km·veh),介于中午和晚上的数值期间。

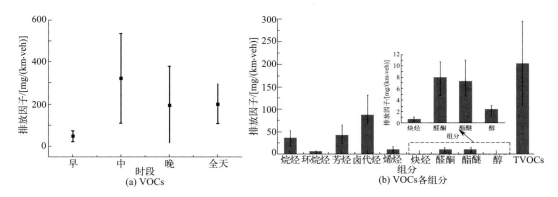

图 2-6 基于隧道测试的分时段机动车 VOCs 排放因子及各组分平均排放因子

本研究使用 Thermo Fisher Scientific 的中小流量颗粒物采样器对隧道环境空气中的颗粒物进行采样,所采集颗粒物的空气动力学直径范围为 0.4~10μm,其空气动力学直径分为 9~10μm、5.8~9μm、4.7~5.8μm、3.3~4.7μm、2.1~3.3μm、1.1~2.1μm、0.7~1.1μm、0.4~0.7μm、<0.4μm 9 个等级,此 9 个粒径等级的颗粒物相加即为隧道内总颗粒物(PM_{10})。本研究测量所得隧道内 PM_{10} 的排放因子范围在 18.41~54.06mg/(km·veh)之间,平均排放因子为 36.06mg/(km·veh)。如图 2-7(a)所示,隧道内机动车颗粒物排放因子在工作日以及周末的平均排放因子分别是(40.66±13.54)mg/(km·veh)和(28.40±7.67)mg/(km·veh),二者无明显差异。图 2-7(b)是郑州市机动车排放颗粒物的粒径分布情况。隧道内机动车排放颗粒物粒径分布大致呈现为两头多中间少的"U"形。隧道内测得 $PM_{2.5}$ 的平均排放因子为 18.56mg/(km·veh),$PM_{2.5\sim10}$ 的平均排放因子为 33.25mg/(km·veh),均与其他研究结果相似,$PM_{2.5}$ 以及 $PM_{2.5\sim10}$ 的排放因子分别为(18±6.5)mg/(km·veh)以及(38±11)mg/(km·veh)。

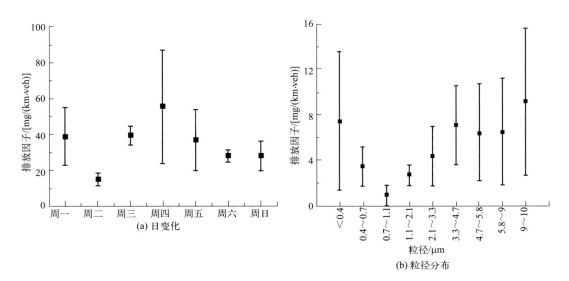

图 2-7 郑州市机动车排放颗粒物的日变化情况以及粒径分布情况

除常规污染物、VOCs 和颗粒物外，基于本隧道试验还探索了机动车 SO_2、NH_3、苯系物和醛酮类污染物排放情况，不同时间点污染物排放情况如图 2-8 所示。由图可知，这 4 类污染物的排放因子波动较大，具有很大不确定性，在此不作更深入分析。以下给出几种污染物的排放因子变化范围，供后续相关研究参考：SO_2、NH_3、苯系物和醛酮类排放因子的波动范围分别介于 $0.5 \sim 1.3 mg/(km \cdot veh)$、$23.9 \sim 218.1 mg/(km \cdot veh)$、$1.5 \sim 23.7 mg/(km \cdot veh)$ 和 $2.1 \sim 9.4 mg/(km \cdot veh)$。

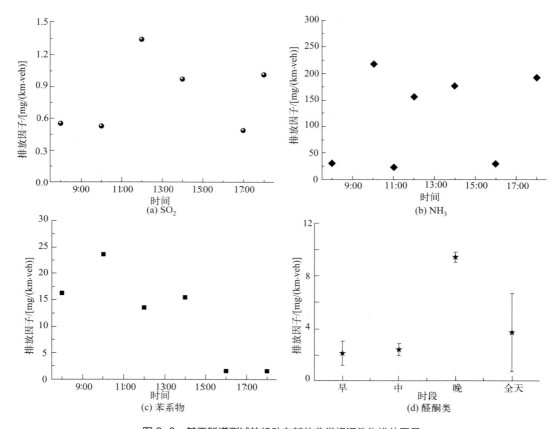

图 2-8 基于隧道测试的机动车其他非常规污染物排放因子

随着机动车污染控制力度不断加大，国三以下高排放车辆淘汰较多，受试车队以国四、国五为主，另外市场汽油均已升级至国六阶段，相对清洁。此外，河南省供应汽油以 E10 汽油为主，含氧量较高的乙醇汽油也有一定的污染物减排作用。因此，本隧道试验所得污染物排放因子结果较低。

2.2.4 郑州市本地化机动车综合排放因子

本研究通过对检测站车辆年检数据的分析，了解了不同排放标准的各车型尾气排放变化情况，并通过车载测试获得了郑州市不同车辆正常行驶情况下的排放因子。然而考虑到隧道试验虽然测试车辆样本多，但不能获得单一车辆的排放因子，检测站数据不能反映车辆实际行驶下的排放情况，且车载测试存在样本量较小的问题，本研究在试验结果的基础上，结合 2014 年环境保护部出台的《道路机动车排放清单编制技术指南（试行）》（以下简称《指南》），进而获得郑州市本地化机动车综合排放因子。

2.2.4.1 本地化排放因子的确定

《指南》基于大量台架试验的测试结果模拟出了柴油车和汽油车及部分其他燃料机动车的综合基准排放系数 BEF，并给出了详细的本地化修正方法［式（2-7）］，供各地根据实际调研结果进行修正。

$$EF_{i,j}=BEF_{i,j}\times\varphi_m\times\gamma_m\times\mu_j\times\theta_j \tag{2-7}$$

式中 $EF_{i,j}$——j 类车污染物 i 的排放因子，g/km；

$BEF_{i,j}$——j 类车污染物 i 的综合基准排放因子，g/km；

φ_m——m 地区的环境修正因子；

γ_m——m 地区的平均速度修正因子；

μ_j——j 类车的劣化修正因子；

θ_j——j 类车的其他使用条件修正因子（如负载系数、油品质量等）。

通过收集郑州市气象参数、机动车行驶速度等资料，得到了郑州市本地化的排放因子（根据《指南》修订后），如表 2-15 所列。

表 2-15 郑州市本地化机动车尾气排放因子　　单位：g/km

项目			国一	国二	国三	国四	国五
综合排放因子	轻型汽油车	CO	11.050	2.494	1.420	0.646	0.437
		HC	0.707	0.399	0.170	0.061	0.045
		NO$_x$	0.578	0.660	0.213	0.057	0.030
		颗粒物	0.017	0.007	0.004	0.002	0.002
	轻型柴油车	CO	3.883	2.586	1.704	1.242	1.242
		HC	1.868	1.195	0.337	0.136	0.136
		NO$_x$	5.529	4.735	3.162	1.957	1.663
		颗粒物	0.156	0.167	0.078	0.024	0.005
	重型柴油车	CO	5.245	2.418	2.471	1.805	1.805
		HC	0.822	0.476	0.234	0.095	0.095
		NO$_x$	8.342	7.415	7.336	4.539	3.858
		颗粒物	0.297	0.264	0.120	0.047	0.009
	混合动力车	CO	15.14	12.11	6.36	4.67	4.57
		HC	3.200	2.860	1.720	1.192	1.192
		NO$_x$	16.800	13.060	9.320	6.524	3.728
		颗粒物	0.159	0.072	0.044	0.044	0.044

注：混合动力车采用《指南》中"其他燃料公交车"的排放因子，且该类车没有相应修正系数。

对于汽油车和柴油车，本研究通过车载测试分别得到了国三、国四、国五车辆的排放因子，对《指南》中的本地化排放因子与本研究测得的排放因子进行加权平均，计算国三、国四、国五车辆的排放因子。《指南》排放因子是基于大量的实验室台架模拟结果所得的，本地化修正后对郑州市车辆排放因子的获取有一定的指导意义，但也不能真实地反映郑州市车辆的实际排放，因此将《指南》的排放因子加权系数选为 0.35，车载测试结果加权系数选为 0.65 来计算。本研究没有对国一和国二车辆进行排放测试，因此国一和国二车辆的排放因子参照《指南》本地化排放因子随排放标准的变化规律以及国三、国四、国五车辆的车载测试结果来确定，本研究汽油车和柴油车排放因子如表 2-16 所列。

表 2-16　郑州市本地化机动车尾气排放因子（本研究）　　　　单位：g/km

项目			国一	国二	国三	国四	国五
综合排放因子	轻型汽油车	CO	9.635	4.001	1.129	0.463	0.261
		HC	0.522	0.274	0.151	0.051	0.033
		NO_x	0.263	0.200	0.141	0.074	0.026
		颗粒物	0.117	0.044	0.016	0.002	0.002
	轻型柴油车	CO	7.621	3.970	2.127	0.743	0.640
		HC	1.187	0.650	0.351	0.146	0.081
		NO_x	6.354	4.699	3.457	1.700	1.243
		颗粒物	0.245	0.189	0.132	0.080	0.020
	重型柴油车	CO	9.470	4.735	4.735	2.128	2.128
		HC	0.609	0.338	0.169	0.093	0.092
		NO_x	10.500	9.483	9.483	4.610	3.824
		颗粒物	3.215	2.701	1.286	0.613	0.031
	混合动力车	CO	—	—	—	3.094	1.500
		HC	—	—	—	0.315	0.315
		NO_x	—	—	—	6.151	1.276
		颗粒物	—	—	—	0.018	0.018

对于混合动力车，本研究中通过车载测试获取了 9 辆国五和 1 辆国四车辆的排放因子，国四车辆代表性不足，因此在结合《指南》进行修正时以国五车辆为主。考虑《指南》中推荐的排放因子为"其他燃料公交车"的排放因子，且该类车没有相应的修正系数，因此在进行加权平均求本地化排放因子时，将《指南》的排放因子加权系数选为 0.25，道路试验加权系数选为 0.75，计算结果如表 2-16 所列。对于国一、国二、国三的混合动力车，本研究未租赁到相关车型，且《指南》中的排放因子对于确定郑州市本地化排放因子的参考性较低，因而此三类车辆的排放因子暂时缺失。

2.2.4.2　本地化排放因子合理性分析

2.2.4.1 中的本地化排放因子是基于郑州市车载试验结果，并结合《指南》推荐的排放因子计算得到的。理论上采用此方法获取的排放因子能够很好地反映本地车辆的排放，但考虑到车载测试的代表性问题,本研究又将本地化排放因子与郑州市检测站数据以及郑州市隧道试验结果进行对比分析,以进一步验证所得排放因子的合理性。

由于检测站测得的车辆排放结果不能反映车辆在实际行驶时的排放情况,因此本研究将本地化排放因子与检测站结果进行对比,以验证排放因子随排放标准的变化规律,结果如图2-9所示(书后另见彩图)。

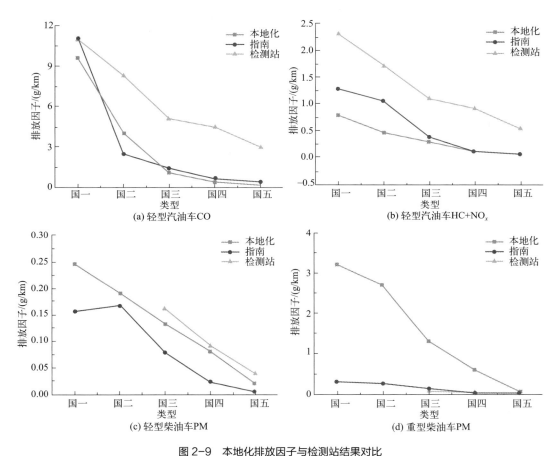

图 2-9　本地化排放因子与检测站结果对比

[图(c)和图(d)中检测站缺少国一和国二排放数据;PM 表示颗粒物]

对于轻型汽油车,其不同国标下 CO 的本地化排放因子与《指南》推荐数值基本一致,低于对应排放标准的检测站结果,但 3 种排放因子随排放标准的加严均呈现出下降趋势;国三和国四轻型汽油车的 $HC+NO_x$ 本地化排放因子与《指南》推荐值基本一致,国一和国二车辆则低于对应的《指南》推荐值和检测站结果,同样随排放标准的加严,$HC+NO_x$ 均呈现出下降趋势。对于柴油车,由于检测站只对其 PM 排放进行检测,故此处仅对比 PM 的排放因子。轻型柴油车的 PM 排放因子介于对应排放标准的《指南》推荐值和检测站结果之间,随排放标准的加严,PM 排放因子逐渐降低;重型柴油车的 PM 排放因子虽然也随排放标准的加严逐渐降低,但本研究得到的本地化排放因子要高于对应《指南》推荐值和检测站结果,这可能是因为《指南》和检测站的排放因子均为台架测试结果,低估了实际道路下复杂的交通条件对重型柴油车 PM 排放的影响。

表 2-17 基于不同排放因子的排放量对比（以郑州市为例）

项目		国一			国二			国三			国四			国五		
		基于修正的排放因子排放量/t	基于测试的排放因子排放量/t	变化率/%	基于修正的排放因子排放量/t	基于测试的排放因子排放量/t	变化率/%	基于修正的排放因子排放量/t	基于测试的排放因子排放量/t	变化率/%	基于修正的排放因子排放量/t	基于测试的排放因子排放量/t	变化率/%	基于修正的排放因子排放量/t	基于测试的排放因子排放量/t	变化率/%
轻型汽油车	CO	40936.27	6950.32	-83.0	18944.87	5069.38	-73.2	25696.61	5429.80	-78.9	39805.97	10321.12	-74.1	6785.48	2212.48	-67.4
	HC	4228.57	2635.81	-37.7	5389.49	1986.31	-63.1	3798.63	842.82	-77.8	10235.82	1471.40	-85.6	1237.81	527.05	-57.4
	NO$_x$	1057.79	635.36	-39.9	1658.34	614.07	-63.0	1075.84	569.79	-47.0	1025.25	2359.93	130.2	257.37	318.20	23.6
轻型柴油车	CO	197.91	121.96	-38.4	326.10	166.61	-48.9	3299.90	1625.91	-50.7	2097.13	486.25	-76.8	1853.58	285.62	-84.6
	HC	109.09	45.27	-58.5	149.85	70.11	-53.2	737.03	440.20	-40.3	301.75	154.90	-48.7	266.71	466.96	75.1
	NO$_x$	244.70	162.81	-33.5	524.65	335.84	-36.0	6143.60	4311.22	-29.8	3732.61	2500.00	-33.0	2799.26	1416.29	-49.4
重型柴油车	CO	723.74	346.70	-52.1	566.52	234.87	-58.5	9541.60	4531.88	-52.5	5128.15	2396.72	-53.3	5784.65	1886.27	-67.4
	HC	142.45	54.19	-62.0	121.05	47.76	-60.5	1097.89	224.39	-79.6	405.94	133.31	-67.2	457.90	145.48	-68.2
	NO$_x$	889.54	622.82	-30.0	1082.39	696.97	-35.6	20124.94	10103.23	-49.8	11036.12	6764.14	-38.7	10587.22	6206.39	-41.4

表 2-18 不同排放因子的排放量对比（以郑州市为例）

组分	CO	HC	NO$_x$
基于修正的排放因子排放量/t	267246.3	48136.6	90901.1
基于测试的排放因子排放量/t	147623.7	28702.6	66278.5
变化率/%	-44.8	-40.4	-27.1

鉴于隧道试验期间约 85% 的车辆为小型车，中型车和大型车占比较低，即大部分车辆为轻型汽油车，所以将轻型汽油车的本地化排放因子与隧道试验获得的排放因子进行对比，结果如图 2-10 所示（书后另见彩图）。隧道试验的 CO、NO_x 和 PM 排放因子均介于各标准本地化排放因子之间，且与国三本地化排放因子大小基本一致，这主要是因为郑州市汽油车主要以国三、国四和国五车辆为主。另外，也可以看到隧道内 HC 的排放因子要高于轻型汽油车的本地化 HC 排放因子，这主要是由于测试期间隧道内有少量的柴油车通行，柴油车的高 HC 排放使得隧道内的 HC 排放因子较高。总体而言，通过将检测站结果与隧道试验结果对比分析，可以认为本研究以车载测试结果为基础获得的本地化排放因子是合理的。

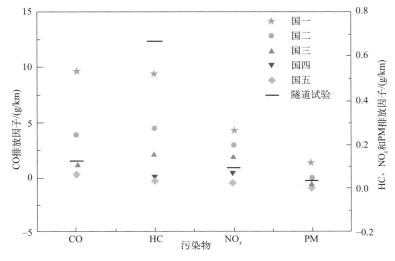

图 2-10　轻型汽油车本地化排放因子与隧道试验结果对比

2.2.4.3　基于修正的排放因子和测试排放因子的排放量结果对比

基于郑州市测试和基于修正的排放因子获得的 CO、HC 和 NO_x 三种典型污染物排放量的对比结果如表 2-17 和表 2-18 所列。分不同排放标准和不同车型来看，除轻型柴油车中 HC 的国五排放量以外，其余轻型汽油车、轻型柴油车和重型柴油车三类车型的 CO 和 HC 的不同排放标准的排放量均呈现出基于测试的排放因子排放量低于基于修正的排放因子排放量；对于 NO_x，除轻型汽油车的国四和国五基于测试的排放因子排放量高于基于修正的排放因子排放量外，其他均与 CO 和 HC 结果相似。整体而言，CO、HC 和 NO_x 三种污染物基于测试的排放因子排放量均低于基于修正的排放因子排放量，分别降低 44.8%、40.4% 和 27.1%。

2.3　农业氨源

2.3.1　采样方法

本研究首先通过遥感图解析不同土地利用类型，针对河南省典型的农区进行布点，主要利用 ALPHA 氨被动采样方法，借助于气象因素估算不同农区的氨挥发量。试验开始于 2017 年 3 月，对郑州、洛阳、开封、新乡、鹤壁、焦作、许昌、漯河、平顶山和周口等地布设测试点，采取半个月监测一次的方式对河南省典型农田土壤及种植模式下大气氨浓度进行季节性采样，探究河南省典型农田大气氨浓度月变化特征及时空分布特征。

2.3.2 主要农区大气氨浓度特征

对河南省典型城市 2017 年 4 月～2020 年 3 月近 1000 次农田近地表大气氨浓度监测研究发现：2017 年 4 月～2019 年 3 月河南省农田区域全年氨浓度均值为 $9.6\mu g/m^3$，低于 2015～2016 年华北平原的氨浓度（$16.8～22.3\mu g/m^3$），说明中原地区近地表农田氨浓度有下降的趋势。月度变化趋势中，3～4 月是氨排放的第一个高峰期，6～7 月是氨排放的第二个高峰期，10～11 月是氨排放的第三个高峰期（图 2-11，书后另见彩图），这几次排放高峰与小麦玉米轮作过程中化肥的施用相吻合，说明农田系统氨排放峰值的出现主要与当季施肥有关。在不同季节中，夏季是河南农田氨挥发最高的季节，平均氨浓度为 $12.0\mu g/m^3$；其次为秋季和春季，其氨浓度分别为 $10.8\mu g/m^3$ 和 $8.9\mu g/m^3$；冬季排放量最低，其氨浓度为 $6.7\mu g/m^3$。

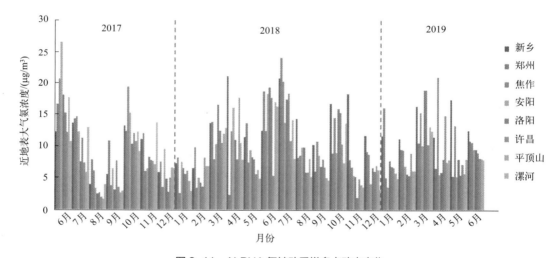

图 2-11 ALPHA 氨被动采样多点动态变化

河南省不同城市近地表氨浓度动态变化情况及不同地区农田近地表氨浓度平均值如图 2-12 和图 2-13 所示（均书后另见彩图）。从图 2-12 和图 2-13 可以看出，河南省农田氨浓度及排放量差别较大，其中豫东的开封（KF）近地表氨浓度显著高于其他地区，是河南省农田和城市系统氨浓度最高的区域，其氨浓度均值可以达到 $14.7\mu g/m^3$；其次为豫北的新乡（XX）、焦作（JZ）和豫中的郑州（ZZ），其近地表氨浓度平均值介于 $9.6～12.5\mu g/m^3$ 之间；而豫西的洛阳（LY）、豫中南的平顶山（PDS）、豫中的许昌（XC）和漯河（LH）氨浓度数值相对较低，介于 $7.9～9.0\mu g/m^3$ 之间。由此可见，河南中部、北部和东部地区农田系统近地表氨浓度数值较高，而河南西部和南部地区数值相对较低。

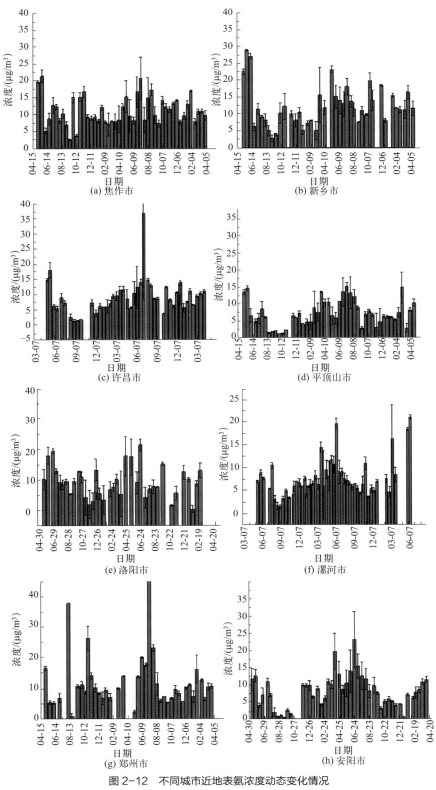

图 2-12　不同城市近地表氨浓度动态变化情况

（日期：月 - 日）

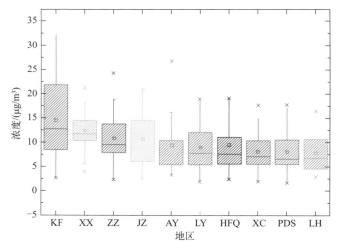

图 2-13 不同地区农田近地表氨浓度平均值

（AY 表示安阳；HFQ 表示黄泛区）

从区域分布来看，豫北和豫中地区的氮肥施用量明显要高于其他地区，豫北地区的氮肥施用量多为 550～650kg/hm²，而豫南和豫西地区的氮肥施用量多为 360～500kg/hm²。导致河南省不同地区近地表氨浓度差别的原因主要有两点：一是豫北和豫东地区的农田施肥量较大，资料显示，豫北和豫东地区农田氮肥施用量较豫南地区高 15%～20%；二是豫北和豫东地区的土壤主要为潮土，潮土的 pH 值介于 8.0～8.5 之间，属于弱碱性土壤，碱性越强越易导致农田氨挥发的产生。

综上，河南省不同农田区域近地表氨浓度范围在 4～43μg/m³ 之间，均值为 10μg/m³；豫北和豫中农田区域的近地表氨浓度显著高于豫西和豫南地区；春夏季近地表氨浓度均值在 11～13μg/m³ 之间，高于秋季；冬季农田区域近地表氨浓度较低。

2.3.3 河南省小麦玉米轮作农田氨排放特征

2.3.3.1 研究目标与方法

不同土壤条件下农田氨挥发量可能存在较大差异，这不利于农业氨排放清单的精确评估，基于此为定量描述河南关键土壤小麦玉米轮作条件下氨排放变化特征及挥发量，以豫南砂姜黑土和豫北潮土为研究对象，利用海绵法和酸碱滴定法探究小麦玉米轮作过程中酸碱性不同的土壤中氨排放特征及挥发量。

2.3.3.2 潮土农田氨排放特征及累积挥发量

通过潮土小麦玉米轮作氨挥发试验发现，无论是小麦季还是玉米季，其施肥后的 1～5d 是农田氨挥发的高峰期，之后农田氨挥发量持续下降，至 2 周后基本无氨排放，玉米季追肥期有全年的氨排放峰值，单日最高氨挥发量可达 3.6kg/hm²，而小麦季的峰值出现在基肥期，其单日最高值为 1.3kg/hm²。小麦季基肥期氨挥发量要大于追肥期（累积挥发量分别为6.9kg/hm²和4.0kg/hm²)，基肥期的氨挥发量比追肥期氨挥发量高72%（图2-14，书后另见彩图）；而玉米季结果相反，玉米季基肥期和追肥期氨挥发量分别为8.2kg/hm²和15.6kg/hm²，追肥期的氨挥发量比基肥期高47%。潮土区玉米季的氨挥发量（23.8kg/hm²）要远高于小麦季的氨挥发量（10.9kg/hm²），说明潮土小麦玉米轮作农田在玉米季氨排放效果更显著。潮土玉米季的氨排放系数约为6.2%（当季施肥量为260kg/hm²），小麦季的氨排放系数约为3.8%（当季施肥量为225kg/hm²）。

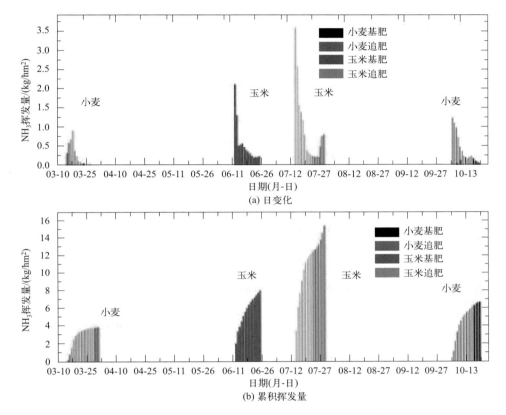

图2-14 潮土小麦玉米轮作农田氨挥发日变化及累积挥发量

2.3.3.3 砂姜黑土农田氨排放特征及累积挥发量

利用酸碱滴定方法于2019年6～8月对砂姜黑土玉米季氨挥发量进行田间测定（图2-15，书后另见彩图），结果发现砂姜黑土基肥期氨挥发量高于追肥期，其中最高日挥发量出现在基肥期（2.7kg/hm²），而追肥期峰值为2.3kg/hm²。对比基肥和追肥两时期的氨挥发量，发现基肥期氨挥发量为9.5kg/hm²，而追肥期氨挥发量仅为6.2kg/hm²，基肥期氨挥发量比追肥期氨挥发量高35%，可见砂姜黑土玉米季的高氨挥发出现在基肥期。砂姜黑土农田玉米季的施氮量为280kg/hm²，小麦季的施氮量为255kg/hm²，根据小麦、玉米4次施肥期的氨挥发量，估算出砂姜黑土小麦季氨排放系数为3.6%，玉米季的氨排放系数为4.7%。

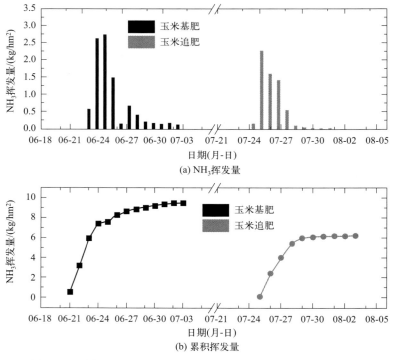

图2-15 砂姜黑土玉米季氨挥发量及累积挥发量（2019年6～8月）

2.3.3.4 两类土壤氨挥发量比较及季节性变化

土壤酸碱性不同是导致氨挥发量差别的最重要因素。基于此，本研究选取豫北潮土（弱碱性）和豫南砂姜黑土（酸性）作为两种代表性土壤，对其传统施肥方式下氨挥发量进行测定分析和数据整理。结果发现无论是潮土还是砂姜黑土，玉米季氨挥发量都显著高于小麦季。其中两类土壤显示，小麦季基肥期氨挥发量要高于追肥期，意味着每年10月施肥的氨挥发量要高于第二年3～4月施肥的氨挥发量。玉米季两次施肥的氨挥发量有所不同，潮土玉米季追肥期氨挥发量高于基肥期，而砂姜黑土基肥期氨挥发量高于追肥期。对比两类土壤的氨挥发量（图2-16）可以看出，在小麦季和玉米季追肥期，潮土的氨挥发量显著高于砂姜黑土。其中潮土小麦季、玉米季和全年的氨挥发量分别为10.8kg/hm²、23.8kg/hm²和34.8kg/hm²，而砂姜黑土小麦季、玉米季和全年的氨挥发量分别为8.2kg/hm²、15.7kg/hm²和23.8kg/hm²，这充分说明河南省农田不同土壤类型条件下的氨挥发量存在较大差别，在估算农田氨排放清单时应进行充分考虑。

综上，当前施肥方式下豫北潮土小麦玉米轮作体系的氨挥发量相对较高，小麦季的氨挥发量为12.0kg/hm²，玉米季的氨挥发量为20.4kg/hm²，玉米季的氨排放系数约为6.2%，小麦季的氨排放系数约为3.8%。由此可见，玉米季是潮土农田氨挥发的高排放时期。砂姜黑土的氨挥发量整体小于潮土，砂姜黑土小麦季的氨挥发量为11.1kg/hm²，玉米季的氨挥发量13.4kg/hm²，小麦季的氨排放系数为3.6%，玉米季的氨排放系数为4.7%。总而言之，砂姜黑土的玉米季氨挥发量比潮土整体少40%左右，小麦季少20%左右，这也导致豫北潮土地区的近地表氨浓度高于豫南砂姜黑土地区。

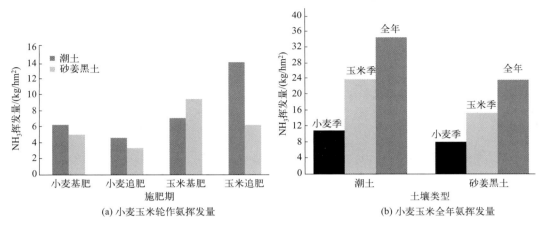

图 2-16 两类土壤四次施肥氨挥发量及全年氨挥发量

2.3.4 潮土小麦玉米轮作体系氨排放系数及关键影响因素

2.3.4.1 研究目标

潮土是华北平原最主要的土壤类型之一，是河流沉积物受地下水运动和耕作活动影响而形成的土壤。大多数潮土具有石灰性，属于盐基饱和土壤，存在着高氨排放的可能性。本研究还针对分梯度减量施氮条件下的氨挥发通量及排放系数进行了研究，以估算减量施氮条件下的氨排放系数，为未来潮土农田氮肥利用效率的提升以及高精度氨排放清单的估算和绘制提供依据。

2.3.4.2 材料与方法

（1）试验地概况

试验区位于河南省原阳县祝楼乡的农业农村部原阳农业环境与耕地保育科学观测实验站（35°5′56″E，113°42′57″N），该地区属于暖温带大陆性季风气候，年平均气温为 14.4℃，多年平均降水量为 549.9mm，降雨主要集中在 6 月、7 月、8 月，约占全年降水量的 60%，无霜期为 210～220d，全年日照时数为 2300～2600h。小麦玉米轮作为该地区的主要种植模式。供试土壤为华北平原潴育化和耕作熟化过程中形成的典型砂壤质潮土。耕层（0～20cm）土壤的主要理化性质如下：土壤 pH 值约为 8.2，有机质 10.9g/kg、总氮 0.63g/kg、总磷 0.75g/kg、有效钾 144mg/kg、有效磷 23.6mg/kg、氨态氮 0.89mg/kg、硝态氮 35mg/kg。氨挥发期间的气温和降水量由固定安装的气象监测装置记录。

（2）试验处理

定位试验开始于 2015 年，试验共设置 5 个处理组，分别为空白不施氮磷钾肥（CK）、常规施氮（N）、优化施氮（OPT）、低量施氮（LOPT）和优化施氮加有机肥（mOPT）。每个处理重复 3 次，共 15 个小区。小区随机区组排列，每个小区面积为 40m²（5m×8m）。小麦季 N、OPT 和 LOPT 处理施氮量分别为 315kg/hm²、225kg/hm² 和 135kg/hm²，玉米季分别为 330kg/hm²、240kg/hm² 和 150kg/hm²；mOPT 处理小麦季基施 3000kg/hm² 熟化猪粪并配施化肥，有机肥与化肥总氮磷钾投入量与 OPT 处理相同；玉米季不施有机肥，氮磷钾施肥总投入量与 OPT 相同。供试化肥为尿素（47% N）、过磷酸钙（12% P_2O_5）和氯化钾（60% K_2O），所有磷钾肥一次性基施。有机肥为熟化猪粪，有机质含量约 15%，氮含量约 0.5%，磷含量约 0.6%，钾含量约 0.4%。有机肥每年施一次，小麦播种前撒施农田，后同化肥一起翻耕。小麦季和玉米季氮肥均采用一次基施和一次追施，各处理具体施肥量和方法见表 2-19。

表 2-19 潮土小麦玉米轮作体系下不同处理施肥量　　　　　　　　　　单位：kg/hm²

作物	处理	氮肥			有机肥	磷肥（P_2O_5）	钾肥（K_2O）
		总量	基肥	追肥			
小麦（周麦 32）	CK	0	0	0	—	—	—
	N	315	126	189	—	90	90
	OPT	225	90	135	—	90	90
	LOPT	135	54	81	—	90	90
	mOPT	210	73.5	122	3000	74.5	78
玉米（郑单 958）	CK	0	0	0	—	—	—
	N	330	132	198	—	67.5	67.5
	OPT	240	96	144	—	67.5	67.5
	LOPT	150	60	90	—	67.5	67.5
	mOPT	240	96	144	—	67.5	67.5

注：1. CK 为不施肥，N 为常规施氮，OPT 为优化施氮，LOPT 为低量施氮，mOPT 为优化施氮加有机肥。
2. 有机肥为熟化猪粪，其中 N、P 和 K 含量分别为 0.5%、0.55% 和 0.4%，换算后分别为 15kg N/hm²、16.5kg P_2O_5/hm² 和 12kg K_2O/hm²。

（3）氨排放试验

氨排放试验开始于 2017 年 6 月 1 日，结束于 2018 年 5 月 31 日。按照定位试验要求布置小区，安装土壤墒情仪和氨收集装置，并于 2017 年 6 月 7 日开始玉米季氨挥发试验。采用海绵法对农田的挥发氨进行采集，海绵吸附液采用 PG-mix（磷酸 - 丙三醇混合溶液）混合液，每次采集时间约为 24h 以代表全天量，采集完成后使用连续流动分析仪测定浸取液中的氨态氮浓度。

海绵法采样装置及田间布置如图 2-17 所示（书后另见彩图）。

（4）样品采集与测定

① 土壤样品的采集　肥料施用后，采用五点取样法用土钻采集 0～20cm 表层土壤样品组成混合土样，带回实验室后将土样分出一部分作为鲜土样，另一部分晾干作为干土样。鲜土样过 1mm 筛后分别测定含水量和土壤氨态氮与硝态氮浓度；干土样磨细、过筛后，用于测定土壤 pH 值等指标。土壤 pH 值测定采用 1∶2.5 土水比制备土壤悬液；土壤中的氨态氮和硝态氮用 0.05mol/L 氯化钾浸提，后用连续流动分析仪测定。具体样品分析方法见鲍士旦编著的《土壤农化分析法》。

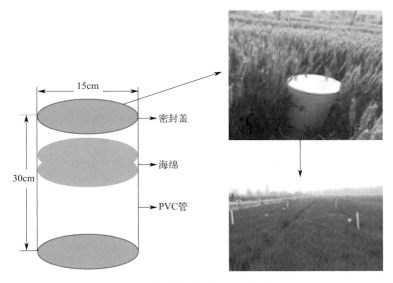

图 2-17　海绵法采样装置及田间布置图

② 植物样品的采集　每季作物成熟后采集植株样品，区分籽粒和秸秆。小麦收获后选取小区中长势均匀的小麦，采集 6m² 的样品，风干后将秸秆和籽粒分开，分别称重，得出产量和地上生物量；玉米收获前选取两行 4m 的玉米样，采集并分离秸秆和籽粒后风干并分别称重，得出产量和地上生物量。同时每个小区采集 5 株秸秆，装入网袋并做好标记，用作烤种。最后，研磨小麦、玉米籽粒及秸秆样品，用于测定氮磷钾含量。通过自动土壤监测站进行土壤监测，对温度和土壤水分含量进行实时监测。

（5）计算公式与数据处理

土壤氨挥发计算公式：

$$\text{NH}_3\text{-N}_{挥发量}=c\times V\times 10000/(t\times A\times 10^6) \tag{2-8}$$

式中　$\text{NH}_3\text{-N}_{挥发量}$——试验期间每天氨挥发量，kg/hm²；
　　　c——流动分析仪测定的 $\text{NH}_3\text{-N}$ 浓度，mg/L；
　　　V——浸提体积，L；
　　　t——累计时间，d；
　　　A——圆形管横截面积，m²。

氨累积挥发通量计算公式：

$$\text{NH}_3\text{-N}_{累积}=\sum_{i=1}^{n}\text{NH}_3\text{-N}_{挥发量\ i}+\text{NH}_3\text{-N}_{挥发量\ i+1}(T_{i+1}-T_i) \tag{2-9}$$

式中　$\text{NH}_3\text{-N}_{累积}$——试验期间累积氨挥发通量，kg/hm²；
　　　i——试验过程中的第 i 天；
　　　n——试验累计的天数；
　　　$\text{NH}_3\text{-N}_{挥发量\ i}$——第 i 天氨挥发量，kg/hm²；
　　　$\text{NH}_3\text{-N}_{挥发量\ i+1}$——第 $i+1$ 天氨挥发量，kg/hm²；
　　　$T_{i+1}-T_i$——两个相邻日期的间隔。

氮肥利用率=[(施肥区氮吸收-不施肥区氮吸收)/氮肥施用量]×100%　　　(2-10)

氨排放系数=[(施肥区的氨挥发量-对照区的氨挥发量)/总施氮量]×100%　　(2-11)

2.3.4.3 土壤含水量、电导率及地表温度动态变化特征

从 2017 年 5 月 15 日至 2018 年 6 月 30 日，对潮土典型农田土壤耕层（0～20cm）的体积含水率、电导率和温度进行了测定（图 2-18）。潮土耕层土壤的体积含水量介于 0.122～0.349m³/m³ 之间，平均值为 0.204m³/m³；耕层土壤的电导率与土壤体积含水量的波动性几乎一致，数值介于 0.12～0.67dS/m 之间，平均值为 0.29dS/m。从图 2-18 可以看出，玉米季施肥期主要集中在 6～8 月，此时潮土区农田土壤地温较高，同时土壤的体积含水量和电导率波动性较强。小麦季基肥期土壤温度呈下降趋势，同时耕层土壤体积含水量和电导率基本处于稳定状态，而小麦季追肥期土壤体积含水量、电导率和地表温度都有不同程度的升高。

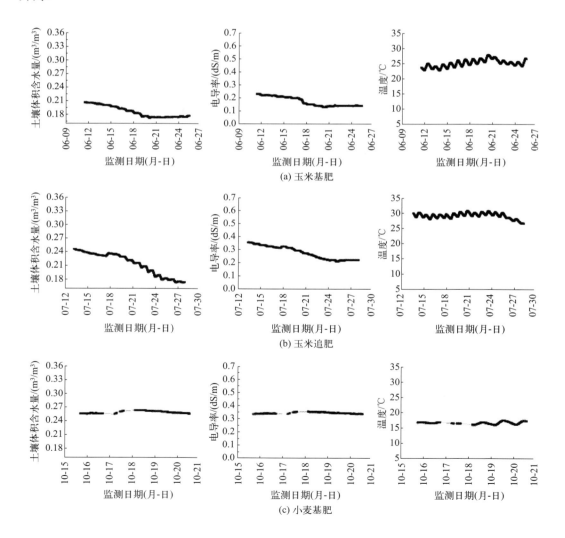

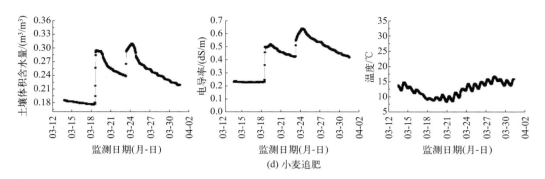

(d) 小麦追肥

图 2-18　潮土小麦季、玉米季氨排放监测期耕层土壤体积含水量、电导率和温度

2.3.4.4　氮肥利用率、氨损失率及排放系数

对比不同施肥处理的小麦玉米轮作体系作物产量，发现 OPT 处理和 mOPT 处理的玉米季产量分别为 10.8t/hm² 和 10.5t/hm²，小麦季产量分别为 8.9t/hm² 和 9.1t/hm²，显著高于其他处理（$P<0.05$）；其次为 N 和 LOPT 处理，玉米季产量分别为 9.8t/hm² 和 8.6t/hm²，小麦季产量分别为 8.3t/hm² 和 7.0t/hm²；CK 处理最低。由此可见潮土农田小麦玉米轮作氮肥施用过多或者过少都不利于产量的提升。研究还发现 LOPT 处理两季氮肥利用效率最高（48.3%～52.4%）；其次为 mOPT 处理，小麦季和玉米季氮肥利用率分别为 45.6% 和 50.9%；再次为 OPT 处理，其两季氮肥利用率分别为 42.1% 和 48.7%，显著高于 N 处理（35.2% 和 32.9%）。说明在保障氮肥施用量的前提下，减量施氮可以提升氮肥利用率，而同时添加有机肥不仅可以保证产量，还可以进一步提升氮肥利用率。基于施氮量和氨挥发量的结果（减去 CK 处理的氨挥发）发现，LOPT 处理的氨挥发量显著低于其他处理（$P<0.05$），其玉米季和小麦季氨挥发量分别为 12.8t/hm² 与 6.8t/hm²，其次为 mOPT 和 OPT 处理，其玉米季和小麦季氨挥发量分别为 14.2t/hm² 与 7.5t/hm² 和 14.3t/hm² 与 8.0t/hm²，N 处理的氨挥发量最高，两季排放量分别可达 20.4t/hm² 和 12.0t/hm²。值得注意的是，LOPT 处理的排放系数较高，玉米季和小麦季分别达到 8.5% 和 5.0%，显著高于其他处理（$P<0.05$）；而 N、OPT 和 mOPT 处理的氨排放系数未表现出明显的差异（表 2-20）。

表 2-20　小麦季和玉米季不同施肥处理作物产量、氮肥利用率、氨挥发量及氨排放系数

作物	处理	施氮量 /(kg/hm²)	籽粒产量 /(t/hm²)	氮肥利用率 /%	氨挥发量 /(t/hm²)	氨排放系数 /%
玉米	CK	0	3.2[d]	—	—	—
	N	330	9.8[b]	32.9	20.4[a]	6.2[b]
	OPT	240	10.8[a]	48.7	14.3[b]	5.9[c]
	LOPT	150	8.6[c]	52.4	12.8[c]	8.5[a]
	mOPT	240	10.5[a]	50.9	14.2[b]	5.9[c]
小麦	CK	0	2.0[d]	—	—	—
	N	315	8.3[b]	35.2	12.0[a]	3.8[b]
	OPT	225	8.9[a]	42.1	8.0[b]	3.6[b]
	LOPT	135	7.0[c]	48.3	6.8[c]	5.0[a]
	mOPT	225*	9.1[a]	45.6	7.5[b]	3.3[c]

注：不同字母代表显著性差异；"*"表示排放系数较高。

2.3.4.5 关键土壤参数和氨态氮浓度与潮土农田氨挥发响应关系

影响氨挥发的因素较多，试验结果显示土壤温度和土壤氨态氮浓度可能是影响潮土农田氨挥发的最重要因素。从图 2-19 中可以看出，绝大多数处理都显示出温度与氨挥发的线性相关性，尤其是 OPT 处理的氨挥发量与温度的关系，其 r^2 甚至可以达到 0.83，显示出极显著的线性相关性（$P < 0.01$），说明温度是影响潮土小麦玉米轮作体系氨挥发的重要因素。对比不同施肥处理土壤体积含水量、电导率与氨挥发的相关性，结果发现除了 CK 处理显示出极显著的线性相关性（r^2 分别达到 0.81 和 0.90）外，其余处理的 r^2 分别介于 0.29～0.35 和 0.01～0.23 之间，未显示出明显的线性相关性（$P > 0.05$）。对比土壤氨态氮浓度与氨挥发的相关关系后发现，除了 CK 处理无明显相关性外，其余处理的 r^2 均介于 0.83～0.97 之间，显示出极强的线性相关性（$P < 0.01$），说明施肥后土壤铵根离子浓度增加成为潮土氨挥发量的重要影响因素。

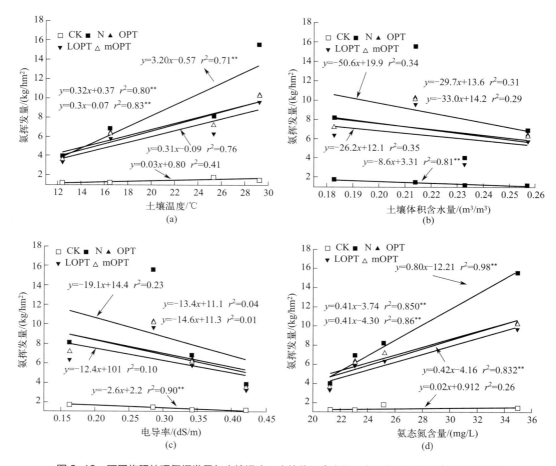

图 2-19　不同施肥处理氨挥发量与土壤温度、土壤体积含水量、电导率和氨态氮含量的相关性

综上，利用密闭海绵法测得砂壤质潮土小麦玉米轮作体系的玉米季氨挥发量介于 12.8～20.4kg/hm² 之间，小麦季氨挥发量介于 6.8～12.0kg/hm² 之间。玉米季是潮土小麦玉米轮作系统氨排放的高峰时期。同时玉米季追肥期的氨挥发量高于基肥期，小麦季基肥期的

氨挥发量高于追肥期。砂壤质潮土玉米季氨排放系数介于 5.9%～8.5% 之间，小麦季氨排放系数介于 3.3%～5.0% 之间。不同施氮量条件下，小麦季和玉米季氨挥发量均呈极显著指数增加趋势（$P<0.01$），说明砂壤质潮土农田当前传统施肥方式存在着氨过量排放的问题。优化施肥结合适量施有机肥，不仅可以保障潮土农田小麦、玉米产量，还可以降低氨排放系数，从而使该轮作体系实现更好的经济效益与环境效益。

2.3.5 砂姜黑土小麦玉米轮作氨排放系数及关键影响因子

2.3.5.1 研究目标

砂姜黑土广泛分布在我国黄淮海平原、长江中下游等地区，总面积约 5567 万亩（1 亩 = 666.67m²），是我国最主要的中低产土壤之一。砂姜黑土是在低洼排水不良的环境条件下，经过长期沼泽化作用和旱耕熟化过程而形成的一种古老的耕作土壤，具有以锰铁结核为核心的砂姜层，施肥灌溉后水肥往往不易下移，氮素易在表层积累，从而利于氨的挥发。然而由于砂姜黑土土壤黏重，且呈中性（略偏酸性），又不利于氨的挥发，所以说砂姜黑土的氨挥发损失存在一定的复杂性。为此，本研究选取豫南典型的砂姜黑土农田为研究对象，探究砂姜黑土的小麦玉米轮作农田氨挥发特征及关键响应因素，量化不同处理氨累积挥发量，并确定氨排放系数，为此类土壤合理减氨和提升氮肥利用率提供科学依据。

2.3.5.2 材料与方法

（1）试验地概况

试验点位于河南省驻马店市西平县宋集镇（33°27′01″E，113°12′39″N）。该地区属于北亚热带季风性湿润气候，年平均气温为 14.7℃，年日照时数为 2181h，全年无霜期为 216～225d，平均降水量为 786mm，农业基础条件较好。土壤类型为砂姜黑土。其耕层 20cm 土壤主要理化性质为：土壤 pH 值约为 6.8，呈弱酸偏中性，土壤有机质 15.98g/kg，氨态氮 4.08mg/kg、硝态氮 10.30mg/kg、交换性钙 4.02g/kg、交换性钾 136.90mg/kg、交换性镁 406.45mg/kg、速效磷 22.80mg/kg。

试验期间平均气温及降水量见图 2-20。

（2）试验处理

试验共设置 5 个施肥处理组，分别为不施肥（CK）、传统施肥（TR）、优化施肥（OPT）、再优化施肥（ZOPT）和缓控肥（HK）。每个处理分 3 个小区，共 15 个小区。小区按照随机区组排列，每个小区面积为 9m²（3m×3m）。试验处理中的常规肥料为尿素（46.7% N）、过磷酸钙（12% P_2O_5）和氯化钾（60% K_2O）。缓控肥料选用新型聚脲甲醛（MU）缓释氮肥（尿素和甲醛的缩合产物），这种肥料的缓释效果已在稻麦轮作试验中验证。氮磷钾按照砂姜黑土当地配施比例（HK 除外）添加，即基追比为 6∶4，磷钾肥均一次性底施。不同处理的肥料施用量均不同，具体见表 2-21。

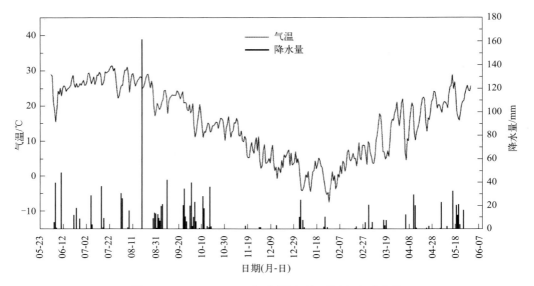

图 2-20　2017～2018 年试验期间的平均气温与降水量

表 2-21　砂姜黑土小麦玉米轮作农田不同施肥处理施肥量

作物	处理	氮肥 /（kg/hm²）			磷肥 /（kg/hm²）	钾肥 /（kg/hm²）
		总量	基肥	追肥	P_2O_5	K_2O
玉米	CK	0	0	0	0	0
	TR	280	168	112	67.5	67.5
	OPT	232	139	93	67.5	67.5
	ZOPT	196	118	78	67.5	67.5
	HK	202	202	0	67.5	67.5
小麦	CK	0	0	0	90	90
	TR	255	153	102	90	90
	OPT	225	135	90	90	90
	ZOPT	180	108	72	90	90
	HK	225	225	0	90	90

注：HK 处理的氮肥为聚脲甲醛缓释肥，是甲醛和尿素的缩合产物；其他处理氮肥为尿素。

（3）样品采集及测试方法

样品采集及测试方法见 2.3.4.2（3）～（5）部分中的相关内容。

2.3.5.3　表土体积含水量、电导率与温度动态变化

从 2017 年 5 月 25 日至 2018 年 6 月 30 日，对砂姜黑土试验农田土壤耕层（0～20cm）的体积含水量、电导率和温度进行测定。砂姜黑土耕层土壤的体积含水量介于 0.129～0.500m³/m³ 之间，平均值为 0.221m³/m³。耕层土壤的电导率与土壤体积含水量的波动性几乎一致，数值介于 0.052～0.169dS/m 之间，平均值为 0.140dS/m。从图 2-21 可以看出，玉米季施肥期主要集中在 6～8 月，此时砂姜黑土区农田土壤地温较高，同时土壤的体积含水量和电导率波动性较弱。小麦季基肥期土壤温度呈下降趋势，同时耕层土壤体积含水量较高，电导率基本处于稳定状态，而小麦季追肥期地表温度有显著升高趋势，而土壤体积含水

量和电导率整体处于高位波动状态。总而言之，砂姜黑土玉米季施肥期土壤温度显著高于小麦季，而土壤体积含水量和电导率却明显低于小麦季。

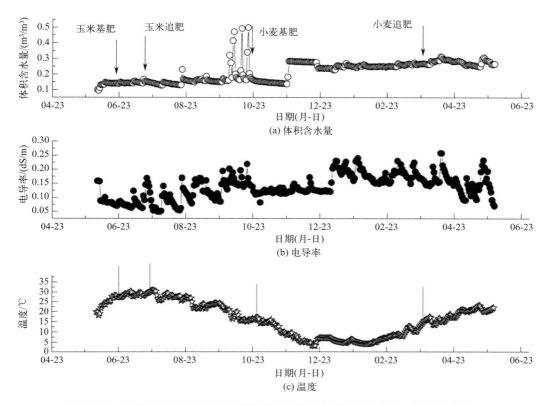

图 2-21 砂姜黑土小麦季和玉米季氨挥发试验期耕层土壤体积含水量、电导率和温度

2.3.5.4 小麦和玉米产量、氮肥利用率和排放系数

从表 2-22 中可以看出，TR、OPT 和 HK 处理小麦季产量分别达到 8.3t/hm²、8.9t/hm² 和 9.1t/hm²，显著高于其他处理（$P < 0.05$），其次为 ZOPT 处理，CK 处理产量最低。HK 和 TR 处理玉米季产量分别为 9.04t/hm² 和 8.84t/hm²，显著高于其他处理（$P < 0.05$），其次为 OPT 和 ZOPT 处理，CK 处理产量最低。对比玉米季地上总吸氮量，结果发现 HK 处理的地上总吸氮量达到 158.7kg/hm²，显著高于其他处理（$P < 0.05$），其次为 TR、OPT 和 ZOPT 处理，CK 处理的地上总吸氮量最低。与玉米季不同，小麦季 HK 和 OPT 处理的地上总吸氮量最高，其次为 TR 处理，ZOPT 和 CK 处理的地上总吸氮量较低。不同施肥处理的两季总氨挥发量不同，玉米季 TR 处理的总氨挥发量最高，数值可达 13.4kg/hm²，其氨排放系数可达 4.7%，显著高于其他处理（$P < 0.05$）；其次为 ZOPT 处理和 OPT 处理，总氨挥发量分别为 5.2kg/hm² 和 8.7kg/hm²，排放系数分别为 2.6% 和 3.6%；HK 处理的总氨挥发量为 3.2kg/hm²，氨排放系数为 1.5%，这两个指标显著低于其他处理（$P < 0.05$）。与玉米季的结果类似，小麦季 TR 处理的总氨挥发量最高，数值可达 11.1kg/hm²，其氨排放系数达到 3.6%，显著高于其他处理（$P < 0.05$）；其次为 OPT 处理，总氨挥发量和氨排放系数分别为 7.5kg/hm² 和 2.6%；HK 和 ZOPT 处理的小麦季总氨挥发量与氨排放系数无明显差别，且显著低于其他处理（$P < 0.05$）。

表 2-22　小麦季和玉米季不同施肥处理作物产量、氮肥利用率、总氨挥发量及氨排放系数

作物	处理	施氮量/(kg/hm²)	籽粒产量/(t/hm²)	地上总吸氮量/(kg/hm²)	氮肥利用率/%	总氨挥发量/(kg/hm²)	氨排放系数/%
玉米	CK	0	3.42^c	44.3^d	—	—	—
	TR	280	8.84^a	154.4^b	39.3	13.4^a	4.7
	OPT	232	8.75^{ab}	152.7^b	46.7	8.7^b	3.6
	ZOPT	196	8.68^b	151.2^c	54.5	5.2^c	2.6
	HK	202	9.04^a	158.7^a	56.6	3.2^d	1.5
小麦	CK	0	3.4^d	69.0^d	—	—	—
	TR	255	8.3^b	174.3^b	41.3	11.1^a	3.6
	OPT	225	8.9^a	186.9^a	52.4	7.5^b	2.6
	ZOPT	180	7.0^c	159.0^c	50.0	5.4^c	2.1
	HK	225	9.1^a	186.6^a	52.3	5.6^c	1.7

注：不同字母代表显著性差异，用 $P < 0.05$ 表示。

2.3.5.5　土壤 NH_4^+-N 和 NO_3^--N 浓度变化以及 NH_4^+-N 浓度与氨挥发的响应关系

对玉米季两次施肥的不同施肥处理（图 2-22）分析发现，绝大多数处理 NH_4^+-N 浓度的最高值出现在施肥后的 1～2d，随后显著降低。对比不同施肥处理的 NH_4^+-N 浓度发现，基肥期 HK 处理土壤的 NH_4^+-N 浓度显著高于其他处理（$P < 0.05$），最高值可以达到 4.1mg/L；其次为 TR 和 OPT 处理，最高 NH_4^+-N 浓度值分别达到 3.5mg/L 和 3.3mg/L；而 ZOPT 和 CK 处理的 NH_4^+-N 浓度值最低，数值分别为 3.1mg/L 和 1.9mg/L。不同于基肥期，追肥期 TR 处理的 NH_4^+-N 浓度值显著高于其他处理（$P < 0.05$），最高值可以达到 2.8mg/L；其次为 OPT 处理，最高值为 2.1mg/L；而 HK 和 ZOPT 处理的 NH_4^+-N 浓度值显著低于其他处理（除 CK 外，$P < 0.05$）。与 NH_4^+-N 浓度结果不同，玉米季绝大部分两次施肥处理后的第 4～5d，NO_3^--N

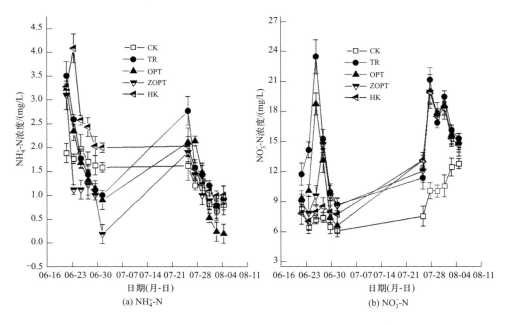

图 2-22　不同施肥处理玉米季 NH_4^+-N 和 NO_3^--N 的动态变化

浓度值达到最高，后迅速降低。其中 TR 处理的两次施肥 NO_3^--N 浓度最高值可达 23.5mg/L，明显高于其他处理（$P<0.05$）；其次为 OPT 和 ZOPT 处理，HK 和 CK 处理数值最低。除此之外，不同处理 NH_4^+-N 与氨挥发量的响应关系较为密切（图 2-23），其中 TR、OPT 与 ZOPT 的氨挥发量与土壤 NH_4^+-N 浓度显示出较强的线性相关性，其 r^2 介于 0.62～0.88 之间。而 HK 和 CK 处理土壤的氨挥发量与土壤 NH_4^+-N 浓度的相关性较弱，尤其是 HK 处理的 r^2 仅为 0.29，表现出与 NH_4^+-N 浓度的弱相关性，这可能与脲甲醛缓释肥 NH_4^+ 释放速率较慢有关。整体而言，砂姜黑土不同处理 NH_4^+-N 浓度基肥期大于追肥期，并且土壤 NH_4^+-N 浓度与氨挥发量表现出较好的相关性，可以得出 NH_4^+-N 浓度是影响砂姜黑土农田氨挥发量的主要因素之一。

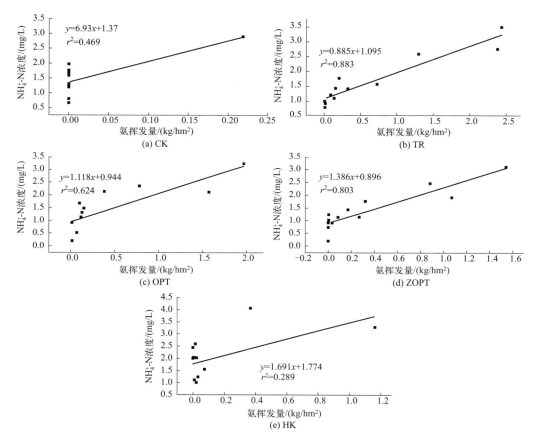

图 2-23　不同施肥处理玉米季氨挥发量与 NH_4^+-N 浓度的相关性

综上，砂姜黑土小麦玉米轮作农田玉米季氨挥发量介于 3.2～13.4kg/hm² 之间，小麦季氨挥发量介于 5.6～11.1kg/hm² 之间，玉米季的氨挥发量整体高于小麦季，说明玉米季是砂姜黑土小麦玉米轮作体系氨挥发的高排时期。小麦季和玉米季不同施肥期的氨挥发量存在较大差异，玉米季基肥期的氨挥发量要显著高于追肥期，而小麦季基肥期的氨挥发量与追肥期差别不大。与其他类型土壤研究结果类似，砂姜黑土农田不同施肥处理的氨挥发量存在较大差异，TR 处理两季氨挥发量均显著高于其他处理，其次为 OPT 处理，而 HK 和 ZOPT 处理的氨挥发量显著更低。然而，对比两季作物产量发现，OPT、HK 和 TR 处理产量整体差别不大或者略微有所降低，而 ZOPT 处理产量明显更低，说明 OPT 施肥量既可以实现减氨又能保证作物产量，而 HK 处理不仅可以保证砂姜黑土作物产量，而且还可以更进一步降低氨挥发量，使砂姜黑土小麦玉米轮作农田实现更好的经济效益与环境效益。最后，结合几种典型施肥处理的氨排放系数发现，砂姜黑土小麦季氨排放系数介于 1.7%～3.6% 之间，玉米季氨排放系数介于 1.5%～4.7% 之间，可以看出砂姜黑土农田的氨排放系数相比其他类型土壤较低。尽管如此，考虑到砂姜黑土区域适宜的气候条件和普遍存在的高量施肥现象，合理施肥和新型肥料推广使用仍需要被重视。

2.4 扬尘源

2.4.1 扬尘源分类及样品采集方法

本研究以郑州市土壤扬尘、铺装道路扬尘和建筑施工扬尘为研究对象，采用现场采样和实验室分析相结合的研究方法，对土壤扬尘、道路扬尘、施工扬尘（拆迁扬尘和水泥尘）进行样品采集、再悬浮、物理特征和化学组分分析，绘制扬尘中细颗粒物化学成分谱。

（1）道路扬尘

道路扬尘采样应避开施工工地附近的路段，对市区环路和乡镇主路选择中段路段，每隔 1km 采集一个子样品，省道选择车流量较大的十字路口对各个方位的路边积尘分别采集，每个样品由 2～4 个子样品混合组成，采用刷扫的方式对路边积尘进行清扫和收集。道路扬尘样品是在道路各部位采集的混合样，每条路的样品量应不低于 500g。

（2）拆迁扬尘

在各拆迁现场的路边和出入口处用毛刷和扫帚进行清扫，用尼龙铲将样品移至样品瓶中，每个样品采集 300～400g，并做采样记录。

（3）土壤扬尘

采用梅花点位法采集地表土样，使用尼龙铲分别采集子样品，子样品的采样量为 300～400g，每个采样点采集土样 1～2kg。采集的土壤样品放在洁净的塑料桶内，用记号笔在桶外壁上标记采样信息，并作采样记录。

（4）水泥尘

分别采集建筑施工和装修用水泥，用尼龙铲将水泥粉装入样品瓶中，每个样品的样品量不少于 500g，并做采样记录，带回实验室分析。

本研究中根据实际情况，共采集扬尘样品 20 个，其中有道路扬尘 7 个，拆迁扬尘 7 个，土壤扬尘 3 个，水泥尘 3 个。各样品的具体采样位置如图 2-24 所示（书后另见彩图，由于水泥尘样品不是在采样点采集的，所以未在图中标注），除了两个省道的道路扬尘样品在新密市，其他样品均分布在郑州市区范围内。

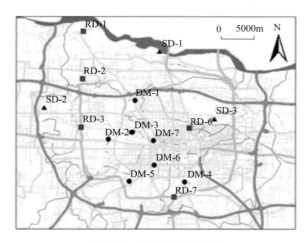

图 2-24　现场采样点位分布

RD—道路扬尘；DM—拆迁扬尘；SD—土壤扬尘

2.4.2　扬尘样品的再悬浮及组分分析

本研究对采集的样品进行预处理、再悬浮、物理特征分析和化学组分测试，具体流程如图 2-25 所示。

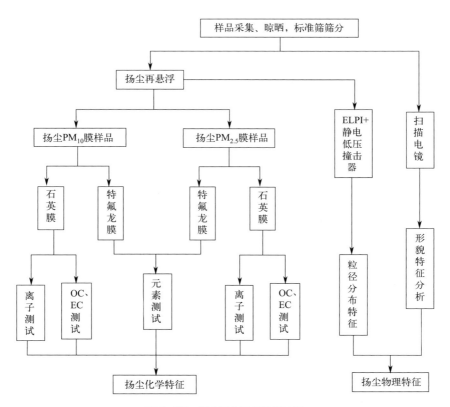

图 2-25　扬尘理化特征分析流程

本研究中采集的扬尘样品使用的再悬浮装置试验流程如图 2-26 所示，进入颗粒物采样器的扬尘样品分别经过 10μm 和 2.5μm 的大气颗粒物采样器切割头，得到扬尘源颗粒物中 PM_{10} 和 $PM_{2.5}$ 的膜样品。本研究采集扬尘膜样品使用的是 47mm 石英和特氟龙（Teflon）滤膜，其中 Teflon 滤膜用来分析元素，石英膜用来分析测试水溶性离子、OC 和 EC。

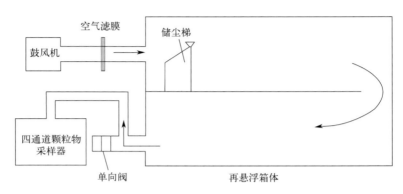

图 2-26　再悬浮装置试验流程

2.4.3　扬尘源颗粒物成分谱特征

对样品膜进行相应的前处理和水溶性离子、金属元素、OC、EC 测试分析，得到扬尘源颗粒物 $PM_{2.5}$ 和 PM_{10} 化学组分数据。对于道路扬尘，$PM_{2.5}$ 和 PM_{10} 的检出率分别为 45.0%±8.1% 和 37.3%±9.3%；对于拆迁扬尘，$PM_{2.5}$ 和 PM_{10} 的检出率分别为 43.2%±6.6% 和 40.0%±9.1%；对于土壤扬尘，$PM_{2.5}$ 和 PM_{10} 的检出率分别为 44.1%±6.0% 和 42.7%±5.7%；对于水泥尘，$PM_{2.5}$ 和 PM_{10} 的检出率分别为 33.7%±6.6% 和 28.7%±16.9%。未测出的组分主要是由于一些地壳元素（如 Si、Al、Fe、Ca 等）以氧化物的形式存在。测得的 OC 和 EC 也都是以碳的质量表示的，实际组分中 OC 有相应的氧元素和氢元素。

表 2-23 列出的是 4 种类型扬尘源的 $PM_{2.5}$ 成分谱，图 2-27 是 4 种类型扬尘源颗粒物 $PM_{2.5}$ 和 PM_{10} 组分对比。从图 2-27 中可以看出，除土壤扬尘外，OC 在 PM_{10} 中的含量高于 $PM_{2.5}$；水溶性离子和痕量元素在 $PM_{2.5}$ 中的比例均高于在 PM_{10} 中的比例，这与水溶性离子的形成过程和痕量元素的富集形式有关。水溶性离子中以硫酸根和硝酸根为例，硫酸盐粒子和硝酸盐粒子由 SO_2 和 NO_x 转化形成二次粒子，多分布在细粒子模态。痕量元素的存在主要是受人为因素的影响，其来源为化石燃料的高温燃烧以及其他高温煅烧的工艺过程，这些经过高温过程排放的组分多以较细的粒子形态进入大气环境，最终经干湿沉降汇入扬尘中。

表 2-23　不同类型扬尘源的 $PM_{2.5}$ 成分谱　　　　　　　　单位：%

扬尘成分	道路扬尘	拆迁扬尘	土壤扬尘	水泥尘
OC	9.998±2.115	10.263±4.207	10.892±3.964	2.578±2.402
EC	1.567±1.413	0.445±0.740	0.164±0.283	1.712±1.754
Na^+	0.108±0.132	0.137±0.112	0.114±0.072	0.307±0.046

续表

扬尘成分	道路扬尘	拆迁扬尘	土壤扬尘	水泥尘
NH_4^+	0.921±0.861	0.101±0.082	0.469±0.353	0.050±0.036
K^+	0.124±0.082	0.128±0.033	0.354±0.065	0.312±0.104
Mg^{2+}	0.130±0.063	0.344±0.570	0.116±0.019	0.165±0.054
Ca^{2+}	5.065±1.780	2.995±1.057	6.424±0.498	5.746±1.661
F^-	0.034±0.018	0.022±0.013	0.072±0.025	0.022±0.018
Cl^-	0.238±0.319	0.242±0.121	0.744±0.027	0.320±0.282
NO_3^-	2.049±1.955	0.518±0.276	0.870±0.397	0.695±0.546
SO_4^{2-}	2.713±1.524	1.628±1.002	1.919±0.109	5.743±1.221
Mg	2.293±1.213	1.355±0.453	0.793±0.210	1.111±0.448
Al	3.811±1.055	4.463±0.635	4.429±0.118	3.095±1.635
K	1.939±1.197	1.745±0.334	3.875±1.397	0.850±0.779
Ti	0.099±0.034	0.099±0.044	0.095±0.044	0.132±0.051
Fe	2.026±0.309	1.962±0.426	1.674±0.620	0.689±0.421
Mn	0.088±0.038	0.058±0.017	0.089±0.036	0.052±0.025
Be	0.001±0.001	0.000±0.000	0.000±0.000	0.000±0.000
B	0.080±0.083	0.047±0.026	0.138±0.111	0.023±0.004
V	0.010±0.007	0.005±0.002	0.004±0.003	0.004±0.002
Cr	0.035±0.025	0.009±0.004	0.025±0.010	0.008±0.001
Co	0.005±0.008	0.007±0.007	0.012±0.009	0.001±0.001
Cu	0.016±0.011	0.009±0.004	0.016±0.006	0.004±0.001
Zn	0.116±0.064	0.092±0.047	0.241±0.115	0.048±0.038
As	0.006±0.005	0.001±0.000	0.002±0.001	0.001±0.000
Se	0.004±0.005	0.003±0.003	0.003±0.004	0.000±0.000
Sr	0.080±0.036	0.036±0.012	0.049±0.015	0.039±0.011
Mo	0.002±0.001	0.000±0.000	0.000±0.000	0.001±0.001
Ag	0.000±0.000	0.001±0.001	0.002±0.002	0.000±0.000
Cd	0.001±0.001	0.000±0.000	0.000±0.000	0.000±0.000
Sn	0.014±0.013	0.001±0.001	0.001±0.001	0.003±0.002
Sb	0.010±0.008	0.001±0.001	0.003±0.001	0.003±0.003
Ba	0.073±0.028	0.054±0.019	0.057±0.021	0.039±0.020
Tl	0.000±0.000	0.000±0.000	0.001±0.002	0.000±0.000
Pb	0.035±0.033	0.008±0.005	0.016±0.006	0.009±0.004

2.4.4 扬尘源重金属污染水平评估

富集因子（EF）法可用来研究颗粒物中元素的富集程度，从而判断和评估元素的天然来源和人为来源，衡量颗粒物中元素受人为影响的程度。其计算式为：

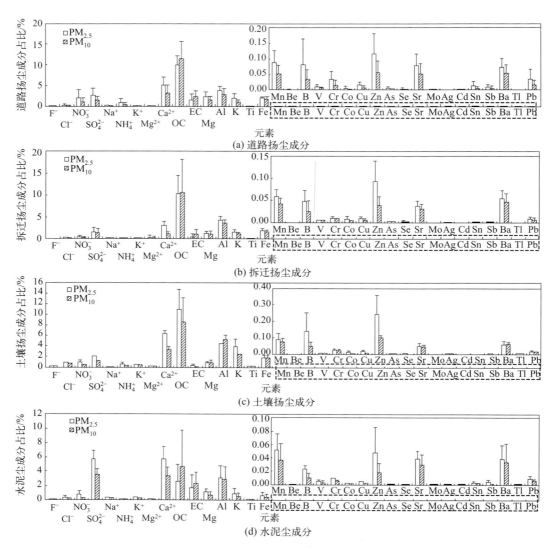

图 2-27 不同类型扬尘源颗粒物 $PM_{2.5}$ 和 PM_{10} 组分对比

$$EF = \frac{(c_n/c_{ref})_{Sample}}{(c_n/c_{ref})_{Background}} \quad (2-12)$$

式中，样品中待考查元素 n 与参比元素 ref 的相对浓度和地壳背景值中 n 和 ref 的相对浓度的比值即为 EF。参比元素常选择相对稳定的 Al，本研究的背景值采用 Chen 的相关研究成果。

若 EF 的值在 0.05～1.5 范围内，则说明元素完全来自地壳（天然源）；若 EF 的值大于 1.5，则说明元素可能受人类活动影响，并有了一定量的富集。按照 EF 的值可将元素的污染水平划分为 5 个等级，分别是最小富集（EF＜2）、适度富集（2≤EF＜5）、显著富集（5≤EF＜20）、高度富集（20≤EF＜40）、严重富集（EF≥40）。

对各类型同一粒径范围中元素的 EF 取平均值，研究元素在两种粒径范围内的富集水平差异，得到如表 2-24 所列的扬尘源颗粒物 $PM_{2.5}$ 和 PM_{10} 中元素的富集程度。从表中可以看出,大部分地壳元素的富集程度很低,基本上都是天然来源;重金属 Sn、Sb、Cd、Se、Ag、Sr、Mo、Pb、Zn 等呈显著富集或者更高的富集程度;部分痕量元素尤其是重金属(如 Sn、Sb、Zn、Cr、Co 等),在 $PM_{2.5}$ 中的富集程度比在 PM_{10} 中高一个富集水平,说明扬尘源颗粒物 $PM_{2.5}$ 中的重金属污染比 PM_{10} 更严重。

表 2-24 扬尘源颗粒物 $PM_{2.5}$ 和 PM_{10} 中元素富集程度

污染水平	$PM_{2.5}$ 中元素	PM_{10} 中元素
最小富集	Ti、Fe、V、K	Ti、Fe、V、K、Mn、Be
适度富集	Mn、Ba、Be、Mg、As	Ba、Mg、As、Cr、Co、Ca、Cu、Tl
显著富集	Cr、Co、Ca、Sr、Cu、Mo、Tl、Pb、B	Sr、Mo、Pb、B、Zn
高度富集	Zn	Sn、Sb
严重富集	Sn、Sb、Cd、Se、Ag	Cd、Se、Ag

选择富集程度较高的元素类型(As、Cr、Co、Ca、Sr、Cu、Mo、Tl、Pb、B、Zn、Sn、Sb、Cd、Se、Ag),对比分析不同类型扬尘源颗粒物 $PM_{2.5}$ 和 PM_{10} 中上述元素的富集因子,结果如图 2-28 所示(书后另见彩图)。从图中可以看出,道路扬尘中的重金属元素(As、Cr、Cu、Pb、Cd 等)富集因子明显高于其他类型的扬尘,其中 Sn、Sb、Cd、Se 的富集因子均大于 40,属于严重富集,说明受人为影响而产生的富集现象比较严重。道路扬尘中大量重金属的存在有以下几个方面的原因:首先是道路建筑材料中的重金属会经过多个过程后富集在道路扬尘中,尤其是 Zn、Cr 和 Pb;其次是机动车燃油中的 Pb 等重金属会经内燃后,随尾气排出并汇入道路扬尘中;此外,车胎在行驶过程中的磨损,也是道路扬尘中 Zn 等重金属的重要来源。拆迁扬尘和水泥尘中痕量元素的富集因子在 4 类扬尘中处于中间水平,但由于郑州市的城市发展阶段导致拆迁和建筑面积较大的现状,拆迁扬尘和水泥尘的污染问题依然不容忽视。

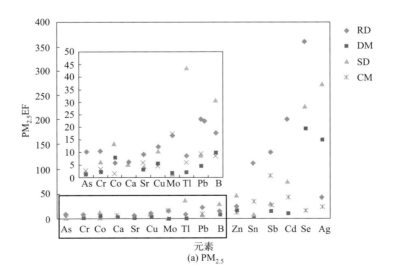

图 2-28

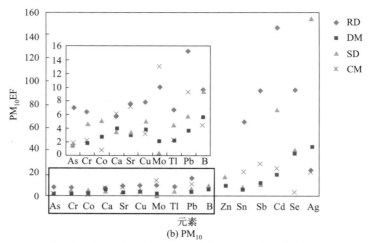

图 2-28　4类扬尘源颗粒物 $PM_{2.5}$ 和 PM_{10} 中的元素富集因子

RD—道路扬尘；DM—拆迁扬尘；SD—土壤扬尘；CM—水泥尘

2.5　生物质燃烧源

2.5.1　生物质燃烧实验室模拟系统

生物质燃烧模拟实验在北京大学深圳研究生院的生物质燃烧排放模拟实验室进行，模拟系统主要由燃烧模拟系统、烟气稀释系统、采样系统和数据采集与处理系统4部分组成，如图 2-29 所示。

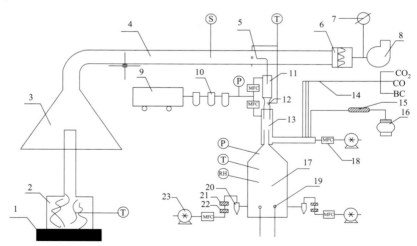

图 2-29　生物质燃烧模拟系统

Ⓣ—温度；Ⓟ—压力；Ⓢ—S形皮托管；ⓇⒽ—相对湿度；
1—电子秤；2—燃烧平台；3—烟尘收集罩；4—烟道；5—等速采样头；6—中效过滤头；7—变频器；8—风机；
9, 10—干洁空气；11—一级稀释通道；12—文丘里；13—二级稀释通道；14—在线采样管路；15—碱石灰；
16—VOCs采样管；17—烟气停留室；18—质量流量计；19—采样口；20—$PM_{2.5}$旋风切割头；
21—前置采样膜；22—后置采样膜；23—采样泵

基本的燃烧模拟过程为：将收集到的一定量秸秆或其他生物质燃料以平铺、堆积或其他方式置于燃烧平台上点火，利用烟尘罩收集燃烧排放的烟气，于烟气管道中通过等速采样装置定量分离部分烟气；烟气在系统负压下被动吸入一级稀释通道内，与一定倍数的干洁空气（零气）在湍流的作用下混合稀释，经文丘里变速后进入二级稀释通道，被进一步稀释，达到分析仪器可接受的浓度；二次稀释后，烟气进入烟气停留室进行颗粒物离线膜采样，部分进入旁路，用于进行在线仪器测量和VOCs的采样，通过离线和在线采样相结合的方式实现全组分的测量和分析。整个系统主体材料采用抛光不锈钢制作，以防止颗粒物的静电吸附，减少颗粒物等在管路中的损失。数据采集与处理系统参与在燃烧模拟、烟气稀释和采样测定等各个过程中，并可根据实际需求调整记录参数。

（1）燃烧模拟

燃烧模拟系统为了尽可能真实地模拟农田收割后开放式秸秆露天燃烧的情况，采用 1m×1.5m 的不锈钢板上加垫隔热材料作为燃烧平台，整个燃烧平台置于与电脑连接的在线电子秤上，可以实时记载整个燃烧过程燃料质量的变化。烟尘收集罩为四棱锥形，罩口尺寸为 1.5m×1.5m，高 1m，燃烧台架与烟尘罩顶部的最大距离为 0.75m。一次通道的抽风速度以 10m/s 计，烟尘收集罩罩口气流流速为 0.08m/s，低于密室空气流速（0.25m/s），远低于一般民用煤炉烟道内烟气的抬升速度（1～3m/s），对燃烧状态的影响可忽略。整个燃烧模拟系统可以很好地模拟自然状态下秸秆的燃烧状况。由于秸秆等生物质燃烧迅速，在短时间内会释放大量的烟气，燃烧 2kg 秸秆就可排放 24～32m^3 的烟气，烟气平均排放速率可达 180m^3/h。为防止烟气外逸，烟道风机的抽风量需显著高于 180m^3/h。本系统风机抽风量在 0～1200m^3/h 内可调，烟尘罩可有效收集到生物质燃烧所排放的烟气。

（2）烟气稀释

在烟气稀释系统中，采用稀释采样法可以更好地模拟实际状况并进行更有效的测量。燃烧排放的烟气由烟道进样口进入稀释系统，采样过程中由电磁阀控温至 120℃，该温度为 EPA method 201A 推荐值，有效减少了烟气的冷凝吸附。为保证采样烟气与零气混合均匀，稀释通道的长度需为通道内径的 10 倍以上。本系统一级稀释通道从烟尘收集罩到等速分离采样口的距离为 2.4m，是通道内径（155mm）的 15 倍。一般认为，雷诺数 $Re > 4000$ 时，气流已处于湍流状态。一级稀释通道中最低气流流速大于 5m/s，以 5m/s 计算，在 120℃ 以下的所有温度条件下，通道内气流均能满足湍流条件。在整个系统气流达到平衡时，二级稀释通道末端 Re 接近 10000，表明经二次稀释后零气与烟气已混合均匀。

（3）样品采集

为模拟烟气排到大气中的实际情况，在稀释通道的末尾设置停留室使颗粒物充分混合稀释后进行采样测定，停留室体积为 50L。停留室采样管路可以支持 6 路同时采样。本研究采集 5 路 $PM_{2.5}$ 膜样品，其中 1 路为前置 Teflon 膜＋后置石英膜，1 路为前置石英膜＋后置石英膜，其余 3 路为石英膜；第 6 路用于采集挥发性有机物和在线仪器的采样测定。气态污染物（如 CO_2、CO 等）在线测定，黑碳气溶胶采用 AE-31 型 7 波段黑碳仪（Magee Scientific Inc.）测定，颗粒物化学组成采用气溶胶化学成分在线监测仪（ACSM）测定，根据不同的研究目的，所采用的仪器会有所调整。

2.5.2 燃烧模拟实验及样品分析

对于中原地区，玉米和小麦是河南省最主要的粮食产物，占总粮食产量的 89%，故本研究选择玉米和小麦这两种生物质秸秆进行模拟燃烧。研究于 2014 年 6 月小麦收获期在河南省郑州市和河北省望都县收集小麦秸秆，10 月玉米收获期在河南省郑州市收集玉米秸秆。秸秆在 105℃ 的烘箱内烘干至恒重，根据前后的质量差值计算含水量。所收集玉米秸秆、郑州小麦秸秆和望都小麦秸秆的初始含水量分别为 13%、7% 和 9%。实验过程中，燃烧模拟所需秸秆均在实验室内准确控制含水量：按一定质量比在塑料箱内逐层平铺秸秆并喷洒超纯水，至少 20h 后重新称重并计算其实际含水量。每次实验均从燃料点火后开始采样，火焰熄灭且 CO_2 降低至燃烧前浓度水平后停止采样，每次采样持续 20～35min。同时对每种秸秆的 3 个含水量梯度均进行 3 次模拟燃烧。

本研究在控制含水量时均从实验开始前一天将次日要用的秸秆在塑料箱中平铺并逐层洒水，保证洒水量与秸秆量呈一定质量比例，将其密封过夜，于第二天重新称重并计算实际含水量后使用。其中玉米秸秆设置 2 个含水量梯度（13% 和 18%），小麦秸秆设置 3 个含水量梯度（10%、20% 和 30%）。采样管路中第 2 路为前置 Teflon 膜 + 后置石英膜，第 3 路为前置石英膜 + 后置石英膜，第 1、4、5 路均为前置石英膜。装好采样膜后，将一定质量秸秆置于电子台秤上的燃烧平台中，并实时记录秸秆重量，每次燃烧时控制玉米秸秆约为 2.5kg，小麦秸秆约为 1.5kg。点火后，开启各个管路抽气泵并释释干空气开始采样，调节转子流量计改变释释气流量，以控制采样烟气稀释比为设定的 10 倍稀释比。待秸秆燃烧完全后停止采样，一般情况下，每次燃烧持续 30min 左右。每次燃烧模拟实验结束后均用干洁空气冲洗采样管路 1h 以上，保证下次实验采样不受前次燃烧过程烟气管路中残余颗粒物等的影响。每天的实验过程中均采集空白样品 1 组，以剔除每天由于采样环境差异而引入的误差。

不同秸秆模拟燃烧时的火焰和烟气如图 2-30 所示（书后另见彩图）。其中，玉米秸秆模拟 13% 和 18% 两个含水量梯度，共进行 9 组样品采集和 3 组空白采集，玉米秸秆的燃烧过程特点为：秸秆含水量低时，较易燃烧，以明火燃烧为主，燃烧充分，火焰大而烟少；秸秆含水量高时，较难充分燃烧，燃烧时火焰较小且有明显浓烟。小麦秸秆模拟了 3 个含水量梯度，分别约为 10%、20% 和 30%，共进行了 18 组样品采集和 6 组空白采集，燃烧特点与玉米秸秆燃烧状况类似。

2.5.3 生物质燃烧颗粒物成分谱特征及影响因素

生物质燃烧排放 $PM_{2.5}$ 的源谱，包含 OC、EC、K^+、NH_4^+、Cl^-、SO_4^{2-}、NO_3^-、Na^+、Mg^{2+}、Ca^{2+} 及元素组分，其组分测试值如表 2-25 所列。

图 2-30　不同秸秆模拟燃烧时的火焰和烟气

表 2-25　玉米、小麦秸秆燃烧排放源谱　　　　　　　　　　　　　　　　单位：%

组分	玉米	小麦
OC	51.499±1.0299	40.453±0.809
EC	2.082±0.04164	3.085±0.0617
K^+	3.535±0.0707	7.840±0.1568
NH_4^+	1.073±0.02146	0.670±0.0134
Cl^-	6.965±0.1393	9.402±0.188
SO_4^{2-}	0.399±0.00798	1.316±0.02632
NO_3^-	0.048±0.00096	0.083±0.00166
Na^+	0.014±0.0003	0.250±0.005
Mg^{2+}	0.001±0.00002	0.000±0.000
Ca^{2+}	0.002±0.00004	0.001±0.00002
V	0.000±0.000	0.002±0.00004
Cr	0.001±0.00002	0.004±0.00008
Mn	0.000±0.000	0.000±0.000
Fe	0.015±0.0003	0.040±0.0008
Ni	0.002±0.00004	0.000±0.000
Cu	0.003±0.00006	0.000±0.000
As	0.001±0.00002	0.010±0.0002
Se	0.000±0.000	0.001±0.00002
Zn	0.031±0.0006	0.015±0.0003
Pb	0.002±0.00004	0.011±0.00022

（1）组分特征及影响因素

不同含水量对应组分占燃烧排放 $PM_{2.5}$ 的比值如图 2-31 所示（书后另见彩图）。其中有机物（OM）的含量以 OC 的 1.2 倍计，是细颗粒物最主要的组分，平均占 49%～62%；在有机物中平均 41%～44% 是水溶性的。水溶性无机离子组分中，Cl^- 和 K^+ 的含量最高。EC 和水溶性离子组分分别占细颗粒物的 1%～4% 和 8%～32%。对于水溶性有机酸部分，乙酸、丁二酸、甲酸和乙二酸是离子色谱测定到的水溶性低分子量有机酸中含量最高的组分。其中，乙酸和丁二酸是两种含量最高的低分子量有机酸，均与 OC、$PM_{2.5}$ 有很好的相关性（r^2 值均高于 0.9），可以用来表征生物质燃烧源排放细颗粒物或碳质气溶胶的高低。小麦秸秆燃烧排放的碳质气溶胶比例略低于玉米秸秆燃烧排放，而水溶性离子组分略高于玉米秸秆燃烧排放，但各组分组成的整体差别不大。

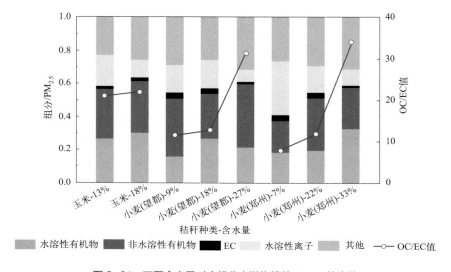

图 2-31　不同含水量对应组分占燃烧排放 $PM_{2.5}$ 的比值

随着含水量的增加，OC 的比例也呈现逐渐增加的趋势，水溶性离子组分和 EC 的比例逐渐降低，OC/EC 值迅速增加，高含水量与中低含水量的对比变化尤其显著。与 OC 相比，生物质燃烧过程中的 EC 排放量很低，随秸秆含水量的增加，其排放没有表现出明显增加的趋势。

（2）排放特征及影响因素

颗粒物及其组分的排放因子，可由下式计算得到：

$$EF_i = \frac{m_i}{\Delta m_{dry}} \times \frac{Q_0}{Q_t} \times DR_1 \times DR_2 \qquad (2\text{-}13)$$

式中　　EF_i——物种 i 的排放因子；
　　　　Δm_{dry}——燃料干重；
　　　　m_i——i 物种的排放量；
　　　　Q_t——单位时间 t 内未稀释烟气的采样量；
　　　　Q_0——单位时间 t 内烟道内的总烟气量；
　　　　DR_1，DR_2——一级和二级稀释通道的稀释比。

不同含水量的玉米、小麦秸秆燃烧产生的 $PM_{2.5}$ 及其中主要组分的排放因子如图 2-32 所示，包括 $PM_{2.5}$、OC、EC、K^+ 及 4 种主要的低分子量有机酸。除 EC 和 K^+ 外，各组分的排放因子随秸秆含水量的增加均呈现排放量增加的趋势。小麦秸秆燃烧排放中，秸秆排放物的量从低含水量（10%）到中等含水量（20%）增加的趋势并不明显，有的甚至有略微减少的趋势；然而由中低含水量到高含水量（30%）却呈现出显著增加的趋势，其中 $PM_{2.5}$、OC 高含水量的排放量增长到中低含水量的 2 倍以上。由于原料限制，只对玉米秸秆的两个含水量（13%、18%）进行了模拟，但整体与小麦秸秆呈现出同样的变化趋势。K^+ 作为生物质燃烧的示踪物，是秸秆燃烧排放的水溶性离子组分中含量最高的物种之一。然而 K^+ 并没有同 $PM_{2.5}$ 或 OC 一样呈现出随秸秆含水量增加而排放量增加的趋势；相反，随含水量的增加整体呈现出降低的趋势。这可能与燃烧温度有关，随着含水量增加，燃烧逐渐变得不充分，燃烧过程所达到的温度也逐渐降低，不利于 K^+ 进入烟气中，部分 K^+ 留在燃烧灰烬中未随烟气流出而被采集。

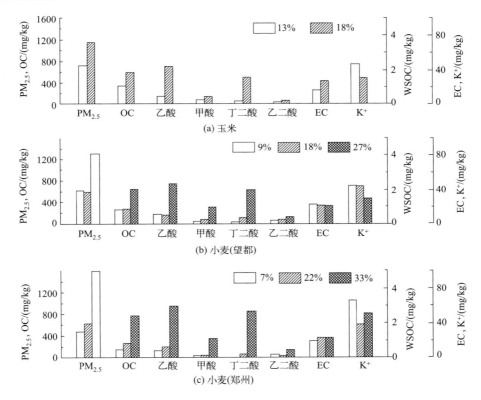

图 2-32　不同含水量的玉米、小麦秸秆燃烧产生的 $PM_{2.5}$ 及其中主要组分的排放因子

WSOC—水溶性有机碳

2.6　结论与建议

耐火材料、碳素行业煅烧工段、碳素行业焙烧工段、氧化铝、电解铝、水泥及砖瓦行业的 $PM_{2.5}$ 化学成分谱中占比最高的成分分别为 SO_4^{2-}、EC、Ca^{2+}、Cl^-、EC、OC 和 Ca^{2+}。对于典型重工业行业的减排，建议首先从原辅料和工艺过程上进行优化，燃料改用清洁能源从而减少 SO_2、NO_x 等污染物的排放，此外还应从废气治理技术上提升设施效率，从而减少污染

物排放。

典型工业源 VOCs 中汽车制造业、化学制品行业和包装印刷业是排放浓度最高的三个行业，从组分构成来看，排放的 VOCs 组分主要以 OVOCs（含氧挥发性有机污染物）为主，占总量的 57.7%，芳烃、卤代烃、烷烃分别占 13.6%、13.8%、13.9%。OVOCs 中的乙醇浓度最高，为 137.8mg/m^3，其次为乙酸乙酯（58.3mg/m^3）、2-己酮（58.0mg/m^3）、2-丁酮（46.4mg/m^3）。建议从以下几个方面加强 VOCs 的管控：推广原材料替代，加强源头控制；聚焦企业废气"收集率、处理率和设施运行率"，提升综合治理效率；全面落实标准要求，强化无组织排放控制；坚持帮扶执法结合，有效提高监管效能；推行清洁生产机制；加强科学管理，完善地方排放标准；等等。

基于机动车检测站检测大数据、实际道路排放测试试验、隧道试验和机动车活动水平大数据研究发现，现行排放限值标准下郑州市机动车总体轻型汽车年检达标率高达 95.96%；使用添加剂后轿车尾气中 CO 和 HC 排放均有所改善，分别下降了 54.2% 和 11.9%，而 NO_x 排放却有所增加（58.7%）。修正获得了河南省本地化国一至国五不同阶段轻型汽油车、轻型柴油车、重型柴油车、机动车和混合动力车尾气中的 CO、HC、NO_x 和 PM 排放因子；小型客车、摩托车、大型客车、重型货车和轻型货车是河南省道路移动源污染物的主要排放来源。鉴于此，提出了提升铁路货运量、优化公交出行、发展新能源车辆、开展柴油货车执法检查、强化油品质量监管、提升移动源监测监管能力、加快老旧车辆淘汰等对策建议。

河南省农田区氨浓度呈动态变化过程，3～4月、6～7月、10～11月分别是农田氨排放的三个高峰期，河南省农田不同土壤类型条件下氨排放量存在较大差别，豫北潮土地区的近地表氨浓度高于豫南砂姜黑土区，尤其是玉米种植季节。不同施氮量条件下小麦季和玉米季氨挥发量均呈极显著指数增加趋势（$P < 0.01$），说明砂壤质潮土农田当前的传统施肥方式存在着氨过量排放问题。优化施肥和适量施用有机肥可以在保证砂壤质潮土农田小麦玉米产量的同时，显著降低氨挥发量，提升经济效益与环境效益。通过优化施肥中的优化施氮处理，既能实现氨减排又能保证砂姜黑土农田小麦玉米轮作的作物产量，而缓控肥处理则在进一步降低氨挥发量的同时保证了作物产量，实现了更好的经济效益与环境效益。尽管砂姜黑土农田的氨排放系数相对较低，但由于适宜的气候条件和高量施肥现象普遍存在，合理施肥和推广新型肥料仍需被重视。

土壤扬尘、道路扬尘、拆迁扬尘和水泥尘四类扬尘中，除土壤扬尘外，OC 在 PM_{10} 中的含量高于 $PM_{2.5}$；除道路扬尘外，其他三类扬尘中地壳元素 Si 在 PM_{10} 中的含量均高于 $PM_{2.5}$；水溶性离子和痕量元素在 $PM_{2.5}$ 中的比例均高于在 PM_{10} 中的比例。部分痕量元素尤其是重金属（如 Sn、Sb、Zn、Cr、Co 等）在 $PM_{2.5}$ 中的富集程度比在 PM_{10} 中高一个富集水平，道路扬尘中的重金属元素（As、Cr、Cu、Pb、Cd 等）富集因子明显高于其他类型扬尘，其中 Sn、Sb、Cd、Se 的富集因子均大于 40，属于严重富集，说明受人为影响而产生的富集现象比较严重。

生物质燃烧排放的 OM 是细颗粒物最主要的组分，平均占 49%～62%，EC 和水溶性离子组分分别占细颗粒物的 1%～4% 和 8%～32%，不同生物质燃烧排放的碳质气溶胶和水溶性离子组分的比例整体差别不大。随着生物质含水量增加，OC 比例也逐渐增加，水溶性离子组分和 EC 的比例逐渐降低，OC/EC 值迅速增加。$PM_{2.5}$ 中 OC 和 4 种主要的低分子量有机酸的含量随秸秆含水量的增加呈现增加的趋势，由于随着含水量增加燃烧逐渐不完全，K^+ 随含水量的增加整体呈现出降低的趋势。

参考文献

[1] Mancilla Y, Mendoza A. A tunnel study to characterize $PM_{2.5}$ emissions from gasoline-powered vehicles in Monterrey, Mexico [J]. Atmospheric Environment, 2012, 59: 449-460.

[2] Bozlaker A, Spada N J, Fraser M P, et al. Elemental characterization of $PM_{2.5}$ and PM_{10} emitted from light duty vehicles in the Washburn Tunnel of Houston, Texas: Release of rhodium, palladium, and platinum [J]. Environmental Science & Technology, 2014, 48: 54-62.

[3] Raparthi N, Debbarma S, Phuleria H C. Development of real-world emission factors for on-road vehicles from motorway tunnel measurements [J]. Atmospheric Environment: X, 2021, 10: 100113.

[4] Zhang Y S, Yan Q S, Wang J, et al. Emission characteristics and potential toxicity of polycyclic aromatic hydrocarbons in particulate matter from the prebaked anode industry [J]. Science of the Total Environment, 2020, 772: 137546.

[5] Dong Z, Jiang N, Duan S G, et al. Size distributions and size-segregated chemical profiles of particulate matter in a traffic tunnel of East-Central China [J]. Atmospheric Pollution Research, 2019, 10(6): 1873-1883.

[6] Wang C, Yin S S, Bai L, et al. High-resolution ammonia emission inventories with comprehensive analysis and evaluation in Henan, China, 2006—2016 [J]. Atmospheric Environment, 2018, 193: 11-23.

[7] Jiang N, Dong Z, Xu Y Q, et al. Characterization of PM_{10} and $PM_{2.5}$ source profiles of fugitive dust in Zhengzhou, China [J]. Aerosol and Air Quality Research, 2017, 18: 314-329.

[8] Chen L W A, Wang X L, Lopez B, et al. Contributions of non-tailpipe emissions to near-road $PM_{2.5}$ and PM_{10}: A chemical mass balance study [J]. Environmental Pollution, 2023, 335: 122283.

[9] Cheng Y, Lee S C, Ho K F, et al. Chemically-speciated on-road $PM_{2.5}$ motor vehicle emission factors in Hong Kong [J]. Science of the Total Environment, 2010, 408: 1621-1627.

[10] 国家环境保护总局. 防治城市扬尘污染技术规范: HJ/T 393—2007 [S]. 北京: 中国环境科学出版社, 2007.

[11] Geng N B, Wang J, Xu Y F, et al. $PM_{2.5}$ in an industrial district of Zhengzhou, China: Chemical composition and source apportionment [J]. Particuology, 2013, 11(1): 99-109.

[12] 环境保护部. 空气和废气 颗粒物中金属元素的测定 电感耦合等离子体发射光谱法: HJ 777—2015 [S]. 北京: 中国环境科学出版社, 2015.

[13] Lu X W, Zhang X L, Li L Y, et al. Assessment of metals pollution and health risk in dust from nursery schools in Xi'an, China [J]. Environmental Research, 2014, 128: 27-34.

[14] Chen H, Teng Y, Lu S, et al. Contamination features and health risk of soil heavy metals in China [J]. Science of the Total Environment, 2015, 512-513: 143-153.

[15] Zhang H, Yin S S, Bai L, et al. Establishment and evaluation of anthropogenic black and organic carbon emissions over Central Plain, China [J]. Atmospheric Environment, 2020, 226: 117406.

[16] Wang Q, Li S, Dong M, et al. VOCs emission characteristics and priority control analysis based on VOCs emission inventories and ozone formation potentials in Zhoushan [J]. Atmospheric Environment, 2018, 182: 234-241.

[17] Bai L, Lu X, Yin S S, et al. A recent emission inventory of multiple air pollutant, $PM_{2.5}$ chemical species and its spatial-temporal characteristics in central China [J]. Journal of Cleaner Production, 2020, 269: 122114.

第 3 章

河南省精细化大气污染物排放清单

3.1 大气污染物排放清单编制方法

3.2 2017 年河南省人为源大气污染物排放清单

3.3 河南省高耗能行业排放特征分析

3.4 河南省重点 VOCs 贡献行业排放特征分析

3.5 大气污染物排放时空特征分析

3.6 河南省 2016 ~ 2020 年大气污染物排放变化趋势分析

3.7 结论与建议

大气污染物排放清单是指各种排放源在一定时间跨度和空间区域内向大气中排放的大气污染物量的集合。精细化污染模拟与溯源决策是下一步攻坚战的核心，准确、及时更新的高分辨率排放清单是识别污染来源、支撑模式模拟、分析解释观测结果和制定减排控制方案的重要基础，对于污染物总量减排、空气质量提升等环境管理问题来说，也是极为关键的核心支撑。由于国家层面大尺度污染物排放清单建立较早，而河南省处于京津冀大气污染物传输通道的关键位置，目前的研究宏观规划较多，缺少本地化清单，亟须建立基于本地化排放因子、地理空间的高分辨清单，为空气质量模拟和减排方案的制定提供数据支撑。

3.1 大气污染物排放清单编制方法

大气污染物排放清单是识别污染物排放特征、空气质量模拟、预报预警、大气污染防治的重要基础数据。本研究通过统计公报、国家统计局数据库、中国统计年鉴、河南省统计年鉴及各省辖市（含直管县）统计年鉴获取河南省活动水平，同时结合当年的气象条件对部分排放源（机动车、扬尘等）的排放因子进行本地化修正，采用排放因子法建立了2016～2020年河南省大气污染物排放清单（图3-1）。此外，为了使空间分配结果更能反映当地的排放水平，结合第二次全国污染源普查中工业企业点位的信息，优化了工业燃烧、工艺过程源、溶剂使用源和存储与运输源的空间分配。

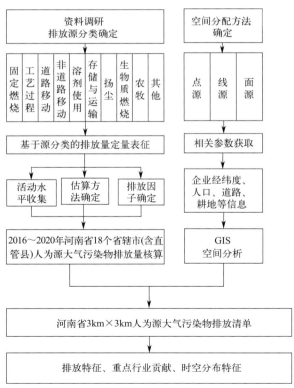

图3-1 河南省2016～2020年大气污染物排放清单建立

GIS—地理信息系统

3.1.1 排放源分类

考虑排放源四级分类标准（表3-1），结合河南省社会经济发展状况及相关排放源活动水平数据，根据获取准确性和难易程度进行分类，分为固定燃烧源、工艺过程源、移动源、溶剂使用源、农牧源、扬尘源、生物质燃烧源、存储与运输源和其他源。

表 3-1 排放源四级分类标准

一级排放源	二级排放源	三级排放源	四级排放源
固定燃烧源	电厂	燃料类型	燃烧技术
	工业燃烧	燃料类型	燃烧技术
	民用燃烧	燃料类型	燃烧技术
工艺过程源	非金属制造业	产品类型	工艺技术
	黑色金属业	产品类型	工艺技术
	有色金属业	产品类型	工艺技术
	化学原料制造业	产品类型	工艺技术
	酒类生产	产品类型	工艺技术
	化学纤维	产品类型	工艺技术
	炼焦	产品类型	工艺技术
	造纸	产品类型	工艺技术
	橡胶塑料	产品类型	工艺技术
	食品生产	产品类型	工艺技术
移动源	道路/非道路	机动车车型	排放标准
溶剂使用源	工业溶剂	溶剂使用过程	溶剂类型
	民用溶剂	溶剂使用过程	溶剂类型
	建筑溶剂	内墙/外墙	涂料类型
	沥青铺路	沥青产量	沥青使用量
农牧源	活动类型	畜禽/肥料/农药类型	养殖阶段/土地类型
扬尘源	活动类型	道路/建筑活动/堆放过程/土壤质地	道路等级/土地类型
生物质燃烧源	燃烧形式	生物质类型	农作物类型
存储与运输源	燃料/产品	加油站/储油库/油品运输	产品小类/排放方式
其他源	香烟/餐饮/人体/污水/垃圾	无	处理方法类型

3.1.2 估算方法

估算方法综合采用物料衡算法和排放因子法。其中，SO_2 采用物料衡算法估算[式（3-1）]，其他污染物采用排放因子法估算[式（3-2）]。根据各污染源的活动水平数据类别，具体过程中的排放因子会有差异。

$$E = \frac{64}{32} \times S \times m \times C \times (1-\eta_{SO_2}) \times 10^3 \tag{3-1}$$

$$E_i = \Sigma_{j,k} A_{j,k} \times EF_j \times (1-\eta) \times 10^{-3} \tag{3-2}$$

式中　E——SO_2排放总量，kg；

$\dfrac{64}{32}$——SO_2 与硫的分子量之比；

S——燃料含硫率；

m——燃料消耗量，t；

C——燃料中硫的转化率，%，其中燃煤取 80%，燃油则取 100%；

η_{SO_2}——SO_2 控制效率；

$i,\ j,\ k$——污染物种类、排放源类别和城市类别；

E_i——第 i 种污染物排放总量，kg；

$A_{j,k}$——k 城市 j 种排放源的活动水平数据，kg；

EF_j——排放因子，g/kg；

η——控制措施去除效率，%。

对于黑碳（BC）、OC，则基于 BC、OC 在 $PM_{2.5}$ 中的质量分数而间接获得排放因子，详见式（3-3），并假设颗粒物控制技术对 BC、OC 的去除效率和 $PM_{2.5}$ 相同。

$$EF_{j,\,i} = EF_{j,\,PM_{2.5}} \times F_{j,\,i} \tag{3-3}$$

式中 $EF_{j,\,i}$——j 种排放源污染物 i 的排放因子，g/kg，此处 i 为 BC 或 OC，j 为排放源类别；

$EF_{j,\,PM_{2.5}}$——j 种排放源 $PM_{2.5}$ 的排放因子，g/kg；

$F_{j,\,i}$——j 种排放源污染物 i 在 $PM_{2.5}$ 中所占比例。

3.1.2.1 固定燃烧源

对于火力发电，基于每家电厂燃煤和燃油的含硫率及去除率等信息，采用物料衡算法估算 SO_2 排放量，估算公式如下所示：

$$E = \Sigma_{i,\,k,\,m} 2 \times S \times W_{i,\,k} \times C_k \times (1 - \eta_{SO_2}) \tag{3-4}$$

式中 E——SO_2 排放总量，t；

i——第 i 个电厂；

k——燃料类型；

m——燃烧技术类型；

2——SO_2 与硫的分子量之比；

S——燃料的含硫率；

$W_{i,k}$——燃料的消耗量，t；

C_k——燃料中硫的转化率，当 k 为燃煤时 $C_k=0.8$，当 k 为燃油时 $C_k=1$；

η_{SO_2}——电厂 SO_2 的去除效率。

其他污染物排放量则采用排放因子法估算，公式如下所示：

$$E_p = \Sigma_{i,\,k,\,m} A_{i,\,k} \times EF_{k,\,m} \times (1 - \eta) \times 10^{-3} \tag{3-5}$$

式中 p——污染物种类；

E_p——污染物的排放总量，t；

i——第 i 个电厂；

k——燃料类型；

m——燃烧技术类型；

$A_{i,k}$——每家电厂的燃料消耗量，t；

$EF_{k,m}$——排放因子，g/kg；

η——控制措施的去除率，%。

对于工业燃烧，其在排放性质上与电厂源具有一致性，使用相同的排放量估算方法，SO_2采用物料衡算法估算，其他污染物使用排放因子法。

对于民用燃烧，采用基于燃料消耗量的排放因子法，计算公式如下：

$$E_p = \Sigma_{k,m} A_k \times EF_{k,m} \times 10^{-6} \qquad (3-6)$$

式中　E_p——污染物的排放总量，t；

　　　p——污染物种类；

　　　k, m——燃料类型、燃烧技术类型；

　　　A_k——活动水平数据，即燃料燃烧量，kg；

　　　$EF_{k,m}$——排放因子，g/kg。

固定燃烧源中不同燃烧源及对应燃料所采用的排放因子及来源如表3-2所列。

表3-2　固定燃烧源排放因子　　　　　　　　　单位：g/kg 燃料

排放源	燃料类型	排放因子								
		SO_2	NO_x	CO	PM_{10}	$PM_{2.5}$	VOCs	NH_3	BC	OC
电厂	煤炭	16S	5.55/8.85/10.50	2.0	46.00	12.00	0.04	0.020	0.006	0.00
	燃料油	20S	7.40	0.6	0.85	0.62	0.13	—	0.080	0.03
	生物质	2.67	1.54	3.6	10.28	5.88	5.30	0.040	0.130	0.54
	天然气	0.071	4.10	1.3	0.24	0.17	0.02	0.513	0.095	0.30
工业燃烧	煤炭	16S	4.00	15.0	5.40	1.89	0.39	0.020	0.200	0.04
	燃料油	20S	7.65	0.6	0.85	0.67	0.35	0.130	0.080	0.03
	焦炭	16S	9.00	6.6	0.29	0.14	0.04	0.020	0.280	0.05
	天然气	0.18	1.76	1.3	0.24	0.17	0.18	0.513	0.095	0.30
	柴油	3	9.62	0.6	0.50	0.50	0.12	0.132	0.300	0.09
民用燃烧	煤炭	18.5	1.88	75.0	9.52	7.35	1.80	0.900	2.440	4.40
	液化石油气	0.18	2.10	0.4	0.17	0.17	0.19	0.210	0.090	0.30
	天然气	0.18	1.46	1.3	0.24	0.10	0.18	0.320	0.095	0.30
	柴油	—	3.21	0.6	0.50	0.50	7.65	0.140	0.300	0.09

注：S表示式（3-4）中的含硫率。

3.1.2.2　工艺过程源

在参考国内外研究工作的基础上，综合考虑活动数据的可获取性，主要采用基于产品产量的方法进行估算，公式如下所示：

$$E_i = \Sigma_k A_k \times EF_{i,k} \times 10^{-3} \qquad (3-7)$$

式中　E_i——污染物i的排放量，kg；

　　　i——污染物类型；

　　　k——产品类型；

　　　A_k——产品k的年产量，kg；

　　　$EF_{i,k}$——对应的排放因子，g/kg。

具体的各行业对应污染物的排放因子选取及来源如表3-3所列。

表 3-3　工艺过程排放源排放因子　　　　　　单位：g/kg 产品或原料

排放源	SO$_2$	NO$_x$	CO	PM$_{10}$	PM$_{2.5}$	VOCs	NH$_3$	BC	OC
玻璃制品				3.07	2.94	3.15	0.02	0.0006	0.007
耐火材料	5.80	4.70	150.00	0.26	0.11	0.18	0.02	0.2140	0.137
石墨				1.60	1.44	0.18	0.02		
水泥制品	5.80	10.80	51.80	77.43	28.46	0.18	0.02	0.0060	0.010
陶瓷				1.76	0.67	0.22	0.02	0.0100	0.050
砖瓦	0.60	0.05	4.04	0.71	0.27	0.18	0.02	0.1100	0.095
铸铁				3.58	1.70				0.210
生铁				0.08	0.07			0.2800	0.050
炼钢				0.14	0.13			0.2000	0.060
烧结矿	1.34	0.55	16.00	5.81	2.52	0.25		0.0030	0.130
电解锌				322.00	287.00			0.0880	0.044
氧化铝				12.24	9.18			0.0006	0.007
电解铝				3.28	2.26			0.0006	0.007
粗铜				296.05	263.87				
铅				368.00	328.00				
铝箔						54.50			
合成氨	3.00	0.90	0.03	2.10	1.90	4.72	2.10		
化肥				2.12	1.86		0.07	0.5000	0.400
涂料生产						15.00			
颜料						81.40			
硫酸	6.75								
饮料酒						0.25			
炼焦	0.91	1.23	1.80	0.22	0.13	2.96		0.4800	0.340
橡胶塑料						10.00			
肉制品						0.14			
豆油制品						2.45			
菜籽油生产						8.75			
花生油生产						10.35			
其他食用油生产						9.26			

3.1.2.3　道路移动源

对于道路移动源，采用的公式为：

$$E_z = \Sigma_{i,m} P_{i,m} \times EF_m \times VKT_m \tag{3-8}$$

式中　E_z——河南省道路移动源的污染物排放量，g；

　　　m——车型；

　　　$P_{i,m}$——m 车型的机动车保有量辆；

　　　VKT_m——m 车型的行驶里程，km；

　　　EF_m——m 车型的排放因子，g/km；

　　　i——排放标准。

道路移动源排放因子参考了手册，并考虑了当地燃料质量、天气条件等，进行本地化修正。具体道路移动源的排放因子如表 3-4 所列。

表 3-4 道路移动源排放因子　　　　　　　　　　　　单位：g/km

机动车类型	燃料类型	排放标准	SO$_2$	NO$_x$	CO	PM$_{10}$	PM$_{2.5}$	VOCs	NH$_3$	BC	OC
大型客车	汽油	国零	0.02	6.10	137.00	0.34	0.30	7.00	0.03	0.08	0.09
		国一	0.02	3.20	82.40	0.18	0.16	6.60	0.03	0.05	0.05
		国二	0.02	3.30	19.70	0.08	0.07	2.50	0.03	0.02	0.02
		国三	0.02	1.90	11.20	0.05	0.04	1.20	0.03	0.01	0.01
		国四	0.02	1.10	6.00	0.05	0.04	0.70	0.03	0.01	0.01
		国五	0.02	0.80	6.00	0.05	0.04	0.70	0.03	0.01	0.01
	柴油	国零	0.14	15.89	13.47	1.49	1.35	4.65	0.02	0.76	0.24
		国一	0.14	14.27	12.62	1.14	1.02	1.00	0.02	0.58	0.19
		国二	0.14	12.13	9.62	1.13	1.01	0.61	0.02	0.58	0.18
		国三	0.14	12.00	8.43	0.48	0.43	0.50	0.02	0.25	0.08
		国四	0.14	11.24	3.48	0.22	0.20	0.15	0.02	0.11	0.04
		国五	0.14	9.82	1.73	0.11	0.10	0.08	0.02	0.06	0.02
	其他燃料	国零	0.00	21.16	18.70	0.33	0.29	3.84	0.00	0.08	0.09
		国一	0.00	16.80	15.14	0.18	0.16	3.20	0.00	0.05	0.05
		国二	0.00	13.06	12.11	0.08	0.07	2.86	0.00	0.02	0.02
		国三	0.00	9.32	6.36	0.05	0.04	1.72	0.00	0.01	0.01
		国四	0.00	6.52	4.67	0.05	0.04	1.19	0.00	0.01	0.01
		国五	0.00	3.73	4.57	0.05	0.04	1.19	0.00	0.01	0.01
中型客车	汽油	国零	0.02	3.50	53.21	0.11	0.10	5.06	0.03	0.03	0.03
		国一	0.02	2.16	28.43	0.07	0.06	3.20	0.03	0.02	0.02
		国二	0.02	1.87	18.18	0.02	0.02	1.79	0.03	0.01	0.01
		国三	0.02	0.60	5.89	0.01	0.01	0.51	0.03	0.00	0.00
		国四	0.02	0.28	3.13	0.01	0.01	0.18	0.03	0.00	0.00
		国五	0.02	0.21	3.13	0.01	0.01	0.18	0.03	0.00	0.00
	柴油	国零	0.14	7.00	5.00	1.86	1.67	2.60	0.02	0.95	0.30
		国一	0.14	6.13	4.40	0.54	0.48	2.48	0.02	0.27	0.08
		国二	0.14	6.98	3.13	0.20	0.18	0.74	0.02	0.10	0.03
		国三	0.14	4.07	2.65	0.17	0.16	0.64	0.02	0.09	0.03
		国四	0.14	3.05	1.97	0.09	0.09	0.50	0.02	0.05	0.02
		国五	0.14	2.59	1.97	0.05	0.04	0.50	0.02	0.02	0.01
	其他燃料	国零	0.00	0.60	9.10	0.11	0.10	1.92	0.00	0.03	0.03
		国一	0.00	4.80	7.57	0.07	0.06	1.60	0.00	0.02	0.02
		国二	0.00	4.00	6.06	0.02	0.02	1.43	0.00	0.01	0.01
		国三	0.00	2.55	3.18	0.01	0.01	0.86	0.00	0.00	0.00
		国四	0.00	1.79	2.33	0.01	0.01	0.60	0.00	0.00	0.00
		国五	0.00	1.06	2.33	0.01	0.01	0.60	0.00	0.00	0.00
小型客车	汽油	国零	0.01	2.32	37.53	0.03	0.03	6.90	0.07	0.01	0.01
		国一	0.01	0.49	15.43	0.03	0.03	1.80	0.07	0.01	0.01
		国二	0.01	0.55	3.48	0.01	0.01	1.59	0.07	0.00	0.00
		国三	0.01	0.18	1.98	0.01	0.01	0.64	0.07	0.00	0.00
		国四	0.01	0.04	0.95	0.00	0.00	0.32	0.07	0.00	0.00
		国五	0.00	0.03	0.64	0.00	0.00	0.07	0.07	0.00	0.00
微型客车	汽油	国零	0.01	2.32	37.53	0.03	0.03	6.90	0.07	0.01	0.01
		国一	0.01	0.49	15.43	0.03	0.03	1.80	0.07	0.01	0.01

续表

机动车类型	燃料类型	排放标准	SO_2	NO_x	CO	PM_{10}	$PM_{2.5}$	VOCs	NH_3	BC	OC
微型客车	汽油	国二	0.01	0.55	3.48	0.01	0.01	1.59	0.07	0.00	0.00
		国三	0.01	0.18	1.98	0.01	0.01	0.64	0.07	0.00	0.00
		国四	0.01	0.04	0.95	0.00	0.00	0.32	0.07	0.00	0.00
		国五	0.01	0.03	0.64	0.00	0.00	0.08	0.07	0.00	0.00
重型货车	柴油	国零	0.14	17.68	17.40	1.51	1.38	7.10	0.02	0.78	0.25
		国一	0.14	12.27	7.41	0.72	0.65	1.56	0.02	0.38	0.11
		国二	0.14	9.73	3.42	0.64	0.58	0.90	0.02	0.33	0.10
		国三	0.14	6.00	3.49	0.29	0.26	0.44	0.02	0.15	0.04
		国四	0.14	6.31	2.35	0.12	0.11	0.17	0.02	0.06	0.02
		国五	0.14	5.37	2.35	0.02	0.02	0.17	0.02	0.02	0.00
中型货车	汽油	国零	0.02	6.92	167.44	0.34	0.30	9.42	0.03	0.08	0.09
		国一	0.02	3.61	100.55	0.18	0.16	8.44	0.03	0.05	0.05
		国二	0.02	3.73	27.59	0.08	0.07	3.76	0.03	0.02	0.02
		国三	0.02	2.17	14.56	0.05	0.04	1.88	0.03	0.01	0.01
		国四	0.02	1.28	7.11	0.05	0.04	0.95	0.03	0.01	0.01
		国五	0.02	0.95	7.11	0.05	0.04	0.95	0.03	0.01	0.01
	柴油	国零	0.14	13.79	15.42	1.51	1.38	6.19	0.02	0.78	0.25
		国一	0.14	9.57	5.42	1.05	0.95	2.81	0.02	0.54	0.17
		国二	0.14	7.63	5.13	0.35	0.31	0.74	0.02	0.18	0.06
		国三	0.14	7.55	2.61	0.21	0.18	0.35	0.02	0.11	0.03
		国四	0.14	4.95	1.77	0.09	0.08	0.14	0.02	0.05	0.02
		国五	0.14	4.21	1.77	0.02	0.02	0.14	0.02	0.01	0.00
小型货车	汽油	国零	0.01	3.94	65.04	0.11	0.10	6.83	0.06	0.03	0.03
		国一	0.01	2.44	34.71	0.07	0.06	4.13	0.06	0.02	0.02
		国二	0.01	2.13	25.48	0.02	0.02	2.75	0.06	0.01	0.01
		国三	0.01	0.67	7.63	0.01	0.01	0.83	0.06	0.00	0.00
		国四	0.01	0.32	3.75	0.01	0.01	0.28	0.06	0.00	0.00
		国五	0.01	0.24	3.75	0.01	0.01	0.28	0.06	0.00	0.00
	柴油	国零	0.05	8.68	4.23	0.47	0.43	2.61	0.00	0.24	0.08
		国一	0.05	7.17	5.40	0.29	0.26	2.54	0.00	0.15	0.05
		国二	0.05	6.88	3.60	0.31	0.28	1.63	0.00	0.16	0.05
		国三	0.05	4.60	2.37	0.14	0.13	0.46	0.00	0.07	0.02
		国四	0.05	3.01	1.59	0.04	0.04	0.18	0.00	0.02	0.01
		国五	0.05	2.56	1.59	0.01	0.01	0.18	0.00	0.01	0.00
微型货车	汽油	国零	0.01	3.94	65.04	0.11	0.10	6.83	0.06	0.03	0.03
		国一	0.01	2.44	34.71	0.07	0.06	4.13	0.06	0.02	0.02
		国二	0.01	2.13	25.48	0.02	0.02	2.75	0.06	0.01	0.01
		国三	0.01	0.67	7.63	0.01	0.01	0.83	0.06	0.00	0.00
		国四	0.01	0.32	3.75	0.01	0.01	0.28	0.06	0.00	0.00
		国五	0.01	0.24	3.75	0.01	0.01	0.28	0.06	0.00	0.00
	柴油	国零	0.05	8.68	4.23	0.47	0.43	2.61	0.00	0.24	0.08
		国一	0.05	7.17	5.40	0.29	0.26	2.54	0.00	0.15	0.05
		国二	0.05	6.88	3.60	0.31	0.28	1.63	0.00	0.16	0.05
		国三	0.05	4.60	2.37	0.14	0.13	0.46	0.00	0.07	0.02
		国四	0.05	3.01	1.59	0.04	0.04	0.18	0.00	0.02	0.01
		国五	0.05	2.56	1.59	0.01	0.01	0.18	0.00	0.01	0.00

续表

机动车类型	燃料类型	排放标准	SO$_2$	NO$_x$	CO	PM$_{10}$	PM$_{2.5}$	VOCs	NH$_3$	BC	OC
普通摩托	汽油	国零	0.00	0.14	18.32	0.03	0.03	2.70	0.01	0.01	0.01
		国一	0.00	0.16	11.27	0.02	0.02	1.21	0.01	0.01	0.01
		国二	0.00	0.18	2.89	0.01	0.01	0.65	0.01	0.00	0.00
		国三	0.00	0.12	1.43	0.00	0.00	0.28	0.01	0.00	0.00
轻便摩托	汽油	国零	0.00	0.13	12.38	0.03	0.03	7.26	0.01	0.01	0.01
		国一	0.00	0.12	5.26	0.02	0.02	2.63	0.01	0.01	0.01
		国二	0.00	0.13	2.21	0.01	0.01	2.02	0.01	0.01	0.01
		国三	0.00	0.08	1.06	0.00	0.00	1.18	0.01	0.01	0.01
低速货车	柴油	国零	0.05	6.04	7.50	0.26	0.25	2.10	0.00	0.14	0.04
		国一	0.05	5.93	4.35	0.23	0.22	1.85	0.00	0.12	0.04
		国二	0.05	3.90	2.87	0.13	0.12	1.17	0.00	0.07	0.02
公交车	汽油	国二	0.02	0.02	19.68	0.08	0.07	2.47	0.03	0.02	0.02
		国三	0.02	1.93	11.22	0.05	0.04	1.19	0.03	0.01	0.01
		国四	0.02	1.09	5.96	0.05	0.04	0.70	0.03	0.01	0.01
		国五	0.02	0.81	5.96	0.05	0.04	0.70	0.03	0.01	0.01
	柴油	国二	0.14	14.72	12.07	1.27	1.14	0.76	0.02	0.65	0.21
		国三	0.14	14.56	10.58	0.54	0.49	0.62	0.02	0.28	0.09
		国四	0.14	13.96	4.52	0.24	0.21	0.18	0.02	0.12	0.04
		国五	0.14	12.19	2.25	0.12	0.11	0.10	0.02	0.06	0.02
	其他燃料	国二	0.00	13.06	12.11	0.08	0.07	2.86	0.00	0.02	0.02
		国三	0.00	9.32	6.36	0.05	0.04	1.72	0.00	0.01	0.01
		国四	0.00	6.52	4.67	0.05	0.04	1.19	0.00	0.01	0.01
		国五	0.00	3.73	4.57	0.05	0.04	1.19	0.00	0.01	0.01
出租车	汽油	国三	0.01	0.31	4.89	0.01	0.01	0.70	0.07	0.00	0.00
		国四	0.05	0.90	0.18	0.03	0.03	0.02	0.00	0.02	0.01
	柴油	国三	0.05	1.24	0.22	0.05	0.04	0.04	0.00	0.02	0.01
		国四	0.01	0.26	4.39	0.00	0.00	0.48	0.07	0.00	0.00
	其他燃料	国三	0.00	0.06	0.84	0.01	0.01	0.12	0.00	0.00	0.00
		国四	0.00	0.04	0.54	0.00	0.00	0.07	0.00	0.00	0.00

3.1.2.4 非道路移动源

对于非道路移动源,采用的公式为:

$$E = \Sigma_j \Sigma_k (Y_{j,k} \times \text{EF}_{j,k}) \times 10^{-6} \tag{3-9}$$

式中 E——非道路移动机械的污染物排放量,t;

j——非道路移动机械的类别;

k——排放标准;

$Y_{j,k}$——燃油消耗量,kg;

$\text{EF}_{j,k}$——排放系数,g/kg。

具体的非道路移动源排放因子如表 3-5 所列。

表 3-5　非道路移动源排放因子

排放源	SO$_2$	NO$_x$	CO	PM$_{10}$	PM$_{2.5}$	VOCs	BC	OC
飞机 /（kt/LTO）	—	16.29	9.14	0.54	0.53	2.68	0.30	0.10
铁路运输 /（g/kg）	—	55.73	8.29	2.07	1.97	3.11	1.12	0.35
内河运输 /（g/kg）	—	47.60	23.80	3.81	3.65	3.00	2.08	0.66
农业机械 /（g/kg）	4	68.18	28.90	4.20	4.00	9.38	0.57	0.18
农用运输车 /（g/kg）	4	42.85	23.33	2.94	2.78	12.58	0.57	0.18
建筑机械 /（g/kg）	4	32.79	10.72	2.09	2.09	7.76	0.57	0.18

注：LTO 为起飞着陆循环，表示飞机起飞和着陆的整个过程。

3.1.2.5　溶剂使用源

溶剂使用源分为工业溶剂、家用溶剂、建筑溶剂和沥青铺路，具体估算公式如下：

$$E_i = \Sigma_k A_k \times \mathrm{EF}_{i,k} \times 10^{-3} \tag{3-10}$$

式中　E_i——污染物 i 的排放量，t；

i——污染物类型；

k——产品类型；

A_k——产品 k 的年产量，t；

$\mathrm{EF}_{i,k}$——对应的排放因子，g/kg。

具体的各类溶剂在使用过程中的污染物排放因子如表 3-6 所列。

表 3-6　溶剂使用源排放因子

排放源	次级分类	排放因子	单位
工业溶剂使用	人造板	0.5	g/m^3
	印染布	10	g/kg
	家具制造	0.4	g/件
	汽车制造	—	—
	摩托车	1.8	kg/辆
	轿车	2.43	kg/辆
	客车	21.2	kg/辆
	货车	21.2	kg/辆
	大中型拖拉机	20	kg/辆
	小型拖拉机	2.43	kg/辆
	改装汽车	21.2	kg/辆
	制鞋	0.059	g/双
	印刷	320	g/kg
民用溶剂使用	家用溶剂	—	—
	城市人口	0.5	kg/人
	农村人口	0.1	kg/人

续表

排放源	次级分类	排放因子	单位
民用溶剂使用	农药使用	0.95	g/kg
	去脂脱污	0.044	kg/人
	烹饪	3.5	g/人
	干洗	1000	g/kg
建筑溶剂使用	建筑内墙涂料	120	g/kg
	建筑外墙水性涂料	120	g/kg
	建筑外墙溶剂涂料	450	g/kg
沥青使用	铺路沥青	353	g/kg

3.1.2.6 扬尘源

对于道路扬尘，考虑铺装道路扬尘，排放量估算公式如下所示：

$$E_j = 24 \times 365 \times \Sigma_i (EF_{i,j} \times L_i \times V_i) \times 10^{-3} \quad (3-11)$$

式中　E_j——排放量，kg；
　　　i——道路类型；
　　　j——颗粒物类型（PM_{10}、$PM_{2.5}$）；
　　　$EF_{i,j}$——第 i 种道路类型颗粒物 j 的排放因子，表示车辆在单位长度道路路面（VKT）的扬尘产生量，g/VKT；
　　　L_i——第 i 种道路的长度，km；
　　　V_i——第 i 种道路的车流量，辆/h。

对于建筑扬尘，根据每个城市的建筑施工平均时间、施工面积等详细的活动水平数据进行扬尘量估算，具体公式如下：

$$E = \Sigma_i S_i \times EF_i \times T_i \times 10^{-6} \quad (3-12)$$

式中　E——排放量，t；
　　　i——施工阶段；
　　　S_i——施工面积，m^2；
　　　EF_i——施工排放因子，$g/(m^2 \cdot h)$；
　　　T_i——施工周期，h。

建筑扬尘的排放因子参考指南推荐值，道路扬尘的排放因子则基于道路积尘负荷、车流量和起尘天数占比计算得到，具体排放因子如表 3-7 所列。

表 3-7　扬尘源排放因子

排放源	次级分类	PM_{10}	$PM_{2.5}$	BC	OC
城市道路/（g/VKT）	快速路	0.18	0.04	0.01	0.1
	主干道	0.33	0.08	0.01	0.1
	次干道	0.44	0.11	0.01	0.1
	支路	0.64	0.16	0.01	0.1

排放源	次级分类	PM_{10}	$PM_{2.5}$	BC	OC
公路/(g/VKT)	高速	0.37	0.09	0.01	0.1
	国道	1.73	0.42	0.01	0.1
	省道	1.62	0.39	0.01	0.1
	县道	1.66	0.40	0.01	0.1
	乡道	2.67	0.65	0.01	0.1
建筑扬尘/[t/(m²·月)]	—	0.000107	0.0000228	0	0.05

3.1.2.7 存储与运输源

对于储油库和油品运输企业的 VOCs 排放，考虑液态石油产品在存储和运输过程中主要的排污环节，采用综合排放因子，基于液体燃料处理量进行估算，估算公式如下：

$$E = \Sigma_i EF_i \times A \times 10^{-6} \tag{3-13}$$

式中　i ——油品类型；
　　E ——VOCs 排放量，kg；
　　EF_i ——i 油品 VOCs 的排放因子，mg/L；
　　A ——液体燃料处理量，L。

对于加油站的 VOCs 排放，拟采用基于液体燃料处理量的排放因子法进行估算，估算公式如下：

$$E = \Sigma_{i,j} EF_{i,j} \times A \times 10^{-6} \tag{3-14}$$

式中　i ——加油站加油/卸油方式；
　　j ——油品类型（汽油、柴油等）；
　　E ——加油站加油过程中 VOCs 排放量，kg；
　　$EF_{i,j}$ ——加油/卸油过程中 VOCs 的排放因子，mg/t；
　　A ——液体燃料销售量，t。

存储与运输源排放因子如表 3-8 所列。

表 3-8　存储与运输源排放因子　　　　　　　　　　单位：g/kg

排放源	次级分类	排放因子
加油站	汽油	3.24
	柴油	0.08
储油库	汽油	0.16
	柴油	0.05
	原油	0.12
油品运输	汽油	1.60
	柴油	0.05

3.1.2.8 生物质燃烧源

结合各县区主要农作物种植类型、产量、焚烧比例和燃烧效率等信息，针对 4 种燃烧形式的排放量，分别采用基于燃烧量的排放因子法进行估算。基本估算公式如下：

$$A_j = P_j \times N_j \times R_j \times Y \times D \quad (3-15)$$

式中　　A——秸秆燃烧量，t；

　　　　j——农作物种类；

　　　　P——农作物产量，t；

　　　　N——农作物草谷比；

　　　　R——秸秆燃烧比例；

　　　　Y——燃烧效率；

　　　　D——农作物干燥比。

草谷比、干燥比、秸秆燃烧比例、燃烧效率均来自文献调研及指南推荐。生物质燃烧源具体的排放因子见表3-9。

表3-9　生物质燃烧源排放因子　　　　　　　　　　　　　　单位：g/kg

排放源	次级分类	SO_2	NO_x	CO	PM_{10}	$PM_{2.5}$	VOCs	NH_3	BC	OC
秸秆露天燃烧	水稻	0.48	1.42	27.7	5.78	5.67	15.70	1.30	0.75	0.23
	玉米	0.44	4.30	53.0	11.95	11.71	10.00	0.68	1.55	6.68
	小麦	0.85	3.31	59.6	7.73	7.58	7.50	0.37	0.37	4.32
	其他	0.48	2.70	56.5	15.60	13.00	15.70	1.30	0.10	0.44
秸秆家用	水稻	0.48	1.92	67.7	6.88	6.40	73.60	0.68	0.49	2.01
	玉米	1.33	1.86	56.6	7.39	6.87	7.34	0.37	0.92	3.92
	小麦	0.04	1.19	171.7	8.86	8.24	13.74	1.30	0.42	3.46
	其他	0.27	2.49	85.2	7.69	7.15	7.97	1.30	0.34	0.58
薪柴家用	—	0.40	1.19	75.9	6.16	3.24	3.13	1.30	0.34	0.58
森林大火	—	1.00	3.00	113.0	26.00	13.00	8.10	2.90	0.66	6.80

3.1.2.9　农牧源

根据各城市各类排放源活动水平信息，结合基于畜禽排放源调研获取的排放因子进行估算，然后加和得到总的氨挥发量，计算公式为：

$$E_{i,j} = \Sigma_{i,j}(A_{i,j} \times EF_{i,j} \times \gamma) \quad (3-16)$$

式中　　$E_{i,j}$——河南省氨挥发量，t；

　　　　$A_{i,j}$——活动水平，t；

　　　　i,j——地级市和排放源；

　　　　$EF_{i,j}$——大气氨排放系数；

　　　　γ——氮-大气氨转换系数，对畜禽养殖业取1.214，其他行业取1.0。

将畜禽养殖过程划分成4个不同的管理阶段，即圈舍内、粪便存储处理、后续施肥和放牧，前3个阶段属于室内粪便管理，可进而将其分为粪便和尿液两种形态，放牧排泄则直接考虑两者混合。氨挥发量即是在不同阶段的氨态氮（TAN）量乘以相应阶段的排放系数。不同阶段的氨挥发量受到多种因素的影响，包括圈舍构造、粪便管理方式、还田方式、温度和室内外停留时间等。不同粪便管理阶段 TAN 量计算公式如下：

TAN$_{室内,室外}$ = 畜禽年内饲养量 × 单位畜禽排泄量 × 含氮量 × 氨态氮比例 × 室内外比例

$$A_1 = TAN_{室内} \times X$$

$$A_2 = A_1 - A_1 \times EF_1$$

$$A_3 = [A_2 - A_2 \times EF_2 - A_2 \times (EF_{2,N_2O} + EF_{2,NO} + EF_{2,N_2})] \times (1-R) \tag{3-17}$$

式中 A——不同管理阶段氨态氮量，t；

TAN——动物排泄物总氨态氮的量，t；

EF——排放因子；

1，2，3——圈舍、存储和施肥 3 个阶段；

X——液态或固态粪肥占总粪肥质量比例，其中散养畜禽取 11%，集约化养殖方式畜类取 50%，禽类取 0，放牧畜禽均取 0；

R——粪肥用作生态饲料比例，这部分仅考虑集约化养殖过程。

通过本地调研并结合河南省统计年鉴对畜禽种类的划分口径，将畜禽分为 12 类。其中，对饲养周期通常大于 1 年的畜禽，如奶牛、肉牛、母猪、马、驴、骡、山羊、绵羊、蛋禽，选取统计年鉴中年末存栏数作为活动水平。而肉猪（150d）、肉禽（50d）和兔子（150d）则以统计年鉴中出栏数为基准。但统计年鉴未统计蛋禽年末存栏数，则可参考以下公式推算得到：

$$A_i = \frac{O_i}{M_i \times N_i} \tag{3-18}$$

式中 A_i——家禽年末存栏数，只；

O_i——禽蛋年内总产量，g；

M_i——单个禽蛋平均质量，g/个；

N_i——家禽年内平均产蛋数，个/只；

i——蛋鸡或蛋鸭。

氮肥施用的氨挥发是第二大排放源，一般占总氨挥发量的 30%～50%。河南省是我国重要的农业大省，氮肥消耗量居全国首位。我国的氮肥品种繁多，主要以碳铵和尿素的使用为主，不同于欧洲等国家主要使用低挥发性的硝铵和硫铵。河南省的氮肥主要分为 5 类，包括碳酸氢铵、尿素、硝铵、硫铵和其他。

氮肥排放因子受多种因素的影响，主要包括氮肥种类、土壤性质、施用比例、气象因素和使用方式等。考虑这些因素对其挥发的影响，引入 NARSES 英国国家氨削减战略评价体系模型中关于氮肥排放因子的计算。排放因子基于公式中相关参数进行本地化修正。

$$EF_i = EF_{i,\max} \times AF_{soil,pH} \times AF_{rate} \times AF_{water\ input} \times AF_{method} \times AF_{temp} \tag{3-19}$$

式中 EF_i——特定情况下的排放系数；

$EF_{i,\max}$——i 类氮肥的最大排放系数；

$AF_{soil,pH}$——土壤 pH 值的校正系数；

AF_{rate}——施肥率的校正系数；

$AF_{water\ input}$——水分输入的校正系数；

AF_{method}——施用方法的校正系数；

AF_{temp}——温度的校正系数。

河南省年平均气温在 12.8～15.5℃，大部分土壤呈中性至微碱性，小部分土壤为微酸

性，极小部分土壤呈碱性或酸性。每亩耕地施肥量高于13kg氮的地区，氮肥施用比例校正系数为1.18，低于13kg氮时为1。对现有生产条件和施肥措施进行改进，高肥力地区要降低基肥比例增加追肥比例，考虑农作物以小麦、玉米为主，因此各农作物不同基追比应取平均值，碳酸氢铵基追比为1∶0.48，尿素和其他氮肥基追比为1∶3.46。

另外，温度是对氮肥挥发影响最大的气象因素，其校正公式如下：

$$AF_{temp}=0.5\times e^{0.1386\times(T_{month}-T_{year})/3}$$
$$AF_{temp}=0.5\times e^{0.21972225\times(T_{month}-T_{annual})/3} \quad (3-20)$$

式中　T_{month}，T_{annual}——当地月均和年均温度；
　　　T_{year}——河南省年平均温度。

河南省各市的气象数据由河南省气象局提供。

氮肥施用源的活动水平数据来源为河南省统计年鉴中获取到的各市氮肥施用折纯量，对不同类型氮肥占比及排放因子相关参数进行计算，结果如表3-10、表3-11所列。

表3-10　不同氮肥的施用比例及相关校正系数

氮肥类别	施用比例/%	校正系数			
		EF_{max}/%	AF_{rate}	AF_{method}	$AF_{water input}$
碳酸氢铵	34	36.6	1.18	0.32	1
尿素	65	12.0	1.18	0.32	0.875
硝铵	0.43	0.4	1.18	0.32	1
硫铵	0.054	8.5	1.18	0.32	0.9375
其他	0.516	4.5	1.18	0.32	1

3.1.2.10　其他源

对于废弃物处理源，可采用以下公式计算：

$$E=A\times EF \quad (3-21)$$

式中　E——废弃物处理源排放量，kg；
　　　A——第四级排放源活动水平，即由填埋、堆肥或焚烧等方式处理的废弃物的量，t；
　　　EF——排放系数，g/kg。

对于餐饮油烟源，采用的公式为：

$$E_i=n\times V\times H\times\eta\times EF_i\times 10^{-9} \quad (3-22)$$

式中　E_i——污染物i的排放量，t；
　　　n——固定炉头数；
　　　V——烟气排放速率，m³/h；
　　　H——年度总经营时间，h；
　　　EF_i——污染物i的排放系数，mg/m³；
　　　η——厨房气体油烟机的烟气去除效率，%。

其他源具体的排放因子见表3-12。

表 3-11 畜禽养殖业氨排放估算参数

畜禽	饲养周期 /d	排泄量 /[kg/(d·只)] 尿	排泄量 粪便	氮含量/% 尿	氮含量/% 粪便	TAN[①]/%	EF[②]室外/%	EF[③]圈舍-液态/%	EF[③]圈舍-固态/%	EF[④]存储-液态 NH$_3$	EF[④]存储-液态 N$_2$O	EF[④]存储-液态 NO	EF[④]存储-液态 N$_2$	EF[④]存储-固态 NH$_3$	EF[④]存储-固态 N$_2$O	EF[④]存储-固态 NO	EF[④]存储-固态 N$_2$	EF[⑤]施肥-液态/%	EF[⑤]施肥-固态/%
散养																			
奶牛 >1a	365	19.00	40.00	0.90	0.38	60	30	14.0	14.0	20	1	0.01	0.3	27	8	1	30	55	79
奶牛 <1a	365	5.00	7.00	0.90	0.38	60	53	7.0	7.0	20	1	0.01	0.3	27	8	1	30	55	79
肉牛 <1a	365	5.00	7.00	0.90	0.38	60	53	7.0	7.0	20	1	0.01	0.3	27	8	1	30	55	79
肉牛 >1a	365	10.00	20.00	0.90	0.38	60	53	14.0	14.0	20	1	0.01	0.3	27	8	1	30	55	79
山羊 <1a[⑥]	365	0.66	1.50	1.35	0.75	60	53	7.0	7.0	20	1	0.01	0.3	27	8	1	30	55	79
山羊 >1a	365	0.75	2.60	1.35	0.75	50	75	14.0	14.0	28	7	0.01	0.3	28	7	1	30	90	81
母猪	365	5.70	2.10	0.40	0.34	70	0	14.7	14.7	14	0	0.01	0.3	45	5	2	30	40	81
猪 <75d	150	1.20	0.50	0.40	0.34	70	0	15.6	15.6	14	0	0.01	0.3	45	5	1	30	40	81
猪 >75d	150	3.20	1.50	0.40	0.34	70	0	10.2	10.2	14	0	0.01	0.3	45	5	1	30	40	81
马[⑦]	365	6.50	15.00	1.40	0.20	60	54	14.0	14.0	35	0	0.01	0.3	35	8	1	30	90	81
蛋禽	365	0.00	0.13	0.00	1.10	70	66	45.2	45.2	0	0	0.00	0.0	24	3	1	30	0	63
家禽	55	0.00	0.10	0.00	1.10	70	66	40.3	40.3	0	0	0.00	0.0	24	3	1	30	0	63
兔	150	0.30	0.15	0.15	1.72	70	0	40.3	40.3	0	0	0.00	0.0	24	3	1	30	0	63
集约化养殖																			
母猪	365	5.70	2.10	0.40	0.34	70	0	14.3	14.3	3.8	0	0.01	0.3	4.6	5	1	30	40	81
蛋禽	365	0.00	0.12	0.00	1.63	70	69	35.9	0.0	0.0	0	0.00	0.0	3.7	4	1	30	0	63
猪 <75d	150	1.20	0.50	0.40	0.34	70	0	15.6	15.6	3.8	0	0.01	0.3	4.6	5	1	30	40	81
猪 >75d	150	3.20	1.50	0.40	0.34	70	0	18.5	18.5	3.8	0	0.01	0.3	4.6	5	1	30	40	81

续表

畜禽	饲养周期/d	排泄量/[kg/(d·只)] 尿	排泄量/[kg/(d·只)] 粪便	氮含量/% 尿	氮含量/% 粪便	TAN①/%	EF室外②/%	EF圈舍-液态③/%	EF圈舍-固态③/%	EF存储-液态④/% NH₃	EF存储-液态④/% N₂O	EF存储-液态④/% NO	EF存储-液态④/% N₂	EF存储-固态④/% NH₃	EF存储-固态④/% N₂O	EF存储-固态④/% NO	EF存储-固态④/% N₂	EF施肥-液态⑤/%	EF施肥-固态⑤/%
家禽	50	0.00	0.09	0.00	1.63	70	66	0.0	40.3	0.0	0	0.00	0.0	0.8	3	1	30	0	63
肉牛＜1a	365	5.00	7.00	0.90	0.38	60	53	7.0	7.0	20	1	0.01	0.3	27	8	1	30	55	79
肉牛＞1a	365	10.00	20.00	0.90	0.38	60	53	14.0	14.0	20	1	0.01	0.3	27	8	1	30	55	79
山羊＜1a	365	0.66	1.50	1.35	0.75	60	53	7.0	7.0	20	1	0.01	0.3	27	8	1	30	55	79
山羊＞1a	365	0.75	2.60	1.35	0.75	50	75	14.0	14.0	28	7	0.01	0.3	28	7	1	30	90	81
马	365	6.50	15.00	1.40	0.20	60	35	14.0	14.0	35	0	0.01	0.3	35	8	1	30	90	90

放牧养殖

① 每天总TAN根据日排泄量、氮含量和TAN百分比计算。
② EF室外是室外NH₃-N损失的排放系数（进入此阶段的TAN百分比）。
③ EF圈舍-液态和EF圈舍-固态分别是圈舍阶段液态尿液和粪便NH₃-N损失的排放系数。
④ EF存储-液态和EF存储-固态分别是存储阶段液态尿液和粪便NH₃-N损失的排放系数。
⑤ EF施肥-液态和EF施肥-固态分别是施肥阶段液态尿液和粪便NH₃-N损失的排放系数。假设畜禽集约化养殖时畜禽排泄物在室内外分别占50%和100%，散养畜禽和集约化养殖的禽类，根据质量流量法计算进入下一阶段的剩余TAN时，必须扣除上一阶段损失的TAN。假设放牧养殖和集约化养殖的禽类粪肥作为液态处理的比例分别为11%和50%，其他方式为0。
⑥ 绵羊相关参数与山羊相同。
⑦ 驴和骡相关参数与马相同。

表 3-12 其他源排放因子

排放源		VOCs	NH₃	BC	OC
香烟/(g/kg)		6			
人体/[kg/(a·人)]	呼吸出汗	0.02064			
	人体排泄		1.3		
污水处理/(g/kg)		0.0011	0.24		
垃圾处理/(g/kg)	焚烧	0.74	0.21		
	填埋	0.23	0.56		
	堆肥	0.74	1.275		
餐饮/(g/kg)				0.13	4.48

3.2 2017年河南省人为源大气污染物排放清单

3.2.1 大气污染物排放清单总量分析

河南省2017年大气污染源排放清单结果如表3-13所列。SO_2、NO_x、CO、PM_{10}、$PM_{2.5}$、VOCs、NH_3、BC和OC的总排放量分别为770.0kt、1779.5kt、7724.8kt、1404.4kt、713.9kt、1121.5kt、946.9kt、103.1kt和140.9kt。从污染来源看，与燃煤、工业、交通、扬尘相关的四大类来源是主要的，占比达到80%左右。

表 3-13 河南省 2017 年大气污染源排放清单结果　　　　　　　　　　　单位: kt

排放源	SO_2	NO_x	CO	PM_{10}	$PM_{2.5}$	VOCs	NH_3	BC	OC
固定燃烧源	581.0	907.3	3155.8	264.2	174.0	68.4	10.7	31.2	14.2
道路移动源	9.1	563.2	1285.9	20.7	19.0	218.4	6.7	10.3	3.1
非道路移动源	17.0	120.7	53.5	11.1	8.8	19.0	0.0	5.0	1.6
扬尘源	0.0	0.0	0.0	627.6	142.0	0.0	0.0	0.7	10.4
工艺过程源	151.9	156.9	1840.2	308.7	229.2	427.5	13.7	39.7	29.0
有机溶剂使用源	0.0	0.0	0.0	0.0	0.0	179.5	0.0	0.0	0.0
存储与运输源	0.0	0.0	0.0	0.0	0.0	26.8	0.0	0.0	0.0
农牧源	0.0	0.0	0.0	0.0	0.0	0.0	866.2	0.0	0.0
生物质燃烧源	10.4	31.3	1389.4	123.5	102.1	142.0	15.9	15.5	55.5
其他	0.0	0.0	0.0	48.5	38.8	39.9	33.8	0.8	27.2
合计	770.0	1779.5	7724.8	1404.4	713.9	1121.5	946.9	103.1	140.9

3.2.2 不同大气污染物的源贡献分析

河南省2017年各污染物排放量及各排放源贡献占比见图3-2（书后另见彩图）。

① 河南省SO_2排放主要来自固定燃烧源（75.5%），其中工业燃烧排放量最高，占固定燃烧源总排放量的77.5%；其次为工艺过程源（19.7%），主要来自水泥、砖瓦等建材制造和硫酸生产过程的排放，分别占工艺过程源总排放量的26.9%、19.6%和19.4%。

② 河南省NO_x排放主要来自固定燃烧源（51.0%）、道路移动源（31.6%）和工艺过程源

（8.8%）。固定燃烧源的 NO_x 主要来自工业燃烧，占固定燃烧源 NO_x 总排放量的 58.1%，重型柴油货车为道路移动源的主要贡献车型，贡献率为 56.8%，工艺过程源的 NO_x 主要由水泥制造的过程排放，贡献率为 48.3%。

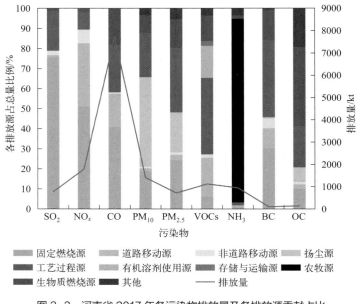

图 3-2　河南省 2017 年各污染物排放量及各排放源贡献占比

③ 河南省 CO 的排放主要来自固定燃烧源（40.9%）、工艺过程源（23.8%）和生物质燃烧源（18.0%）。固定燃烧源的 CO 排放主要来自工业燃烧，占固定燃烧源排放总量的 71.1%；砖瓦等建材制造（48.8%）是工艺过程源的主要次级排放源；生物质燃烧源的 CO 排放则主要来源于秸秆和薪柴的家用燃烧，贡献率分别为 48.3% 和 32.0%。

④ 河南省 PM_{10} 排放主要来自扬尘源（44.7%）、工艺过程源（22.0%）和固定燃烧源（18.8%）。对于扬尘源 PM_{10} 的排放，建筑扬尘（56.3%）和道路扬尘（43.7%）都有较高的贡献；非金属矿物制品业为工艺过程源 PM_{10} 排放的主要次级部门，对其贡献率为 35.7%；固定燃烧源则主要来自工业燃烧的排放（66.3%）。河南省 $PM_{2.5}$ 排放主要来自工艺过程源（32.1%）、固定燃烧源（24.4%）和扬尘源（19.9%）。水泥制造为工艺过程源 $PM_{2.5}$ 排放的主要次级部门，对其贡献率为 18.6%；固定燃烧源则主要来自工业燃烧的排放（68.8%）；对于扬尘源 $PM_{2.5}$ 的排放，建筑扬尘（53.1%）和道路扬尘（46.9%）都有较高的贡献。

⑤ 河南省 VOCs 排放主要来自工艺过程源（38.1%）、道路移动源（19.5%）和有机溶剂使用源（16.0%）。工艺过程源的次级部门主要是非金属矿物制品业（28.0%）和其他工艺过程当中橡胶塑料（16.9%）的废弃，而非金属矿物制品业的贡献则主要来源于卫生陶瓷和砖瓦等建材的制造，分别贡献了整个工艺过程源 VOCs 排放量的 15.4% 和 19.4%；道路移动源的 VOCs 则主要来自小型汽油客车（40.4%）；有机溶剂使用源则主要来自建筑涂料的使用（27.4%），其中建筑内墙的溶剂排放量占建筑涂料总排放量的 65.7%。

⑥ 河南省 NH_3 排放主要来自农牧源，贡献量为 91.5%。其中，畜禽养殖为农牧源 NH_3 排放的主要次级部门，对其贡献率为 66.7%。

⑦ 河南省 BC 排放主要来自工艺过程源（38.5%）和固定燃烧源（30.3%）。其中炼焦（50.2%）和非金属矿物制品业（29.2%）是工艺过程源 BC 排放的主要次级部门；固定燃烧源的 BC 排放主要来自工业燃烧（77.0%）。

⑧ 河南省 OC 的主要贡献源为生物质燃烧源（39.4%）和工艺过程源（20.6%）。其中，生物质燃烧源的 OC 排放主要来自秸秆家用燃烧（42.8%）和秸秆露天燃烧（37.3%）；工艺过程源 OC 排放的主要次级部门为炼焦（48.7%）和非金属矿物制品业（34.8%）。

河南省大气污染物排放与该区域产业结构偏重、能源结构以煤为主、运输结构以公路为主的现状有关。钢铁、焦炭、碳素、水泥、冶炼等高耗能行业产量大，2017 年河南省共生产钢材 3909.5 万吨，生铁 2702.6 万吨，焦炭 2290.8 万吨，水泥 14939.0 万吨，10 种有色金属 543.2 万吨，煤炭消费量是全国平均水平的 4 倍，80% 的大宗物料依靠柴油货车运输，排放强度大，公路里程达 26.8 万公里，房屋施工面积达 49942.3 万平方米，竣工面积达 6201.7 万平方米，分别占全国房屋施工面积和竣工面积的 6.4% 和 6.1%。

3.2.3 重点污染物不同城市的源贡献分析

从各类大气污染物的城市及部门分布来看：

① 对于 SO_2 排放（图 3-3，书后另见彩图），平顶山（19.8%）、安阳（19.2%）、济源（7.3%）、洛阳（6.6%）、三门峡（5.9%）和郑州（5.4%）对河南省的贡献量较大。平顶山的排放主要来自固定燃烧源（93.4%），其中又分为工业燃烧（93.3%）、电厂（4.7%）和民用燃烧（2.0%）；安阳的排放主要来自工业燃烧，占安阳总 SO_2 排放的 96.1%，此外，炼焦行业排放也对安阳的 SO_2 排放有较为明显的贡献，占其工艺过程源总 SO_2 排放的 30.1%；济源的排放主要来源于工业燃烧（51.5%）、硫酸制造（18.6%）和烧结砖（12.9%）；洛阳 SO_2 排放主要来源于固定燃烧源（68.5%）和工艺过程源（27.0%），固定燃烧源中 65.4% 来源于工业燃烧，工艺过程源的排放则分别来源于烧结砖（42.0%）、硫酸制造（19.0%）和玻璃制造（15.2%）；郑州的排放主要来源于电厂（34.7%）、工业燃烧（26.3%）和非金属矿物制品制造（18.0%）；三门峡的排放主要来源于工业燃烧（55.3%）、硫酸制造（19.2%）和电厂（11.4%）。

② 对于 NO_x 排放（图 3-4，书后另见彩图），可以看出平顶山（13.2%）、郑州（11.9%）、安阳（11.8%）、洛阳（7.4%）、南阳（5.6%）和新乡（5.3%）对河南省 NO_x 贡献量较大。平顶山的排放主要来自固定燃烧源中的工业燃烧（65.7%）和电厂（13.8%）；郑州的排放主要来源于道路移动源（42.9%）以及固定燃烧源中的电厂（34.0%）和工业燃烧（9.0%）；安阳的排放主要来源于固定燃烧源（65.5%）、道路移动源（16.0%）和工艺过程源（15.3%），固定燃烧源中的 92.8% 来源于工业燃烧，道路移动源中的 63.9% 来源于重型柴油货车，炼焦（30.1%）、陶瓷（13.5%）和水泥制造（13.4%）是工艺过程源的主要贡献源；洛阳的排放则主要来源于工业燃烧（27.7%）和重型柴油货车（14.9%）；南阳的 NO_x 主要来源于道路移动源中的重型柴油货车（21.5%）、电厂（17.7%）和工业燃烧（12.9%）；新乡的排放主要来源于电厂（34.4%）、重型柴油货车（20.7%）和水泥制造（10.1%）。

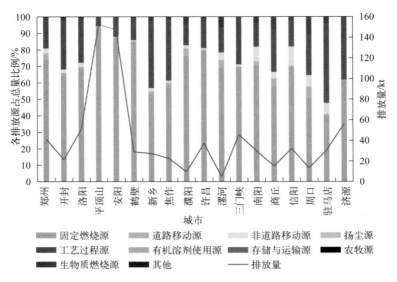

图 3-3 河南省 2017 年各城市 SO_2 排放量及各排放源贡献占比

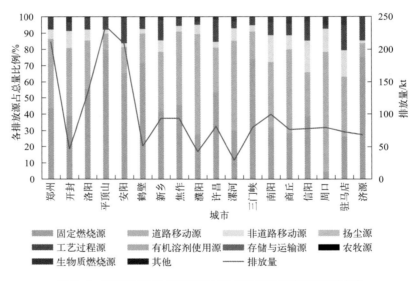

图 3-4 河南省 2017 年各城市 NO_x 排放量及各排放源贡献占比

③ 河南省 PM_{10} 排放（图 3-5，书后另见彩图）主要来自扬尘源（44.7%）、工艺过程源（22.0%）和固定燃烧源（18.8%）。在城市贡献上，贡献较大的分别是郑州（13.5%）、安阳（10.4%）、平顶山（9.5%）、洛阳（7.8%）和南阳（6.9%）。扬尘源是郑州 PM_{10} 的主要排放来源，建筑扬尘和道路扬尘 PM_{10} 排放量分别占郑州 PM_{10} 排放总量的 57.8% 和 12.5%，此外，非金属矿物制品制造（8.9%）、电厂（6.0%）和工业燃烧（4.5%）也有较高的贡献；安阳是典型的工业城市，工业较为发达，黑色金属冶炼业（24.7%）、工业燃烧（21.4%）和炼焦行业（20.9%）是安阳 PM_{10} 排放的主要来源；平顶山 PM_{10} 排放主要来源于工业燃烧（44.2%）、扬尘源（23.8%）和炼焦行业（12.7%）；洛阳的排放主要来源于建筑扬尘（29.6%）、道路扬尘（18.9%）、工业燃烧（13.4%）和非金属矿物制品制造（11.2%）；南阳人口众多且农业较

为发达，交通便利，因而道路扬尘（36.4%）和建筑扬尘（21.1%）贡献较高，伴随着其发达的农业，生物质燃烧源（15.0%）的贡献也比较明显。

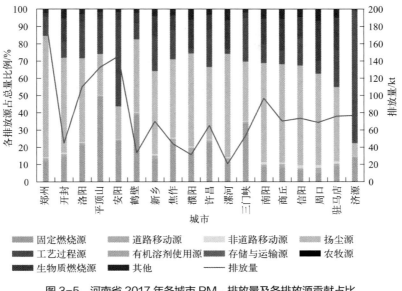

图 3-5　河南省 2017 年各城市 PM_{10} 排放量及各排放源贡献占比

④ 河南省 $PM_{2.5}$ 排放（图 3-6，书后另见彩图）主要来自工艺过程源，其次为固定燃烧源和扬尘源。从各城市分布可以看出，安阳（12.0%）、平顶山（10.9%）、郑州（9.7%）、济源（8.2%）、洛阳（7.5%）和南阳（6.2%）对河南省 $PM_{2.5}$ 贡献量较大。安阳工业产业比重大，工业燃烧（25.5%）、炼焦行业（22.7%）和生铁生产（15.3%）是安阳 $PM_{2.5}$ 的主要来源；平顶山的排放主要来源于工业燃烧（53.8%）和炼焦行业（14.0%）；郑州作为人口聚集地，建筑扬尘源（33.9%）是其 $PM_{2.5}$ 的主要来源，此外非金属矿物制造（19.3%）、电厂（9.0%）和工业燃烧（7.1%）也对其有较大贡献；济源的金属冶炼行业比较发达，电解铅（43.7%）和电解锌（10.9%）是 $PM_{2.5}$ 的主要贡献源；洛阳的排放主要来源于工业燃烧（18.9%）、非金属制品制造（18.1%）、建筑扬尘（13.0%）和道路扬尘（9.4%）；南阳市人口众多，农业也较为发达，生物质燃烧源贡献了南阳 $PM_{2.5}$ 排放总量的 27.0%，此外道路扬尘（19.3%）、建筑扬尘（9.8%）和水泥制造（9.3%）也对其有较大贡献。

⑤ 河南省 VOCs 排放（图 3-7，书后另见彩图）主要来自工艺过程源、道路移动源和有机溶剂使用源，主要是在溶剂使用及喷涂过程、汽车产生尾气和工业产品生产加工过程中排放的。从各城市分布可以看出郑州（15.1%）、安阳（8.9%）、洛阳（8.2%）、平顶山（7.4%）、周口（6.7%）和信阳（6.6%）对 VOCs 贡献较大。郑州主要来自工艺过程源（36.1%），其中有色金属业的贡献率最高，占郑州工艺过程源排放总量的 65.7%，非金属矿物制品制造业（10.5%）和造纸（10.3%）也有较高贡献；安阳的排放主要来源于炼焦行业（32.0%）、陶瓷（20.9%）和工业燃烧（10.4%）；洛阳主要来自道路移动源（20.2%）、铝箔（18.6%）、工艺过程源中的非金属矿物制品制造（15.1%）和有机溶剂使用源（13.6%）；平顶山的排放主要来自工业燃烧（24.3%）、陶瓷（18.2%）和炼焦行业（21.4%）；周口的排放主要来源于工艺过程源（27.2%）、有机溶剂使用源（24.2%）、生物质燃烧源（20.7%）和道路移动源（17.7%）；

信阳的农业较为发达，排放量主要来源于生物质燃烧源（39.4%），此外道路移动源（18.2%）、有机溶剂使用源（11.0%）也有较大贡献。

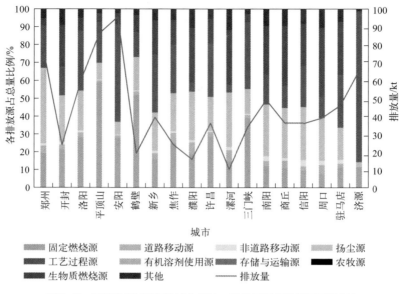

图 3-6　河南省 2017 年各城市 $PM_{2.5}$ 排放量及各排放源贡献占比

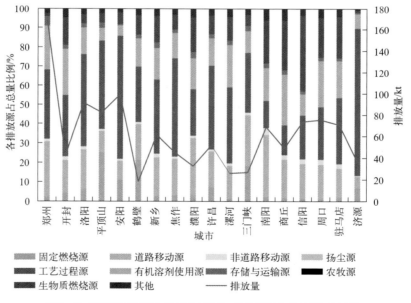

图 3-7　河南省 2017 年各城市 VOCs 排放量及各排放源贡献占比

⑥ 河南省 NH_3 排放（图 3-8，书后另见彩图）主要来自农牧源，从各城市分布可以看出南阳、驻马店、周口和商丘对河南省 NH_3 贡献量最大。河南省 NH_3 排放量最大的城市为南阳市，其处于南阳盆地，是中国粮、棉、油、烟集中产地，农村人口众多，造成南阳市农业 NH_3 排放居于全省之首；其次为驻马店市、周口市，这两个城市的 NH_3 排放量基本持平，商

丘市紧随其后，它们也具有较多的农村人口，是河南省东部和南部典型的农业大区和粮食生产核心区。

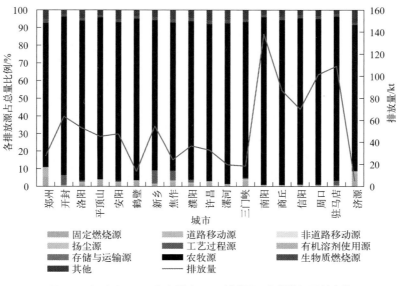

图 3-8　河南省 2017 年各城市 NH_3 排放量及各排放源贡献占比

3.2.4　基于重点源的 2017 年大气污染物排放特征

3.2.4.1　固定燃烧源

通过调研等方式以机组以及企业为单位进行信息收集，收集的信息包括企业基本信息、经纬度、各机组的装机容量、锅炉类型、各燃料消耗量、污染物控制设施类型、投运率、去除效率等。河南省固定燃烧源污染物排放清单及次级部门各污染物贡献率如表 3-14 和图 3-9 所示。工业燃烧是 SO_2、NO_x、CO、PM_{10}、$PM_{2.5}$、VOCs、NH_3 和 BC 的主要排放来源，对 8 种污染物的贡献率分别达到 77.5%、58.1%、71.1%、66.3%、68.8%、84.0%、45.5% 和 77.0%；OC 的排放则主要来自民用燃烧（88.9%），这是由煤炭在家庭燃烧使用过程中不完全燃烧所导致的。

表 3-14　河南省 2017 年固定燃烧源大气污染物排放清单　　　　单位：kt

排放源	SO_2	NO_x	CO	PM_{10}	$PM_{2.5}$	VOCs	NH_3	BC	OC
电厂	77.7	367.9	220.6	61.3	33.1	4.4	2.6	0.2	0.0
工业燃烧	450.6	527.5	2245.2	175.2	119.7	57.4	4.9	24.0	1.5
民用燃烧	53.2	11.9	690.1	27.7	21.3	6.5	3.2	6.9	12.6
合计	581.5	907.3	3155.8	264.2	174.0	68.4	10.7	31.2	14.2

河南省 2017 年各城市电厂数量及污染物排放量如表 3-15 所列。可以看出，郑州、洛阳、平顶山、焦作、新乡的污染物排放量较高。SO_2 排放量分别可达 14506.1t、8325.5t、6697.0t、

7469.2t 和 6607.0t，占总 SO_2 排放量的 56.1%；NO_x 排放量分别可达 72038.6t、35656.7t、32575.3t、36377.7t 和 32143.1t，占总 NO_x 排放量的 56.8%；$PM_{2.5}$ 排放量分别可达 6208.7t、3532.0t、2841.0t、3170.9t 和 2803.3t，占总 $PM_{2.5}$ 排放量的 56.1%。电厂的集中分布，使得这些城市污染物排放量较高。

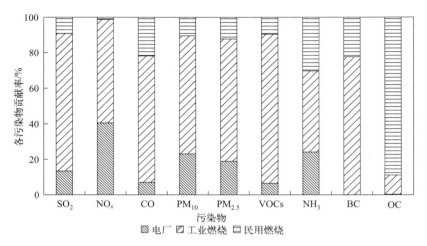

图 3-9　河南省固定燃烧源次级部门各污染物贡献率

表 3-15　河南省 2017 年各城市电厂数量及污染物排放量

城市	数量/个	SO_2/t	NO_x/t	CO/t	PM_{10}/t	$PM_{2.5}$/t	VOCs/t	NH_3/t	BC/t	OC/t
郑州	18	14506.1	72038.6	41453.0	11489.1	6208.7	826.8	612.0	43.3	20.2
开封	1	1188.8	5090.3	3361.9	935.6	504.3	67.2	33.6	3.0	0.0
洛阳	18	8325.5	35656.7	23547.0	6552.9	3532.0	470.9	236.4	21.2	0.1
平顶山	6	6697.0	32575.3	18936.5	5270.7	2841.0	378.8	189.4	17.1	0.0
安阳	3	2149.4	9205.8	6079.2	1691.8	911.9	121.6	61.1	5.5	0.0
鹤壁	3	2221.3	9713.9	6339.1	1758.2	949.9	126.5	89.6	6.5	2.7
新乡	11	6607.0	32143.1	18684.9	5200.7	2803.3	373.8	186.8	16.9	0.0
焦作	16	7469.2	36377.7	21134.0	5881.9	3170.9	422.9	215.8	19.2	0.5
濮阳	2	889.1	4444.2	2549.5	705.6	381.6	50.8	41.4	2.8	1.6
许昌	7	3698.5	17995.0	10459.9	2911.5	1569.4	209.3	104.6	9.5	0.0
漯河	1	1488.2	7920.8	4208.9	1171.5	631.4	84.2	42.1	3.8	0.0
三门峡	8	5202.0	25307.8	14711.9	4094.8	2207.2	294.3	147.1	13.3	0.0
南阳	5	3624.4	17629.0	10250.0	2852.6	1537.5	205.0	102.5	9.2	0.0
商丘	4	4042.6	19670.7	11433.4	3182.6	1715.5	228.8	114.3	10.3	0.0
信阳	4	2295.7	9830.2	6492.5	1806.9	973.9	129.8	64.9	5.8	0.0
周口	2	27.2	132.3	76.9	21.4	11.5	1.5	0.8	0.1	0.0
驻马店	3	2198.6	10474.1	6523.9	1782.1	971.9	128.9	204.4	10.1	14.2
济源	3	5063.3	21689.6	14321.9	3985.5	2148.2	286.4	144.4	12.9	0.1

河南省2017年各城市工业燃烧污染物排放量如表3-16所列。可以看出，工业燃烧主要集中在以郑州为中心的河南省中部、北部工业较发达的城市，主要城市有郑州、开封、洛阳、平顶山、安阳、鹤壁、许昌等。其中，平顶山和安阳排放量较高，SO_2排放量分别可达132748.0t和123972.8t，占总SO_2排放量的57.0%；NO_x排放量分别可达154898.7t和127210.3t，占总NO_x排放量的53.5%；$PM_{2.5}$排放量分别可达41746.5t和21949.8t，占总$PM_{2.5}$排放量的53.2%。安阳市第二产业占比较大，高达48.2%，重工业企业较多；平顶山市煤炭资源丰富，煤田面积1044km^2，原煤总储量103亿吨，占全省总储量的51%，素有"中原煤仓"之称，煤炭消耗量大，第二产业占比较高，为48.8%，因此工业燃烧污染物排放量较高。

表3-16 河南省2017年各城市工业燃烧污染物排放量

城市	数量/个	SO_2/t	NO_x/t	CO/kt	PM_{10}/t	$PM_{2.5}$/t	VOCs/t	NH_3/t	BC/t	OC/t
郑州	737	10993.3	19131.3	89.1	8551.5	4904.4	2426.5	526.6	968.3	89.3
开封	223	10144.3	12255.2	56.4	4243.0	3033.1	1452.0	76.9	608.1	31.1
洛阳	249	22890.4	36566.0	186.7	14722.1	10153.9	4895.1	385.3	2026.9	115.4
平顶山	156	132748.0	154898.7	773.7	58778.0	41746.5	20026.2	1149.2	8356.9	433.5
安阳	397	123972.8	127210.3	428.3	31223.3	21949.8	10376.3	649.1	4455.2	253.6
鹤壁	105	21566.0	26799.4	140.7	10741.6	7626.7	3664.2	211.5	1524.6	78.6
新乡	589	4748.8	6094.9	29.4	2513.6	1607.6	783.8	103.6	319.1	69.8
焦作	487	3629.2	5469.0	25.6	2702.4	1419.8	714.1	204.6	278.0	71.5
濮阳	336	4413.8	6877.1	25.3	3415.3	1476.1	760.0	370.3	288.4	49.7
许昌	259	23604.1	25247.2	124.7	10607.3	6807.8	3313.3	432.1	1354.1	94.6
漯河	286	334.3	429.9	2.1	160.0	114.7	55.0	2.8	22.9	4.6
三门峡	57	25289.2	33475.9	168.9	13307.8	9196.7	4428.6	347.0	1838.2	105.2
南阳	208	11973.8	12887.4	30.8	2357.2	1563.4	734.1	89.2	315.3	24.4
商丘	416	862.7	1213.4	5.4	410.4	294.1	141.1	7.3	58.8	11.8
信阳	128	16536.1	19296.1	20.7	1157.5	697.4	280.0	50.9	162.0	18.4
周口	273	1904.0	2448.1	11.3	865.0	612.0	293.0	18.9	122.8	6.7
驻马店	167	6172.2	7629.5	38.2	2909.0	2069.7	994.0	56.2	413.9	21.3
济源	93	28862.6	29554.8	87.9	6501.7	4423.1	2086.1	178.0	901.5	57.5

以SO_2、NO_x为例，对固定燃烧源进行整体分析。平顶山、安阳和洛阳的固定燃烧源SO_2排放量较高（图3-10），其中工业燃烧为主要贡献源，贡献率分别达到93.3%、96.1%和65.4%，主要是对应城市的石油加工业、炼焦和核燃料加工业、煤炭开采和洗选业、服饰业的燃料消耗量相对较高的原因。

由图3-11可知，平顶山、安阳和郑州固定燃烧源NO_x排放量较高，其中工业燃烧为平顶山与安阳固定燃烧源的主要贡献源，贡献率分别达到82.4%和92.8%，而电厂则是郑州固定燃烧源的主要贡献源，贡献率为78.0%，主要是由于该贡献源燃煤消耗量较大而引起的。

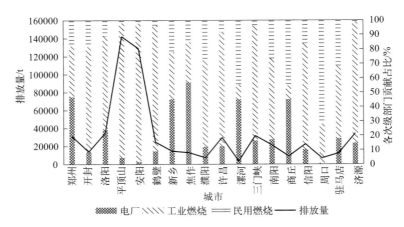

图 3-10 河南省 2017 年固定燃烧源各城市 SO_2 排放量及各次级部门贡献占比

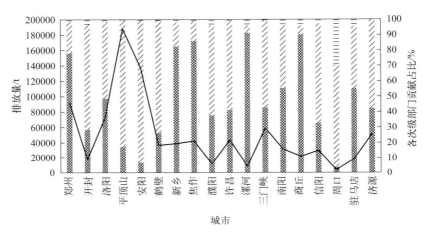

图 3-11 河南省 2017 年固定燃烧源各城市 NO_x 排放量及各次级部门贡献占比

3.2.4.2 道路移动源

道路移动源中包含的机动车类型为载客汽车（大型、中型、小型、微型）、载货汽车（重型、中型、轻型、微型）、摩托车（普通、轻便）、低速货车公交车、出租车。不同车型机动车对不同污染物排放贡献水平有较大区别（表 3-17、图 3-12，书后另见彩图）：CO 和 VOCs-Evap（蒸发排放）主要来自小型客车和摩托车，这两种车型排放量之和分别占机动车 CO 和 VOCs-Evap（蒸发排放）排放总量的 58.51% 和 89.83%；VOCs 的主要贡献源为小型客车、大型客车和中型客车，这三种车型排放量之和占机动车 VOCs 排放总量的 75.52%；NO_x、$PM_{2.5}$、PM_{10}、BC 和 OC 的排放主要来自大型客车、重型货车和轻型货车，这三种车型排放量之和分别占机动车 NO_x、$PM_{2.5}$、PM_{10}、BC 和 OC 排放量的 85.76%、81.91%、82.44%、85.44% 和 78.13%；SO_2 的主要贡献源为重型货车、轻型货车和小型客车，这三种车型排放量之和占其总排放量的 86.67%；NH_3 排放主要受机动车尾气处理装置三元催化剂（TWCs）使用的影响，虽然对 CO、VOCs 和 NO_x 排放起到了控制作用，但反应生成的尿素和氮气导

致了 NH_3 的排放，52.24%的排放量来自小型客车。

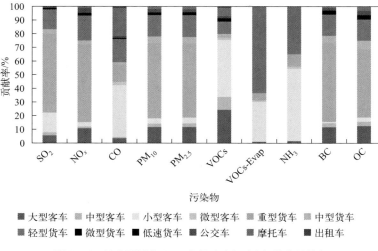

图 3-12 按车型划分 2017 年河南省机动车污染物贡献率

表 3-17 河南省不同车型机动车污染物排放量　　　　　单位：kt

车型	SO_2	NO_x	CO	PM_{10}	$PM_{2.5}$	VOCs	VOCs-Evap	NH_3	BC	OC
大型客车	0.5	60.8	45.5	2.4	2.2	46.4	0.3	0.1	1.2	0.4
中型客车	0.2	6.9	11.4	0.5	0.5	18.1	0.0	0.0	0.3	0.1
小型客车	1.3	17.9	487.7	0.8	0.8	79.6	8.6	3.5	0.1	0.1
微型客车	0.0	1.0	31.3	0.0	0.0	3.4	0.3	0.1	0.0	0.0
重型货车	5.2	319.8	160.7	11.3	10.2	1.5	1.6	0.6	6.0	1.6
中型货车	0.3	16.5	24.9	1.0	0.9	3.6	0.0	0.0	0.5	0.2
轻型货车	1.3	102.5	217.6	3.2	3.0	17.3	0.7	0.5	1.6	0.5
微型货车	0.0	2.3	3.7	0.1	0.1	2.0	0.0	0.0	0.0	0.0
低速货车	0.1	8.8	6.6	0.3	0.3	2.5	0.0	0.0	0.2	0.1
公交车	0.1	20.9	17.1	0.5	0.4	2.9	0.0	0.0	0.2	0.1
摩托车	0.0	4.9	264.6	0.4	0.4	11.7	17.9	1.8	0.1	0.1
出租车	0.0	1.0	14.7	0.0	0.0	1.8	0.1	0.0	0.0	0.0
合计	9.1	563.2	1285.9	20.5	18.8	190.8	29.5	6.7	10.3	3.1

其次，从排放标准来看（图 3-13，书后另见彩图），国三和国四排放标准的机动车对每种污染物的排放量贡献都较大。其中，国三排放标准机动车的 SO_2、NO_x、CO、PM_{10}、$PM_{2.5}$、VOCs、VOCs-Evap、NH_3、BC 和 OC 排放量占比分别为 37.4%、45.9%、22.8%、51.5%、50.6%、20.4%、17.4%、21.8%、52.0% 和 50.0%，国四排放标准机动车的排放量分别占 33.8%、23.3%、18.6%、20.1%、20.6%、21.2%、15.1%、44.3%、20.7% 和 19.5%。

由于发展水平、服务功能、城市特点等不同，不同城市不同类型的机动车保有量、行驶里程和机动车类型的构成等存在差异，从而使不同污染物的排放贡献水平也各不相同（表 3-18）。以 NO_x 和 VOCs 为例，如图 3-14 所示，受不同机动车保有量的影响，郑州、商丘、南阳和洛阳是河南省 NO_x 和 VOCs 排放量最大的 4 个城市，对 NO_x 的排放量贡献分别为 16.1%、7.1%、10.4% 和 7.1%，对 VOCs 总量的排放量贡献分别为 22.0%、10.0%、6.1% 和 8.5%；而开封、漯河、鹤壁和济源是排放量较小的 4 个城市，对 NO_x 的排放量贡献分别为 3.4%、2.9%、1.6% 和 1.0%，对 VOCs 总量的排放量贡献分别为 3.2%、2.1%、1.6% 和 1.0%，其排放量之和占这两种污染物排放量的比例均不到 10%。

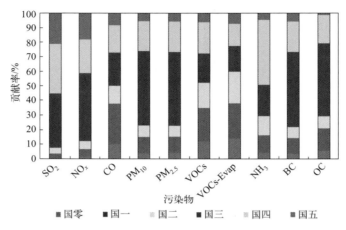

图 3-13 按排放标准划分 2017 年河南省机动车污染物贡献率

表 3-18 河南省不同城市机动车污染物排放量　　　　　　　　单位：kt

城市	SO_2	NO_x	CO	PM_{10}	$PM_{2.5}$	VOCs-Evap	VOCs-Evap	NH_3	BC	OC
郑州	1.5	90.9	267.2	3.1	2.9	42.4	5.7	1.5	1.5	0.5
开封	0.3	19.3	42.4	0.7	0.6	6.3	0.7	0.2	0.3	0.1
洛阳	0.6	39.8	110.3	1.5	1.4	16.1	2.5	0.5	0.7	0.2
平顶山	0.4	23.5	53.8	0.9	0.8	7.7	1.2	0.3	0.4	0.1
安阳	0.5	33.4	64.5	1.3	1.2	9.0	1.0	0.3	0.6	0.2
鹤壁	0.2	9.2	20.4	0.4	0.3	3.0	0.4	0.1	0.2	0.1
新乡	0.6	34.5	77.6	1.3	1.2	11.2	1.1	0.4	0.6	0.2
焦作	0.7	42.5	55.3	1.4	1.3	7.6	1.0	0.3	0.7	0.2
濮阳	0.4	26.2	62.5	1.0	0.9	8.6	0.9	0.3	0.5	0.2
许昌	0.4	22.3	52.9	0.9	0.8	8.1	1.4	0.3	0.5	0.1
漯河	0.2	16.1	27.9	0.7	0.6	3.9	0.6	0.1	0.3	0.1
三门峡	0.2	13.5	39.7	0.6	0.5	6.0	1.1	0.2	0.3	0.1
商丘	0.7	40.2	118.4	1.4	1.3	20.7	1.1	0.4	0.7	0.2
周口	0.7	39.3	62.6	1.4	1.3	7.7	2.0	0.3	0.7	0.2
驻马店	0.3	21.3	70.1	0.8	0.7	11.7	1.8	0.4	0.4	0.1
南阳	0.9	58.6	83.7	2.1	1.9	9.2	4.2	0.4	1.1	0.3
信阳	0.4	27.0	62.9	1.1	1.0	7.8	2.6	0.3	0.5	0.2
济源	0.1	5.8	13.6	0.2	0.2	2.0	0.2	0.1	0.1	0.0
合计	9.1	563.4	1285.9	20.7	19.0	188.9	29.5	6.7	10.0	3.1

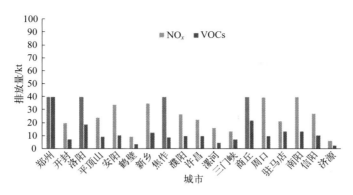

图 3-14 不同城市对河南省机动车污染物排放的贡献

3.2.4.3 非道路移动源

非道路移动源主要包括飞机、铁路机车、内河运输、农用机械、农用运输车以及建筑机械六类。结果显示（表 3-19），农业机械和内河运输对污染物排放量贡献较大，在非道路移动源中占有较大比例。对于 SO_2 而言，内河运输的排放量最高，贡献比例为 54.3%；对于 NO_x、CO、PM_{10}、$PM_{2.5}$、VOCs、BC 和 OC 而言，农业机械排放量最高，贡献比例分别为 54.4%、55.7%、57.7%、56.9%、60.0%、58% 和 56.3%。河南省是农业大省，农业生产规模与农作物产量均排在全国前列，因此农业机械的使用较多，对于河南省非道路移动源的污染物排放量贡献较高。

表 3-19　河南省 2017 年非道路移动源污染物排放量　　　　单位：kt

非道路移动源	SO_2	NO_x	CO	PM_{10}	$PM_{2.5}$	VOCs	BC	OC
飞机	0.6	7.1	4.0	0.2	0.2	1.2	0.1	0.0
铁路机车	1.6	8.7	1.3	0.3	0.3	0.5	0.2	0.1
内河运输	9.2	21.9	11.0	1.8	1.7	1.4	1.0	0.3
农业机械	3.7	65.6	29.8	6.4	5.0	11.4	2.9	0.9
农用运输车	0.8	8.1	4.4	1.1	0.5	2.4	0.3	0.1
建筑机械	1.1	9.2	3.0	1.3	1.1	2.2	0.6	0.2
合计	17.0	120.7	53.5	11.1	8.8	19.0	5.0	1.6

以 NO_x、$PM_{2.5}$ 为例，可以看出（图 3-15、图 3-16，均书后另见彩图），南阳、信阳、郑州、驻马店和周口 NO_x 排放量较高，对非道路移动源 NO_x 排放量贡献比例分别为 13.6%、12.6%、10.2%、9.8% 和 9.3%。信阳、南阳、驻马店和周口是典型的农业城市，在农业生产过程中使用较多的农业机械，从而导致排放量高于其他城市；此外，信阳地理位置上靠南，且河流较多，因此信阳的内河运输对于 NO_x 排放也有较高的贡献。郑州是河南省的省会，人口众多，近些年来郑州发展速度较快，新建住房等设施较多，建筑机械（32.0%）的排放量成为郑州非道路移动源当中 NO_x 排放量贡献最高的排放源；此外，作为一个重要的运输中心，飞机（26.0%）的 NO_x 排放对于郑州市非道路移动源的 NO_x 也有较高的贡献；郑州市农业机械（25.8%）的 NO_x 的贡献排在建筑机械和飞机之后，排在第三位。非道路移动源中 $PM_{2.5}$ 排放量较高的城市分别是南阳（13.6%）、信阳（12.9%）、驻马店（10.4%）、郑州

（10.1%）和周口（9.6%）。与其他污染物相似，对于河南省的大多数城市，其 $PM_{2.5}$ 排放量主要来自农业机械（57.8%）排放，尤其是周口，农业机械的 $PM_{2.5}$ 排放量占非道路移动源排放总量的 83.5%。对于南部河流较多的城市及三门峡市（32.5%），内河运输也对其 $PM_{2.5}$ 的排放有较高的贡献。对于郑州和洛阳，$PM_{2.5}$ 排放的来源相对复杂，郑州的建筑机械（51.2%）对于其 $PM_{2.5}$ 的排放有最高的贡献，此外，农业机械（26.9%）和飞机（11.6%）也有较高的贡献；而对于洛阳 $PM_{2.5}$ 的排放，农业机械（32.8%）、建筑机械（21.8%）、内河运输（19.3%）和飞机（17.3%）均有较高的贡献。

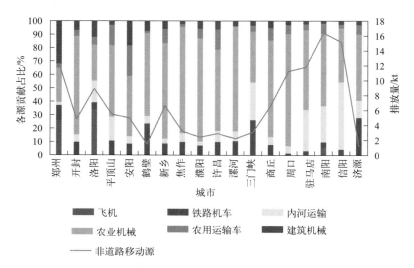

图 3-15　2017 年河南省各城市非道路移动源 NO_x 排放量及各源占比

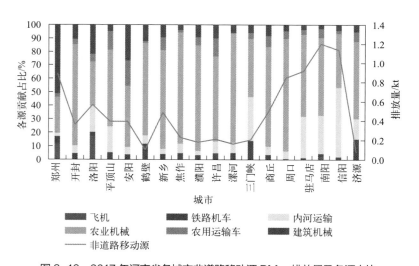

图 3-16　2017 年河南省各城市非道路移动源 $PM_{2.5}$ 排放量及各源占比

3.2.4.4　工艺过程源

河南省工艺过程源排放清单如表 3-20 所列。工艺过程源对 VOCs、$PM_{2.5}$、PM_{10}、CO、

BC 和 OC 贡献较高，分别占河南省总排放量的 38.1%、32.1%、22.0%、23.8%、38.5% 和 20.6%。主要原因是工业企业燃煤锅炉、窑炉运行欠佳，且部分企业工作车间生产工艺落后，燃烧效率低，污染物去除率较低。

表 3-20　河南省工艺过程源各污染物排放量　　　　　　　　单位：kt

工艺过程源	SO_2	NO_x	CO	PM_{10}	$PM_{2.5}$	VOCs	NH_3	BC	OC
玻璃制造	3.8	3.0	7.3	1.7	2.1	3.2	0.0	0.0	0.0
耐火材料	0.8	2.1	39.2	4.4	3.2	9.3	0.0	0.7	0.4
水泥制品	0.2	0.3	1.0	0.4	0.1	0.0	0.0	0.0	0.0
石墨及碳素	1.0	4.0	0.5	8.8	8.2	0.1	0.0	0.0	0.0
水泥制造	40.9	75.7	368.7	57.8	42.5	1.3	0.1	0.3	0.4
陶瓷	7.4	12.4	1.7	2.4	1.1	65.7	0.0	0.0	0.1
烧结砖	29.7	8.8	897.7	34.7	26.2	40.0	0.0	10.7	9.2
生铁	0.0	0.0	35.0	21.5	0.0	0.0	0.0	2.5	0.5
铸铁	0.0	0.0	0.0	2.1	1.1	0.0	0.0	0.0	0.0
炼钢	0.0	0.0	0.0	16.2	11.8	0.0	0.0	0.8	0.2
烧结矿	8.1	16.6	482.8	8.1	3.8	7.5	0.0	0.0	0.2
氧化铝	0.0	0.0	0.0	6.5	5.9	0.0	0.0	0.0	0.0
电解铝	0.0	0.0	0.0	8.6	5.9	0.0	0.0	0.0	0.0
电解锌	0.0	0.0	0.0	6.7	6.5	0.0	0.0	0.6	0.3
电解铅	0.0	0.0	0.0	31.0	30.0	0.0	0.0	0.0	0.0
粗铜	0.0	0.0	0.0	9.4	9.1	0.0	0.0	0.0	0.0
铝箔	0.0	0.0	0.0	0.0	0.0	57.8	0.0	0.0	0.0
合成氨	19.3	5.8	0.2	0.0	0.0	30.4	13.5	0.0	0.0
化肥	0.0	0.0	0.0	9.8	8.6	0.0	0.0	4.3	3.4
涂料	0.0	0.0	0.0	0.0	0.0	17.4	0.0	0.0	0.0
颜料	0.0	0.0	0.0	0.0	0.0	0.9	0.0	0.0	0.0
硫酸	29.5	0.0	0.0	0.0	0.0	0.0	0.0	0.0	0.0
酒类生产	0.0	0.0	0.0	0.0	0.0	1.4	0.0	0.0	0.0
化学纤维	0.0	0.0	0.0	0.0	0.0	8.8	0.0	0.0	0.0
炼焦	11.1	28.2	41.2	65.0	41.6	67.8	0.0	20.0	14.1
造纸	0.0	0.0	0.0	0.0	0.0	18.1	0.0	0.0	0.0
橡胶塑料	0.0	0.0	0.0	0.0	0.0	72.1	0.0	0.0	0.0
食品制造	0.0	0.0	0.0	0.0	0.0	25.7	0.0	0.0	0.0
总计	151.9	156.9	1840.2	308.7	229.2	427.5	13.7	39.7	29.0

以 $PM_{2.5}$ 和 VOCs 为例，由图 3-17（书后另见彩图）看出，对工艺过程源中 $PM_{2.5}$ 和 VOCs 排放量贡献最大的均为非金属制品，分别占其总排放量的 36.4% 和 28.0%。非金属制品中，水泥制造和烧结砖为 $PM_{2.5}$ 主要排放源，二者对非金属制品的贡献率分别为 51.0% 和 31.4%；陶瓷和烧结砖为 VOCs 主要排放源，二者对非金属制品的贡献率分别为 54.9% 和 33.4%。有色金属冶炼业为 $PM_{2.5}$ 第二大贡献源（25%），其中的电解铅为主要排放源，占有色金属冶炼业的 52.3%。炼焦行业（18.2%）是 $PM_{2.5}$ 第三大贡献源。橡胶塑料为 VOCs 的第二大贡献源（16.9%），其次为炼焦行业（15.9%）。

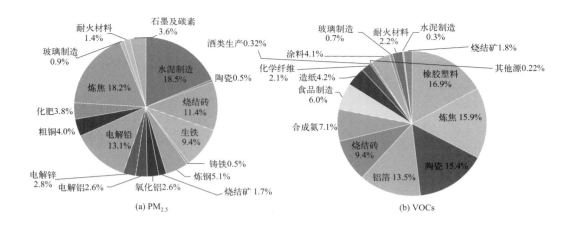

图 3-17 工艺过程源各排放源 PM$_{2.5}$ 与 VOCs 贡献

工艺过程源各市 PM$_{2.5}$ 排放情况如图 3-18 所示（书后另见彩图），排放量较高的是济源（21.7%）和安阳（20.4%），二者均为矿产资源较丰富的城市。安阳钢铁冶炼业发达，黑色金属冶炼业对其贡献最高，由于炼铁行业的需求，安阳的炼焦行业也较为发达，也是贡献较高的 PM$_{2.5}$ 排放源，而济源的有色金属矿物丰富，因而有色金属冶炼业对其 PM$_{2.5}$ 贡献较高，其中仅电解铅行业贡献率就高达 51.7%。

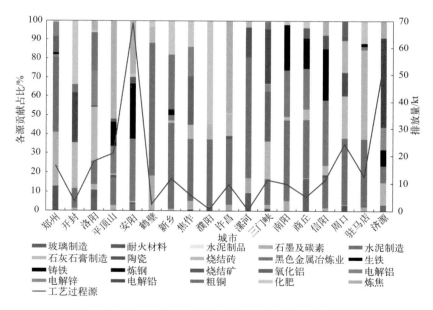

图 3-18 工艺过程源各市 PM$_{2.5}$ 排放量及各源贡献占比

工艺过程源各市 VOCs 排放情况如图 3-19 所示（书后另见彩图），排放量较高的城市分别为安阳（14.8%）、郑州（14.3%）和洛阳（10.3%）。对郑州和洛阳 VOCs 排放贡献最高的均为铝箔行业，安阳则为炼焦行业，分别占其城市 VOCs 排放量的 65.7%、38.6% 和 50.2%。郑州、洛阳和安阳的第二大 VOCs 贡献源均为非金属制造业，占比分别为 10.5%、31.5% 和 34.4%，其中耐火材料（95.2%）、烧结砖（52.5%）和陶瓷（95.2%）分别为郑州、洛阳和安阳的主要非金属制造业 VOCs 排放源。

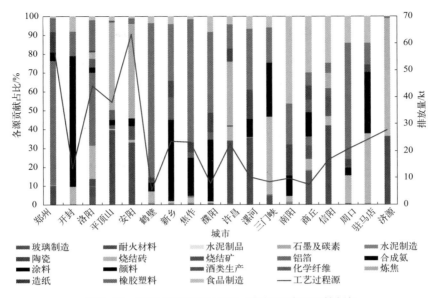

图 3-19 工艺过程源各市 VOCs 排放量及各源贡献占比

3.2.4.5 扬尘源

扬尘源涵盖道路扬尘和施工扬尘。道路扬尘按照道路使用类型划分，基于不同道路类型的铺装长度，结合分类型车流量计算；施工扬尘基于全年施工面积进行计算。城市间的贡献也有差别，以 PM_{10} 为例（图 3-20），郑州（21.3%）、南阳（8.9%）、洛阳（8.5%）和信阳（6.8%）这 4 个城市对扬尘源 PM_{10} 的排放量贡献较大。对于道路扬尘，如图 3-21 所示，受道路长度影响，PM_{10} 排放量较高的城市有南阳、周口、郑州和商丘，贡献比例分别为 12.8%、8.7%、8.2% 和 7.9%。南阳在 18 个城市中道路长度最长，从而导致道路扬尘排放量最高。对于施工扬尘，如图 3-22 所示，2017 年郑州市的施工面积为 17154.94 万平方米，与其他城市相比，郑州市施工扬尘的 PM_{10} 排放量明显高于其他城市，占全省建筑扬尘 PM_{10} 排放量的 31.1%。

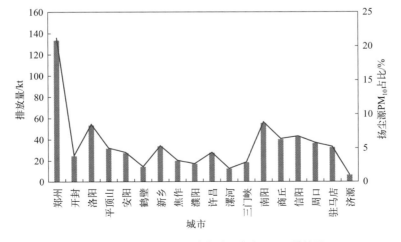

图 3-20 河南省 2017 年扬尘源各市 PM_{10} 排放量

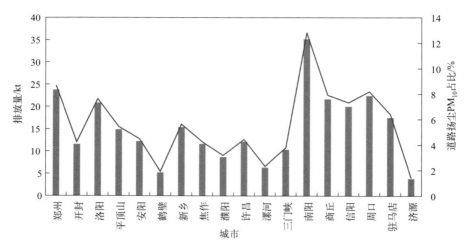

图 3-21　河南省 2017 年道路扬尘各市 PM_{10} 排放量

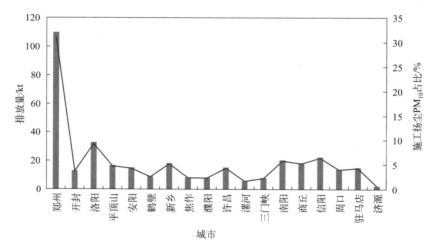

图 3-22　河南省 2017 年施工扬尘各市 PM_{10} 排放量

3.2.4.6　溶剂使用源

溶剂使用源是指在生产或生活中用到有机溶剂而造成污染的排放源。溶剂使用源主要包括工业溶剂使用、民用溶剂使用、建筑溶剂使用和沥青铺路四个方面。2017 年河南省溶剂使用源排放 VOCs 排放总量为 179.5kt，贡献最大的是建筑溶剂使用源，排放量为 49.1kt，占溶剂使用源 VOCs 排放总量的 27.4%，其次是工业溶剂使用源，排放量为 45.7kt，占溶剂使用源 VOCs 排放总量的 25.5%。由于河南省新建建筑较多，对于建筑溶剂的消耗量也较大，因此建筑溶剂的 VOCs 排放较高。其中，工业溶剂使用源中制鞋和印刷的溶剂使用对 VOCs 的排放有较高的贡献，VOCs 排放量均占工业溶剂使用源排放总量的 29.1%。此外，河南省铺路沥青的使用、民用溶剂中城市居民溶剂的使用也对 VOCs 的排放有较高的贡献。

河南省 2017 年各个城市的 VOCs 排放如图 3-23 所示（书后另见彩图），排放量较大的城市分别是郑州、周口、驻马店、商丘和洛阳,排放量贡献比例分别为 21.5%、10.2%、7.6%、7.2% 和 7.0%。郑州作为河南省省会城市,工业较为发达且人口众多,道路和房屋的建设也就较多,因此郑州市各个排放源的 VOCs 排放量均比较高,沥青铺路(47.3%)和工业溶剂使用(21.3%)为郑州市 VOCs 的主要排放源。驻马店、周口和商丘溶剂使用源排放的 VOCs 均主要来自工业溶剂使用和建筑溶剂使用,其中工业溶剂使用的 VOCs 贡献比例分别为 39.0%、38.2% 和 29.1%,建筑溶剂使用的 VOCs 贡献比例分别为 35.1%、35.7% 和 27.2%。洛阳市的人口众多,尤其是城镇人口数量较多,因此洛阳市建筑溶剂使用(32.4%)和民用溶剂使用(27.4%)的 VOCs 排放量较高。

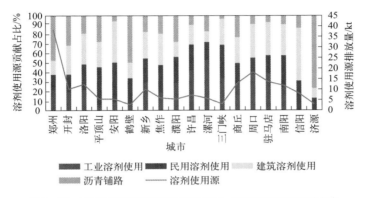

图 3-23　2017 年各市溶剂使用源 VOCs 排放量及各源贡献占比

3.2.4.7　氨排放

如表 3-21 和图 3-24(书后另见彩图)所示,2017 年河南省氨排放总量为 947.0kt,畜禽养殖贡献最高,为 577.8kt,占排放总量的 61.0%;其次为氮肥施用,为 256.1kt,贡献全省 27.0% 的氨排放。非农业源排放量也不可忽视,其中天然氨源排放量最大,为 32.3kt,占 3.4%,其次是人体排泄,为 29.2kt,占 3.1%。

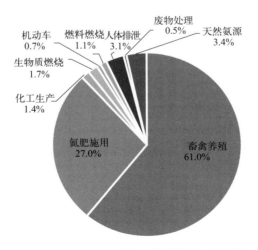

图 3-24　2017 年各排放源对氨排放的贡献占比

表 3-21　2017 年河南省大气氨排放清单　　　　　　　　　　单位：kt

城市	畜禽养殖	氮肥施用	化工生产	生物质燃烧	机动车	燃料燃烧	人体排泄	废物处理	天然氨源	各市总量
郑州	14.5	7.0	0.0	0.6	0.3	1.5	0.9	0.5	0.9	26.2
开封	39.8	15.5	3.6	0.8	0.1	0.3	1.4	0.2	1.9	63.6
洛阳	40.0	6.7	0.4	0.7	0.1	0.9	2.1	0.3	1.3	52.5
平顶山	28.3	12.2	0.0	0.6	0.1	1.5	1.0	0.2	1.2	45.3
安阳	18.5	22.7	0.4	0.8	0.2	0.9	2.3	0.2	1.7	47.7
鹤壁	8.5	3.3	0.0	0.2	0.5	0.4	0.4	0.1	0.4	13.8
新乡	24.1	20.6	4.1	1.0	0.1	0.5	1.9	0.3	2.0	54.6
焦作	13.1	6.3	1.3	0.5	0.7	0.5	1.1	0.2	0.8	24.5
濮阳	20.9	10.7	0.6	0.7	0.3	0.5	1.5	0.2	1.2	36.6
许昌	21.7	6.3	0.0	0.7	0.3	0.7	1.7	0.2	1.2	32.8
漯河	13.0	4.0	0.0	0.4	0.2	0.1	0.9	0.1	0.8	19.5
三门峡	13.0	2.7	0.1	0.3	0.3	0.6	0.9	0.1	0.5	18.5
南阳	95.6	31.2	0.0	1.9	0.4	0.4	3.2	0.5	4.4	137.6
商丘	52.8	25.2	0.0	1.6	0.4	0.3	3.1	0.4	3.3	87.0
信阳	32.4	31.2	0.0	1.4	0.4	0.5	1.6	0.3	2.5	70.2
周口	57.6	33.4	0.4	1.9	1.5	0.5	2.9	0.4	4.1	102.7
驻马店	80.9	16.3	2.8	1.7	0.4	0.3	2.0	0.3	4.2	108.9
济源	3.1	0.8	0.0	0.1	0.3	0.3	0.3	0.0	0.1	5.0
合计	577.8	256.1	13.7	15.9	6.7	10.7	29.2	4.6	32.3	947.0

如图 3-25 所示（书后另见彩图），整体上，河南省东南地区较西北地区排放量大。排放量最大的为南阳市，其处于南阳盆地，素有"中原粮仓"之称，是中国粮、棉、油、烟的集中产地，农村人口达 556 万人，居河南省第一。其次为周口和驻马店，排放量均在 100kt 以上，商丘和信阳紧随其后。这 4 个城市被称作"黄淮四市"，是河南省东部和南部典型农业大区和粮食生产核心区，该区域粮、棉、油、肉等主要农产品产量占全省的 40% 以上，也具有较多农业人口。

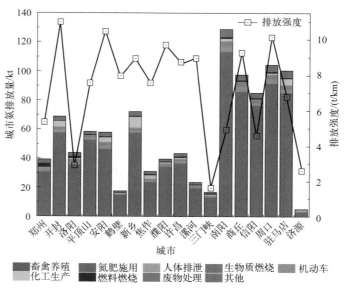

图 3-25　2017 年河南省各市不同排放源氨排放量构成及排放强度

河南省是畜牧业大省，畜禽产量以及畜牧业产值位居全国第二，其中畜牧业产值达到2368.9亿元，占全国的8.1%。如图3-26所示（书后另见彩图），对于各类畜禽源，肉牛、蛋禽和肉猪是排放量较大的3种畜禽，分别贡献36.9%、17.9%和14.0%的排放量。现阶段人们对肉、蛋、奶需求量越来越大，且肉猪饲养周期较短，一年可出栏2次，使得年出栏数量大。肉牛排放量最大，数据调研显示河南省肉牛约有786.8万头，西南部南阳盆地唐、白河流域平原农区盛产黄牛。同时，牛粪尿排泄量大且排放因子较高，从而使其成为畜禽养殖中贡献率最大的类型。马、驴和骡同为大型畜禽，由于其饲养数量较小且主要为役用，排放因子小于牛和猪，使得其对氨排放的贡献相对较小。

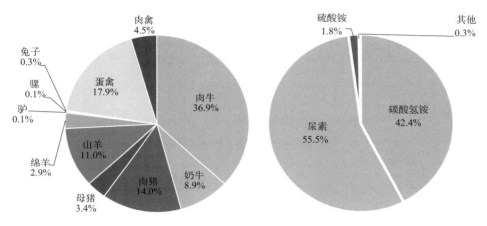

图3-26　河南省各类畜禽排放贡献率　　图3-27　不同种类氮肥排放占比

农田氮肥施用是河南省第二大排放源，每种氮肥的排放占比如图3-27所示（书后另见彩图）。河南省大部分处于中部平原地带，可耕地面积大，氮肥施用量居全国首位，占比为9.9%。我国对于农业的发展和粮食产量的提高，很大程度上依赖氮肥施用，相比其他发达国家，氮肥利用率低10%～20%，过度依赖氮肥会导致作物不能充分吸收利用，氮则主要以氨的形式严重损失，对环境造成严重污染。我国的氮肥品种繁多，但主要以碳酸氢铵和尿素为主，统计数据显示两者之和占氮肥施用总量的97.9%，不同于欧洲等地区多使用低挥发性的硝酸铵和硫酸铵。

如图3-28所示（书后另见彩图），河南省各城市氨排放构成也呈现不同特征。对于非农业源，化工生产在新乡、济源和焦作的氨排放相对高，主要是由于这些城市都有较大规模的化工厂而造成的。机动车排放因子较低，排放量相对较小。对于生物质燃烧，南阳、周口、驻马店和商丘等以农业为主的城市，对氨排放的贡献率较高，分别占河南省生物质燃烧源氨排放总量的12.2%、12.1%、10.8%和9.8%，总贡献近45%。对于燃料燃烧，占比贡献最高的是济源市，占比达7.1%，主要是由于济源市农牧业贡献较小且工业较为发达；由于郑州的城市化率高，经济基础好，其燃料燃烧对氨排放贡献率较高，占固定燃烧源总排放量的13.8%。

选取3个典型城市作比较，如图3-29所示（书后另见彩图），豫北地区安阳的氮肥施用和畜禽养殖排放基本相当，由于当地化工行业发展较好，有较大化工厂（如中原大化等）作为氮肥生产基地，其化工生产排放量较高，工业源排放占比明显比东南部农业区的各市高。郑州市经济相对较好，交通发达，人口众多，畜禽需求量较大，畜禽养殖占比达55.3%。南阳市作为重要农业城市，其农业源排放量较高，畜禽养殖和氮肥施用两者相加占比高达92.2%。

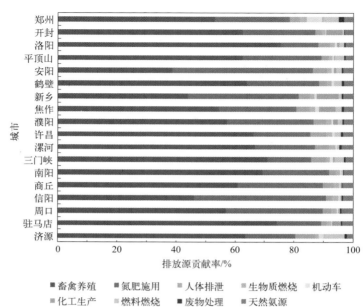

图 3-28 河南省 2017 年各城市不同排放源氨排放贡献率

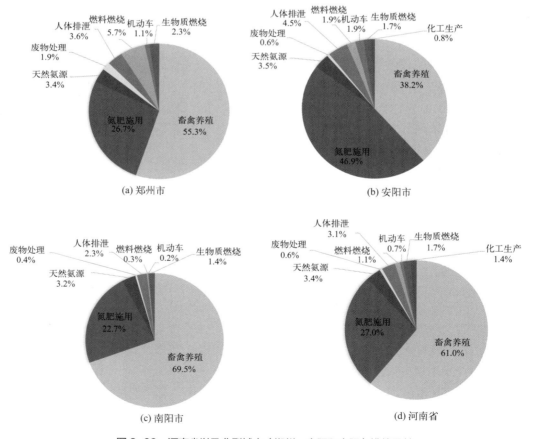

图 3-29 河南省以及典型城市（郑州、安阳和南阳）排放贡献

3.3 河南省高耗能行业排放特征分析

3.3.1 耐火材料

2017 年河南省耐火材料总产量约为 5168.9 万吨，SO_2、NO_x、PM_{10}、$PM_{2.5}$ 排放总量分别为 831.4t、2141.5t、4427.6t 和 3156.8t。全省涉及耐火材料生产的企业共 399 家，其中郑州和洛阳产量较高，分别为 3409.2 万吨和 1349.1 万吨，二者各污染物排放量合计占比高达 92.1%，是河南省耐火材料行业的主要贡献地区，企业数量分别为 117 家和 100 家，占全省比例分别为 29.3% 和 25.1%，各城市企业数量、产品产量及重点污染物排放量见表 3-22。

表 3-22 河南省耐火材料重点污染物排放清单

城市	企业数量/家	产品产量/10^4t	SO_2/t	NO_x/t	PM_{10}/t	$PM_{2.5}$/t
郑州	117	3409.2	548.4	1412.5	2920.3	2082.1
开封	17	7.8	1.3	3.2	6.7	4.8
洛阳	100	1349.1	217.0	559.0	1155.6	823.9
安阳	51	34.7	5.6	14.4	29.7	21.2
新乡	36	16.7	2.7	6.9	14.3	10.2
焦作	29	80.2	12.9	33.2	68.7	49.0
濮阳	12	25.4	4.1	10.5	21.8	15.5
三门峡	2	218.9	35.2	90.7	187.5	133.7
商丘	2	12.3	2.0	5.1	10.6	7.5
济源	33	14.5	2.3	6.0	12.4	8.9
合计	399	5168.9	831.4	2141.5	4427.6	3156.8

3.3.2 石墨及碳素

2017 年河南省石墨及碳素总产量约为 957.8 万吨，SO_2、NO_x、PM_{10}、$PM_{2.5}$ 排放总量分别为 937.1t、3703.3t、8273.8t 和 7654.7t。全省涉及石墨及碳素生产的企业共 85 家，其中郑州产品产量远高于其他城市，为 577.1 万吨，占全省石墨及碳素总产量的 60.3%，是河南省石墨及碳素行业的主产区，各城市企业数量、产品产量及重点污染物排放量见表 3-23。

表 3-23 河南省石墨及碳素重点污染物排放清单

城市	企业数量/家	产品产量/10^4t	SO_2/t	NO_x/t	PM_{10}/t	$PM_{2.5}$/t
郑州	15	577.1	564.7	2248.0	4986.1	4613.1
开封	2	4.6	4.5	17.9	39.6	36.6
洛阳	3	61.2	59.9	238.5	528.9	489.3
平顶山	15	72.8	71.3	283.7	629.2	582.1
安阳	8	10.6	10.3	41.2	91.4	84.5
鹤壁	1	54.8	53.6	213.4	473.4	438.0
新乡	9	10.1	9.9	39.3	87.1	80.6
焦作	20	30.4	29.7	118.2	262.2	242.6
许昌	1	40.4	39.5	157.2	348.7	322.6
南阳	9	63.9	62.5	248.9	552.0	510.7

续表

城市	企业数量/家	产品产量/10⁴t	SO$_2$/t	NO$_x$/t	PM$_{10}$/t	PM$_{2.5}$/t
信阳	1	22.4	21.9	87.2	193.5	179.0
济源	1	9.5	9.3	36.8	81.7	75.6
合计	85	957.8	937.1	3703.3	8273.8	7654.7

3.3.3 水泥

2017年河南省水泥总产量约为14938.7万吨，SO$_2$、NO$_x$、PM$_{10}$、PM$_{2.5}$排放总量分别为40916.2t、75718.6t、57835.2t和42515.5t。全省涉及水泥生产的企业共有236家，郑州和新乡企业最多，分别有27家和36家，产量分别为2311.4万吨和1867.9万吨，合计排放SO$_2$、NO$_x$、PM$_{10}$、PM$_{2.5}$分别为11446.8t、21183.2t、16180.0t和11894.2t，各城市企业数量、产品产量及重点污染物排放量见表3-24。

表3-24 河南省水泥重点污染物排放清单

城市	企业数量/家	产品产量/10⁴t	SO$_2$/t	NO$_x$/t	PM$_{10}$/t	PM$_{2.5}$/t
郑州	27	2311.4	6330.7	11715.4	8948.4	6578.1
开封	3	126.0	345.1	638.7	487.8	358.6
洛阳	13	736.4	2016.9	3732.4	2850.9	2095.7
平顶山	11	1052.4	2882.3	5334.0	4074.2	2995.0
安阳	25	844.8	2313.7	4281.7	3270.5	2404.2
鹤壁	8	588.6	1612.2	2983.5	2278.8	1675.2
新乡	36	1867.9	5116.1	9467.8	7231.6	5316.1
焦作	10	667.0	1826.8	3380.7	2582.2	1898.2
濮阳	2	87.1	238.6	441.5	337.2	247.9
许昌	23	1166.1	3193.7	5910.3	4514.4	3318.6
漯河	3	86.0	235.5	435.8	332.9	244.7
三门峡	6	537.0	1470.8	2721.9	2079.0	1528.3
南阳	26	1446.1	3960.9	7330.0	5598.7	4115.7
商丘	8	544.0	1489.9	2757.2	2106.0	1548.1
信阳	7	638.3	1748.2	3235.2	2471.1	1816.5
周口	5	176.2	482.5	892.8	682.0	501.3
驻马店	17	1554.9	4258.8	7881.2	6019.8	4425.2
济源	6	508.7	1393.4	2578.6	1969.6	1447.9
合计	236	14938.7	40916.2	75718.6	57835.2	42515.5

3.3.4 烧结砖

2017年河南省烧结砖总产量约为22219.3万吨，SO$_2$、NO$_x$、PM$_{10}$、PM$_{2.5}$排放总量分别为29710.5t、8776.6t、34711.9t、26196.7t。全省涉及烧结砖的企业共有1391家，全省砖瓦厂分布地区较广，排放量最高的为济源，其SO$_2$、NO$_x$、PM$_{10}$、PM$_{2.5}$排放量分别为7213.0t、2130.8t、8427.2t和6359.9t。各城市企业数量、产品产量及重点污染物排放量见表3-25。

表 3-25　河南省烧结砖重点污染物排放清单

城市	企业数量/家	产品产量/10^4t	SO_2/t	NO_x/t	PM_{10}/t	$PM_{2.5}$/t
郑州	20	16.2	21.6	6.4	25.3	19.1
开封	36	690.4	923.2	272.7	1078.6	814.0
洛阳	131	4333.5	5794.6	1711.7	6770.0	5109.2
平顶山	125	134.6	179.9	53.2	210.2	158.7
安阳	68	508.8	680.3	201.0	794.9	599.9
鹤壁	40	173.2	231.7	68.4	270.6	204.3
新乡	55	139.6	186.7	55.1	218.1	164.6
焦作	78	374.4	500.7	147.9	584.9	441.4
濮阳	43	49.6	66.3	19.6	77.4	58.4
许昌	69	930.2	1243.8	367.4	1453.2	1096.7
漯河	21	10.7	14.3	4.2	16.7	12.6
三门峡	22	1908.8	2552.3	754.0	2982.0	2250.5
南阳	122	163.1	218.1	64.4	254.8	192.3
商丘	100	243.7	325.8	96.2	380.7	287.3
信阳	141	469.8	628.2	185.6	733.9	553.9
周口	168	1693.1	2263.9	668.8	2645.1	1996.2
驻马店	119	4985.3	6666.1	1969.2	7788.3	5877.7
济源	33	5394.3	7213.0	2130.8	8427.2	6359.9
合计	1391	22219.3	29710.5	8776.6	34711.9	26196.7

3.3.5　铝行业

铝行业产品主要包括氧化铝和电解铝，2017 年河南省铝行业氧化铝和电解铝总产量约为 1458.2 万吨，PM_{10}、$PM_{2.5}$ 排放总量分别为 16697.1t 和 13332.8t，企业主要分布在郑州、洛阳、焦作、许昌和三门峡，颗粒物排放总量分别为 6070.7t、8132.6t、5380.2t、3212.2t 和 7228.2t。各城市企业数量、产品产量及重点污染物排放量见表 3-26。

表 3-26　河南省铝行业重点污染物排放清单

城市	企业数量/家	产品产量/10^4t	PM_{10}/t	$PM_{2.5}$/t
郑州	5	276.8	3387.2	2683.5
洛阳	4	146.6	4813.2	3319.4
焦作	3	273.3	2967.6	2412.6
许昌	7	280.0	1679.1	1533.1
三门峡	5	481.1	3846.9	3381.3
商丘	1	0.5	3.2	2.9
合计	25	1458.2	16697.1	13332.8

3.3.6　其他有色金属业

其他有色金属业产品主要包括电解锌、粗铜、电解铅和铝箔等，2017 年河南省其他有色金属业电解锌、粗铜、电解铅和铝箔等产品总产量约为 318.0 万吨，PM_{10}、$PM_{2.5}$、VOCs

排放总量分别为47144.4t、45557.0t和57762.0t。电解锌、粗铜、电解铅主要排放的污染物为PM_{10}、$PM_{2.5}$，企业主要分布在济源、洛阳、新乡等地，其中济源产品产量最高，为144.1万吨，占电解锌、粗铜、电解铅总产量的70.0%，PM_{10}和$PM_{2.5}$排放量分别为33287.8t和32167.0t。铝箔为VOCs排放的主要贡献行业，企业主要分布在郑州和洛阳，产品产量分别为73.7万吨和51.1万吨，VOCs排放量分别为40169.3t和16980.3t，合计占总VOCs排放量的98.9%。各城市企业数量、产品产量及重点污染物排放量见表3-27。

表3-27 河南省其他有色金属业重点污染物排放清单

城市	企业数量/家	产品产量/10^4t	PM_{10}/t	$PM_{2.5}$/t	VOCs/t
郑州	31	73.7	0.0	0.0	40169.3
开封	10	4.7	1079.6	1043.2	0.0
洛阳	4	51.1	3814.6	3686.1	16980.3
安阳	2	0.6	98.4	95.1	26.9
新乡	2	18.6	3563.2	3443.2	1.4
焦作	3	0.4	0.0	0.0	237.6
三门峡	5	17.1	3938.1	3805.5	0.0
商丘	2	0.6	0.0	0.0	346.5
周口	3	7.1	1362.8	1317.0	0.0
济源	10	144.1	33287.8	32167.0	0.0
合计	72	318.0	47144.4	45557.0	57762.0

3.3.7 黑色金属业

黑色金属业产品主要包括生铁、铸铁、炼钢和烧结矿等，2017年河南省黑色金属业生铁、铸铁、炼钢和烧结矿等产品总产量约为8743.1万吨，SO_2、NO_x、PM_{10}、$PM_{2.5}$排放总量分别为8086.4t、16595.1t、61435.0t和38212.1t，排放量高值区主要集中在安阳和信阳，二者SO_2、NO_x、PM_{10}、$PM_{2.5}$合计排放量占比分别为83.1%、83.1%、69.0%和68.9%，各城市企业数量、产品产量及重点污染物排放量见表3-28。

表3-28 河南省黑色金属业重点污染物排放清单

城市	企业数量/家	产品产量/10^4t	SO_2/t	NO_x/t	PM_{10}/t	$PM_{2.5}$/t
郑州	27	34.0	27.0	55.3	263.6	164.2
洛阳	19	12.9	0.0	0.0	71.1	51.7
平顶山	10	738.1	756.7	1552.9	4790.8	2988.8
安阳	77	5248.6	4945.9	10150.2	35961.3	22466.3
新乡	5	14.7	0.0	0.0	535.6	327.2
南阳	7	403.6	0.0	0.0	3679.0	2392.0
商丘	6	329.3	583.5	1197.5	2078.6	1098.4
信阳	12	1173.6	1773.3	3639.2	6453.9	3866.2
驻马店	6	15.7	0.0	0.0	443.5	217.0
济源	19	772.6	0.0	0.0	7157.6	4640.2
合计	188	8743.1	8086.4	16595.1	61435.0	38212.1

3.4 河南省重点 VOCs 贡献行业排放特征分析

3.4.1 橡胶塑料

橡胶塑料行业产品主要包括橡胶制品和塑料制品，2017 年河南省橡胶塑料行业橡胶制品和塑料制品总产量约为 721.0 万吨，企业数量为 454 家，VOCs 排放总量为 72103.5t，其中排放量较高的城市有焦作、周口和洛阳，污染物排放合计占比为 48.4%，各城市企业数量、产品产量及 VOCs 排放量见表 3-29。

表 3-29 河南省橡胶塑料行业 VOCs 排放清单

城市	企业数量/家	产品产量/10^4t	VOCs/t	占比/%
郑州	97	45.4	4543.8	6.3
开封	45	16.9	1688.3	2.3
洛阳	23	71.2	7120.2	9.9
平顶山	9	1.2	123.9	0.2
安阳	15	15.8	1580.0	2.2
鹤壁	15	43.3	4330.4	6.0
新乡	54	71.6	7163.9	9.9
焦作	65	151.4	15145.0	21.0
濮阳	17	34.2	3417.2	4.7
许昌	26	29.3	2932.3	4.1
漯河	22	33.0	3298.8	4.6
三门峡	5	15.7	1568.2	2.2
南阳	7	21.2	2115.1	2.9
商丘	15	5.2	517.1	0.7
信阳	5	8.6	857.1	1.2
周口	16	126.5	12653.9	17.5
驻马店	12	28.1	2805.9	3.9
济源	6	2.4	242.4	0.3
合计	454	721.0	72103.5	100.0

3.4.2 炼焦

2017 年河南省炼焦行业的焦炭总产量约为 2290.8 万吨，企业数量为 47 家，VOCs 排放总量为 67806.5t，其中排放量较高的城市有安阳和平顶山，污染物排放合计占比为 73.1%。各城市企业数量、产品产量及 VOCs 排放量见表 3-30。

表 3-30 河南省炼焦行业 VOCs 排放清单

城市	企业数量/家	产品产量/10^4t	VOCs/t	占比/%
洛阳	3	51.6	1527.4	2.3
平顶山	11	596.8	17665.3	26.1
安阳	24	1076.0	31850.5	47.0
许昌	4	260.4	7708.9	11.4

续表

城市	企业数量/家	产品产量/10⁴t	VOCs/t	占比/%
信阳	2	46.5	1375.0	2.0
济源	3	259.4	7679.6	11.3
合计	47	2290.8	67806.5	100.0

3.4.3 化学原料制造

化学原料制造业产品主要包括合成氨、涂料和颜料等,2017年河南省化学原料制造业合成氨、涂料和颜料等产品总产量约为11724.9万吨,VOCs排放总量为48732.1t,排放量较高的城市为新乡和开封,分别排放10147.2t和9280.9t的VOCs,二者VOCs排放量合计占比为39.9%,是河南省化学原料制造业的主要贡献城市。全省涉及化学原料制造的企业共430家,集中分布在河南省中部及北部地区。各城市企业数量、产品产量及VOCs排放量见表3-31。

表3-31 河南省化学原料制造业VOCs排放清单

城市	企业数量/家	产品产量/10⁴t	VOCs/t	占比/%
郑州	63	19.2	2886.6	5.9
开封	26	8.0	9280.9	19.0
洛阳	25	375.9	1190.0	2.4
平顶山	6	1041.5	1091.1	2.2
安阳	38	1528.9	2372.2	4.9
鹤壁	9	241.5	253.0	0.5
新乡	67	5.2	10147.2	20.8
焦作	28	1603.2	4644.4	9.5
濮阳	10	1242.4	2605.0	5.3
许昌	29	65.5	68.6	0.1
漯河	13	947.1	992.2	2.0
三门峡	3	2044.7	2386.3	4.9
南阳	17	1021.9	1070.5	2.2
商丘	34	6.1	947.0	1.9
信阳	21	5.5	5.8	0.0
周口	22	26.3	855.7	1.8
驻马店	16	1517.6	7910.3	16.2
济源	3	24.2	25.4	0.1
合计	430	11724.9	48732.1	100.0

3.4.4 食品制造

河南省食品制造企业数量共计1090家,其中肉制品制造企业628家,油类制造企业462家。2017年河南省肉制品和油类产品总产量约为651.7万吨,其中肉制品产量约为165.1万吨,油类产品产量约为486.6万吨。2017年河南省食品制造业VOCs排放总量为25731.4t,占全省工艺过程源排放量的6%。从城市贡献率来看,南阳、信阳、驻马店、周口和商丘是排放量最大的五个城市,分别排放了4517.8t、4153.8t、3419.2t、2927.2t和2252.4t VOCs,合计占全省排放量的 67.2%。各城市企业数量、产品产量及 VOCs 排放量见表 3-32。

表 3-32 河南省食品制造业 VOCs 排放清单

城市	企业数量/家	产品产量/10⁴t	VOCs/t	占比/%
郑州	61	24.3	479.9	1.9
开封	43	25.4	1092.8	4.2
洛阳	46	17.3	859.2	3.3
平顶山	43	16.6	904.7	3.5
安阳	70	13.2	726.1	2.8
鹤壁	38	20.7	196.4	0.8
新乡	63	18.0	968.8	3.8
焦作	37	11.0	367.0	1.4
濮阳	56	22.6	665.2	2.6
许昌	67	27.5	972.2	3.8
漯河	35	93.0	689.6	2.7
三门峡	12	13.7	493.7	1.9
南阳	82	81.5	4517.8	17.6
商丘	90	59.3	2252.4	8.8
信阳	122	49.7	4153.8	16.1
周口	123	92.1	2927.2	11.4
驻马店	95	62.9	3419.2	13.3
济源	7	3.1	45.5	0.2
合计	1090	651.7	25731.4	100.0

3.4.5 包装印刷

河南省印刷企业共 1402 家，2017 年河南省印刷行业含 VOCs 的原辅料用量共计 41643.3t，用量较大的城市有郑州、新乡、南阳和漯河。2017 年河南省印刷行业 VOCs 排放总量为 13325.8t，占全省工业溶剂源排放量的 29.1%。从城市贡献率来看，郑州、新乡和南阳是排放量最大的三个城市，分别排放了 4646.2t、1489.3t 和 1153.5t VOCs，合计占全省排放量的 54.8%。各城市企业数量、原辅料用量及 VOCs 排放量见表 3-33。

表 3-33 2017 年河南省印刷行业 VOCs 排放清单

城市	企业数量/家	原辅料用量/t	VOCs/t	占比/%
郑州	261	14519.3	4646.2	34.9
开封	36	23.0	7.4	0.1
洛阳	135	900.1	288.0	2.2
平顶山	33	471.6	150.9	1.1
安阳	63	403.6	129.2	1.0
鹤壁	13	239.6	76.6	0.6
新乡	217	4654.1	1489.3	11.2
焦作	97	2933.9	938.9	7.0
濮阳	46	1850.8	592.3	4.4
许昌	117	3513.0	1124.2	8.4

续表

城市	企业数量/家	原辅料用量/t	VOCs/t	占比/%
漯河	69	3582.6	1146.4	8.6
南阳	81	3604.8	1153.5	8.7
商丘	54	1291.1	413.2	3.1
周口	131	1608.2	514.6	3.9
驻马店	49	2047.6	655.2	4.9
合计	1402	41643.3	13325.8	100.0

3.4.6 汽车制造

河南省汽车制造企业共计15家，2017年河南省汽车制造业VOCs排放总量为7913.9t，占全省工业溶剂源排放量的17%。从城市贡献率来看，郑州、洛阳、三门峡和周口是排放量最大的四个城市，分别排放了2839.4t、2249.0t、1007.7t和840.9t VOCs，合计占全省排放量的87.6%。各城市企业数量、汽车产量及VOCs排放量见表3-34。

表3-34 河南省汽车制造业VOCs排放清单

城市	企业数量/家	汽车产量/辆	VOCs/t	占比/%
郑州	2	185374	2839.4	35.9
开封	1	138762	337.2	4.3
洛阳	2	667523	2249.0	28.4
新乡	4	93986	334.6	4.2
濮阳	1	9270	22.5	0.3
三门峡	1	47535	1007.7	12.7
商丘	3	13324	282.5	3.6
周口	1	42046	840.9	10.6
合计	15	1197820	7913.9	100.0

3.5 大气污染物排放时空特征分析

河南省各大气污染物3km×3km网格空间分布如图3-30所示（书后另见彩图，各分图仅表示各污染物网格空间分布，不体现行政区划）。

① 对于SO_2，其排放主要来自固定燃烧源和工艺过程源，这两者占总排放量的95.6%，主要分布在河南省中部以及西北部地区。而河南省中部以及西北部背靠太行山脉，煤炭和矿产资源丰富，该区域城市如郑州、洛阳、平顶山等工业较为发达，靠第二产业推动经济发展。

② 对于NO_x，主要来自固定燃烧源（48.0%）、道路移动源（31.2%）、工艺过程源（10.1%）和非道路移动源（7.7%）。受点源污染的影响较大，城市之间的分布差异较明显，排放高值集中在人口密度大的城市中心和企业密度大的地方，同时受道路移动源影响，呈现出沿道路线状分布的特征。

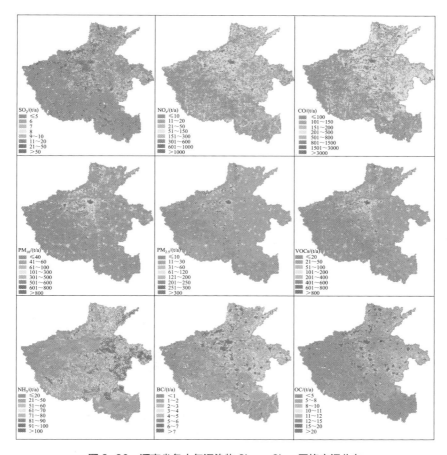

图 3-30　河南省各大气污染物 3km×3km 网格空间分布

③ 从 PM_{10} 和 $PM_{2.5}$ 的空间分布看出，两种污染物的分布特征相似，主要集中在河南省中部和北部地区，中部地区以郑州市为中心，周边焦作、新乡、许昌等城市也有较高的排放量，北部地区以安阳、鹤壁等城市为主。由于 PM_{10} 和 $PM_{2.5}$ 排放主要来自扬尘源和工业源，其次是生物质燃烧源，结合空间分配参数（道路长度、工业分布、人口密度等）的选取，在空间分布上主要集中在京广线、陇海线以及城市中心区域。

④ 对于 VOCs，排放主要来自工艺过程源、溶剂使用源和道路移动源，三者贡献了 VOCs 总量的 72%。从空间分布可以看出，VOCs 主要集中在京广线和陇海线这两条铁路线附近以及各市的市中心位置上。工艺过程源与溶剂使用源中，工业溶剂使用源主要来源于企业排放，由于京广线和陇海线附近交通便捷，多数工业企业均分布在这两条铁路线附近。道路移动源以及溶剂使用源中的民用溶剂使用源和建筑溶剂使用源则分布在人口以及车流量都较为密集的市中心区域，因而 VOCs 在空间分布上主要集中在两条铁路线和城市的市中心区域。

⑤ 对于 NH_3 排放，排放强度大的地方主要集中在河南省东部和北部，这与其主要来自农业源的畜禽养殖和氮肥施用有关。一方面，商丘、周口和驻马店都是农业大市，耕地面积大，施肥量巨大，造成农业氨排放量较大；另一方面由于豫北和豫东农田区域多以中性偏碱性土壤为主，碱性条件下利于氨气挥发，导致豫北和豫东农田土壤氨排放因子更高。豫南的南阳、信阳等市氨排放量大，但分布相对平均，这与其地域较为广阔有关。北部人口居住相

对集中，经济条件好，工业排放量大。而西部地区多为山地，地域广阔氨排放量小。鹤壁和漯河经济基础相对较好，氨排放量处于中等水平，但辖区面积小，仅占全省总面积的1.3%和1.6%，所以其排放强度较大。

⑥BC的高排放强度区主要分布在河南省典型工业城市安阳、焦作、济源、郑州、平顶山等，同时京广铁路和连云港—霍尔果斯高速公路附近也有较高的BC排放量。相比而言，OC的空间分布较为分散，除了上述工业化地区外，河南省东南部的农业城市也是OC排放的高值区，因为这些农业城市有大量的耕地，而且生物质燃烧是OC排放的主要贡献者。

综上，河南省中部及北部地区SO_2、NO_x、PM_{10}排放量相对较高，VOCs排放集中在京广线和陇海线跨越城市及北部工业城市，NH_3则集中在中东部地区，整体上西南及东南地区排放量相对较低。污染物的空间分布与河南省的产业布局分布相关，其主要被京广线分割，呈现"西重东轻、西高东低"的情况。豫西及豫北地区工业结构明显重型化，以装备制造、有色金属冶炼及压延、冶金建材、石油化工等产业为主；豫东、豫东南地区则以农副产品原料加工、食品、制鞋、纺织服装等劳动密集型产业为主，呈现出轻型工业结构特征。河南省东部地区的工业化程度明显低于河南省其他地区。

根据污染物排放量或采用与排放源有相同时间变化特征的数据作为分配系数，将年排放量逐步分解。针对电厂和工业源，本书将采用各市统计信息网获取相应年份电厂的逐月发电量和各行业的工业产品逐月产量等数据，折合成百分比，作为月排放分配系数。民用燃烧源的排放主要与生活煮饭有关，则可根据天然气月使用量变化系数进行分配。对于道路移动源，则利用不同道路类型的车流量进行道路移动源排放量的时间分配。对于非道路移动源，飞机场根据飞机起降流量分配，铁路机车根据铁路流量权重分配，农业机械和农用运输车按农忙时间进行分配。扬尘源根据降雨、车流量变化和建筑面积变化进行分配。溶剂使用源根据各类型溶剂使用量的时间变化进行分配。生物质燃烧源根据各个月份卫星遥感监测火点数量变化进行分配。

时间分配结果如图3-31所示（书后另见彩图），SO_2、NO_x、CO、PM_{10}、$PM_{2.5}$和VOCs的排放主要集中在10月到次年1月，这些污染物主要来自工业，这几个月正是河南省的采暖期。另一个原因可能是这个季节的低温、低风速和逆温阻止了污染物的迁移和扩散。相比之下，NH_3主要来源于农业，排放主要集中在4～10月，主要与该段时间温度较高从而促进了NH_3排放相关。同时，不同的污染源也具有不同的时间分布特征。电厂的排放量在7～9月和12月至次年2月较高，主要是由于该时期制冷空调或取暖设备的使用，从而增加了电力生产。在12月至次年2月，由于环境温度较低，工厂企业设备运行和生产需要大量燃料，因此工业燃烧和工艺过程源在该段时间污染物排放量明显高于其他月份。而春节往往在2月，因此所有工业部门的排放量在2月处于最低谷。12月至次年3月，居民燃烧和餐饮业产生的污染物排放量较高，这是由于冬季气温较低，居民倾向于吃热食，增加了燃料的消耗。道路移动源在7～10月的排放量相对较高，主要归因于暑假期间旅游活动的增加。农业机械和农业运输车的污染物排放集中在3月、6月和10月，主要由于该段时间分别是河南省小麦、玉米等农作物种植、施肥和收获时期，农业设备的使用相对较高。河南省的降水主要集中在6～8月，因此该时段道路扬尘污染物的排放量减少。由于工人为了在春节前赶工完成建筑任务，建筑行业污染物的排放则主要集中在11月。从小时变化来看，大部分排放源从早上6时开始，整体呈现出白天排放高，晚上排放较低或几乎无排放的特征。

第3章 河南省精细化大气污染物排放清单 149

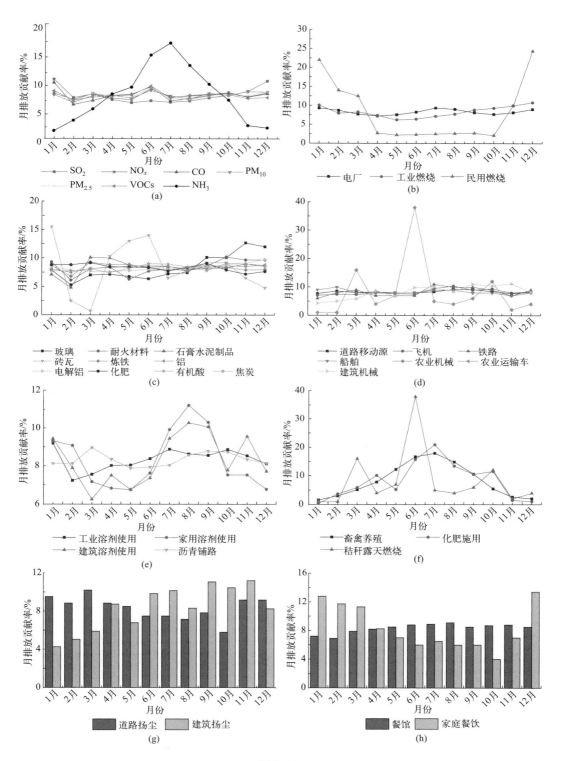

图 3-31

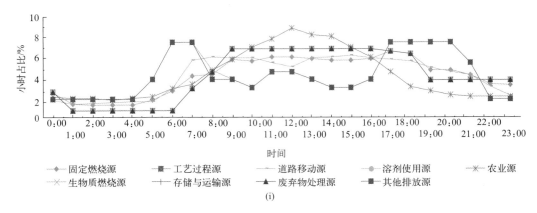

图 3-31 河南省 2017 年各污染源及污染物时间分布

综上,河南省 SO_2、NO_x、CO、PM_{10}、$PM_{2.5}$ 和 VOCs 的排放主要集中在 10 月至次年 1 月,NH_3 主要来源于农业,其排放主要集中在 4～10 月。不同排放源有其相关的分布特征:与工业相关的污染源,污染物排放在 7～9 月和 12 月至次年 2 月呈现出峰值的情况,与燃料的消耗时间变化密切相关;与农业相关的污染源,污染物排放在 4～10 月呈现出峰值的情况,有明显的季节和农时效应;与移动相关的污染源,污染物排放在 7～10 月呈现出峰值的情况,主要受人类出行活动影响;与生活相关的污染源,污染物排放在 12 月至次年 3 月呈现出峰值的情况,气候是影响其污染物排放的关键因素。

3.6 河南省 2016～2020 年大气污染物排放变化趋势分析

河南省 2016～2020 年各污染物排放量变化趋势如图 3-32 所示(书后另见彩图)。2016～2020 年各污染物排放量整体上基本呈现逐年下降的趋势,SO_2、NO_x、CO、PM_{10}、$PM_{2.5}$、VOCs、NH_3、BC 和 OC 分别下降了 506.8kt、411.7kt、3022.1kt、318.6kt、251.6kt、324.0kt、214.1kt、54.1kt 和 54.7kt。近年来河南省采取"电代煤""气代煤"(简称"双替代")等清洁能源替代工作,市、县两级政府分别对集中供热已覆盖或已完成"双替代"取暖的区域划定"禁煤区",实现除电煤、集中供热和原料用煤外的燃煤(含洁净型煤)"清零",有效地降低了河南省 SO_2 和 NO_x 的排放量。2020 年 SO_2 与 NO_x 的排放量对比 2016 年表现出大幅度下降,这主要归功于自 2017 年对电厂实行了超低排放政策,通过安装更先进的末端处理设施提高了电厂的脱硫脱硝率,同时对发电设施进行升级,同等燃耗量的情况下可以产生更多的电量。CO 降幅较大得益于民用燃烧源的改变,清洁燃料的使用降低了 CO 的产生,道路移动源 CO 下降明显,排放量下降了 271.9kt,这是由于河南省严格管控高排放重型柴油车、秋冬季实行限号等政策的实施。PM_{10}、$PM_{2.5}$、BC 和 OC 的下降是由于近年来河南省实施严格的"管控令",各地工业企业采取清洁能源替代、提高除尘效率、冬季错峰生产等有力措施,使得颗粒物、黑碳及有机碳排放量大大降低。从总体上看,各污染物排放量基本上呈现出下降趋势。

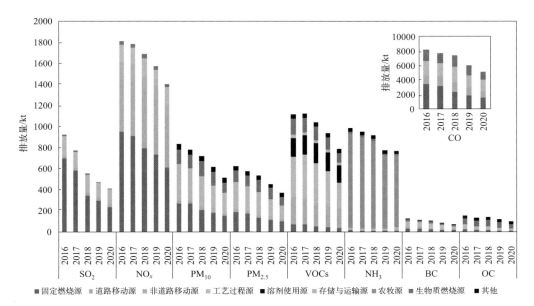

图 3-32　河南省 2016～2020 年各污染物排放量变化趋势

从各排放源贡献来看，河南省 2016～2020 年固定燃烧源 SO_2、NO_x 和 CO 排放量下降最大，分别为 464.8kt、342.6kt 和 1905.8kt。受河南省"双替代"等清洁能源替代工作影响，市、县两级政府分别对集中供热已覆盖或已完成"双替代"取暖的区域划定"禁煤区"，除电煤、集中供热和原料用煤外的燃煤（含洁净型煤）已"清零"，河南省 SO_2 和 NO_x 排放量明显降低；道路移动源 SO_2 和 NO_x 略有上升，是由于河南省机动车保有量逐年上升，5 年约增加了 243.7 万辆，在保有量持续增加的背景下，污染物排放量会有所上升；其余各源无明显变化趋势。从河南省 2016～2020 年 PM_{10}、$PM_{2.5}$、BC 和 OC 排放源贡献变化趋势来看，贡献较高的固定燃烧源、道路移动源、工艺过程源的排放量均有所下降。就工艺过程源而言，PM_{10}、$PM_{2.5}$、BC 和 OC 分别下降了 154.0kt、124.1kt、27.3kt 和 21.4kt，主要是由于各地工业企业采取了清洁能源替代、提高除尘效率、冬季错峰生产等有力措施，使得颗粒物、黑碳及有机碳排放量大大降低。从河南省 2016～2020 年各排放源 VOCs 变化趋势来看，固定燃烧源、道路移动源、工艺过程源和存储与运输源的排放量下降趋势明显，分别下降了 31.0kt、69.5kt、151.8kt 和 4.2kt，河南省自 2018 年以来将高排放重型柴油车管控作为重中之重，制定并实施了新一轮的大气污染防治行动计划，同时提高了工业企业 VOCs 去除效率，一系列具有针对性方案的实施，对 VOCs 减排工作意义重大。河南省 2016～2020 年 NH_3 下降趋势明显，农牧源下降最为明显，2020 年较 2016 年下降了 207.3kt，最主要的原因是 2016～2019 年间大型家畜养殖数量连年下降，为 NH_3 的减排提供了空间；固定燃烧源和工艺过程源也有不同程度的下降。

3.7　结论与建议

① 综合采用物料衡算法和排放因子法，基于统计年鉴、环境统计部门、统计公报等官方

数据，结合当年的气象条件对部分排放源（机动车、扬尘等）的排放因子进行本地化修正，以"自下而上"和"自上而下"相辅的形式，建立河南省 2016～2019 年人为源大气污染物排放清单。以 2017 年清单结果为例，河南省 SO_2、NO_x、CO、PM_{10}、$PM_{2.5}$、VOCs、NH_3、BC 和 OC 的总排放量分别为 770.0kt、1779.5kt、7724.8kt、1404.4kt、713.9kt、1121.5kt、946.9kt、103.1kt 和 140.9kt。

② 从污染源来看，燃煤、工业、交通、农业是主要的四大类来源，占比达到 80% 左右。河南省 SO_2 排放主要来自固定燃烧源（75.5%）；NO_x 排放主要来自固定燃烧源（51.0%）和道路移动源（31.6%）；CO 排放主要来自固定燃烧源（40.9%）、工艺过程源（23.8%）和生物质燃烧源（18.0%）；PM_{10} 排放主要来自扬尘源（44.7%）、工艺过程源（22.0%）和固定燃烧源（18.8%）；$PM_{2.5}$ 排放主要来自工艺过程源（32.1%）、固定燃烧源（24.4%）和扬尘源（19.9%）；VOCs 排放主要来自工艺过程源（38.1%）、道路移动源（19.5%）和有机溶剂使用源（16.0%）；NH_3 排放主要来自农牧源，贡献量为 91.5%。综上，与燃煤、工业、交通、农业相关的这四大类来源是河南省大气污染物的主要贡献源。

③ 从城市贡献来看，郑州、洛阳、平顶山、安阳和南阳为各污染物的主要贡献城市。SO_2 排放贡献最高的城市是平顶山（19.8%）和安阳（19.2%）；NO_x 排放主要来源于平顶山（13.2%）、郑州（11.9%）和安阳（11.8%）；PM_{10} 排放主要来自郑州（13.5%）、安阳（10.4%）和平顶山（9.5%）；$PM_{2.5}$ 排放主要来自安阳（12.0%）、平顶山（10.9%）和郑州（9.7%）；VOCs 排放主要来自郑州（15.1%）、安阳（8.9%）和洛阳（8.2%）；NH_3 排放则主要来自南阳（14.6%）、驻马店（11.5%）和周口（10.7%）。

④ 从空间分布来看，河南省中部及北部地区 SO_2、NO_x、PM_{10} 排放量相对较高，VOCs 排放集中在京广线和陇海线跨越城市及北部城市，NH_3 则集中在中东部地区。整体上，西南部及东南部地区排放量相对较低。污染物的空间分布与河南省的产业布局分布相关，其主要被京广线分割，呈现"西重东轻、西高东低"的情况，豫西及豫北地区工业结构明显重型化，以装备制造、有色金属冶炼及压延、冶金建材、石油化工等产业为主；豫东、豫东南地区则以农副产品原料加工、食品、制鞋、纺织服装等劳动密集型产业为主，呈现出轻型工业结构特征；河南省东部地区的工业化程度明显低于其他地区。

⑤ 河南省 SO_2、NO_x、CO、PM_{10}、$PM_{2.5}$ 和 VOCs 的排放主要集中在 10 月至次年 1 月，NH_3 主要来源于农业，其排放主要集中在 4～10 月；从小时变化来看，则主要集中在白天的工作时间。不同排放源有其相关的分布特征，与工业相关的污染源，污染物排放在 7～9 月和 12 月至次年 2 月呈现出峰值的情况，与燃料的消耗时间变化密切相关；与农业相关的污染源，污染物排放在 4～10 月呈现出峰值的情况，有明显的季节和农时效应；与移动相关的污染源，污染物排放在 7～10 月呈现出峰值的情况，主要受人类出行活动影响；与生活相关的污染源，污染物排放在 12 月至次年 3 月呈现出峰值的情况，气候是影响其污染物排放的关键因素。

⑥ 河南省 2016～2020 年 SO_2、NO_x、CO、PM_{10}、$PM_{2.5}$、VOCs、NH_3、BC 和 OC 在整体上基本呈现逐年下降的趋势，分别下降了 506.8kt、411.7kt、3022.1kt、318.6kt、251.6kt、324.0kt、214.1kt、54.1kt 和 54.7kt。近年来河南省采取"双替代"等清洁能源替代工作，市、县两级政府分别对集中供热已覆盖或已完成"双替代"取暖的区域划定"禁煤区"，实现除电煤、集中供热和原料用煤外的燃煤（含洁净型煤）"清零"，有效地降低了河南省 SO_2 和 NO_x 的排放量；由于河南省严格管控高排放重型柴油车、秋冬季实行限号等政策，导致道路

移动源 CO 下降明显，其排放量下降了 271.9kt；由于近年来河南省实施严格的"管控令"，各地工业企业采取清洁能源替代、提高除尘效率、冬季错峰生产等有力措施，从而使 PM_{10}、$PM_{2.5}$、BC 和 OC 排放量大大降低。

参考文献

[1] Alyuz U, Alp K. Emission inventory of primary air pollutants in 2010 from industrial processes in Turkey [J]. Science of the Total Environment, 2014, 488-489: 369-381.

[2] Bai L, Lu X, Yin S, et al. A recent emission inventory of multiple air pollutant, $PM_{2.5}$ chemical species and its spatial-temporal characteristics in central China [J]. Journal of Cleaner Production, 2020, 269: 122114.

[3] EEA. EMEP/EEA air pollutant emission inventory guidebook 2019 [EB/OL]. 2019. https://www.eea.europa.eu//publications/emep-eea-guidebook-2019.

[4] Li B, Li X, Guo L, et al. A comprehensive review on anthropogenic volatile organic compounds (VOCs) emission estimates in China: Comparison and outlook [J]. Environment International, 2021, 156: 106710.

[5] Lu X, Gao D, Liu Y, et al. A recent high-resolution $PM_{2.5}$ and VOCs speciated emission inventory from anthropogenic sources: A case study of central China [J]. Journal of Cleaner Production, 2023, 386: 135795.

[6] Lu X, Zhang D, Wang L, et al. Establishment and verification of anthropogenic speciated VOCs emission inventory of Central China [J]. Journal of Environmental Sciences, 2025, 149: 406-418.

[7] Sha Q, Zhu M, Huang H. et al. A newly integrated dataset of volatile organic compounds (VOCs) source profiles and implications for the future development of VOCs profiles in China [J]. Science of the Total Environment, 2021, 793: 148348.

[8] Shen X, Wang P, Zhang X, et al. Real-time measurements of black carbon and other pollutant emissions from residential biofuel stoves in rural China [J]. Science of the Total Environment, 2020, 727: 138649.

[9] Shi Y, Zang S, Tsuneo M, et al. A multi-year and high-resolution inventory of biomass burning emissions in tropical continents from 2001—2017 based on satellite observations [J]. Journal of Cleaner Production, 2020, 270: 122511.

[10] Wang C, Yin S, Bai L, et al. High-resolution ammonia emission inventories with comprehensive analysis and evaluation in Henan, China, 2006—2016 [J]. Atmospheric Environment, 2018, 193: 11-23.

[11] Wang Q, Li S, Dong M, et al. VOCs emission characteristics and priority control analysis based on VOCs emission inventories and ozone formation potentials in Zhoushan [J]. Atmospheric Environment, 2018, 182: 234-241.

[12] Wu J, Kong S, Yan Y, et al. Neglected biomass burning emissions of air pollutants in China-views from the corncob burning test, emission estimation, and simulations [J]. Atmospheric Environment, 2022, 278: 119082.

[13] Yin S, Zheng J, Lu Q, et al. A refined 2010-based VOC emission inventory and its improvement on modeling regional ozone in the Pearl River Delta Region, China [J]. Science of the Total Environment, 2015, 514: 426-438.

[14] Zeng X, Kong S, Zhang Q, et al. Source profiles and emission factors of organic and inorganic species in fine particles emitted from the ultra-low emission power plant and typical industries [J]. Science of the Total Environment, 2021, 789: 147966.

[15] Zhang B, Yin S, Lu X, et al. Development of city-scale air pollutants and greenhouse gases

[16] Zhang H, Chen C, Yan W, et al. Characteristics and sources of non-methane VOCs and their roles in SOA formation during autumn in a central Chinese city[J]. Science of the Total Environment, 2021, 782: 146802.

[17] Zhang H, Yin S, Bai L, et al. Establishment and evaluation of anthropogenic black and organic carbon emissions over Central Plain, China[J]. Atmospheric Environment, 2020, 226, 117406.

[18] Zhang X, Yin S, Lu X, et al. Establish of air pollutants and greenhouse gases emission inventory and co-benefits of their reduction of transportation sector in Central China[J]. Journal of Environmental Sciences, 2025, 150: 604-621.

[19] Zheng H, Wang X, Sheng X, et al. Chemical characterization of volatile organic compounds (VOCs) emitted from multiple cooking cuisines and purification efficiency assessments[J]. Journal of Environmental Sciences, 2023, 130: 163-173.

[20] Zhu B, Zhong X, Cai W, et al. Characterization of VOC source profiles, chemical reactivity, and cancer risk associated with petrochemical industry processes in Southeast China[J]. Atmospheric Environment: X, 2024, 21: 100236.

[21] 中华人民共和国生态环境部. 大气挥发性有机物源排放清单编制技术指南（试行）[EB/OL]. 2014. http://www.mee.gov.cn/gkml/hbb/bgg/201408/W020140828351293705457.pdf.

[22] 中华人民共和国生态环境部. 大气氨源排放清单编制技术指南（试行）[EB/OL]. 2014. http://www.mee.gov.cn/gkml/hbb/bgg/201408/W020140828351293771578.pdf.

[23] 中华人民共和国生态环境部. 大气可吸入颗粒物一次源排放清单编制技术指南（试行）[EB/OL]. 2015. http://www.mee.gov.cn/gkml/hbb/bgg/201501/W020150107594587771088.pdf.

[24] 中华人民共和国生态环境部. 扬尘源颗粒物排放清单编制技术指南（试行）[EB/OL]. 2015. http://www.mee.gov.cn/gkml/hbb/bgg/201501/W020150107594588131490.pdf.

[25] 中华人民共和国生态环境部. 道路机动车大气污染物排放清单编制技术指南（试行）[EB/OL]. 2015. http://www.mee.gov.cn/gkml/hbb/bgg/201501/W020150107594587831090.pdf.

[26] 中华人民共和国生态环境部. 非道路移动源大气污染物排放清单编制技术指南（试行）[EB/OL]. 2015. http://www.mee.gov.cn/gkml/hbb/bgg/201501/W020150107594587960717.pdf.

[27] 中华人民共和国生态环境部. 生物质燃烧源大气污染物排放清单编制技术指南（试行）[EB/OL]. 2015. http://www.mee.gov.cn/gkml/hbb/bgg/201501/W020150107594588071383.pdf.

[28] 田贺忠, 郝吉明, 陆永琪, 等. 中国氮氧化物排放清单及分布特征[J]. 中国环境科学, 2001, 21(6): 493-497.

[29] 王丽涛, 张强, 郝吉明, 等. 中国大陆 CO 人为源排放清单[J]. 环境科学学报, 2005, 25(12): 1580-1585.

[30] 尹沙沙, 郑君瑜, 张礼俊, 等. 珠江三角洲人为氨源排放清单及特征[J]. 环境科学, 2010, 31(05): 1146-1151.

[31] 余宇帆, 卢清, 郑君瑜, 等. 珠江三角洲地区重点 VOC 排放行业的排放清单[J]. 中国环境科学, 2011, 31(2): 195-201.

第 4 章

核心城市大气颗粒物化学组分特征及来源解析

4.1 典型城市环境受体颗粒物受体点位与样品采集

4.2 颗粒物化学组分分析

4.3 $PM_{2.5}$污染状况及组分构成特征

4.4 颗粒物源解析

4.5 健康风险评估

4.6 郑州市颗粒物化学组分与源解析长期变化趋势

4.7 结论与建议

本章系统介绍了核心城市大气颗粒物化学组分特征、来源与变化。通过对不同典型区域颗粒物化学组分的分析，获得大气环境受体数据，结合受体模型对颗粒物来源进行深入解析；通过建立溯源体系、精准解析污染来源及贡献，进而为制定科学的管控措施提供支撑，有效避免污染管控"一刀切"的做法，节约资源、降低成本，提高科学精准治霾能力。此外，大气环境颗粒物污染溯源工作对于$PM_{2.5}$重污染的减缓及削峰、改善空气质量、保护公众健康具有直接且重要的意义。

4.1 典型城市环境受体颗粒物受体点位与样品采集

本研究分别在秋（2014年9~11月）、冬（2014年12月至2015年2月）、春（2015年3~5月）和夏（2015年6~8月）每个季节选取典型月份，对郑州市高新区、洛阳市西工区和平顶山市湛河区大气环境$PM_{2.5}$进行样品采集。每个月至少连续有效采样15d，每天采样时间从早9时至次日早8时，采样时长为23h。具体采样日期如表4-1所列。

表4-1 四个季度采样日期表

季节	郑州市	洛阳市	平顶山市
秋季	2014-10-06 ~ 2014-10-24	2014-10-29 ~ 2014-11-12	2014-10-31 ~ 2014-11-14
冬季	2014-12-30 ~ 2015-01-15	2015-01-22 ~ 2015-02-07	2015-01-21 ~ 2015-02-05
春季	2015-04-02 ~ 2015-04-17	2015-04-21 ~ 2015-05-06	2015-04-22 ~ 2015-05-08
夏季	2015-07-02 ~ 2015-07-19	2015-07-21 ~ 2015-08-06	2015-07-22 ~ 2015-08-07

4.2 颗粒物化学组分分析

4.2.1 样品采集与分析

4.2.1.1 样品采集

研究使用大流量采样仪和小流量采样仪分别于$1.13m^3/min$和$16.67L/min$流速下采集石英$PM_{2.5}$样品（美国PALL 2500 QAT-UP 8×10）和特氟龙$PM_{2.5}$样品（美国PALL Teflon 47mm）。

使用小流量采样仪采集样品计算$PM_{2.5}$浓度，公式如下：

$$c = \frac{M_1 - M_2}{V} \times 10^3 \tag{4-1}$$

式中 c——大气中$PM_{2.5}$的质量浓度，$\mu g/m^3$；

M_2——采样后膜的重量，mg；

M_1——采样前膜的重量，mg；

V——已换算成标准状态下的采样体积，m^3。

4.2.1.2 样品组分分析

（1）水溶性无机离子和无机元素分析

见 2.1.2.3 部分。

（2）碳分析

使用美国 Sunset Laboratory Inc. 的半连续 OC/EC 碳气溶胶分析仪基于程序升温法进行有机碳（OC）和元素碳（EC）的测定。数据测定主要由非扩散红外（NDIR）探测系统完成，在测量的过程中使用甲烷气体作为内标对 NDIR 的响应信号进行标定。仪器对 OC 的最佳检测范围为 5～400μg C，EC 的最佳检测范围为 1～15μg C。对 OC 和 EC 的最低检测限均为 0.2μg C。

（3）有机组分分析

使用加速溶剂萃取仪（ASE350，北京宝德）和全自动氮吹仪（QZDJT-12S，杭州聚同）对 $PM_{2.5}$ 膜样品中的有机组分（多环芳烃和正构烷烃）进行样品前处理，之后使用安捷伦公司生产的气相色谱-质谱联用仪（7890GC-7000MS）进行分析。所有的目标化合物通过特征离子提取质谱图，结合 NIST（美国国家标准与技术研究院）标准有机物质谱图库检索对化合物完成定性分析，使用内标法计算得到目标化合物的质量浓度。

4.2.2 $PM_{2.5}$ 质量浓度对比

根据中国空气质量在线检测分析平台数据，对三个城市采样期间对应的 $PM_{2.5}$ 质量浓度进行统计，将手工采样得到的数据与自动在线检测数据进行对比，结果如图 4-1 所示。

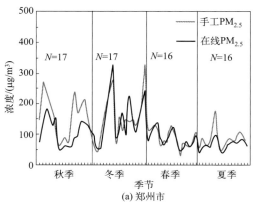
(a) 郑州市

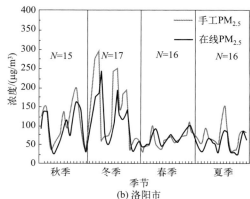
(b) 洛阳市

图 4-1

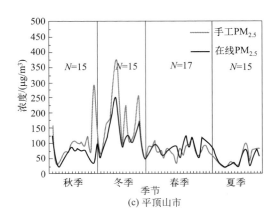

(c) 平顶山市

图 4-1 采样期间三个城市手工采样与自动在线检测浓度对比图

N—采样天数

结果表明，采样期间郑州市、洛阳市和平顶山市 $PM_{2.5}$ 的手工采样与中国空气质量在线检测分析平台公布的浓度数据日均值水平相当，采样期间三个城市手工采样与中国空气质量在线检测分析平台公布的浓度数据日均值变化趋势表现出良好的一致性，数据较为可靠。

4.3 $PM_{2.5}$ 污染状况及组分构成特征

4.3.1 $PM_{2.5}$ 质量浓度水平及时空变化

采样期间 3 个采样点 $PM_{2.5}$ 质量浓度时间变化序列如图 4-2 所示。本研究中郑州、洛阳、平顶山三个城市 $PM_{2.5}$ 的日均浓度变化范围分别为 30～336μg/m³、23～298μg/m³、20～298μg/m³，年均值分别为（121±64）μg/m³、（98±66）μg/m³、（103±65）μg/m³。分别为《环境空气质量标准》（GB 3095—2012）中二级标准年均值（35μg/m³）的 3.4 倍、2.8 倍和 2.9 倍，为世界卫生组织（WHO）规定年均值（10μg/m³）的 12.1 倍、9.7 倍和 10 倍。采样期间郑州、洛阳、平顶山 $PM_{2.5}$ 质量浓度日均值超过《环境空气质量标准》（GB 3095—2012）中二级标准日均值（75μg/m³）的天数分别为 46d、28d 和 37d，超标率分别为 70%、44% 和 62%。对比郑州、洛阳和平顶山三个城市 $PM_{2.5}$ 的浓度可以发现，从全年水平来看，三个城市 $PM_{2.5}$ 表现出郑州＞平顶山＞洛阳的特点。郑州市是综合性城市，是全国的交通枢纽，机动车保有量、工业过程排放量都处于较高水平，平顶山市是主要的煤化工城市，其产煤和煤加工业造成的大气污染相对高于石油化工城市洛阳市的水平。

采样期间郑州秋、冬、春和夏季 $PM_{2.5}$ 的平均浓度分别为 147μg/m³、157μg/m³、89μg/m³ 和 85μg/m³；洛阳秋、冬、春和夏季 $PM_{2.5}$ 的平均浓度分别为 107μg/m³、149μg/m³、65μg/m³ 和 60μg/m³；平顶山秋、冬、春和夏季 $PM_{2.5}$ 的平均浓度分别为 104μg/m³、165μg/m³、91μg/m³ 和 54μg/m³。3 个采样点 $PM_{2.5}$ 的质量浓度季节均值呈现出冬季＞秋季＞春季＞夏季的季节变化特征。尤其是在秋冬两季，颗粒物污染更是持续时间长、污染浓度高，并且呈现出区域污染的特征。

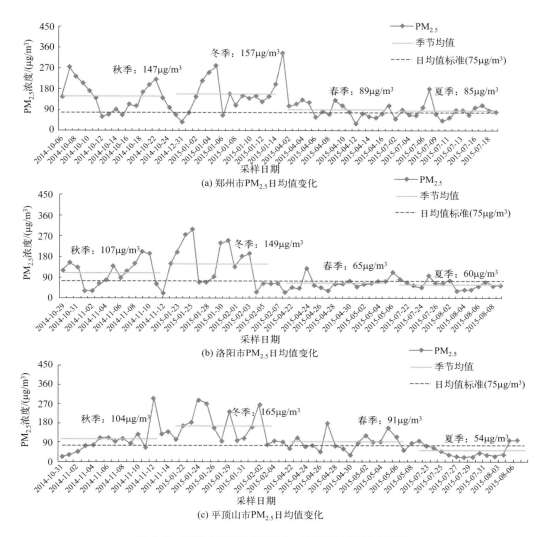

图 4-2 典型城市采样期间 $PM_{2.5}$ 质量浓度时间变化序列

这种季节变化特征是由污染源排放量季节性变化和气象条件共同决定的。与春、夏季相比,冬季由于集中供暖导致燃煤量增加,并且存在居民散煤无组织燃烧现象,秋季存在秸秆焚烧和生物质燃烧现象,均会导致污染物排放量增加。此外,秋冬季频繁出现逆温现象,不利于污染物扩散,从而使污染物得以积聚,最终导致大气颗粒物浓度上升,而夏季时扩散条件有利,同时降雨频繁,湿沉降作用可以有效降低大气中颗粒物浓度水平。

4.3.2 水溶性离子的污染特征

水溶性离子是 $PM_{2.5}$ 中的重要化学组分,本研究共测定了 9 种水溶性离子,包括一次水溶性无机离子(F^-、Cl^-、Na^+、K^+、Mg^{2+} 和 Ca^{2+})和二次(NO_3^-、SO_4^{2-} 和 NH_4^+)水溶性无机离子。本研究将从总水溶性离子浓度分布特征、水溶性离子季节及点位分布、水溶性离子相关性分析和二次无机离子污染特征 4 个方面探究研究区域水溶性离子的污染特征。

（1）总水溶性离子浓度分布特征

3个采样点四季$PM_{2.5}$中总水溶性无机离子（TWSIIs）浓度及其在$PM_{2.5}$中的比例如表4-2所列。郑州、洛阳和平顶山3个采样点$PM_{2.5}$中总水溶性离子浓度年均值分别为53.0μg/m³、42.0μg/m³和44.6μg/m³，分别占$PM_{2.5}$质量浓度的43%、43%和44%。从季节分布来看，冬季$PM_{2.5}$中总水溶性无机离子浓度最高，其次为秋季，春夏季浓度相对较低，但3个采样点TWSIIs/$PM_{2.5}$夏季最高，均超过50%。从点位分布来看，3个采样点$PM_{2.5}$中总水溶性无机离子浓度呈现郑州＞平顶山＞洛阳的特点，与$PM_{2.5}$浓度年均值特征一致。

表4-2 $PM_{2.5}$中总水溶性无机离子浓度及其在$PM_{2.5}$中的比例

采样点位	秋季		冬季		春季		夏季		年均	
	浓度/(μg/m³)	含量/%	浓度/(μg/m³)	含量/%	浓度/(μg/m³)	含量/%	浓度/(μg/m³)	含量/%	浓度/(μg/m³)	含量/%
郑州	57.2	38	73.4	44	38.0	40	43.5	51	53.0	43
洛阳	43.4	38	59.8	37	28.2	43	34.9	53	42.0	43
平顶山	37.8	35	76.5	43	35.0	45	30.3	52	44.6	44

（2）水溶性离子季节及点位分布

郑州市、洛阳市和平顶山市$PM_{2.5}$中9种水溶性离子浓度的季节分布情况如图4-3所示。

一次水溶性无机离子Na^+、K^+、Mg^{2+}、Cl^-、Ca^{2+}表现出秋冬季含量较高，春夏季含量相对较低的特点。在城市大气颗粒物中Cl^-主要来自燃煤排放、垃圾焚烧、工业过程排放和生物质燃烧排放，冬季取暖造成的大量煤和生物质燃烧以及秋季大量的农作物秸秆燃烧使污染物排放到空气中，造成了Cl^-在秋冬季节含量偏高的特点。K^+与生物质燃烧有关，其在秋冬季浓度较高可能与秸秆燃烧和生物质无组织燃烧有关。

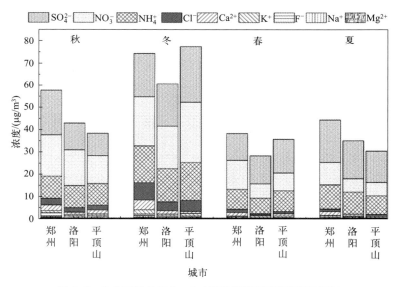

图4-3 3个采样点$PM_{2.5}$中水溶性无机离子浓度季节分布

二次水溶性无机离子NO_3^-、SO_4^{2-}和NH_4^+是含量较高的水溶性离子，3种离子冬季的浓度均值最高,除 SO_4^{2-} 外,其他两种离子在夏季浓度均值最低。这是由于冬季温度低,不利于硝酸盐的挥发,且气象条件稳定;而在夏季温度较高,NO_3^- 和 NH_4^+ 易于转变成气态化合物而挥发。冬季和夏季 SO_4^{2-} 浓度都较高是由于与北方冬季燃煤排放量增加,且大气层结较稳定,污染物在大气中聚集不易扩散,大量的 SO_2 在空气中转化成 SO_4^{2-} 有关,夏季高温的气候条件和长时间的光照有利于 SO_2 转化成 SO_4^{2-},而 SO_4^{2-} 本身具有稳定性,因此造成冬季和夏季 SO_4^{2-} 浓度高于秋季和春季的特点。

(3)水溶性离子相关性分析

Spearman 相关系数可以用来评价两个变量之间的相关程度,相关系数越接近 1,表示两个变量的相关程度越高。本研究用 SPSS 21.0 软件对不同城市颗粒物中的 9 种水溶性离子间的相关性进行了统计。

各水溶性离子间的相关系数如表 4-3 所列。

表 4-3 各水溶性离子间的相关系数

项目		Na^+	NH_4^+	K^+	Mg^{2+}	Ca^{2+}	F^-	Cl^-	NO_3^-	SO_4^{2-}
郑州	Na^+	1.00								
	NH_4^+	0.33**	1.00							
	K^+	0.72**	0.69**	1.00						
	Mg^{2+}	0.67**	0.34**	0.65**	1.00					
	Ca^{2+}	0.73**	0.09	0.54**	0.72**	1.00				
	F^-	0.72**	0.08	0.63**	0.54**	0.78**	1.00			
	Cl^-	0.59**	0.58**	0.76**	0.44**	0.44**	0.49**	1.00		
	NO_3^-	0.26*	0.85**	0.71**	0.31*	0.05	0.11	0.67**	1.00	
	SO_4^{2-}	0.37**	0.85**	0.68**	0.44**	0.12	0.14	0.38**	0.75**	1.00
洛阳	Na^+	1.00								
	NH_4^+	0.78**	1.00							
	K^+	0.86**	0.92**	1.00						
	Mg^{2+}	0.26*	0.06	0.20	1.00					
	Ca^{2+}	0.40**	0.06	0.16	0.22	1.00				
	F^-	0.56**	0.23	0.38**	0.15	0.73**	1.00			
	Cl^-	0.77**	0.65**	0.71**	0.02	0.33*	0.61**	1.00		
	NO_3^-	0.81**	0.90**	0.88**	0.08	0.17	0.35**	0.84**	1.00	
	SO_4^{2-}	0.60**	0.92**	0.81**	0.07	−0.07	0.09	0.39**	0.72**	1.00
平顶山	Na^+	1.00								
	NH_4^+	0.57**	1.00							
	K^+	0.69**	0.84**	1.00						
	Mg^{2+}	0.23	0.26*	0.43**	1.00					
	Ca^{2+}	0.38**	0.05	0.38**	0.74**	1.00				
	F^-	0.62**	0.40**	0.66**	0.41**	0.59**	1.00			
	Cl^-	0.68**	0.68**	0.76**	0.11	0.21	0.69**	1.00		
	NO_3^-	0.66**	0.88**	0.87**	0.19	0.11	0.59**	0.87**	1.00	
	SO_4^{2-}	0.35**	0.90**	0.63**	0.19	−0.11	0.20	0.44**	0.67**	1.00

注:1. "**" 表示在置信度(双测)为 0.01 时,相关性是显著的。
    2. "*" 表示在置信度(双测)为 0.05 时,相关性是显著的。

根据 Spearman 相关系数分析结果，可以发现：SO_4^{2-}、NO_3^- 与 NH_4^+ 间的相关系数较高。郑州 $PM_{2.5}$ 中 SO_4^{2-}、NO_3^- 与 NH_4^+ 间的相关系数均为 0.85，而洛阳和平顶山 $PM_{2.5}$ 中 SO_4^{2-}、NO_3^- 与 NH_4^+ 间的相关系数在 0.88～0.92 之间。郑州、洛阳和平顶山 $PM_{2.5}$ 中 SO_4^{2-} 与 NO_3^- 的相关系数分别为 0.75、0.72 和 0.67。SO_4^{2-}、NO_3^- 和 NH_4^+ 相关性较好，表明其可能有相似的来源。通常 NO_3^- 和 SO_4^{2-} 以 $(NH_4)_2SO_4$、NH_4HSO_4 和 NH_4NO_3 的形式存在，具体存在形式可以通过以下公式计算：

$$[NH_4^+] = 0.38[SO_4^{2-}] + 0.29[NO_3^-] \quad (4\text{-}2)$$

通过计算得出，郑州市、洛阳市和平顶山市 $PM_{2.5}$ 中 $[NH_4^+]$ 观测值大于计算值，即 3 个采样点均为富氨区，$PM_{2.5}$ 中 NH_4^+ 主要以 $(NH_4)_2SO_4$ 和 NH_4NO_3 存在。

郑州市、洛阳市和平顶山市的 $PM_{2.5}$ 中，Cl^- 与 K^+ 之间的相关系数在 0.71～0.76 之间。根据本实验室对生物质燃烧源的源谱研究结果可以推断，K^+ 和 Cl^- 主要来自生物质燃烧排放和燃煤排放。郑州市和平顶山市的 $PM_{2.5}$ 中，Mg^{2+} 和 Ca^{2+} 的相关系数分别为 0.72 和 0.74，具有较好的相关性，得出其具有相同排放源，Mg^{2+} 和 Ca^{2+} 均为地壳元素，来自扬尘源的排放。洛阳市 $PM_{2.5}$ 中 Mg^{2+} 和 Ca^{2+} 的相关系数很低，说明洛阳市 Mg^{2+} 和 Ca^{2+} 的排放源比较复杂。

（4）二次无机离子污染特征

SO_4^{2-}、NO_3^- 和 NH_4^+ 是 $PM_{2.5}$ 中重要的二次水溶性无机离子，主要是由 SO_2、NO_x 和 NH_3 等前体物通过光化学反应而形成的。郑州、洛阳和平顶山 3 个采样点的 $SO_4^{2-}/PM_{2.5}$（质量浓度比，下同）年均值分别为 14%、17% 和 17%，$NO_3^-/PM_{2.5}$ 年均值分别为 13%、11% 和 11%，$NH_4^+/PM_{2.5}$ 年均值分别为 9%、11% 和 11%。SO_4^{2-}、NO_3^- 和 NH_4^+ 之和占总水溶性无机离子的 80%～90%。3 个采样点四季 $PM_{2.5}$ 中的二次离子（SNA）在 $PM_{2.5}$ 中的占比及 NO_3^-/SO_4^{2-} 如图 4-4 所示。$NO_3^-/PM_{2.5}$ 季节变化特征较为明显，呈现出冬季＞秋季＞春季＞夏季的特征。$SO_4^{2-}/PM_{2.5}$ 和 $NH_4^+/PM_{2.5}$ 表现出夏季最高的特点。夏季高温有利于 SO_2 转化成 SO_4^{2-}，SO_4^{2-} 稳定性较强，从而造成 $SO_4^{2-}/PM_{2.5}$ 在夏季较高。

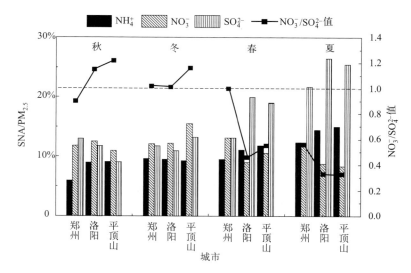

图 4-4　3 个采样点四季 $SNA/PM_{2.5}$ 和 NO_3^-/SO_4^{2-} 值

NO_3^- 和 SO_4^{2-} 的主要来源是化石燃料（油和煤）燃烧排放的 SO_2 和 NO_x 化学转化，但不同的燃料燃烧过程排放的 SO_2 和 NO_x 比例不同。NO_3^-/SO_4^{2-} 值常被用来判定机动车辆和燃煤源对 $PM_{2.5}$ 的贡献大小，NO_3^-/SO_4^{2-} 值较大时认为移动源的贡献更大，NO_3^-/SO_4^{2-} 值较小时认为固定源的贡献更大。我国大多数城市 NO_3^-/SO_4^{2-} 值通常较低（<1）。本研究中郑州、洛阳和平顶山 $PM_{2.5}$ 中 NO_3^-/SO_4^{2-} 年均值分别为 0.70、0.61 和 0.65，表明三个城市的污染来源仍是以燃煤为代表的固定源为主。郑州大气中 NO_3^-/SO_4^{2-} 值最高，其大气 $PM_{2.5}$ 受移动源的影响略大于工业城市。平顶山、洛阳采样点的 NO_3^-/SO_4^{2-} 值呈现出秋冬季大于春夏季的特点，表明固定源（如工业燃煤等）在秋冬季对这两个城市的影响很大；与其他两个站点不同，郑州采样点 NO_3^-/SO_4^{2-} 值呈现冬季＞春季＞秋季＞夏季的特点，表明以机动车为主的移动源在春季对 $PM_{2.5}$ 的贡献较大。3 个采样点 NO_3^-/SO_4^{2-} 最低值都出现在夏季，这与夏季高温高湿且太阳辐射强有关，有利于促进 SO_2 光化学反应生成 SO_4^{2-}，且利于 NH_4NO_3 的分解，从而降低了 NO_3^-/SO_4^{2-} 值。

SOR（硫氧化率）是 SO_2 氧化程度的度量，它表示硫酸盐中的硫占总硫（如 $SO_4^{2-}+SO_2$）的比例；同样，NOR（氮氧化率）代表 NO_2 氧化程度，表示硝酸盐中的氮占总氮（如 $NO_3^-+NO_2$）的比例。高 SOR 和 NOR 意味着气体前体物经光化学氧化生成了比例较高的硫酸盐和硝酸盐，表明大气中的 SO_2 和 NO_2 生成的二次污染物较多，其计算公式如下：

$$\text{SOR} = \frac{[SO_4^{2-}]}{[SO_4^{2-}] + [SO_2]} \tag{4-3}$$

$$\text{NOR} = \frac{[NO_3^-]}{[NO_3^-] + [NO_2]} \tag{4-4}$$

式中 $[SO_4^{2-}]$，$[NO_3^-]$，$[SO_2]$，$[NO_2]$——各组分的质量摩尔浓度。

采样期间 3 个采样点四季的 SOR 和 NOR 分布如表 4-4 所列。郑州、洛阳和平顶山 3 个采样点 SOR 的年均值分别为 0.32、0.26 和 0.22，NOR 的年均值分别为 0.19、0.23 和 0.20，表明研究区域大气中 SO_2 二次转化率高于 NO_2 二次转化率，SO_2 污染更为严重。3 个采样点 SOR 季节变化呈现出夏季最高，其次为春季，秋冬季相对较低的特点。硫酸盐的形成主要有气相转化和液相氧化两种途径，而前者与温度、太阳辐射以及自由基有关，后者则与臭氧等氧化剂有关。因此可推断，研究区域夏季 SOR 值最高可能与夏季较强的太阳辐射及高温有关。NOR 季节变化特征不明显，郑州冬季 SOR 与 NOR 相当，洛阳和平顶山冬季 SOR 均低于 NOR，说明冬季气象条件更有利于 NO_2 向 NO_3^- 的二次转化。

表 4-4　3 个采样点四季的 SOR、NOR 值

季节	郑州		洛阳		平顶山	
	SOR	NOR	SOR	NOR	SOR	NOR
秋季	0.21	0.15	0.17	0.26	0.14	0.20
冬季	0.19	0.18	0.15	0.21	0.18	0.25
春季	0.31	0.24	0.30	0.20	0.23	0.17
夏季	0.58	0.19	0.46	0.26	0.39	0.15
年均值	0.32	0.19	0.26	0.23	0.22	0.20

4.3.3 碳组分的污染特征

（1）OC 和 EC 浓度水平

3 个采样点四季 OC 和 EC 浓度平均值见表 4-5。郑州市秋、冬、春、夏季 $PM_{2.5}$ 中 OC 平均浓度分别为 $(21.4\pm15.5)\mu g/m^3$、$(31.7\pm17.7)\mu g/m^3$、$(13.4\pm6.1)\mu g/m^3$ 和 $(9.8\pm3.1)\mu g/m^3$，年均值为 $(19.1\pm14.7)\mu g/m^3$；洛阳市秋、冬、春、夏季 $PM_{2.5}$ 中 OC 平均浓度分别为 $(15.7\pm9.4)\mu g/m^3$、$(16.3\pm10.6)\mu g/m^3$、$(6.4\pm2.9)\mu g/m^3$ 和 $(6.3\pm2.3)\mu g/m^3$，年均值为 $(11.4\pm8.8)\mu g/m^3$；平顶山市秋、冬、春、夏季 $PM_{2.5}$ 中 OC 平均浓度分别为 $(21.3\pm16.3)\mu g/m^3$、$(24.0\pm15.2)\mu g/m^3$、$(11.9\pm5.9)\mu g/m^3$ 和 $(5.4\pm2.5)\mu g/m^3$，年均值为 $(16.9\pm17.5)\mu g/m^3$。3 个采样点 OC 的季节变化特征与 $PM_{2.5}$ 季节变化特征一致，呈现出秋冬季高，春夏季低的季节变化特征。郑州采样点 $PM_{2.5}$ 中 OC 的浓度年均值分别为洛阳和平顶山采样点的 1.7 倍和 1.1 倍。郑州、洛阳和平顶山 $PM_{2.5}$ 中 EC 浓度年均值分别为 $(7.5\pm6.3)\mu g/m^3$、$(5.4\pm4.3)\mu g/m^3$ 和 $(7.2\pm6.1)\mu g/m^3$，3 个采样点 EC 浓度均值在冬季最大，在其他三个季节差别相对较小。研究区域大气细颗粒物中 OC 和 EC 的季节浓度均值均在冬季最高，这可能与冬季污染源（集中供暖和散煤燃烧）排放量增多以及大气条件稳定不利于污染物稀释扩散有关。对比各采样点 OC 和 EC 浓度季节均值发现，郑州采样点在各季节的 OC 和 EC 浓度基本上高于洛阳和平顶山采样点，表明郑州采样点碳气溶胶的污染最为严重，特别是在冬季。

表 4-5 3 个采样点 $PM_{2.5}$ 中 OC、EC、OC/EC 值和 SOC 的季节分布

采样点位	季节	OC/($\mu g/m^3$)	EC/($\mu g/m^3$)	OC/EC 值	SOC/($\mu g/m^3$)
郑州	秋季	21.4±15.5	4.7±2.7	4.6	6.4
	冬季	31.7±17.7	15.2±8.4	2.2	8.7
	春季	13.4±6.1	5.1±1.9	2.7	3.8
	夏季	9.8±3.1	5.2±1.6	2.0	3.3
	年均	19.1±14.7	7.5±6.3	2.8	5.6
洛阳	秋季	15.7±9.4	7.2±4.3	2.2	3.1
	冬季	16.3±10.6	8.1±5.5	2.1	3.4
	春季	6.4±2.9	3.1±1.3	2.1	1.9
	夏季	6.3±2.3	2.8±1.0	2.3	2.0
	年均	11.4±8.8	5.4±4.3	2.2	2.6
平顶山	秋季	21.3±16.3	9.4±5.6	3.1	7.8
	冬季	24.0±15.2	10.2±8.4	2.2	7.0
	春季	11.9±5.9	5.1±2.6	2.4	2.8
	夏季	5.4±2.5	3.0±1.5	2.0	2.1
	年均	16.9±17.5	7.2±6.1	2.4	4.9

注：SOC 表示二次有机碳。

（2）OC 与 EC 相关性分析及来源

OC 与 EC 之间的相关性可以用来判断大气中含碳气溶胶来源的一致性和稳定性，如果二者的相关性好，则表明二者来自相同的污染源。图 4-5 为 3 个采样点四季 OC 与 EC 的相关性分析。由图 4-5 可知，3 个采样点在四季 OC 与 EC 的相关性较好，相关性系数 r 均大于

0.6，表明这些区域中 OC 与 EC 可能来自相似的污染源。

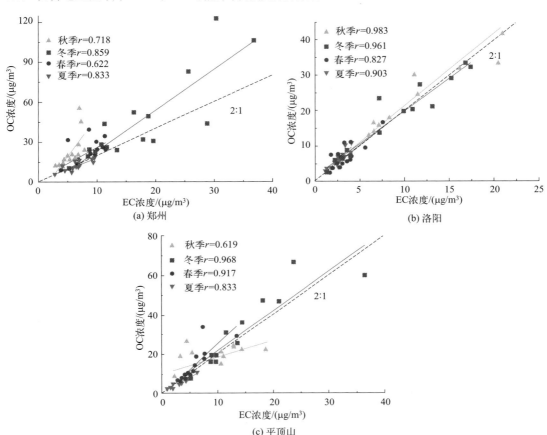

图 4-5　3 个采样点四季 OC 与 EC 的相关性分析

不同污染物排放源燃烧产生的颗粒物中 OC/EC 值存在明显的不同，因此可以用 OC/EC 值来定性判断碳气溶胶的来源。根据文献报道，OC/EC 值在 2.5～10.5 之间表明主要受燃煤源影响，在 3.8～13.2 之间表明主要受生物质燃烧源影响，在 1.0～4.2 之间表明主要受机动车排放源影响。由表 4-5 可知，郑州采样点在秋、冬、春和夏季的 OC/EC 平均值分别为 4.6、2.2、2.7、2.0；洛阳采样点在秋、冬、春、夏季的 OC/EC 平均值分别为 2.2、2.1、2.1、2.3；平顶山采样点在秋、冬、春、夏季的 OC/EC 平均值分别为 3.1、2.2、2.4、2.0。可以初步判断这 3 个采样点的碳气溶胶污染受燃煤、生物质和机动车混合源的共同影响，其中郑州市在秋季受生物质燃烧源影响较大。

（3）SOC 估算

本研究采用 OC/EC 最小比值法来估算 SOC。郑州、洛阳和平顶山 3 个采样点秋、冬、春和夏季 SOC 的平均浓度见表 4-5。郑州、洛阳和平顶山 SOC 年均浓度分别为 5.6μg/m³、2.6μg/m³ 和 4.9μg/m³。3 个采样点秋冬季 SOC 浓度均高于春夏季，这可能与秋冬季秸秆燃烧和集中供暖造成的 VOCs 排放增加有关。

4.3.4 元素的污染特征

（1）无机元素浓度水平

3个采样点四季总无机元素在$PM_{2.5}$中的占比情况见表4-6。郑州、洛阳、平顶山 $PM_{2.5}$ 中总无机元素浓度年均值分别为 $8.5\mu g/m^3$、$6.3\mu g/m^3$ 和 $6.0\mu g/m^3$，分别占3个采样点 $PM_{2.5}$ 浓度年均值的7%、6%和6%。郑州 $PM_{2.5}$ 中总无机元素浓度的季节变化为夏季＞秋季＞冬季＞春季，与 $PM_{2.5}$ 浓度变化规律并不一致。

表4-6　3个采样点四季总无机元素在$PM_{2.5}$中的占比

季节	郑州	洛阳	平顶山
秋季	0.08	0.06	0.06
冬季	0.04	0.04	0.03
春季	0.06	0.08	0.11
夏季	0.11	0.08	0.06
年均	0.07	0.06	0.06

图4-6展示了3个采样点四季 $PM_{2.5}$ 中无机元素浓度分布情况。在研究区域，$PM_{2.5}$ 中含量丰富的微量金属有Si、Al、K、Fe、Ca、Mg、Zn和Pb，浓度年均值在 $0.15\sim 3.24\mu g/m^3$ 之间，其次是Cr、B、Mn、Ba、Ti、Cu、Sr、Sb、Sn和As，浓度年均值在 $0.01\sim 0.15\mu g/m^3$ 之间。郑州和洛阳 $PM_{2.5}$ 中Si的浓度年均值分别为 $3.24\mu g/m^3$ 和 $1.34\mu g/m^3$，分别占 $PM_{2.5}$ 总无机元素浓度的38.2%和21.3%。洛阳 $PM_{2.5}$ 中含量最丰富的元素为K，浓度年均值为 $1.58\mu g/m^3$，略高于Si的浓度年均值 $1.34\mu g/m^3$。洛阳K浓度较高可能与采样阶段正值秸秆燃烧期有关。在3个采样点中，洛阳Zn和Cu的含量最高。Zn和Cu主要来自交通源，虽然洛阳的车辆少于郑州，但其有色金属生产量较大，可能会导致较高的Zn和Cu排放量。从季节变化来看，郑州Si、Al、Fe和Mg等地壳元素在夏季的浓度均较高，说明郑州夏季 $PM_{2.5}$ 受扬尘影响较大，这也是其夏季总无机元素对 $PM_{2.5}$ 贡献最大的原因。而B、Mn、Cu、Ba等

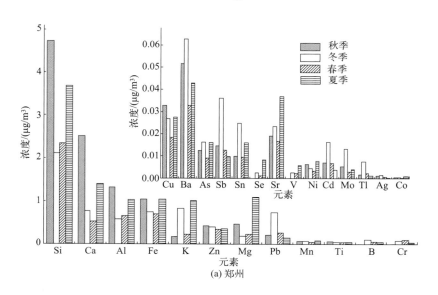

(a) 郑州

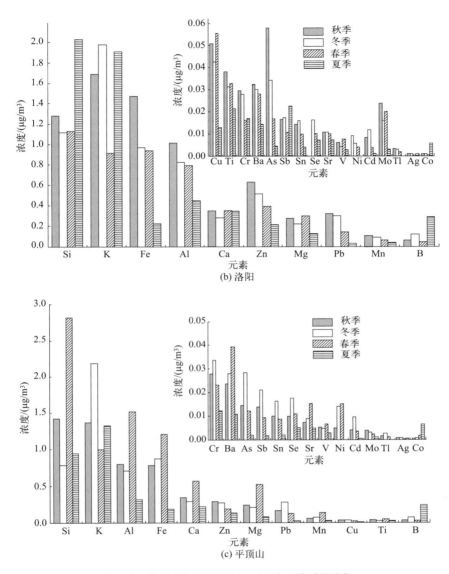

图 4-6 3 个采样点四季 PM$_{2.5}$ 中无机元素浓度分布

元素在秋季的浓度较高,造成郑州 PM$_{2.5}$ 中总无机元素浓度在秋季较高。洛阳和平顶山春季 PM$_{2.5}$ 中总无机元素占比高,这可能与其春季常常发生沙尘暴有关,导致地壳元素 Si、Al、Fe、Ca、Mg 和 Ti 的浓度较高。

(2) 无机元素的富集因子

富集因子法主要用于研究环境空气中元素的富集程度,从而判断和评价元素的来源(自然来源和人为来源)。本研究地壳中各元素浓度采用《中国土壤元素背景值》中河南省 A 层土壤中的含量。参比元素一般选择地壳中含量丰富且人为污染源较少的元素,常用的有 Al、Ti、Fe、Si 等元素,本研究采用 Al 作为参考元素,参比元素富集因子(E)计算如下:

$$E=\frac{(c/Al)_{PM_{2.5}}}{(c/Al)_{土壤}} \tag{4-5}$$

式中，c 是元素的浓度，通常以 E 是否大于 10 判断人为源是否对该元素有显著贡献。当某种元素的富集因子 < 10 时，则认为是非富集成分，自然源可能是该元素的主要来源；当富集因子 > 10 时，则认为是被富集，人为源可能是该元素的主要来源。3 个采样点 $PM_{2.5}$ 中各元素的富集因子结果见图 4-7。Cd、Pb、Mo、Ag、Zn、B、Cu、As、Co 和 Cr 的 E 值均高于 10，表明这些元素主要来自人为源，而 Ca、Mg、Fe、Si 和 Ti 的 E 值均接近 1，表明来自自然源。K、V、Mn 和 Ba 的 E 值略低于 10，高于 1，表明这些元素可能受自然源和人为源的共同影响。Cd、Pb、Mo、Ag 和 Zn 的 E 值均高于 100，表明这些元素主要来自这三个城市的工业源，例如冶炼和煤燃烧过程会排放 Pb。在三个城市中，洛阳 Mo 的 E 值最大，这是由于洛阳拥有全国最大的钼矿，冶炼能力可达 25000t/a。K 被认为与生物质燃烧有关，还有少量来自地壳元素等的自然过程输入。洛阳和平顶山 K、V 的 E 值高于郑州，表明洛阳、平顶山研究区域的生物质燃烧较为严重。

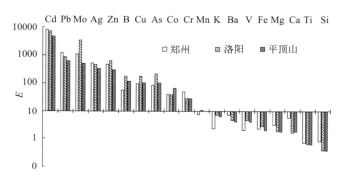

图 4-7　3 个采样点 $PM_{2.5}$ 中各元素的富集因子

4.3.5　多环芳烃的污染特征

多环芳烃（PAHs）是指含有两个或两个以上苯环的一类化合物，为持久性有机污染物中的一类，具有致癌、致畸、致突变性，以及低流动性和难降解性。颗粒物中 PAHs 主要集中在大气细颗粒物中，富集在大气颗粒物上的 PAHs 易通过呼吸作用进入人体，从而给人体健康带来潜在风险。美国环保署确定了 16 种优先控制的 PAHs，包括萘（Naphthalene, Nap）、苊烯（Acenaphthylene, Acy）、二氢苊（Acenaphthene, Ace）、芴（Fluorene, Flu）、菲（Phenanthrene, Phe）、蒽（Anthracene, Ant）、荧蒽（Fluoranthene, Flt）、芘（Pyrene, Pyr）、苯并[a]蒽（Benzo[a]Anthracene, BaA）、䓛（Chrysene, Chr）、苯并[b]荧蒽（Benzo[b]Fluoranthene, BbF）、苯并[k]荧蒽（Benzo[k]Fluoranthene, BkF）、苯并[a]芘（Benzo[a]Pyrene, BaP）、茚并[1,2,3-cd]芘（Indeno[1,2,3-cd]Pyrene, IcdP）、二苯并[a,h]蒽（Dibenzo[a,h]Anthracene, DaA）和苯并[g,h,i]苝（Benzo[g,h,i]Perylene, BghiP）。

本研究主要从浓度水平及季节变化特征、16 种多环芳烃单体分布特征、多环芳烃来源定性分析和多环芳烃的健康风险评价（见 4.5.2 部分）4 个方面来研究典型城市的多环芳烃污染特征。

（1）浓度水平及季节变化特征

采样期间，郑州、洛阳和平顶山 3 个采样点不同季节 PM$_{2.5}$ 中 PAHs 的浓度均值如图 4-8 所示。

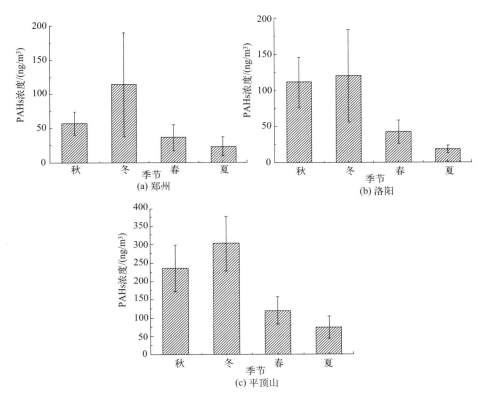

图 4-8　各采样点不同季节 PM$_{2.5}$ 中 PAHs 的浓度均值

郑州市秋、冬、春、夏季 PM$_{2.5}$ 中 PAHs 的平均浓度分别为（57±17）ng/m^3、（114±76）ng/m^3、（36±19）ng/m^3 和（23±14）ng/m^3，年均值为（58±54）ng/m^3；洛阳市秋、冬、春、夏季 PM$_{2.5}$ 中 PAHs 的平均浓度分别为（111±35）ng/m^3、（120±64）ng/m^3、（42±16）ng/m^3 和（18±5）ng/m^3，年均值为（72±57）ng/m^3；平顶山市秋、冬、春、夏季 PM$_{2.5}$ 中 PAHs 的平均浓度分别为（234±63）ng/m^3、（302±75）ng/m^3、（119±37）ng/m^3 和（74±31）ng/m^3，年均值为（181±104）ng/m^3。PAHs 浓度均值呈现冬季＞秋季＞春季＞夏季的趋势，冬季浓度明显高于其他季节，这种明显的季节变化特征主要是由以下 3 个方面的共同作用产生的。

① 污染源排放量季节性变化。与其他季节相比，冬季采样期间研究区域正处于集中供暖时期，燃煤消耗量增大，导致 PAHs 排放量增多。

② 气象条件的影响。秋冬季节逆温天气的出现频率较高，大气稳定度较强，对大气污染物的扩散有阻碍作用，空气污染物难以扩散造成局地积累形成重污染，不利的扩散条件在一

定程度上导致了 PAHs 的积累。

③ PAHs 自身的化学性质。其存在形态与环境温度和自身的理化性质有关，PAHs 属于半挥发性有机物，低分子量的 PAHs 化合物饱和蒸气压较高，主要以气态的形式存在，而高分子量的 PAHs 属于难挥发性化合物，大多以颗粒态的形式存在。

夏季高温有利于低分子量化合物从颗粒物相挥发到气相中，且夏季日照时间长，光照强烈，高分子量化合物可能会因发生光化学反应而被降解。因此，夏季大气颗粒物中 PAHs 的污染水平相对较低。

（2）16 种多环芳烃单体分布特征

采样期间 3 个采样点 $PM_{2.5}$ 中 PAHs 单体平均浓度如图 4-9 所示。PAHs 单体平均浓度随季节变化特征明显，与 PAHs 浓度季节变化趋势一致，基本上呈现出冬季＞秋季＞春季＞夏季的趋势。BbF、BkF、Chr、BaA、Ant、IcdP 和 BghiP 是 16 种多环芳烃中占比较大的物种，3 个采样点中这 7 种多环芳烃大约能占到 16 种 PAHs 总质量浓度的 70%。

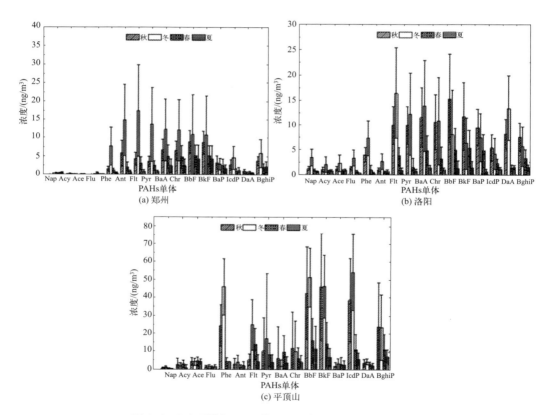

图 4-9　3 个采样点不同季节 $PM_{2.5}$ 中 PAHs 单体平均浓度

依据苯环环数将 16 种 PAHs 进行分类，分别为：2 环（Nap）；3 环（Acy、Ace、Flu、Phe、Ant）；4 环（Flt、Pyr、BaA、Chr）；5 环（BbF、BkF、BaP）；6 环（IcdP、DaA、BghiP）。其中，2～3 环为低环数，5～6 环为高环数。图 4-10 展示了 3 个采样点不同环数 PAHs 在 $PM_{2.5}$ 中的四季分布特征。可以看出，郑州市 $PM_{2.5}$ 中 5～6 环芳烃在春、夏、秋、

冬季占总 PAHs 的比例分别为 46%、61%、49%、31%；4 环芳烃的占比分别为 42%、30%、36%、48%；2～3 环芳烃的占比分别为 11%、9%、14%、21%。郑州市 $PM_{2.5}$ 中不同环数 PAHs 在春、秋、夏季呈现出 5～6 环＞4 环＞2～3 环的特征，而在冬季呈现出 4 环＞5～6 环＞2～3 环的特征。洛阳市 $PM_{2.5}$ 中 5～6 环芳烃在春、夏、秋、冬季占总 PAHs 的比例分别为 48%、38%、52%、32%；4 环芳烃的占比分别为 41%、42%、38%、52%；2～3 环芳烃的占比分别为 11%、21%、10%、15%。洛阳市 $PM_{2.5}$ 中不同环数 PAHs 在春、秋季呈现出 5～6 环＞4 环＞2～3 环的特征，而在夏、冬季呈现出 4 环＞5～6 环＞2～3 环的特征。平顶山市 $PM_{2.5}$ 中 5～6 环芳烃在秋、冬、春、夏季占总 PAHs 的比例分别为 68%、61%、51%、53%；4 环芳烃的占比分别为 15%、18%、33%、25%；2～3 环芳烃的占比分别为 17%、20%、15%、22%。平顶山市 $PM_{2.5}$ 中不同环数 PAHs 在秋、冬季呈现出 5～6 环＞2～3 环＞4 环的特征，而在春、夏季呈现出 5～6 环＞4 环＞2～3 环的特征。总体来说，2～3 环芳烃在四季中占比较小，4 环以上芳烃在四季中占比较大。

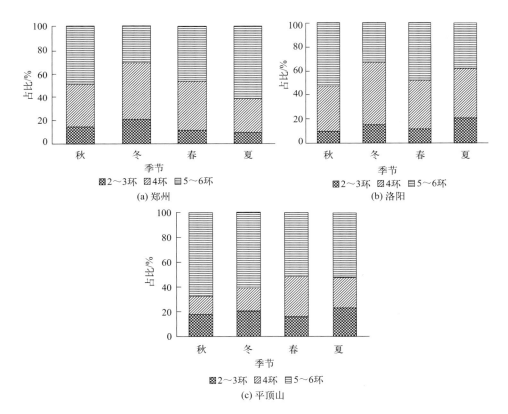

图 4-10　3 个采样点不同环数 PAHs 在 $PM_{2.5}$ 中不同季节的占比

多环芳烃的这种组成特征和季节变化，可能是由以下两方面原因造成的。

① 不同环数多环芳烃的物理性质不同。2～3 环的 PAHs 在大气中易挥发，主要分布在气相中，在固相颗粒物中分布较少；4 环的 PAHs 为半挥发性有机物，在气相和固相中均有存在；5～6 环的 PAHs 为难挥发性化合物，在固相颗粒物中分布较多。低环数芳烃挥发性高于高环数芳烃，当气温升高时低环数芳烃易于从固相颗粒物挥发到大气中。冬季温度逐渐降低，从而导致低环数芳烃的挥发性能降低，使其在固相颗粒物中得到富集。

② PAHs 排放源的季节性变化。4 环 PAHs 中的 Flt、Chr 和 Pyr 是燃煤排放的标志性物种。当冬季集中供暖时,燃煤量增加,造成 4 环 PAHs 含量升高。

(3) 多环芳烃来源定性分析

多环芳烃比值特征法常被用来定性判断大气颗粒物中 PAHs 的来源。本研究通过计算 Flt/(Flt+Pyr) 值、IcdP/(IcdP+BghiP) 值、BaA/(BaA+Chr) 值、Phe/(Phe+Ant) 值、BaP/BghiP 值、BaP/(BaP+Chr) 值和 Flu/(Flu+Pyr) 值,来定性探究 3 个采样点大气细颗粒物中多环芳烃的潜在污染来源。3 个采样点 PAHs 特征比值见表 4-7。

表 4-7 3 个采样点 PAHs 特征比值

比值	郑州	洛阳	平顶山	参考值	来源
Flt/(Flt+Pyr)	0.53	0.58	0.60	>0.50	煤和生物质燃烧源
IcdP/(IcdP+BghiP)	0.39	0.42	0.57	0.25~0.45	柴油源
				0.56	燃煤源
				0.62	生物质燃烧源
BaA/(BaA+Chr)	0.50	0.57	0.50	0.20~0.35	燃煤源
				>0.35	机动车排放源
				0.33~0.38	汽油源
				0.38~0.65	柴油源
Phe/(Phe+Ant)	0.64	0.60	0.20	>0.70	原油或化石燃料燃烧源
BaP/BghiP	0.92	1.23	0.38	0.86	柴油源
				0.50~0.60	汽油源
BaP/(BaP+Chr)	0.33	0.48	0.48	0.50	柴油源
				0.73	汽油源
Flu/(Flu+Pyr)	0.07	0.33	0.34	>0.50	柴油源

Flt/(Flt+Pyr) 值>0.50,通常表明多环芳烃的来源可能为煤和生物质燃烧的混合源。郑州、洛阳和平顶山的 Flt/(Flt+Pyr) 值分别为 0.53、0.58 和 0.60,表明煤和生物质燃烧源是研究区域 PAHs 的重要来源。

IcdP/(IcdP+BghiP) 值在 0.25~0.45 之间表明污染物主要来自柴油源;值为 0.56,表明受燃煤源的影响;值为 0.62,表明受生物质燃烧源的影响。郑州和洛阳 IcdP/(IcdP+BghiP) 值均在 0.25~0.45 范围内,表明郑州和洛阳大气颗粒物中 PAHs 受柴油源影响较大;而平顶山 IcdP/(IcdP+BghiP) 值接近 0.56,表明平顶山大气颗粒物中 PAHs 受燃煤源影响较大。

BaA/(BaA+Chr) 值<0.35 认为受燃煤源影响,>0.35 认为受机动车排放源影响。采样期间 3 个采样点 $PM_{2.5}$ 中 BaA/(BaA+Chr) 值均大于 0.35,表明机动车排放源是研究区域 $PM_{2.5}$ 中 PAHs 的重要来源。

Phe/(Phe+Ant) 值>0.70 表明受原油或化石燃料燃烧源影响较大,郑州、洛阳的 Phe/(Phe+Ant) 值接近 0.70,表明一定程度上受到原油或化石燃料燃烧源的影响。

BaP/BghiP 值、BaP/(BaP+Chr) 值和 Flu/(Flu+Pyr) 值可以用来判断受柴油源和汽油源

的影响。由表 4-7 的结果可以推断出，柴油源和汽油源是研究区域大气细颗粒物中多环芳烃的重要来源。

综上所述，燃煤源、生物质燃烧源、机动车排放源是研究区域大气细颗粒物中多环芳烃的主要来源。

4.3.6 正构烷烃的污染特征

（1）浓度水平及季节变化特征

对研究区域 $PM_{2.5}$ 样品中的 33 种正构烷烃（$C_8 \sim C_{40}$）、植烷和姥鲛烷进行检测，部分样品中 C_8、C_9 和 C_{40} 未检出。采样期间 3 个采样点正构烷烃四季平均浓度如图 4-11 所示。采样期间，三个城市中郑州的秋、冬、春、夏季 $PM_{2.5}$ 中正构烷烃的平均浓度分别为（272±78）ng/m³、（392±203）ng/m³、（177±59）ng/m³ 和（89±24）ng/m³；洛阳的分别为（219±106）ng/m³、（215±117）ng/m³、（156±40）ng/m³ 和（83±42）ng/m³；平顶山的分别为（265±99）ng/m³、（326±187）ng/m³、（214±156）ng/m³ 和（115±71）ng/m³。3 个采样点的年平均浓度分别为（232±24）ng/m³、（169±100）ng/m³ 和（231±156）ng/m³。研究区域正构烷烃季节变化规律与 $PM_{2.5}$ 表现一致，秋冬季的浓度高于春夏季的浓度。这种明显的季节变化特征是由排放源、气象条件和正构烷烃的自身性质所共同决定的。首先，与其他季节相比，冬季由于集中供暖导致燃煤量上升，并且存在居民散煤无组织燃烧现象，排放量增大导致浓度上升。其次，秋冬季频繁出现逆温现象，不利于污染物扩散，使污染物得以积聚。此外，该地区秋冬季温度较低，夏季温度较高，正构烷烃多属半挥发性有机物，其气固分配比受温度影响，夏季正构烷烃多分布在气相中。因此，使得秋冬季正构烷烃浓度水平和变化范围明显高于夏季。

国内其他城市大气 $PM_{2.5}$ 中正构烷烃的浓度水平如表 4-8 所列。可以看出，与其他城市相比，虽然各地区分析正构烷烃的变化范围不同，但还是可以看出本书研究区域的正构烷烃浓度处于中等浓度水平，污染情况较为严重。

表 4-8 不同地区 $PM_{2.5}$ 中正构烷烃浓度对比

城市	采样时间（年-月）	物种	正构烷烃浓度 /(ng/m³)
郑州	2014-10～2015-07	$C_8 \sim C_{40}$	232
洛阳	2014-10～2015-07	$C_8 \sim C_{40}$	169
平顶山	2014-10～2015-07	$C_8 \sim C_{40}$	231
青岛	2004-03～2005-01	$C_{11} \sim C_{35}$	258
上海	2009-09	$C_{17} \sim C_{40}$	32
唐山	2010-09～2011-08	$C_{14} \sim C_{32}$	633
重庆	2013-07、2013-11	$C_{12} \sim C_{33}$	158、257

（2）正构烷烃碳数分布和主峰碳（C_{max}）

正构烷烃的主峰碳（C_{max}）是指正构烷烃中浓度含量最高的碳数，C_{max} 一般可作为有机质成熟度及来源判识的指标，成熟度较高的样品中正构烷烃的 C_{max} 较低，反之成熟度较低的

样品中 C_{max} 较高。汽车尾气、化石燃料一般成熟度较高，排放的正构烷烃 C_{max} 较低，高等植物蜡等排放的正构烷烃一般成熟度较低，具有较高的 C_{max}。一般认为人类活动排放产生的正构烷烃 $C_{max} < C_{25}$，高等植物蜡排放产生的正构烷烃 $C_{max} > C_{26}$。

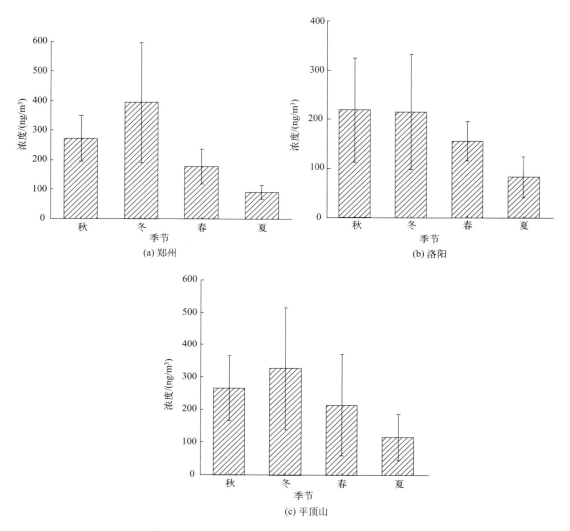

图 4-11 采样期间 3 个采样点正构烷烃四季平均浓度

郑州、洛阳和平顶山大气 $PM_{2.5}$ 中正构烷烃单体浓度的季节分布如图 4-12 所示。由图可以看出，郑州、洛阳和平顶山冬季主峰碳数分别为 C_{25}、C_{17} 和 C_{23}，而秋夏季主峰碳数均为 C_{29}。这种分布特征反映出冬季人为源排放的影响要高于秋夏季，秋夏季生物源对正构烷烃浓度影响较大。这种现象可能与冬季取暖时燃煤等化石燃料燃烧的排放量增加，秋夏季植物代谢活动旺盛有关。

（3）碳优势指数（CPI）和植物蜡指数（WaxCn）

CPI 通常用奇数碳正构烷烃同系物总和与偶数碳正构烷烃同系物总和之比来表示，可反映出人为源的影响程度。本研究采用 CPI_1 指示总烷烃,越趋近 1 说明受人为源的影响越大;CPI_2 用于指示人为源,该值越小说明人为污染越严重;CPI_3 用于指示生物源,该值越大说明生物源的贡献越大。CPI_1、CPI_2、CPI_3 计算公式如下:

$$CPI_1 = \Sigma(C_{11} \sim C_{39})/\Sigma(C_8 \sim C_{38}) \qquad (4\text{-}6)$$

$$CPI_2 = \Sigma(C_{11} \sim C_{25})/\Sigma(C_8 \sim C_{24}) \qquad (4\text{-}7)$$

$$CPI_3 = \Sigma(C_{27} \sim C_{39})/\Sigma(C_{26} \sim C_{38}) \qquad (4\text{-}8)$$

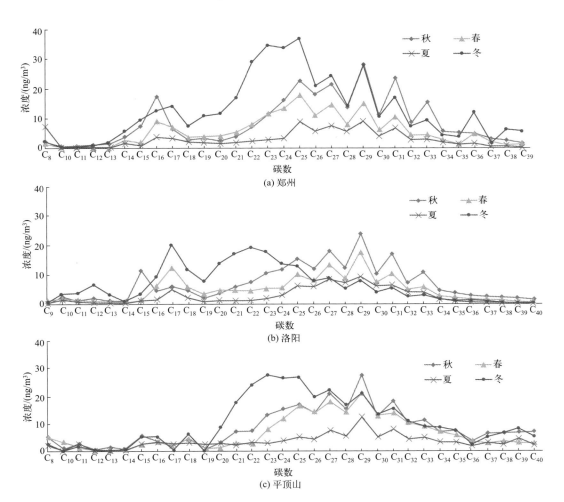

图 4-12　3 个采样点不同季节 $PM_{2.5}$ 中正构烷烃单体浓度分布

郑州、洛阳、平顶山四季大气 $PM_{2.5}$ 中正构烷烃的 CPI 如表 4-9 所列。可以看出,研究区域 CPI_1 均值趋近 1,且季节均值变化范围不大,反映出人为源是正构烷烃的主要污染源。郑州市 CPI_2 的年均值小于洛阳市和平顶山市,表明该地区正构烷烃受人为源影响的程度比其他两个城市要严重。3 个采样点秋夏季 CPI_3 均值高于冬春季,表明在秋夏季生物源的贡献要高于其在冬春季的贡献。

表4-9 3个采样点正构烷烃 CPI 和 WaxCn

项目	郑州					洛阳					平顶山				
	秋	冬	春	夏	年均	秋	冬	春	夏	年均	秋	冬	春	夏	年均
CPI_1	1.3	1.2	1.3	1.3	1.3	1.5	1.3	1.5	1.4	1.4	1.4	1.1	1.2	1.9	1.4
CPI_2	1.1	1.5	1.1	1.0	1.2	1.5	1.3	1.4	1.6	1.5	1.4	2.3	1.1	1.4	1.5
CPI_3	1.6	1.2	1.4	1.3	1.4	1.6	1.2	1.6	1.3	1.4	1.3	1.0	1.2	2.0	1.4
WaxCn/%	19	16	17	18	17	17	5	16	12	12	16	9	12	22	15

为评价自然源和人为源对正构烷烃的贡献，生物源的正构烷烃往往可通过扣除前后碳数浓度平均值得到，公式如下所示：

$$WaxCn = \Sigma[C_n - 0.5(C_{n-1} + C_{n+1})]/\Sigma C_{n\text{-alkanes}} \qquad (4\text{-}9)$$

式中 $C_{n\text{-alkanes}}$——正构烷烃总浓度。

这种算法可以大致估计研究区域高等植物对正构烷烃的分布和贡献，计算结果如表4-9所列。根据估算结果，高等植物蜡对郑州、洛阳和平顶山大气 $PM_{2.5}$ 中正构烷烃的贡献年均值分别为17%、12%和15%。从研究区域四季植物蜡含量贡献来看，呈现出秋夏季高，冬春季低的特点，进一步表明在植物生长代谢旺盛期，生物源正构烷烃排放量较大。

研究区域 CPI 和 WaxCn 的特征表明人为源是大气细颗粒物中正构烷烃的主要来源，同时生物源的贡献也不可忽视，生物源在植物生长代谢旺盛的秋夏季贡献高于冬春季。

（4）姥鲛烷和植烷

姥鲛烷（Pristane，Pr）和植烷（Phytane，Ph）是原油中识别出的最常见和含量较高的类异戊二烯烃，大气颗粒物中检测到的 Pr 和 Ph 是石油残余物和地质尘埃的标志物。同正构烷烃相比，抗生物降解能力较强，故有些生物降解油通常缺失部分正构烷烃，但 Pr 和 Ph 等类异戊二烯烃类还存在，Pr/C_{17} 值、Ph/C_{18} 值可分别用来判断原始物质的沉积环境和沉积物的成熟度，从而区别天然源和人为源。Pr/C_{17} 值、Ph/C_{18} 值相对较小时，表明输入源的成熟度相对较高，以人为源为主；其值相对较大时，表明成熟度相对较低，以生物源为主。郑州市，洛阳市以及平顶山市 Pr/C_{17} 值、Ph/C_{18} 值的年均值分别为0.25、0.24，0.38、0.27以及0.69、0.35。本研究中郑州市的 Pr/C_{17} 值、Ph/C_{18} 值小于洛阳市和平顶山市，表明郑州市正构烷烃受人为源的影响较其他两个城市显著。

4.4 颗粒物源解析

4.4.1 受体模型源解析概述

本研究中，联合使用 PMF（正定矩阵因子分解）模型和 CMB（化学质量平衡）模型两个受体模型对典型城市 $PM_{2.5}$ 进行来源解析。

（1）PMF 模型原理

PMF 模型的原理是：将原始矩阵 $\boldsymbol{X}_{(n \times m)}$ 分解为两个因子矩阵 $\boldsymbol{F}_{(p \times m)}$ 和 $\boldsymbol{G}_{(n \times p)}$，以及

一个残差矩阵 $\boldsymbol{E}_{(p \times m)}$。其中，$n$ 为样品数目，m 为物种数目，p 为解析出来主要污染源的数目，定义：$i=1, 2, \cdots, n$；$j=1, 2, \cdots, m$；$k=1, 2, \cdots, p$。则：

$$x_{ij} = \sum_{k=i}^{p} g_{ik} f_{kj} + e_{ij} \tag{4-10}$$

式中　x_{ij}——第 i 个样品中第 j 个化学成分的测定值；
　　　f_{kj}——第 k 种源中第 j 个化学成分的计算值；
　　　g_{ik}——第 k 种源对第 i 个样品的贡献值；
　　　e_{ij}——第 i 个样品中第 j 个化学成分的残差。

PMF 模型分析的目的是最小化 Q，Q 的定义为：

$$Q = \sum_{i=1}^{n} \sum_{j=1}^{m} \left(\frac{e_{ij}}{u_{ij}} \right)^2 \tag{4-11}$$

式中　e_{ij}——第 i 个样品中第 j 个化学成分的残差；
　　　u_{ij}——第 i 个样品中第 j 个化学成分的不确定度；
　　　Q——反映 PMF 模型计算结果好坏程度的一种目标函数值。

其中，$\boldsymbol{F}_{(p \times m)}$ 和 $\boldsymbol{G}_{(n \times p)}$ 矩阵的元素都是正值。PMF 利用最小二乘法进行迭代计算，按照以上两个公式不断地分解原始矩阵 $\boldsymbol{X}_{(n \times m)}$，最终收敛，计算得到 $\boldsymbol{F}_{(p \times m)}$ 和 $\boldsymbol{G}_{(n \times p)}$ 矩阵。Q 的理论最佳值，应近似等于 $n \times m$。

（2）CMB 模型原理

CMB 模型的基本原理是质量平衡，是在若干假设下由一组线性方程构成的，表示每种化学组分的受体浓度等于各种排放源类的成分谱中这种化学组分的含量和各种排放源类对受体的贡献浓度值乘积的线性和。

$$c_i = \sum_{j=1}^{J} F_{ij} \times S_j \tag{4-12}$$

式中　c_i——受体大气颗粒物中化学组分 i 的浓度测定值，$\mu g/m^3$；
　　　F_{ij}——第 j 类源中化学组分 i 的含量测量值，g/g；
　　　S_j——第 j 类源贡献的浓度计算值，$\mu g/m^3$；
　　　J——源类数目。

当 $i > j$ 时，上述方程的解为正，可以得到各源类的贡献值 S_j，源类 j 的分担率 η 为：

$$\eta = S_j / c_i \times 100\% \tag{4-13}$$

4.4.2　受体组分重构结果

$PM_{2.5}$ 化学组分重构是指通过已经检测到的 $PM_{2.5}$ 组分还原其所构成的主要物质，反推出的 $PM_{2.5}$ 质量浓度应与测量出的 $PM_{2.5}$ 质量浓度达到物质平衡，通过物质平衡可以初步判断 $PM_{2.5}$ 的主要来源及其相对贡献大小。本研究中 $PM_{2.5}$ 化学组分重构，包括矿物尘、有机物（OM）、元素碳（EC）、硫酸盐（SO_4^{2-}）、硝酸盐（NO_3^-）、铵盐（NH_4^+）、其他离子和未知部分等组分。其中，OM 质量浓度是通过 OC 质量浓度乘以 1.6 得到的，矿物尘计算方法如下：

[矿物尘]=1.16×(1.90×[Al]+2.15×[Si]+1.41×[Ca]+1.67×[Ti]+2.09×[Fe])　　(4-14)

其他金属包括除地壳物质外的金属元素，其他离子指除 SO_4^{2-}、NO_3^- 和 NH_4^+ 外的其他水溶性离子。

三个城市大气 $PM_{2.5}$ 化学组分重构结果如图 4-13 所示（书后另见彩图）。郑州市、洛阳市和平顶山市的 $PM_{2.5}$ 化学组分重构结果按所占比例排序分别为 OM > SO_4^{2-} > NO_3^- > 矿物尘 > NH_4^+ > EC、OM > SO_4^{2-} > 矿物尘 > NO_3^- = NH_4^+ > EC 和 OM > SO_4^{2-} > NO_3^- > 矿物尘 > NH_4^+ > EC。SO_4^{2-}、NO_3^-、NH_4^+ 和 OM 是 $PM_{2.5}$ 化学组分重构中的重要组成部分，四者总量分别贡献了 $PM_{2.5}$ 化学组分重构的 61%（郑州市）、57%（洛阳市）和 66%（平顶山市）。其次占比较大的为矿物尘，郑州市、洛阳市和平顶山市矿物尘占比分别为 11%、15% 和 12%。近年来随着城市建设发展，矿物尘占比较高与建筑活动和道路活动有关。郑州市和平顶山市 $PM_{2.5}$ 中 OM 所占比例较洛阳市的高，可能与二次有机碳的生成密切相关。洛阳市和平顶山市的 SO_4^{2-} 所占比例较郑州市的略高，表明这两个城市受 SO_4^{2-} 的影响比郑州市严重。平顶山市的 EC 含量较高，郑州市次之，洛阳市最低，EC 多来自化石燃料的不完全燃烧排放，表明平顶山市的化石燃料燃烧污染较严重。

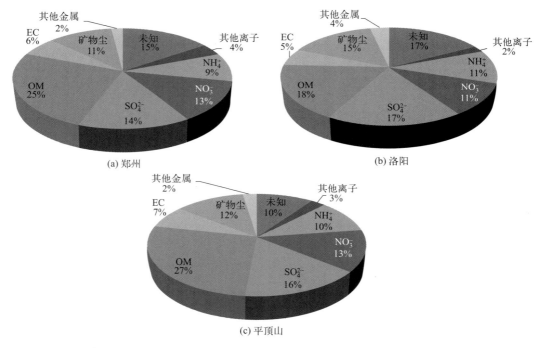

图 4-13　三个城市大气 $PM_{2.5}$ 化学组分重构结果

2016 年郑州市 $PM_{2.5}$ 化学组分重构结果（表 4-10）显示，$PM_{2.5}$ 中最主要的化学组分 OM 变化趋势为冬季（31.2μg/m³）>夏季（27.2μg/m³）>春季（21.1μg/m³）>秋季（20.8μg/m³），EC 变化趋势为秋季（4.2μg/m³）>春季（3.9μg/m³）>冬季（3.6μg/m³）>夏季（3.2μg/m³）；NH_4^+ 为夏季（12.9μg/m³）>冬季（10.5μg/m³）>春季（9.5μg/m³）>秋季（7.8μg/m³）；SO_4^{2-} 为夏季（25.7μg/m³）>春季（13.7μg/m³）>冬季（13.2μg/m³）>秋季（11.4μg/m³）；NO_3^-

为春季（17.2μg/m³）＞秋季（17.0μg/m³）＞夏季（13.4μg/m³）＞冬季（13.3μg/m³）。矿物尘在春季最高（17.4μg/m³），冬季最低（5.5μg/m³）。就年均浓度而言，含量最高的为 OM（25.0μg/m³），其次为 SO_4^{2-}（16.5μg/m³）、NO_3^-（15.2μg/m³）、矿物尘（11.5μg/m³）、NH_4^+（10.3μg/m³）。

表4-10　2016年郑州市 $PM_{2.5}$ 化学组分重构结果　　　　　　　　单位：μg/m³

站点	季节	样品数	$PM_{2.5}$	OM	EC	NO_3^-	SO_4^{2-}	NH_4^+	其他离子	矿物尘	其他金属	其他
郑州大学	冬季	13	189.2	31.2	3.6	13.3	13.2	10.5	8.0	5.5	0.6	14.1
	春季	16	108.1	21.1	3.9	17.2	13.7	9.5	6.2	17.4	0.9	10.0
	夏季	17	57.4	27.2	3.2	13.4	25.7	12.9	4.0	9.3	0.8	3.4
	秋季	14	96.3	20.8	4.2	17.0	11.4	7.8	5.7	12.9	0.9	19.3
	全年	60	108.6	25.0	3.7	15.2	16.5	10.3	5.8	11.5	0.8	11.2

4.4.3　PMF 源解析结果

（1）大气 $PM_{2.5}$ 来源解析

本研究中 PMF 源解析所用样品数据为郑州市、洛阳市、平顶山市的大气颗粒物膜采样及组分分析数据。分别对2014年10月至2015年7月郑州、洛阳和平顶山采样点以及2016年1～10月郑州采样点采样期间细颗粒物进行源解析。本研究使用 PMF5.0 模型进行来源解析，模式运行过程选取物种包括 $PM_{2.5}$、水溶性离子（Na^+、NH_4^+、Ca^{2+}、Cl^-、F^-、NO_3^-、SO_4^{2-}）、EC、OC 和17种金属元素。根据结果及各种源的排放特征或标志元素，进行污染源识别。研究区域细颗粒物的 PMF 源解析结果，各类源对郑州、洛阳和平顶山大气细颗粒物贡献率如表4-11所列。

表4-11　郑州市、洛阳市和平顶山市 PMF 源解析结果

项目	郑州市	洛阳市	平顶山市
采样时间段	2014-10～2015-07	2014-10～2015-07	2014-10～2015-07
$PM_{2.5}$ 质量浓度/（μg/m³）	121	98	103
二次气溶胶/%	34.2	35.9	34.2
生物质燃烧源/%	8.5	8.9	7.8
扬尘源/%	12.6	9.9	19.0
机动车源/%	13.4	7.8	7.8
燃煤源/%	13.9	16.7	15.8
工业源/%	13.6	13.3	11.8
其他/%	3.8	7.5	3.7

郑州市2014年10月至2015年7月的主要污染源对大气 $PM_{2.5}$ 质量浓度的贡献率分别为：二次气溶胶（34.2%）、燃煤源（13.9%）、工业源（13.6%）、机动车源（13.4%）、扬尘源（12.6%）和生物质燃烧源（8.5%）。对 $PM_{2.5}$ 质量浓度贡献最大的污染源为二次气溶胶，且高于郑州市2010～2011年结果（26.7%），说明郑州市大气二次气溶胶污染呈现出越来越严重的特点。扬尘源的贡献呈现出明显的下降趋势，明显低于2010～2011年结果（25.9%），说明近年来郑州市大力治理扬尘污染对改善空气质量起到了一定的作用。综上，二次气溶胶、燃煤源和机动车源是郑州市 $PM_{2.5}$ 污染的主要来源，需要制定合理的控制措施，进一步

加强管理。

洛阳市 2014 年 10 月至 2015 年 7 月的主要污染源对大气 $PM_{2.5}$ 质量浓度的贡献率分别为：二次气溶胶（35.9%）、燃煤源（16.7%）、工业源（13.3%）、扬尘源（9.9%）、生物质燃烧源（8.9%）和机动车源（7.8%）。其中二次气溶胶和燃煤源对洛阳 $PM_{2.5}$ 的贡献率较高，贡献率分别为 35.9% 和 16.7%；其次为工业源和扬尘源，贡献率分别为 13.3% 和 9.9%。

平顶山市 2014 年 10 月至 2015 年 7 月的主要污染源对大气 $PM_{2.5}$ 质量浓度的贡献率分别为：二次气溶胶（34.2%）、扬尘源（19.0%）、燃煤源（15.8%）、工业源（11.8%）、生物质燃烧源（7.8%）和机动车源（7.8%）。其中二次气溶胶和扬尘源对平顶山 $PM_{2.5}$ 的贡献率较高，贡献率分别为 34.2% 和 19.0%；其次为燃煤源和工业源，贡献率分别为 15.8% 和 11.8%。

图 4-14（书后另见彩图）为 2016 年郑州市 $PM_{2.5}$ 源解析结果。其中，如图 4-14（a）所示，郑州市 $PM_{2.5}$ 的 PMF 源解析结果为：二次气溶胶贡献率 39.7%；机动车源贡献率 18.2%，郑州市机动车数量每年约增加 30 万辆，因此机动车源对 $PM_{2.5}$ 的贡献显著增加；燃煤源贡献率 17.1%；扬尘源贡献率 10.7%；工业源贡献率 8.8%，采样阶段正值环保督察期，一些工业企业关停、限产，所以工业源贡献较低；生物质燃烧源贡献率 5.5%，也有明显下降。图 4-14（b）为以 2016 年郑州市污染源清单为依据，对大气 $PM_{2.5}$ 二次气溶胶分行业进行贡献计算的结果，图中显示：电力贡献最大，高达 18.2%；其次为机动车（8.4%）；接着是工艺过程，贡献率 6.4%；除此之外，非道路机械、工业锅炉以及民用源也有部分贡献，分别为 2.5%、2.5% 和 1.5%。2016 年郑州市 $PM_{2.5}$ 综合源解析结果如图 4-14（c）所示，可以看到：燃煤源贡献最大，高达 39.3%；其次为机动车源（29.3%）；工业源贡献率为 15.2%；扬尘源和生物质燃烧源贡献率分别为 10.7% 和 5.5%。

（2）$PM_{2.5}$ 中 PAHs 来源解析

根据不同污染源各自特定的 PAHs 标记物种，将 PAHs 的日均浓度和不确定度输入 PMF 模型。本研究解析出 5 个 PAHs 污染源，每个污染源都有特定的物种可以对应特定的排放源，从而可以识别排放源的类别。

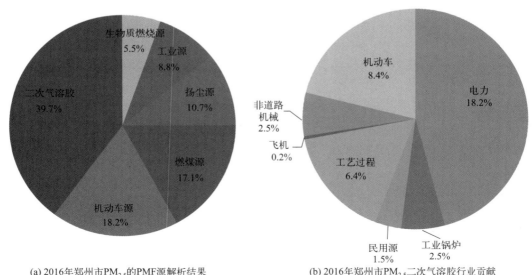

(a) 2016年郑州市$PM_{2.5}$的PMF源解析结果　　(b) 2016年郑州市$PM_{2.5}$二次气溶胶行业贡献

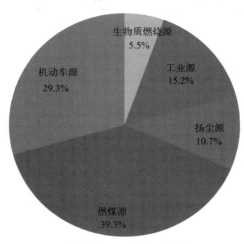

(c) 2016年郑州市$PM_{2.5}$综合源解析结果

图 4-14　2016 年郑州市 $PM_{2.5}$ 源解析结果

郑州、洛阳和平顶山分别有 63 组、62 组和 61 组有效数据。在运行 PMF 模型解析研究区域 PAHs 的来源时，本研究尝试了 3～6 个因子，最终确定了 5 个因子，各个因子特征多环芳烃具有源指示性，可以找到对应的污染源。这 5 个因子分别为燃煤源（因子 1）、工业源（因子 2）、生物质燃烧源（因子 3）、柴油燃烧源（因子 4）和汽油燃烧源（因子 5）。3 个采样点 PAHs 因子谱图如图 4-15 所示（书后另见彩图）。

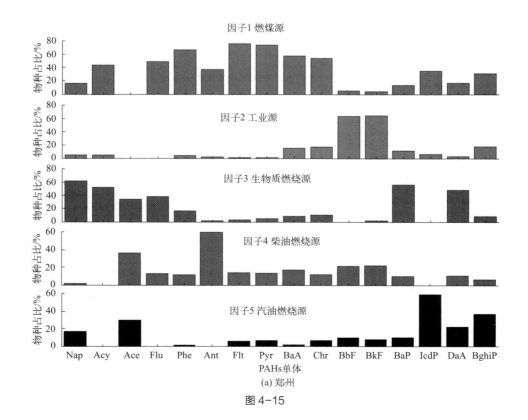

(a) 郑州

图 4-15

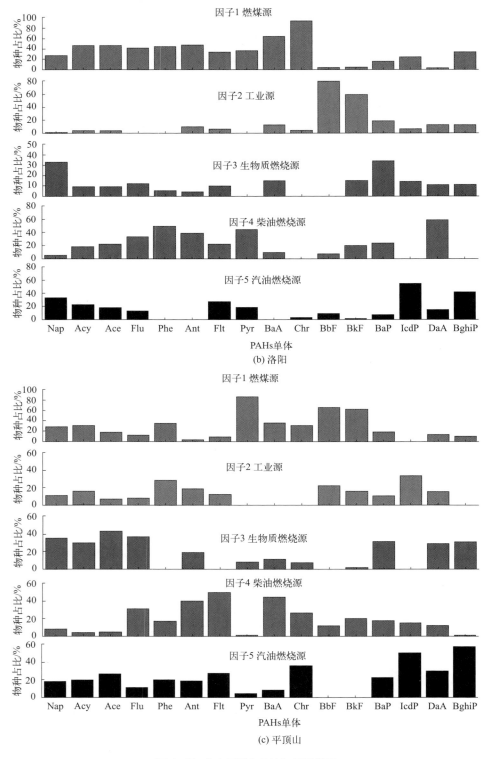

图 4-15 3 个采样点 PAHs 因子谱图

因子 1 中载荷较大的物种为 Flu、Phe、Ant、Flt、Pyr、BaA 和 Chr，与文献报道的燃煤燃烧排放多环芳烃的源谱相似，另外 Pyr 和 BaA 是煤燃烧产生多环芳烃的标志性物种，因此因子 1 识别为燃煤源。煤燃烧贡献最大，与研究区域的能源结构以燃煤为主有关。因子 2 中主要的物种为 BbF、BkF、IcdP 和 DaA，根据文献研究 BbF、IcdP 和 BghiP 是工业窑炉和炼焦厂排放多环芳烃的源指示物种，因此因子 2 识别为工业源。因子 3 载荷较大的物种为 Nap、Acy、Ace、Flu、BaP 和 DaA，与文献报道的生物质燃烧多环芳烃的源谱相似，并且 BaP 可以较好地指示生物质燃烧源，因此因子 3 识别为生物质燃烧源。BghiP、IcdP 是汽油燃烧的标记物，Phe、Ace、Ant、Pyr、IcdP、Flt、BbF、BkF、BaA 是柴油燃烧的主要标记物，因此因子 4 和因子 5 分别识别为柴油燃烧源和汽油燃烧源。

3 个采样点各类源对 PAHs 的贡献率如表 4-12 所列。燃煤源对郑州、洛阳和平顶山的大气 $PM_{2.5}$ 中 PAHs 的贡献率分别为 39%、36% 和 38%；工业源的贡献率分别为 20%、22% 和 21%；生物质燃烧源的贡献率分别为 9%、13% 和 10%；汽油燃烧源的贡献率分别为 22%、15% 和 16%；柴油燃烧源的贡献率分别为 10%、14% 和 15%。由源解析结果可看出，燃煤源对研究区域大气 $PM_{2.5}$ 中 PAHs 的贡献最大，其次为机动车排放源，主要为汽油车和柴油车的排放尾气，工业源和生物质燃烧源的贡献相对较小。

表 4-12　3 个采样点各类源对 PAHs 的贡献率　　　　单位：%

城市	燃煤源	工业源	生物质燃烧源	汽油燃烧源	柴油燃烧源
郑州	39	20	9	22	10
洛阳	36	22	13	15	14
平顶山	38	21	10	16	15

源解析结果与三个城市的产业结构特点相一致，这三个城市的能源结构主要以燃煤为主，且郑州市的燃煤能源消耗要高于其他两个城市，因此燃煤对郑州市大气细颗粒物中 PAHs 的贡献最大。近年来，随着经济发展和居民生活水平的提高，城市机动车保有量迅速增加，机动车污染问题日益严重，郑州市的机动车保有量也远高于其他两个城市，因此机动车的贡献也相对较高。

（3）$PM_{2.5}$ 中正构烷烃源解析

在运行 PMF 模型解析研究区域正构烷烃的来源时，将正构烷烃的日均浓度和不确定度输入 PMF 模型，尝试了 2～6 个因子，最终确定了 5 个因子，各个因子区分较明显且具有源指示性。这 5 个因子分别为高等植物排放源（因子 1）、秸秆燃烧源（因子 2）、燃煤源（因子 3）、汽油燃烧源（因子 4）和柴油燃烧源（因子 5）。3 个采样点正构烷烃的因子谱图如图 4-16 所示（书后另见彩图）。

因子 1 中占比较大的物种为，C_{26}～C_{38} 正构烷烃。据文献研究，C_{26}～C_{36} 主要来自高等植物蜡排放的生源，因此因子 1 识别为高等植物排放源。因子 2 中低碳数正构烷烃占比很小，而高碳数占比较大，占比最大的正构烷烃为 C_{29}，与文献报道的小麦秸秆燃烧的正构烷烃源谱相似，因此因子 2 识别为秸秆燃烧源。因子 3 中碳数小于 20 的正构烷烃占比较大，占比最大的正构烷烃为 C_{18}，与文献研究的燃煤排放颗粒物中正构烷烃的分布特征相符，因此因子 3 识别为燃煤源。汽油车和柴油车尾气中正构烷烃源谱的分布特征存在显著差别，柴油车尾气中正构烷烃以 C_{20} 为主峰碳（洛阳为 C_{21}），且 $C_{19} \sim C_{21}$ 的正构烷烃占比高于汽油车尾气，该特征可用于识别环境空气颗粒物中来自柴油尾气排放的正构烷烃，因此因子 4 和因子 5 分别识别为汽油燃烧源和柴油燃烧源。

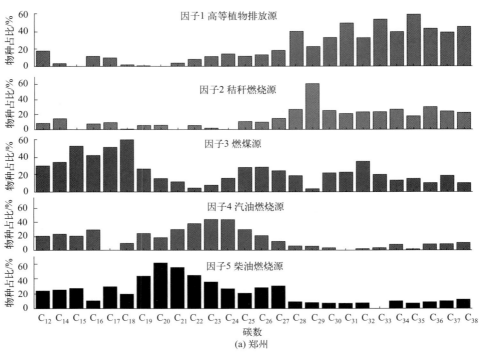

(a) 郑州

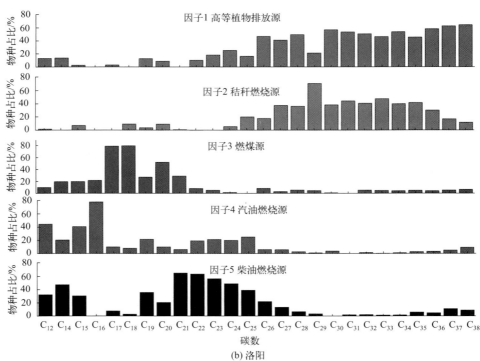

(b) 洛阳

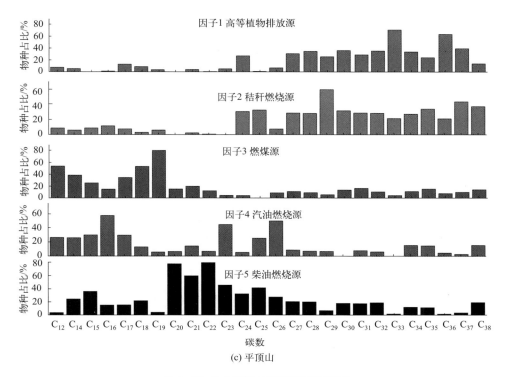

(c) 平顶山

图 4-16 3 个采样点正构烷烃因子谱图

3 个采样点各类源对正构烷烃的贡献率如表 4-13 所列。燃煤源对郑州市、洛阳市和平顶山市的大气 $PM_{2.5}$ 中正构烷烃的贡献率分别为 31%、30% 和 27%；汽油燃烧源的贡献率分别为 17%、11% 和 12%；柴油燃烧源的贡献率分别为 20%、26% 和 24%；秸秆燃烧源的贡献率分别为 10%、12% 和 11%；高等植物排放源的贡献率分别为 22%、21% 和 26%。由源解析结果可看出，人为源（包括燃煤源、机动车排放源和秸秆燃烧源）是研究区域大气 $PM_{2.5}$ 中正构烷烃的主要来源，高等植物排放源的贡献较小。

表 4-13 3 个采样点各类源对正构烷烃的贡献率　　　　　单位：%

城市	高等植物排放源	秸秆燃烧源	燃煤源	汽油燃烧源	柴油燃烧源
郑州	22	10	31	17	20
洛阳	21	12	30	11	26
平顶山	26	11	27	12	24

4.4.4 CMB 源解析结果

根据三个典型城市 $PM_{2.5}$ 中金属元素、OC、EC 和水溶性离子化学组成，结合 $PM_{2.5}$ 源谱数据，用 CMB8.2 模型对郑州、洛阳和平顶山大气 $PM_{2.5}$ 进行源解析。

本研究所采用的 CMB 源谱中，NH_4NO_3 和 $(NH_4)_2SO_4$ 源谱为其分子式比例，分别用来代表二次硝酸盐和二次硫酸盐，燃煤源谱、工业源谱、机动车源谱、生物质燃烧源谱、扬尘源谱来自郑州本地。各排放源对 $PM_{2.5}$ 的贡献率如表 4-14 所列。

表 4-14 郑州、洛阳和平顶山 CMB 源解析结果

项目	郑州		洛阳	平顶山
采样时间段	2014-10～2015-07	2016-01～2016-10	2014-10～2015-07	2014-10～2015-07
$PM_{2.5}$ 质量浓度/（μg/m³）	121.0	109.0	98.0	103.0
二次硝酸盐/%	12.3	16.9	12.9	14.4
二次硫酸盐/%	13.7	13.6	15.6	17.2
生物质燃烧源/%	7.9	8.2	6.5	8.0
扬尘源/%	13.6	10.8	12.5	16.0
机动车源/%	8.5	20.2	10.0	11.7
燃煤源/%	23.0	18.2	20.4	16.8
工业源/%	11.4	9.8	12.9	7.2
其他/%	9.6	2.3	9.2	8.6

CMB 源解析结果表明，郑州 2014 年 10 月至 2015 年 7 月主要污染源对大气 $PM_{2.5}$ 质量浓度的贡献率分别为：二次硝酸盐（12.3%）、二次硫酸盐（13.7%）、生物质燃烧源（7.9%）、扬尘源（13.6%）、机动车源（8.5%）、燃煤源（23.0%）和工业源（11.4%）。郑州 2016 年 1～10 月主要污染源对大气 $PM_{2.5}$ 质量浓度的贡献率分别为：机动车源（20.2%）、燃煤源（18.2%）、二次硝酸盐（16.9%）、二次硫酸盐（13.6%）、扬尘源（10.8%）、工业源（9.8%）和生物质燃烧源（8.2%）。洛阳 2014 年 10 月至 2015 年 7 月主要污染源对大气 $PM_{2.5}$ 质量浓度的贡献率分别为燃煤源（20.4%）、二次硫酸盐（15.6%）、二次硝酸盐（12.9%）、工业源（12.9%）、扬尘源（12.5%）、机动车源（10.0%）和生物质燃烧源（6.5%）。平顶山 2014 年 10 月至 2015 年 7 月主要污染源对大气 $PM_{2.5}$ 质量浓度的贡献率分别为：二次硫酸盐（17.2%）、燃煤源（16.8%）、扬尘源（16.0%）、二次硝酸盐（14.4%）、机动车源（11.7%）、生物质燃烧源（8.0%）和工业源（7.2%）。

研究区域 PMF 和 CMB 的解析结果较为一致，扬尘源和生物质燃烧源 PMF 和 CMB 贡献率结果偏差较小，在 3% 以内；机动车源和工业源偏差在 5% 以内；燃煤源贡献率除郑州市 2015 年 PMF 结果比 CMB 结果低 9.1% 外，其余结果偏差在 5% 以内。PMF 与 CMB 的解析结果偏差在可接受范围内。

由来源解析结果可知，研究区域细颗粒物污染是由燃煤、机动车、生物质燃烧、扬尘和工业过程等共同导致的，因此要减轻污染，不能只从单一污染源着手，而应采取综合治理措施，从各方面控制污染物的排放。研究区域细颗粒物污染不仅是由一次污染源造成的，还受到了二次转化的重要影响。燃煤、机动车、生物质燃烧和工业过程等污染源不仅直接排放了大量颗粒物，还排放了大量 SO_2、NO_x 和 VOCs 等二次气溶胶前体物，它们在大气中发生光化学反应后生成的二次产物是 $PM_{2.5}$ 的重要来源，因此有效控制这些污染源所带来的气态污染物将成为细颗粒物减排的重点。在采取有效措施减少 $PM_{2.5}$ 一次排放量的同时，还应重点加强其相关前体物的减排工作，这是减轻 $PM_{2.5}$ 污染的关键突破口。

4.5 健康风险评估

4.5.1 重金属元素的健康风险评估

大气颗粒物中的重金属可通过吸入和摄入而累积在人体中,从而造成短期和长期的不利健康效应,特别是对于儿童。相比分析大气颗粒物中的重金属总含量,健康风险评估可以为决策者提供更有价值的信息。健康风险评估方法通常用于评估由各种污染物引起的风险,包括非致癌和致癌风险。当地居民直接暴露于 $PM_{2.5}$ 中的途径是吸入和摄入。一般超过 $10\mu m$ 的颗粒会在鼻/咽处被截留,但是,$PM_{2.5}$ 能够深入呼吸道,到达肺部,被人体吸收。相比 TSP 和 PM_{10},$PM_{2.5}$ 在大气中的停留时间较长,因此负载在 $PM_{2.5}$ 上的重金属对人类的健康威胁更大。本研究使用美国环保署推荐的人体健康风险评估方法,计算 $PM_{2.5}$ 中几种重金属吸入暴露途径造成的致癌和非致癌健康风险。其计算公式如下:

$$EC = (C \times ET \times EF \times ED)/AT_n \tag{4-15}$$

$$HQ(非致癌风险) = EC/(RfC_i \times 1000) \tag{4-16}$$

$$CR(致癌风险) = IUR \times EC \tag{4-17}$$

式中　EC——吸入暴露浓度,$\mu g/m^3$;

C——重金属算术平均浓度的 95% 置信上限(UCL),作为可信最大暴露浓度,$\mu g/m^3$;

ET——曝光时间,h/d,取 6h/d;

EF——曝光频率,d/a,取 350d/a;

ED——曝光时间,a,儿童和成人分别为 6a 和 24a;

AT_n——平均时间非致癌为 $AT_n = ED \times 365d/a \times 24h/d$,致癌为 $AT_n = 70a \times 365d/a \times 24h/d$;

RfC_i——吸入参考浓度,mg/m^3;

IUR——吸入单位风险,$m^3/\mu g$。

RfC_i、IUR、ET、EF、ED 和 AT_n 采用美国环保署发布的用户指南/技术中的 RSL(区域筛选水平表)。

对于致癌风险,美国环保署的风险管理局认为,CR 超过 1×10^{-4} 是不可接受的,在 1×10^{-6} 以下不会造成任何重大的健康影响,在 $1 \times 10^{-6} \sim 1 \times 10^{-4}$ 之间为可接受的风险范围。危险指数(HI)为 HQ 的总和,用于评估由一种以上的化学物质造成的非致癌效应的整体潜力。HQ 和 HI 低于 1 表明没有显著的非致癌风险;相反,上述值超过 1,则意味着存在非致癌风险。

$PM_{2.5}$ 中重金属元素通过吸入暴露的致癌风险和非致癌风险如表 4-15 所列。结果显示,3 个采样点的儿童和成人中,As、Cd、Cr、Co、Ni 和 Pb 的 CR 值均低于 1×10^{-4},表明这些重金属对儿童和成人的致癌风险均没有超过不可接受水平。3 个采样点,几种重金属的致癌风险值最高的均为 Cr,其次为 As。Cr 和 As 对成人和儿童的致癌风险高于安全值(1×10^{-6}),表明 $PM_{2.5}$ 中重金属具有致癌风险,但是可以接受,Cr 成人和儿童的 CR 值变化趋势均为:郑州＞平顶山＞洛阳。As 成人和儿童 CR 值变化趋势均为:洛阳＞平顶山＞郑州。3 个采样点,Co、Cd、Pb 和 Ni 的儿童致癌风险值均低于 1×10^{-6},处于安全水平。总体来讲,长时间暴露时,3 个采样点大气 $PM_{2.5}$ 重金属吸入暴露途径的成人致癌风险大于儿童致癌风险。儿童和成人中 Cr、As 和 Pb 的致癌风险值高于 2010～2011 年的估算值。Cr 的主要排放源是煤燃烧和钢铁生产。因此，政府必须采取必要措施，控制重金属排放，保护居民的健康。对于非致癌风险，3 个采样点 7 种重金属（V、Cr、As、Mn、Cd、Co 和 Ni）各自的风险值均低于安全水平（HQ＜1），表明每种重金属都没有发生显著的非致癌风险。3 个采样点 As、Mn 和 Cd 的非致癌健康风险值较高，范围在 0.15～0.64，较为接近安全水平（HQ=1）；其中郑州市 Mn 的风险值最高，为 0.32，其次为 As 和 Cd，均为 0.25；平顶山市 Mn 的风险值也最高，为 0.64，其次为 As 和 Cd，分别为 0.32、0.15；不同于其他两个采样点，洛阳市 As 的风险值最高，为 0.64，高于 Mn（0.43）和 Cd（0.21）。总体来讲，HI 值变化情况为：洛阳＞平顶山＞郑州，且 3 个采样点的 HI 值均高于 1，表明这些重金属可能会对人体产生非致癌性健康影响。总而言之，As、Mn 和 Cd 可能会引起显著的累积非致癌风险。

表 4-15　3 个采样点 $PM_{2.5}$ 中重金属元素吸入暴露途径健康风险

元素	郑州		洛阳		平顶山	
	非致癌风险		非致癌风险		非致癌风险	
	儿童吸入	成人吸入	儿童吸入	成人吸入	儿童吸入	成人吸入
V	1.02×10^{-2}	1.02×10^{-2}	1.52×10^{-2}	1.52×10^{-2}	1.43×10^{-2}	1.43×10^{-2}
Cr	1.36×10^{-1}	1.36×10^{-1}	6.42×10^{-2}	6.42×10^{-2}	8.21×10^{-2}	8.21×10^{-2}
Co	2.66×10^{-2}	2.66×10^{-2}	9.69×10^{-2}	9.69×10^{-2}	1.35×10^{-1}	1.35×10^{-1}
As	2.47×10^{-1}	2.47×10^{-1}	6.39×10^{-1}	6.39×10^{-1}	3.24×10^{-1}	3.24×10^{-1}
Mn	3.16×10^{-1}	3.16×10^{-1}	4.26×10^{-1}	4.26×10^{-1}	6.44×10^{-1}	6.44×10^{-1}
Cd	2.46×10^{-1}	2.46×10^{-1}	2.06×10^{-1}	2.06×10^{-1}	1.51×10^{-1}	1.51×10^{-1}
Ni	3.14×10^{-2}	3.14×10^{-2}	3.58×10^{-2}	3.58×10^{-2}	9.57×10^{-2}	9.57×10^{-2}
HI	1.01	1.01	1.48	1.48	1.45	1.45
元素	致癌风险		致癌风险		致癌风险	
	儿童吸入	成人吸入	儿童吸入	成人吸入	儿童吸入	成人吸入
Cr	1.40×10^{-5}	5.61×10^{-5}	6.61×10^{-6}	2.64×10^{-5}	8.45×10^{-6}	3.38×10^{-5}
Co	1.23×10^{-7}	4.93×10^{-7}	4.49×10^{-7}	1.79×10^{-6}	6.23×10^{-7}	2.49×10^{-6}
As	1.37×10^{-6}	5.47×10^{-5}	3.53×10^{-6}	1.41×10^{-5}	1.79×10^{-6}	7.16×10^{-6}
Cd	3.79×10^{-7}	1.52×10^{-6}	3.19×10^{-7}	1.27×10^{-6}	2.33×10^{-7}	9.31×10^{-7}
Pb	6.66×10^{-7}	2.66×10^{-6}	4.24×10^{-7}	1.70×10^{-6}	3.27×10^{-7}	1.31×10^{-6}
Ni	3.23×10^{-8}	1.29×10^{-7}	3.68×10^{-8}	1.47×10^{-7}	9.84×10^{-8}	3.94×10^{-7}

4.5.2　多环芳烃的健康风险评价

（1）多环芳烃毒性当量法（toxic equivalent quantity）

由于多环芳烃具有致畸、致癌和致突变的特性，对人体健康存在潜在不利影响。我国《环境空气质量标准》（GB 3095—2012）中明确规定环境空气中 BaP 质量浓度年平均值不得超过 $1ng/m^3$，24h 平均浓度不得超过 $2.5ng/m^3$。由表 4-16 可以看出，3 个采样点 BaP 年平均浓度均超过《环境空气质量标准》规定的其在环境空气中的质量浓度限值，且秋冬季污染较为严重。

然而不同种类多环芳烃的毒性不相同，仅以 BaP 衡量大气颗粒中多环芳烃对健康的影响并不全面。因此常用 BaP 毒性当量法（BaP$_{TEQ}$）评价多环芳烃对健康的风险，即多环芳烃的毒性组分乘以等量因子等效为 BaP 的浓度。本研究中毒性当量因子（toxic equivalency factors，TEFs）选取文献研究结果，BaP$_{TEQ}$ 计算公式如下：

$$BaP_{TEQ}=([NaP]+[Acy]+[Ace]+[Flu]+[Phe]+[Flt]+[Pyr])\times 0.001+([Ant]+[Chr]+[BghiP])\times 0.01 \\ +([BaA]+[BbF]+[BkF]+[IcdP])\times 0.1+([BaP]+[DaA])\times 1 \quad (4-18)$$

根据计算得到 3 个采样点不同季节 PM$_{2.5}$ 中 BaP$_{TEQ}$ 如表 4-16 所列。由表 4-16 可知，研究区域不同季节 PM$_{2.5}$ 中的 BaP$_{TEQ}$ 均超过国家规定的 BaP 在空气中的浓度限值。BaP$_{TEQ}$ 均呈现出冬季＞秋季＞春季＞夏季的趋势，这与 PAHs 在不同季节的浓度分布特征一致。致癌多环芳烃（CANPAHs）包括 BaA、Chr、BbF、BkF、BaP、IcdP 和 DaA。郑州、洛阳和平顶山的 CANPAHs/Σ$_{16}$PAHs 年均值均为 0.6，表明研究区域致癌多环芳烃的占比相对较高。这些结果表明，研究区域多环芳烃的浓度对人体健康存在较高的潜在风险。

表 4-16 3 个采样点 PAHs 健康风险参数

项目	郑州					洛阳					平顶山				
	秋	冬	春	夏	年均	秋	冬	春	夏	年均	秋	冬	春	夏	年均
Σ$_{16}$PAHs/(ng/m^3)	57	114	36	24	57	111	121	42	18	73	234	302	119	74	182
BaP/(ng/m^3)	3.3	2.8	2.5	1.7	2.6	9.6	7.6	4.9	0.8	5.7	2.5	3.7	3.4	3.1	3.2
BaP$_{TEQ}$/(ng/m^3)	7.2	7.5	4.9	3.5	5.8	22.4	24.5	8.3	3.1	14.6	20.6	24.6	12.3	8.9	16.5
CANPAHs/(ng/m^3)	38	54	24	17	33	73	64	28	10	43	153	174	66	40	107
CANPAHs/Σ$_{16}$PAHs	0.7	0.5	0.7	0.7	0.6	0.7	0.5	0.7	0.5	0.6	0.7	0.6	0.6	0.5	0.6
ILCRs/10^{-6}	0.77	0.80	0.52	0.40	0.62	2.10	2.60	1.30	0.95	1.70	2.30	2.50	0.80	0.33	1.53

注：ILCRs 表示增量终生致癌风险。

（2）增量终生致癌风险（incremental lifetime cancer risks，ILCRs）

增量终生致癌风险常被用作评价某致癌物对人体致癌风险的指标，是指由于暴露在致癌物质中而产生的超过正常水平的癌症发病率。人体呼吸暴露 ILCRs 的计算公式如下：

$$ILCRs=\left[CSF\left(\frac{BW}{70}\right)^{1/3}\right]\times \frac{C\times IR\times T\times EF\times ED}{BW\times AT}\times cf \quad (4-19)$$

式中　CSF——BaP 的呼吸致癌斜率因子，kg·d/mg，为 3.1kg·d/mg；
　　　BW——成年人体重，kg，取 70kg；
　　　C——PM$_{2.5}$ 中的 Σ$_{16}$PAHs$_{TEQ}$ 浓度，ng/m^3；
　　　IR——呼吸速率，m^3/h，该值的计算是基于假设成年居民每年的暴露时间为 350d，每天吸入的空气体积为 20m^3，每年大约有两周的时间不在本研究区域，最终得到 IR 的计算值为 0.83m^3/h；
　　　T——日暴露时间，h，取 4h；

EF——年暴露频率，d/a，取 350d/a；
ED——暴露时间，a，取 53a；
AT——平均寿命，a，按 70a 计算，约为 25550d；
cf——转换因子，10^{-6}。

本研究利用 $\Sigma_{16}PAHs_{TEQ}$ 的质量浓度计算了日暴露时间 4h 的增量终生致癌风险，计算出郑州、洛阳和平顶山可能的增量终生致癌风险的变化范围分别为 $1.6\times10^{-7} \sim 2.0\times10^{-6}$、$2.0\times10^{-7} \sim 4.7\times10^{-6}$ 和 $4.0\times10^{-7} \sim 3.4\times10^{-6}$。根据美国环保署规定，ILCRs 可接受和可忽略的风险水平是 10^{-6}。本研究结果表明，在研究区域内存在一定的人体健康风险，风险水平为可接受等级。由于 ILCRs 计算公式参数变化范围较大，不同地区和分类会造成计算结果变量差异较大，本研究的计算结果仅针对 16 种优先控制的多环芳烃毒性当量对成年人呼吸暴露造成的潜在致癌风险进行评估。

4.6 郑州市颗粒物化学组分与源解析长期变化趋势

4.6.1 颗粒物化学组分变化

在典型城市的研究基础上，研究团队还对郑州市长时间 $PM_{2.5}$ 的浓度及组分特征进行了观测分析。图 4-17 展示了 2015 ~ 2022 年郑州市 $PM_{2.5}$ 组分重构及占比。$PM_{2.5}$ 浓度呈下降趋势，从 2015 年的 121μg/m³ 下降到 2022 年的 58μg/m³，降低了 63μg/m³，下降了 52%。从质量浓度上看，各组分都呈波动下降趋势，2022 年较 2015 年下降了 12% ~ 82%。就 $PM_{2.5}$ 组分占比而言，EC 和 OM 波动下降幅度较为明显，2022 年与 2015 年相比分别减少了 4.7% 和 2.1%，Cl^-、NH_4^+ 和 NO_3^- 占比降幅较小，分别下降了 1.1%、1.0% 和 1.0%；微量元素、SO_4^{2-} 和地壳物质占比与 2021 年相比有较大反弹，NO_3^- 占比先增后降。OM、NO_3^- 和 SO_4^{2-} 是贡献最大的组分。

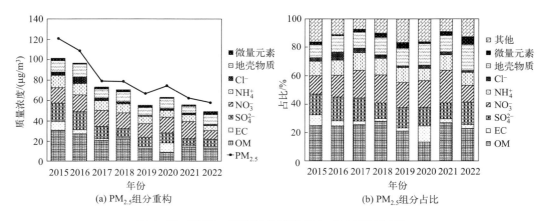

图 4-17 2015 ~ 2022 年郑州市 $PM_{2.5}$ 组分重构及占比

2015 ~ 2022 年郑州市 $PM_{2.5}$ 组分夏季与冬季组分重构及占比如图 4-18 所示。

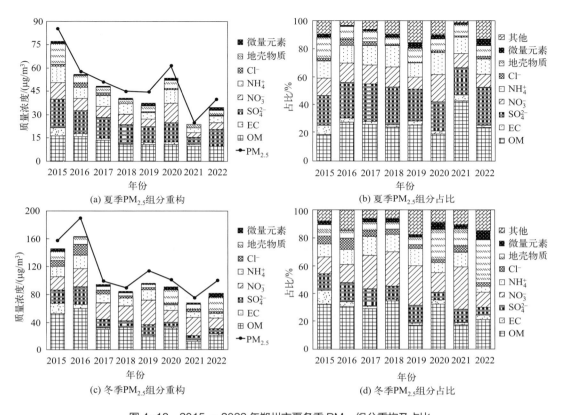

图 4-18　2015～2022 年郑州市夏冬季 PM$_{2.5}$ 组分重构及占比

夏季 PM$_{2.5}$ 浓度整体呈下降趋势，2020 年与 2022 年有所反弹，与 2015 年夏季相比，2022 年夏季 PM$_{2.5}$ 浓度下降了 53%。2021 年各组分质量浓度较 2015 年下降了 39%～90%，下降幅度最大的组分为 Cl$^-$、地壳物质和 EC，分别下降了 90%、85% 和 82%。2022 年除 OM 和 EC 外其余组分浓度均高于 2021 年，其中微量元素浓度超过了 2015 年。就 PM$_{2.5}$ 组分占比而言，SO$_4^{2-}$、OM 和微量元素上升明显，2022 年比 2015 年占比分别增加了 5.3%、4.9% 和 2.7%，其余组分占比均不同程度地下降，2022 年与 2015 年相比下降范围为 0.1%～7.2%。从各年夏季贡献最大的组分上看，2015 年、2017 年、2018 年、2020 年和 2022 年贡献最高的两个组分依次为 SO$_4^{2-}$ 和 OM，而 2016 年、2019 年和 2021 年贡献最高的两个组分依次为 OM 和 SO$_4^{2-}$。

冬季 PM$_{2.5}$ 质量浓度呈波动下降趋势，2016 年达到最高值 189μg/m^3，2022 年冬季 PM$_{2.5}$ 质量浓度为 100μg/m^3，比 2015 年冬季的 157μg/m^3 下降了 36%。从质量浓度上看，2022 年地壳物质和微量元素浓度出现反弹，超过 2015 年水平，其余组分呈波动下降趋势，2022 年较 2015 年下降了 17%～80%，下降幅度最大的组分为 EC、Cl$^-$ 和 SO$_4^{2-}$，分别下降了 80%、71% 和 67%。就 PM$_{2.5}$ 组分占比而言，地壳物质反弹明显，2022 年比 2015 年占比增加 22.4%；其次微量元素的占比也有增加；OM 占比大幅下降，2022 年比 2015 年占比减少 10.8%；EC、SO$_4^{2-}$、NH$_4^+$、Cl$^-$ 和 NO$_3^-$ 的占比分别减少了 7.1%、6.2%、4.7%、3.0% 和 1.3%。从各年度冬季贡献最大的组分上来看，2015～2018 年贡献最高的两个组分依次为 OM 和 NO$_3^-$，2019 年和 2021 年贡献最高的两个组分依次为 NO$_3^-$ 和 OM，2020 年和 2022 年贡献最高的两个组分为 OM 和地壳物质。

从冬夏季对比可以看出，OM 在两个季节中均贡献最高；其次贡献较高的组分，夏季为 SO_4^{2-}，可能是由于较高的气温造成光化学反应强烈，冬季为 NO_3^-，说明冬季受燃煤源的影响较大，可能是由于冬季供暖导致燃煤排放的增加。

2015～2022 年全年及夏冬季 SNA/$PM_{2.5}$ 值和 SO_4^{2-}/NO_3^- 值如图 4-19 和图 4-20 所示。

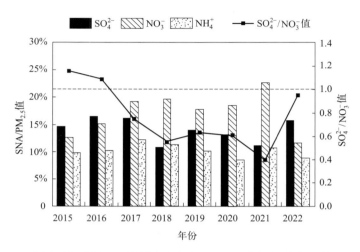

图 4-19　2015～2022 年全年 SNA/$PM_{2.5}$ 值和 SO_4^{2-}/NO_3^- 值

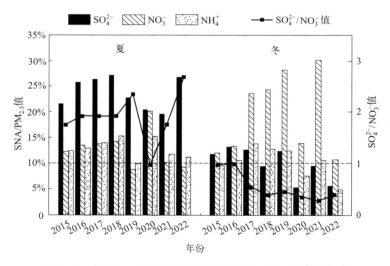

图 4-20　2015～2022 年夏冬季 SNA/$PM_{2.5}$ 值和 SO_4^{2-}/NO_3^- 值

2015～2022 年 $SO_4^{2-}/PM_{2.5}$ 年均值分别为 15%、17%、16%、11%、14%、13%、11% 和 16%，$NO_3^-/PM_{2.5}$ 年均值分别为 13%、15%、19%、20%、18%、18%、23% 和 12%，$NH_4^+/PM_{2.5}$ 年均值分别为 10%、10%、12%、11%、10%、9%、11% 和 9%。SNA/$PM_{2.5}$ 分别为 37%、42%、48%、42%、42%、40%、45% 和 36%，表明二次水溶性离子是大气颗粒物水溶性离子中主要的成分。从图 4-19 中可以看出，从 2017 年开始，$NO_3^-/PM_{2.5}$ 值就超过了 $SO_4^{2-}/PM_{2.5}$ 值，即 SO_4^{2-}/NO_3^- 值 < 1，表明 $PM_{2.5}$ 受移动源的影响增加。

从图 4-20 中可以看出，$SO_4^{2-}/PM_{2.5}$ 值和 $NO_3^-/PM_{2.5}$ 值的季节变化特征较为明显，$SO_4^{2-}/PM_{2.5}$ 值呈现出夏季高于冬季的特征，$NO_3^-/PM_{2.5}$ 值呈现出冬季高于夏季的特征。夏季 SO_4^{2-}/NO_3^- 值 > 1，表明夏季 $PM_{2.5}$ 受固定源影响较大，冬季 SO_4^{2-}/NO_3^- 值 < 1，表明冬季 $PM_{2.5}$ 受移动源影响较大。除了受污染源排放的影响外，SO_4^{2-}/NO_3^- 值在夏季更高还与夏季高温高湿且太阳辐射强的气象条件有关，这样的气象条件有利于 SO_2 的光化学反应及其气固转化过程，夏季高温会促进 SO_2 转化成 SO_4^{2-}，SO_4^{2-} 稳定性较强，高温下不容易分解，从而造成 $SO_4^{2-}/PM_{2.5}$ 值夏季较高，且高温利于 NH_4NO_3 的分解，增大了 SO_4^{2-}/NO_3^- 值。

4.6.2 颗粒物源解析变化趋势

选取 2015 年、2018 年和 2021 年作为典型年份，分析郑州市 $PM_{2.5}$ 污染源变化，CMB 源解析结果如图 4-21 所示。可以明显看出，二次无机盐（$SO_4^{2-}+NO_3^-+NH_4^+$）是郑州市 $PM_{2.5}$ 的重要来源，细颗粒物污染不仅是由一次来源造成的，还受到了二次转化的重要影响，二次来源［二次无机盐 + 二次有机气溶胶（SOA）］占比不断增加，2021 年达到了 52.1%。燃煤源、机动车源与二次来源为郑州市本地主要的三大贡献源。与 2015 年相比，2021 年的燃煤源和工艺过程源占比下降最为明显，分别下降了 7.3% 和 6.1%，生物质燃烧源和扬尘源略有下降，分别下降了 2.9% 和 1.9%；而二次无机盐和机动车源占比增加较多，分别增加了 9.1% 和 4.8%，SOA 占比增加了 2.1%。

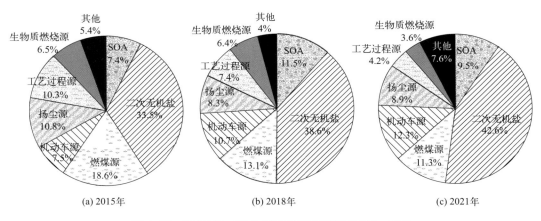

图 4-21　2015 年、2018 年和 2021 年郑州市 $PM_{2.5}$ 来源

将郑州市 2021 年夏季 $PM_{2.5}$ 污染源占比与过去几年相比（图 4-22），可以直观地看出，SOA 和机动车源占比逐年增加，2021 年比 2015 年分别增加了 8% 和 4.3%。扬尘源和二次硫酸盐的降幅明显，分别从 2015 年的 10.6% 和 28.2% 降至 2021 年的 6.1% 和 24.5%。通过对比，可以看出郑州市夏季 $PM_{2.5}$ 的主要贡献源有所变化，不同年份夏季贡献最高的均为二次硫酸盐和二次硝酸盐，占比分别在 24.5%～28.2% 和 14.7%～16.5%，其次各年占比第三的分别为燃煤源（2015 年 11.3%，2018 年 11.1%）和 SOA（2021 年 13.9%），不同年份之间存在差异，二次源、燃煤源和机动车源的总贡献率在 70% 左右。

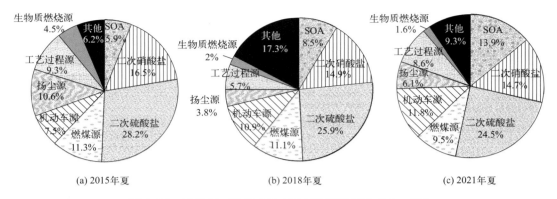

图 4-22　2015 年、2018 年和 2021 年夏季郑州市 $PM_{2.5}$ 来源

郑州市 2021 年冬季 $PM_{2.5}$ 污染源占比与过去几年相比（图 4-23），二次硝酸盐占比显著增加，超过了 35%，较 2015 年增加了 12.6%，机动车源占比也逐年增加。相反的是，燃煤源的占比明显下降，从 2015 年的 19.6% 降至 2021 年的 10.5%，下降了 9.1%。通过对比，可以看出郑州市冬季 $PM_{2.5}$ 的主要贡献源有所变化，贡献最高的均为二次硝酸盐，占比在 23.5% ~ 36.1%。其次各年占比第二的分别为燃煤源（2015 年 19.6%）、SOA（2018 年 15.7%）和机动车源（2021 年 11.5%），占比第三的分别为二次硫酸盐（2015 年 12.2%）和燃煤源（2018 年 14.8%，2021 年 10.5%）。可以看出，二次源、燃煤源和机动车源仍是贡献最高的三大源。冬夏季对比可以看出，二次硫酸盐的贡献夏季高于冬季，而二次硝酸盐和燃煤源的贡献冬季高于夏季。

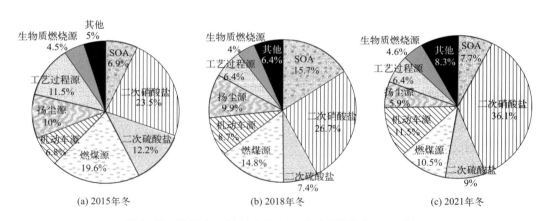

图 4-23　2015 年、2018 年和 2021 年冬季郑州市 $PM_{2.5}$ 来源

4.7　结论与建议

本章通过对郑州市、洛阳市和平顶山市 $PM_{2.5}$ 进行环境样品采集和化学组分分析，利用样品组分数据对颗粒物进行污染特征及源解析的研究，弥补了河南省早期研究中缺少典型城市源解析对比分析的缺陷。同时基于郑州市长期离线采样数据进行研究，分析了长期组分及

源贡献变化趋势。主要结论如下：

① 2014～2015 年采样期间郑州市 $PM_{2.5}$ 的年均值为 121μg/m³，是我国二级标准浓度限值的 3.5 倍，说明郑州市颗粒物污染严重。水溶性离子、含碳组分和金属元素分别占 $PM_{2.5}$ 质量浓度的 43%、22% 和 7%。郑州市主要污染源对大气 $PM_{2.5}$ 的贡献分别为：燃煤源（23%）、二次硫酸盐（13.7%）、扬尘源（13.6%）、二次硝酸盐（12.3%）、工业源（11.4%）、机动车源（8.5%）和生物质燃烧源（7.9%）。燃煤源是郑州市 $PM_{2.5}$ 最大的贡献源，这与郑州市能源消费量的增加有必然联系，降低燃煤源排放是治理 $PM_{2.5}$ 污染的重点。

② 洛阳市 $PM_{2.5}$ 年均值为 98μg/m³，是我国二级标准浓度限值的 2.8 倍，低于郑州市浓度水平。主要污染源对大气 $PM_{2.5}$ 的贡献为：燃煤源（20.4%）、二次硫酸盐（15.6%）、工业源（12.9%）、二次硝酸盐（12.9%）、扬尘源（12.5%）、机动车源（10.0%）和生物质燃烧源（6.5%）。控制贡献量较大的燃煤源和工业源是治理 $PM_{2.5}$ 污染的重点。

③ 平顶山市 $PM_{2.5}$ 年均值为 103μg/m³，是我国二级标准浓度限值的 2.9 倍。主要污染源对大气 $PM_{2.5}$ 的贡献分别为二次硫酸盐（17.2%）、燃煤源（16.8%）、扬尘源（16.0%）、二次硝酸盐（14.4%）、机动车源（11.7%）、生物质燃烧源（8.0%）和工业源（7.2%）。加强对一次污染物的管控，包括控制原煤燃烧、建立区域供暖、促进洗选煤工业发展、加强城市管理、控制建筑扬尘、控制机动车数量和质量、严格淘汰黄标车等措施，可有效降低平顶山市 $PM_{2.5}$ 浓度。同时，在推进环境污染治理的过程中，单纯依赖某个污染源的削减是不够的，必须实施全面的综合策略，从源头到末端全方位管控污染物的排放。有效降低 $PM_{2.5}$ 污染，不仅需要强化一次污染物排放的控制，更要加强 NO_x、NH_3 和 VOCs 等相关前体物的减排，这是减轻 $PM_{2.5}$ 污染的关键。

④ 从长期组分数据变化来看，近年来郑州市 $PM_{2.5}$ 污染改善显著，2022 年 $PM_{2.5}$ 浓度为 58μg/m³，较 2015 年下降了 52%。OM、NO_3^- 和 SO_4^{2-} 是贡献最高的组分。2022 年较 2015 年 EC 和 OM 占比明显下降，而地壳元素和微量元素占比大幅增加。夏季 SO_4^{2-}、OM 和微量元素占比上升，其余组分占比有所下降。冬季地壳物质反弹明显，OM 占比大幅下降。目前，二次源、机动车源和燃煤源已成为郑州市 $PM_{2.5}$ 的三大贡献源。

参考文献

[1] 郑州市统计局. 郑州统计年鉴：2022 [M/OL]. 北京：中国统计出版社，2023.
[2] 河南省统计局. 河南统计年鉴：2022 [M/OL]. 北京：中国统计出版社，2023.
[3] 河南省生态环境厅. 2021 年河南省生态环境状况公报 [EB/OL]. 2022. https：//sthjt. henan. gov. cn/2022/06-07/2463296. html.
[4] 郑州市生态环境局. 2021 年郑州市环境质量状况公报 [EB/OL]. 2022. https：//sthjj.zhengzhou. gov. cn/zlbgs/6464101. jhtml.
[5] Andreae M O. Soot carbon and excess fine potassium：Long-range transport of combustion-derived aerosols [J]. Science, 1983, 220 (4602)：1148-1151.
[6] Cao J J, Zhu C S, Tie X X, et al. Characteristics and sources of carbonaceous aerosols from Shanghai, China [J]. Atmospheric Chemistry and Physics, 2013, 13 (294)：803-817.
[7] Guo Z G, Lin T, Zhang G, et al. Occurrence and sources of polycyclic aromatic hydrocarbons and n-alkanes in $PM_{2.5}$ in the roadside environment of a major city in China [J]. Journal of Hazardous Materials, 2009, 170 (2-3)：888-894.

[8] Weber R J, Guo H Y, Russell A G, et al. High aerosol acidity despite declining atmospheric sulfate concentrations over the past 15 years [J]. Nature Geoscience, 2016, 9(4): 282-285.

[9] Dong Z, Jiang N, Zhang R Q, et al. Molecular characteristics, source contributions, and exposure risks of polycyclic aromatic hydrocarbons in the core city of Central Plains Economic Region, China: Insights from the variation of haze levels [J]. Science of the Total Environment, 2021, 757: 143885.

[10] Jiang N, Li L P, Wang S S, et al. Variation tendency of pollution characterization, sources, and health risks of $PM_{2.5}$-bound polycyclic aromatic hydrocarbons in an emerging megacity in China: Based on three-year data [J]. Atmospheric Research, 2019, 217: 81-92.

[11] 何瑞东, 张轶舜, 陈永阳, 等. 郑州市某生活区大气$PM_{2.5}$中重金属污染特征及生态、健康风险评估 [J]. 环境科学, 2019, 40(11): 4774-4782.

[12] 和兵, 杨洁茹, 徐艺斐, 等. 郑州市夏季$PM_{2.5}$中二次无机组分污染特征及其影响因素 [J]. 环境科学, 2024, 45(01): 36-47.

[13] 吴兑. 大城市区域霾与雾的区别和灰霾天气预警信号发布 [J]. 环境科学与技术, 2008(09): 1-7.

[14] Jain S, Sharma S K, Vijayan N, et al. Seasonal characteristics of aerosols ($PM_{2.5}$ and PM_{10}) and their source apportionment using PMF: A four year study over Delhi, India [J]. Environmental Pollution, 2020, 262: 114337.

[15] Wang J, Li X, Zhang W K, et al. Secondary $PM_{2.5}$ in Zhengzhou, China: Chemical species based on three years of observations [J]. Aerosol and Air Quality Research, 2016, 16(1): 91-104.

[16] 向丽, 田密, 杨季冬, 等. 重庆万州城区大气$PM_{2.5}$中正构烷烃污染特征及来源分析 [J]. 环境科学学报, 2016, 36(04): 1411-1418.

[17] Jiang N, Guo Y, Wang Q, et al. Chemical composition characteristics of $PM_{2.5}$ in three cities in Henan, central China [J]. Aerosol and Air Quality Research, 2017, 17(10): 2367-2380.

[18] 孙佳偲, 董喆, 李利萍, 等. 洛阳市大气细颗粒物化学组分特征及溯源分析 [J]. 环境科学, 2021, 42(12): 5624-5632.

[19] 赵孝囡, 王申博, 杨洁茹, 等. 郑州市$PM_{2.5}$组分、来源及其演变特征 [J]. 环境科学, 2021, 42(08): 3633-3643.

[20] Wang J D, Zhao B, Wang S X, et al. Particulate matter pollution over China and the effects of control policies [J]. Science of the Total Environment, 2017, 584: 426-447.

[21] Lyu X P, Wang Z W, Cheng H R, et al. Chemical characteristics of submicron particulates ($PM_{1.0}$) in Wuhan, Central China [J]. Atmospheric Research, 2015, 161: 169-178.

[22] Tao J, Zhang L M, Cao J J, et al. A review of current knowledge concerning $PM_{2.5}$ chemical composition, aerosol optical properties and their relationships across China [J]. Atmospheric Chemistry and Physics, 2017, 17(15): 9485-9518.

[23] 朱先磊, 张远航, 曾立民, 等. 北京市大气细颗粒物$PM_{2.5}$的来源研究 [J]. 环境科学研究, 2005(05): 1-5.

[24] Xu Q C, Wang S X, Jiang J K, et al. Nitrate dominates the chemical composition of $PM_{2.5}$ during haze event in Beijing, China [J]. Science of the Total Environment, 2019, 689: 1293-1303.

[25] 和兵, 徐艺斐, 袁明浩, 等. 郑州市三年秋冬季霾过程中$PM_{2.5}$组分特征及来源 [J]. 环境科学与技术, 2023, 46(07): 102-109.

[26] 刘光瑾, 苏方成, 徐起翔, 等. 河南省18个城市大气污染物分布特征、区域来源和传输路径 [J]. 环境科学, 2022, 43(08): 3953-3965.

第 5 章

中原城市群污染过程的
关键影响因素研究

5.1　2014 年中牟郊区大气污染过程分析

5.2　2015 年秸秆燃烧期郑州市大气污染过程分析

5.3　秋冬季重污染过程形成的诱发因素

5.4　二次气溶胶生成路径及影响因素

5.5　羰基化合物和 PAN 的污染特征及来源

5.6　结论与建议

秋冬季大气重污染过程是制约中原城市群空气质量持续改善的难点和焦点。由于中原城市群污染物排放强度高，地处中部，污染传输受南北东西夹击，城市密度大，环境容量小，重污染天气的消除面临着巨大挑战。重污染的形成机制非常复杂，受排放、气象、地形、化学反应等多种因素的共同影响。为实现科学精准治霾，迫切需要开展科学研究，识别中原城市群重污染天气的关键诱发因素，揭示$PM_{2.5}$二次生成路径。本章节系统介绍了团队自2014年以来开展的重污染过程跟踪分析研究结果，发现了从2014年秋冬季硫酸盐主导到2017年以后硝酸盐主导的$PM_{2.5}$组分变化规律，总结了不同重污染类型的组分和气象特征，探究了二次气溶胶的生成路径和影响因素，为科学精准治霾提供技术支撑。

5.1 2014年中牟郊区大气污染过程分析

卫星观测显示，我国霾事件发生具有典型的区域性特征，大范围雾霾污染过程常出现在我国中东部地区。卫星观测资料显示，郑州市中牟县常位于大范围雾霾污染的边界。为准确地反映华北背景区域的霾成因，选取中牟县郊区点位（114°1′E，34°42′N）为采样点，距郑州市区大约40km且周围主要为开阔的农田无重工业污染源。采样时间为2014年12月13日至2015年1月10日，采样点距地面约15m，距郑州—民权高速公路约4km，距陇海铁路2km，采样期间没有发现明显的大面积生物质燃烧。

5.1.1 样品采集及观测仪器

静电低压撞击器（ELPI+Dekati，芬兰）用以测量颗粒物质量浓度与数浓度。TISCH八级采样器（Tisch Environment Series 557，美国）用于采集分级颗粒物膜样品。使用微孔均匀撞击式采样器（MOUDI，MSP Model 100，美国）采集大气颗粒物样品。膜样品的具体测试方法详见本书4.2节。研究期间气象参数由河南省气象局提供，中牟县气象观测站距采样点大约10km。所用气象参数主要包括温度、相对湿度、风向、风速及温度垂直分布。观测期间的SO_2、O_3、NO_x等气态污染物数据来自距离采样点最近的国控或省控空气质量自动观测站，数据均由郑州市环保局（现生态环境局）提供。

5.1.2 污染过程

图5-1显示了中牟郊区观测期间$PM_{2.5}$、SO_2、O_3、NO_x浓度变化水平，2014年12月13日～2015年1月9日共28d数据。观测期共经历4次重污染过程：第1次2014年12月14日～2014年12月15日、第2次2014年12月18日～2014年12月20日、第3次2014年12月23日～2014年12月28日、第4次2015年1月2日～2015年1月9日，以第4次污染过程持续时间最长且污染最为严重。观测过程中共有17d $PM_{2.5}$质量浓度日均值超过150μg/m³，达到重度污染，占整个观测期间总天数的61%，仅有4d $PM_{2.5}$质量浓度日均值小于我国空气质量二级标准75μg/m³，占整个观测期间总天数的14%。$PM_{2.5}$小时峰值浓度在

2015年1月5日达到最大值560μg/m³，观测期间最小值为16μg/m³。SO$_2$和NO$_x$浓度变化趋势与颗粒物浓度变化趋势一致。NO$_x$浓度日均值仅3d超过国家空气质量二级标准，日均浓度最小值出现在12月16日为19μg/m³，最大值出现在1月8日达到214μg/m³。SO$_2$浓度日均值在国家二级标准之下，其中日均最大值为106μg/m³，最小值为15μg/m³。

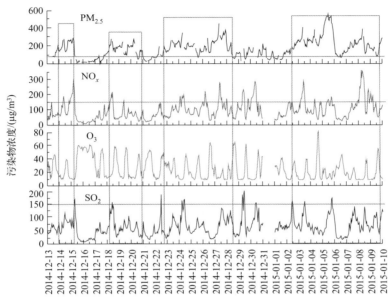

图5-1 中牟郊区观测期间污染物浓度变化趋势

5.1.3 观测期间颗粒物化学组分特征

观测期间使用八级撞击式采样器同步进行膜样品采集，包括重污染天与清洁天共21d有效样品。由于没有PM$_{2.5}$的切割粒径，所以用PM$_{2.1}$数值代表细颗粒物。此次研究中定义PM$_{2.1}$ < 80μg/m³为清洁天，PM$_{2.1}$ > 150μg/m³为重污染天。对清洁天和重污染天化学组分进行分析。观测期间PM$_{2.1}$/PM$_{10}$值范围为0.30~0.56，平均值为0.49，该比值小于在华北平原（0.5~0.8）及长江三角洲区域（0.91）的报道结果。且在清洁天该比值小于重污染天。农村地区裸露地表多，且道路硬化面积低于城市区域，清洁天通常伴随着高的风速，在高的风速下使裸露地表、道路及农田土壤尘增加，导致PM$_{10}$粗颗粒物浓度升高，造成PM$_{2.1}$/PM$_{10}$值较低。

通过对水溶性无机离子的分析发现在重污染天与清洁天SO$_4^{2-}$、NO$_3^-$和NH$_4^+$均是浓度较高的水溶性离子，3种离子浓度顺序为SO$_4^{2-}$ > NO$_3^-$ > NH$_4^+$，见表5-1。SO$_4^{2-}$、NO$_3^-$和NH$_4^+$主要是由SO$_2$、NO$_2$和NH$_3$等二次前体物通过化学反应生成。通过文献调研发现在我国华北平原地区大气颗粒物中的SO$_4^{2-}$浓度通常高于NO$_3^-$，而在部分南方城市则出现NO$_3^-$浓度高于SO$_4^{2-}$。通常认为SO$_4^{2-}$主要来自固定燃烧源的贡献，而NO$_3^-$主要来自移动源即机动车尾气排放。在我国北方城市冬季取暖以燃煤为主，排放出大量的SO$_2$导致北方地区更易受到固定源排放影响。但随着机动车保有量的增加，NO$_x$排放量明显增加。水溶性离子在细颗粒物（粒径<2.1μm）中的占比要高于粗颗粒物（2.1～10μm），说明二次离子更容易富集在细颗粒物中。在 $PM_{2.1}$ 中重污染天 SO_4^{2-}、NO_3^- 和 NH_4^+ 分别是清洁天的 2.6 倍、3.0 倍和 4.4 倍。在 PM_{10} 中重污染天 SO_4^{2-} 和 NO_3^- 浓度是清洁天的 1.9 倍，且重污染天 NH_4^+ 浓度是清洁天的 3.6 倍。二次无机气溶胶（SIA）在 $PM_{2.1}$ 中的占比为 0.31～0.34，接近于其他研究中的 $SIA/PM_{2.5}$ 值。Ca^{2+} 在清洁天和重污染天的粗粒径下（2.1～10μm）均发现高的浓度。因为 Ca^{2+} 是扬尘源的重要地壳指示元素，在农村地区有大量无组织排放的扬尘及土壤尘，这是粗颗粒的主要来源，进一步证实了该地区受扬尘影响较大。在研究中 $NH_4^+/PM_{2.1}$ 值高于 NH_4^+/PM_{10} 值，且颗粒物中 84% 的 NH_4^+ 分布在 $PM_{2.1}$ 中，说明 NH_4^+ 更容易在细颗粒物中聚集。NH_3 可以中和气相及液相中的 HNO_3，对雾霾事件期间的硝酸盐增加起了至关重要的作用。由于 NH_4NO_3 不稳定，在高温和低湿的条件下不易稳定存在。在大气中 NH_3 优先与 H_2SO_4 反应生成 NH_4HSO_4 或 $(NH_4)_2SO_4$，富余的 NH_3 与 HNO_3 反应生成 NH_4NO_3。本研究中 NH_4^+ 和 SO_4^{2-} 的电荷摩尔浓度比值（[NH_4^+]/[SO_4^{2-}]）值在清洁天和重污染天分别为 1.5 和 2.6，表明该地区处于富铵状态，即在此次研究中污染天细粒子中 NH_4^+ 以 $(NH_4)_2SO_4$ 和 NH_4NO_3 状态同时存在。

表 5-1　中牟郊区观测期间不同粒径下颗粒物质量浓度、离子浓度及组分在颗粒物（PM）中的比值

项目		清洁天（日均$PM_{2.1}$<80μg/m³）n=4			重污染天（日均$PM_{2.1}$>150μg/m³）n=13		
		2.1～10μm	<2.1μm	PM_{10}	2.1～10μm	<2.1μm	PM_{10}
PM/(μg/m³)		141±28	64±12	205±39	232±67	222±42	454±100
阳离子/(μg/m³)	NH_4^+	2.2±1.1	4.9±1.8	7.1±2.6	4.2±2.3	21.6±7.9	25.8±9.7
	Ca^{2+}	12.0±3.5	1.7±0.5	13.7±4.7	19.0±3.4	4.1±1.9	23.1±3.2
阴离子/(μg/m³)	NO_3^-	12.1±1.3	7.4±0.7	19.4±1.1	15.0±2.4	22.4±8.7	37.4±9.6
	SO_4^{2-}	15.8±3.4	9.0±1.8	24.7±4.7	22.3±3.3	23.0±7.4	45.3±9.2
比值	NO_3^-/SO_4^{2-}	0.77±0.38	0.82±0.39	0.79±0.23	0.67±0.13	0.97±0.37	0.83±0.28
	SIA/PM	0.22±0.03	0.34±0.09	0.29±0.06	0.19±0.04	0.31±0.10	0.24±0.06

5.1.4　颗粒物质量浓度和数浓度特征

中牟郊区观测期间颗粒物质量浓度-粒径分布特征见图 5-2，清洁天和重污染天的颗粒物质量浓度-粒径分布特征表现出了明显的不同。其中清洁天，质量浓度主要分布在 0.4～2.5μm 的粒径范围内。重污染天粒径>0.5μm 的颗粒物质量浓度显著升高，可能与颗粒物的增长、碰并和积聚密切相关。在清洁天和重污染天 PM_1 占 $PM_{2.5}$ 的比值均为 50%。

观测期间共观测到两次新粒子生成过程分别发生在 12 月 17 日和 12 月 21 日，均为清洁天。新粒子生成的标志为高的纳米尺寸颗粒物数浓度出现，并且伴随着随后长大成为 Aitken 模态和积聚模态。以 12 月 17 日为例分析颗粒物数浓度随粒径分布及时间变化特征，从图 5-3（a）（书后另见彩图）可以看出，在 12 月 17 日早上 10:30 颗粒物数浓度（$dN/dlgD_p$）最大值分布在小粒径下且达到最大值 $7×10^4 cm^{-3}$，此时颗粒物质量浓度为 48μg/m³。而粒径>400nm 颗粒物数浓度几乎可以忽略。随着时间的推移，颗粒物数浓度粒径分布发生改变，较

小颗粒物数浓度开始减小而较大颗粒物数浓度逐渐增加。图 5-4（a）对比了不同模态数浓度变化。从图中可以看出核模态颗粒物数浓度从 10:30 到 16:00 逐渐减少。16:00～19:00 期间，Aitken 模态数浓度最大。该气溶胶成核增长过程发生在高风速 5m/s 和低湿度 20% 条件下，这些条件有利于颗粒物成核增长。

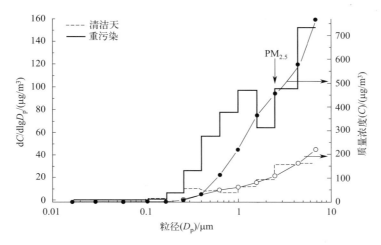

图 5-2　观测期间颗粒物质量浓度－粒径分布特征

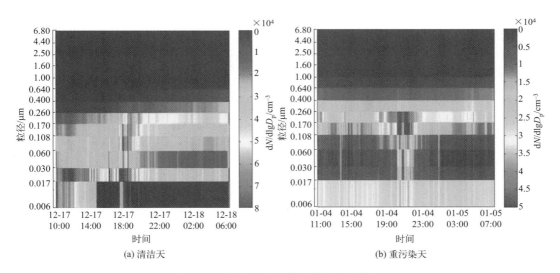

(a) 清洁天　　　　　　　　　　　　　(b) 重污染天

图 5-3　中牟郊区观测期间数浓度变化特征

为了比较清洁天和重污染天的颗粒物变化特征，选取污染最严重的 1 月 5 日作为代表，其数浓度变化特征见图 5-3（b）（书后另见彩图）和图 5-4（b）。可以看出数浓度粒径分布主要集中在核模态和积聚模态，其中积聚模态占主导地位，因此重污染天颗粒物数浓度的平均粒径要大于清洁天。由图 5-4（b）可以看出积聚模态颗粒物浓度在 20:00 达到最大值，高于核模态和 Aitken 模态。说明该地区受较大颗粒影响比较严重，其次可能是受到区域传输影响或边界层变化所导致。在傍晚边界层高度变低，积聚模态颗粒物数浓度更易受到边界层高度变化的影响。对粒径＞1μm颗粒物数浓度分析结果表明，在重污染天明显大于清洁天。且总颗粒物数浓度在清洁天要高于重污染天，因为在清洁天存在着高浓度的细颗粒物数浓度但细颗粒物对质量浓度贡献很小，对质量浓度贡献较大的主要是粒径较大颗粒物。同时在高浓度的积聚模态颗粒物存在的条件下，核模态颗粒物极易通过碰并、凝结等过程附着在积聚模态颗粒物表面。

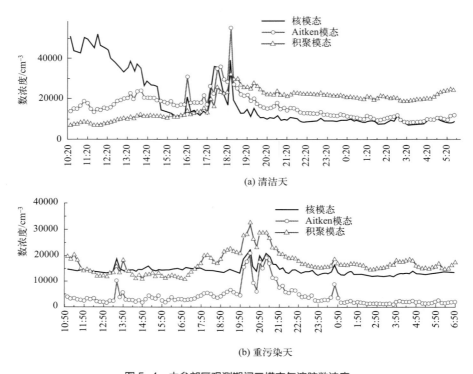

图5-4　中牟郊区观测期间三模态气溶胶数浓度

[核模态（6～30nm）、Aitken模态（30～100nm）和积聚模态（100～1000nm）]

5.2　2015年秸秆燃烧期郑州市大气污染过程分析

环保部（现生态环境部）统计资料显示，2015年夏季环境卫星和气象卫星共监测到全国秸秆焚烧火点1158个，河南为512个，位居全国第一。生物质燃烧是大气污染物的重要排放源。本章节在小麦秸秆收获时期开展大气环境$PM_{2.5}$样品采集和分析，结合卫星火点数据、后向轨迹和气象信息，探究生物质燃烧对$PM_{2.5}$的影响。

5.2.1　样品采集及分析

于郑州大学新校区综合实验楼四楼（高度为13m；坐标113°32′E，34°50′N）设置采样点位，采集 2015 年夏季收获期间（6 月 2～21 日）大气 $PM_{2.5}$ 环境样品。其中，采集设备、方法和实验室化学分析详见本书 4.2 节。为进一步分析收获季节生物质燃烧的贡献，分析了左旋葡聚糖（levo）及其异构体（半乳聚糖）。在线监测数据包括采样点位的气象参数、$PM_{2.5}$ 和 OC 浓度的小时观测值。气象参数包括相对湿度（RH）、风向、风速、温度和降水量等。

5.2.2 化学组分与气象因素关系

图 5-5 展示了 6 月 2～21 日采样点位的气象参数与 $PM_{2.5}$ 在线监测数值随时间变化的情况（书后另见彩图）。同时，基于 $PM_{2.5}$ 化学组分分析得到的 $PM_{2.5}$、左旋葡聚糖、OC 日均浓度以及左旋葡聚糖/OC 和 $PM_{2.5}$ 重构结果日均水平如图 5-6 所示（书后另见彩图）。在整个研究期间，膜采样分析求得的 $PM_{2.5}$ 的质量浓度在 69.1～184.5μg/m³ 之间，平均浓度为 119.9μg/m³。根据 $PM_{2.5}$ 重构显示，整个研究时期内 $PM_{2.5}$ 主要组分为无机水溶性离子（WSIIs），占 $PM_{2.5}$ 的 39.0%，对于 WSIIs，NH_4^+、NO_3^- 和 SO_4^{2-} 为主要离子，占 WSIIs 总量的 89.4%。重构结果显示夏季郑州市 $PM_{2.5}$ 中第二个主要组分为 OM，占 $PM_{2.5}$ 的 26.1%。自 6 月 2～3 日观察到 PM 浓度异常事件，其间伴随着二次污染的形成，SIA 平均占比高达 41.7%；从 6 月 14～16 日观察到的另一个事件也显示 SIA 的急剧增加和累积（为整个采样期间最高，平均占 $PM_{2.5}$ 的 58%）。如图 5-5 所示，这两个事件都处于不利的气象条件下，其中包括高相对湿度（70%～90%），较为稳定的温度和较低风速（＜2m/s）。

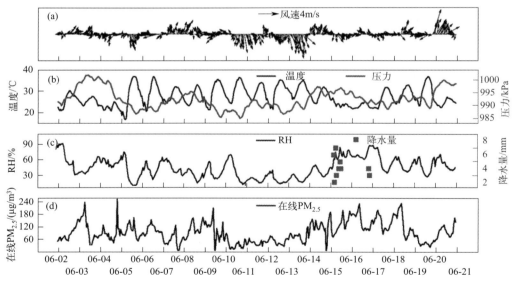

图 5-5　采样期间 24 小时气象参数及 $PM_{2.5}$ 小时值分布

观测期间左旋葡聚糖浓度变化范围为 78～1791ng/m³，平均浓度为 691ng/m³，远超同期北京（230ng/m³）、西安（370ng/m³）、广州（77ng/m³）、香港（36ng/m³）和韩国大田市（180ng/m³）的浓度水平，反映出郑州市生物质燃烧背景浓度较高。levo/OC 值（3.6%）高于同时期的北京（2.7%）、西安（3.0%）、广州（1%）、香港（0.5%）和韩国大田市（3.0%），表明郑州生物质燃烧源对有机物的贡献比重较高。随着 $PM_{2.5}$ 浓度升高，左旋葡聚糖浓度也升高。如图 5-6 所示，6 月 9 日 levo 和 levo/OC 值升至最高（分别为 1790ng/m³ 和 6.9%），表明当天可能出现严重的生物质燃烧事件。levo 和 $PM_{2.5}$ 浓度从 6 月 10 日开始迅速下降，levo 和 levo/OC 值在 6 月 11 日达到最低，污染物的快速扩散与期间持续性出现的大风天气（速度 > 6m/s，西北风）和冷锋有关（图 5-5）。此后，levo 和 levo/OC 值在 6 月 15 ~ 16 日期间一直保持在较高水平，其间伴随着静稳天气条件下的积累过程（将在后续部分详细讨论）。所有这些分析表明，左旋葡聚糖和 PM 的浓度水平与气象条件的变化密切相关。

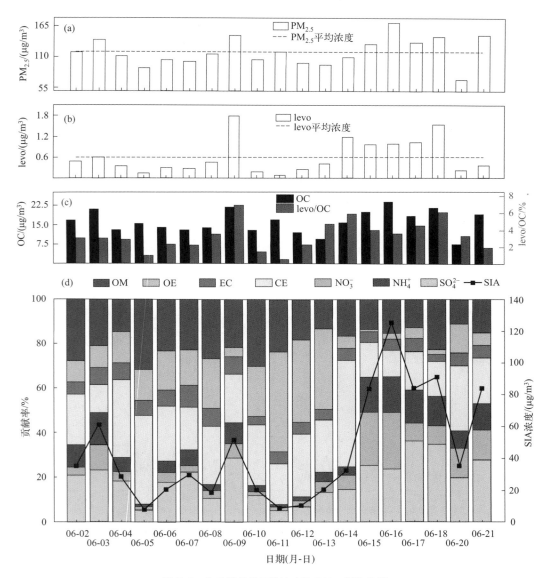

图 5-6 各化学组分日均浓度及 $PM_{2.5}$ 重构结果

OM—有机物；OE—其他元素；EC—元素碳；CE—地壳元素

5.2.3 基于比值法的生物质燃烧类型确定

基于不同生物质燃烧示踪物的比值可以定性识别出不同的生物质燃烧源，从而进一步判定具体的生物质燃烧贡献源。如图 5-7 所示（书后另见彩图），通过左旋葡聚糖和钾离子的比值以及左旋葡聚糖与半乳聚糖的比值来定性识别河南省 2015 年小麦秸秆燃烧期（6月）中具体出现的生物质燃烧类型。

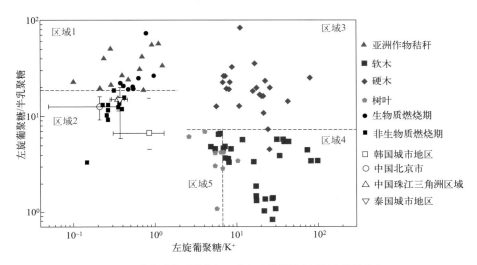

图 5-7 各类生物质燃烧源及大气环境样品中示踪物比值分布

通过文献检索，本研究获取到不同类型的生物质实验室模拟燃烧数据及各个城市秸秆焚烧期环境样品数据，并将他们的比值以散点的形式显示在图 5-7 中。同时图中还列出了近年来同时期韩国城市地区、中国北京市、中国珠江三角洲区域以及泰国城市地区大气环境中左旋葡聚糖、半乳聚糖和水溶性钾离子的相关数据，这些数据由周期环境样品分析得来，在图中以平均值的形式展示，其各个值对应的误差线代表该时期样品中的最大值与最小值。

本研究的数据以黑色圆点和黑色矩形的形式标注在图 5-7 中，对于郑州而言，大部分点（黑色圆点）落入秸秆焚烧所在区域，对应于 6 月 2 日、3 日、8 日、9 日、14 日、15 日、16 日、17 日和 18 日，表明这些天中的主要生物质燃烧类型为田间秸秆露天焚烧，将这些日期划分为生物质燃烧期。还有一部分点（黑色矩形）落入了混合区域，对应于 6 月 4 日、5 日、6 日、7 日、10 日、11 日、12 日、13 日、20 日和 21 日，这些天的 levo/K^+ 值低于 2.5 且 levo/半乳聚糖值低于 18，表明在此期间主要生物质类型为秸秆燃烧和软木燃烧，故将这些天划分为非生物质燃烧期。非生物质燃烧期较高的左旋葡聚糖和 K^+ 浓度，表明家用薪柴燃烧排放对郑州市大气污染有着不可忽视的影响。

5.2.4 生物质燃烧对郑州市 $PM_{2.5}$ 污染贡献分析

基于表 5-2 中 7 个过程和文献调研结果，本研究选取 EF_1 值 3.5% 和 EF_2 值 7.4% 对应于秸秆露天焚烧的排放因子来计算研究期过程 1、过程 3、过程 5 和过程 6 郑州市生物质燃烧

对大气 $PM_{2.5}$ 影响贡献率。具体计算方法如下。

表5-2 各污染过程的浓度、污染特征、观测数据、主要生物质燃烧类型及对应 EF 取值

过程	左旋葡聚糖浓度 / ($\mu g/m^3$)	$PM_{2.5}$ 浓度 / ($\mu g/m^3$)	气象条件	特殊污染过程	火点密度	生物质燃烧传输特征	EF_1 (levo/$PM_{2.5}$)	EF_2 (levo/OC)
1	0.46	123.0	低温、高湿、高压	SOA 生成过程	较低	省外生物质燃烧长距传输	3.5%	7.4%
2	0.20	98.1	N.A.	N.A.	较低	N.A.	4.5%	8.4%
3	1.20	131.7	N.A.	N.A.	非常密集	省内生物质燃烧传输	3.5%	7.4%
4	0.25	104.8	持续性大风	扩散过程	较低	N.A.	4.5%	8.4%
5	1.23	138.0	静稳、逆温天气	SOA 生成及积累过程	密集	省内生物质燃烧传输	3.5%	7.4%
6	1.01	141.1	微风、无风	不利扩散过程	密集	省内生物质燃烧传输	3.5%	7.4%
7	0.29	108.5	N.A.	N.A.	较低	N.A.	4.5%	8.4%

注：N.A. 表示无显著特征。

生物质燃烧对大气 $PM_{2.5}$ 及 OC 的贡献率计算基于左旋葡聚糖浓度求得，具体计算由如下公式所示：

$$C(OC)_i = (levo_a/OC_a)_i/(levo_s/OC_s)_i \quad (5-1)$$

$$C(OC)_i = (levo_a/OC_a)_i/EF_i \quad (5-2)$$

$$C(PM_{2.5})_i = (levo_a/PM_{2.5,a})_i/EF_i \quad (5-3)$$

式中 $C(OC)$，$C(PM_{2.5})$——生物质燃烧对 OC 或 $PM_{2.5}$ 的贡献量；

i——不同的生物质燃烧类型；

EF——排放因子，即左旋葡聚糖对 OC 的比值或左旋葡聚糖对 $PM_{2.5}$ 的比值，由相应的实验室模拟燃烧实验获取；

$levo_a$，OC_a——本研究郑州的样品中左旋葡聚糖和 OC 在 $PM_{2.5}$ 中的浓度值；

$levo_s$，OC_s——生物质燃烧排放的左旋葡聚糖和 OC 在 $PM_{2.5}$ 中的浓度值；

$PM_{2.5,a}$——环境大气中 $PM_{2.5}$ 浓度。

结果表明，生物质燃烧对 OC 和 $PM_{2.5}$ 的日平均贡献率为 7.6%～88.7% 和 1.5%～27.6%，对 OC 和 $PM_{2.5}$ 的平均贡献率分别为 36.8% 和 10.4%，说明即使在收获季节的城市地区，生物质燃烧对环境 $PM_{2.5}$ 和 OC 都是一个重要的大气污染贡献源，而其对大气的危害通常被低估。在露天焚烧期间，生物质燃烧对 OC 和 $PM_{2.5}$ 的平均贡献率分别达到了 47.2% 和 13.7%，非露天焚烧期间对 OC 和 $PM_{2.5}$ 的平均贡献率分别为 13.9% 和 4.3%，表明中国中部平原地区农村秸秆焚烧活动对中国城市环境空气质量有着显著的影响。

5.3 秋冬季重污染过程形成的诱发因素

2015 年以来，针对燃煤锅炉、生物质燃烧等污染源管控措施的实施，使得中原城市群空

气质量大幅改善，但秋冬季重污染过程仍旧频发。本章节利用中原城市群典型城市和农村点位的一系列在线观测对重污染过程进行跟踪分析，从气象条件和 $PM_{2.5}$ 组分的角度，探究中原城市群秋冬季重污染过程的诱发因素。

5.3.1 在线观测点位及仪器

综合观测点位于郑州大学新校区资源与材料协同创新中心楼顶（U-ZZ，34°48′N，113°31′E），观测高度距离地面约 20m，观测平台较为开阔，周围无高大建筑物。观测点临近郑州市西四环道路，北侧距离连云港－霍尔果斯高速公路约 2km，东南方向 6km 处和西南方向 3.5km 处各有一个燃煤电厂，正南方向 2km 处有一个燃气电厂。本研究在此点位的观测时段为 2017 年 11 月至 2018 年 2 月、2018 年 11 月至 2019 年 2 月和 2019 年 11 月至 2020 年 2 月。安阳市城市观测点（U-AY）位于河南省安阳生态环境监测中心楼顶（36.09°N，114.41°E），距离地面约 15m。点位周边以办公区、学校和居民区为主，紧邻文明大道等城市主干道。安阳钢铁集团有限公司位于点位以西 8km 处，主要工序有采矿选矿、炼焦烧结、钢铁冶炼、轧钢及机械加工等，年产钢能力 1000 万吨。本研究在此点位的观测时间为一次霾污染过程，时段为 2018 年 1 月 12～25 日。此外，在距离新乡市中心 35km 的延津县班枣乡中学楼顶（R-XX，35.38°N，114.30°E）开展观测，采样点距离地面约 10m。点位周边主要以乡村和农田为主，无工业排放源，点位以北 4km、以东 5km 和以南 7km 分别有 1 条省道。濮阳市农村点位（R-PY）位于濮阳市市中心以北 44km 的南乐县梁村乡（36.15°N，115.10°E），采样点距离地面约 3m，周边以乡镇和农田为主，无工业源，大庆—广州高速公路位于点位以东 5km 处。安阳市农村观测点（R-AY）位于安阳市柏庄镇辛店北街的边界观测站（36.22°N，114.39°E），距离安阳市市中心约 11km。采样点位距离地面约 3m，周边主要以乡镇和农田为主，无明显的工业污染源，但是点位临近两条高速公路，分别是点位以南 1km 的安阳市绕城高速公路和以东 1km 的北京—港澳高速公路。本研究在上述 3 个农村点位的观测时间为一次霾污染过程，时段均为 2018 年 1 月 12～25 日。

U-ZZ 点位和其他 4 个点位分别使用 Xact-625i 和 Xact-625 型环境空气金属在线分析仪（Cooper Environment Services，美国）检测 $PM_{2.5}$ 中元素浓度，时间分辨率为 1h。可检测 30 余种元素，如铝（Al）、硅（Si）、钾（K）、钙（Ca）、钒（V）、铬（Cr）、锰（Mn）、铁（Fe）、镍（Ni）、铜（Cu）、锌（Zn）、镓（Ga）、砷（As）、硒（Se）、镉（Cd）、锡（Sn）、钡（Ba）、铅（Pb）等。两种仪器的构造和工作原理相似：利用采样流量为 16.7L/min 的气体采样泵，将大气颗粒物样品经 $PM_{2.5}$ 切割头采集到以特氟龙为材质的纸带上。连续采集大约 1h 后，通过滤轮电机的转动，将颗粒物样品转移至 X 射线管处。通过检测器分析 X 射线强度，进而计算 $PM_{2.5}$ 中的元素含量。样品的分析及下 1h 样品的采集工作同步进行。

U-ZZ 点位使用气溶胶及气体组分在线离子色谱监测系统（URG-9000D，Thermo Fisher Scientific，美国），其他 4 个点位使用气溶胶和气体检测仪（MARGA，Metrohm，瑞士）分析 $PM_{2.5}$ 中的水溶性离子，如钠离子（Na^+）、铵根离子（NH_4^+）、钾离子（K^+）、镁离子（Mg^{2+}）、钙离子（Ca^{2+}）、氯离子（Cl^-）、硝酸根离子（NO_3^-）和硫酸根离子（SO_4^{2-}）以及氨气（NH_3）、气态硝酸（HNO_3）、气态亚硝酸（HNO_2）和 SO_2，数据分辨率为 1h，采样流量 16.7L/min。两种仪器原理相近，由采样系统、分析系统和数据收集处理系统组成。大气样品通过一个 $PM_{2.5}$

切割头后,颗粒物和气体同时进入湿式平行板或湿式旋转溶蚀器扩散。随后,颗粒物样品在气溶胶过饱和蒸气发生器中吸湿增长并冷凝收集,最后进入离子色谱分析。而气体样品在溶蚀器中被 H_2O_2 氧化后吸收成液态溶剂,进入气体样品收集室,最后进入离子色谱定量分析。

采用美国 Sunset 公司研制的碳分析仪(Model 4,Sunset Laboratory Inc,美国)检测 $PM_{2.5}$ 中 EC 和 OC 的浓度,数据分辨率为 1h。碳分析仪原理主要基于 NIOSH-5040 法对石英膜样品进行热光学透射率的分析,由一个校准的非色散红外传感器信号来检测演变的二氧化碳。在惰性气体氦气的条件下,逐渐升高的温度梯度中形成的碳被定义为 OC,随后在 90% 氦气和 10% 氧气混合条件下演化的碳被定义为 EC。

5.3.2 秋冬季重污染过程的气象特征

统计分析了河南省 2015~2017 年典型重污染过程中不同高度气压场特征,重污染期间河南在 500hPa 处在脊区;在 850hPa 温度场处在暖脊,850hPa 风场风速在 4m/s 及以下,850~1000hPa 风速在 3m/s 及以下;近地面处在弱的气压场中(高压底部、高压后部或均压场等)。选取污染较重的郑州市、安阳市和新乡市,结合气象观测仪器,分析了气象条件对重污染生成的主控条件,不同污染等级下湿度(RH)和风速(WS)的统计值见图 5-8(书后另见彩图),可以看出 3 个城市秋冬季中度及以上的污染天主要发生在相对湿度＞60% 和风速＜2m/s 的条件下。除湿度和温度对颗粒物生成具有显著影响外,大气的风向对污染物的传输和累积具有显著影响。从风速风向玫瑰图(图 5-9,书后另见彩图)中可以看出,3 个城市秋冬季主导风向具有显著差异,郑州市主要受东侧、东北侧和西侧城市影响,郑州市东侧和东北侧均是污染较重的城市和省份,近年来西侧的汾渭平原的城市秋冬季污染加重,同时秋冬季可能发生西侧沙尘传输,因此郑州市污染扩散不利。安阳主要受东南和西北方向的地区影响,东南方向的河南省濮阳、山东省菏泽等城市均污染严重。新乡主要受到南侧和北侧城市影响,受郑州和安阳的影响较大。可以看出这 3 个城市受周边地区传输影响显著,同时这三个城市地理位置较近,城市间相互传输贡献显著,因此要治理该区域秋冬季重污染问题,必须做好联防联控措施。

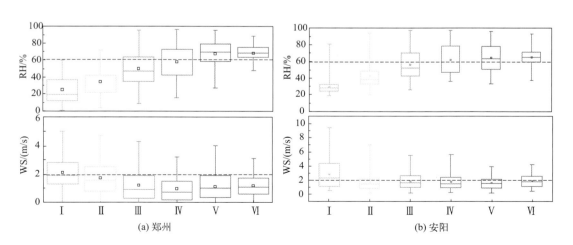

(a) 郑州 (b) 安阳

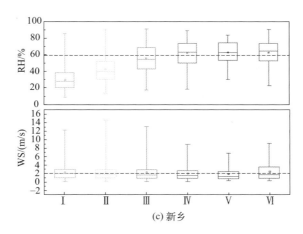

(c) 新乡

图 5-8 郑州、安阳和新乡 2017～2018 年秋冬季风速和湿度随污染等级变化

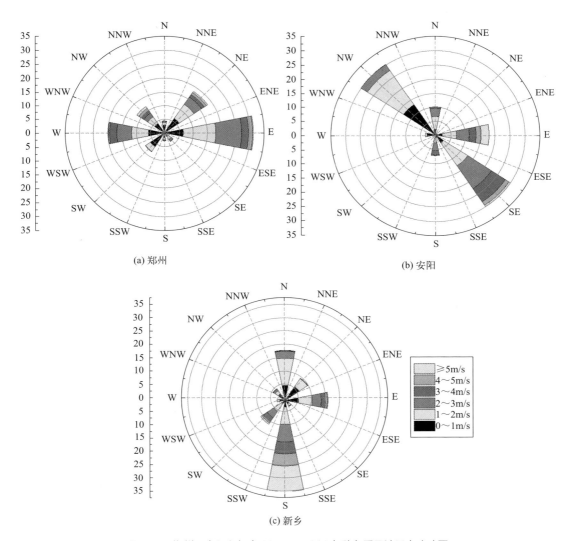

图 5-9 郑州、安阳和新乡 2017～2018 年秋冬季风速风向玫瑰图

5.3.3 秋冬季重污染过程的 $PM_{2.5}$ 组分特征

选取污染过程为 2018 年 1 月 12～25 日我国暴发的以中原城市群为污染中心、覆盖整个华北平原、持续时间较长的一次典型霾污染过程。其间五个点位的大气常规污染物浓度时间序列见图 5-10（书后另见彩图），可以看出此次区域霾污染过程中河南省北部地区五个观测点位大气污染物浓度变化趋势相似。

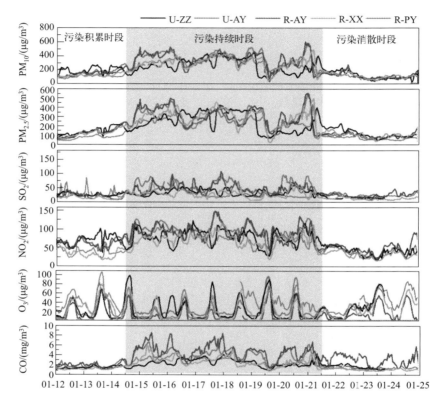

图 5-10　霾污染过程中五个点位大气常规污染物浓度时间序列

五个点位的 $PM_{2.5}$ 主要组分浓度及其在 $PM_{2.5}$ 中的占比见表 5-3 和表 5-4。两个城市点位中组分浓度最高的均是硝酸根，在 U-ZZ 和 U-AY 点位 $PM_{2.5}$ 中占比分别为 32% 和 20%。此外，SO_4^{2-} 占比为 17% 和 12%，总 SNA 占比分别达到 63% 和 45%。对比两点位组分浓度和占比可见，U-ZZ 点位 $PM_{2.5}$ 中 NO_3^- 和 SO_4^{2-} 浓度和占比均高于 U-AY 点位，而 EC 和 OC 的浓度和占比均低于 U-AY 点位，可见 U-ZZ 点位受二次无机气溶胶的影响高于 U-AY 点位，而 U-AY 点位受碳质气溶胶的影响显著。对比郑州市和安阳市污染源排放特征来看，2018 年郑州市机动车保有量为 347.8 万辆显著高于安阳市的 99 万辆。机动车是 $PM_{2.5}$ 中 NO_3^- 生成的气态前体物 NO_x 的主要贡献源，因此高 NO_x 排放可能导致 U-ZZ 点位受二次 NO_3^- 生成的影响更大。安阳市是典型的重工业城市，其中最主要的钢铁和焦化行业是颗粒物中 OC 的主要排放源，可能导致 U-AY 点位 $PM_{2.5}$ 中 OC 占比升高。

表 5-3 本研究及其他研究中城市点位 $PM_{2.5}$ 及其主要化学组分浓度和占比

组分浓度及占比	U-ZZ	U-AY	郑州	郑州	北京	北京	天津	济南	南京
	2018年1月		2015年12月	2015年1月	2016年12月	2013年1月	2017年1月	2016年12月~2017年1月	2015年1月
$PM_{2.5}/(\mu g/m^3)$	175	212	176	189.3	211.3	222.4	153.3	260	156
$NO_3^-/(\mu g/m^3)$	56.3	42.9	21.6	24.2	21.9	28.3	21.7	42.3	41.5
$NH_4^+/(\mu g/m^3)$	25.3	25.9	16.6	16.9	11.3	26	15.2	31.6	29
$SO_4^{2-}/(\mu g/m^3)$	29.3	26.2	35.7	20.8	13.2	42.8	18.9	60.8	34.4
$EC/(\mu g/m^3)$	5.6	9.6	10	19.1	17.7	7.2	7.7	9.4	2.3
$OC/(\mu g/m^3)$	20.4	23.2	26	41.6	49.2	38.6	23.5	21.8	24.1
$NO_3^-/PM_{2.5}$ 值/%	32	20	12	13	10	13	14	16	27
$NH_4^+/PM_{2.5}$ 值/%	14	12	9	9	5	12	10	12	19
$SO_4^{2-}/PM_{2.5}$ 值/%	17	12	20	11	6	19	12	23	22
$EC/PM_{2.5}$ 值/%	3	5	6	10	8	3	5	4	1
$OC/PM_{2.5}$ 值/%	12	11	15	22	23	17	15	8	15

表 5-4 本研究及其他研究中农村点位 $PM_{2.5}$ 及其主要化学组分浓度和占比

组分浓度及占比	R-AY	R-XX	R-PY	济南跑马岭	南京东山	广州天湖
	2018年1月			2016年12月~2017年1月	2015年1月	2012年12月~2013年2月
$PM_{2.5}/(\mu g/m^3)$	227	215	180	85	144	40.8
$NO_3^-/(\mu g/m^3)$	54.8	47.3	46.8	18.8	36.9	2.9
$NH_4^+/(\mu g/m^3)$	32.8	24.9	28.2	10.9	22.4	5.8
$SO_4^{2-}/(\mu g/m^3)$	32.2	23.2	28.1	16.5	30	12.6
$EC/(\mu g/m^3)$	9.6	9.7	7.3	3.1	2.6	1.0
$OC/(\mu g/m^3)$	38.1	29	37.7	8.8	25.7	7.4
$NO_3^-/PM_{2.5}$ 值/%	24	22	26	22	26	7
$NH_4^+/PM_{2.5}$ 值/%	14	12	16	13	16	14
$SO_4^{2-}/PM_{2.5}$ 值/%	14	11	16	19	21	31
$EC/PM_{2.5}$ 值/%	4	5	4	4	2	2
$OC/PM_{2.5}$ 值/%	17	13	21	10	18	18

相比于 2015 年 1 月和 12 月 U-ZZ 点位霾污染过程中观测的组分数据，此次污染过程中 NO_3^- 和 NH_4^+ 的占比显著增大，其中 NO_3^- 在 $PM_{2.5}$ 中的占比相比 2015 年增大 2 倍多，而 EC 和 OC 的贡献下降，并且 SO_4^{2-} 的占比相比 2015 年 12 月霾污染过程（20%）也明显下降。上述现象可能是由于郑州市政府采取燃煤替代、生物质禁燃、霾污染预警等一系列管控措施，有效降低碳质气溶胶及 SO_2 的排放。与我国其他重点城市相比，U-ZZ 点位 $PM_{2.5}$ 中 NO_3^- 的占比均高于北京（10% 和 13%）、天津（14%）、济南（16%）和南京（27%），并且 U-AY 点位 $PM_{2.5}$ 中 NO_3^- 的占比也仅低于南京。上述结果表明相较于往年以及其他地区，河南省北部城市点位霾污染过程中，$PM_{2.5}$ 浓度受 NO_3^- 生成的影响更加显著，尤其是 U-ZZ 点位。

从表 5-4 中可以看出，此次污染过程中 3 个农村点位 $PM_{2.5}$ 化学组分浓度和占比最高的也是 NO_3^-，占比分别为 24%（R-AY）、22%（R-XX）和 26%（R-PY），其次是 OC、NH_4^+ 和 SO_4^{2-}。其中 R-XX 点位的 SNA 在 $PM_{2.5}$ 中占比均低于 R-AY 和 R-PY 点位。与本研究中的城市点位相比，3 个农村点位的 SNA 占比均低于 U-ZZ 点位。此外，农村点位的 OC 的占比均高于城市点位，表明此次霾污染过程中 3 个农村点位受 SNA 的影响低于两个城市点位，但是受 OC 的影响高于城市点位。与其他地区霾污染过程中农村点位 $PM_{2.5}$ 组分相比，本研究中 3 个农村点位 $PM_{2.5}$ 中 NO_3^- 占比均高于广州天湖（7%），R-AY 和 R-PY 点位高于济南跑马岭（22%），R-PY 点位与南京东山（26%）相近，SO_4^{2-} 占比均低于上述 3 个点位。可以看出此次污染过程中河南省北部 3 个农村点位受 NO_3^- 的影响高于其他地区。

受污染源和气象条件等因素的影响，$PM_{2.5}$ 组分具有显著的日变化特征。分析 5 个点位 $PM_{2.5}$ 重构组分占比的日变化特征见图 5-11（书后另见彩图），可以看出 5 个点位全天所有时段 SNA 在 $PM_{2.5}$ 中的占比均最高。此外，SNA 占比有明显的日变化特征，即白天 SNA 占比高于夜间，峰值主要集中在 13:00～17:00 之间，其中 U-ZZ 点位 SNA 峰值占比最高达 70%以上。此外，全天所有时段 NO_3^- 的占比均高于 SO_4^{2-} 和 NH_4^+，进一步证明 NO_3^- 是此次区域霾污染过程中 $PM_{2.5}$ 中最主要的成分。OM 的日变化特征与 SNA 相反，在 5 个点位夜间 OM 的占比高于白天，尤其是在农村点位，夜间 OM 的占比可达 25%以上。两个城市点位全天 $PM_{2.5}$ 中 NO_3^- 的占比均最高，其次是 OM，然而在 R-AY 和 R-PY 点位的夜间个别时段 OM 的占比高于 NO_3^-，成为贡献最高的组分。上述结果表明 SNA 是区域霾污染过程中 5 个点位全天所有时段 $PM_{2.5}$ 中最主要的组分，其中 NO_3^- 的贡献最大，尤其是白天；OM 在农村点位 $PM_{2.5}$ 中占比较高，尤其是夜间，与在西安城市和农村点位观测特征相似。

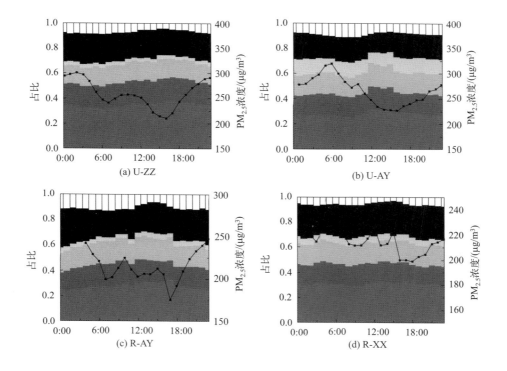

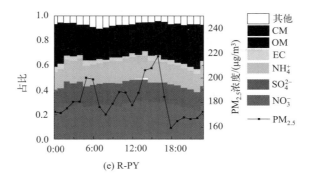

图 5-11 霾污染过程中 5 个点位 $PM_{2.5}$ 浓度及其重构化学组分占比的日变化特征

为研究不同污染程度下组分变化特征,本研究根据 $PM_{2.5}$ 小时值浓度将污染过程分为 $PM_{2.5} \leq 75\mu g/m^3$ 的清洁时段(clean periods,C),$PM_{2.5}$ 在 75~150$\mu g/m^3$ 范围内的污染时段(polluted periods,P)和 $PM_{2.5} > 150\mu g/m^3$ 的重污染时段(heavily polluted periods,HP)。不同污染程度下 5 个点位 $PM_{2.5}$ 组分占比见图 5-12(书后另见彩图),在 U-ZZ 点位,随着污染的加重,SNA 的占比均呈上升趋势,其中 NO_3^-、SO_4^{2-} 和 NH_4^+ 的占比分别从 C 时段的 25.7%、14.1% 和 14.2% 上升至 HP 时段的 33.8%、17.6% 和 14.6%,SNA 占比达到 66%。而 OM 和 CM 的占比均呈下降趋势,与我国其他城市的霾污染过程特征相似,例如北京、淄博和邯郸。上述结果表明 SNA 生成是此次霾污染过程中 U-ZZ 点位 $PM_{2.5}$ 浓度上升的主要贡献源,并且随着污染的加重贡献率增高。U-AY 点位 P 和 HP 时段的 NO_3^- 和 NH_4^+ 的占比略高于 C 时段,但是 HP 时段相比 P 时段的占比反而轻微下降。此外,随着污染的加重,SO_4^{2-} 的占比下降,总的 SNA 占比在不同时段分别为 57.6%、61% 和 58.3%,占比增加较小,并且在 HP 时段的贡献显著低于 U-ZZ 点位。值得注意的是随着污染的加重,U-AY 点位 $PM_{2.5}$ 中 EC 和 OM 的占比上升,HP 时段占比分别高达 6.3% 和 25.4%,与 2017 年天津冬季污染特征相似,并明显高于 U-ZZ 点位(3.4% 和 15.4%),表明此次污染过程中虽然 SNA 在 U-AY 点位 $PM_{2.5}$ 中占比高,但碳质气溶胶对 $PM_{2.5}$ 浓度的上升贡献显著。

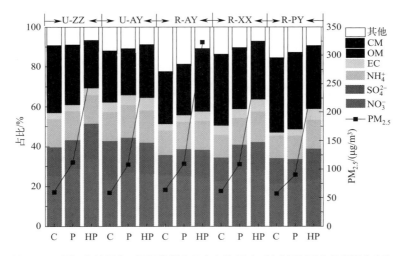

图 5-12 霾污染过程中不同污染程度 5 个点位 $PM_{2.5}$ 浓度及其重构化学组分占比

3个农村点位的$PM_{2.5}$组分变化在污染演变过程中存在显著差异,其中R-AY点位随着污染的加重,NO_3^-占比从25.6%轻微下降至23.9%,SO_4^{2-}和NH_4^+占比则从C时段的10.2%和12.4%分别上升至HP时段的14.5%和14.7%。相反的是,EC和OM的占比显著上升,其中OM从22.9%上升至28.3%,并且在HP时段OM占比高于NO_3^-。因此,相比于U-AY点位,此次污染过程中R-AY点位受SNA的影响更小,受碳质气溶胶的影响更显著,其原因可能是农村点位周边民用散煤和生物质燃烧的贡献更大。与U-ZZ点位相似,随着污染的加重,R-XX和R-PY点位SNA在$PM_{2.5}$中的占比增大,在HP时段SNA总占比分别达57.8%和53.4%。此外,HP时段EC占比增加,OM占比轻微下降,可以看出这两个农村点位霾污染过程中$PM_{2.5}$浓度的上升主要受SNA生成的影响。对比R-XX和R-PY点位可以看出,SNA在R-XX点位$PM_{2.5}$中的占比更高,并且随着$PM_{2.5}$浓度的上升SNA的增长幅度高于R-PY点位,因此R-XX点位$PM_{2.5}$受SNA的影响高于R-PY点位。

霾污染过程中不同污染阶段5个点位$PM_{2.5}$浓度及其重构化学组分占比如图5-13所示(书后另见彩图),在区域主要受南方传输气团影响的污染积累阶段,除U-ZZ点位外,其他4个点位$PM_{2.5}$中NO_3^-的占比均高于主要受本地影响的污染持续阶段,并且5个点位NO_3^-占比均明显高于主要受北和东北传输影响的污染消散阶段。与之相反,污染消散阶段5个点位$PM_{2.5}$中SO_4^{2-}和OM的占比均高于污染积累阶段。因此,当区域大气受南部气团影响时$PM_{2.5}$中的NO_3^-的占比增大,当受北部和东北部气团影响时SO_4^{2-}和OM的占比增大。对比2014年郑州和平顶山市冬季的$PM_{2.5}$组分研究发现,郑州市南部的平顶山市(15.8%)的NO_3^-占比高于郑州市(13.9%)。2016年1月一次位于河南省东北方的聊城市霾污染观测的结果表明,当聊城市受东北风影响时,$PM_{2.5}$中OM占比高达38.8%,显著高于本研究区域。上述现象可能是由于观测期间我国处于供暖期,中国供暖分界线位于33°N附近的秦岭和淮河一带,郑州市以南大部分区域不采取集中供暖。因此,本研究区域以南地区受燃煤供暖等排放生

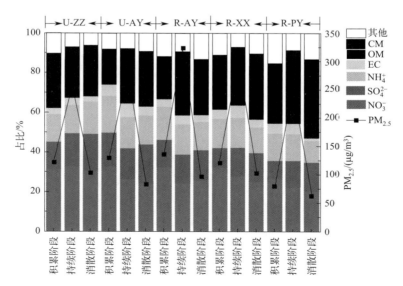

图5-13 霾污染过程中不同污染阶段5个点位$PM_{2.5}$浓度及其重构化学组分占比

成的 SO_4^{2-} 和 OM 影响小,硝酸根在 $PM_{2.5}$ 中的占比相应增大,而本研究区域的北方和东北方城市气温较低,供暖需求大,大量的燃煤电厂、民用散煤和生物质燃烧等导致 $PM_{2.5}$ 中 SO_4^{2-} 和 OM 的占比增大。此外,传输过程中硫酸盐的寿命高于硝酸盐,因此来自研究区域北部和东北部污染传输气团可能携带大量的硫酸盐,导致此区域 $PM_{2.5}$ 受 SO_4^{2-} 的影响增大。

在污染持续阶段中,研究区域处于不利污染物扩散的静稳天气条件下,$PM_{2.5}$ 主要来自本地积聚和二次生成,更能反映站点周边污染源贡献情况。U-ZZ 和 U-AY 点位 SNA 总占比分别为 63.8% 和 58%,均高于农村点位。其中 U-ZZ 点位的 NO_3^- 和 SO_4^{2-} 占比均高于其他站点。相反的是,2 个城市点位的 OM 占比低于农村点位,并且在 R-AY(28.7%)和 R-PY(35.6%)点位 OM 占比超过 NO_3^- 成为 $PM_{2.5}$ 中占比最高的组分。考虑到农村站点周边村镇居民较多,并且农村取暖大量使用散煤和生物质,因此农村点位 OM 占比较高可能主要受点位周边取暖用煤或者生物质燃烧的影响。上述结果表明静稳天气条件下河南省北部城市点位受 SNA 生成影响高于农村点位,而农村点位受 OM 的影响更显著。

5.3.4 郑州市 2017~2020 年秋冬季本地积聚污染过程分析

实时跟踪分析了 2017~2020 年秋冬季郑州市 18 次重污染过程中颗粒物组分特征。依据气象条件特征和 $PM_{2.5}$ 增长速率将郑州市 2017~2020 年秋冬季期间重污染过程中 $PM_{2.5}$ 的增长方式分类为本地积聚过程和传输增长过程。2017~2018 年、2018~2019 年和 2019~2020 年 11 月至次年 2 月分别观测到 3 次、8 次和 4 次典型的本地积聚过程,风玫瑰图(图 5-14,书后另见彩图)表明本地积聚过程的气象特征主要以风速< 2m/s、风向不定为主。过程中 $PM_{2.5}$ 浓度均缓慢增加,最终浓度达到 150μg/m³ 以上。

分析 3 年本地积聚过程不同 $PM_{2.5}$ 浓度下 $PM_{2.5}$ 组分占比(图 5-15,书后另见彩图)可见,最典型的特征是随着污染的加重 SNA 中 3 个离子的占比均上升,其中 NO_3^- 的占比上升幅度最显著,分别从 21.3%、25% 和 25.5% 上升至 30.7%、27.6% 和 34.7%。而 OM 和 CM 随着污染的加重占比下降,表明 U-ZZ 点位 2017~2020 年秋冬季重污染形成以本地积聚贡献为主,$PM_{2.5}$ 浓度的上升均主要受 SNA 生成的影响,尤其是硝酸盐的生成。对比组分占比的年际差异,2017~2018 年和 2018~2019 年 NO_3^- 占比相近,而 2019~2020 年污染时段(33.6%)和重污染时段(34.7%)NO_3^- 的占比显著高于前两年。结果表明本地二次硝酸生成对 U-ZZ 点位 $PM_{2.5}$ 浓度上升的贡献呈逐年增加趋势。此外,SO_4^{2-} 的占比呈逐年下降趋势,但是随着污染的加重 SO_4^{2-} 的占比仍是呈增大趋势,在 2019~2020 年重污染时段仍可达到 9.8%,表明虽然硫酸盐的贡献下降,但是 SO_4^{2-} 对 U-ZZ 点位本地 $PM_{2.5}$ 积聚的贡献不可忽视。2019~2020 年清洁时段 OM 占比显著增大,但是在重污染时段和前两年相似。此外 2019~2020 年 CM 的占比下降,由于 2019~2020 年本地积聚过程中平均风速仅为 0.6m/s,低于前两年的 0.9m/s,因此 CM 的贡献显著下降。上述结果表明 SNA 生成是 U-ZZ 点位 2017~2020 年秋冬季 $PM_{2.5}$ 本地积聚的主导因素。

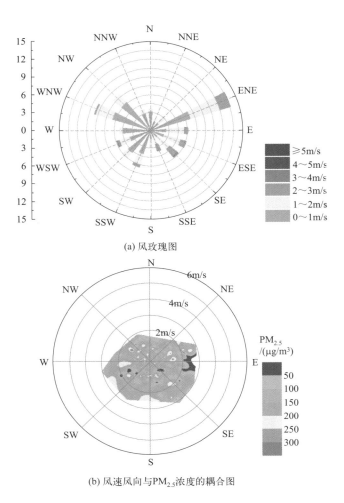

(a) 风玫瑰图

(b) 风速风向与 PM$_{2.5}$ 浓度的耦合图

图 5-14　本地积聚过程风玫瑰图和风速风向与 PM$_{2.5}$ 浓度的耦合图

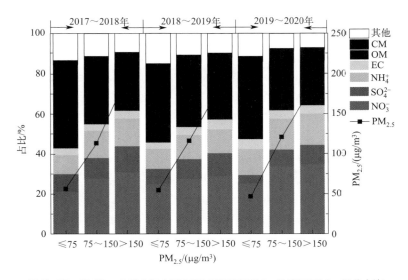

图 5-15　2017～2020 年本地积聚过程不同 PM$_{2.5}$ 浓度下 PM$_{2.5}$ 组分占比

从组分占比上可以看出，虽然 OM 随着本地污染的加重占比下降，但是在重污染时段 OM 的占比仍可达 20% 以上，并且 3 年变化较小，表明碳质气溶胶是郑州市本地污染过程中 $PM_{2.5}$ 的另一重要来源。利用最小比值法计算一次有机碳（POC）和二次有机碳（SOC）（表 5-5）结果表明随着污染的加重 POC 和 SOC 的浓度均上升。从 SOC/OC 值来看，3 年 SOC 在 OC 中的占比大于 60%，在 2019～2020 年占比达到 76%。此外，本研究中 OC/EC 均大于 2.0。上述结果表明郑州市本地污染过程中 $PM_{2.5}$ 受二次有机气溶胶生成的贡献显著。但是随着污染的加重，SOC/OC 值和 OC/EC 值下降，表明二次有机气溶胶对本地污染的加重贡献逐渐下降，而一次有机物的贡献上升。VOCs 的光化学反应是 SOC 生成的重要途径，上述分析表明随着大气中 $PM_{2.5}$ 浓度的增加，光强减弱，因此不利于 SOC 的生成。

表 5-5　郑州市 2017～2020 年秋冬季不同 $PM_{2.5}$ 浓度下碳质气溶胶变化特征

年份	条件	EC /(μg/m³)	OC /(μg/m³)	POC /(μg/m³)	SOC /(μg/m³)	SOC/OC	OC/EC
2017～2018	平均	4.4±2.2	16.4±5.8	6.3±3.1	10.2±3.3	0.63±0.10	3.99±0.95
	≤75μg/m³	2.3±0.9	10.7±1.6	3.3±1.3	7.5±1.7	0.70±0.08	4.74±1.09
	75～150μg/m³	3.5±1.2	13.9±2.4	5.0±1.6	9.0±2.0	0.65±0.10	4.09±0.97
	>150μg/m³	6.6±1.7	22.2±4.8	9.3±2.4	12.9±3.1	0.58±0.06	3.46±0.53
2018～2019	平均	7.0±3.5	18.7±7.5	7.4±3.7	11.4±4.5	0.61±0.12	3.00±1.01
	≤75μg/m³	2.2±0.6	8.9±2.7	2.3±0.6	6.6±2.4	0.72±0.13	4.31±1.47
	75～150μg/m³	5.7±2.6	16.1±5.8	6.1±2.8	10.2±3.6	0.62±0.12	3.10±0.96
	>150μg/m³	9.3±2.8	23.5±6.2	9.8±2.9	13.7±4.4	0.58±0.09	2.62±0.58
2019～2020	平均	4.6±1.7	16.2±4.8	4.0±1.5	12.2±3.3	0.76±0.03	3.70±0.61
	≤75μg/m³	2.1±0.6	9.0±1.5	1.9±0.5	7.1±1.3	0.79±0.06	4.50±1.30
	75～150μg/m³	4.1±1.1	14.7±3.0	3.6±1.0	11.1±2.1	0.76±0.02	3.67±0.40
	>150μg/m³	5.8±1.6	20.1±3.9	5.1±1.4	15±2.6	0.75±0.03	3.56±0.43

5.3.5　郑州市 2017～2020 年秋冬季传输污染过程分析

2017～2018 年、2018～2019 年和 2019～2020 年 11 月至次年 2 月分别观测到 6 次、6 次和 2 次 $PM_{2.5}$ 浓度显著受传输影响的增长过程。从风玫瑰图（图 5-16，书后另见彩图）中可以看出，这些污染过程期间风速较大，主要受东北和东风影响。

考虑到传输污染中 $PM_{2.5}$ 浓度较高，将 $PM_{2.5}$ 浓度分为 ≤150μg/m³、150～300μg/m³ 和 >300μg/m³，分析不同 $PM_{2.5}$ 浓度下组分占比，见图 5-17（书后另见彩图）。可以看出 2017～2018 年、2018～2019 年和 2019～2020 年传输污染过程中 NO_3^- 的占比仍是最高，并且随着的 $PM_{2.5}$ 浓度的增加，NO_3^- 的占比仍呈上升趋势，在 $PM_{2.5}$ 浓度 >300μg/m³ 的时段，占比分别达到 32.3%、38.0% 和 40.4%。研究表明在传输过程中硝酸根可能分解为中间物如 HNO_3、气态亚硝酸（HONO）和 N_2O_5，随后与本地污染物快速反应生成大量硝酸盐。在 $PM_{2.5}$ 浓度大于 300μg/m³ 的时段，EC 和 OM 的占比显著上升，此外 SO_4^{2-} 的占比普遍高于本地污染过程，与上文结果一致，可能主要受郑州市东和东北方向的城市更高的燃煤排放等因素影响。

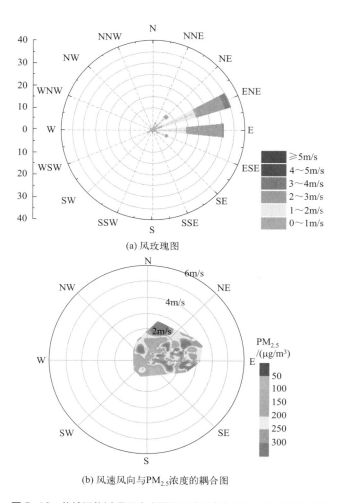

(a) 风玫瑰图

(b) 风速风向与 PM$_{2.5}$ 浓度的耦合图

图 5-16 传输污染过程风玫瑰图和风速风向与 PM$_{2.5}$ 浓度的耦合图

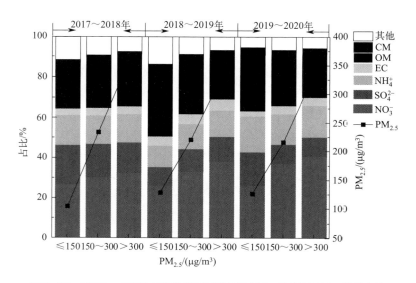

图 5-17 2017～2020 年传输污染过程不同 PM$_{2.5}$ 浓度下 PM$_{2.5}$ 组分占比

5.3.6 郑州市典型沙-霾混合污染过程分析

2018年11月23日至12月4日郑州市发生了一次空气质量等级达到严重污染，AQI值爆表的极端重污染过程。此次重污染过程中各污染物浓度如图5-18所示（书后另见彩图），根据首要污染物可以将此次重污染过程分为三个阶段。

第一阶段：2018年11月23～26日，首要污染物为$PM_{2.5}$，平均值约为170μg/m³，在26日的7点达到本阶段峰值257μg/m³。

第二阶段：11月26日至12月1日，AQI小时值最高达到500，首要污染物以PM_{10}为主。值得注意的是27日下午开始，$PM_{2.5}$浓度持续上升，于28日夜间达到本次污染过程峰值306μg/m³。

第三阶段：2018年12月2～4日。该阶段受PM_{10}的影响逐渐减弱，但是$PM_{2.5}$浓度仍较高，其间$PM_{2.5}$平均浓度为157.6μg/m³，此外CO的浓度显著升高，表明第三阶段受人为污染的影响较大。

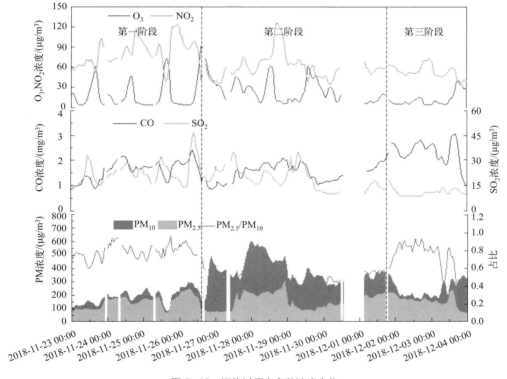

图5-18 污染过程六参数浓度变化

结合观测期间气象数据（图5-19，书后另见彩图）分析，第一阶段23～26日上午，郑州市长时间处于风速小于1m/s，风向不定的静稳状态。根据后向轨迹分析（图5-20），气团主要来自郑州的周边邻近地区，导致本地及周边邻近地区的污染物在郑州市上空震荡叠加，最终污染达到重度污染水平。第二阶段26日下午，风速显著增大，风向以西北风为主，$PM_{2.5}$浓度显著下降。但是来自西北戈壁滩和沙漠地区的气团携带了大量沙尘，导致PM_{10}浓度迅速增加。但是随后气团在郑州市本地滞留。第三阶段开始伴随着零星小雨，相对湿度显著增加，平均值为76%，夜间和凌晨出现了大雾天气。同时此阶段风速减弱，风向偏东北方向，本地及临近周边的污染物的排放及来自东北方向的传输导致$PM_{2.5}$浓度持续积累。

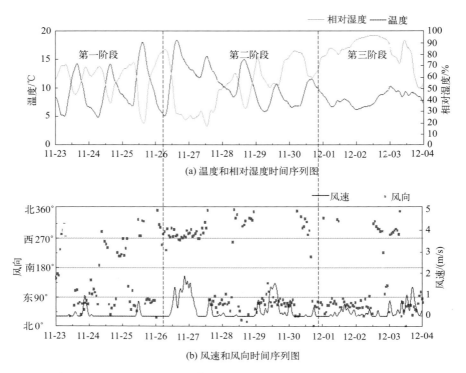

图5-19 监测期间气象参数（温度、相对湿度、风速和风向）时间序列图

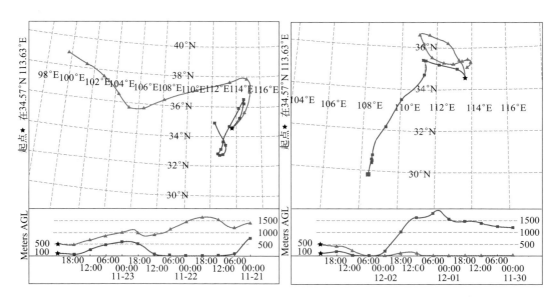

图5-20 污染过程不同时段后向轨迹图

（Meters AGL 表示地面以上多少米）

利用在线仪器分析 $PM_{2.5}$ 中各组分重构后的占比见图 5-21（书后另见彩图），第一阶段二次组分占比最高为 60.2%，尤其是 NO_3^-，平均占比达到 36.2%，约是 SO_4^{2-} 占比（9.4%）的四倍，表明硝酸盐的二次转化是该阶段 $PM_{2.5}$ 的主要来源。第二阶段中地壳元素（CM）浓度平均值达到 $88.0\mu g/m^3$，二次组分浓度平均值分别为 SO_4^{2-} $16.8\mu g/m^3$、NO_3^- $42.2\mu g/m^3$ 和 NH_4^+ $14.6\mu g/m^3$。从组分重构结果来看，第二阶段 CM 占比达到 42.9%，二次组分占比分别为 SO_4^{2-} 8.5%、NO_3^- 21.6% 和 NH_4^+ 8.6%。地壳元素占比升高可能主要是受沙尘传输的影响。值得注意的是，沙尘过程中 SNA 和 OM 的占比仍达到 38.6% 和 11.8%，可见二次转化和本地污染排放量对郑州市空气质量影响显著。在第三阶段中，受轻微降雨的影响，沙尘颗粒被有效去除，PM_{10} 浓度显著下降，CM 的占比下降至 30.6%。但是随着风速的下降、相对湿度的增大，静稳天气下 $PM_{2.5}$ 的浓度仍保持高值，其中 SNA 再次成为 $PM_{2.5}$ 中主要成分，占比上升到 46.3%，此外 OM 上升至 12.5%，二次无机气溶胶再次成为 $PM_{2.5}$ 的主要来源。

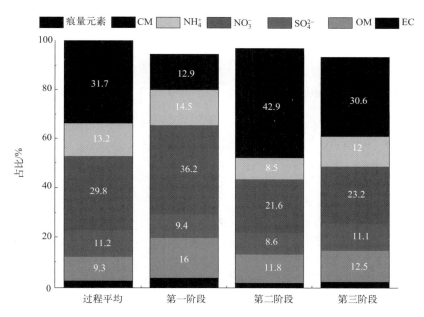

图 5-21　不同阶段 $PM_{2.5}$ 化学组分重构图

综上所述，本次观测过程中的重污染事件主要分为三个阶段：第一阶段受静稳天气的不利气象条件影响，污染物缓慢积聚进而引发重污染过程，其间以 $PM_{2.5}$ 为首要污染物，从组分来说，其中 SNA 和 OM 是 $PM_{2.5}$ 的主要组分，从转化率可以看出，SNA 主要来自 SO_2 和 NO_2 的二次转化，而较高的 OM 的占比可能受供暖期燃煤的显著影响；第二阶段受西北风的影响污染稍有缓解，但很快受西北风带来的沙尘的影响，AQI 值爆表，首要污染物为 PM_{10}，$PM_{2.5}$ 中地壳元素占比达到 42.9%；第三阶段中沙尘影响减弱，出现了严重的大雾天气，湿度的增大促进了 SNA 的生成，风速降低导致本地污染物持续积累，最终导致 $PM_{2.5}$ 重新成为首要污染物。

5.4 二次气溶胶生成路径及影响因素

上文分析表明二次无机气溶胶和有机物是中原城市群秋冬季重污染过程中 $PM_{2.5}$ 的主要组分。本章节利用两个典型城市和农村点位的综合观测数据,结合热力学模型和反应速率公式,对比研究城市和农村点位重污染过程中 SNA 生成路径及影响因素。基于长期 EC 和 OC 观测数据以及 130 种极性和非极性有机化合物,初步探究了典型有机气溶胶的来源及生成机制。

5.4.1 二次无机气溶胶生成路径及主控因素

5.4.1.1 典型重污染过程 SNA 存在形式及粒径分布

分析 2018 年 1 月 12～25 日郑州市观测期间,SO_4^{2-} 和 $SO_4^{2-}+NO_3^-$ 与 NH_4^+ 的电荷浓度比值如图 5-22 所示。结果表明郑州市大气中 NH_4^+ 明显能够完全中和 SO_4^{2-},表明郑州市冬季大气颗粒物中硫酸盐主要以 $(NH_4)_2SO_4$ 形式存在,可能有少量 NH_4HSO_4 存在于清洁天中。随后多余的 NH_4^+ 与 NO_3^- 反应生成 NH_4NO_3。在污染比较轻时多余的 NH_4^+ 能够把所有 NO_3^- 完全中和,并有多余 NH_4^+ 存在。但是随着 $PM_{2.5}$ 浓度的增加,会有大量的 NO_3^- 富余。这些富余的 NO_3^- 可能以 $NaNO_3$ 和 KNO_3 形式存在。

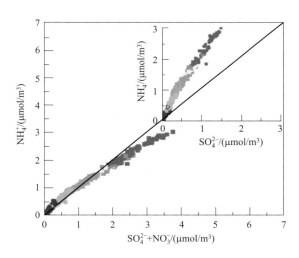

图 5-22 NH_4^+-SO_4^{2-} 和 NH_4^+-SO_4^{2-}+NO_3^- 的电荷浓度散点图

利用安德森八级采样器采集并分析了污染过程中水溶性无机离子的浓度,其粒径分布特征见图 5-23(书后另见彩图)。NO_3^-、SO_4^{2-} 和 NH_4^+ 以单峰分布 1.1～2.1μm,并且 65% 的 SNA 主要分布在液滴模态。因此颗粒物中硫酸盐和硝酸盐主要分布在液滴模的颗粒物中。分析 SNA 的粒径分布在污染过程中的变化趋势(图 5-24,书后另见彩图)可见,随着污染的加重,液滴模态的 SNA 均显著增加,而 < 0.65μm 和 > 2.1μm 下的 SNA 仅略有增加。同时污染过程中 NO_3^-、SO_4^{2-} 和 NH_4^+ 的质量中值粒径(MMAD)从 1 月 13 日至 1 月 18 日显著上升,分别从 0.78μm 上升至 1.22μm、0.86μm 上升至 1.3μm 和 0.83μm 上升至 1.23μm。上述结果证明了液滴模态的 SNA 生成和增长是重污染过程中 $PM_{2.5}$ 浓度上升的主控因子。

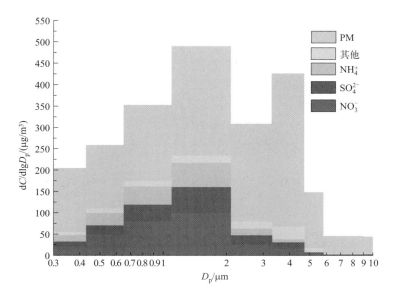

图 5-23 水溶性无机离子的粒径分布特征

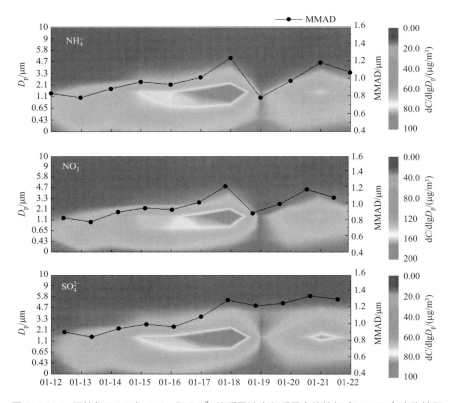

图 5-24 不同粒径下 NH_4^+、NO_3^- 和 SO_4^{2-} 的质量浓度和质量中值粒径（MMAD）变化特征

（色标表示质量浓度大小）

5.4.1.2 NO_3^- 生成路径及影响因素

SOR 和 NOR 值通常用来定量表示气体 SO_2 和 NO_2 向 SO_4^{2-} 和 NO_3^- 的转化程度,计算不同污染程度下 5 个点位的 SOR 和 NOR 值,见表 5-6。在城市点位中不同污染程度下 U-ZZ 点位的 SOR 和 NOR 均高于 U-AY 点位,农村点位中 R-XX 点位 SOR 和 NOR 值高于其他 2 个农村点位。在不同污染程度下,转化率均大于 0.1,表明有明显的二次转化反应发生。随着污染的加重,5 个点位的 SOR 和 NOR 均呈上升趋势,在 HP 时段 U-ZZ 和 R-XX 点位的 SOR 值分别达到 0.51 和 0.50,NOR 值分别达到 0.43 和 0.40。相比清洁时段,R-PY 点位 HP 时段 SOR 值增加最多为 0.23,U-ZZ 点位的 NOR 值增加最多为 0.16。上述结果表明在此次霾污染形成过程中,二次生成反应加剧。

表 5-6 不同污染程度下 5 个点位的 SOR 和 NOR 统计值(平均值 ± 标准偏差)

点位	污染程度	SOR	NOR
U-ZZ	C(n=58h)	0.30±0.10	0.27±0.09
	P(n=93h)	0.37±0.12	0.30±0.09
	HP(n=142h)	0.51±0.12	0.43±0.08
U-AY	C(n=33h)	0.25±0.11	0.25±0.10
	P(n=77h)	0.33±0.10	0.27±0.06
	HP(n=160h)	0.31±0.09	0.31±0.05
R-AY	C(n=21h)	0.24±0.19	0.30±0.08
	P(n=90h)	0.35±0.12	0.30±0.06
	HP(n=145h)	0.45±0.15	0.38±0.06
R-XX	C(n=24h)	0.41±0.21	0.30±0.11
	P(n=90h)	0.45±0.12	0.42±0.11
	HP(n=163h)	0.50±0.17	0.40±0.08
R-PY	C(n=68h)	0.26±0.08	0.27±0.07
	P(n=44h)	0.36±0.11	0.34±0.08
	HP(n=147h)	0.49±0.16	0.38±0.11

注:n 表示时间。

(1)夜间 NO_3^- 生成路径及影响因素

图 5-25(书后另见彩图)计算了摩尔浓度比值 $[NO_3^-]/[SO_4^{2-}]$ 与 $[NH_4^+]/[SO_4^{2-}]$ 的相关性,结果可见五个点位白天和夜间均有显著的相关性($0.6 \leqslant r^2 \leqslant 0.9$),表明 NO_3^- 生成过程中伴随着与 NH_4^+ 的中和反应。由于 N_2O_5 水解反应的重要前体物 NO_3 自由基在白天极易被光解,因此此次霾污染过程中河南省北部城市和农村点位白天 NO_3^- 生成主要以气相反应为主。$[NH_4^+]/[SO_4^{2-}]$ 值也经常用来评估大气中氨的水平,当比值大于 1.5 或 2 时表明区域大气中有充足的 NH_3 中和 SO_4^{2-},硫酸盐主要以 $(NH_4)_2SO_4$ 或 NH_4HSO_4 形式存在,大气是富氨条件。从图中可以看出观测期间 5 个点位 $[NH_4^+]/[SO_4^{2-}]$ 值几乎都大于 3,表明区域霾污染过程中大气富氨,并且 $PM_{2.5}$ 中硫酸盐主要以 $(NH_4)_2SO_4$ 形式存在。

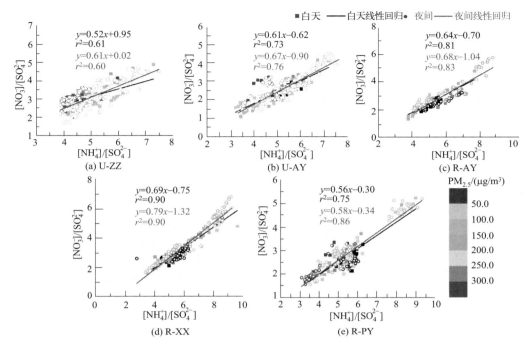

图 5-25 五个点位白天和夜间 [NO_3^-] / [SO_4^{2-}] 与 [NH_4^+] / [SO_4^{2-}] 摩尔浓度比值的相关性

(色标表示 $PM_{2.5}$ 浓度)

选取城市和农村 NOR 值最高的 U-ZZ 和 R-XX 点位分析影响硝酸根生成的主要因素,见表 5-7。HNO_3 的生成主要受 NO_2 和·OH 的影响,从表中可以看出,白天(8:00～17:00)随着污染的加重,气态前体物 NO_2 浓度显著增高,在霾污染时段 U-ZZ 和 R-XX 点位白天 NO_2 平均浓度达到 74.5μg/m³ 和 65.3μg/m³,为霾污染期间 NO_3^- 的生成提供充足的前体物浓度。O_3 的光解是白天·OH 的最主要来源,但是许多城市观测结果表明在秋冬季霾过程中随着污染的加重光化学反应减弱,O_3 浓度逐渐下降。从表 5-7 中也可以看出随着污染的加重,白天 U-ZZ 点位的 UV 值下降,并且 U-ZZ 和 R-XX 点位 O_3 的浓度显著降低,HP 时段 O_3 平均浓度仅为 27μg/m³ 和 25μg/m³。因此,可以推测在霾污染程度加剧的过程中,O_3 对·OH 的贡献下降。然而两个点位白天 HNO_3 浓度和 NOR 值随着污染的加重均明显增大(表 5-7),表明气相反应增强。值得注意的是 HONO 的浓度在污染过程中呈上升趋势,U-ZZ 和 R-XX 点位 HONO 浓度分别从 C 时段的 1.6μg/m³ 和 2.1μg/m³ 上升至 HP 时段的 5.7μg/m³ 和 3.5μg/m³,分别增加 3.6 倍和 1.7 倍。研究表明 HONO 光解产生·OH 的反应对全天·OH 生成均有显著贡献,可能超过 30% 的·OH 来自 HONO 光解。学者对华北地区的硝酸盐增长研究发现,大气污染时段·OH 生成是清洁时段的 1.48 倍,其间其主要前体物 O_3、HONO、HCHO 和 VOCs 浓度分别上升 12%、263%、134% 和 154%。此外,研究期间 HP 时段的 HONO 浓度明显高于文献中其他城市(0.3～3.85μg/m³)的观测结果。上述结果表明此次霾污染过程中 U-ZZ 和 R-XX 点位 HONO 光解产生的·OH 对白天 NO_3^- 生成的贡献显著,并且随着污染的加重逐渐增大。对比 U-ZZ 和 R-XX 点位可见(表 5-7),HP 期间 U-ZZ 点位更高的 NO_2、O_3 和 HONO 的浓度可能是 U-ZZ 点位 NOR 值高于 R-XX 点位的重要原因。

表 5-7　白天（8:00 ~ 17:00）U-ZZ 和 R-XX 点位不同污染程度下
NO_2、O_3、UV、HONO、HNO_3 和 NOR 统计值（平均值 ± 标准偏差）

影响因素	U-ZZ			R-XX		
	C	P	HP	C	P	HP
$NO_2/(\mu g/m^3)$	37±13	58±17	74±13	28±8	30±8	65±18
$O_3/(\mu g/m^3)$	50±23	28±20	27±18	27±25	29±22	25±20
$UV/(W/m^2)$	9.3±7.1	7.9±5.8	6.9±4.3	—	—	—
$HONO/(\mu g/m^3)$	1.6±1.1	4.6±2.7	5.7±4.1	2.1±1.5	2.2±1.5	3.5±1.9
$HNO_3/(\mu g/m^3)$	0.8±0.3	1±0.2	1.4±0.3	3.1±0.2	3.2±0.2	3.8±0.6
NOR	0.3±0.1	0.3±0.1	0.5±0.1	0.3±0.1	0.4±0.1	0.4±0.1

（2）夜间 NO_3^- 生成路径及影响因素

从图 5-25 中线性回归方程的斜率来看，夜间斜率（0.58 ~ 0.79）均高于白天（0.52 ~ 0.69），表明夜间 $[NO_3^-]/[NH_4^+]$ 值更高，因此可以推断此次污染过程中夜间除 NH_4NO_3 中和反应外，还有其他路径生成大量的 NO_3^-。5 个点位白天和夜间 NOR 与 RH、气溶胶液态水含量（AWC）和稳态条件下 N_2O_5 浓度（$[N_2O_5]_{ss}$）的 Pearson 相关性系数见表 5-8，5 个点位在夜间 NOR 值与 RH 的相关性在 0.392 ~ 0.551 之间，与 AWC 的相关性在 0.447 ~ 0.821 之间，显著高于三者在白天的相关性，表明此次污染过程中 5 个点位夜间 NO_2 转化显著受 RH 和 AWC 的影响。大量模拟和观测实验均证明 N_2O_5 水解反应是我国秋冬季霾污染过程中夜间 NO_3^- 生成主要路径之一，可贡献夜间 50% ~ 100% 的 NO_3^- 生成。计算夜间每小时稳态条件下 $[N_2O_5]_{ss}$ 浓度与 NOR 值的相关性（表 5-8），结果表明除 R-AY 点位外，其他 4 个点位夜间 NO_2 的转化与 $[N_2O_5]_{ss}$ 有相关性（0.175 ~ 0.372）。综上，此次霾污染过程中河南省北部城市和农村点位夜间 NO_3^- 生成受 N_2O_5 水解反应影响显著。图 5-25 中夜间 $[NO_3^-]/[SO_4^{2-}]$ 与 $[NH_4^+]/[SO_4^{2-}]$ 的高相关性除受 HNO_3 与 NH_3 中和反应的影响外，也可能是由于此次污染过程中颗粒物呈酸性，并且随着水解反应产生的 NO_3^- 浓度上升，颗粒物酸度增大，富氢条件下 NH_3 更易被吸收进颗粒物的液相形成 NH_4^+，导致夜间 $[NO_3^-]$ 与 $[NH_4^+]$ 的浓度也具有较高的相关性。

表 5-8　5 个点位白天和夜间 NOR 与 RH、AWC 和 $[N_2O_5]_{ss}$ 的相关性（r）系数

点位	白天（8:00 ~ 17:00）		夜间（18:00 ~ 7:00）		
	RH	AWC	RH	AWC	$[N_2O_5]_{ss}$
U-ZZ	0.524**	0.633**	0.551**	0.653**	0.278**
U-AY	0.042	0.261	0.424*	0.690**	0.372**
R-AY	0.042	0.261	0.472**	0.821**	0.049
R-XX	−0.085	0.200	0.392*	0.447**	0.219**
R-PY	0.085	0.491	0.494**	0.727**	0.175*

注：* 表示在 0.05 级别（双尾），相关性显著。** 表示在 0.01 级别（双尾），相关性显著。

N_2O_5 水解反应主要受 NO_2、O_3 和 AWC 的影响，各参数在夜间不同污染程度下的值见表 5-9。U-ZZ 和 R-XX 点位夜间 NO_2 浓度明显高于白天，可能主要受夜间边界层高度下降、NO_2 光解速率下降、夜间施工机械以及错峰生产排放增大等因素的影响。O_3 在夜间浓度值

较低，但是在 HP 时段仍达到 11μg/m³ 和 9μg/m³，可见夜间有充足的 NO_2 和 O_3 参与反应生成 N_2O_5。从大气 RH 和 AWC 浓度可见，夜间 U-ZZ 和 R-XX 点位 RH 值较高，在 HP 时段分别可达 73.2% 和 67.0%，同时 AWC 浓度高达 163.3μg/m³ 和 133μg/m³，为 N_2O_5 水解反应提供充足的反应介质。计算稳态条件下 $[N_2O_5]_{ss}$ 浓度可以看出，随着污染的加重，U-ZZ 和 R-XX 点位 $[N_2O_5]_{ss}$ 浓度增加，HP 时段分别为 0.06μg/m³ 和 0.04μg/m³。因此，HP 时段 U-ZZ 点位高的 NO_2、O_3 和 AWC 浓度可能是夜间 NOR 值和 $[N_2O_5]_{ss}$ 浓度高于 R-XX 点位的重要因素。

表 5-9　夜间（18:00～7:00）U-ZZ 和 R-XX 点位不同污染程度下
NO_2、O_3、HNO_3、RH、AWC、$[N_2O_5]_{ss}$ 和 NOR 统计值（平均值 ± 标准偏差）

影响因素	U-ZZ			R-XX		
	C	P	HP	C	P	HP
NO_2/（μg/m³）	50±15	65±25	82±19	35±13	32±9	74±17
O_3/（μg/m³）	17±19	16±12	11±12	14±11	20±16	9±11
HNO_3/（μg/m³）	0.9±0.3	0.9±0.2	1.2±0.3	3.0±0.3	3.2±0.2	3.6±0.5
RH/%	57.7±7.8	65.9±9.6	73.2±9.8	60.7±15.3	63.3±9.9	67.0±9.8
AWC/（μg/m³）	31.9±7.9	61.6±28.8	163.3±57.3	34.6±25.5	49.7±20.5	133±88.1
$[N_2O_5]_{ss}$/（μg/m³）	0.05±0.04	0.06±0.05	0.06±0.05	0.02±0.02	0.04±0.02	0.04±0.05
NOR	0.2±0.1	0.3±0.1	0.4±0.1	0.3±0.1	0.4±0.1	0.4±0.1

值得注意的是，气相反应或水解反应并不是白天或夜间 NO_3^- 生成的单一途径。U-ZZ 点位白天 NOR 与 RH（r=0.524）和 AWC（r=0.633）的相关性显著，并高于 R-XX 点位（表 5-8）。此外，白天 U-ZZ 点位 AWC 平均浓度为 99.1μg/m³，明显高于 R-XX 点位的 69.3μg/m³，并且 U-ZZ 点位白天 HNO_3 浓度低于 R-XX 点位。尽管 NO_3 作为 N_2O_5 的主要前体物在白天易被光解，但是在此次霾污染期间，随着污染的加重，UV 显著下降，不利于 NO_3 的光解。同时，以往对香港特别行政区的模拟结果表明普通天和污染天白天 N_2O_5 水解反应对 NO_3^- 生成的贡献分别可达到 13% 和 17%。因此，U-ZZ 点位白天 NO_3^- 生成也可能来自 N_2O_5 水解反应，并且此反应的贡献高于 R-XX 点位。夜间 U-ZZ 和 R-XX 点位 HNO_3 浓度仍较高，可能主要来自 VOCs 等贡献·OH 氧化 NO_2 生成 HNO_3 的反应、NH_4NO_3 的气/粒分配或 NO_3 与 VOCs 反应生成 HNO_3。此外，研究表明 N_2O_5 的异相反应也是 HNO_3 的主要来源，尤其在夜间可贡献 43% 的 HNO_3 生成。并且夜间 NO_2 与·OH 的反应仍可贡献 39%～61% 的硝酸盐生成。因此，此次污染过程中气相反应也可能对夜间硝酸根浓度上升起重要作用。相比 U-ZZ 点位，R-XX 点位夜间 HNO_3 浓度更高，达到 3μg/m³ 以上，同时 RH、AWC 和 $[N_2O_5]_{ss}$ 浓度较低，因此推断 R-XX 点位夜间 NO_3^- 的生成可能受气相反应的贡献大于 U-ZZ 点位。

（3）NO_3^- 生成的日变化规律

分析此次污染过程中 U-ZZ 和 R-XX 点位 NO_3^- 生成影响因素的日变化特征，如图 5-26 所示（书后另见彩图），在大气中有充足的 NO_2 条件下，每天 7:00 左右，太阳升起后 HONO 被快速光解，生成大量·OH 用于氧化 NO_2，导致气态 HNO_3、NO_3^- 浓度和 NOR 值开始显著上升。随后 O_3 浓度开始上升，光解后提供·OH，促进 HNO_3、NO_3^- 浓度和 NOR 值持续上升，在 14:00～16:00 达到峰值。随后光照强度下降，O_3 浓度逐渐降低，HNO_3 浓度下降，气相反应的贡献下降。18:00 后 RH 和 AWC 浓度逐渐增加，在 18:00～20:00 期间 O_3 浓度仍保持在较高值时，生成大量 N_2O_5（$[N_2O_5]_{ss}$ 浓度较高），水解反应促使 NOR 值仍保持高值。20:00 以后 O_3 浓度急剧下降，$[N_2O_5]_{ss}$ 浓度较低，N_2O_5 水解反应的贡献下降，NOR 值持续下降并保持在低值。总结来看，相比 U-ZZ 点位，此次污染过程中 R-XX 点位 RH、AWC 浓度和夜间 $[N_2O_5]_{ss}$ 浓度更低，而 HNO_3 和白天 NH_3 的浓度更高，因此 R-XX 点位 NO_3^- 生成可能受气相反应的影响更大，而相对高湿低氨的条件下 U-ZZ 点位的 NO_3^- 生成可能受水解反应影响更显著。

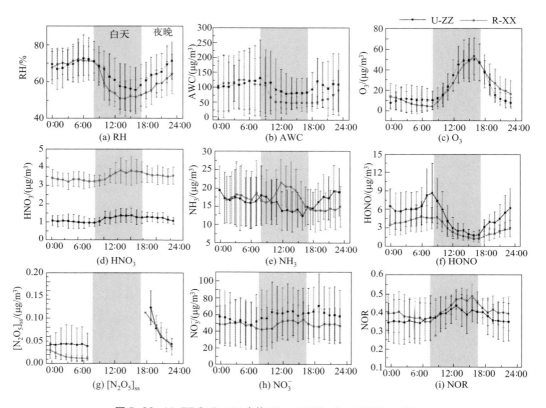

图 5-26　U-ZZ 和 R-XX 点位 RH、AWC、O_3、HNO_3、NH_3、
HONO、$[N_2O_5]_{ss}$、NO_3^- 和 NOR 的日变化

（4）颗粒物 pH 值对二次无机气溶胶生成的影响

从 U-ZZ 和 R-XX 点位 pH 值与 NO_3^- 浓度的散点图 5-27（a）和（b）（书后另见彩图）可以看出，pH 值与 NO_3^- 呈现"三角关系"，NO_3^- > 80μg/m³ 的数据 U-ZZ 点位主要集中在 pH 值 4.0～4.55 范围内，R-XX 点位主要集中在 pH 值 4.5～5.2 范围内。当 pH 值大于或小于此数值范围时，NO_3^- 浓度均呈现下降趋势。图中气泡大小代表 NOR 值大小，颜色代表 NO_2 浓度，结果表明当 NO_3^- 浓度 > 80μg/m³ 时，U-ZZ 和 R-XX 点位的 NOR 值较高，分别在 0.3～0.6 和 0.4～0.6 之间，同时 NO_2 浓度也处于高值，平均值分别为 86.5μg/m³ 和 71.7μg/m³。因此可以得出当 U-ZZ 和 R-XX 点位的 pH 值分别在 4.0～4.55 和 4.5～5.2 范围时，大气中 NO_3^- 生成处于"高值区"，即高 NO_2 浓度、高转化率和高 NO_3^- 共存。

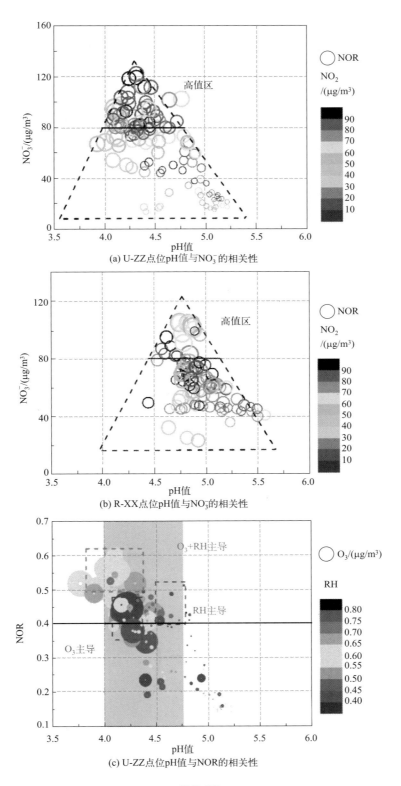

图 5-27

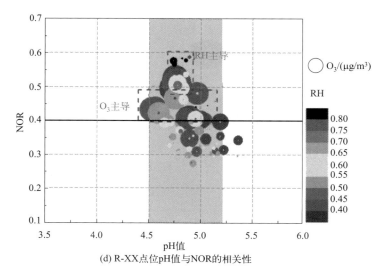

图 5-27 U-ZZ 和 R-XX 点位 pH 值与 NO_3^- 的相关性；
U-ZZ 和 R-XX 点位 pH 值与 NOR 的相关性

图 5-27（c）和（d）（书后另见彩图）中 pH 值与 NOR 的相关性表明 U-ZZ 和 R-XX 点位 pH 值与 NOR 均呈负相关关系。图中气泡大小表示 O_3 浓度大小，颜色代表 RH 值，分析 O_3 和 RH 在 pH 值与 NOR 值之间的关系可见，U-ZZ 点位 pH 值在 4.0～4.55 的"高值区"[图 5-27（c）中方框]时出现 3 种情况，分别为 O_3+RH 主导、O_3 主导和 RH 主导的 NOR 值，并且随着 pH 值的增大，有明显的分布特征。上文分析表明气相反应和水解反应是 U-ZZ 点位 NO_3^- 的主要生成路径。因此，当 U-ZZ 点位 pH 值相对较小时，O_3+RH 主导条件下气相和水解反应叠加共同导致极高的 NO_2 转化，此时 NOR 值均大于 0.5；当 pH 值增大后，单一的气相反应或水解反应主导 NO_2 的转化，NOR 值小于前一种情况，值在 0.3～0.5 范围内；随着 pH 值持续增大，在非"高值区"RH 和 O_3 均显著下降，NO_2 转化变弱。

相比 U-ZZ 点位，R-XX 点位 pH 值在 4.5～5.2 的"高值区"内 O_3+RH 主导值的数据少，其主要原因可能是 R-XX 点位白天 RH 值较低，高湿条件主要发生在夜间低 O_3 时段。从图 5-27（d）中仍可以看出在低 pH 值、高 O_3 和高 RH 影响下气相和水解叠加反应导致的 NOR 峰值。R-XX 点位 O_3 主导的数据较多，表明气相反应对 R-XX 点位的 NO_2 转化贡献显著。随着 pH 值的增加和 O_3 浓度的降低，NOR 值减小。综上所述，此次污染过程中 U-ZZ 和 R-XX 点位颗粒物 pH 值可能与 O_3 和 RH 协同对 NO_3^- 生成造成影响，当 pH 值较低时，此时大气主要以高 O_3、高 RH 或二者共存的条件为主，导致 NO_2 急剧转化。而在高 pH 值时，大气中 O_3 或 RH 值低，NO_2 转化下降。

5.4.1.3 硫酸根生成路径及影响因素

观测期间 U-ZZ 和 R-XX 点位的 SO_2 平均浓度分别为 26μg/m³ 和 19μg/m³，并且随着污染的加重浓度上升，为 SO_4^{2-} 的生成提供充足的前体物浓度。白天 SO_2 与·OH 的气相反应是 SO_4^{2-} 生成的主要途径之一。图 5-26 中·OH 前体物（HONO 和 O_3）以及图 5-28（a）（书后另见彩图）中 SOR 值的日变化特征结果表明，清晨 HONO 光解产生大量·OH 后，SOR 值

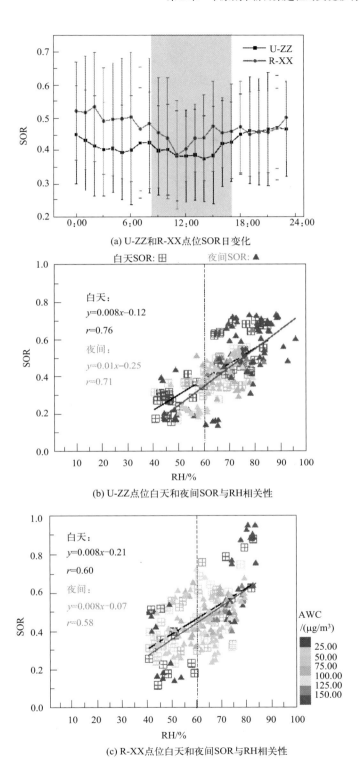

图 5-28 U-ZZ 和 R-XX 点位 SOR 日变化；U-ZZ 和 R-XX 点位白天和夜间 SOR 与 RH 相关性
（色标表示 AWC 浓度）

不升反降,并且只在 O_3 浓度峰值时 SOR 呈轻微上升趋势,表明此次霾污染过程中气相反应对 U-ZZ 和 R-XX 点位 SO_2 的转化贡献较小。值得注意的是 SOR 和 RH 的日变化趋势相似,并且根据图 5-28(b)和(c)(书后另见彩图)可知,U-ZZ 和 R-XX 点位 SOR 在白天和夜间与 RH 均有显著相关性(白天 r=0.76 和 0.60,夜间 r=0.71 和 0.58)。当 RH > 60% 时,颗粒物表面 AWC 浓度显著升高,SOR 急剧增大。上述结果表明液相反应可能是此次霾污染过程中 U-ZZ 和 R-XX 点位 SO_4^{2-} 的主要生成路径。

利用表 5-10 中液相 SO_4^{2-} 生成速率公式,计算 U-ZZ 和 R-XX 点位白天和夜间以 H_2O_2、O_3、NO_2 和过渡金属离子(TMI)催化为主导的 4 种液相反应途径的 SO_4^{2-} 生成速率,结果见图 5-29。选取的计算参数见表 5-11,其中 H_2O_2 的选值参考以往在郑州和北京的观测结果,不确定度结果以误差线展示在图 5-29 中。

表 5-10 液相 SO_4^{2-} 生成反应速率公式和常数

氧化剂	生成速率(−d[S(Ⅳ)]/dt)
H_2O_2	$(k_2[H^+][HSO_3^-][H_2O_2(aq)])/(1+K[H^+])$ k_2=7.45×10^{7}L/(mol·s),E/R=4430K K=13L/mol
O_3	$(k_3[SO_2 \cdot H_2O]+k_4[HSO_3^-]+k_5[SO_3^{2-}])[O_3(aq)]$ k_3=2.4×10^{4}L/(mol·s) k_4=3.7×10^{5}L/(mol·s),E/R=5530K k_5=1.5×10^{9}L/(mol·s),E/R=5280K
NO_2	$k_6[NO_2(aq)][S(Ⅳ)]$ pH < 5,k_6=(1.4×10^5+1.24×10^7)/2L/(mol·s) 5 < pH < 5.3,k_6=[23.25×(pH−5)+1.4+124]/2×10^{5}L/(mol·s) 5.3 < pH < 5.8,k_6=[23.25×(pH−5)+12.6×(pH−5.3)+124]/2×10^{5}L/(mol·s) 5.8 < pH < 8.7,k_6=[12.6×(pH−5.3)+124+20]/2×10^{5}L/(mol·s) pH > 8.7,k_6=(2×10^6+1.67×10^7)/2L/(mol·s)
TMI	pH ≤ 4.2,$k_7[H^+]^{-0.74}[Mn(Ⅱ)][Fe(Ⅲ)][S(Ⅳ)]$ k_7=3.72×10^{7}L/(mol·s) pH > 4.2,$k_8[H^+]^{0.67}[Mn(Ⅱ)][Fe(Ⅲ)][S(Ⅳ)]$ k_8=2.51×10^{13}L/(mol·s)

注:K 为单位转化常数;k_2、k_3、k_4、k_5、k_6、k_7、k_8 分别为以 H_2O_2、O_3、NO_2 和 TMI 为催化剂时四价硫转化为六价硫的反应速率;E 为反应活化能,R 为气体常数。

表 5-11 U-ZZ 和 R-XX 点位白天和夜间 SO_4^{2-} 液相生成速率计算参数

参数	U-ZZ 白天	U-ZZ 夜间	R-XX 白天	R-XX 夜间
T/K	275.3	274.7	274.3	271.4
P/kPa	100.6	100.6	101.4	101.5
R_{ap}/μm	0.15	0.15	0.15	0.15
pH 值	4.5	4.6	4.9	5.0
AWC/(μg/m^3)	112.6	125.3	66.9	91.9
SO_2(体积分数)/×10^{-9}	9.4	8.3	8.3	5.6
H_2O_2(体积分数)/×10^{-9}	0.25	0.25	0.25	0.25
O_3(体积分数)/×10^{-9}	15.1	6.2	12.4	7.0

续表

参数	U-ZZ 白天	U-ZZ 夜间	R-XX 白天	R-XX 夜间
NO_2（体积分数）$/\times 10^{-9}$	29.9	35.3	25.2	27.4
Fe/（ng/m³）	1154.6	1338.6	505.3	493.8
Mn/（ng/m³）	89.1	120.1	43.1	37.6

注：R_{ap} 表示大气中颗粒物的平均半径。

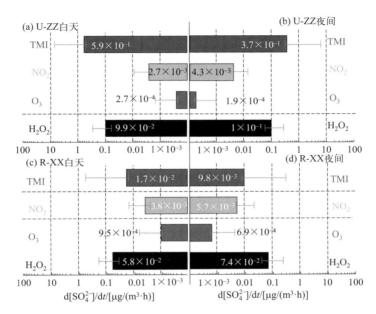

图 5-29　U-ZZ 和 R-XX 点位白天和夜间不同路径 SO_4^{2-} 液相生成速率
（图中误差线表示生成速率的不确定度）

结果表明 U-ZZ 点位白天 TMI 催化氧化反应的 SO_4^{2-} 生成速率最高，达到 $0.59\mu g/(m^3 \cdot h)$，其次是 H_2O_2 氧化路径反应速率为 $9.9\times10^{-2}\mu g/(m^3 \cdot h)$，$NO_2$ 和 O_3 氧化路径反应速率较低分别为 $2.7\times10^{-3}\mu g/(m^3 \cdot h)$ 和 $2.7\times10^{-4}\mu g/(m^3 \cdot h)$。U-ZZ 点位夜间 SO_4^{2-} 生成速率最高的仍是 TMI 催化和 H_2O_2 氧化路径。相比白天，夜间 TMI 催化反应速率下降，参考表 5-11 中计算参数和反应速率公式可以看出，尽管夜间 Fe 和 Mn 浓度上升，但是 SO_2 浓度下降，导致液相中 S（Ⅳ）浓度降低。同时 pH 值增大，不利于 Fe 和 Mn 的溶解，Fe（Ⅲ）和 Mn（Ⅱ）浓度可能下降，最终导致夜间 TMI 催化反应生成速率下降。夜间高 NO_2 浓度和高 pH 值条件促进 NO_2 氧化反应发生，生成速率达到 $4.3\times10^{-3}\mu g/(m^3 \cdot h)$。此外，极低的 O_3 浓度导致夜间 O_3 反应速率下降。与 U-ZZ 点位不同，R-XX 点位白天 SO_4^{2-} 生成速率最高的途径是 H_2O_2 氧化 $5.8\times10^{-2}\mu g/(m^3 \cdot h)$，其次是 TMI 催化氧化 $1.7\times10^{-2}\mu g/(m^3 \cdot h)$、$NO_2$ 氧化 $3.8\times10^{-3}\mu g/(m^3 \cdot h)$ 和 O_3 氧化 $9.5\times10^{-4}\mu g/(m^3 \cdot h)$。R-XX 点位夜间 H_2O_2 氧化路径生成速率仍是最高，并且相比白天显著上升达到 $7.8\times10^{-2}\mu g/(m^3 \cdot h)$，是白天的 1.3 倍。此反应速率受颗粒物 AWC 浓度影响显著，因此 R-XX 点位夜间颗粒物 AWC 浓度上升，反应载体增多，可能导致 H_2O_2 氧化贡献的增加。与 U-ZZ 点位一致，夜间颗粒物 pH 值增加导致 TMI 催化氧化生成速率下降，高 pH 值和 NO_2 浓度导致 NO_2 氧化速率增大，低 O_3 浓度导致 O_3 氧化反应速率下降。

相较于其他地区，霾污染过程中 U-ZZ 和 R-XX 点位 TMI 催化反应的生成速率明显高于北京市 2013 年 1 月的污染过程，但是 NO_2 和 O_3 氧化反应的生成速率较低，可能主要受北京市颗粒物 pH 值更高（pH=5.8）的影响。当北京市颗粒物 pH 值在 4.5 左右时，4 条路径的生成速率与本研究相近。以往研究在 2016 年北京市一次霾污染过程中观测到 H_2O_2 的体积分数可达到 $1×10^{-9}$，并计算 SO_4^{2-} 生成速率发现 H_2O_2 氧化反应的速率最大，约为 $1.16\mu g/(m^3·h)$，高于本研究中两个点位的结果。白天和夜间广州市 NO_2 氧化反应的 SO_4^{2-} 生成速率分别达到 $3.62\mu g/(m^3·h)$ 和 $4.13\mu g/(m^3·h)$，白天 O_3 氧化反应的生成速率为 $3.31\mu g/(m^3·h)$，均远高于本研究的结果；白天和夜间 TMI 催化反应的生成速率分别为 $0.49\mu g/(m^3·h)$ 和 $0.42\mu g/(m^3·h)$，与本研究结果相近；H_2O_2 氧化反应的生成速率远低于本研究的结果，其原因可能在于广州地区大气中高浓度的 NO_x 消耗掉大量的 $HO_2·$，从而抑制 H_2O_2 的生成。然而，上述北京市以及本研究的大气中也观测到高浓度的 NO_x，因此仍需进一步研究来支撑 SO_4^{2-} 生成路径的识别。除气相和液相反应外，非均相反应也可贡献广州市白天 19% 和夜间 31% 的 SO_4^{2-} 生成，仅次于 NO_2 和 O_3 氧化反应的贡献。

对比 U-ZZ 和 R-XX 点位来看，图 5-28 中 U-ZZ 点位白天和夜间 SOR 与 RH 的相关性均高于 R-XX 点位，同时图 5-29 中 U-ZZ 点位白天和夜间 4 条液相硫酸反应路径的总生成速率高于 R-XX 点位，在一定程度上表明 U-ZZ 点位 SO_4^{2-} 生成受液相反应的影响高于 R-XX 点位。其中 U-ZZ 点位白天和夜间 TMI 催化氧化反应速率分别是 R-XX 点位的 34.6 倍和 37.4 倍，H_2O_2 氧化反应速率分别是 R-XX 点位的 1.7 倍和 1.4 倍，可见 U-ZZ 点位受 TMI 催化贡献尤其显著。分析计算参数（表 5-11）可知，U-ZZ 点位 Fe 和 Mn 的浓度显著高于 R-XX 点位，同时颗粒物 pH 值低于 R-XX 点位，因此颗粒物液相中 Fe（Ⅲ）和 Mn（Ⅱ）的浓度高于 R-XX 点位，导致 TMI 催化氧化反应速率显著增高。R-XX 点位白天和夜间受 NO_2 和 O_3 氧化反应的贡献高于 U-ZZ 点位，其中白天分别是 U-ZZ 点位的 1.4 倍和 3.5 倍，夜间分别为 1.3 倍和 3.6 倍。R-XX 点位受 O_3 氧化贡献高于 U-ZZ 点位的原因可能是此点位颗粒物 pH 值高，液相中反应速率更快的 SO_3^{2-} 浓度高，有利于 O_3 氧化反应的发生。虽然高 pH 值也有利于 NO_2 氧化反应发生，但是由于 R-XX 点位 NO_2 浓度明显低于 U-ZZ 点位，导致两点位 NO_2 氧化生成速率相差并不显著。综上，颗粒物 pH 值、AWC、TMI 和 H_2O_2 浓度是此次霾污染过程中两点位 SO_4^{2-} 生成的主要影响因素。

5.4.2 有机气溶胶来源、生成路径及影响因素

5.4.2.1 碳质气溶胶长期演变规律

郑州市 2011～2021 年 $PM_{2.5}$ 中 EC、OC 的浓度如图 5-30 所示，EC 浓度在前 5 年表现出升高趋势，2016 年大幅度下降（降至 $2.6\mu g/m^3$），之后基本维持在较低的水平，11 年来 EC 浓度下降了 $4.7\mu g/m^3$。EC 在 $PM_{2.5}$ 中的占比与 EC 浓度的变化趋势基本相同，EC 主要来自一次污染源排放，其在 $PM_{2.5}$ 中占比的下降表明与 EC 相关的一次污染源减排效果更为明显。OC 浓度在 11 年间呈现波动下降的趋势，与 2011 年相比下降了 $11.7\mu g/m^3$，年均下降率为 5%。OC 在 $PM_{2.5}$ 中的占比如图 5-31 所示，虽然 OC 浓度整体下降，但在 $PM_{2.5}$ 中的占比却呈现出上升趋势，2011 年 OC 占 $PM_{2.5}$ 的 10%，到 2021 年其占比升高至 19%，在 $PM_{2.5}$ 中的贡献越来越显著，凸显了 OC 对 $PM_{2.5}$ 污染管控的重要意义。值得注意的是，EC 和 OC 下

降最显著的年份是 2016 年，早于 PM$_{2.5}$ 浓度下降最显著的 2017 年。

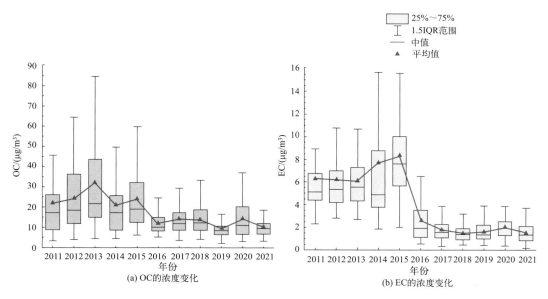

图 5-30　2011～2021 年郑州市 OC 和 EC 的浓度变化

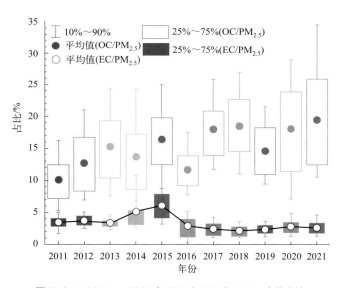

图 5-31　2011～2021 年 OC 和 EC 在 PM$_{2.5}$ 中的占比

为进一步明晰碳质气溶胶的演变特征，图 5-32 展示了 2011～2021 年 OC/EC 值的年均值变化情况，一方面初步分析碳质气溶胶排放来源的演变特征，另一方面对研究点位 SOC 的生成变化趋势进行探究。从年均值变化可以看出，OC/EC 值整体呈现出升高的趋势，2011 年的 OC/EC 值的平均值为 3.3，在 2018 年达到最大值为 10.8，之后平稳变化至 2021 年的 7.8，年均增长率达到 13%。碳质气溶胶最主要的来源有煤炭燃烧、生物质燃烧、机动车排放和二次生成。2017 年以来，清洁取暖替代燃煤之后，OC 和 EC 的浓度值均有显著的降低。此外，郑州市关于禁止露天焚烧等生物质燃烧源的管控越来越严格，但是机动车保有量在近十几年来持续快速增长，排放源结构和贡献发生了变化，同时来自一次源排放的 EC 的污染程度有了明显的改善，而既来自一次污染源排放又来自二次生成的 OC 下降的幅度明显低于 EC，因此推断 OC/EC 值的大幅度升高是由排放源结构和贡献的变化以及一次排放的降低和二次转化的增加所导致的。

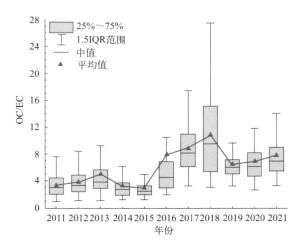

图 5-32　2011～2021 年郑州市 OC/EC 值变化

根据 OC/EC 最小比值计算得到 POC 和 SOC 的浓度以及 SOC/OC 值和 SOC/EC 值在 2011～2021 年的分布如图 5-33 所示，POC 的变化与 EC 的变化趋势相似，大体呈现先升高后降低再维持稳定的趋势，年均下降率为 5%，由于大气污染防治措施的实施有效降低了 POC 的浓度，这种现象也曾在南京观察到。SOC 浓度变化较为波动，2012 年和 2013 年 SOC 平均浓度较高（10.0μg/m³ 和 12.4μg/m³），2016 年、2019 年、2021 年 SOC 浓度较低（3.6～4.6μg/m³），SOC 浓度的逐年变化趋势与 OC 的变化趋势更为相似，揭示了 SOC 对 OC 的重要影响。从 2011 年到 2021 年，SOC/OC 值大体轻微升高，在 2017 年达到最高（0.47），随后保持在较高水平，表明 2017 年开始碳质气溶胶二次转化程度有所增加，SOC 作为二次污染物，其形成受太阳辐射、前体污染物排放、大气氧化能力等多种因素的影响。$PM_{2.5}$ 浓度高时可以通过对过氧化氢自由基（$HO_2·$）和 NO_x 的非均相吸收，抑制臭氧的化学生成，而当 $PM_{2.5}$ 浓度下降时，臭氧污染加剧，大气氧化性增强，加剧气溶胶的二次生成，因此在 2016 年以后，$PM_{2.5}$ 大幅度下降的同时，有机气溶胶二次转化程度增加，这也可以通过 SOC/EC 值的变化趋势明显看出。由于 EC 是典型的一次污染物，SOC/EC 值可以在消除大气扩散的影响的条件下更加直观地阐明有机气溶胶二次生成程度。2011～2015 年 SOC/EC 值平均值为 1.1～2.7，2016 年以后 SOC/EC 值有了明显升高（平均值为 4.0），SOC/EC 值年均值 11 年来共增加了 2.1，年均增加率为 16%，说明有机气溶胶二次转化程度大幅度增加。

5.4.2.2　有机气溶胶来源解析

本研究利用 2019 年春、夏、秋、冬季，2020 年夏、秋、冬季和 2021 年春季采集的 $PM_{2.5}$ 样品，分析 130 种极性和非极性有机化合物，进行来源解析。PMF 解析结果的因子谱图如图 5-34 所示,因子 1(生物源 SOA,BSOA)被典型生物源 SOA 标识组分蒎酮酸主要负载。因子 2 来自煤炭燃烧,其中 $C_{16} \sim C_{19}$ 正构烷烃、间苯二甲酸、邻苯二甲酸、对苯二甲酸、4-甲基邻苯二甲酸、中分子量(MMW-)和高分子量(HMW-)PAHs 等典型燃烧标志物的贡献较高。因子 3 代表了机动车排放,包含了高比例的典型标识组分 $C_{20} \sim C_{25}$ 正构烷烃、HMW-PAHs、藿烷和胆甾烷的负载,此外还有一定程度的低分子量(LMW-)脂肪酸负载。因子 4 中高负载的组分包括饱和二元羧酸(di-C_3 ~ di-C_{10})、苯三甲酸(B_3CA)和十八酸($C_{18:0}$),代表该因子属于人为源 SOA(ASOA)。因子 5 被大量的棕榈油酸($C_{16:1}$)、油酸($C_{18:1}$)、亚油酸($C_{18:2}$)、亚麻酸($C_{18:3}$)、甘油(丙三醇)及少部分的十六酸($C_{16:0}$,25%)和 $C_{18:0}$(17%)负载,来自烹饪源排放。由于半乳聚糖(100%)、甘露聚糖(90%)、左旋葡聚糖(82%)、树脂酸(脱氢松香酸、异海松酸、海松酸,97% ~ 100%)、甲氧基苯酚(80%)和 $C_{26} \sim C_{40}$ 正构烷烃的负载量相对较高,因子 6 被确定为生物质燃烧源。

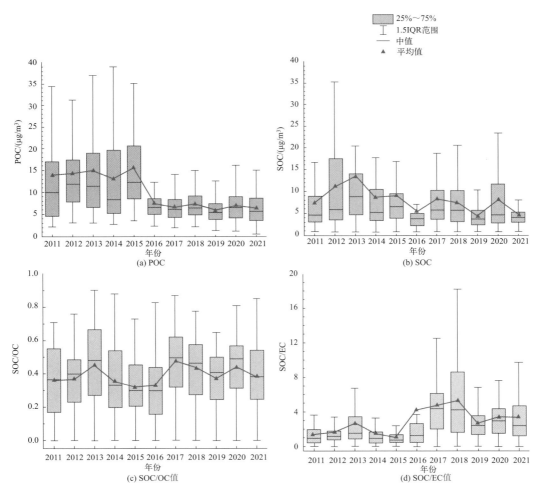

图 5-33　2011 ~ 2021 年郑州市 POC、SOC、SOC/OC 值和 SOC/EC 值分布

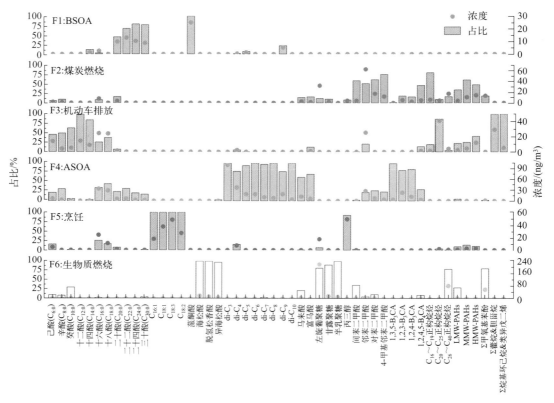

图 5-34　郑州市 $PM_{2.5}$ 中定量有机化合物的 PMF 因子谱图

PMF 解析的定量有机化合物（QOCs）浓度为 1957ng/m³，与观测浓度 1971ng/m³ 十分吻合（误差 1% 以内），图 5-35（书后另见彩图）中显示了 6 个因子的浓度和贡献率。其中，ASOA 的贡献率最高（24%），加上 BSOA（8%），两类 SOA 共占 QOCs 的 32%。与其他区域的研究结果相比，本研究的 SOA 贡献处于中等水平：2019 年冬季北京和石家庄的 SOC/OC 值的计算值分别为 0.3～0.4 和 0.25～0.4；将美国西长滩、洛杉矶中部和阿纳海姆城市站点的碳波段数据输入 PMF 模型，解析得到 SOA 占总 OC 的 29%、35% 和 37%；有报道称印度有机化合物中二次生成占 9%～23%；此外，在美国中西部，基于分子标识组分的 PMF 结果显示 SOA 占总体环境 OC 的 43%（29%～56%）。

对于一次来源，生物质燃烧的贡献最大（20%），总结其原因包括：

① 采样点位虽然位于郑州市内，但附近有生物质发电厂；

② 河南省是中国粮食产量最大的省份之一，生物质燃料被广泛用于农村地区的家庭取暖和烹饪。

尽管禁止露天生物质燃烧，但收获季节后仍存在秸秆焚烧现象。结果表明进一步加强对露天焚烧的管控以及对秸秆等农业废弃物的科学利用是目前管控生物质燃烧排放的重点。POA 的第二大贡献是煤炭燃烧（17%），其次是机动车排放（16%）和烹饪（15%）。煤炭燃烧贡献下降显然是由于国家减少煤炭消费的政策的实施（例如《煤炭工业发展"十三五"规划》）。近年来汽车保有量不断上升，对污染物贡献产生较大影响，截至 2019 年年底，郑州市民用机动车保有量已达 385.6 万辆，比上年增长 11%，尽管关于机动车排放的科学控制措施日趋完善，但汽车保有量的快速增长不可避免地导致机动车排放的有机物占比增加。此外，餐饮业快速发展带来的较高的烹饪源排放也不容忽视，是下一步 OA 污染治理的重点对象。

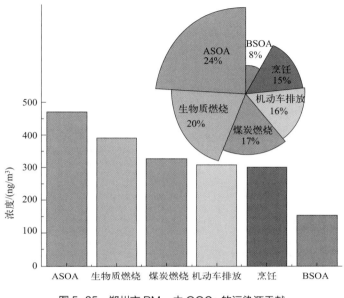

图 5-35　郑州市 $PM_{2.5}$ 中 QOCs 的污染源贡献

由于气象条件的变化，气象参数对污染物浓度的影响随着时间变化而发生改变。为了定量评估气象条件干扰的贡献，采用随机森林模型进行消除气象因素影响的模拟。将 $PM_{2.5}$、OC、EC 和 QOCs 的气象标准化浓度与观测浓度对比分析，得到气象条件对污染物浓度的贡献，结果如图 5-36 所示。贡献为负的情况表示污染物观测浓度低于气象标准化浓度，说明

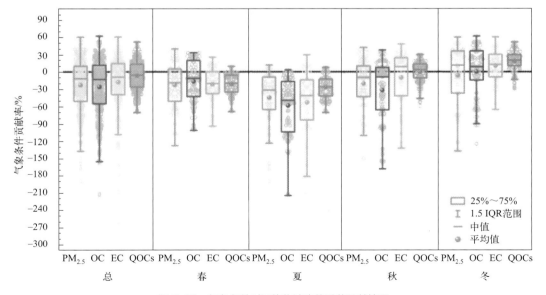

图 5-36　气象条件对污染物浓度的季节贡献情况

环境大气气象条件降低了污染物浓度。在这 4 个选定的空气质量参数中,气象条件对 OC 的影响最大,年平均贡献为 –27%,即实际的大气扩散条件使 OC 减少了 27%。从季节效应来看,夏季气象条件的影响较为明显,对 $PM_{2.5}$、OC、EC 和 QOCs 的贡献率分别为 –45%、–59%、–54% 和 –27%。至于本研究重点关注的 QOCs,它在不同程度上受到气象条件的季节性影响:春季和夏季的气象条件对 QOCs 的稀释和扩散相对有利,贡献率分别为 –22% 和 –27%。冬季 QOCs 污染往往受到不利气象条件的影响,使浓度增加了 19%,与区域输送和 OA(包括 SOA)的积累有关。

以往的研究也观察到包括农历新年和新冠封控期间在内的不同事件期间颗粒物受到气象条件不同程度的影响。尽管在新冠封控期间,北京市 $PM_{2.5}$ 排放量减少了 12%,但气象条件影响高达 34%,最终导致 $PM_{2.5}$ 浓度增加了 22%。2020 年和 2021 年春节后,气象条件干扰对北京市 $PM_{2.5}$ 的贡献率分别为 52% 和 19%。

5.4.2.3 典型 SOA 生成途径研究

(1)二元羧酸生成途径

城市大气中的羧酸大多是经过有机前体物与 O_3、·OH、NO_x 和其他氧化剂的二次反应产生的,同时在 PMF 结果中可以明显看出饱和二元羧酸(SDCAs)di-C_3 ~ di-C_{10} 是 ASOA 的主要组分(图 5-34,因子 4)。本研究通过使用多元线性回归(MLR)模型研究不同环境参数(如气象条件、氧化性气体、AWC)和二元羧酸生成的关系,从而探究其生成途径。由于大气扩散条件会显著影响 SDCAs 的绝对浓度,为排除这种影响,用 OC 对 SDCAs 进行校准来更好地阐明二次转化的差异。SDCAs/OC 值与 8 个潜在影响因素的相关性结果如图 5-37 所示(书后另见彩图),其中 O_3、RH、O_x、T 四个参数与 SDCAs/OC 呈正相关(r=0.55、0.46、0.45 和 0.37,$P \leqslant 0.01$),将其与 SDCAs/OC 共同输入 MLR 模型中进行逐步回归,得到的结果如表 5-12 所列(经过模型筛选,进一步排除了温度因素的贡献)。最终经过模型参数诊断和结果对照,选取最佳的两个环境参数 O_3 和 RH 作为自变量,得到的回归方程为 $y=0.28×O_3+0.36×RH-8.99$,其中 RH 影响代表液相氧化,O_3 影响则代表光化学气相氧化。回归结果中自变量的显著性水平都低于 0.05,表明自变量对因变量具有重要影响,同时各自变量的方差膨胀因子(VIF)接近 1,不存在多重共线性问题。

表 5-12　郑州市饱和二元羧酸浓度与氧化性气体和相对湿度的多元线性回归关系

模型		拟合参数		显著性	共线性统计		r^2
		回归系数	标准误差		容许度	VIF	
1	常量	8.893	2.320	0.000			0.30
	O_3	0.310	0.032	0.000	1.00	1.00	
2	常量	−8.990	3.344	0.008			0.43
	O_3	0.279	0.029	0.000	0.98	1.02	
	RH	0.362	0.053	0.000	0.98	1.02	
3	常量	−1.791	4.645	0.088			0.45
	O_3	0.404	0.065	0.000	0.199	5.027	
	O_x	−0.417	0.176	0.019	0.199	1.047	
	RH	0.395	0.055	0.000	0.955	5.034	

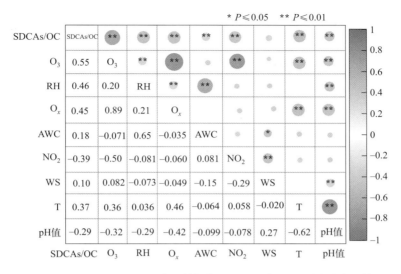

图 5-37 SDCAs/OC 值与氧化性气体、AWC 和气象条件之间的相关性

根据回归方程系数计算得到气相反应和液相反应的浓度和相对贡献，结果如图 5-38 所示（书后另见彩图），模拟结果与实际观测浓度接近，结果可靠。结果表明气相光化学氧化和液相氧化对饱和二元羧酸的生成均具有显著作用，研究阶段的贡献分别为 45% 和 55%。春季和夏季饱和二羧酸的生成由气相光化学氧化主导（52% 和 55%），归因于较高的温度和强烈的太阳辐射促进了光化学反应。这些发现与在春夏季观察到的较高 di-C_3/di-C_4 和 $C_{18:0}$/$C_{18:1}$ 结果相一致。然而在秋季和冬季，液相氧化对饱和二元羧酸的贡献更大（59% 和 66%），可能来自相对较高浓度的 AWC（19μg/m³ 和 23μg/m³）的促进作用。以往研究在北京的冬季也发现液相氧化的主导作用，而在春季气相光化学氧化的贡献大幅增强（增加了 20%）。此外，液相氧化在改变 SOA 形成的氧化程度方面也发挥着重要作用。

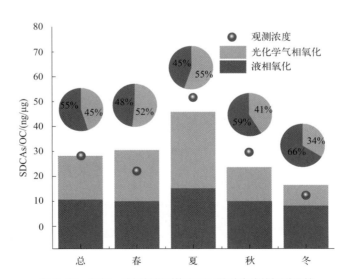

图 5-38 气相、液相氧化对饱和二元羧酸生成的相对贡献

（2）苯三甲酸生成途径

二次转化是苯三甲酸的主要来源，同时在 PMF 解析结果中显示，苯三甲酸几乎全部在 ASOA 因子中负载。因此，为探究其转化途径，将 3 种 B_3CA/OC 与 8 个潜在影响因素进行相关性分析，结果如图 5-39 所示（书后另见彩图），其中 O_3、O_x、RH、T 4 个参数与 3 种 B_3CA/OC 呈正相关（r=0.51～0.66、0.39～0.56、0.37～0.45 和 0.30～0.38，$P \leqslant 0.01$），NO_2 与之呈中度负相关关系（r=−0.40～−0.42，$P \leqslant 0.01$），将其与 $\Sigma B_3CA/OC$ 共同输入 MLR 模型中进行逐步回归，得到的结果如表 5-13 所列。最终经过模型参数诊断和结果对照，选取最佳的两个环境参数 O_3 和 RH 作为自变量，得到的回归方程为 $y=0.063 \times O_3+0.067 \times RH-1.326$，RH 影响代表液相氧化，$O_3$ 影响则代表光化学气相氧化。同时为了分别获得 3 种苯三甲酸的生成途径的相对贡献，对 3 种 B_3CA/OC 进行逐一回归，得到的最优回归结果在表 5-14 中列出。回归结果中自变量的显著性水平都低于 0.05，表明自变量对因变量具有重要影响，同时各自变量的 VIF 接近 1，不存在多重共线性问题。

表 5-13　郑州市 3 种 B_3CA/OC 之和与氧化性气体和相对湿度的多元线性回归关系

模型		拟合参数		显著性	共线性统计		r^2
		回归系数	标准误差		容许度	VIF	
1	常量	2.028	0.475	0.000			0.33
	O_3	0.068	0.007	0.000	1.00	1.00	
2	常量	−1.326	0.729	0.070			0.42
	O_3	0.063	0.006	0.000	0.98	1.02	
	RH	0.067	0.012	0.000	0.98	1.02	
3	常量	1.954	1.094	0.076			0.45
	O_3	0.049	0.007	0.000	0.723	1.38	
	RH	0.069	0.011	0.000	0.976	1.02	
	NO_2	−0.058	0.015	0.000	0.738	1.36	

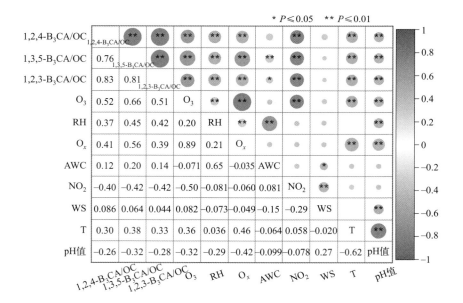

图 5-39　B_3CA/OC 值与氧化性气体、AWC、气象条件之间的相关性关系

表 5-14 郑州市 B_3CA/OC 与 O_3 和 RH 之间的线性回归关系

模型		拟合参数		显著性	共线性统计		r^2
		回归系数	标准误差		容许度	VIF	
1,3,5-B_3CA/OC	常量	−0.530	0.086	0.000			0.54
	O_3	0.010	0.001	0.000	0.98	1.02	
	RH	0.009	0.001	0.000	0.98	1.02	
1,2,3-B_3CA/OC	常量	−0.513	0.449	0.255			0.36
	O_3	0.033	0.004	0.000	0.98	1.02	
	RH	0.039	0.007	0.000	0.98	1.02	
1,2,4-B_3CA/OC	常量	−0.283	0.260	0.277			0.34
	O_3	0.020	0.002	0.000	0.98	1.02	
	RH	0.019	0.004	0.000	0.98	1.02	

计算得到的液相和气相光化学氧化途径生成的苯三甲酸浓度和相对贡献如图 5-40 所示（书后另见彩图）。与二元羧酸回归结果相似，研究阶段内气相光化学氧化和液相氧化均对苯三甲酸的生成贡献显著，分别贡献了 49% 和 51%。春季和夏季气相氧化贡献更为主导，分别为 55% 和 59%，而秋季和冬季液相氧化贡献更多（55% 和 61%）。对这 3 种苯三甲酸分别进行回归得到的结果（图 5-41，书后另见彩图）与总结果相似，两种氧化途径均贡献显著，其中 1,3,5-B_3CA 和 1,2,4-B_3CA 的生成受到光化学气相氧化的贡献更多（53% 和 52%），而 1,2,3-B_3CA 受到液相氧化的贡献（53%）略高于气相氧化，四季结果来看，3 种苯三甲酸均在春夏季受到气相氧化的贡献更高（53%～63%），在秋冬季受到液相氧化的贡献更为主导（51%～63%）。

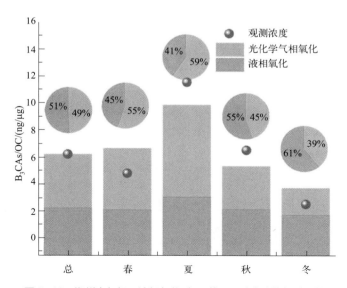

图 5-40 郑州市气相、液相氧化对 Σ 苯三甲酸生成的相对贡献

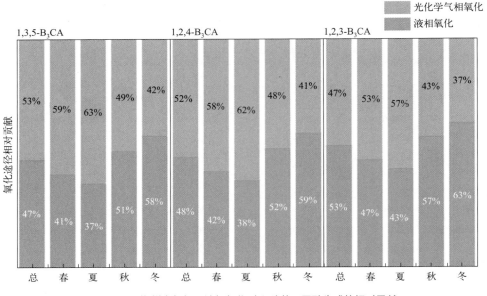

图 5-41 郑州市气相、液相氧化对 3 种苯三甲酸生成的相对贡献

5.4.2.4 SOA 生成影响因素探究

（1）ASOA 影响因素

通过 PMF 模型解析得到了研究阶段 ASOA 的浓度，其季节平均浓度在夏季最高（776ng/m^3），可能是受到了夏季较强的辐射和较高的氧化性气体浓度的显著影响。为了进一步探究氧化性气体对 ASOA 的影响，将 ASOA、O_x、pH 值和 $PM_{2.5}$ 浓度进行关联分析，如图 5-42 所示（书后另见彩图），结果表明：ASOA 与 O_x 高度相关（$r=0.65$，$P \leqslant 0.01$）。苯三甲酸、二元羧酸等二次组分一部分来自前体物的气相氧化，随后吸附或凝结到已经存在的颗粒物上，因此在很大程度上受到气相氧化条件的制约。ASOA 与 $PM_{2.5}$ 之间没有明显的相关性，说明 ASOA 不是影响该区域 $PM_{2.5}$ 污染的主控因素。

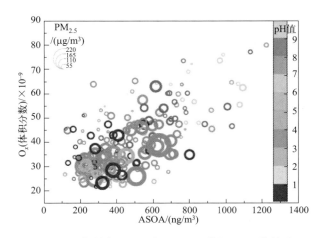

图 5-42 郑州市 ASOA 与 O_x、pH 值和 $PM_{2.5}$ 的关系

此外，ASOA 浓度增加时，观察到 pH 值出现降低趋势，通过相关性分析发现 pH 值与 ASOA 之间呈现显著负相关关系（$r=-0.56$，$P \leqslant 0.01$），表明气溶胶酸度的增加促进了 ASOA 的反应。大气气溶胶的酸度会催化气溶胶二次反应，促进有机化合物在颗粒物表面的非均相反应和颗粒物内部的液相氧化反应（主要反应过程包括水合作用、聚合作用、醇醛缩合等），生成挥发性更低的二次产物，从而促进挥发性有机物向颗粒相转化，导致二次有机气溶胶质量成倍增加。研究阶段郑州市 $PM_{2.5}$ 的 pH 值变化范围为 1.5 ~ 7.9，中位数为 4.4，气溶胶整体呈酸性。通过数据分析，我们发现不同 RH 区间内，其相关性表现有所不同，在 RH ≤ 40% 时，pH 值和 ASOA 之间相关性较弱，当 40% < RH < 80% 时（如图 5-43 所示，书后另见彩图），二者之间的相关性关系显著（$r=-0.59$，$P \leqslant 0.01$），而在 RH ≥ 80% 时其相关性关系有所减弱（$r=-0.49$，$P \leqslant 0.01$）。这一发现表明在 RH 介于 40% ~ 80% 区间时，酸催化反应更强，即气溶胶酸度对 ASOA 生成的促进作用更加显著，而随着 RH 的增加（≥ 80%），气溶胶吸水率增加，使得气溶胶液滴的酸度降低，导致其对 SOA 生成的促进作用减弱。

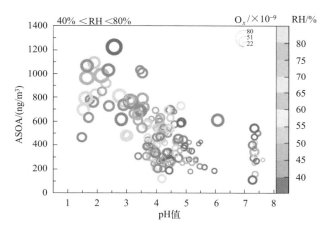

图 5-43　RH 介于 40% ~ 80% 之间时 ASOA 和 pH 值、O_x 和 RH 的关系

（2）BSOA 影响因素

BSOA 浓度与 NO_2 和 $PM_{2.5}$ 呈正相关关系（$r=0.55$ 和 0.50，$P \leqslant 0.01$）。污染天的大气条件（如高 AWC 浓度、低风速和高氧化性气体 NO_2 浓度，表 5-15）往往有利于 SOA 的形成。通过将清洁天（$PM_{2.5} \leqslant 75\mu g/m^3$）和污染天（$PM_{2.5} > 75\mu g/m^3$）的 BSOA 与氧化性气体 NO_2、O_3 和 $PM_{2.5}$ 浓度之间的关系进行绘图分析（结果如图 5-44 所示，书后另见彩图），观察到当 $PM_{2.5} > 75\mu g/m^3$ 时，BSOA 浓度较高时，$PM_{2.5}$ 浓度往往较大（圆圈较大）；此外，污染天 BSOA 与 $PM_{2.5}$ 和 NO_2 的正相关性增加（污染天：$r=0.40$ 和 0.49；清洁天：$r=0.25$ 和 0.40；$P \leqslant 0.01$）。表明在污染天，随着 NO_2 和 $PM_{2.5}$ 浓度的升高，BSOA 的二次生成增加，从而加剧了气溶胶污染。

表 5-15　研究阶段污染天和清洁天内的气象条件以及气体污染物和 AWC 浓度（平均值 ± 标准偏差）

项目	污染天	清洁天
温度 /℃	12±8	18±9
相对湿度 /%	55±17	55±20

续表

项目	污染天	清洁天
大气压力 /hPa	1008±8	1003±11
风速 /(m/s)	1.4±0.5	1.9±0.8
AWC/(μg/m³)	29±28	12±12
NO_2/(μg/m³)	56±15	36±12
O_3/(μg/m³)	45±27	73±35
O_x（体积分数）/×10⁻⁹	37±9	41±14

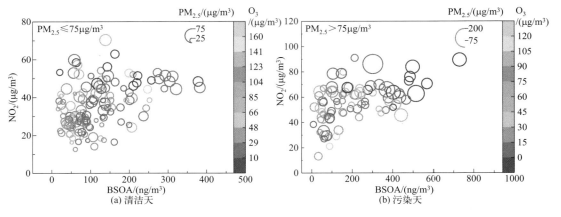

图 5-44　郑州市 BSOA 与 NO_2、O_x 和 $PM_{2.5}$ 的关系

除气相反应以外，液相反应也是气溶胶二次生成的主要途径，水溶性气态污染物通过气相-液相分配进入颗粒物的液相中发生反应，生成的低挥发性化合物在水分蒸发的过程中留在颗粒相中，反应过程中受到气溶胶含水量和大气环境相对湿度的影响。为了探究 BSOA 与气溶胶含水量之间的关系，本研究通过使用 ISORROPIA-Ⅱ 气溶胶热力学模型估算了 AWC 浓度，并将不同 RH 区间内的 BSOA 浓度分别与 AWC 进行相关性分析，发现当 RH≤40% 时，BSOA 与 AWC 之间具有微弱相关性（$r=0.33$，$P≤0.01$），当 40%＜RH＜60% 时，BSOA 与 AWC 之间无显著相关关系，然而当 RH≥60% 时，BSOA 与 AWC 之间呈现显著正相关关系（$r=0.56$，$P≤0.01$），结果表明在 RH≥60% 的大气条件下，AWC 浓度越高，越有利于 BSOA 的二次转化。

5.5　羰基化合物和 PAN 的污染特征及来源

5.5.1　羰基化合物观测

羰基化合物指的是具有独立羰基的醛和酮类化合物。羰基化合物在大气化学中扮演着极其重要的角色，不仅是大气光化学反应过程中的重要中间产物，也是许多活性自由基的重要来源，其通过光化学循环过程生成 O_3、过氧乙酰硝酸酯（PAN）等强氧化性污染物，并有助于 SOA 的形成和增长。然而，国内绝大部分的羰基化合物观测研究较多集中在京津冀、长江三角洲和珠江三角洲的部分城市，河南省的相关研究还比较缺乏。

近年来，郑州市大气复合污染严重，光化学污染和颗粒物污染同时存在，具体表现为大气氧化性增强，大气能见度显著下降，大气中同时存在高浓度的一次排放和二次转化的气态及颗粒态污染物。为进一步弄清郑州市城区大气羰基化合物的污染水平、变化特征及来源，并评估羰基化合物对该地区颗粒物和臭氧生成的贡献，本研究在郑州大学大气综合观测点位开展典型季节的羰基化合物观测，继而开展污染特征、气粒分配规律及来源分析。

5.5.1.1 观测方案

基于衍生剂五氟苄基羟胺 o-(2,3,4,5,6-pentafluorobenzyl) hydroxylamine (PFBHA) 和固体吸附剂 XAD-4 的环形溶蚀器-滤膜（denuder-filter）系统（见图 5-45），于 2018 年 10 月至 2019 年 7 月在郑州大学综合观测点位进行季节采样。

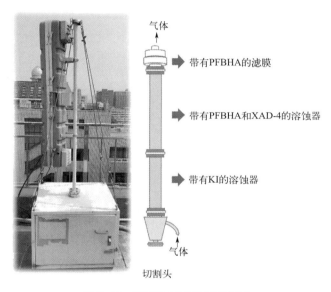

图 5-45 羰基化合物采样系统简图

采样周期分别为：2018 年 10 月 14～23 日、2019 年 1 月 11～20 日、2019 年 4 月 12～19 日和 2019 年 7 月 1～14 日。气相样品每日 10 个，采样时段为 00:00～06:00、06:00～08:00、08:00～10:00、10:00～12:00、12:00～14:00、14:00～16:00、16:00～18:00、18:00～20:00、20:00～22:00 和 22:00～24:00；颗粒相样品每日 4 个，采样时段为 00:00～05:30、06:00～11:30、12:00～17:30 和 18:00～23:00，两个样品之间的 0.5h 用于换膜。4 次观测共采集气相环境样品 420 个，颗粒相环境样品 168 个。

5.5.1.2 郑州市气相羰基化合物浓度特征

（1）污染水平与季节特征

如图 5-46 所示，郑大点位气相总羰基化合物浓度在 4 次观测期间的平均体积分数为 $(17.9\pm7.4)\times10^{-9}$，秋、冬、春、夏四个季节的体积分数分别为 $(15.5\pm4.4)\times10^{-9}$、$(14.0\pm$

7.3)×10^{-9}、(18.3±4.3)×10^{-9}和(23.7±8.0)×10^{-9},呈现出夏＞春＞秋＞冬的季节变化特征。甲醛、乙醛、丙酮分别是浓度最高的3种物质,且呈现不同的季节变化特征。甲醛在4次观测期间的平均体积分数为(6.43±3.21)×10^{-9},乙醛为(4.29±2.14)×10^{-9},且都呈现夏＞春＞秋＞冬的季节特征。丙酮在4次观测期间平均体积分数为(4.35±1.32)×10^{-9},呈现夏＞秋＞春＞冬的季节特征。乙二醛和甲基乙二醛这两种二羰基化合物主要来源于二次生成,夏季浓度显著升高。

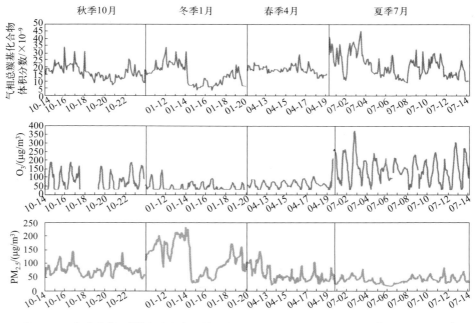

图 5-46 郑大点位采样期间气相总羰基化合物、$PM_{2.5}$、O_3 浓度时间序列(时间:月-日)

(2)物种组成

如图 5-47 所示(书后另见彩图),郑大点位不同季节观测期间气相羰基化合物物种组成基本一致,甲醛、乙醛和丙酮依次为占比最高的3种组分,其占比平均分别为35.0%、22.7%和24.3%。三者浓度之和平均占测得的总羰基化合物的81.9%(秋:79.1%;冬:81.6%;春:89.2%;夏:77.7%),而其他高分子量单羰基类化合物占比较少。与冬季相比,夏季乙二醛和甲基乙二醛两种二羰基化合物的占比显著增加,如乙二醛从冬季的 0.8% 占比升高至夏季的 1.5%,甲基乙二醛从冬季的 1.8% 升高至夏季的 4.5%。

(3)日变化特征

郑大点位气相总羰基化合物浓度在不同季节呈现不同的日变化特征(图 5-48)。夏季,随着早高峰排放与光照增强,羰基化合物总浓度逐渐升高,并至 8:00～10:00 时达到峰值,后逐渐下降,证明了夏季光化学反应对夏季气相羰基化合物的重要性。冬季,尤其是灰霾天气下,光照显著减弱,总羰基化合物在日间趋于稳定,至夜间大气边界层进一步下降,大气扩散能力减弱，羰基化合物在夜间得以积聚。秋、春两季的 6:00～8:00、18:00～20:00 羰基化合物总浓度均有显著抬升，这可能与交通早晚高峰的排放增多有关。

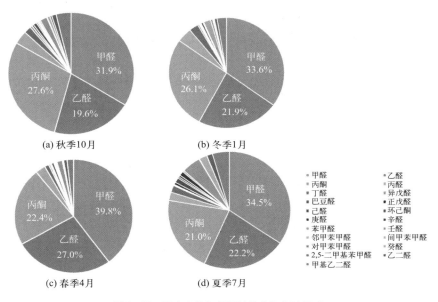

图 5-47　郑大点位气相羰基化合物物种组成

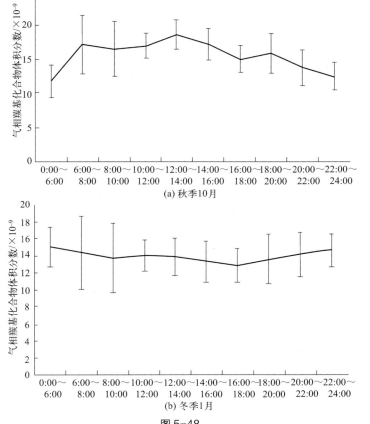

图 5-48

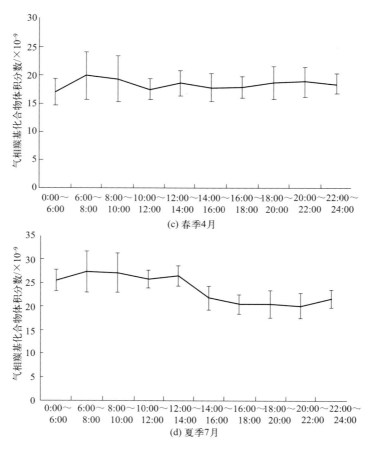

图 5-48　郑大点位气相总羰基化合物日变化特征

5.5.1.3　郑州市羰基化合物臭氧生成潜势

基于郑大点位 4 次观测期间主要羰基化合物的平均浓度，计算不同季节的臭氧生成潜势（OFP）如图 5-49 所示（书后另见彩图）。不同季节臭氧生成潜势为夏＞春＞秋＞冬，夏季 8 种羰基化合物的 OFP 累计达 126.53μg/m³。针对不同物种而言，甲醛在不同季节中的 OFP 均最高（均值 60.85μg/m³），乙醛和丙醛次之（均值分别为 28.07μg/m³ 和 3.77μg/m³）。

5.5.1.4　郑州市颗粒相羰基化合物浓度特征

基于本课题所建立的检测方法，郑大点位颗粒相羰基化合物以甲醛、乙醛、丙酮、丙醛、乙二醛和甲基乙二醛为主，占到了所有颗粒相羰基化合物的 90% 以上，因此本节主要讨论的是这 6 种羰基化合物。

如图 5-50 所示，四个季节观测期间，这 6 种羰基化合物在颗粒相中的总浓度分别为 119.0ng/m³（秋）、363.7ng/m³（冬）、129.1ng/m³（春）和 82.8ng/m³（夏）。对于不同物种而言，甲醛在颗粒相中占比最高，颗粒相乙醛和乙二醛浓度相当，甲基乙二醛次之。

第 5 章 中原城市群污染过程的关键影响因素研究

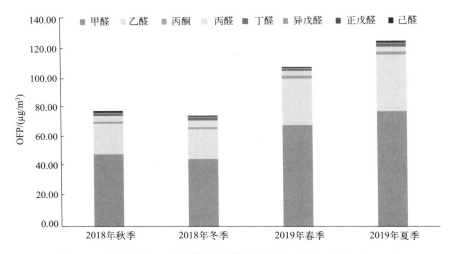

图 5-49 郑大点位 4 次观测期间主要羰基化合物臭氧生成潜势（OFP）

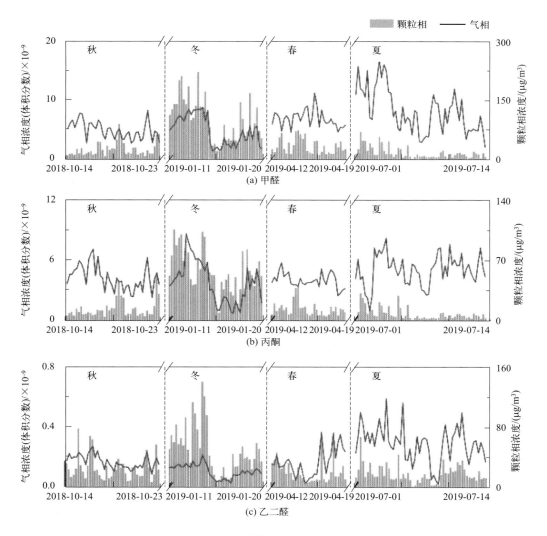

图 5-50

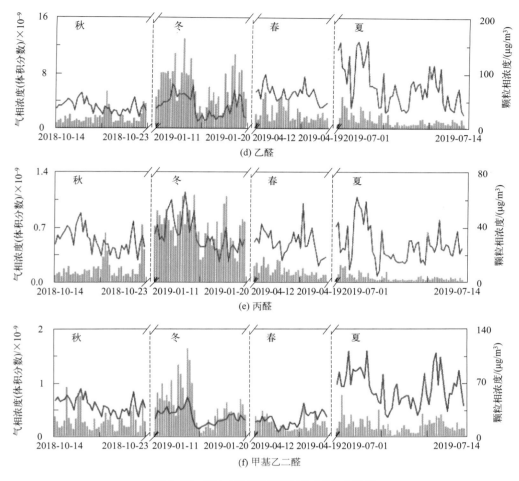

图 5-50　郑大点位颗粒相羰基化合物变化特征

5.5.1.5　郑州市羰基化合物气粒分配规律

一些高分子量的羰基化合物还会通过参与非均相反应，生成有机酸、多聚物等高分子有机物，有助于二次有机气溶胶的形成和增长。然而，关于羰基化合物在不同季节实际大气中的气粒分配特征的研究还极为缺乏。

为进一步探讨羰基化合物气粒分配规律及其影响因素，如环境气温、相对湿度、气溶胶含水量、气溶胶 pH 值等因素，本课题研究利用模型公式计算了甲醛、乙醛、丙酮、丙醛、乙二醛和甲基乙二醛六种羰基化合物的理论气粒分配系数（理论 K_p 值）及实测 K_p 值（图 5-51）。不同季节四次观测期间羰基化合物的实测 K_p 值为 $1.91 \times 10^{-5} \sim 1.59 \times 10^{-3}$ m³/μg，不同物质从大到小依次为 $K^f_{p,乙二醛} > K^f_{p,甲基乙二醛} > K^f_{p,甲醛} > K^f_{p,乙醛} > K^f_{p,丙醛} > K^f_{p,丙酮}$。实测 K_p 值高出根据 Pankow 吸收理论所计算出的理论 K_p 值 4~6 个数量级，这说明 Pankow 吸收理论被远远低估了，由此证明了非均相反应的重要性。

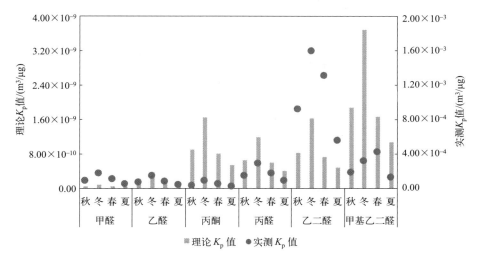

图 5-51 郑大点位羰基化合物理论 K_p 值及实测 K_p 值

如图 5-52 和图 5-53 所示,与气温相比,羰基化合物的实测 K_p 值与相对湿度的相关性更为显著。在较低的相对湿度(RH < 10%)下,实测 K_p 值最高,随着相对湿度升高(10% ~ 70%),K_p 值快速下降,在相对湿度 > 70% 后,K_p 值略有升高但不显著。羰基化合物气粒分配对相对湿度的依赖性证明了羰基化合物在颗粒物表面发生进一步反应,形成低挥发性的物质,从而更容易进入颗粒相中,促进二次有机气溶胶的生成与增长。

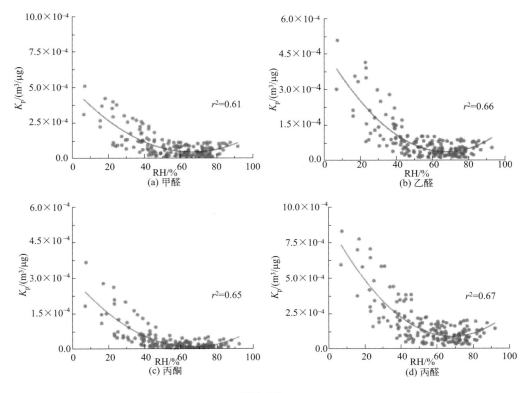

图 5-52

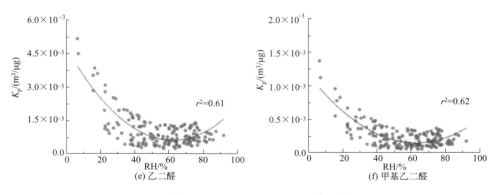

图 5-52 羰基化合物实测 K_p 值与相对湿度（RH）间的关系

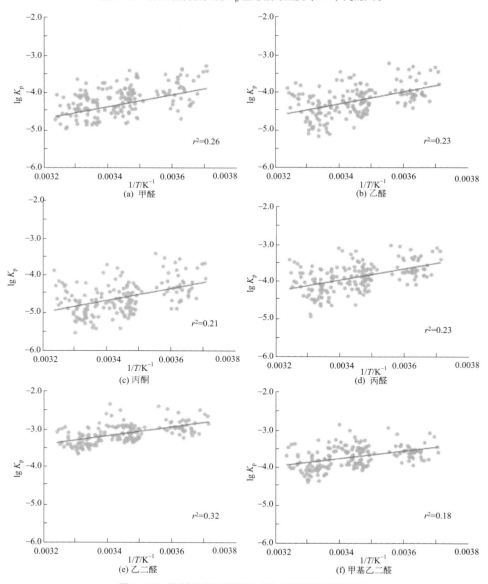

图 5-53 羰基化合物实测 K_p 值与环境温度间的关系

5.5.2 PAN 在线观测及来源解析

大气中的过氧乙酰硝酸酯（PAN）是由挥发性有机物（VOCs）和氮氧化物（NO_x）通过光化学反应生成的二次污染物，比臭氧（O_3）更适合作为光化学污染指示物质。暴露于高浓度的 PAN 对人体健康具有潜在风险，对植物有不可逆损伤，因此世界卫生组织制定 PAN 的 8h 平均体积分数为不超过 $5×10^{-9}$。此外，PAN 在大气化学和光化学循环中扮演重要角色，PAN 具有热不稳定性，可随空气团进行远距离传输，因此 PAN 对区域内大气复合污染有重要影响。

目前国内开展长期 PAN 观测研究较少，且尚缺乏河南省 PAN 污染特征和来源分析。本研究自 2017 年 9 月起于郑州市城区和郊区开展观测，目的在于探究郑州市 PAN 的污染特征，识别 PAN 污染来源，为中原地区的光化学污染控制提供对策。

5.5.2.1 研究方法

（1）观测站点设置

本研究在郑州市城区及郊区分别开展了 PAN 在线观测。其中城区站点位于郑州大学新校区，简称为 ZZU 站点（34°48′47.33″N，113°32′20.41″E），该站点位于郑州市高新区，科学大道及长椿路分别位于 ZZU 站点的南部和东部，交通密集，周边有多条主干道路及环城高速，污染状况较为复杂；郊区站点位于岗李水库，简称 GLSK 站点（34°54′40.98″N，113°30′55.32″E），该站点位于郑州市惠济区，该地区位于黄河南岸，人口相对较少，植被及森林覆盖面积较高，污染较少。此外，为保证观测数据不受点源的影响，结果具有代表性，两个站点均与主干道路与污染点源保持一定的距离。

（2）PAN 在线监测仪器

本研究在观测期间所使用的两台 PAN 在线自动检测仪均是由北京大学设计制造的，它们的原理相同。仪器系统包含三部分，分别为采样和校准部分、气相色谱和电子捕获检测器部分（GC-ECD），以及电脑控制部分。在采样和校准部分中，为了防止颗粒物随着气流进入仪器内部，采样头中放有一张孔径为 $2\mu m$ 的聚四氟乙烯滤膜（Whatman），每 5d 左右更换一次，在颗粒物重污染的情况下，1～2d 更换一次。两台仪器的时间分辨率均为 5min，检测限为 $5×10^{-9}$。PAN 仪器原理如图 5-54 所示。

（3）基于观测的盒子模型

盒子模型是描述局地光化学过程的一种普适性的欧拉模型。大气物种 X 在盒子中的过程包括排放、化学生成、化学去除和沉降。基于观测的盒子模型（OBM）的组成部分包括反应方程、微分方程、边界条件和初始条件。本研究采用 OBM 模拟 PAN 的生成，采用相对增量反应活性（RIR）评估 PAN 的生成量对 PAN 的前体物排放量变化的敏感性。RIR（X）表示物种 X 的相对增量反应活性，它是光化学生成 PAN 的产生量变化百分比（%）与源效应变化百分比（%）的比值，如式（5-4）所示：

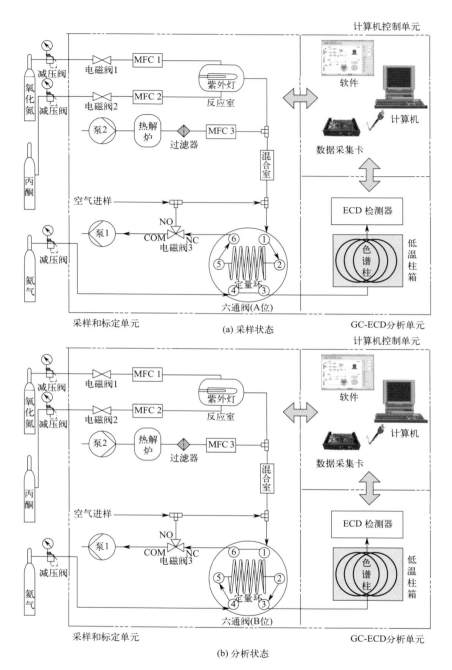

图 5-54 PAN 仪器原理图

MFC—质量流量计；COM—串行通信端口；NO—一氧化氮；NC—常闭

$$\mathrm{RIR} = \frac{\dfrac{P_{\mathrm{PAN}}(X) - P_{\mathrm{PAN}}(X - \Delta X)}{P_{\mathrm{PAN}}(X)}}{\dfrac{\Delta S(X)}{S(X)}} \quad (5\text{-}4)$$

式中 X——一次排放的物种（例如 NO_x、CO、VOCs 等）的浓度；

ΔX——由于源的削减导致物种 X 浓度的变化量；

$P_{PAN}(X)$——物种 X 一定浓度下的 PAN 生成量；

P_{PAN}——8:00～18:00 之间 10h 内 PAN 的生成速率；

$S(X)$——排放或传输到观测点的物种 X 的源在 10h 之内的排放总量；

$\Delta S(X)$——由于源效应削减导致物种 X 排放总量的变化量。

（4）来源解析方法和模型

PAN 的观测值是 PAN 的生成、去除以及传输共同作用的结果。本地生成和传入可以使 PAN 浓度增加，PAN 的热解去除（以及其他形式的去除）和传出可以使 PAN 浓度减少。PAN 生成过程中，PA 自由基是重要的中间产物，且其浓度无法直接测定。可以采用稳态假设的方法，利用 PAN 和 NO_2 的高分辨观测值以及光化学反应速率常数来估算 PA 自由基的浓度如式（5-5），其中 K_1 和 K_2 分别为 PAN 生成和热解的反应常数。由于该稳态模型忽略 PA 自由基的损失过程，因此估算出 PAN 生成速率为其最大生成速率 [式（5-6）]。

$$[PA] = \frac{K_2 [PAN]}{K_1 [NO_2]} \tag{5-5}$$

$$\frac{d[PAN]}{dt} = K_1 [PA][NO_2] \tag{5-6}$$

$$-\frac{d\ln[PAN]}{dt} = \frac{k}{1 + \frac{[NO_2]}{1.95[NO]}} \tag{5-7}$$

$$k = 2.25 \times 10^{16} e^{-13573/T}$$

式中 [PA]、[PAN]、[NO_2] 和 [NO]——PA 自由基、PAN、NO_2 和 NO 的浓度；

t——反应时间，s；

k——反应速率，s^{-1}；

T——温度，K。

由于光化学反应稳态时 PAN 的生成和降解是同时发生的，因此 PAN 的最大生成量和热解量 [根据式（5-7）计算] 的差值为 PAN 的本地最大增加量，PAN 的观测值与本地最大增加量的差值为外来传输最小贡献量。区域内 PAN 的本地生成源和外来传输源贡献量便是基于以上原理来实现估算。

5.5.2.2 郑州市城区和郊区 PAN 污染特征及影响因素分析

（1）年变化和季节变化

本研究自 2017 年 9 月至 2019 年 8 月，分别于郑州市 ZZU 站点及 GLSK 站点开展了大气观测。为了探究郑州市 PAN 的季节污染特征，将 9～11 月、12 月至次年 2 月、3～5 月、6～8 月分别划分为秋季、冬季、春季、夏季。

观测期间 5 分钟 PAN 浓度时间序列如图 5-55 所示，其中由于仪器维修或标定导致了部分时段的浓度值缺失，并且在进行数据处理时剔除了峰形异常的数据。此外，为了便于比较和分析各类数据，本研究将所有数据处理为小时平均值进行分析。

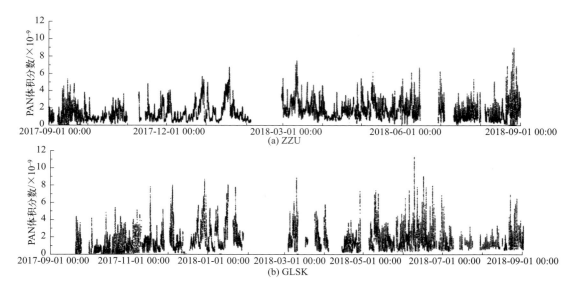

图 5-55　2017～2018 年郑州市城区和郊区 PAN 浓度时间序列

如 2017～2018 年整年郑州市城区和郊区 PAN 浓度时间序列所示，城区 PAN 年平均浓度（体积分数，下同）为 1.55×10^{-9}，秋、冬、春、夏四个季节的 PAN 平均浓度分别为 1.15×10^{-9}、1.52×10^{-9}、1.86×10^{-9}、1.57×10^{-9}，其中春季 PAN 浓度最高，秋季浓度最低，夏季浓度略高于冬季浓度；郊区 PAN 年平均浓度为 1.76×10^{-9}，秋、冬、春、夏四个季节的 PAN 平均浓度分别为 1.13×10^{-9}、2.01×10^{-9}、1.74×10^{-9}、1.77×10^{-9}，其中冬季 PAN 浓度最高，秋季浓度最低，夏季浓度略高于春季浓度。因此，从 2017～2018 年 PAN 的季节平均浓度的角度来看，郑州市城区和郊区 PAN 浓度最高的季节分别为春季和冬季，PAN 浓度最低的季节均为秋季，城区冬季和郊区春季的 PAN 浓度均与其夏季浓度相差较小。

图 5-56（书后另见彩图）为 2017 年秋季至 2019 年夏季城区和郊区站点的 PAN 浓度（体积分数，下同）平均值、8 小时平均浓度最大值和 8 小时平均浓度最大值超过 5×10^{-9} 的天数。对比两年的连续观测发现，PAN 整体浓度呈上升趋势，城区和郊区 2018～2019 年整年超标天数较 2017～2018 年整年分别增加了 100% 和 33%，城区全年平均浓度从 2017～2018 年的 1.52×10^{-9} 增加至 2018～2019 年的 2.01×10^{-9}。郊区的全年 PAN 浓度从 2017～2018 年的 1.66×10^{-9} 增加至 2018～2019 年的 1.97×10^{-9}。城区站点的观测中 2018 年冬季 PAN 平均浓度最高，其次为 2018 年春季；郊区站点的观测中，2019 年春季平均浓度最高，其次为 2017 年冬季。

由于高浓度 PAN 会产生人眼刺激性、植物毒性，甚至会诱发皮肤癌，因此 WHO 制定了 PAN 8 小时大气质量标准值为 5×10^{-9}，本研究以该浓度作为 PAN 的标准限值。对比两年的季节浓度数据可以发现，夏季 PAN 污染有所减轻，2018～2019 年城区和郊区夏季超标天数较往年下降了 100% 和 67%，这可能与 2019 年 5 月郑州开始实施《郑州市臭氧污染天气管控方案（试行）》，控制 VOCs 前体物的排放有关，说明 O_3 和 PAN 前体物 VOCs 管控措施取得了显著的成效。然而，郑州冬季 PAN 污染越发严重，城区冬季超标天数较往年上升 320%。郊区冬季超标天数较往年下降 31%。此外，在 2019 年 2 月冬季重污染期间，PAN 浓度最大值甚至达到了 12.34×10^{-9}，这在中国是罕见的高浓度，应该予以高度重视。郑州城区

2018 年冬季和郊区 2019 年春季分别有 28% 和 24% 的天数，人和植物暴露于对健康有威胁的 PAN 浓度之下。

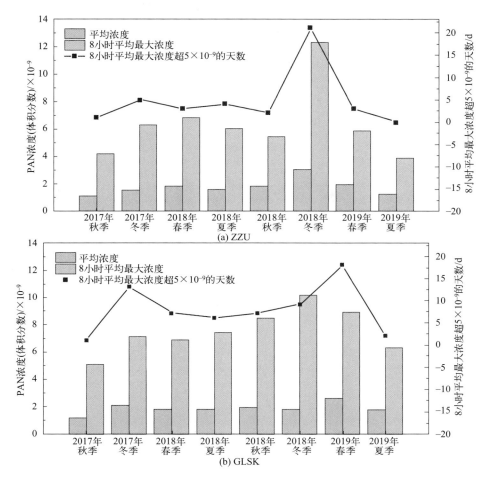

图 5-56　郑州市城区和郊区各季节 PAN 平均浓度、8 小时平均最大浓度以及 8 小时平均最大浓度超标天数

NO_2 和 VOCs 都是 PAN 重要的前体物，并且 NO 会通过消过氧乙酰自由基（PA 自由基）使 PAN 浓度减小，因此，PAN 浓度会受到 NO_2/NO 值和 VOCs 浓度的共同影响。然而，PAN 与前体物 VOCs 和 NO_x 呈现复杂的非线性关系。本章仅基于观测数据，对影响 PAN 水平的前体物因素，进行初步的分析。

在城区，秋季的 NO_2/NO 值为全年最高值（5.56），春季的 NO_2/NO 为全年最低值（3.79），并且已知两个季节的温度相当［图 5-57（a）］，则 PAN 通过热解损失的浓度相差较小，而观测结果表明，秋季 PAN 浓度为全年最低值，春季 PAN 浓度为全年最高值，该结果说明在郑州市城区的大气环境中，即使 NO 相对较少、NO_2 相对较多，但由于没有足够的 PA 自由基与充足的 NO_2 结合生成 PAN，最终导致 PAN 浓度较低，即 NO_x 对 PAN 浓度的影响较小，而 PAN 的生成对 VOCs 更为敏感，则城区 PAN 的生成可能为 VOCs 控制区；对于夏季和冬季，夏季光化学反应更强，有利于 PAN 的生成，冬季较低的温度使得 PAN 热解损失更少，最终各因素的综合结果导致两个季节中的 PAN 浓度较为接近。在郊区，秋季的 NO_2/NO 值仅次于春季，二者较为接近，并且两个季节的温度相差较小［图5-57（b）］，而观测结果显示秋季的 PAN 浓度显著低于春季浓度，成为全年最低值，该结果说明 NO_x 对郊区 PAN 的生成影响较小，郊区 PAN 的生成可能为 VOCs 控制区；郊区冬季的 PAN 浓度超过夏季浓度，成为全年最高值。

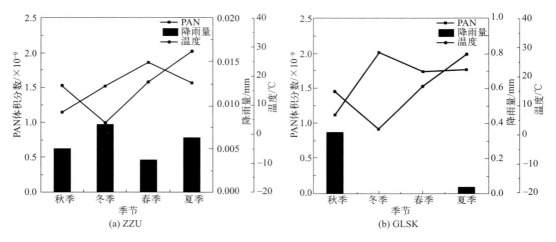

图 5-57 郑州市城区和郊区各季节 PAN 平均浓度、平均温度及平均降雨量

其次，除温度以外的气象因素中，降雨量和风速也会对 PAN 浓度产生影响。如图 5-57 所示，郑州市城区和郊区秋季的降雨量均较多，降雨过程会将 PAN 的前体物及部分 PAN 去除，导致 PAN 浓度降低，如图 5-57（b）所示，郊区秋季的降雨量显著高于其他季节，郊区秋季的 PAN 浓度显著低于其他季节，降雨量是该现象的影响因素之一；而在城区，各季节的降雨量没有显著差异［图 5-57（a）］，说明降雨过程对城区秋季 PAN 浓度低于其他季节的特征影响较小。在低温条件下，风速较大时的传输作用对于 PAN 浓度也具有一定的影响，如图 5-58（书后另见彩图）和图 5-59 所示（书后另见彩图），风对于城区和郊区秋季和冬季的影响较春季和夏季更大；在城区和郊区秋季和冬季的主导风向中，冬季的风速整体上高于秋季，冬季风的传输作用强于秋季，由此说明在该条件下，传输作用没有对郑州市秋季 PAN 浓度有较大的净贡献（输入－输出），导致秋季 PAN 浓度较低。

（2）平均日变化

由于 PAN 和 O_3 同为光化学过程的二次产物，因此二者的日变化和相关性经常共同进行分析。从城区和郊区两个站点四个季节 PAN 及 O_3 平均日变化（图 5-60，书后另见彩图）的情况来看，城区和郊区的 O_3 浓度全部呈现夏季＞春季＞秋季＞冬季的季节特征，O_3 全部呈现典型的单峰现象。然而，对于同为光化学产物的 PAN，其浓度变化与 O_3 不同。PAN 在城区秋季的傍晚和郊区冬季的下午时段，PAN 浓度均出现了下降缓慢的现象，并且在城区冬季中 PAN 浓度出现了双峰。该现象说明在秋季傍晚以及冬季的低温条件下，PAN 发生了严重的累积，导致白天生成和外来传输的 PAN 无法快速降解，因此，与去除途径不依赖于温度的 O_3 相比 PAN 浓度出现了不同的变化趋势。对于郊区夏季夜晚至凌晨的时段，PAN 浓度小幅度升高的现象则是由于温度和自由基反应的共同影响。

第 5 章　中原城市群污染过程的关键影响因素研究　261

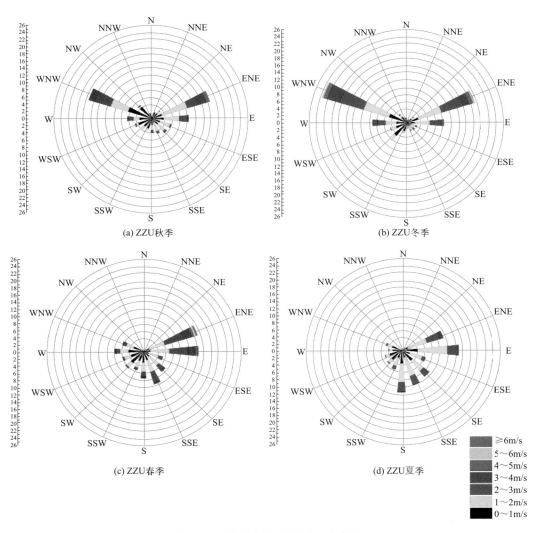

图 5-58　郑州市城区各季节风玫瑰图

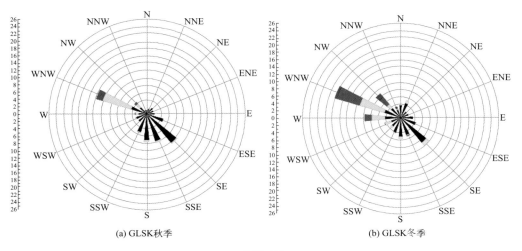

图 5-59

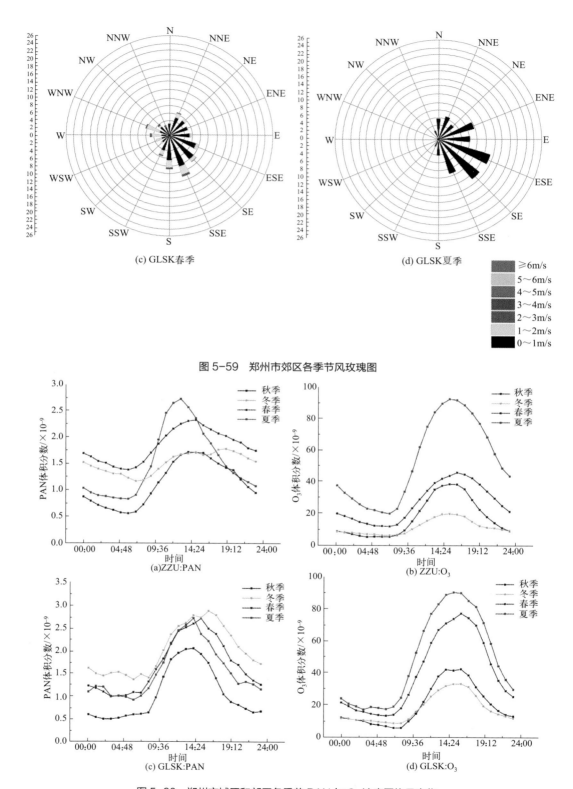

图 5-59　郑州市郊区各季节风玫瑰图

图 5-60　郑州市城区和郊区各季节 PAN 与 O_3 浓度平均日变化

（3）与 O_3、$PM_{2.5}$ 污染的相关性

PAN 与 O_3 浓度间的关系如图 5-61 所示，郑州市城区和郊区的春季、夏季和秋季 PAN 与 O_3 浓度之间具有显著的正相关关系（$P < 0.01$），并且夏季二者间的相关性最强；但城区冬季 PAN 与 O_3 浓度之间具有显著的负相关性（$P < 0.01$），郊区冬季中二者没有显著的相关关系。由于春季、夏季和秋季的温度均较冬季高，PAN 会相对较快地热解，PAN 热解后会产生 PA 自由基，PA 自由基与 NO 反应后会产生 NO_2，从而促进了 O_3 的生成，即在温度相对较高的条件下，PAN 浓度越高，O_3 浓度越高，二者浓度会呈现正相关关系，因此，在温度较高、光化学反应较强的夏季，PAN 与 O_3 的光化学进程较为一致，二者浓度间的相关性较强。然而冬季的温度较低，PAN 的热解较慢，则该循环进行得较慢，PAN 与 O_3 通过光化学循环产生的浓度关系较弱，并且郑州市冬季颗粒物重污染频发，高浓度的 $PM_{2.5}$ 可能会对二者浓度间的关系产生影响。

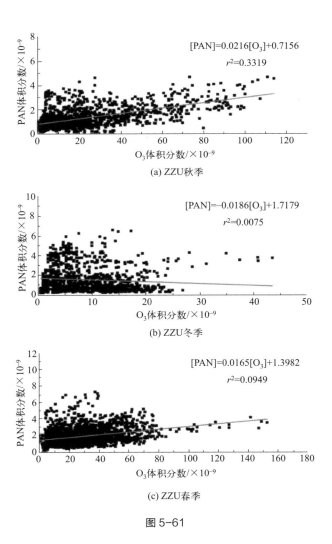

图 5-61

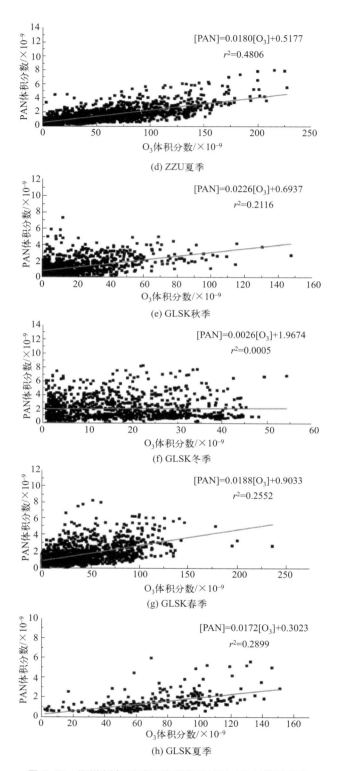

图 5-61 郑州市城区和郊区各季节 PAN 与 O₃ 浓度间关系

为了探究 PAN 与 $PM_{2.5}$ 浓度间的关系，选择光化学反应最弱、颗粒物浓度最高的冬季，以便排除较强的光化学反应的影响，郑州市城区和郊区冬季 PAN、O_3 与 $PM_{2.5}$ 浓度间的关系如图 5-62 所示。PAN 与 $PM_{2.5}$ 浓度在冬季呈现显著的正相关关系（$P < 0.01$），该结果与 O_3 相反，因此，冬季 $PM_{2.5}$ 与 O_3 浓度间呈负相关关系或无相关关系。然而，导致郑州市冬季 PAN 与 $PM_{2.5}$ 浓度间具有正相关性的原因较为复杂，可能是在较稳定的大气中 PAN 与 $PM_{2.5}$ 间的充分作用使二者浓度的变化趋势基本一致，也可能是由于 PAN 在冬季具有较长的大气寿命，使得 PAN 可以与 $PM_{2.5}$ 同时进行远距离传输等。

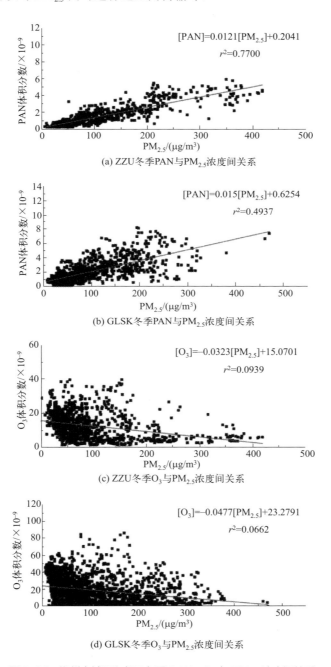

图 5-62　郑州市城区和郊区冬季 PAN、O_3 与 $PM_{2.5}$ 浓度间关系

已知在小风和静风的条件下，不利于大气污染物的水平扩散，大气环境较稳定，容易造成污染物的累积，污染物之间的相互作用更加充分，因此，以 1m/s 的风速作为临界点，分别探究风速≤ 1m/s 和＞ 1m/s 时 PAN 与 $PM_{2.5}$ 浓度间的相关性，结果如图 5-63 所示。当风速≤ 1m/s 时，传输的作用相对较小，大气环境较稳定，城区与郊区 PAN 与 $PM_{2.5}$ 浓度间均呈显著的正相关关系（$P < 0.01$），相关系数分别为 0.729 和 0.470，城区中二者浓度的相关性较郊区更强，该结果说明，在大气环境较为稳定的条件下，PAN 与 $PM_{2.5}$ 浓度整体上表现出较为一致的变化趋势，PAN 在颗粒物表面的作用对其浓度的影响，可能是该现象发生的原因之一，有待进一步研究。当风速＞ 1m/s 时，传输的作用相对较大，城区和郊区 PAN 与 $PM_{2.5}$ 浓度间同样具有显著的正相关关系（$P < 0.01$），城区和郊区中二者的相关系数分别为 0.810 和 0.739，城区中的相关性较郊区更强，该结果说明在冬季温度较低的条件下，PAN 与 $PM_{2.5}$ 的共同传输会导致二者浓度间有较强的正相关关系。

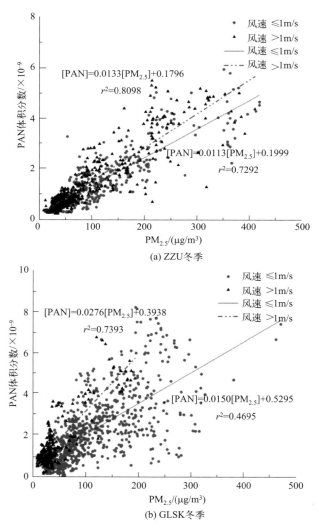

图 5-63　郑州市城区和郊区冬季风速≤ 1m/s 和＞ 1m/s 时 PAN 与 $PM_{2.5}$ 浓度间关系

5.5.2.3 郑州市 PAN 污染来源解析

本研究对郑州市 PAN 浓度进行逐月的来源解析（图 5-64，书后另见彩图）。为了探究郑州市 PAN 的来源特征，本研究采用了稳态假设的方法，以 PA 自由基作为中间物，计算 PAN 的本地最大生成量和外来传输最小贡献量。

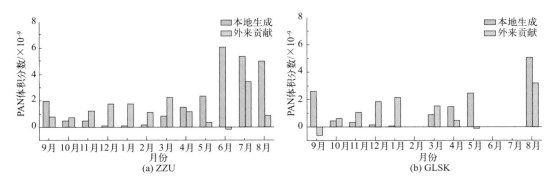

图 5-64 郑州市城区和郊区各月 PAN 来源解析

在城区，本地生成量从 9 月至次年 1 月不断减少，从 2 月开始逐渐增加，增加的趋势一直持续到 6 月，于 6 月达到最大值后开始下降；外来传输贡献量从 9 月至 1 月总体上处于增加的趋势，随后开始下降，从 7 月开始有所回升。其中 10 月至次年 3 月的外来传输贡献量均大于本地生成量，4~9 月的本地生成量均大于外来传输贡献量，处于夏秋交替的 9 月，来源特征与夏季一致，处于冬春交替的 3 月，来源特征与冬季一致，但在总体上，秋季与冬季中 PAN 的来源以外来传输为主，春季与夏季中 PAN 的来源以本地生成为主。

在郊区，由于数据的缺失，导致 2 月、6 月、7 月无法进行计算，但是郊区各月的本地生成量及外来传输贡献量的变化趋势与城区基本一致。其中 10 月至次年 3 月的外来传输贡献量均大于本地生成量，4~9 月的本地生成量均大于外来传输贡献量，因此，除了处于季节交替的 9 月和 3 月较为特殊以外，在整体上，春季与夏季中 PAN 的来源以本地生成为主，秋季和冬季中 PAN 的来源以外来传输为主。

因此，通过计算结果将秋季归纳为以本地生成为主导，冬季为外来传输为主导，由此便可以印证秋季在城区由于不断有污染物排放进入大气中，且秋季温度不高，造成了污染物的累积，而郊区站点显然由于污染源少而没有这种现象的发生。冬季便在城区和郊区都产生了累积，加上城区更多的本地排放，导致城区累积甚至出现了双峰。

5.5.2.4 春夏季 PAN 光化学前体物识别

本研究利用 OBM 模型分别对春夏季的一个重污染时段进行了敏感性分析，所采用的机理是 RACM2 机理，分别选择 2018 年 5 月 2~7 日和 2018 年 7 月 14~20 日两个重污染时段，通过相对增量反应活性结果评价 PAN 对其前体物的敏感性，最终计算出的 RIR 数值越大，PAN 的生成对该物质参与的化学反应过程的灵敏度越高。RIR 数值若为正，则该前体物的减少会导致 PAN 浓度降低，若为负，则该前体物的减少会导致 PAN 浓度上升。

模拟结果如图 5-65 和图 5-66 所示（书后另见彩图），在春季的重污染时段中，NO_x 的

RIR 值为负,说明 NO_x 的减少会导致 PAN 浓度的增加,而人为源烃类化合物(AHC)和 HONO 的值较大,且为正,在 AHC 中,烯烃(ALKE)的相对增量反应活性(RIR)为正且值较大,其次为芳烃(ARO),最小的为烷烃(ALKA)且其 RIR 为负,说明若减少烯烃和芳烃的浓度,则会导致 PAN 的减少,而天然烃类化合物(NHC)和烷烃的影响非常小。对于夏季的重污染时段,结果与春季稍有不同,首先 NO_x 的 RIR 值为正,说明 NO_x 的减少会导致 PAN 浓度的降低,AHC 值仍然非常大,其中的 ARO 成为 RIR 值最大的物种,其次为烯烃,烷烃值依然很小且为负,因此减少芳烃和烯烃会导致 PAN 的减少,NHC 的值有所增大,但与 AHC 相比,仍可以忽略。

此外,通过两个季节污染时段逐日的 RIR 结果能够看到,AHC 以及 HONO 全部呈正值,而 NO_x 变化较大,说明对于郑州市春夏季,若控制 NO_x 可能对于控制 PAN 污染作用较小,而对于人为源烃类化合物的控制,尤其是控制烯烃和芳烃,则能够达到降低 PAN 浓度的效果。

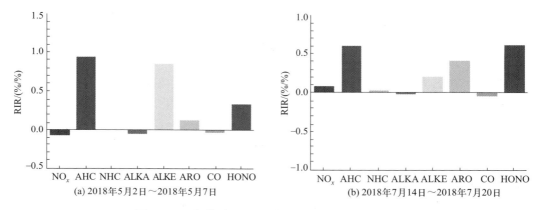

图 5-65 重污染时段 PAN 对前体物的相对增量反应活性

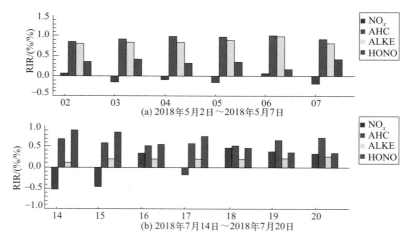

图 5-66 重污染时段 PAN 对前体物的逐日相对增量反应活性

5.6 结论与建议

本章跟踪研究了 2014 年以来中原城市群典型城市的重污染过程，结合 $PM_{2.5}$ 组分和气象条件，识别了重污染过程的关键影响因素，探讨了二次气溶胶的生成路径，主要结论如下：

① 2014 年中牟观测期间共出现 4 次重污染过程，$PM_{2.5}$ 小时浓度最大值达到 $560\mu g/m^3$。SO_4^{2-}、NO_3^- 和 NH_4^+ 是清洁天和污染天浓度最高的 3 种水溶性离子，顺序依次为 SO_4^{2-} > NO_3^- > NH_4^+，三者之和在 $PM_{2.1}$ 中的占比最高达到 34%。清洁天颗粒物质量浓度平均分布在 0.4～2.5μm 的粒径范围内，并且观测到新粒子生成现象。污染天粒径＞0.5μm 的颗粒物质量浓度显著升高，可能与颗粒物的增长、碰并和积聚密切相关。

② 2015 年秸秆燃烧期间 $PM_{2.5}$ 的平均质量浓度为 $119.9\mu g/m^3$，主要组分有水溶性无机离子（39.0%）和 OM（26.1%）。大气 $PM_{2.5}$ 浓度及左旋葡聚糖浓度与田间秸秆露天焚烧活动密切相关，生物质燃烧期左旋葡聚糖浓度会升至其他时期的 3 倍。非生物质燃烧期 $PM_{2.5}$ 浓度受家用薪柴燃烧排放影响显著。生物质燃烧源对郑州市大气 $PM_{2.5}$ 及 OC 的平均贡献率分别为 36.8% 和 10.4%。

③ 秋冬季重污染生成受不利气象条件影响显著。2015～2017 年重污染期间河南省在 500hPa 处在脊区；在 850hPa，温度场处在暖脊，风场风速在 4m/s 及以下，850～1000hPa 风速在 3m/s 及以下；近地面处在弱的气压场中（高压底部、高压后部或均压场等）。地面气象数据表明在风速＜2m/s、相对湿度＞60% 的天气条件下，中原城市群极易发生重污染过程。

④ 2018 年重污染过程中，二次无机气溶胶（占比在 53%～63% 之间），尤其是硝酸盐（占比在 24%～32% 之间）对中原城市群重污染形成的贡献显著。对郑州市而言，2017～2020 年秋冬季污染过程中硝酸根的贡献逐年上升。虽然 SO_4^{2-} 的占比逐年下降，但是其在本地积聚污染过程和传输增长污染过程中的贡献仍较为显著。并且，西北沙尘传输和霾事件叠加诱发极端重污染事件。

⑤ NO_3^- 生成的主要氧化反应路径为白天的气相反应和夜间的 N_2O_5 水解反应，气相反应的主要影响因素为大气中·OH 的浓度；霾污染过程中 O_3 对·OH 生成的贡献下降，而 HONO 的贡献增大；水解反应的主要影响因素为 O_3 和气溶胶含水量；在高湿、高气溶胶含水量和高 N_2O_5 浓度条件下，水解反应对郑州城市点位 NO_3^- 生成的影响大于新乡农村点位。SO_4^{2-} 生成的主要路径是液相氧化反应，郑州城市点位和新乡农村点位液相 SO_4^{2-} 生成速率最高的路径分别是过渡金属催化和 H_2O_2 氧化反应；在高湿、低 pH 值的条件下，液相反应对郑州城市点位 SO_4^{2-} 生成的影响高于新乡农村点位。

⑥ 有机物在 $PM_{2.5}$ 中的占比约在 20%，是重污染过程中 $PM_{2.5}$ 上升的重要因素之一。2011～2021 年郑州 $PM_{2.5}$ 中 EC、OC 浓度均显著下降。有机物的主要来源为 ASOA（24%）、生物质燃烧（20%）、煤炭燃烧（17%）、机动车排放（16%）、烹饪（15%）和 BSOA（8%）。二次生成的有机酸是 SOA 的重要组成，气相和液相氧化是其生成的关键途径，春夏季以气相氧化为主（52%～59%），秋冬季则以液相氧化为主（55%～66%）。

⑦ 2018～2019 年郑大点位气相羰基化合物的平均体积分数为 $(17.9±7.4)×10^{-9}$，呈现出夏＞春＞秋＞冬的季节变化特征。甲醛、乙醛和丙酮分别是浓度最高的 3 种物质。夏季 8 种羰基化合物的 OFP 累计达 $126.53\mu g/m^3$。颗粒相羰基化合物以甲醛、乙醛、丙酮、丙醛、乙二醛和甲基乙二醛为主。羰基化合物气粒分配对相对湿度的依赖性证明了羰基化合物在颗

粒物表面发生进一步反应，形成低挥发性的物质，从而更容易进入颗粒相中，促进二次有机气溶胶的生成与增长。对比 2017～2018 年，2018～2019 年的 PAN 污染趋势整体加重，尤其冬季出现连续罕见高浓度的情况。温度和降雨是影响 PAN 浓度的主要气象因素。来源解析结果表明，郑州市秋季和冬季中 PAN 的来源以外来传输为主，春季和夏季中 PAN 的来源以本地生成为主。

综上，中原城市群大气污染治理采取的针对燃煤、工业、散煤和生物质燃烧等排放源的管控措施效果显著，在继续加强对 SO_2 的减排以及对生物质、散煤等一次排放的管控的同时，应将 NO_x、VOCs 和 NH_3 的管控作为下一步工作重点。另一方面，仍需针对中原城市群特殊地理、气象条件和大气氧化性物质、碳氮活性组分对 $PM_{2.5}$ 的二次生成机制影响开展深入研究，为精准治霾提供支撑。

参考文献

[1] Ji D, Wang Y, Wang L, et al. Analysis of heavy pollution episodes in selected cities of northern China [J]. Atmospheric Environment, 2012, 50: 338-348.

[2] Shen X J, Sun J Y, Zhang X Y, et al. Characterization of submicron aerosols and effect on visibility during a severe haze-fog episode in Yangtze River Delta, China [J]. Atmospheric Environment, 2015, 120: 307-316.

[3] Wen L, Chen J, Yang L, et al. Enhanced formation of fine particulate nitrate at a rural site on the North China Plain in summer : The important roles of ammonia and ozone [J]. Atmospheric Environment, 2015, 101: 294-302.

[4] Yu F, Wang Q, Yan Q, et al. Particle size distribution, chemical composition and meteorological factor analysis : A case study during wintertime snow cover in Zhengzhou, China [J]. Atmospheric Research, 2017, 202: 140-147.

[5] Shao P, Tian H, Sun Y, et al. Characterizing remarkable changes of severe haze events and chemical compositions in multi-size airborne particles (PM_1, $PM_{2.5}$ and PM_{10}) from January 2013 to 2016-2017 winter in Beijing, China [J]. Atmospheric Environment, 2018, 189: 133-144.

[6] Haque M M, Fang C, Schnelle-Kreis J, et al. Regional haze formation enhanced the atmospheric pollution levels in the Yangtze River Delta region, China : Implications for anthropogenic sources and secondary aerosol formation [J]. Science of the Total Environment, 2020, 728: 138013.

[7] Lai S, Zhao Y, Ding A, et al. Characterization of $PM_{2.5}$ and the major chemical components during a 1-year campaign in rural Guangzhou, Southern China [J]. Atmospheric Research, 2016, 167: 208-215.

[8] Wei Y, Chen H, Sun H, et al. Nocturnal $PM_{2.5}$ explosive growth dominates severe haze in the rural North China Plain [J]. Atmospheric Research, 2020, 242: 105020.

[9] Zheng G, Su H, Zhang Q, et al. Exploring the severe winter haze in Beijing : The impact of synoptic weather, regional transport and heterogeneous reactions [J]. Atmospheric Chemistry and Physics, 2015, 15 (6): 2969-2983.

[10] Fu X, Wang T, Gao J, et al. Persistent heavy winter nitrate pollution driven by increased photochemical oxidants in Northern China [J]. Environmental Science & Technology, 2020, 54 (7): 3881-3889.

[11] Liu L, Bei N, Hu B, et al. Wintertime nitrate formation pathways in the North China Plain : Importance of N_2O_5 heterogeneous hydrolysis [J]. Environmental Pollution, 2020, 266 (Pt 2): 115287.

[12] 邵敏,任信荣,王会祥,等.城市大气中 OH 和 HO_2 自由基生成和消除的定量关系[J].科学通报,2024,49(017):1716-1721.

[13] Pathak R K, Wang T, Wu W S. Nighttime enhancement of $PM_{2.5}$ nitrate in ammonia-poor atmospheric conditions in Beijing and Shanghai: Plausible contributions of heterogeneous hydrolysis of N_2O_5 and HNO_3 partitioning [J]. Atmospheric Environment, 2011, 45(5):1183-1191.

[14] Wang S, Yin S, Zhang R, et al. Insight into the formation of secondary inorganic aerosol based on high-time-resolution data during haze episodes and snowfall periods in Zhengzhou, China [J]. Science of the Total Environment, 2019, 660: 47-56.

[15] Cheng Y, Zheng G, Wei C, et al. Reactive nitrogen chemistry in aerosol water as a source of sulfate during haze events in China [J]. Science Advances, 2016, 2(12): e1601530.

[16] Guo H, Weber R J, Nenes A. High levels of ammonia do not raise fine particle pH sufficiently to yield nitrogen oxide-dominated sulfate production [J]. Scientific Reports, 2017, 7(1): 12109.

[17] Wang S, Wang L, Fan X, et al. Formation pathway of secondary inorganic aerosol and its influencing factors in Northern China: Comparison between urban and rural sites [J]. Science of The Total Environment, 2022, 840, 156404.

[18] Liu P, Ye C, Xue C, et al. Formation mechanisms of atmospheric nitrate and sulfate during the winter haze pollution periods in Beijing: Gas-phase, heterogeneous and aqueous-phase chemistry [J]. Atmospheric Chemistry and Physics, 2020, 20(7): 4153-4165.

[19] Wang S, Wang L, Li Y, et al. Effect of ammonia on fine-particle pH in agricultural regions of China: Comparison between urban and rural sites [J]. Atmospheric Chemistry and Physics, 2020, 20(5): 2719-2734.

[20] Di R M, Ma Y G, Feng J L, et al. Compositional variations of primary organic aerosol tracers of $PM_{2.5}$ in Shanghai during the 2019 China International Import Expo [J]. Atmospheric Research, 2022, 275: 106205.

[21] Dai L, Zhang L, Chen D, et al. Assessment of carbonaceous aerosols in suburban Nanjing under air pollution control measures: Insights from long-term measurements [J]. Environmental Research, 2022, 212: 113302.

[22] Tan Z F, Lu K D, Ma X F, et al. Multiple impacts of aerosols on O_3 production are largely compensated: A case study Shenzhen, China [J]. Environmental Science & Technology, 2022, 56: 17569-17580.

[23] Wang Q, Liu M, Li Y, et al. Dry and wet deposition of polycyclic aromatic hydrocarbons and comparison with typical media in urban system of Shanghai, China [J]. Atmospheric Environment, 2016, 144: 175-181.

[24] Kang M J, Ren L J, Ren H, et al. Primary biogenic and anthropogenic sources of organic aerosols in Beijing, China: Insights from saccharides and n-alkanes [J]. Environmental Pollution, 2018, 243: 1579-1587.

[25] Yan C Q, Zheng M, Desyaterik Y, et al. Molecular characterization of water-soluble brown carbon chromophores in Beijing, China [J]. Journal of Geophysical Research: Atmospheres, 2020, 125(15): 1-18.

[26] Nguyen D-L, Czech H, Pieber S M, et al. Carbonaceous aerosol composition in air masses influenced by large-scale biomass burning: A case study in northwestern Vietnam [J]. Atmospheric Chemistry and Physics, 2021, 21(10): 8293-8312.

[27] Feng Z M, Zheng F X, Liu Y C, et al. Evolution of organic carbon during COVID-19 lockdown period: Possible contribution of nocturnal chemistry [J]. Science of the Total Environment, 2022, 808: 152191.

[28] Soleimanian E, Mousavi A, Taghvaee S, et al. Spatial trends and sources of $PM_{2.5}$ organic carbon volatility fractions (OC_x) across the Los Angeles Basin [J]. Atmospheric Environment, 2019, 209: 201-211.

[29] Lv Y Q, Tian H Z, Luo L N, et al. Meteorology-normalized variations of air quality during the COVID-19 lockdown in three Chinese megacities [J]. Atmospheric Pollution Research, 2022, 13 (6): 101452.

[30] Luo L N, Bai X X, Lv Y Q, et al. Exploring the driving factors of haze events in Beijing during Chinese New Year holidays in 2020 and 2021 under the influence of COVID-19 pandemic [J]. Science of the Total Environment, 2023, 859: 160172.

[31] Yu Q, Chen J, Qin W H, et al. Characteristics and secondary formation of water-soluble organic acids in PM_1, $PM_{2.5}$ and PM_{10} in Beijing during haze episodes [J]. Science of the Total Environment, 2019, 669: 175-184.

[32] Xu W Q, Han T T, Du W, et al. Effects of aqueous-phase and photochemical processing on secondary organic aerosol formation and evolution in Beijing, China [J]. Environmental Science & Technology, 2017, 51 (2): 762-770.

[33] Mu L, Li X M, Li Y Y, et al. Molecular distribution, seasonal variations, and sources of typical polar organics in $PM_{2.5}$ from Jinzhong, China [J]. Acs Earth and Space Chemistry, 2021, 5 (3): 663-675.

[34] He X, Huang X H H, Chow K S, et al. Abundance and sources of phthalic acids, benzene-tricarboxylic acids, and phenolic acids in $PM_{2.5}$ at urban and suburban sites in southern China [J]. Acs Earth and Space Chemistry, 2018, 2: 147-158.

[35] Jang M S, Czoschke N M, Lee S, et al. Heterogeneous atmospheric aerosol production by acid-catalyzed particle-phase reactions [J]. Science, 2002, 298 (5594): 814-817.

[36] Zheng Y, Chen Q, Cheng X, et al. Precursors and pathways leading to enhanced secondary organic aerosol formation during severe haze episodes [J]. Environmental Science & Technology, 2021, 55 (23): 15680-15693.

[37] Sun M, Cui J N, Zhao X M, et al. Impacts of precursors on peroxyacetyl nitrate (PAN) and relative formation of PAN to ozone in a southwestern megacity of China [J]. Atmospheric Environment, 2020, 231 (15): 117542.

[38] Cui J N, Sun M, Wang L, et al. Gas-particle partitioning of carbonyls and its influencing factors in the urban atmosphere of Zhengzhou, China [J]. Science of the Total Environment, 2021, 751: 142027.

第 6 章

河南省及周边城市大气污染传输特征

6.1 区域及模型建置

6.2 河南省及周边城市受区域外传输影响

6.3 郑州市大气环境受省外污染传输影响

6.4 中原城市群秋冬季污染传输通道与延迟效应

6.5 河南省内城市间输送路径研究

6.6 结论与建议

河南省受太行山、伏牛山和大别山山脉影响形成"大簸箕"形态，形成了沿太行山脉的北京—河北—河南的污染传输通道，极易引发中原城市群区域重污染状况；加之受省内嵩山山脉的影响，对区域内的大气流动形成阻碍，使得河南省西北部和中部区域自北向南的冷空气对污染物的扩散能力驱动不足，污染物滞留且扩散延迟，当风向为偏南风时来自南部的污染物在河南省内形成山前堆积，进而演变成以河南省为中心，往周边区域扩散的污染状况。此外，河南省与周边的京津冀、陕西、山西、安徽、江苏、山东和湖北等地极易形成污染的相互传输，使得河南省和周边大气重污染过程的污染程度和影响范围被进一步扩大。省内城市受大区域传输影响及区域内城市大气环流影响，加重了污染物的集聚，减缓了污染的扩散。因此，研究河南省大气污染物在区域尺度上输送、扩散、转化和沉降等演变过程并定量评估其贡献，准确掌握河南省大气污染物的内外贡献、输送路径特征和延迟效应影响，可为制定区域内和区域间大气污染防治措施提供科学依据。

6.1 区域及模型建置

6.1.1 模型简介

（1）WRF 建置

气象模式 WRF 使用 MODIS 全球地表和地形数据，各层区域地形分辨率分别为 5m、5m、2m、30s。初始气象场数据来自美国国家环境预报中心（NCEP）6 小时一次的 FNL 全球再分析数据，水平分辨率为 1°×1°。采用四维数据同化方案（FDDA）逼近第一层和第二层区域的风、温、湿、压场。

表 6-1 列出了本章节所选取的参数化方案。

表 6-1　WRF 模式部分参数设置

物理机制	参数化方案
云微物理	Lin et al.scheme
长波辐射	RRTM scheme
短波辐射	Goddard shortwave
路面过程	Noah Land Surface Model
城市冠层	Building Energy Model
边界层参数化	Mellor-Yamada-Janjic scheme
积云参数化	Grell-Devenyi（GD）ensemble scheme

部分物理机制的参数化模块简介如下，详细介绍可以参见 WRF 官方用户使用手册。

（2）化学传输模型建置

本研究网格套迭的设计比例为 1∶3，第一层（D1）最粗网格（81km×81km）涵盖东亚地区，第二层（D2）为中国中东部区域，第三层（D3）为河南省及周边区域，经过3次嵌套迭代后达到第四层（D4）模拟范围（1km×1km）以便于细致呈现郑州市的空气质量情况。本研究主要建模工作分为四大区块，包括建置空气质量模拟系统、传输影响模拟分析、输送路径影响定量及减排效益评估，研究流程如图6-1所示。

① 以WRF气象模式及CMAQ模型配合对中国人为排放与东亚人为排放数据库进行建置，并进行典型城市基准案例模拟效果的评估验证。

② 通过采用排放关闭的手段，研究河南省及周边区域空气质量受区外传输影响以及郑州市空气质量受河南省外传输影响情景，并结合气象及区域排放状况对结果进行分析。

③ 基于具有溯源功能的NAQPMS模型和CMAQ模型进行源排放标记，分析中原城市群区域和典型城市污染传输特征及城市级输送路径，并进行来源贡献和减排效果评估。

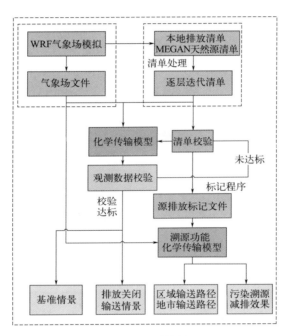

图6-1 研究流程

6.1.2 气象数据模拟性能评估

风场是影响区域污染物输送的最重要的要素。受温带季风气候影响，河南省冬季受来自高纬内陆西伯利亚高压中心的西北季风的影响，盛行极地大陆气团；夏季受极地海洋气团或变性热带海洋气团影响，盛行东南季风。就大区域的范围而言，1月和10月影响河南省的主要是西北季风，4月和7月影响河南省的主要是东南季风。但是由于河南省北部有太行山，西部有秦岭，因此西北部平均风速普遍较小，实际季风影响较弱。选取郑州市、洛阳市、平顶山市和南阳市的气象站进行风向风速模拟值与观测值对比，以验证其可靠性，结果如图6-2～图6-5所示。整体而言，城市气象站的风速模拟与观测拟合结果较好，7月则是在部分时段模拟与观测有较明显差异。

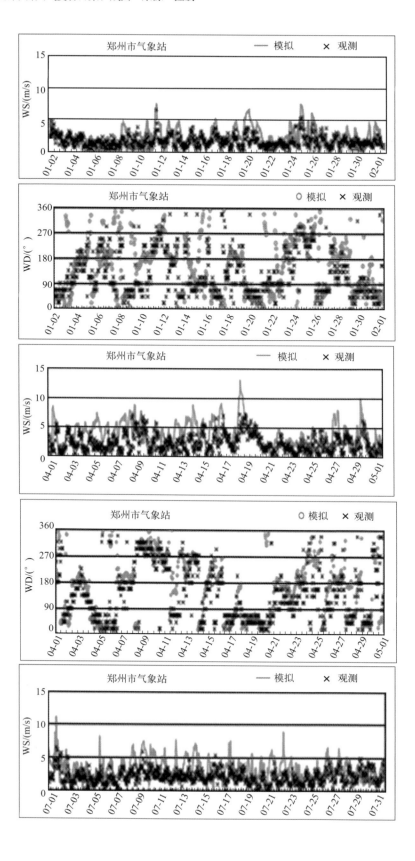

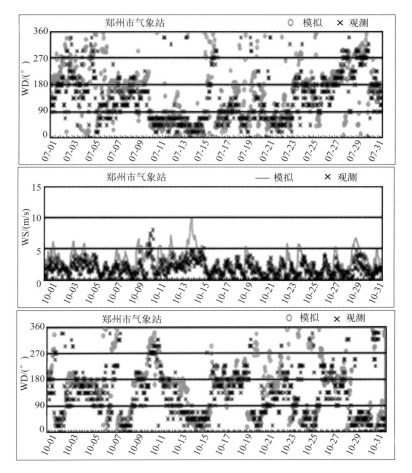

图 6-2 郑州市 2013 年各月风速（WS）、风向（WD）观测值与模拟值时间序列图

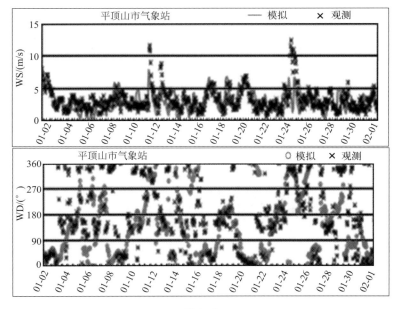

图 6-3

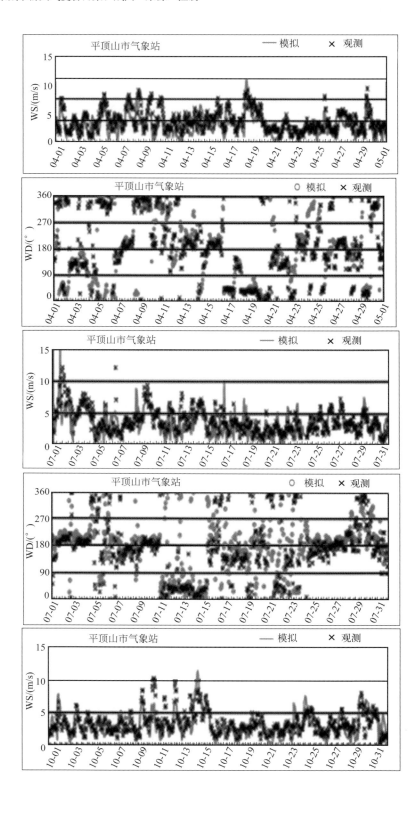

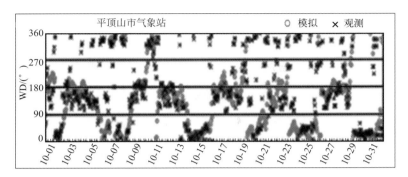

图 6-3 平顶山市 2013 年各月风速（WS）、风向（WD）观测值与模拟值时间序列图

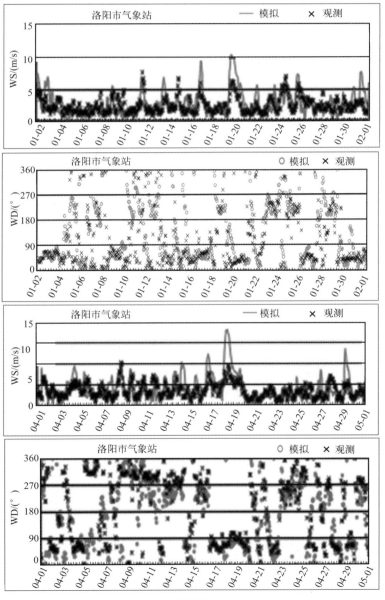

图 6-4

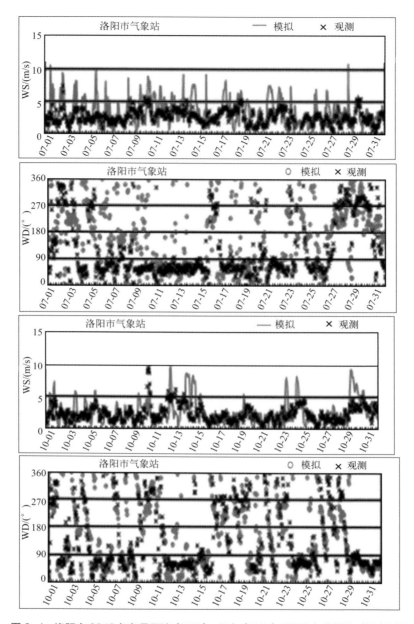

图 6-4　洛阳市 2013 年各月风速（WS）、风向（WD）观测值与模拟值时间序列图

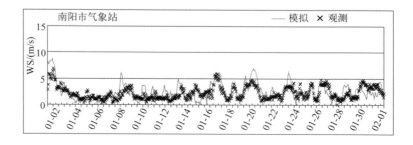

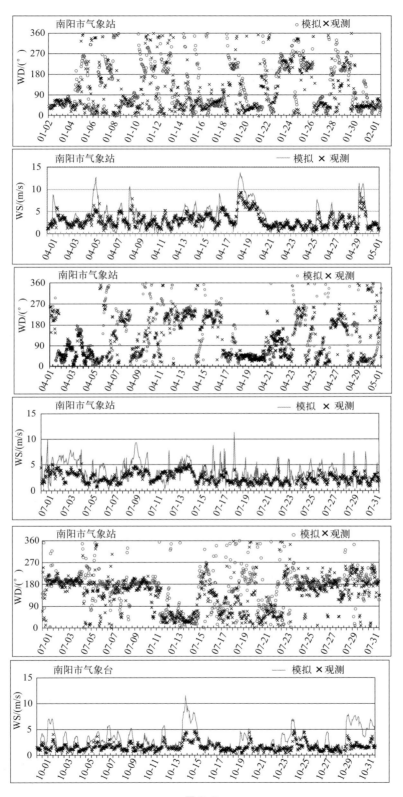

图 6-5

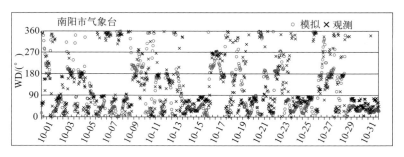

图 6-5　南阳市 2013 年各月风速（WS）、风向（WD）观测值与模拟值时间序列图

6.1.3　大气污染物模拟性能评估

以郑州市 9 个观测站点为代表进行污染物浓度比较。由郑州市 $PM_{2.5}$ 观测与模拟浓度值比较时间序列图（图 6-6）可以看出，在排放量本地化后郑州市模拟值随时间变化的趋势与观测值相当一致，然而在部分时段模拟值无法达到观测值的浓度值（10 月 5～13 日），可能的原因是秋季为秸秆燃烧季，但排放数据中对秸秆燃烧的推估被低估。在 1 月 8～14 日观测数据出现极高浓度，模式未能完整捕捉该时期的污染情形。这是由于在这段时间，整个京津冀地区均处于非常高的 $PM_{2.5}$ 浓度下，模式无法掌握这段时间的污染传输与分布，此与气象、排放量均有关系，需要结合更详细的污染物与气象观测资料进行进一步分析。

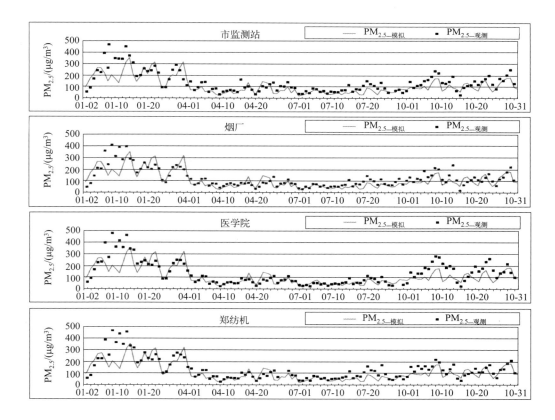

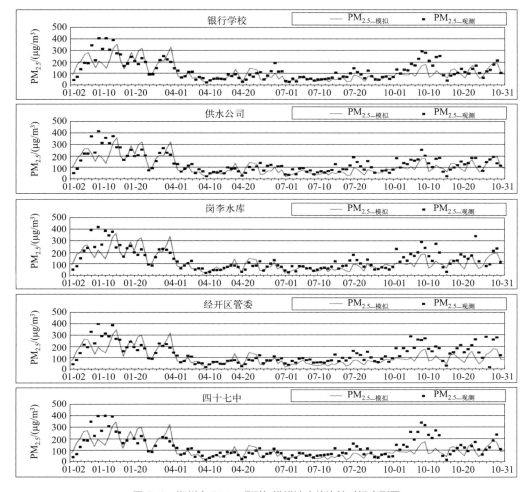

图 6-6 郑州市 PM$_{2.5}$ 观测与模拟浓度值比较时间序列图

由郑州市 SO$_2$ 观测与模拟浓度值比较时间序列图（图 6-7），模拟值整体上能与观测值有较好的拟合。4 月和 7 月的大部分观测站点的模拟值都能与观测值拟合较好，1 月和 10 月的部分日期模拟值存在低估的情况，在此除了表示 SO$_2$ 排放量有可能被低估外，还应与目前未能掌握实际点源污染排放烟囱参数（烟囱高度、排放口直径、排气温度、排气流速等）以及烟囱实际位置有重要关联性。在 NO$_2$ 模拟结果中（图 6-8），模拟值能够呈现与观测值一致的日变化与季节变化趋势，且整体上 NO$_2$ 模拟值与观测值有很好的契合度，整体而言模型能够较好地对河南省污染状况进行再现，能够满足后续研究需求。

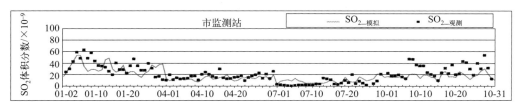

图 6-7

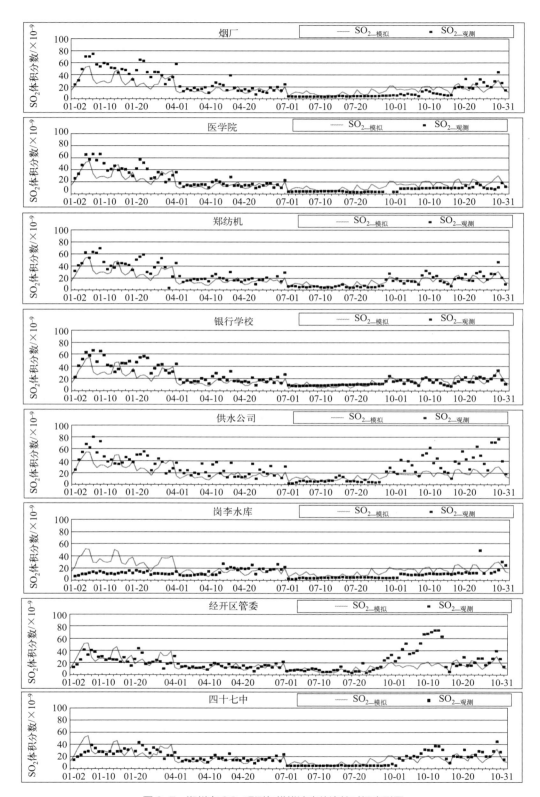

图 6-7 郑州市 SO_2 观测与模拟浓度值比较时间序列图

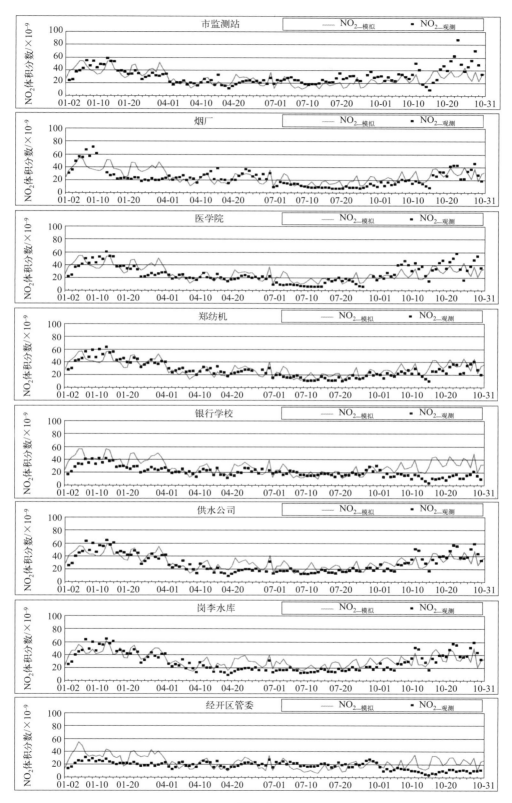

图 6-8

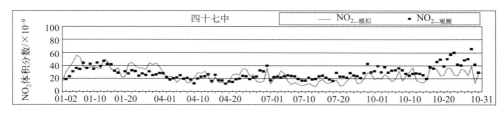

图 6-8 郑州市 NO_2 观测与模拟浓度值比较时间序列图

6.1.4 区域传输影响情景

本研究中通过排放情景调整的手段进行区域输送研究，传输情景案例包括基准案例（案例 A）：考虑东亚所有人为源与生物源排放量，配合气象模式模拟数据进行空气质量模式模拟，并经性能评估获得较符合观测值的模拟结果。河南省零排放案例（案例 B）：以基准案例排放量为基础，将河南省所有排放源（包括人为源与生物源）均关闭后，使用与基准案例相同气象模拟数据进行空气质量模拟。案例 B 即为郑州市空气质量受河南省外污染影响，而案例 B/ 案例 A 即为郑州市空气质量受河南省外污染影响比例。本研究模拟的月份为 2013 年 1 月、4 月、7 月、10 月，分别代表 2013 年的冬季、春季、夏季、秋季。

6.2 河南省及周边城市受区域外传输影响

6.2.1 基本案例模拟

河南省及周边城市分月度组分结果如表 6-2 和图 6-9 所示。模拟区域 $PM_{2.5}$ 中一次 $PM_{2.5}$ 和二次 $PM_{2.5}$ 基本上各占 50%，分别为 51.2%（49.9μg/m³）与 48.8%（47.5μg/m³）。二次成分所占比例由多至少依次为 NO_3^-（23.1%）、SO_4^{2-}（11.7%）、NH_4^+（11.1%）及二次有机气溶胶（OM-S，2.9%）；一次成分所占比例由多至少依次为 OTHER（未知的部分，26.2%）、一次有机气溶胶（OM-P，16.4%）、EC（8.5%）。分季来看，二次 $PM_{2.5}$ 的比例由高到低分别是夏季（58.5%）、秋季（55.5%）、春季（55.2%）及冬季（41.2%），这可能是由于夏季高温强日照导致光化学反应较为强烈，二次 $PM_{2.5}$ 占比较高。模拟区域 SO_4^{2-} 年平均浓度为 11.4μg/m³，虽然 4 个季节浓度变化不大，但冬季占比最低（6.5%）而夏季最高（24.5%）；NO_3^- 年平均浓度为 22.5μg/m³，夏季 NO_3^- 浓度（6.4μg/m³）与比例（14.8%）均明显偏低；NH_4^+ 年平均浓度为 10.8μg/m³，冬季 NH_4^+ 所占比例（9.1%）低于其他季节（12.8%～13.4%）；OM-S 年平均浓度为 2.8μg/m³，夏季比例（5.8%）最高。

表 6-2 模拟区域 $PM_{2.5}$ 及其成分模拟浓度与比例

区域平均①		年平均（4 个月平均）		冬季（1 月）		春季（4 月）		夏季（7 月）		秋季（10 月）	
		浓度/(μg/m³)	比例/%	浓度/(μg/m³)	比例/%	浓度/(μg/m³)	比例/%	浓度/(μg/m³)	比例/%	浓度/(μg/m³)	比例/%
二次 $PM_{2.5}$	硫酸盐（SO_4^{2-}）	11.4	11.7	12.5	6.5	9.0	14.6	10.6	24.5	13.6	14.6

续表

区域平均[①]		年平均(4个月平均)		冬季(1月)		春季(4月)		夏季(7月)		秋季(10月)	
		浓度/(μg/m³)	比例/%	浓度/(μg/m³)	比例/%	浓度/(μg/m³)	比例/%	浓度/(μg/m³)	比例/%	浓度/(μg/m³)	比例/%
二次 $PM_{2.5}$	硝酸盐(NO_3^-)	22.5	23.1	43.9	22.9	15.7	25.4	6.4	14.8	24.0	25.8
	铵盐(NH_4^+)	10.8	11.1	17.4	9.1	7.9	12.8	5.8	13.4	12.1	13.0
	二次有机气溶胶(OM-S)	2.8	2.9	5.1	2.7	1.5	2.4	2.5	5.8	2.0	2.1
	小计	47.5	48.8	78.9	41.2	34.1	55.2	25.3	58.5	51.7	55.5
一次 $PM_{2.5}$	一次有机气溶胶(OM-P)	16.0	16.4	44.3	23.2	6.3	10.2	3.9	9.0	9.6	10.3
	元素碳(EC)	8.3	8.5	20.0	10.5	4.2	6.8	2.6	6.0	6.5	7.0
	其他(OTHER)	25.5	26.2	48.1	25.1	17.2	27.8	11.4	26.5	25.4	27.3
	小计	49.9	51.2	112.4	58.8	27.7	44.8	17.9	41.5	41.5	44.5
$PM_{2.5}$		97.4	100.0	191.3	100.0	61.8	100.0	43.2	100.0	93.2	100.0

[①] 研究区域平均为取郑州市、开封市、洛阳市、南阳市、安阳市、商丘市、新乡市、平顶山市、许昌市、焦作市、周口市、信阳市、驻马店市、鹤壁市、濮阳市、漯河市、三门峡市、济源市、聊城市、菏泽市、邢台市、邯郸市、淮北市、宿州市、蚌埠市、亳州市、阜阳市、运城市、晋城市、长治市政府所在网格点的浓度平均值。

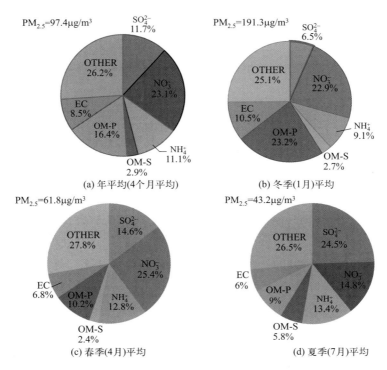

图6-9

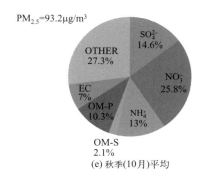

(e) 秋季(10月)平均

图 6-9　研究区域不同季节 PM$_{2.5}$ 组分

6.2.2　区域传输影响整体情况分析

河南省及周边城市受区域外污染影响如表 6-3 和表 6-4 所列。区域年平均受区域外直接传输影响浓度为 35.5μg/m³，传输影响比例是 36.4%，即有 63.6% 来自研究区域自身贡献。研究区域受区域外传输影响比例最大的城市是蚌埠市，影响浓度是 50.7μg/m³，影响比例是 60.8%，即蚌埠市有超过 1/2 的 PM$_{2.5}$ 来自区域外传输，这可能是因为蚌埠市位于研究区域的东南边界，受高污染区域传输影响最大；分季节来看如表 6-3，冬季受区域外传输影响浓度最大，为 70.1μg/m³，受影响比例是 36.6%，这是冬季主要吹东北风与北风，而研究区域东北部又是高污染区域的缘故；夏季受影响浓度最小，为 14.4μg/m³，受影响比例是 33.3%，这是受夏季东南季风影响的原因；春季和秋季受影响浓度和比例分别是 25.2μg/m³ 和 32.2μg/m³，40.8% 和 34.5%，受影响浓度介于冬季与夏季之间，但是春季受影响比例最大，这可能的原因是春季 4 月盛行西风和东北风，较多的 PM$_{2.5}$ 由高污染区域输送至河南省区域。

表 6-3　研究区域不同季节大气 PM$_{2.5}$ 受不同区域性来源影响浓度与比例

项目	基准案例	区域零排放案例	区域外直接传输影响		区域本身影响	
代号	A	C	C	C/A	A−C	(A−C)/A
单位	μg/m³	μg/m³	μg/m³	%	μg/m³	%
冬季（1月）	191.3	70.1	70.1	36.6	121.2	63.4
春季（4月）	61.8	25.2	25.2	40.8	36.6	59.2
夏季（7月）	43.2	14.4	14.4	33.3	28.8	66.7
秋季（10月）	93.2	32.2	32.2	34.5	61	65.5
全年（4个月平均）	97.4	35.5	35.5	36.4	61.9	63.6

注：河南省及周边城市平均为取郑州市、开封市、洛阳市、南阳市、安阳市、商丘市、新乡市、平顶山市、许昌市、焦作市、周口市、信阳市、驻马店市、鹤壁市、濮阳市、漯河市、三门峡市、济源市、聊城市、菏泽市、邢台市、邯郸市、淮北市、宿州市、蚌埠市、亳州市、阜阳市、运城市、晋城市、长治市政府所在网格点的浓度平均值。

表 6-4　研究区域内各主要城市大气年平均 PM$_{2.5}$ 受影响浓度与比例

项目	基准案例	区域零排放案例	区域外直接传输影响		区域本身影响	
代号	A	C	C	C/A	A−C	(A−C)/A
单位	μg/m³	μg/m³	μg/m³	%	μg/m³	%
郑州市	104.1	29.9	29.9	28.7	74.2	71.3

续表

项目	基准案例	区域零排放案例	区域外直接传输影响		区域本身影响	
代号	A	C	C	C/A	A−C	(A−C)/A
单位	μg/m³	μg/m³	μg/m³	%	μg/m³	%
开封市	103.3	32.5	32.5	31.5	70.8	68.5
洛阳市	111.9	28.2	28.2	25.2	83.7	74.8
南阳市	91.0	33.9	33.9	37.3	57.1	62.7
安阳市	119.5	37.8	37.8	31.6	81.7	68.4
商丘市	95.2	37.3	37.3	39.2	57.9	60.8
新乡市	116.9	31.7	31.7	27.1	85.2	72.9
平顶山市	99.1	31.0	31.0	31.3	68.1	68.7
许昌市	105.2	31.5	31.5	29.9	73.7	70.1
焦作市	108.7	29.5	29.5	27.1	79.2	72.9
周口市	98.5	34.1	34.1	34.6	64.4	65.4
信阳市	81.2	40.2	40.2	49.5	41.0	50.5
驻马店市	90.3	34.5	34.5	38.2	55.8	61.8
鹤壁市	110.2	35.6	35.6	32.3	74.6	67.7
濮阳市	105.3	36.5	36.5	34.7	68.8	65.3
漯河市	97.7	32.4	32.4	33.2	65.3	66.8
三门峡市	65.9	27.3	27.3	41.4	38.6	58.6
济源市	100.6	27.9	27.9	27.7	72.7	72.3
聊城市	102.3	48.5	48.5	47.4	53.8	52.6
菏泽市	98.5	37.2	37.2	37.8	61.3	62.2
邢台市	104.8	45.5	45.5	43.4	59.3	56.6
邯郸市	118.4	41.3	41.3	34.9	77.1	65.1
淮北市	92.0	46.6	46.6	50.7	45.4	49.3
宿州市	84.2	45.2	45.2	53.7	39.0	46.3
蚌埠市	83.4	50.7	50.7	60.8	32.7	39.2
亳州市	94.3	37.3	37.3	39.6	57.0	60.4
阜阳市	92.4	40.4	40.4	43.7	52.0	56.3
运城市	63.4	29.4	29.4	46.4	34.0	53.6
晋城市	91.5	25.5	25.5	27.9	66.0	72.1
长治市	91.1	25.9	25.9	28.4	65.2	71.6
区域平均	**97.4**	**35.5**	**35.5**	**36.4**	**61.9**	**63.6**

河南省及周边城市一次 $PM_{2.5}$ 受区域外影响的浓度与比例如表 6-5 和表 6-6 所列。河南省及周边城市年平均受区域外直接传输影响浓度为 17.3μg/m³，传输影响比例是 34.7%；河南省及周边城市一次 $PM_{2.5}$ 受区域外传输影响浓度最大的城市是邢台市，影响浓度是 24.1μg/m³，影响比例是 40.4%；分季节来看，冬季受区域外传输影响浓度最大，为 40.3μg/m³，受影响比例是 35.9%，这是冬季主要盛行东北风与北风，而研究区域东北部的区域外又是高污染区域的原因；夏季受影响浓度最小，为 4.5μg/m³，受影响比例是 25.3%，这可能是受夏季东南季风影响。

表6-5 研究区域不同季节大气一次PM$_{2.5}$受不同区域性来源影响浓度与比例

项目	基准案例	区域零排放案例	区域外直接传输影响		区域本身影响	
代号	A	C	C	C/A	A−C	(A−C)/A
单位	μg/m³	μg/m³	μg/m³	%	μg/m³	%
冬季（1月）	112.4	40.3	40.3	35.9	72.1	64.1
春季（4月）	27.6	10.2	10.2	37.0	17.4	63.0
夏季（7月）	17.8	4.5	4.5	25.3	13.3	74.7
秋季（10月）	41.6	14.1	14.1	33.9	27.5	66.1
全年（4个月平均）	49.9	17.3	17.3	34.7	32.6	65.3

表6-6 研究区域内各主要城市大气年平均一次PM$_{2.5}$受影响浓度与比例

项目	基准案例	区域零排放案例	区域外直接传输影响		区域本身影响	
情景	A	C	C	C/A	A−C	(A−C)/A
单位	μg/m³	μg/m³	μg/m³	%	μg/m³	%
郑州市	54.2	14.8	14.8	27.3	39.4	72.7
开封市	50.8	16.0	16.0	31.5	34.8	68.5
洛阳市	60.6	14.0	14.0	23.1	46.6	76.9
南阳市	40.3	15.4	15.4	38.2	24.9	61.8
安阳市	63.9	19.3	19.3	30.2	44.6	69.8
商丘市	45.8	18.0	18.0	39.3	27.8	60.7
新乡市	60.8	16.2	16.2	26.6	44.6	73.4
平顶山市	49.0	14.8	14.8	30.2	34.2	69.8
许昌市	51.9	15.2	15.2	29.3	36.7	70.7
焦作市	57.1	15.1	15.1	26.4	42.0	73.6
周口市	47.2	16.3	16.3	34.5	30.9	65.5
信阳市	37.6	19.1	19.1	50.8	18.5	49.2
驻马店市	41.8	16.2	16.2	38.8	25.6	61.2
鹤壁市	57.6	18.2	18.2	31.6	39.4	68.4
濮阳市	52.4	18.2	18.2	34.7	34.2	65.3
漯河市	46.7	15.4	15.4	33.0	31.3	67.0
三门峡市	33.1	12.5	12.5	37.8	20.6	62.2
济源市	51.3	14.1	14.1	27.5	37.2	72.5
聊城市	51.3	23.4	23.4	45.6	27.9	54.4
菏泽市	49.5	18.2	18.2	36.8	31.3	63.2
邢台市	59.7	24.1	24.1	40.4	35.6	59.6
邯郸市	66.2	21.4	21.4	32.3	44.8	67.7
淮北市	49.0	22.0	22.0	44.9	27.0	55.1
宿州市	42.0	21.3	21.3	50.7	20.7	49.3
蚌埠市	42.9	23.8	23.8	55.5	19.1	44.5
亳州市	47.2	17.9	17.9	37.9	29.3	62.1
阜阳市	48.8	19.2	19.2	39.3	29.6	60.7
运城市	33.3	13.6	13.6	40.8	19.7	59.2
晋城市	48.9	12.5	12.5	25.6	36.4	74.4
长治市	52.1	12.7	12.7	24.4	39.4	75.6
区域平均	**49.9**	**17.3**	**17.3**	**34.7**	**32.6**	**65.3**

河南省及周边城市二次$PM_{2.5}$受区域外影响的浓度与比例如表6-7和表6-8所列。年平均结果显示，河南省及周边城市受区域外直接传输影响浓度为18.2μg/m³，影响比例是38.3%；研究区域二次$PM_{2.5}$受区域外传输影响浓度最大的城市是蚌埠市，影响浓度是26.9μg/m³，影响比例是66.6%；分季节来看，冬季受区域外传输影响浓度最大，为29.8μg/m³，受影响比例是37.8%，这是由于冬季盛行东北风与北风，而研究区域东北部的区域外为高污染区域；夏季受影响浓度最小，为9.9μg/m³，受影响比例是39.1%，二次组分的受影响浓度比一次组分（4.5μg/m³）要高2倍多，这可能是夏季温度高、光照强，光化学反应速率快，在传输过程中二次组分较易生成的原因。

表6-7 研究区域不同季节大气二次$PM_{2.5}$受不同区域性来源影响浓度与比例

项目	基准案例	区域零排放案例	区域外直接传输影响		区域本身影响	
代号	A	C	C	C/A	A-C	(A-C)/A
单位	μg/m³	μg/m³	μg/m³	%	μg/m³	%
冬季（1月）	78.8	29.8	29.8	37.8	49.0	62.2
春季（4月）	34.2	15.0	15.0	43.9	19.2	56.1
夏季（7月）	25.3	9.9	9.9	39.1	15.4	60.9
秋季（10月）	51.6	18.1	18.1	35.1	33.5	64.9
全年（4个月平均）	47.5	18.2	18.2	38.3	29.3	61.7

表6-8 研究区域内各主要城市大气年平均二次$PM_{2.5}$受影响浓度与比例

项目	基准案例	区域零排放案例	区域外直接传输影响		区域本身影响	
代号	A	C	C	C/A	A-C	(A-C)/A
单位	μg/m³	μg/m³	μg/m³	%	μg/m³	%
郑州市	49.8	15.1	15.1	30.3	34.7	69.7
开封市	52.5	16.4	16.4	31.2	36.1	68.8
洛阳市	51.3	14.2	14.2	27.7	37.1	72.3
南阳市	47.7	18.5	18.5	38.8	29.2	61.2
安阳市	55.6	18.5	18.5	33.3	37.1	66.7
商丘市	49.3	19.4	19.4	39.4	29.9	60.6
新乡市	56.1	15.5	15.5	27.6	40.6	72.4
平顶山市	50.0	16.2	16.2	32.4	33.8	67.6
许昌市	53.3	16.3	16.3	30.6	37.0	69.4
焦作市	51.7	14.4	14.4	27.9	37.3	72.1
周口市	51.2	17.8	17.8	34.8	33.4	65.2
信阳市	43.6	21.1	21.1	48.4	22.5	51.6
驻马店市	48.5	18.2	18.2	37.5	30.3	62.5
鹤壁市	52.6	17.4	17.4	33.1	35.2	66.9
濮阳市	52.9	18.2	18.2	34.4	34.7	65.6
漯河市	51.0	17.0	17.0	33.3	34.0	66.7
三门峡市	32.8	14.8	14.8	45.1	18.0	54.9
济源市	49.3	13.8	13.8	28.0	35.5	72.0
聊城市	51.0	25.1	25.1	49.2	25.9	50.8
菏泽市	49.0	18.9	18.9	38.6	30.1	61.4
邢台市	45.1	21.4	21.4	47.5	23.7	52.5

续表

项目	基准案例	区域零排放案例	区域外直接传输影响		区域本身影响	
代号	A	C	C	C/A	$A-C$	$(A-C)/A$
单位	μg/m³	μg/m³	μg/m³	%	μg/m³	%
邯郸市	52.1	20.0	20.0	38.4	32.1	61.6
淮北市	44.3	24.6	24.6	55.5	19.7	44.5
宿州市	42.2	23.8	23.8	56.4	18.4	43.6
蚌埠市	40.4	26.9	26.9	66.6	13.5	33.4
亳州市	47.1	19.4	19.4	41.2	27.7	58.8
阜阳市	43.6	21.2	21.2	48.6	22.4	51.4
运城市	30.0	15.8	15.8	52.7	14.2	47.3
晋城市	42.6	13.0	13.0	30.5	29.6	69.5
长治市	39.0	13.2	13.2	33.8	25.8	66.2
区域平均	**47.5**	**18.2**	**18.2**	**38.3**	**29.3**	**61.7**

河南省及周边城市 SO_4^{2-} 受区域外影响的浓度与比例如表 6-9 所列。年平均结果显示，河南省及周边城市受区域外直接传输影响浓度为 7.2μg/m³，影响比例是 63.2%；河南省及周边城市 SO_4^{2-} 受区域外传输影响浓度最大的城市是信阳市，影响浓度是 8.5μg/m³，影响比例是 78.0%，其次是蚌埠市，影响浓度是 8.3μg/m³，影响比例却高达 85.6%，这是因为两地自身 SO_2 排放量低，SO_4^{2-} 本地贡献较低，同时其临近区域外的工业区，因而对两市 SO_4^{2-} 浓度产生较大的传输影响。整体而言，相对 NO_3^- 与 NH_4^+，河南省及周边城市 SO_4^{2-} 较多来自区外传输影响。

表 6-9 河南省及周边区域各主要城市大气年平均 SO_4^{2-} 受影响浓度与比例

项目	基准案例	区域零排放案例	区域外直接传输影响		区域本身影响	
代号	A	C	C	C/A	$A-C$	$(A-C)/A$
单位	μg/m³	μg/m³	μg/m³	%	μg/m³	%
郑州市	12.4	6.8	6.8	54.8	5.6	45.2
开封市	11.7	6.9	6.9	59.0	4.8	41.0
洛阳市	12.8	6.7	6.7	52.3	6.1	47.7
南阳市	11.5	7.6	7.6	66.1	3.9	33.9
安阳市	12.6	6.9	6.9	54.8	5.7	45.2
商丘市	10.2	7.2	7.2	70.6	3.0	29.4
新乡市	13.0	6.9	6.9	53.1	6.1	46.9
平顶山市	11.7	7.0	7.0	59.8	4.7	40.2
许昌市	12.2	7.0	7.0	57.4	5.2	42.6
焦作市	13.2	6.9	6.9	52.3	6.3	47.7
周口市	10.7	7.4	7.4	69.2	3.3	30.8
信阳市	10.9	8.5	8.5	78.0	2.4	22.0
驻马店市	10.7	7.6	7.6	71.0	3.1	29.0
鹤壁市	12.6	6.9	6.9	54.8	5.7	45.2
濮阳市	11.2	6.9	6.9	61.6	4.3	38.4
漯河市	11.0	7.2	7.2	65.5	3.8	34.5
三门峡市	10.7	6.8	6.8	63.6	3.9	36.4
济源市	12.6	6.7	6.7	53.2	5.9	46.8
聊城市	11.3	7.3	7.3	64.6	4.0	35.4

续表

项目	基准案例	区域零排放案例	区域外直接传输影响		区域本身影响	
代号	A	C	C	C/A	$A-C$	$(A-C)/A$
单位	µg/m³	µg/m³	µg/m³	%	µg/m³	%
菏泽市	10.7	6.9	6.9	64.5	3.8	35.5
邢台市	11.7	7.0	7.0	59.8	4.7	40.2
邯郸市	12.2	6.8	6.8	55.7	5.4	44.3
淮北市	10.0	7.9	7.9	79.0	2.1	21.0
宿州市	9.7	7.9	7.9	81.4	1.8	18.6
蚌埠市	9.7	8.3	8.3	85.6	1.4	14.4
亳州市	9.9	7.4	7.4	74.7	2.5	25.3
阜阳市	9.8	7.9	7.9	80.6	1.9	19.4
运城市	10.7	6.9	6.9	64.5	3.8	35.5
晋城市	12.7	6.4	6.4	50.4	6.3	49.6
长治市	12.6	6.3	6.3	50.0	6.3	50.0
区域平均	**11.4**	**7.2**	**7.2**	**63.2**	**4.2**	**36.8**

河南省及周边城市 NO_3^- 受区域外影响的浓度与比例如表 6-10 所列。年平均结果显示，河南省及周边城市受区域外直接传输影响浓度为 5.2µg/m³，传输影响比例是 23.1%，即大部分的 NO_3^- 来自区域自身排放。整体而言，相对 SO_4^{2-}，河南省及周边城市 NO_3^- 较多来自区内自身贡献。

表 6-10　河南省及周边区域各主要城市大气年平均 NO_3^- 受影响浓度与比例

项目	基准案例	区域零排放案例	区域外直接传输影响		区域本身影响	
代号	A	C	C	C/A	$A-C$	$(A-C)/A$
单位	µg/m³	µg/m³	µg/m³	%	µg/m³	%
郑州市	23.3	3.3	3.3	14.2	20.0	85.8
开封市	26.0	4.1	4.1	15.8	21.9	84.2
洛阳市	23.9	2.8	2.8	11.7	21.1	88.3
南阳市	22.6	4.8	4.8	21.2	17.8	78.8
安阳市	27.3	5.7	5.7	20.9	21.6	79.1
商丘市	25.0	5.9	5.9	23.6	19.1	76.4
新乡市	27.5	3.6	3.6	13.1	23.9	86.9
平顶山市	24.2	3.7	3.7	15.3	20.5	84.7
许昌市	26.1	3.9	3.9	14.9	22.2	85.1
焦作市	24.0	2.8	2.8	11.7	21.2	88.3
周口市	26.0	4.4	4.4	16.9	21.6	83.1
信阳市	19.9	5.5	5.5	27.6	14.4	72.4
驻马店市	23.9	4.5	4.5	18.8	19.4	81.2
鹤壁市	25.2	5.0	5.0	19.8	20.2	80.2
濮阳市	26.8	5.5	5.5	20.5	21.3	79.5
漯河市	25.5	4.1	4.1	16.1	21.4	83.9
三门峡市	12.4	3.3	3.3	26.6	9.1	73.4
济源市	22.8	2.6	2.6	11.4	20.2	88.6
聊城市	25.2	10.2	10.2	40.5	15.0	59.5
菏泽市	24.4	6.0	6.0	24.6	18.4	75.4

续表

项目	基准案例	区域零排放案例	区域外直接传输影响		区域本身影响	
代号	A	C	C	C/A	A−C	(A−C)/A
单位	μg/m³	μg/m³	μg/m³	%	μg/m³	%
邢台市	20.4	7.7	7.7	37.7	12.7	62.3
邯郸市	25.1	6.9	6.9	27.5	18.2	72.5
淮北市	20.7	9.1	9.1	44.0	11.6	56.0
宿州市	20.1	8.5	8.5	42.3	11.6	57.7
蚌埠市	18.8	10.3	10.3	54.8	8.5	45.2
亳州市	23.6	5.7	5.7	24.2	17.9	75.8
阜阳市	21.1	6.5	6.5	30.8	14.6	69.2
运城市	10.4	3.9	3.9	37.5	6.5	62.5
晋城市	17.8	2.5	2.5	14.0	15.3	86.0
长治市	15.3	2.8	2.8	18.3	12.5	81.7
区域平均	**22.5**	**5.2**	**5.2**	**23.1**	**17.3**	**76.9**

河南省及周边城市 NH_4^+ 受区域外影响的浓度与比例如表 6-11 所列。年平均结果显示,河南省及周边城市受区域外直接传输影响浓度为 4.0μg/m³,传输影响比例是 37.0%,即有超过 1/2 的 NH_4^+ 来自区域本身排放;河南省及周边城市 NH_4^+ 受区域外传输影响浓度最大的城市是蚌埠市,影响浓度是 6.0μg/m³,影响比例是 65.9%,这与蚌埠市周边基本为农业生产区有直接关系。

表 6-11 河南省及周边区域各主要城市大气年平均 NH_4^+ 受影响浓度与比例

项目	基准案例	区域零排放案例	区域外直接传输影响		区域本身影响	
代号	A	C	C	C/A	A−C	(A−C)/A
单位	μg/m³	μg/m³	μg/m³	%	μg/m³	%
郑州市	11.4	3.3	3.3	28.9	8.1	71.1
开封市	11.9	3.5	3.5	29.4	8.4	70.6
洛阳市	11.8	3.1	3.1	26.3	8.7	73.7
南阳市	10.9	4.1	4.1	37.6	6.8	62.4
安阳市	12.7	4.0	4.0	31.5	8.7	68.5
商丘市	11.2	4.2	4.2	37.5	7.0	62.5
新乡市	12.9	3.4	3.4	26.4	9.5	73.6
平顶山市	11.4	3.6	3.6	31.6	7.8	68.4
许昌市	12.1	3.6	3.6	29.8	8.5	70.2
焦作市	11.9	3.1	3.1	26.1	8.8	73.9
周口市	11.6	3.9	3.9	33.6	7.7	66.4
信阳市	9.9	4.7	4.7	47.5	5.2	52.5
驻马店市	11.0	4.0	4.0	36.4	7.0	63.6
鹤壁市	12.0	3.8	3.8	31.7	8.2	68.3
濮阳市	12.0	3.9	3.9	32.5	8.1	67.5
漯河市	11.6	3.7	3.7	31.9	7.9	68.1
三门峡市	7.6	3.3	3.3	43.4	4.3	56.6
济源市	11.3	3.0	3.0	26.5	8.3	73.5
聊城市	11.6	5.5	5.5	47.4	6.1	52.6
菏泽市	11.1	4.1	4.1	36.9	7.0	63.1
邢台市	10.3	4.7	4.7	45.6	5.6	54.4

续表

项目	基准案例	区域零排放案例	区域外直接传输影响		区域本身影响	
代号	A	C	C	C/A	$A-C$	$(A-C)/A$
单位	$\mu g/m^3$	$\mu g/m^3$	$\mu g/m^3$	%	$\mu g/m^3$	%
邯郸市	10.6	4.4	4.4	41.5	6.2	58.5
淮北市	9.8	5.4	5.4	55.1	4.4	44.9
宿州市	9.6	5.3	5.3	55.2	4.3	44.8
蚌埠市	9.1	6.0	6.0	65.9	3.1	34.1
亳州市	10.5	4.3	4.3	41.0	6.2	59.0
阜阳市	10.0	4.7	4.7	47.0	5.3	53.0
运城市	7.7	3.6	3.6	46.8	4.1	53.2
晋城市	9.8	2.8	2.8	28.6	7.0	71.4
长治市	8.8	2.9	2.9	33.0	5.9	67.0
区域平均	**10.8**	**4.0**	**4.0**	**37.0**	**6.8**	**63.0**

河南省及周边城市大气 $PM_{2.5}$ 组分受影响分析如图 6-10 所示。对年平均结果而言，基准案例中河南省及周边城市 $PM_{2.5}$ 浓度组成呈现二次组分和一次组分各占 1/2 的情形。从不同季节来看，春、夏、秋季，区域外传输的 $PM_{2.5}$ 均超过 1/2 属于二次生成，分别占 59.5%、69.2%、56.7%，其中夏季由于温度高、光化学反应作用强而使得二次传输的比例高达 69.2%；在冬季，区域外和自身的 $PM_{2.5}$ 浓度组成均呈现一次组分比例大于二次组分（约 40%），这是由于冬季 $PM_{2.5}$ 排放量明显高于其他季节且冬季光化学反应作用较弱。

此外，从区域外传输的 $PM_{2.5}$ 中的二次组分来看，SO_4^{2-} 所占比例较高，且夏季由于温度高，SO_4^{2-} 所占比例更是高达 43.8%，冬季 SO_4^{2-} 所占比例最低，为 10.3%；而 NO_3^- 刚好与 SO_4^{2-} 比例分布相反，冬季 NO_3^- 较高，为 17.8%，春、秋季略低，但是夏季 NO_3^- 所占比例最低，为 2.4%，这是因为夏天较不利于 NO_3^- 积累；春、夏、秋季 NH_4^+ 所占比例较高（13.4%~13.9%），

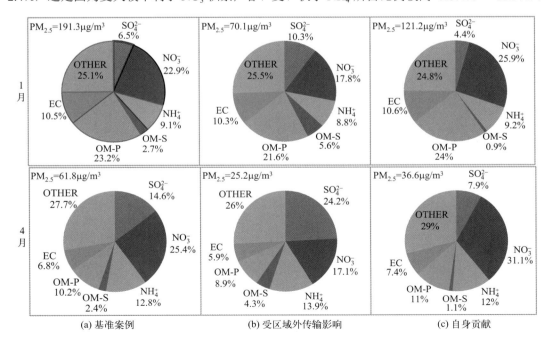

(a) 基准案例　　(b) 受区域外传输影响　　(c) 自身贡献

图 6-10

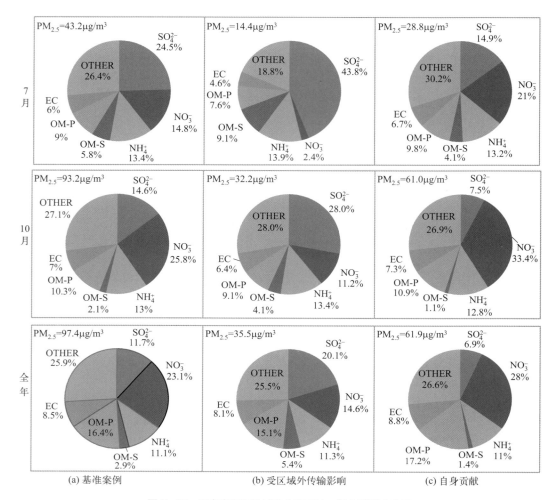

图 6-10 河南省及周边城市大气 $PM_{2.5}$ 组分受影响分析

冬季最低（8.8%），这是因为冬季温度低，不利于 NH_4^+ 形成；OM-S 夏季比其他季节高，与夏季有较高的植物 VOCs 排放量有关。

6.2.3 典型城市受区域外污染传输影响

本节评估了河南省及周边区域不同典型城市特征，选取郑州、平顶山、洛阳、南阳、信阳、邢台、聊城、长治 8 个城市，分析不同类型城市的 $PM_{2.5}$ 污染物时空分布特征、组分以及受区域外污染传输影响。具体结果如图 6-11、图 6-12、表 6-12～表 6-17 所示。

（1）郑州市

郑州市位于研究区域的中部，作为河南省的省会，其属于典型的综合型城市。2013 年的环统数据显示，郑州市烟（粉）尘排放量为 7.6 万吨，SO_2 排放量为 15.1 万吨，氮氧化物排放量为 23.2 万吨，氨排放量为 4.6 万吨，硫氮化物排放在典型城市中均处于较高水平，说明其工业的发展程度较高，与农业源排放相对应的氨排放在典型城市中为最低值，说明其农业

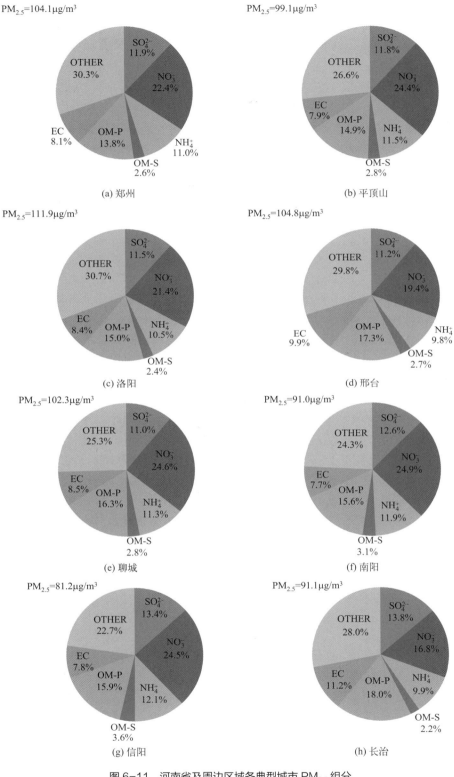

图 6-11 河南省及周边区域各典型城市 PM$_{2.5}$ 组分

占比相较于其他 7 个城市低。郑州市 $PM_{2.5}$ 模拟年平均浓度为 $104.1\mu g/m^3$，在 8 个典型城市中处于较高的水平，与其排放水平相对应；在 $PM_{2.5}$ 前体物浓度的模拟中，郑州市 2013 年各季节 SO_2 模拟平均浓度（体积分数，下同）是 18.9×10^{-9}；NO_2 模拟平均浓度是 22.0×10^{-9}，NH_3 模拟平均浓度为 8.0×10^{-9}，与经济发展水平相关的工业排放及前体物浓度较高，农业排放稍低，与其综合型城市的特点相符；在 $PM_{2.5}$ 组分的模拟中，一次 $PM_{2.5}$ 模拟平均浓度是 $54.2\mu g/m^3$，二次 $PM_{2.5}$ 模拟平均浓度是 $49.8\mu g/m^3$，一次污染物、二次污染物基本各占 1/2。在受外来污染传输影响情景的模拟中，郑州市 $PM_{2.5}$ 浓度受区域外污染影响年均结果显示，郑州市受河南省及周边城市区域外传输影响为 $29.9\mu g/m^3$（28.7%），受区域外传输影响的浓度和比例在 8 个典型城市中处于中位值，这是因为郑州市自身污染状况较重，同时处于河南省及周边城市中心位置，因此受到外来传输影响在颗粒物浓度的增长上表现并不显著。郑州市一次 $PM_{2.5}$ 受研究区域外传输影响为 $14.8\mu g/m^3$（27.3%），二次 $PM_{2.5}$ 受研究区域外传输影响为 $15.1\mu g/m^3$（30.3%），两者较为一致，说明外来传输污染中一次 $PM_{2.5}$、二次 $PM_{2.5}$ 处于均势。

（2）平顶山市

平顶山市 2013 年全年生产总值是 2973.3 亿元，位列 8 个典型城市中的第三位，是国家重要的能源原材料工业基地，矿产资源丰富，属于典型的煤化工型城市。2013 年的环统数据显示，平顶山市烟（粉）尘排放量为 8.9 万吨，SO_2 排放量为 11.4 万吨，氮氧化物排放量为 10.1 万吨，氨排放量为 5.5 万吨，因其煤炭产业在河南省及周边城市内居于首位，因此其硫化物和烟（粉）尘排放在典型城市中均处于较高水平，说明其工业的发展程度较高，与农业源排放相对应的氨排放在典型城市中总量虽然处于较低水平，但是其城市面积较小，因此农业源排放仍在产业结构中占有相当大的比例。平顶山市 $PM_{2.5}$ 模拟年平均浓度为 $99.1\mu g/m^3$，在 8 个典型城市中处于较高的水平；在 $PM_{2.5}$ 前体物浓度的模拟中，平顶山市 2013 年各季节 SO_2 模拟平均浓度（体积分数，下同）是 15.2×10^{-9}，NO_2 模拟平均浓度是 16.5×10^{-9}，与初始排放有较好的对应，NH_3 模拟平均浓度为 15.0×10^{-9}，与其单位面积排放量高有直接关系；在 $PM_{2.5}$ 组分的模拟中，一次 $PM_{2.5}$ 模拟平均浓度是 $49.0\mu g/m^3$，二次 $PM_{2.5}$ 模拟平均浓度是 $50.0\mu g/m^3$，一次污染物、二次污染物基本各占 1/2。平顶山市 $PM_{2.5}$ 浓度受河南省及周边区域外传输影响为 $31.0\mu g/m^3$（31.3%），受区域外传输影响的浓度和比例在典型城市中处于中位值，一次 $PM_{2.5}$ 受河南省及周边区域外传输影响为 $14.8\mu g/m^3$（30.2%），二次 $PM_{2.5}$ 受河南省及周边区域外传输影响为 $16.2\mu g/m^3$（32.4%），两者对 $PM_{2.5}$ 整体浓度的贡献较为一致。

（3）洛阳市

洛阳市是中部地区重要的石油化工城市，工业发展很快，2013 年全市完成地区生产总值 3140.8 亿元，在河南省及周边区域 8 个典型城市中位列第二，其城市工业及化工业在河南省及周边区域均处于较为发达的地位。2013 年的环统数据显示，洛阳市烟（粉）尘排放量为 5.7 万吨，SO_2 排放量为 14.3 万吨，氮氧化物排放量为 15.4 万吨，氨排放量为 4.8 万吨，因其为典型的石油化工城市，因此其硫化物和氮氧化物排放在典型城市中均处于较高水平，烟（粉）尘排放较少，说明其工业的发展程度较高，与农业源排放相对应的氨排放在典型城市中总量处于较低水平。洛阳市 $PM_{2.5}$ 模拟年平均浓度为 $111.9\mu g/m^3$，在 8 个典型城市中处于最高值；在 $PM_{2.5}$ 前体物浓度的模拟中，洛阳市 2013 年各季节 SO_2 模拟平均浓度（体积分数，下同）

是 $20.2×10^{-9}$；NO_2 模拟平均浓度是 $23.1×10^{-9}$，NH_3 模拟平均浓度为 $11.4×10^{-9}$，其硫化物、氮氧化物等均在典型城市中排名前三位；在 $PM_{2.5}$ 组分的模拟中，一次 $PM_{2.5}$ 模拟平均浓度是 $60.6μg/m^3$，二次 $PM_{2.5}$ 模拟平均浓度是 $51.3μg/m^3$，一次污染物较二次污染物多，这也是其前体物模拟浓度高值下的结果，同时二次污染物也有较高的浓度，说明其二次生成效应也比较明显。在城市受外来污染传输影响情景的模拟中，洛阳市一次 $PM_{2.5}$ 受河南省及周边区域外传输影响为 $14.0μg/m^3$（23.1%），二次 $PM_{2.5}$ 受河南省及周边区域外传输影响为 $14.2μg/m^3$（27.7%），洛阳市整体受河南省及周边区域外传输影响影响为 $28.2μg/m^3$（25.2%），受区域外传输影响的比例在典型城市中处于最低的地位，原因则是洛阳市地势较高，污染传输气流易受到太行山脉的阻碍，因此污染传输对洛阳市影响较小。

（4）邢台市

邢台市 2013 年生产总值为 1604.6 亿元，邢台矿产资源丰富，多种矿物质储量居于全国首位或前列，是河北省重要的煤炭钢铁能源基地，属于煤炭钢铁型城市。2013 年的环统数据显示，邢台市烟（粉）尘排放量为 9.1 万吨，SO_2 排放量为 10.6 万吨，氮氧化物排放量为 12.9 万吨，氨排放量为 8.5 万吨，因其为典型的煤炭钢铁型城市，且矿产资源丰富，因此其硫化物、氮氧化物和烟（粉）尘排放在典型城市中均处于较高水平，说明其工业的发展程度较高，与农业源排放相对应的氨排放水平同样较高，符合其工业发展以排放密集型的产业为主，同时农业也较为发达的城市特征。邢台市 $PM_{2.5}$ 模拟年平均浓度为 $104.8μg/m^3$，在 8 个典型城市中处于较高的水平；在 $PM_{2.5}$ 前体物浓度的模拟中，邢台市 2013 年各季节 SO_2 模拟平均浓度（体积分数，下同）是 $17.8×10^{-9}$；NO_2 模拟平均浓度是 $23.3×10^{-9}$，NH_3 模拟平均浓度为 $6.1×10^{-9}$，其前体物和 $PM_{2.5}$ 的模拟结果硫氮化物偏高，具有典型的煤炭钢铁型工业城市特征；在 $PM_{2.5}$ 组分的模拟中，一次 $PM_{2.5}$ 模拟平均浓度是 $59.7μg/m^3$，二次 $PM_{2.5}$ 模拟平均浓度是 $45.1μg/m^3$，一次污染物高于二次污染物，说明其一次污染排放的显著地位。在城市受外来污染传输影响情景的模拟中，邢台市受河南省及周边区域外传输影响为 $45.5μg/m^3$（43.4%），受区域外传输影响的浓度和比例在典型城市中处于中位值，一次 $PM_{2.5}$ 受河南省及周边区域外传输影响为 $24.1μg/m^3$（40.4%），二次 $PM_{2.5}$ 受河南省及周边区域外传输影响为 $21.4μg/m^3$（47.5%），其中二次 $PM_{2.5}$ 受传输影响较大。

（5）聊城市

聊城市 2013 年生产总值是 2400 亿元，人口 635.2 万人（2008 年），发展迅速，聊城市总面积为 1297.03 万亩，新兴工业发展迅速，是典型的新兴石油化工城市。2013 年的环统数据显示，聊城市烟（粉）尘排放量为 7.1 万吨，SO_2 排放量为 9.1 万吨，氮氧化物排放量为 2.2 万吨，氨排放量为 9.1 万吨，因其为新兴石油化工城市，且其农业种植面积依然巨大，因此工业源排放相对较低，工业发展程度较低，而与农业源排放相对应的氨排放在典型城市中总量较高。聊城市 $PM_{2.5}$ 模拟年平均浓度为 $102.3μg/m^3$，在 8 个典型城市中处于较高的水平。在 $PM_{2.5}$ 前体物浓度的模拟中，聊城市 2013 年各季节 SO_2 模拟平均浓度（体积分数，下同）是 $14.3×10^{-9}$；NO_2 模拟平均浓度是 $18.4×10^{-9}$，NH_3 模拟平均浓度为 $8.8×10^{-9}$，这是因为聊城市在迅速地城市扩张中，作为新兴的石油化工城市，其氮氧化物在河南省及周边区域典型城市中处于较高水平；在 $PM_{2.5}$ 组分的模拟中，一次 $PM_{2.5}$ 模拟平均浓度是 $51.3μg/m^3$，二次 $PM_{2.5}$ 模拟平均浓度是 $51.0μg/m^3$，一次污染物、二次污染物基本各占 1/2。在城市受外来污染传输影响情景的模拟中,聊城市受河南省及周边区域外传输影响为48.5μg/m³(47.4%),受区域外传输影响的浓度和比例在典型城市中处于较高值,一次$PM_{2.5}$受河南省及周边区域外传输影响为23.4μg/m³(45.6%),二次$PM_{2.5}$受河南省及周边区域外传输影响为25.1μg/m³(49.2%),整体颗粒物浓度受外来传输影响较大,这是因为其位于河南省及周边区域的东北部边界方向,且靠近京津冀等污染较重的区域,因此所受的传输影响较大。

(6)南阳市

南阳市2013年全年实现生产总值2498.7亿元,南阳市是河南省面积最大、人口最多的农业大市。2013年的环统数据显示,南阳市烟(粉)尘排放量为2.4万吨,SO_2排放量为8.0万吨,氮氧化物排放量为10.4万吨,氨排放量为11.9万吨,因其为面积广阔的农业城市,且其农业种植面积巨大,因此工业源排放总量和相对排放强度较低,而与农业源排放相对应的氨排放总量在典型城市中属于最大值,符合其典型农业城市的特征。南阳市$PM_{2.5}$模拟年平均浓度为91.0μg/m³,在8个典型城市中处于较低的水平;在$PM_{2.5}$前体物浓度的模拟中,南阳市2013年各季节SO_2模拟平均浓度(体积分数,下同)是13.2×10⁻⁹;NO_2模拟平均浓度是11.4×10⁻⁹,NH_3模拟平均浓度为10.5×10⁻⁹,前体物浓度除氨外均较低,农业城市的特征突出;在$PM_{2.5}$组分的模拟中,一次$PM_{2.5}$模拟平均浓度是40.3μg/m³,二次$PM_{2.5}$模拟平均浓度是47.7μg/m³,二次污染物高于一次污染物占比,说明南阳市的污染状况以二次细颗粒物为主。在城市受外来污染传输影响情景的模拟中,南阳市$PM_{2.5}$浓度受区域外污染影响的年均结果显示,南阳市受河南省及周边区域外传输影响为33.9μg/m³(37.3%),受区域外传输影响的浓度和比例在典型城市中处于中位值,一次$PM_{2.5}$受河南省及周边区域外传输影响为15.4μg/m³(38.2%),二次$PM_{2.5}$受河南省及周边区域外传输影响为18.5μg/m³(38.8%)。

(7)信阳市

信阳市2013年实现地区生产总值1581.2亿元,也是典型的农业城市。2013年的环统数据显示,信阳市烟(粉)尘排放量为1.3万吨,SO_2排放量为3.8万吨,氮氧化物排放量为6.0万吨,氨排放量为8.1万吨,除氨排放外,其硫氮化物和烟(粉)尘排放在典型城市中处于极低水平。信阳市$PM_{2.5}$模拟年平均浓度为81.2μg/m³,在8个典型城市中处于最低值;在$PM_{2.5}$前体物浓度的模拟中,信阳市2013年各季节SO_2模拟平均浓度(体积分数,下同)是10.6×10⁻⁹;NO_2模拟平均浓度是9.0×10⁻⁹,NH_3模拟平均浓度为5.8×10⁻⁹,各前体物浓度均比较低;在$PM_{2.5}$组分的模拟中,一次$PM_{2.5}$模拟平均浓度是37.6μg/m³,二次$PM_{2.5}$模拟平均浓度是43.6μg/m³,二次污染物占比大于一次污染物,结合其农业城市的特征,说明二次污染的生成对城市空气质量影响巨大。在城市受外来污染传输影响情景的模拟中,信阳市受河南省及周边区域外传输影响为40.2μg/m³(49.5%),受区域外传输影响的浓度和比例在典型城市中处于中位值,一次$PM_{2.5}$受河南省及周边区域外传输影响为19.1μg/m³(50.8%),二次$PM_{2.5}$受河南省及周边区域外传输影响为21.1μg/m³(48.4%),区域传输对信阳市空气质量的影响达到了1/2,说明其较小区域且境内多山的地形对传输而来的污染扩散效应较差,极易受到外来传输的影响。

(8)长治市

长治市2013年全市生产总值1333.7亿元,是一座煤化工城市,经济发展迅速。2013年的环统数据显示，长治市烟（粉）尘排放量为10.9万吨，SO_2排放量为13.3万吨，氮氧化物排放量为12.3万吨，氨排放量为6.2万吨，因其是以煤化工为主的工业型城市因此除与农业源排放相对应的氨排放在典型城市中总量较低外，其余排放均处于典型城市的较高水平。长治市$PM_{2.5}$模拟年平均浓度为91.1μg/m³，在8个典型城市中处于较低的水平；在$PM_{2.5}$前体物浓度的模拟中，长治市2013年各季节SO_2模拟平均浓度（体积分数，下同）是$26.3×10^{-9}$；NO_2模拟平均浓度是$20.6×10^{-9}$，NH_3模拟平均浓度为$3.9×10^{-9}$；在$PM_{2.5}$组分的模拟中，一次$PM_{2.5}$模拟平均浓度是52.1μg/m³，二次$PM_{2.5}$模拟平均浓度是39.0μg/m³，颗粒物的主要贡献来源于一次排放。在城市受外来污染传输影响情景的模拟中，长治市$PM_{2.5}$浓度受河南省及周边区域外传输影响为25.9μg/m³（28.4%），受区域外传输影响的浓度和比例在典型城市中处于较低水平，一次$PM_{2.5}$受河南省及周边区域外传输影响为12.7μg/m³（24.4%），二次$PM_{2.5}$受河南省及周边区域外传输影响为13.2μg/m³（33.8%），这是由于其处于河南省及周边区域的西北地区，受西北环流季风的影响，污染极易向其他区域扩散，自身不易受到外来污染的传输影响，同时由于其本地颗粒物的二次生成效应较低，因此二次$PM_{2.5}$受传输影响比例高于一次$PM_{2.5}$。

在不同类型典型城市受区域外传输影响结果中，如表6-12～表6-17，图6-12所示，距离和地形对河南省及周边区域典型城市受区域外传输影响的结果较为明显。在河南省及周边区域边界处城市所受传输浓度影响大于中部核心区域，与污染较重的京津冀地区交界的西北部城市所受影响高于东南部区域。体现在邢台市中东部、聊城市中北部等地区受影响浓度在45～60μg/m³之间，郑州市中东部、平顶山市中东部、南阳市中南部、信阳市大部等地区受影响浓度在30～45μg/m³之间，洛阳市全部、长治市大部$PM_{2.5}$浓度在30μg/m³以下。

河南省及周边区域典型城市受区域外传输影响的$PM_{2.5}$组分构成结果显示，各城市$PM_{2.5}$中一次$PM_{2.5}$和二次$PM_{2.5}$基本上各占1/2；8个典型城市二次$PM_{2.5}$所占比例依次为信阳市（53.6%）、南阳市（52.4%）、平顶山市（50.5%）、聊城市（49.8%）、郑州市（47.9%）、洛阳市（45.8%）、邢台市（43.1%）、长治市（42.8%）；说明本地排放较低的区域（农业型城市）颗粒物二次生成受到的外来传输影响比例相对偏大；$PM_{2.5}$组分中SO_4^{2-}所占比例最高的城市是长治市，比例为13.8%，最低的城市是聊城市，比例是11.0%，NO_3^-所占比例最高的城市是南阳市（24.9%），最低的城市是长治市（16.8%），说明二次离子占比同时受到本地排放和区域传输的共同影响；NH_4^+所占比例最高的城市是信阳市（12.1%），最低的城市是邢台市（9.8%），说明城市属性对NH_4^+影响较大，农业城市NH_4^+占比更高；OM-S所占比例最高的城市是信阳市（3.6%），最低的城市是长治市（2.2%）。

表6-12　河南省及周边区域8个典型城市大气$PM_{2.5}$受影响浓度与比例

项目	基准案例	区域零排放案例	区域外直接传输影响		区域本身影响	
代号	A	B	B	B/A	A−B	(A−B)/A
单位	μg/m³	μg/m³	μg/m³	%	μg/m³	%
郑州市	104.1	29.9	29.9	28.7	74.2	71.3
平顶山市	99.1	31.0	31.0	31.3	68.1	68.7
洛阳市	111.9	28.2	28.2	25.2	83.7	74.8
邢台市	104.8	45.5	45.5	43.4	59.3	56.6
聊城市	102.3	48.5	48.5	47.4	53.8	52.6
南阳市	91.0	33.9	33.9	37.3	57.1	62.7
信阳市	81.2	40.2	40.2	49.5	41.0	50.5
长治市	91.1	25.9	25.9	28.4	65.2	71.6

表6-13　河南省及周边区域8个典型城市大气一次PM$_{2.5}$受影响浓度与比例

项目	基准案例	区域零排放案例	区域外直接传输影响		区域本身影响	
代号	A	B	B	B/A	$A-B$	$(A-B)/A$
单位	μg/m^3	μg/m^3	μg/m^3	%	μg/m^3	%
郑州市	54.2	14.8	14.8	27.3	39.4	72.7
平顶山市	49.0	14.8	14.8	30.2	34.2	69.8
洛阳市	60.6	14.0	14.0	23.1	46.6	76.9
邢台市	59.7	24.1	24.1	40.4	35.6	59.6
聊城市	51.3	23.4	23.4	45.6	27.9	54.4
南阳市	40.3	15.4	15.4	38.2	24.9	61.8
信阳市	37.6	19.1	19.1	50.8	18.5	49.2
长治市	52.1	12.7	12.7	24.4	39.4	75.6

表6-14　河南省及周边区域8个典型城市大气二次PM$_{2.5}$受影响浓度与比例

项目	基准案例	区域零排放案例	区域外直接传输影响		区域本身影响	
代号	A	B	B	B/A	$A-B$	$(A-B)/A$
单位	μg/m^3	μg/m^3	μg/m^3	%	μg/m^3	%
郑州市	49.8	15.1	15.1	30.3	34.7	69.7
平顶山市	50.0	16.2	16.2	32.4	33.8	67.6
洛阳市	51.3	14.2	14.2	27.7	37.1	72.3
邢台市	45.1	21.4	21.4	47.5	23.7	52.5
聊城市	51.0	25.1	25.1	49.2	25.9	50.8
南阳市	47.7	18.5	18.5	38.8	29.2	61.2
信阳市	43.6	21.1	21.1	48.4	22.5	51.6
长治市	39.0	13.2	13.2	33.8	25.8	66.2

表6-15　河南省及周边区域8个典型城市大气SO$_4^{2-}$受影响浓度与比例

项目	基准案例	区域零排放案例	区域外直接传输影响		区域本身影响	
代号	A	B	B	B/A	$A-B$	$(A-B)/A$
单位	μg/m^3	μg/m^3	μg/m^3	%	μg/m^3	%
郑州市	12.4	6.8	6.8	54.8	5.6	45.2
平顶山市	11.7	7.0	7.0	59.8	4.7	40.2
洛阳市	12.8	6.7	6.7	52.3	6.1	47.7
邢台市	11.7	7.0	7.0	59.8	4.7	40.2
聊城市	11.3	7.3	7.3	64.6	4.0	35.4
南阳市	11.5	7.6	7.6	66.1	3.9	33.9
信阳市	10.9	8.5	8.5	78.0	2.4	22.0
长治市	12.6	6.3	6.3	50.0	6.3	50.0

表6-16 河南省及周边区域 8 个典型城市大气 NO_3^- 受影响浓度与比例

项目	基准案例	区域零排放案例	区域外直接传输影响		区域本身影响	
代号	A	B	B	B/A	A-B	(A-B)/A
单位	μg/m³	μg/m³	μg/m³	%	μg/m³	%
郑州市	23.3	3.3	3.3	14.2	20.0	85.8
平顶山市	24.2	3.7	3.7	15.3	20.5	84.7
洛阳市	23.9	2.8	2.8	11.7	21.1	88.3
邢台市	20.4	7.7	7.7	37.7	12.7	62.3
聊城市	25.2	10.2	10.2	40.5	15.0	59.5
南阳市	22.6	4.8	4.8	21.2	17.8	78.8
信阳市	19.9	5.5	5.5	27.6	14.4	72.4
长治市	15.3	2.8	2.8	18.3	12.5	81.7

表6-17 河南省及周边区域 8 个典型城市大气 NH_4^+ 受影响浓度与比例

项目	基准案例	区域零排放案例	区域外直接传输影响		区域本身影响	
代号	A	B	B	B/A	A-B	(A-B)/A
单位	μg/m³	μg/m³	μg/m³	%	μg/m³	%
郑州市	11.4	3.3	3.3	28.9	8.1	71.1
平顶山市	11.4	3.6	3.6	31.6	7.8	68.4
洛阳市	11.8	3.1	3.1	26.3	8.7	73.7
邢台市	10.3	4.7	4.7	45.6	5.6	54.4
聊城市	11.6	5.5	5.5	47.4	6.1	52.6
南阳市	10.9	4.1	4.1	37.6	6.8	62.4
信阳市	9.9	4.7	4.7	47.5	5.2	52.5
长治市	8.8	2.9	2.9	33.0	5.9	67.0

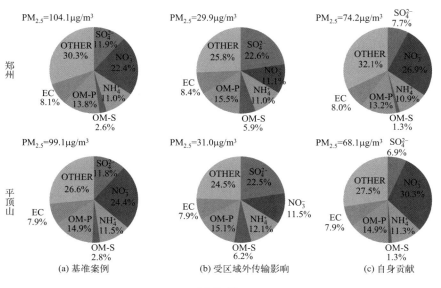

图6-12

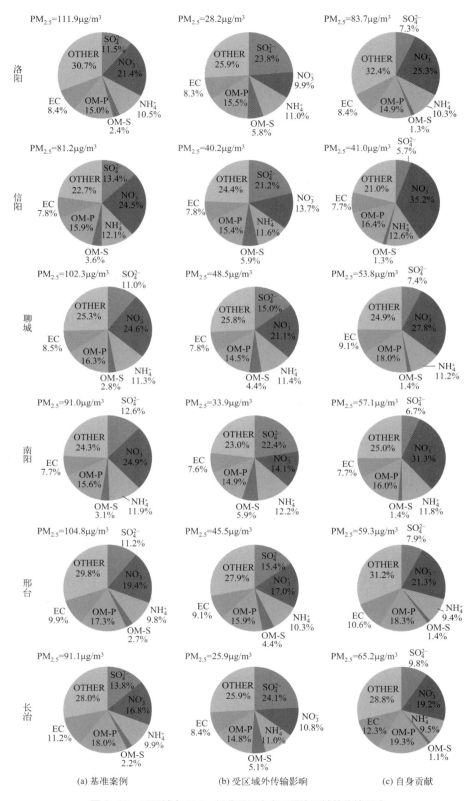

图 6-12 不同城市 PM$_{2.5}$ 组分受河南省及周边区域外传输影响

6.3 郑州市大气环境受省外污染传输影响

6.3.1 基准案例模拟

郑州市 $PM_{2.5}$ 组分年平均浓度与所占比例，如图 6-13（书后另见彩图）与表 6-18 所示。年平均（4 个月平均）结果显示，郑州市 $PM_{2.5}$ 中一次 $PM_{2.5}$ 和二次 $PM_{2.5}$ 分别占 52%（54.4μg/m³）与 48%（50.3μg/m³）。二次成分所占比例依次为硝酸盐（23%）、硫酸盐（12%）、铵盐（11%）及二次有机气溶胶（OM-S，3%）；一次成分所占比例依次为：OTHER（未知部分，29%）、一次有机气溶胶（OM-P，14%）和 EC（8%）。

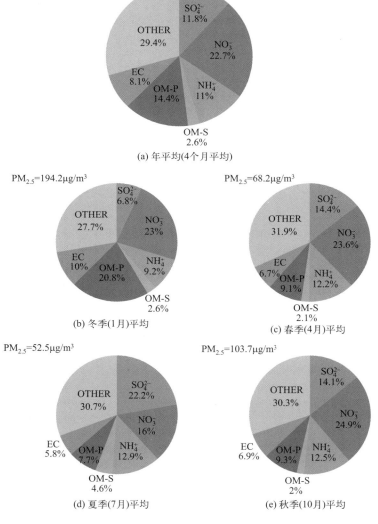

图 6-13 郑州市不同季节 $PM_{2.5}$ 组分

表 6-18　郑州市 $PM_{2.5}$ 及其成分模拟浓度与比例

郑州市平均[①]			年平均 (4 个月平均)		冬季 (1月)		春季 (4月)		夏季 (7月)		秋季 (10月)	
			浓度 /(μg/m³)	比例 /%	浓度 /(μg/m³)	比例 /%	浓度 /(μg/m³)	比例 /%	浓度 /(μg/m³)	比例 /%	浓度 /(μg/m³)	比例 /%
二次 $PM_{2.5}$	硫酸盐(SO_4^{2-})		12.3	11.8	13.1	6.8	9.8	14.4	11.7	22.2	14.7	14.1
	硝酸盐(NO_3^-)		23.8	22.7	44.7	23.0	16.1	23.6	8.4	16.0	25.8	24.9
	铵盐(NH_4^+)		11.5	11.0	17.9	9.2	8.4	12.2	6.8	12.9	13.0	12.5
	二次有机 气溶胶 (OM-S)	人为	0.9	0.8	1.3	0.7	0.6	0.8	0.5	0.8	1.2	1.1
		生物	1.8	1.7	3.6	1.9	0.9	1.3	2.0	3.7	0.9	0.9
	小计		50.3	48.0	80.6	41.5	35.7	52.3	29.3	55.8	55.5	53.5
一次 $PM_{2.5}$	一次有机气溶胶 (OM-P)		15.1	14.4	40.3	20.8	6.2	9.1	4.1	7.7	9.6	9.3
	元素碳(EC)		8.5	8.1	19.4	10.0	4.6	6.7	3.0	5.8	7.1	6.9
	其他(OTHER)		30.8	29.4	53.9	27.7	21.7	31.9	16.1	30.7	31.5	30.3
	小计		54.4	52.0	113.6	58.5	32.5	47.7	23.2	44.2	48.1	46.5
$PM_{2.5}$			104.7	100.0	194.2	100.0	68.2	100.0	52.5	100.0	103.7	100.0

①郑州市平均为取郑州市区、中牟县、新郑市、新密市、荥阳市、巩义市及登封市各一网格点平均值。

分季节来看，$PM_{2.5}$ 中二次组分占比依次为夏季(56%)、秋季(54%)、春季(52%)及冬季(42%)，这可能是由两个原因所造成：夏季高温强日照导致光化学反应较为强烈，因此二次组分比例较高；冬季一次 $PM_{2.5}$ 排放量较高且光化学反应较弱，因此二次 $PM_{2.5}$ 组分比例较低。郑州市硫酸盐年平均浓度为 12.3μg/m³，虽然四季浓度变化不大，但在 $PM_{2.5}$ 中的占比冬季最低(7%)，而夏季最高(22%)；硝酸盐年平均浓度为 23.8μg/m³，夏季硝酸盐浓度(8.4μg/m³)和在 $PM_{2.5}$ 中占比(16%)均明显偏低；铵盐年平均浓度为 11.5μg/m³，冬季铵盐所占比例(9%)低于其他季节(12%～13%)，可能是由于冬季 NH_3 排放大约只有夏季的 1/2；OM-S 年平均浓度为 2.7μg/m³，夏季 OM-S 在 $PM_{2.5}$ 中占比较高(5%)。然而，单就 $PM_{2.5}$ 组分浓度量值而言，除硫酸盐外，其他组分浓度均呈现冬季显著高于其他季节，这主要是由于冬季整体污染水平较高。

6.3.2　郑州市受河南省外污染影响

(1) $PM_{2.5}$ 浓度

郑州市受河南省外污染影响的模拟与评估如表 6-19 所列，郑州市 $PM_{2.5}$ 浓度受省外污染传输影响的比例约为 38%(39.8μg/m³)，即有 62%(64.8μg/m³)来自河南省自身的贡献。在郑州市不同地区中，以中牟县受影响浓度最大(44.1μg/m³)，而登封市最小(35.3μg/m³)，受影响比例介于 35%～42% 之间。在四季中，冬季(1月)是郑州市受传输污染情况最严重的季节，受影响平均浓度为 81.4μg/m³，占冬季基准浓度的 42%；夏季(7月)则受传输污染较轻，约为 13.8μg/m³，比例为 26%。春季(4月)和秋季(10月)受传输影响并没有冬季严重，分别是 27.1μg/m³ 与 37.0μg/m³，比例分别为 40% 和 36%。比较污染最为严重的冬季（194.2μg/m³）与最轻微的夏季（52.5μg/m³），可以发现郑州市 $PM_{2.5}$ 浓度受河南省自身贡献冬天比夏天多 74.0μg/m³，而 $PM_{2.5}$ 浓度受省外传输影响冬季比夏季多 67.6μg/m³。

表 6-19　郑州市大气 $PM_{2.5}$ 受不同区域性来源影响浓度与比例

项目	基准案例	河南省零排放案例	河南省外直接传输影响		河南省本身影响	
代号	A	B	B	B/A	$A-B$	$(A-B)/A$
单位	μg/m³	μg/m³	μg/m³	%	μg/m³	%
冬季（1月）	194.2	81.4	81.4	41.9	112.8	58.1
春季（4月）	68.2	27.1	27.1	39.8	41.1	60.2
夏季（7月）	52.5	13.8	13.8	26.2	38.8	73.8
秋季（10月）	103.7	37.0	37.0	35.7	66.7	64.3
全年（4个月平均）	104.7	39.8	39.8	38.0	64.8	62.0

注：郑州市 $PM_{2.5}$ 平均浓度为取郑州市区、中牟县、新郑市、新密市、荥阳市、巩义市及登封市各一网格点平均值。

（2）一次与二次 $PM_{2.5}$ 浓度

根据表 6-20 与表 6-21，全年（4 个月平均）郑州市一次 $PM_{2.5}$ 与二次 $PM_{2.5}$ 浓度受省外污染传输影响的比例均约为 38%，而且各季受影响浓度量值均是冬季最高，依次为秋季与春季，夏季最少。然而，两者在比例上显著不同，一次 $PM_{2.5}$ 受影响比例有明显的季节差异（冬季 44% 最高、夏季 17% 最低），但二次 $PM_{2.5}$ 的季节差异相对较小（春季 44% 最高、夏季 33% 最低）。这是由于夏季的高温与强日照相对于冬季更有利于二次 $PM_{2.5}$ 的生成，再加上二次 $PM_{2.5}$ 要比一次 $PM_{2.5}$ 传输到更远的地方，因此夏季二次 $PM_{2.5}$ 受省外传输影响要较一次来得高，影响比例也显著增加。郑州市大气二次 $PM_{2.5}$ 成分浓度受河南省省外污染贡献比例，如表 6-22 所列。由表可以发现，郑州市硫酸盐有高达 66% 来自河南省外的传输影响，二次有机气溶胶则是高达 71%，而铵盐与硝酸盐则相对较低，分别为 37% 与 21%；即河南省自身排放对于郑州市铵盐与硝酸盐有较大贡献（63% 与 79%），对硫酸盐与二次有机气溶胶则相对较少（34% 与 29%）。分季节来看，硫酸盐四季均是省外污染贡献比例大于河南省自身贡献，秋季省外污染贡献甚至高达 70%；硝酸盐四季的省外污染贡献比例均较低，尤其夏季更是仅有 2%，这是由于高温不利硝酸盐积累；铵盐四季同样是呈现河南省自身贡献比例大于省外污染贡献（28%～44%）的特征；二次有机气溶胶省外污染贡献最高比例出现在冬季（84%），夏季则呈现河南省自身贡献比例大于省外污染贡献（45%）。

表 6-20　郑州市大气一次 $PM_{2.5}$ 受不同区域性来源影响浓度与比例

项目	基准案例	河南省零排放案例	河南省外直接传输影响		河南省本身影响	
代号	A	B	B	B/A	$A-B$	$(A-B)/A$
单位	μg/m³	μg/m³	μg/m³	%	μg/m³	%
冬季（1月）	113.6	49.9	49.9	43.9	63.7	56.1
春季（4月）	32.5	11.5	11.5	35.3	21.0	64.7
夏季（7月）	23.2	4.0	4.0	17.3	19.2	82.7
秋季（10月）	48.1	16.8	16.8	34.9	31.4	65.1
全年（4个月平均）	54.4	20.6	20.6	37.8	33.8	62.2

注：郑州市 $PM_{2.5}$ 平均浓度为取郑州市区、中牟县、新郑市、新密市、荥阳市、巩义市及登封市各一网格点平均值。

表 6-21　郑州市大气二次 $PM_{2.5}$ 受不同区域性来源影响浓度与比例

项目	基准案例	河南省零排放案例	河南省外直接传输影响		河南省本身影响	
代号	A	B	B	B/A	A−B	(A−B)/A
单位	μg/m³	μg/m³	μg/m³	%	μg/m³	%
冬季（1月）	80.6	31.5	31.5	39.0	49.1	61.0
春季（4月）	35.7	15.7	15.7	43.8	20.0	56.2
夏季（7月）	29.3	9.7	9.7	33.3	19.5	66.7
秋季（10月）	55.5	20.2	20.2	36.3	35.4	63.7
全年（4个月平均）	50.3	19.3	19.3	38.3	31.0	61.7

注：郑州市 $PM_{2.5}$ 平均浓度为取郑州市区、中牟县、新郑市、新密市、荥阳市、巩义市及登封市各一网格点平均值。

表 6-22　郑州市大气二次 $PM_{2.5}$ 成分受河南省省外（LRT）污染贡献比例

郑州市平均	冬季（1月）		春季（4月）		夏季（7月）		秋季（10月）		全年（4个月平均）	
	基准案例/(μg/m³)	传输影响/%	基准案例/(μg/m³)	传输影响/%	基准案例/(μg/m³)	传输影响/%	基准案例/(μg/m³)	传输影响/%	基准案例/(μg/m³)	传输影响/%
硫酸盐	13.1	67.6	9.8	67.5	11.7	56.0	14.7	70.1	12.3	65.7
硝酸盐	44.7	26.7	16.1	26.7	8.4	1.8	25.8	14.1	23.8	21.0
铵盐	17.9	36.7	8.4	43.8	6.8	28.1	13.0	37.3	11.5	37.0
二次有机气溶胶	4.9	83.9	1.5	70.6	2.5	45.2	2.1	65.7	2.7	71.1
二次 $PM_{2.5}$	80.6	39.0	35.7	43.8	29.3	33.3	55.5	36.4	50.3	38.3

（3）$PM_{2.5}$ 成分比例

郑州市大气 $PM_{2.5}$ 受不同区域来源（包括河南省省外污染与河南省自身污染）影响的 $PM_{2.5}$ 组分比例，如图 6-14 所示（书后另见彩图）。从年平均结果来看，基准案例中郑州市 $PM_{2.5}$ 浓度组成二次与一次占比相当，这与河南省省外污染传输进郑州市的 $PM_{2.5}$ 以及河南省自身贡献给郑州市的 $PM_{2.5}$ 浓度组成均呈现二次与一次比例较为均衡有关。不同季节组分占比差异明显，在春、夏、秋季，省外传输的 $PM_{2.5}$ 均超过一半属于二次，其中夏季由于光化学反应速率强而使得二次比例更是高达 71%；河南省自身贡献的 $PM_{2.5}$ 则是约有 1/2（49%～53%）属于二次，另 1/2 为一次。在冬季，这两种来源的 $PM_{2.5}$ 浓度组成均呈现一次比例大于二次（39%和 44%），这是由冬季 PM 排放量明显高于其他季节以及冬季光化学反应速率较低所致。此外，省外传输的 $PM_{2.5}$，其二次组成部分在春、夏、秋季均是以硫酸盐所占比例（24%～48%）较高，唯有冬季是以硝酸盐（15%）较高，这是因为冬天较不利于硫酸盐的生成；河南省自身贡献的 $PM_{2.5}$，其二次组成部分四个季节均是以硝酸盐所占比例（21%～33%）较高，因为夏季

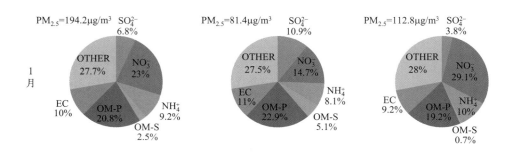

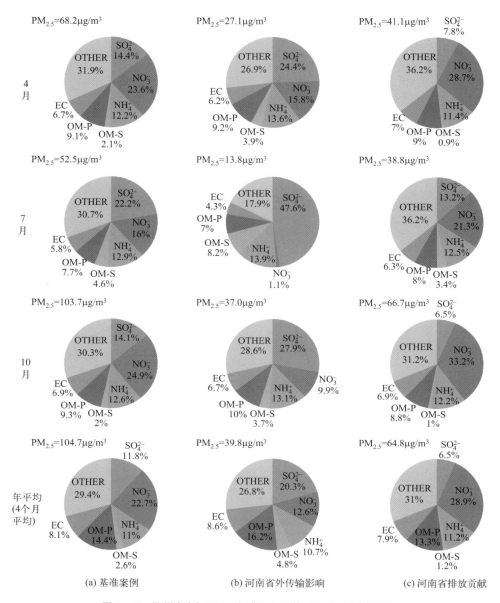

图 6-14 郑州市大气 $PM_{2.5}$ 组分不同季节受不同区域来源影响

不利于硝酸盐积累而利于硫酸盐积累,因此硝酸盐占比在夏季最低,硫酸盐占比则是夏季最高。

6.4 中原城市群秋冬季污染传输通道与延迟效应

6.4.1 中原城市群污染物输送通道分析

本部分研究结果基于 NAQPMS 三维数值模拟结合 FLEXPART 轨迹模型,明确了中原城市群周边地区和中原城市群间 $PM_{2.5}$ 的四条输送路径如图 6-15(仅表示研究区域与周边区域传输情况，不体现区域行政区划）和表 6-23 所示：①北京—河北—河南，②陕西—山西—河南，③湖南—湖北—河南，④浙江—安徽—河南。河南省的区域输送通道有自身特征：不管什么风向，都易出现大气污染的区域输送。受天气等因素影响，2017 年、2018 年秋冬季重污染时段出现频率较多的输送路径是东北路径，即北京—河北—河南，出现频率为 43%，其次是西北路径，出现频率为 32%，西南和东南路径出现频率较低，占比分别为 12% 和 13%。此外，同一污染过程的不同演变阶段存在不同通道间的转变，与京津冀地区单个污染过程对应一个通道不同，河南省需要和周边地区开展更为紧密的联防联控。

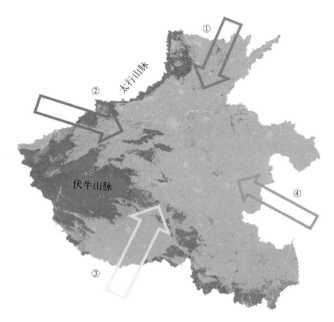

图 6-15　中原城市群和周边地区 $PM_{2.5}$ 输送路径

表 6-23　重污染时段各输送路径出现频率统计

时段	过程	污染时段	路径① 北京—河北—河南	路径② 陕西—山西—河南	路径③ 湖南—湖北—河南	路径④ 浙江—安徽—河南
2017 年 11 月～2018 年 1 月	污染过程 1	2017-11-04～2017-11-10	0	3	1	1
	污染过程 2	2017-11-30～2017-12-04	2	3	0	0
	污染过程 3	2017-12-12～2017-12-16	3	1	2	1
	污染过程 4	2017-12-25～2017-12-30	1	2	1	0
	污染过程 5	2018-01-12～2018-01-23	3	5	2	0
2018 年 11 月～2019 年 1 月	污染过程 1	2018-11-09～2018-11-16	6	3	1	1
	污染过程 2	2018-11-23～2018-12-05	5	3	1	1
	污染过程 3	2018-12-19～2018-12-27	7	2	0	0
	污染过程 4	2018-12-30～2019-01-07	5	1	1	6
	污染过程 5	2019-01-10～2019-01-15	3	3	1	1
两年中出现频率 /%			43	32	12	13

6.4.2 区域输送影响的定量评估

NAQPMS 模式耦合了先进的在线源解析技术——质量跟踪方法,该方法可对模拟范围内不同地区的污染物进行标识和过程追踪,最终获得不同地区、不同污染源类型的污染物对目标地区某一类污染物的贡献。与敏感性试验方法相比,该方法避免了化学非线性特征的影响,大幅减少了模拟的工作量,缩短了计算时间。

2017 年 11 月～2018 年 1 月平均 $PM_{2.5}$ 的区域来源结果表明本地排放对中原城市群主要城市 $PM_{2.5}$ 的贡献在 34%～60%(图 6-16,书后另见彩图)。$PM_{2.5}$ 分为一次 $PM_{2.5}$(PPM,即 BC 和一次非有机 $PM_{2.5}$)、二次无机气溶胶(SIA)和有机物(OM)三个部分。27%～41% 的 SIA 和 44%～79% 的 PPM 来自本地排放,表明区域输送对 SIA 的贡献较 PPM 显著。以郑州市为例,$PM_{2.5}$ 的局地贡献达 60%,高于区域输送贡献,其中 79% 的 PPM 来自本地排放,但仅 40% 的 SIA 来自本地排放。值得一提的是,河南省对主要城市 $PM_{2.5}$ 的贡献在 50%～82%,本地之外的河南其他地区的贡献也可达 9%～40%,表明需要省内协同减排。河南省外排放对中原城市群主要城市 $PM_{2.5}$ 的贡献在 18%～50%,河北省对安阳市、鹤壁市和濮阳市 $PM_{2.5}$ 的贡献在 10% 以上,山东省对濮阳市的贡献达 10%,山西省对安阳市、鹤壁市、新乡市、焦作市和三门峡市的贡献可达 10%～19%,表明缓解 $PM_{2.5}$ 污染需要开展跨省联防联控。

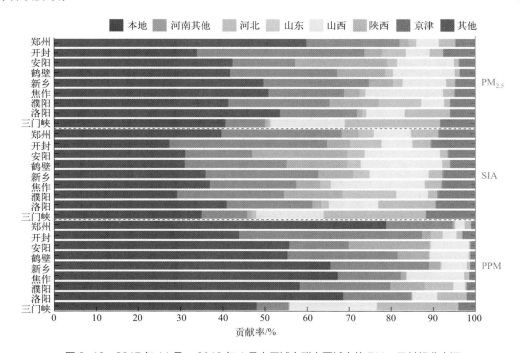

图 6-16　2017 年 11 月～2018 年 1 月中原城市群主要城市的 $PM_{2.5}$ 及其组分来源

2018 年 11 月～2019 年 1 月中原城市群主要城市平均 $PM_{2.5}$ 的区域来源结果如图 6-17 所示(书后另见彩图)。中原城市群 34%～57% 的 $PM_{2.5}$、24%～45% 的 SIA 和 44%～76% 的 PPM 来自本地排放,表明区域输送对 SIA 的贡献较 PPM 显著。除郑州市外,其他城市区域输送贡献比本地排放要大。郑州市 $PM_{2.5}$ 的本地贡献为 57%,其中 76% 的 PPM 来自本地排放,但仅 45% 的 SIA 来自本地排放。值得一提的是,河南省对主要城市 $PM_{2.5}$ 的贡献在 50% ~ 80%,本地之外的河南省其他地区的贡献也可达 14% ~ 34%,表明需要在河南省内开展协同减排。河南省以外地区对中原城市群主要城市 $PM_{2.5}$ 的贡献在 20% ~ 50%,河北省对安阳市、鹤壁市和濮阳市 $PM_{2.5}$ 的贡献在 16% ~ 26%,山东省对濮阳市的贡献达 14%,山西省对安阳市、鹤壁市、焦作市和三门峡市的贡献可达 13% ~ 17%,表明在本省减排的基础上需采取跨省联防联控措施以缓解 $PM_{2.5}$ 污染。

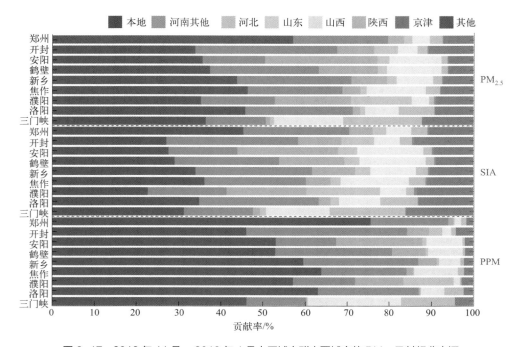

图 6-17 2018 年 11 月 ~ 2019 年 1 月中原城市群主要城市的 $PM_{2.5}$ 及其组分来源

不同污染物浓度下,不同地区对 $PM_{2.5}$ 的贡献有所差异(如图 6-18,书后另见彩图)。2017 年 11 月 ~ 2018 年 1 月郑州市的 $PM_{2.5}$ 浓度主要集中在 25 ~ 200μg/m³。随着浓度升高,郑州市本地贡献先减少后维持在较高比例(50% ~ 70%),河南省其他地区的贡献随浓度升高而增大,河南以外源区的贡献随浓度升高从 30% 减少到 12%。安阳市 $PM_{2.5}$ 高频次浓度集中在 25 ~ 125μg/m³,随浓度升高,除了安阳市本地外河南省其他的贡献略增大,山西省、山东省和河北省的贡献在较低浓度时相对较大,达 10% ~ 30%。2018 年 11 月 ~ 2019 年 1 月随着浓度升高,郑州市本地的贡献从 50% 增加到 68% 左右,河南省其他地区的贡献维持在 10% ~ 20%,河南省以外源区的贡献从 36% 减少到 13%;安阳市本地的贡献从 30% 增加到 45%,除了安阳市本地外河南其他地市的贡献先增加后减小,河北省的贡献大幅下降,但山西省的贡献增加至 14% 左右。

6.4.3 区域输送的时间和空间尺度

挑选 $PM_{2.5}$ 小时浓度达到 150μg/m³ 以上的时次代表重污染时段,为了更好地描述区域输送的特征，按照每个城市与中原城市群典型城市的距离，将区域输送源区分为 4 组：本地、<200km、200～500km 和 >500km。从图 6-19（书后另见彩图）可以看出，对于一次颗粒物而言，本地和周边 200km 以内地区的贡献总和达到了 85%～90%，200～500km 地区的贡献在 10% 左右，而 500km 以外地区的贡献可以忽略不计（2%）。不同于一次组分，这些典型城市二次组分来自周边邻近地区的输送贡献最为主要（37%～51%），200～500km 地区源排放的贡献（18%～27%）与本地排放贡献相当（20%～34%），而 500km 以外地区的贡献不可忽视（可达 10% 左右）。因此，一次颗粒物的区域输送空间尺度主要在 200km 以内；而二次颗粒物的区域输送空间尺度在 500km。

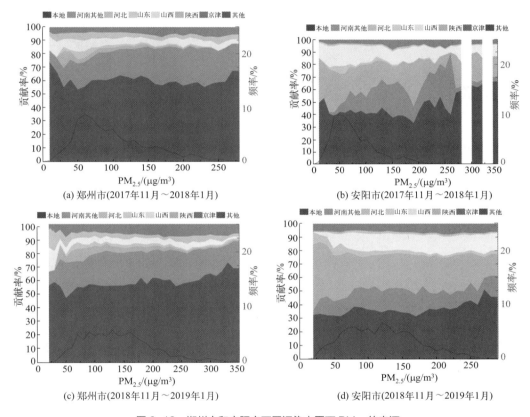

图 6-18　郑州市和安阳市不同污染水平下 $PM_{2.5}$ 的来源

如图 6-20 所示（书后另见彩图），对于一次组分，当天排放的贡献可以达到 60%～70%；而对于二次颗粒物，当天排放、前一天排放和两天及以前排放的贡献相当，分别为 22.3%～35.6%、35.0%～41.0% 和 29.3%～37.6%。因此，一次颗粒物组分的排放相对"新鲜"，而二次颗粒物组分相对"老化"，在前体物传输的过程中逐步反应形成二次颗粒物，因此，为了有效降低颗粒物浓度，重污染期间针对气态前体物的控制应至少提前 1～2d。

在河南省，针对一次颗粒物和二次颗粒物开展区域联防的时空范围明显不同。缓解河南省一次颗粒物污染需要提前 1d 管控周边 200km 的排放源，缓解二次颗粒物污染需要提前 2d 管控周边 500km 的 SO_2、NO_x 等气体排放源。

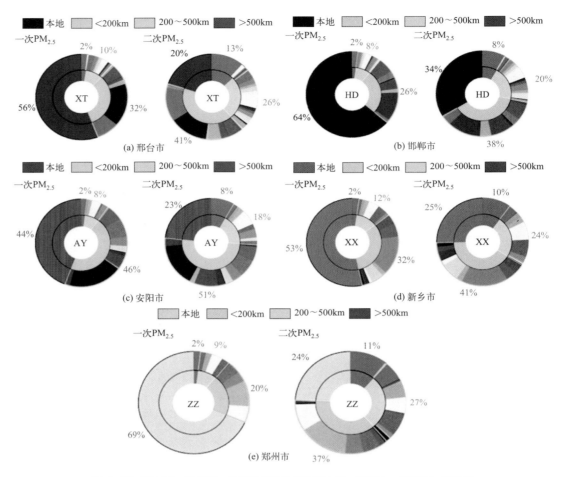

图 6-19 高 PM$_{2.5}$ 浓度下，不同地区排放源对邢台市、邯郸市、安阳市、新乡市和郑州市一次及二次 PM$_{2.5}$ 组分的贡献

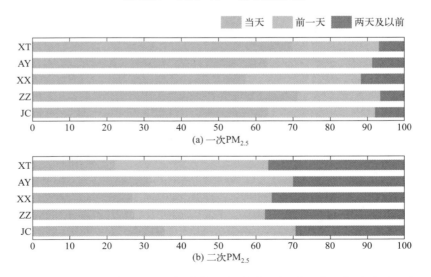

图 6-20 高 PM$_{2.5}$ 浓度下，不同时间排放源对邢台（XT）、安阳（AY）、新乡（XX）、郑州（ZZ）和晋城（JC）一次、二次 PM$_{2.5}$ 的贡献

6.4.4 区域输送的垂直结构

从图 6-21（书后另见彩图）的垂直传输贡献特征来看，本地排放的影响主要集中在近地层，随着高度增加递减，区域输送随着高度增加而增加，1km 以上占主导。将污染分为起始、累积和维持三个阶段，从不同污染源区沿不同输送路径传输对郑州 $PM_{2.5}$ 浓度贡献的垂直分布可知输送的三维结构，污染源区离目标区域越远，输送高度越高。

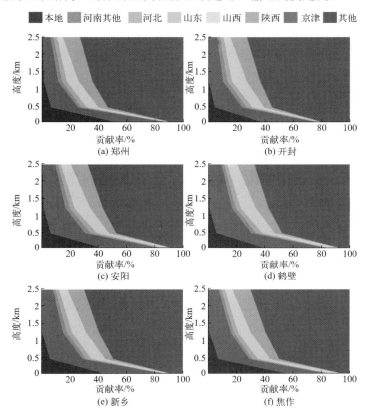

图 6-21 2017 年个例 1 期间中原城市群主要城市 $PM_{2.5}$ 来源的垂直分布

从图 6-22（书后另见彩图）的路径 1 看，在起始阶段，本地排放对郑州的贡献在 20～30μg/m³，主要在 600m 以下高度。在 $PM_{2.5}$ 累积阶段，郑州受本地排放的影响较大，可达 30μg/m³；同时郑州受安阳排放的影响，其影响主要在 300m 以下高度，使近地面 $PM_{2.5}$ 增加 5～10μg/m³。在 $PM_{2.5}$ 维持阶段，本地排放对郑州的贡献较起始和累积阶段小；但河南省北部城市安阳对郑州的贡献浓度增大，对郑州地表 $PM_{2.5}$ 的贡献在 20μg/m³ 以上，输送高度在 600m 以下；邢台和邯郸在 600m 以下高度可对郑州的 $PM_{2.5}$ 带来 10～40μg/m³ 的贡献。

6.4.5 延迟效应对中原城市群污染的影响

区域输送在河南省存在明显的"延迟效应"，即污染气团自北向河南输送，由于冷锋变弱，在河南长时间滞留，造成河南省区域性污染持续时间长和强度显著增强。如图 6-23（书后另见彩图）将每个城市污染时段都划分成了三个阶段：南风或静风下的 $PM_{2.5}$ 累积阶段（红色方框，阶段一）；北风影响下的持续高 $PM_{2.5}$ 浓度阶段（黄色方框，阶段二）；北风影响下的污染清除阶段（蓝色方框，阶段三）。城市群中部和南部区域阶段二的时间长度长于北部区域，导致污染物保持高浓度时间更长，表明区域输送延迟效应显著增加污染程度。

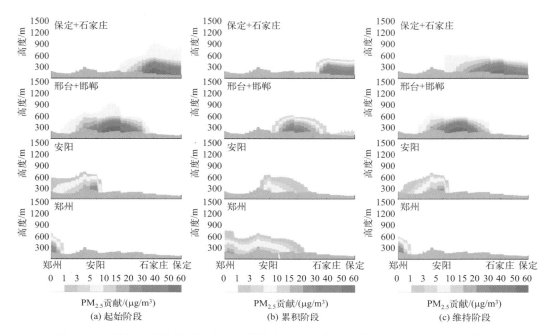

图 6-22　个例 2 起始阶段、累积阶段和维持阶段不同污染源区（保定和石家庄；邢台和邯郸；安阳；郑州）在传输路径 1 上对郑州 $PM_{2.5}$ 浓度贡献的垂直分布

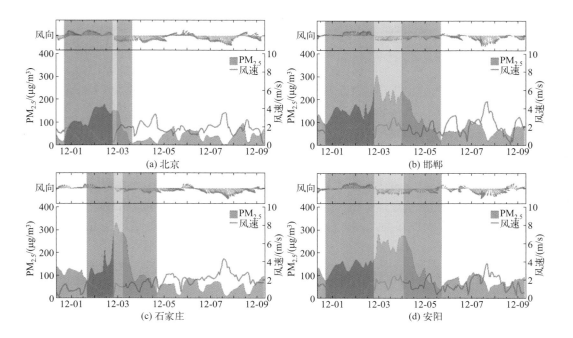

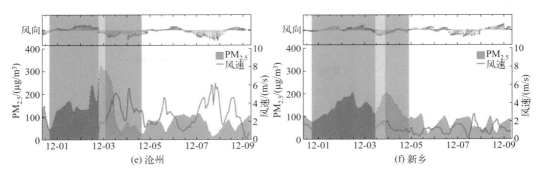

图 6-23 城市群北部、中部、南部城市 PM$_{2.5}$ 浓度变化和风场变化时间序列图（时间：月-日）

同时对污染物开展来源解析和过程解析（图 6-24 和图 6-25，均书后另见彩图），进一步分析城市群污染物形成过程和传输机理。阶段 II 内，冷锋到达研究区域，但当冷空气南移至城市群南部区域，城市群南部区域近地面 PM$_{2.5}$ 浓度主要来源于水平输入过程，垂直过程有利于减缓近地面 PM$_{2.5}$ 浓度增长速度，并因而造成新乡地区本地排放贡献的减小。阶段 II 内，城市群北部和中部 PM$_{2.5}$ 浓度的累积主要来自本地排放和化学生成过程，而南部区域（邯郸、安阳和新乡）PM$_{2.5}$ 浓度的增长还主要受水平传输输入影响，安阳和新乡的水平传输输入贡献甚至超过了本地排放贡献。在改善重污染期间空气质量时，在本地减排的基础上开展区域联防联控将有助于降低污染物浓度。

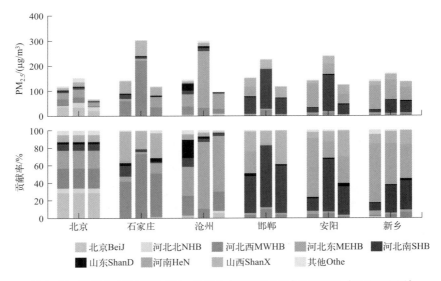

图 6-24 阶段 I（柱状图左侧）、阶段 II（柱状图中间）和阶段 III（柱状图右侧）内北京、石家庄、沧州、邯郸、安阳和新乡 PM$_{2.5}$ 来自标记区域的贡献

本研究还构建了"延迟效应"的气象判断指标用以评估污染状况的滞留累积特征。首先提出平衡风速的概念，利用 PM$_{2.5}$ 和水平风速逐小时观测数据，分析不同风速 PM$_{2.5}$ 的平均小时变率（当前一小时和前一小时的浓度差）与风速浓度变化特征，当风速增大到某一值时小时变率由正值减小到零，此时污染的累积效应与清除效应相等，此时的风速称为平衡风速，当风速大于平衡风速时清除效应大于累积效应。从偏北风作用下风力达到平衡风速的时刻开始，到该地 PM$_{2.5}$ 应降而未降所持续的时间称为"停滞时间"。将污染过程中风速达到平

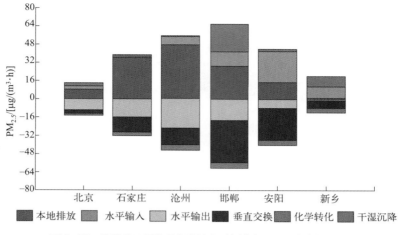

图 6-25　阶段 II 不同物理化学过程对各城市 $PM_{2.5}$ 浓度的影响

衡风速时刻开始至污染物浓度下降至与风速刚达到平衡风速时对应的 $PM_{2.5}$ 浓度相近时需要的时间定义为"延迟时间"。河南省全省的停滞时间的 25% 分位数为 4h，然后统计河南省各地市出现的由污染物的区域输送造成的污染停滞频次和污染停滞时间大于 4h 的频次，计算河南省 18 地市停滞时间大于 4h 的频次，结果发现除了焦作和济源由于地形影响出现频次较少以外，其余地市停滞时间大于 4h 占比均在 50% 以上。图 6-26 为河南省 18 地市由污染物区域传输造成的停滞时间和延迟时间。

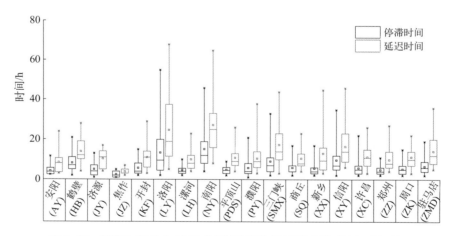

图 6-26　河南省 18 地市由污染物区域传输造成的污染停滞时间和延迟时间

6.4.6　典型污染源结构对中原城市群重污染形成的影响

如图 6-27 所示（书后另见彩图），2017 年 11 月～2018 年 1 月研究期间中原城市群主要城市的 $PM_{2.5}$ 主要包括工业源（18%～32%）、交通源（11%～27%）、扬尘源（6%～25%）等，这些源贡献占比超过 50%，生活源相关的，包括民用燃烧、农业排放、民用锅炉等，贡献占比同样显著（26%～38%），其中，三门峡市是生活相关排放源贡献最高的城市（38%），其次是濮阳市（37%）、安阳市（35%）和商丘市（33%）。以郑州市为例，生活相关排放源对 $PM_{2.5}$ 的贡献达 28%，扬尘源的贡献达 25%，其次是工业源贡献 21%，交通源贡献达 13%，农业源也贡献 9% 以上。各城市相比，工业源对安阳、鹤壁等工业城市 $PM_{2.5}$ 的贡献最高，可达 32%；扬尘源对郑州 $PM_{2.5}$ 的贡献最高，其次是许昌、漯河、南阳和开封；交通源对信阳的贡献最高，可达 27%，其次是周口、驻马店、南阳、漯河和平顶山，其贡献均在 20% 以上。

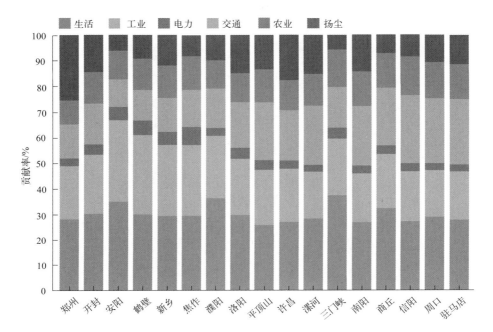

图 6-27　2017 年 11 月～2018 年 1 月各行业对中原城市群主要城市平均 $PM_{2.5}$ 的贡献

从各行业对郑州 $PM_{2.5}$ 的贡献随浓度的变化可知（图 6-28，书后另见彩图），随着 $PM_{2.5}$

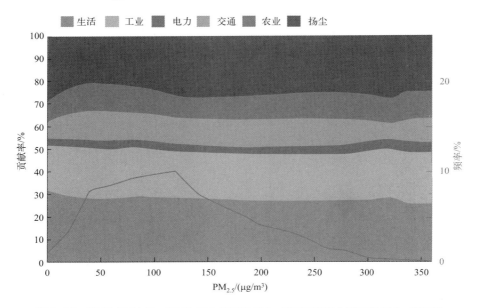

图 6-28　2017 年 11 月～2018 年 1 月不同 $PM_{2.5}$ 浓度下各行业对郑州 $PM_{2.5}$ 的贡献

浓度的增加,居民生产生活等相关排放的生活源和扬尘源的贡献分别从 32% 和 28% 降低到 26% 和 24%,而工业源、交通源和农业源的贡献分别从 20%、9% 和 9% 增加到 23%、12% 和 11%。$PM_{2.5}$ 浓度主要在 10～250μg/m³ 之间,但无论在何种污染水平下,扬尘源、工业源和生活源都是郑州 $PM_{2.5}$ 的主要行业来源,贡献均在 20%～30%;其次是交通源和农业源,其贡献在 10% 左右;电力源的贡献为 3%～4%。

从地表 $PM_{2.5}$ 的行业来源解析结果来看(图 6-29,书后另见彩图),2018 年 11 月～2019 年 1 月中原城市群主要城市的 $PM_{2.5}$ 主要源贡献比例与 2017 年类似,工业源(22%～30%)、交通源(11%～22%)和生活源(25%～37%)贡献依然显著,但扬尘源贡献有所降低(6%～17%)。

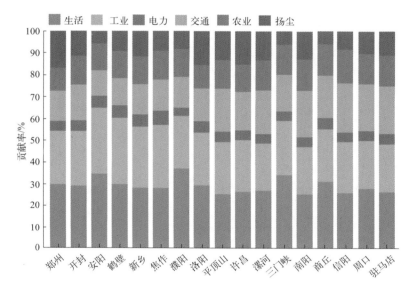

图 6-29　2018 年 11 月～2019 年 1 月各行业对中原城市群主要城市平均 $PM_{2.5}$ 的贡献

模式来源解析发现生活源、工业源、交通源和扬尘源是中原城市群 $PM_{2.5}$ 的主要行业来源。由于扬尘源不排放前体物,为研究 $PM_{2.5}$ 对不同行业排放减排的非线性响应关系,将生活源、工业源和交通源分别结合,对排放源清单分别进行不同比例(0.2、0.4、0.6、0.8、1.0 和 1.2)的调整,开展敏感性试验。

对于郑州,生活源和工业源的协同减排最为有效(图 6-30,书后另见彩图)。研究期间

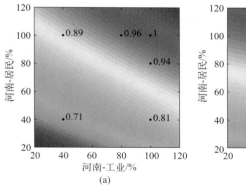
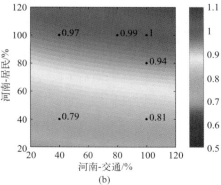

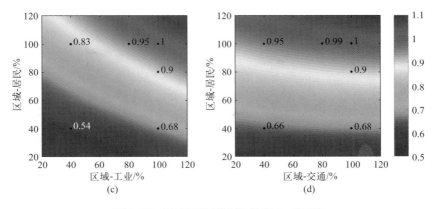

图 6-30　不同行业减排对郑州 $PM_{2.5}$ 的影响

平均 $PM_{2.5}$ 浓度为 123μg/m³，河南生活源排放降低 20% 时，郑州 $PM_{2.5}$ 浓度下降 6%；工业源排放降低 20% 时，郑州 $PM_{2.5}$ 浓度下降 4%；交通源排放降低 20% 时，郑州 $PM_{2.5}$ 浓度仅下降 1%。因此，相同的减排比例下生活源减排比工业源减排更有效。但即使将生活源和工业源排放同时减排 60% 的情况下，平均 $PM_{2.5}$ 浓度下降 40% 至 87μg/m³，仍然无法满足 75μg/m³ 的优良天标准。将减排区域扩大到河南周边地区，发现生活源排放降低 20% 时，郑州 $PM_{2.5}$ 浓度下降 10%；工业源排放降低 20% 时，郑州 $PM_{2.5}$ 浓度下降 5%；交通源排放降低 20% 时，郑州 $PM_{2.5}$ 浓度仅下降 1%。将生活源和工业源排放同时减排 60% 的情况下，平均 $PM_{2.5}$ 浓度下降 46% 至 66μg/m³，可满足 75μg/m³ 的优良天标准。

6.5　河南省内城市间输送路径研究

6.5.1　各城市间 $PM_{2.5}$ 及其组分的传输情况

为了探究河南省 18 个城市之间 $PM_{2.5}$ 及其组分的传输情况，本研究建立了 2017 年河南省内 $PM_{2.5}$ 及其组分的传输矩阵模型（图 6-31，书后另见彩图），并根据模型结果分别整理了 2017 年 $PM_{2.5}$ 及其组分的来源城市排名情况。2017 年绝大多数城市 $PM_{2.5}$ 及其组分的最大省内来源均为本地来源。

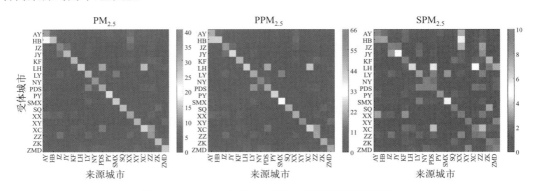

图 6-31　2017 年河南省内 $PM_{2.5}$ 及其组分的传输情况

（右侧色柱表示贡献率/%）

表 6-24 为河南省 18 个城市 $PM_{2.5}$ 的主要来源城市及其贡献率。18 个来源城市中，安阳对鹤壁 $PM_{2.5}$ 的贡献率最高，许昌和平顶山对漯河、郑州对许昌 $PM_{2.5}$ 的贡献率也相对较高。在对各城市 $PM_{2.5}$ 贡献率排名在前三的城市中，郑州出现次数最多为 8 次，其次是新乡出现次数为 6 次，焦作、洛阳和驻马店都出现了 5 次。表 6-25 为河南省 18 个城市一次 $PM_{2.5}$ 的主要来源城市及其贡献率。可以看出，各城市一次 $PM_{2.5}$ 的主要来源城市与 $PM_{2.5}$ 较为相似，而且郑州出现在对 18 个城市一次 $PM_{2.5}$ 贡献率排名在前三的城市中的频次依然最多，为 9 次。表 6-26 为河南省 18 个城市二次 $PM_{2.5}$ 的主要来源城市及其贡献率。18 个来源城市中，安阳对鹤壁二次 $PM_{2.5}$ 的贡献率最高，许昌对漯河、新乡对鹤壁二次 $PM_{2.5}$ 的贡献率也相对较高。在对各城市二次 $PM_{2.5}$ 贡献率排名在前三的城市中，开封出现次数最多为 7 次，其次是郑州出现次数为 6 次，许昌和平顶山都出现了 5 次。

表 6-24 2017 年河南省 18 个城市 $PM_{2.5}$ 的来源城市排名

城市	$PM_{2.5}$ 浓度 /(μg/m³)	第一来源		第二来源		第三来源	
		城市	贡献率 /%	城市	贡献率 /%	城市	贡献率 /%
AY	44.95	XX	5.75	HB	4.98	PY	3.15
HB	47.04	AY	17.99	XX	8.45	ZZ	2.45
JZ	42.46	JY	7.08	XX	6.09	ZZ	3.71
JY	25.65	JZ	7.46	LY	4.46	ZZ	3.26
KF	49.28	ZZ	6.00	ZK	4.68	XX	3.85
LH	47.75	XC	14.84	PDS	12.95	ZMD	4.75
LY	27.66	SMX	8.85	JZ	4.96	ZZ	3.52
NY	26.90	PDS	4.34	ZMD	2.58	LY	1.57
PDS	35.09	LY	9.56	NY	4.38	XC	4.02
PY	48.98	AY	3.43	KF	1.84	XX	1.79
SMX	21.04	LY	5.21	ZZ	1.90	JZ	1.61
SQ	47.59	ZK	6.45	KF	2.57	ZMD	0.66
XX	44.89	AY	6.31	JZ	5.18	ZZ	5.15
XY	35.01	ZMD	5.95	NY	1.40	ZK	0.86
XC	45.29	ZZ	11.35	PDS	8.87	KF	4.04
ZZ	46.37	JZ	7.85	LY	5.71	XX	5.51
ZK	47.47	ZMD	5.22	SQ	3.37	KF	2.87
ZMD	39.27	NY	4.59	XY	4.18	ZK	3.53

表 6-25 2017 年河南省 18 个城市一次 $PM_{2.5}$（$PPM_{2.5}$）的来源城市排名

城市	$PPM_{2.5}$ 浓度 /(μg/m³)	第一来源		第二来源		第三来源	
		城市	贡献率 /%	城市	贡献率 /%	城市	贡献率 /%
AY	25.13	XX	7.60	HB	7.12	PY	4.41
HB	27.12	AY	25.66	XX	11.17	ZZ	2.53
JZ	24.19	JY	10.37	XX	8.21	ZZ	4.21
JY	10.14	JZ	12.27	LY	7.16	ZZ	3.60
KF	24.18	ZZ	10.44	XX	6.43	ZK	5.47
LH	23.77	XC	25.39	PDS	21.03	ZMD	5.52
LY	12.86	SMX	16.17	JZ	7.76	ZZ	4.44
NY	10.22	PDS	7.56	ZMD	4.23	LY	3.39

续表

城市	PPM$_{2.5}$ 浓度/(μg/m³)	第一来源		第二来源		第三来源	
		城市	贡献率/%	城市	贡献率/%	城市	贡献率/%
PDS	16.09	LY	18.18	NY	7.04	ZZ	6.16
PY	24.34	AY	4.61	XX	2.64	KF	2.23
SMX	8.39	LY	8.45	JZ	2.53	ZZ	2.02
SQ	21.24	ZK	9.75	KF	4.65	ZMD	1.03
XX	24.28	AY	9.54	JZ	7.37	ZZ	6.73
XY	13.28	ZMD	11.91	NY	2.79	ZK	1.18
XC	22.71	ZZ	18.85	PDS	13.25	KF	6.07
ZZ	26.08	JZ	11.76	LY	8.90	XX	8.08
ZK	20.72	ZMD	8.82	LH	5.38	SQ	5.35
ZMD	16.22	NY	8.85	LH	6.73	PDS	6.42

表 6-26 2017 年河南省 18 个城市二次 PM$_{2.5}$（SPM$_{2.5}$）的来源城市排名

城市	SPM$_{2.5}$ 浓度/(μg/m³)	第一来源		第二来源		第三来源	
		城市	贡献率/%	城市	贡献率/%	城市	贡献率/%
AY	19.82	XX	3.20	HB	1.81	KF	1.72
HB	19.92	AY	7.93	XX	4.53	KF	1.77
JZ	18.27	XX	3.57	ZZ	3.09	JY	2.28
JY	15.52	JZ	2.92	ZZ	2.74	LY	2.11
KF	25.10	ZK	3.46	SQ	2.12	XC	1.61
LH	23.98	XC	4.72	PDS	4.47	ZMD	3.25
LY	14.80	SMX	2.89	ZZ	2.48	PDS	2.42
NY	16.67	PDS	2.13	ZMD	1.47	XC	0.75
PDS	19.00	LY	2.49	NY	2.44	XC	2.24
PY	24.64	SQ	1.63	AY	1.43	KF	1.36
SMX	12.65	LY	2.40	ZZ	1.53	PDS	1.06
SQ	26.35	ZK	3.23	KF	1.04	XY	0.42
XX	20.61	AY	3.10	KF	2.78	ZZ	2.32
XY	21.73	ZMD	2.51	ZK	0.58	NY	0.58
XC	22.57	PDS	3.83	ZZ	3.68	KF	2.04
ZZ	20.29	XX	2.61	XC	2.25	JZ	2.16
ZK	26.75	ZMD	2.13	SQ	1.93	KF	1.21
ZMD	23.05	XY	2.62	ZK	2.05	NY	1.80

可以看出，地理上相连的区域之间的交互作用相对较强。本地污染物的排放强度越大、浓度越高对周围城市的影响也越大。所以，污染较严重且相邻城市较多的区域更容易成为多个城市的污染物主要来源城市。出现在对河南省 18 个城市 PM$_{2.5}$ 及一次 PM$_{2.5}$ 贡献率排名在前三的城市中频次较多的城市多数分布于河南省的北部区域，而出现在对各城市二次 PM$_{2.5}$ 贡献率排名在前三的城市中频次较多的城市多分布于河南省的中部偏东北区域。这与北部区域城市较为密集，PM$_{2.5}$ 污染更为严重有着密切的关系。同时，行政区划面积越小，越容易受到周围城市大气环境的影响，因此鹤壁和漯河 PM$_{2.5}$ 及其组分受周边城市的影响较大，但济源处于河南省西北部与山西省交界处，所以受省内传输的影响相对较小。

6.5.2 河南省内 $PM_{2.5}$ 的传输路径特征

为了进一步探究河南省 18 个城市各季节的 $PM_{2.5}$ 及其组分受省内其他城市的影响情况，本研究建立了四个季节河南省内 $PM_{2.5}$ 及其组分的传输矩阵模型（图 6-32，书后另见彩图）。

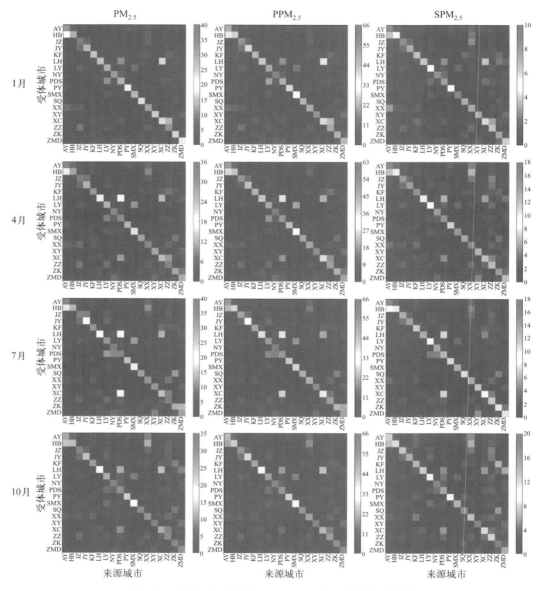

图 6-32 2017 年各季节河南省内 $PM_{2.5}$ 及其组分的传输情况

（右侧色柱表示贡献率/%）

由 2017 年河南省 $PM_{2.5}$ 的传输矩阵模型可以看出，冬季许昌对漯河的 $PM_{2.5}$ 贡献率为 16.7%，超过了漯河本地排放的贡献（14.9%）。18 个城市中，安阳对鹤壁的 $PM_{2.5}$ 贡献率最高，为 20.3%，其次是许昌对漯河、郑州对许昌（13.7%）和洛阳对平顶山（11.0%）。对各城市 PM$_{2.5}$ 贡献率排名在前三的城市中，新乡出现次数最多，为 8 次，其对焦作贡献率最大，为 6.9%。2017 年冬季对各城市 PM$_{2.5}$ 贡献率排名在前三的城市多分布于豫北地区。春季平顶山对漯河的 PM$_{2.5}$ 贡献率为 16.3% 超过了漯河本地排放的贡献（16.0%）。18 个来源城市中，安阳对鹤壁的 PM$_{2.5}$ 贡献率最高，为 20.1%，其次是平顶山对漯河、许昌对漯河（13.0%）和平顶山对许昌（10.8%）。对各城市 PM$_{2.5}$ 贡献率排名在前三的城市中，郑州出现次数最多，为 9 次，其对许昌贡献率最大，为 10.3%；其次是新乡、洛阳和驻马店，出现次数均为 5 次。夏季 18 个来源城市中，平顶山对漯河的 PM$_{2.5}$ 贡献率最高，为 21.7%，同时该贡献率也超过了漯河本地排放的贡献（19.4%）。同时，平顶山对许昌（20.7%）、安阳对鹤壁（17.1%）和许昌对漯河（13.6%）的 PM$_{2.5}$ 贡献率均较高。对各城市 PM$_{2.5}$ 贡献率排名在前三的城市中，郑州出现次数最多，为 9 次，其对许昌贡献率最大，为 9.6%。秋季 18 个来源城市中，许昌对漯河的 PM$_{2.5}$ 贡献率最高，为 13.07%，其次是安阳对鹤壁（12.6%）、平顶山对漯河（11.4%）和新乡对鹤壁（11.4%）。对各城市 PM$_{2.5}$ 贡献率排名在前三的城市中，郑州出现次数最多，为 8 次，其次是平顶山和开封，出现次数均为 5 次。

河南省 18 个城市的四个季节，一次 PM$_{2.5}$ 的主要来源城市与年均结果较为一致。冬季 18 个来源城市中，安阳对鹤壁的一次 PM$_{2.5}$ 贡献率最高，为 28.5%。对各城市一次 PM$_{2.5}$ 贡献率排名在前三的城市中，新乡出现次数最多，为 7 次，其次是洛阳出现 6 次，焦作和郑州各出现 5 次。春季安阳对鹤壁的一次 PM$_{2.5}$ 贡献率最高，为 26.1%，三门峡对洛阳一次 PM$_{2.5}$ 的贡献率也较高，为 10.8%。对各城市一次 PM$_{2.5}$ 贡献率排名在前三的城市中，郑州出现次数最多，为 7 次，其次是新乡出现 6 次，焦作、洛阳和驻马店出现次数均为 5 次。夏季平顶山对漯河的一次 PM$_{2.5}$ 贡献率最高，为 28.4%。对各城市一次 PM$_{2.5}$ 贡献率排名在前三的城市中，郑州出现次数最多，为 7 次；洛阳出现 6 次，驻马店、济源和南阳出现次数均为 5 次。秋季对各城市一次 PM$_{2.5}$ 贡献率排名在前三的城市中，郑州出现次数最多，为 7 次；其次是新乡、平顶山和洛阳，出现次数均为 5 次。

由传输矩阵模型对比可以看出，4 个季节，河南省 18 个城市二次 PM$_{2.5}$ 的主要来源城市与 PM$_{2.5}$ 较为不同。冬季 18 个来源城市中，安阳对鹤壁的二次 PM$_{2.5}$ 贡献率最高，为 6.7%，该贡献率超过了鹤壁本地排放贡献（5.4%），安阳对新乡二次 PM$_{2.5}$ 的贡献率也较高，为 2.9%。对各城市二次 PM$_{2.5}$ 贡献率排名在前三的城市中，新乡出现次数最多，为 8 次，其次是平顶山出现次数为 6 次，周口和郑州各出现了 5 次。春季 18 个来源城市中，安阳对鹤壁的二次 PM$_{2.5}$ 贡献率最高，为 12.1%，该贡献率超过了鹤壁本地排放的贡献（10.2%），新乡对鹤壁的贡献率也较高，为 6.4%。对各城市二次 PM$_{2.5}$ 贡献率排名在前三的城市中，郑州出现次数最多，为 8 次，其对焦作贡献率最大，为 4.48%；其次是平顶山、驻马店和开封均出现了 5 次。夏季安阳对鹤壁的二次 PM$_{2.5}$ 贡献率最高，为 8.9%，信阳对驻马店的贡献率也较高，为 4.8%。对各城市二次 PM$_{2.5}$ 贡献率排名在前三的城市中，郑州出现次数最多，为 10 次，其对许昌贡献率最大，为 4.12%；其次是平顶山出现了 6 次，新乡和南阳各出现了 5 次。秋季 18 个来源城市中，安阳对鹤壁二次 PM$_{2.5}$ 的贡献率最高，为 6.9%，其次是周口对开封（6.7%），新乡对鹤壁（6.7%），驻马店对漯河（6.2%）。对各城市二次 PM$_{2.5}$ 贡献率排名在前三的城市中，郑州出现次数最多，为 7 次，其次是平顶山和开封，出现次数均为 6 次，许昌出现次数为 5 次。

根据污染物传输矩阵及主要来源城市，图 6-33（仅表示研究区域与周边区域传输情况，不体现区域行政区划）总结了 2017 年各季节河南省内 PM$_{2.5}$ 的主要传输路径。4 个季节气候不同，季风方向不同，PM$_{2.5}$ 浓度分布也各不相同，所以不同季节 PM$_{2.5}$ 的传输路径不尽相同。同时地势高低会对气流方向产生影响，进而改变污染物的传输。冬季多为偏北风，且河南省北部特别是东北部区域 $PM_{2.5}$ 浓度较高，所以其主要向西南和东南方向传输。冬季 $PM_{2.5}$ 主要传输路径为：由安阳向西南方向传输到济源、由焦作向东南方向分别传输到信阳和周口、由三门峡向东南方向传输到信阳。春季 $PM_{2.5}$ 多由西向东、西南向东北传输。春季 $PM_{2.5}$ 主要传输路径为：由济源向东北方向传输到安阳、由三门峡向东分别传输到开封和商丘、由南阳向东北方向传输到商丘。夏季多为偏南风，与春季相比，河南省夏季 $PM_{2.5}$ 由西南向东北方向的传输路径有所增多，由西向东的传输路径有所减少。夏季 $PM_{2.5}$ 的 4 条主要传输路径为：由三门峡向东北方向传输到安阳、由三门峡向东传输到商丘、由南阳向东北方向传输到开封和由信阳向东北方向传输到商丘。秋季 $PM_{2.5}$ 的传输与冬季较为相似，其主要传输路径为：由安阳向西南方向传输到济源、由焦作向东南方向传输到信阳、由三门峡向东南方向传输到信阳和由周口向西南方向传输到信阳。此外，秋季 $PM_{2.5}$ 传输主线中郑州、新乡和焦作间形成了闭合环流。这种现象会使污染物难以扩散，是造成该时段该地区 $PM_{2.5}$ 浓度较高的主要原因之一。这种现象的产生，不仅与气流方向变化有关，可能还与河南省地理情况有着一定的关系，河南省北部的太行山可能是秋季 $PM_{2.5}$ 特殊环流形成的原因之一。

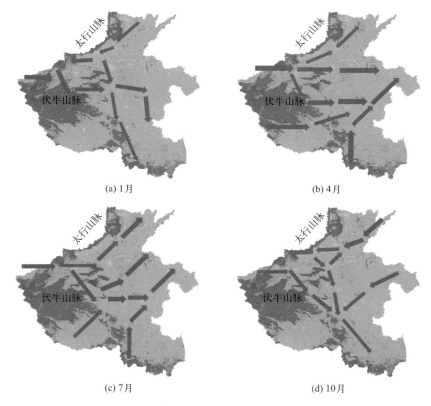

图 6-33　2017 年河南省内 $PM_{2.5}$ 典型月份主要传输路径

综合来看，$PM_{2.5}$ 在秋冬季多由东北向西南、西北向东南传输，春季多由西向东传输，夏季多由西南向东北传输。各季节 $PM_{2.5}$ 传输时，有的城市会处于两条甚至更多的主要传输路径的交点处。这与气候风向、浓度分布和其地理位置都有着一定的关系。

6.6 结论与建议

  本章基于 WRF-CMAQ 模型、NAQPMS 三维数值模型和 FLEXPART 轨迹模型对中原城市群核心区域及典型城市大气污染输送特征进行研究，通过不同排放控制情景及溯源模型模拟，探讨核心城市及区域污染输送特征，为制定区域间和区域内不同尺度的联防联控措施提供科学依据。主要结论如下：

  ① 河南省及周边城市年平均 $PM_{2.5}$ 浓度受区域外传输影响比例为 36.4%，8 个典型特征城市受区外传输影响比例介于 25%～50% 之间。边界处城市所受传输浓度影响大于中部地区，与污染较重的京津冀地区交界的西北部城市所受影响高于东南部区域。传输的 $PM_{2.5}$ 浓度中，本地排放较低的区域（农业型城市）所受到的外来传输影响比例相对偏大。郑州市受河南省外污染影响空间分布呈现由东北往西南逐渐递减的趋势，受影响比例介于 35%～42% 之间，全年（4 个月平均）$PM_{2.5}$ 浓度受省外污染传输影响的比例约为 38%（$39.8\mu g/m^3$），冬季（1 月）受传输影响情况最严重，受影响平均浓度为 $81.4\mu g/m^3$（42%）；夏季（7 月）受传输影响程度较轻，约为 $13.8\mu g/m^3$（26%），春季（4 月）和秋季（10 月）受传输影响没有冬季严重。

  ② 中原城市群周边地区和中原城市群间 $PM_{2.5}$ 总体为 4 条输送路径：a. 东北路径（北京—河北—河南），b. 西北路径（陕西—山西—河南），c. 西南路径（湖南—湖北—河南），d. 东南路径（浙江—安徽—河南）。秋冬季重污染时段出现频率较多的输送路径是东北路径，出现频率为 43%，其次是西北路径，出现频率为 32%，西南和东南路径出现的频率分别为 12% 和 13%。基于 NAQPMS 模型源解析结果，2017 年、2018 年秋冬季污染过程中本地排放对中原城市群主要城市 $PM_{2.5}$ 的贡献在 34%～60%，区域输送贡献明显。河南省对主要城市 $PM_{2.5}$ 的贡献在 50%～82%，省外输送对核心城市贡献为 18%～50%。一次颗粒物的区域输送空间尺度主要在 200km 以内；而二次颗粒物的区域输送空间尺度在 500km；对于一次颗粒物，当天排放的贡献可以达到 60%～70%；二次颗粒物中当天排放、前一天排放和两天及以前排放的贡献较为接近。区域输送在河南省存在明显的"延迟效应"，污染气团自北向河南输送过程中在河南长时间滞留，16 个地市因延迟效应导致的污染物停滞时间大于 4h 占比均在 50% 以上，显著增加污染程度。中原城市群 $PM_{2.5}$ 主要来自工业源、交通源、扬尘源和生活源等相关排放。随着 $PM_{2.5}$ 浓度的增加，生活源和扬尘源的贡献降低，工业源、交通源和农业源的贡献增加，对区域工业源、交通源和生活源的管控能有效降低高值期间 $PM_{2.5}$ 浓度。

  ③ 从河南省区域内四季的传输路径来看，河南省冬季多为偏北风，且河南省北部特别是东北部区域 $PM_{2.5}$ 浓度较高，所以冬季东北部区域向西南和东南方向的污染传输作用更为明显。春季 $PM_{2.5}$ 多由西向东、由西南向东北传输。夏季多为偏南风，与春季相比，河南省夏季 $PM_{2.5}$ 由西南向东北方向的传输路径有所增多，由西向东的传输路径有所减少。秋季 $PM_{2.5}$ 的传输与冬季较为相似，而秋季 $PM_{2.5}$ 传输主线中郑州、新乡和焦作间形成了环流，加重了

污染物的集聚效应，延长了重污染过程。从城市特征来看，地理上相连的区域之间的交互作用相对较强，污染较严重且相邻城市较多的区域更容易成为多个城市的污染物主要来源城市，而行政区划面积越小，越容易受到周围城市传输的影响。

参考文献

[1] Shafer T B, Seinfeld J H. Comparative analysis of chemical reaction mechanisms for photochemical smog-II. Sensitivity of EKMA to chemical mechanism and input parameters [J]. Atmospheric Environment, 1986, 20: 487-499.

[2] EPA-454/B-95-003a. User's guide for the industrial source complex (ISC3) dispersion models, volume I: User introductions [Z]. Washington: US EPA, 1995.

[3] Byun D W, Ching J. Science algorithms of the EPA Models-3 community multi-scale air quality (CMAQ) modeling system [Z]. US Environmental Protection Agency, Office of Research and Development Washington, DC, USA, 1999.

[4] Byun D, Schere K L. Review of the governing equations, computational algorithms, and other components of the Models-3 Community Multi-scale Air Quality (CMAQ) modeling system [J]. Applied Mechanics Reviews, 2006, 59: 51.

[5] Guenther A B, Jiang X, Heald C L, et al. The model of emissions of gases and aerosols from nature version 2.1 (MEGAN2.1): An extended and updated framework for modeling biogenic emissions [J]. Geoscientific Model Development, 2012, 5(6): 1471-1492.

[6] Li M, Zhang Q, Kurokawa J, et al. MIX: A mosaic Asian anthropogenic emission inventory under the international collaboration framework of the MICS-Asia and HTAP [J]. Atmospheric Chemistry and Physics, 2017, 17: 935-963.

[7] Borge R, Alexandrov V, Delvas J J, et al. A comprehensive sensitivity analysis of the WRF model for air quality applications over the Iberian Peninsula [J]. Atmospheric Environment, 2008, 42: 8560-8574.

[8] Barna M, Lamb B. Improving ozone modeling in regions of complex terrain using observational nudging in a prognostic meteorological model [J]. Atmospheric Environment, 2000, 34: 4889-4906.

[9] Seaman N L. Meteorological modeling for air-quality assessments [J]. Atmospheric environment, 2000, 34: 2231-2259.

[10] Im U, Kanakidou M. Impacts of East Mediterranean megacity emissions on air quality [J]. Atmospheric Chemistry and Physics, 2012, 12: 6335-6355.

[11] Kindap T, Unal A, Chen S, et al. Long-range aerosol transport from Europe to Istanbul, Turkey [J]. Atmospheric Environment, 2006, 40: 3536-3547.

[12] Chen T, Chang K, Tsai C Y. Modeling direct and indirect effect of long range transport on atmospheric $PM_{2.5}$ levels [J]. Atmospheric Environment, 2014, 89: 1-9.

[13] Chemel C, Fisher B E A, Kong X, et al. Application of chemical transport model CMAQ to policy decisions regarding $PM_{2.5}$ in the UK [J]. Atmospheric Environment, 2014, 82: 410-417.

[14] Han X, Zhang M, Tao J, et al. Modeling aerosol impacts on atmospheric visibility in Beijing with RAMS-CMAQ [J]. Atmospheric Environment, 2013, 72: 177-191.

[15] Mlawer E J, Taubman S J, Brown P D, et al. Radiative transfer for inhomogeneous atmospheres: RRTM, a validated correlated-k model for the long wave [J]. Journal of Geophysical Research: Atmospheres (1984-2012), 1997, 102: 16663-16682.

[16] Binkowski F S, Roselle S J. Models-3 Community Multi-scale Air Quality (CMAQ) model aerosol component 1. Model description [J]. Journal of Geophysical Research: Atmospheres, 2003, 108,

4183.

[17] Hogrefe C, Pouliot G, Wong D, et al. Annual application and evaluation of the online coupled WRF‐CMAQ system over North America under AQMEII phase 2 [J]. Atmospheric Environment, 2015, 115: 683-694.

[18] Li J, Du H, Wang Z, et al. Rapid formation of a severe regional winter haze episode over a megacity cluster on the North China Plain [J]. Environmental pollution, 2017, 223: 605-615.

[19] Li J, Liao H, Hu J, et al. Severe particulate pollution days in China during 2013—2018 and the associated typical weather patterns in Beijing-Tianjin-Hebei and the Yangtze River Delta regions [J]. Environmental Pollution, 2019, 248: 74-81.

[20] Du H, Li J, Chen X, et al. Modeling of aerosol property evolution during winter haze episodes over a megacity cluster in northern China: Roles of regional transport and heterogeneous reactions of SO_2 [J]. Atmospheric Chemistry and Physics, 2019, 19, 9351-9370.

[21] Lin J, Pan D, Davis S J, et al. China's international trade and air pollution in the United States [J]. Proceedings of the National Academy of Sciences, 2014, 111 (5): 1736-1741.

[22] Du H, Li J, Wang Z, et al. Effects of regional transport on haze in the North China Plain: Transport of precursors or secondary inorganic aerosols [J]. Geophysical Research Letters, 2020, 47.

[23] 薛文博, 王金南, 韩宝平, 等. $PM_{2.5}$ 输送特征与环境容量模拟 [M]. 北京: 中国环境出版社, 2017.

[24] 薛文博, 付飞, 王金南, 等. 中国 $PM_{2.5}$ 跨区域传输特征数值模拟研究 [J]. 中国环境科学, 2014, 34: 1361-1368.

[25] Xue W, Wang J, Niu H, et al. Assessment of air quality improvement effect under the National Total Emission Control Program during the Twelfth National Five-Year Plan in China [J]. Atmospheric Environment, 2013, 68: 74-81.

[26] Ying Q, Wu L, Zhang H, et al. Local and inter-regional contributions to $PM_{2.5}$ nitrate and sulfate in China [J]. Atmospheric Environment, 2014, 94: 582-592.

[27] Wang P, Wang T, Ying Q, et al. Regional source apportionment of summertime ozone and its precursors in the megacities of Beijing and Shanghai using a source-oriented chemical transport model [J]. Atmospheric Environment, 2020, 224: 117337.

[28] Qiao X, Guo H, Tang Y, et al. Local and regional contributions to fine particulate matter in the 18 cities of Sichuan Basin, southwestern China [J]. Atmospheric Chemistry and Physics, 2019, 19: 5791-5803.

[29] Zhang H, Guo H, Hu J, et al. Modeling atmospheric age distribution of elemental carbon using a regional age-resolved particle representation framework [J]. Environment Science and Technololy, 2019, 53: 270-278.

[30] 刘光瑾, 苏方成, 徐起翔, 等. 河南省18个城市大气污染物分布特征、区域来源和传输路径 [J]. 环境科学, 2022, 43 (08): 3953-3965.

第 7 章

河南省大气污染物
管控历程与效果

7.1 河南省空气质量改善进程

7.2 大型活动空气质量保障与疫情封控
　　 对空气质量的影响评估

7.3 结论与建议

自党的十八大以来,国家陆续出台了《大气污染防治行动计划》和《打赢蓝天保卫战三年行动计划》,河南省克服了巨大困难,全面实施了重点行业超低排放改造、源头治理、新能源汽车推广等一系列大气污染治理措施,实现了大气污染物大幅度减排,空气质量得到历史性的改善。圆满完成了国家对河南省"十三五"空气质量的考核目标;郑州市2020年成功退出后20名;安阳市2020~2021年秋冬季空气质量改善幅度居59个重点城市前三;洛阳市连续三年超额完成秋冬季$PM_{2.5}$改善目标;实现了2019年第十一届全国少数民族传统体育运动会等重大活动会期空气质量的优良;建立了大气复合污染防控技术体系,提升了科学、精准治霾能力,同时推动了河南省经济的低碳转型和绿色发展。为此,本章系统梳理了河南省空气质量改善及重点行业减排成效、河南省大气污染防治政策历程,以及河南省重大活动保障效果等典型时段所采取措施和空气质量改善经验,为下一步河南省空气质量持续改善提供借鉴。

7.1 河南省空气质量改善进程

近年来河南省在大气环保领域实施了重点行业超低排放改造和源头排放管控、能源结构优化、重污染区域联防联控等一系列治理措施,实现了大气污染物的大幅度减排和空气质量的有效改善,建立健全了包含污染排放深化治理、环境污染清单式监察、重污染应急预警管控等一系列现代环境治理体系和能力,同时有效推动了经济的低碳转型和绿色发展。

7.1.1 河南省大气污染防治成效

(1) 环境大气质量显著提升

截至2022年,河南省PM_{10}、$PM_{2.5}$浓度较2015年分别下降37.8%、37.7%,优良天数较2015年增加42d。SO_2、CO达到国家空气质量一级标准限值,降幅均超过40%;"十三五"期间NO_2浓度均低于国家空气质量二级标准,浓度降幅均超过20%。以2020年数据计,全省SO_2年均浓度为$10\mu g/m^3$,达到一级标准(限值$20\mu g/m^3$),2015~2020年间SO_2年均浓度在六类污染物中下降幅度最大,总下降幅度为71.4%,这得益于河南省持续的燃煤治理、工业脱硫排放标准升级和清洁能源替代等举措的持续实施。2020年,全省CO年均浓度为$1.5mg/m^3$,低于国家空气质量二级标准,2015~2020年间全省CO年均浓度下降明显,总下降幅度为42.4%,下降幅度仅次于SO_2。CO是燃烧源,尤其是煤炭燃烧的标识物,CO浓度显著下降与散乱锅炉治理和持续拆除、工业能源替代和散煤燃烧的持续管控有直接关系。2020年,全省NO_2年均浓度为$30\mu g/m^3$,达到一级标准(限值$40\mu g/m^3$),2015~2020年间全省NO_2年均浓度呈现下降趋势,总下降幅度为21.1%。NO_2浓度的持续降低与移动源加强监督执法、油品升级改造和排放标准的升级关系密切,但是由于机动车保有量的持续上升,且能源替代后天然气燃烧也会产生一定量的NO_x排放,因此NO_2下降幅度较为缓慢。2020年,河南省PM_{10}年均浓度为$83\mu g/m^3$,达到二级标准(限值$100\mu g/m^3$),2015~2020年间PM_{10}年均浓度呈现下降趋势,总下降幅度为31.4%,这主要得益于扬尘的专项治理、《河南省2017年严格扬尘污染治理实施方案》以及河南省2018年大气污染防治攻坚战8个专项实施方案等扬尘重点管控方案的逐步施行。此外,工业源及移动源的管控

也能对 PM_{10} 的降低起到有效的促进作用。"十三五"期间河南省 $PM_{2.5}$ 的改善幅度略大于 PM_{10}，郑州市、新乡市和信阳市 $PM_{2.5}$ 浓度降低幅度超过 40%，但截至 2020 年，河南省 $PM_{2.5}$ 年均浓度仍高达 $52\mu g/m^3$，超过二级标准（限值 $35\mu g/m^3$）。2015～2020 年间全省 $PM_{2.5}$ 年均浓度总下降幅度为 32.5%，但浓度下降主要出现在"十三五"前期（2017 年以前），2018～2020 年间下降幅度放缓，这与二次 $PM_{2.5}$ 的占比逐渐增大密切相关。此外，SO_2 和 NO_2 都是 $PM_{2.5}$ 的重要前体物，NO_2 浓度的缓慢下降在一定程度上会影响二次 $PM_{2.5}$ 浓度的降低。从季节表现来看，秋冬季不利气象条件下，河南省北部以 $PM_{2.5}$ 为主要污染物的重污染过程频发也是 $PM_{2.5}$ 浓度下降缓慢的原因之一。

河南省"十三五"期间空气质量六参数变化如图 7-1 所示。

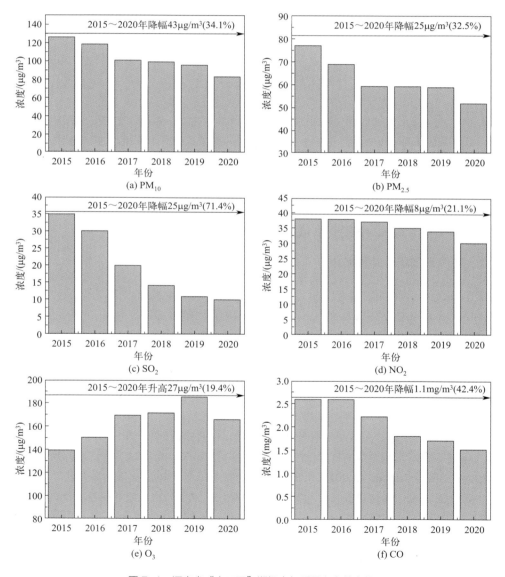

图 7-1 河南省"十三五"期间空气质量六参数变化

（2）主要大气污染物排放量显著降低

2020 年河南省 SO_2 排放量为 23.3 万吨，较 2015 年降低 67.4%，年均降幅超过 20%，如图 7-2 所示。全省污染防治攻坚战开始以后，2016 年 SO_2 排放较 2015 年下降幅度超过 30%，2017 年降幅超过 50%。超低排放改造约束下电力行业 SO_2 排放下降最为显著，"十三五"期间总下降幅度达 93%，总排放量下降 18.7 万吨。"十三五"期间工业源 SO_2 排放量下降 20.4 万吨，降幅超过 50%；民用源 SO_2 排放量下降 8.4 万吨，降幅约 80%，散煤燃烧等情况得到有效治理。2020 年全省氮氧化物排放量为 93.8 万吨，较 2015 年降低 31%，年均降幅超过 8%。大气污染攻坚战阶段氮氧化物年均下降率分别为 9.2%（2016 年）和 15.1%（2017 年），超低排放改造约束下电力行业氮氧化物排放下降最为显著，2014 年和 2015 年氮氧化物排放量下降率均超过 30%，排放总量下降 23.8 万吨。"十三五"期间工业源氮氧化物排放显著削减，排放总量下降 10.7 万吨，降幅为 26.7%（图 7-3）。

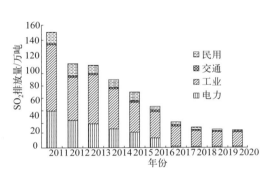 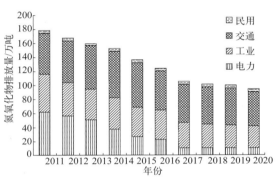

图 7-2　2011～2020 年河南省 SO_2 排放情况　　图 7-3　2011～2020 年河南省氮氧化物排放情况

（3）重点行业减排成效显著

"十二五"以来，全省火电行业持续开展脱硫脱硝工程及超低排放治理，2017 年底，全省在运统调燃煤机组全部实现超低排放。2020 年全省电力行业 SO_2、氮氧化物和可吸入颗粒物（$PM_{2.5}$ 和 PM_{10}）排放量分别为 23.3 万吨、62.2 万吨和 16.9 万吨，较 2011 年分别降低 97%、84% 和 70%（图 7-4）。"十二五"以来河南省钢铁行业针对有组织排放持续开展脱硫脱硝治理，针对无组织排放开展综合整治。随着产能发展，钢铁行业 SO_2 排放量 2014 年达到最大，氮氧化物排放量 2016 年达到最大，截至 2020 年，10 年间全省钢铁行业 SO_2、氮氧化物和可吸入颗粒物的峰值排放量分别为 9.5 万吨、11.3 万吨和 12.5 万吨，2020 年排放量较峰值年排放量分别下降 3.6 万吨、3.7 万吨和 6.4 万吨，降低 38%、33% 和 51%（图 7-5）。

（4）现代环境治理体系更加健全

河南省在空气质量改善进程中紧跟国家政策，连续出台了一系列的政策措施，形成了涵盖攻坚行动计划、年度实施方案、专项条例法规的政策体系，建立健全并实施生态文明建设目标评价考核和责任追究制度、环境保护"党政同责"和"一岗双责"等制度，大气污染治理力度不断加大。先后基于"大气十条"和《打赢蓝天保卫战三年行动计划》出台河南省大气污

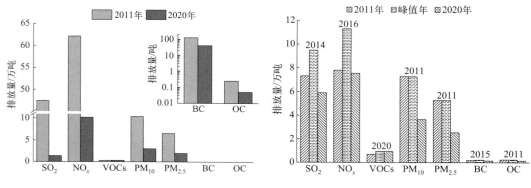

图 7-4　河南省电力行业 2011 年和 2020 年不同污染物排放量对比

图 7-5　河南省钢铁行业 2011 年和 2020 年及峰值年不同污染物排放量对比

染控制纲领性文件《河南省蓝天工程行动计划》和《河南省污染防治攻坚战三年行动计划（2018—2020 年）》。自 2014 年起，逐年制定大气污染防治年度工作方案并明确年度工作目标和重点任务，全面加强大气污染防治工作。针对重点排放源陆续出台《河南省 2017 年加快依法推进燃煤散烧治理实施方案》《河南省 2017 年严格扬尘污染治理实施方案》以及河南省 2018 年大气污染防治攻坚战 8 个专项实施方案等一系列文件和分行业管控措施，全省大气污染防治工作不断向纵深推进。

（5）绿色低碳转型成效明显

河南省单位 GDP 能耗累计降低约 40%，2010~2021 年间以年均 1.3% 的能源消费增长保障了年均约 7% 的经济增长。持续推进"散乱污企业""黑加油站""35 蒸吨以下燃煤锅炉""平原地区散煤"四个动态清零，在全国率先完成火电行业超低排放改造，全省煤炭消费量逐年降低（图 7-6），60 万千瓦以上高效清洁煤电机组占比达到 65%，在全国率先推进农业生产领域燃煤设施改造，削减燃煤 94 万吨；狠抓工业企业深度治理，累计完成 2 万多家工业企业分类改造升级，污染排放量下降 30%；推动清洁生产验收审核，带动改造资金投入 17 多亿元，实现经济效益近 16 亿元。

7.1.2　河南省大气污染防治政策历程

河南省的工业产业结构和能源结构决定了其基础排放强度较高且早期大气污染物来源以煤烟型污染为主的特征。"十一五"和"十二五"期间河南省的大气环境治理措施主要以污染物排放总量的达标为约束，2010 年化学需氧量（COD）和 SO_2 年排放量比 2005 年分别下降 14.02% 和 17.59%，整体实现减排目标。2011 年 12 月，河南省人民政府发布了《河南省环境保护"十二五"规划》（以下简称"十二五"规划）。"十二五"规划要求坚持把总量减排作为调整产业结构、转变经济发展方式的突破口和重要着力点，强力推进主要污染物排放总量控制工作，持续工程减排，强化结构减排，深化监管减排，削减化学需氧量、二氧化硫、氨氮和氮氧化物排放总量，推动绿色发展。"十二五"期间，河南省的大气环境治理措施仍主要以污染减排作为调整经济结构、转变经济发展方式的重要方式和持续改善环境质量、保障

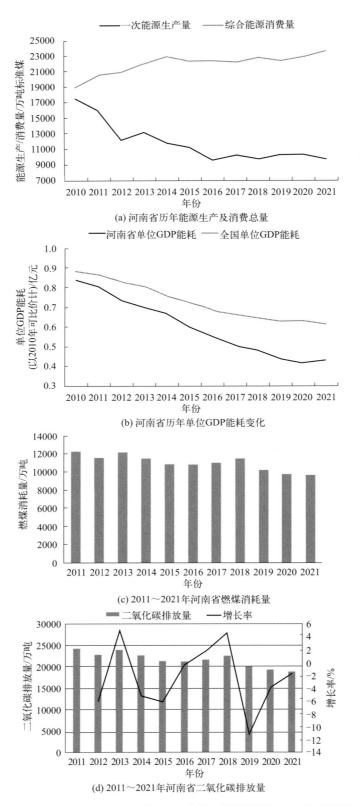

图 7-6 河南省能源消费量、单位 GDP 能耗、燃煤消耗量和二氧化碳排放量

中部区域建设所需污染物排放总量指标的重要途径,全省主要污染物化学需氧量、氨氮、SO_2、氮氧化物排放总量分别控制在 133.5 万吨、13.61 万吨、126.9 万吨、135.6 万吨以内,比 2010 年分别减少 9.9%、12.6%、11.9%、14.7%。在此基础上,2017 年 6 月河南省人民政府办公厅制定并发布了《河南省"十三五"生态环境保护规划》(以下简称"十三五"规划),旨在补齐生态环境短板,促进全省生态环保事业发展,实现全省生态环境质量总体改善目标,提出到 2020 年,生产方式和生活方式绿色低碳水平上升,主要污染物排放总量大幅减少,环境风险得到有效控制,生物多样性得到有效保护,生态系统稳定性持续增强,生态安全屏障基本形成,生态环境治理体系和治理能力现代化取得重大进展,确保生态环境质量总体改善,生态文明建设水平与全面建成小康社会相适应。

在区域大气环境污染防治方面,河南省人民政府办公厅于 2010 年发布了《河南省推进大气污染联防联控工作改善区域空气质量实施方案》,方案主要目标旨在到"十二五"末,建立河南省大气污染联防联控机制,制定符合国家区域大气管理要求的全省统一的法规、标准和政策体系,重点区域内所有城市空气质量好于国家二级标准,主要大气污染物排放总量明显下降,酸雨、灰霾污染有所减少,全省大气环境质量得到明显改善。该方案明确了以建立省大气污染联防联控机制、污染物排放总量明显下降、空气质量显著改善等为主要目标的工作内容及措施方案,工作内容主要从优化区域产业结构和布局、加大重点大气污染物减排力度、加强清洁能源利用、开展机动车污染防治工作、完善区域空气质量监管体系以及加强空气质量保障能力建设 6 方面开展。此后为贯彻《国务院关于印发大气污染防治行动计划的通知》(国发〔2013〕37 号)精神,着力缓解可吸入颗粒物、细颗粒物等污染因子对大气环境造成的影响,改善环境、空气质量,2014 年 3 月河南省人民政府制定并发布了《河南省蓝天工程行动计划》(以下简称"行动计划")。"行动计划"旨在降低大气污染的影响,持续改善环境空气质量,基于颗粒物浓度目标和重污染天数指标对大气污染环境进行了约束,并对工业大气污染排放、产业结构调整、能源结构调整、城乡大气污染防治和机动车污染防治等方面做出了具体指导和约束。到 2017 年,全省可吸入颗粒物浓度比 2012 年下降 15%,细颗粒物浓度比 2012 年下降 10%,优良天数逐年增加,重污染天气较大幅度减少,全省空气质量总体改善;其中,全省大气污染防治重点区域郑州、开封、洛阳、平顶山、安阳、新乡、焦作、许昌、三门峡 9 个省辖市可吸入颗粒物浓度比 2012 年下降 20%,细颗粒物浓度比 2012 年下降 15%,空气质量明显好转。力争再用五年或更长时间,逐步消除重污染天气,全省空气质量明显改善。为达到空气质量改善目标,"行动计划"围绕着四大结构调整,提出了深化工业大气污染综合治理、加快产业结构调整、推进能源结构调整、加强城乡大气污染防治以及强化机动车污染防治等方面的治理措施。

"十二五"时期结束后,河南省大气环境污染物减排和环境空气改善成效显著,环境政策和制度逐步健全。伴随着《河南省蓝天工程行动计划》发布,河南省空气质量持续改善。在空气质量改善最为明显的"十三五"阶段,河南省发布《河南省污染防治攻坚战三年行动计划(2018—2020 年)》,对各类污染源进行更为深入的深度治理。在大气环境空气质量改善方面,提出围绕实施城市空气质量清单式管理、治理燃煤污染、深化工业污染治理、强化机动车污染治理、加强面源污染治理、强化重污染天气应急应对等方面的相关措施方案。同时针对治理体系与能力现代化的推进提出了要求,在环境法治体系方面,要完善环境法规政策、强化环境监察执法、大力加强环境司法;通过推行排污权交易制度、深化资源环境改革、加快环境治理市场主体培育、建立绿色金融体系以及加快建立多元化生态保护补偿机制等方面从而健全市场机制;同时要落实各市县级政府责任,加强企业监管,强化社会监督,综合提升环境治理能力。

政策沿革过程中主要管控行业及重点源管控措施如下。

（1）锅炉排放

针对单位能耗排放强度较大、燃耗效率较低的低功率锅炉，《河南省蓝天工程行动计划》中要求 2014 年 6 月底前所有燃煤机组锅炉烟气完成脱硝治理，氮氧化物浓度达到国家现行火电厂大气污染物排放标准。河南省于 2015 年 4 月印发了《河南省燃煤锅炉节能环保综合提升工程工作方案》，总体目标为：以 2013 年为基期，到 2018 年，全省累计推广高效锅炉 2 万蒸吨，高效燃煤锅炉市场占有率提高到 40%；淘汰落后燃煤锅炉 2 万蒸吨，完成燃煤锅炉节能改造 3 万蒸吨，实施能效测试的燃煤锅炉 350 台，全省燃煤工业锅炉平均运行效率提高 6 个百分点，形成年 250 万吨标准煤的节能能力；减排烟尘 6.25 万吨、二氧化硫 8 万吨、氮氧化物 1.5 万吨。到 2016 年年底，河南省已全面完成分散燃煤小锅炉清洁能源改造和拆除任务。

（2）火电排放

针对耗煤量超过全省总耗煤量 40% 的电力企业，河南省在《河南省蓝天工程行动计划》中提出 2014 年 6 月底前各类燃煤机组 SO_2 排放达到国家现行火电厂大气污染物排放标准。此外 2014 年河南省发展改革委和河南省环境保护厅研究制定了《2014—2020 年煤电节能减排升级与改造行动计划》，通过持续的超低排放和节能改造使全省煤电机组超低排放达标率 99% 以上，实现烟尘减排 80%、SO_2 减排 65%、氮氧化物减排 50% 的目标。2017 年年底，全省在运统调燃煤机组全部实现超低排放，且在节能减排的基础上，通过煤炭消耗总量约束控制煤炭消费总量中长期控制目标，进一步优化控制措施。

（3）工业排放

针对污染物种类繁多且排放体量大的工业行业，河南省在《河南省蓝天工程行动计划》中重点提出深化工业大气污染综合治理举措，对工业企业 SO_2、NO_x、颗粒物和 VOCs 及高耗能行业的排放标准及排放强度进行了重点约束，包括 SO_2、NO_2、颗粒物和 VOCs 的达标排放与泄漏治理，脱硫脱硝设施建设和烟尘排放控制措施的完善等。同时积极推进清洁生产，严控"两高"（高耗能、高污染）行业新增产能。全省不再新增钢铁、电解铝、水泥、平板玻璃等产能严重过剩行业产能，并严格控制焦炭、铅锌等一般性有色冶炼以及电石等"两高"行业项目，加快淘汰火电、钢铁、建材等高污染、高排放行业的落后生产能力。随后的《关于印发河南省推进工业结构调整打赢污染防治攻坚战工作方案的通知》（豫政办〔2018〕73 号）、《关于印发河南省工业大气污染防治 6 个专项方案的通知》（豫环文〔2019〕84 号）等，进一步推进工业大气污染治理。此后伴随着《关于印发河南省 2021 年工业企业大气污染物全面达标提升行动方案的通知》（豫环文〔2021〕59 号）和《关于印发河南省 2021 年重点行业绩效分级提升行动方案的通知》（豫环文〔2021〕74 号）的发布，明确差异化的工业排放管控方式能有效地促进企业的绿色发展。

（4）扬尘排放

针对颗粒物的重要贡献源扬尘源，河南省住房和城乡建设厅于 2014 年发布了《河南省建筑施工现场扬尘防治管理暂行规定》，对建筑扬尘进行了重点约束，随后的《河南省2017年严格扬尘污染治理实施方案》《河南省2017年持续打好打赢大气污染防治攻坚战行动方案》，以及河南省2018年大气污染防治攻坚战8个专项实施方案中重点提出建立健全扬尘污染防治责任制，强化建设工地扬尘污染防治网格化管理的方案。经长期治理，河南省以PM_{10}为首要污染物的天数大幅度下降，"十三五"期间PM_{10}浓度降幅超过30%。

（5）VOCs排放

针对O_3和$PM_{2.5}$的重要前体物VOCs，河南省政府在2014年的《河南省蓝天工程行动计划》中提出了石油化工、有机化工、表面涂装、包装印刷等重点行业开展VOCs综合治理。随后在《河南省2017年持续打好打赢大气污染防治攻坚战行动方案》中明确要求于2017年6月底前，研究制定河南省工业企业VOCs排放控制标准，为全面开展工业企业VOCs治理提供法律依据。截至2017年，河南省发布的《关于全省开展工业企业挥发性有机物专项治理工作中排放建议值的通知》（豫环攻坚办〔2017〕162号）中关于VOCs的排放限值要求已较全面，随后河南省2018年发布的餐饮业油烟污染物排放标准中非甲烷总烃排放限值与国标征求意见稿一致。2020年河南发布工业涂装工序、印刷业、炼焦化学工业、钢铁工业4个涉VOCs行业的排放标准，已于2020年6月1日开始执行，这4个涉VOCs排放标准排放限值均严于目前发布的国家行业标准，且提出了企业安装VOCs排放自动监控设备的要求。随后的《河南省2021年夏季臭氧与$PM_{2.5}$污染协同控制攻坚实施方案》（豫环攻坚办〔2021〕21号）以及《河南省2021年工业企业大气污染物全面达标提升行动方案》（豫环文〔2021〕59号）也分别对VOCs排放做了进一步约束。

（6）交通源排放

针对NO_x的主要排放源交通源，《河南省蓝天工程行动计划》、《河南省2017年持续打好打赢大气污染防治攻坚战行动方案》（豫政办〔2017〕7号）、《河南省污染防治攻坚战三年行动计划（2018—2020年）》（豫政〔2018〕30号）、《河南省2021年移动源污染防治攻坚行动实施计划》等文件持续性对移动源及机动车排放做出具体约束。此外，伴随着油品标准及机动车尾气排放标准的不断提升，截至2022年年底，河南省国有加油站和加油企业均已完成国六b标准乙醇汽油的替换，且为进一步减少非道路移动机械污染排放，河南省自2022年12月1日起实施《非道路移动机械用柴油机排气污染物排放限值及测量方法（中国第三、四阶段）》相关排放要求。但是由于机动车保有量的持续上升，以及火电企业及高耗能企业的持续管控和能源替代，交通源对大气环境的影响日益显著，交通源相关排放仍需要进一步深度治理。

（7）预报预警体系及企业分级管控

2013年国务院启动大气污染防治行动计划，要求各省制定大气污染减排及空气质量改善目标，加强重污染天气预警工作。2014年，省政府在《河南省蓝天工程行动计划》中对河南省开展重污染天气预报预警工作做了部署：环保、气象部门要合作建设重污染天气监测预警体系。同年10月，省政府在《河南省重污染天气应急预案》中进一步明确了河南省环境保护厅负责重污染天气预报工作。2015 年河南省重点环保工作明确了监测中心负责落实建立空气质量预报预警体系，年底实现预报的目标，该项工作被列入 2015 年环保领域改革创新事项。在此基础上，2015 年 9 月河南省环境保护厅和河南省气象局正式开始建设空气质量预报系统，正式开展基于 AQI（空气质量指数）的空气质量预报和重污染天气预警的联合发布工作。此外，针对河南省秋冬季典型重污染事件频发的特征，河南省在预报预警平台的基础上发布了《河南省重污染天气应急预案》（豫政办〔2019〕56 号）、《精准科学依法开展秋冬季大气污染防治攻坚专项行动实施方案》（豫环文〔2020〕139 号）、《河南省 2020—2021 年秋冬季大气污染综合治理攻坚行动方案》（豫环攻坚办〔2020〕46 号）、《河南省 2021 年重点行业绩效分级提升行动方案》（豫环文〔2021〕74 号）、《河南省深入打好秋冬季重污染天气消除、夏季臭氧污染防治和柴油货车污染治理攻坚战行动方案》（豫环委办〔2023〕3 号）和《河南省生态环境厅办公室关于进一步做好 2023 年重污染天气应急减排清单修订工作的通知》（豫环办〔2023〕76 号）等一系列文件，基于空气质量预报预警和研判结果对污染管控的等级、区域及企业名录进行精细化管控，为建设美丽河南提供支撑。

近年来，河南省除在国家标准的基础上执行各类政策文件外，还针对地方排放及污染源特征颁布了一系列排放管控标准及政策文件，河南省主要行业所执行的排放标准具体如表 7-1 所列。

7.1.3 郑州市城市站点 $PM_{2.5}$ 演变特征

$PM_{2.5}$ 浓度下降的过程中，颗粒物组分的变化在一定程度上可以反映污染治理进程中排放源的变化特征。通过对细颗粒物组分变化特征进行剖析，可以较为准确地揭示污染源的变化特征。2013 年、2017 年和 2020 年是《大气污染防治行政计划》阶段和蓝天计划阶段的代表性年份，2013 年 $PM_{2.5}$ 主要由硫酸盐、有机物、硝酸盐、铵盐组成，贡献了 $PM_{2.5}$ 的 66%；2017 年 $PM_{2.5}$ 主要由有机物、硝酸盐、硫酸盐、铵盐、地壳物质组成，贡献了 $PM_{2.5}$ 的 85%；2020 年 $PM_{2.5}$ 主要由硝酸盐、地壳物质、有机物、硫酸盐、元素碳组成，贡献了 $PM_{2.5}$ 的 72%。硫酸盐占比不断减小（由 2013 年的 23.7% 减少至 2020 年的 13.1%），而硝酸盐占比明显增大（由 2013 年的 12.5% 增加至 2020 年的 18.5%），煤炭燃烧和汽车尾气排放分别是硫酸盐和硝酸盐的主要贡献源，持续的大气污染控制措施下，减煤效果显著，但机动车保有量持续上升等因素使得氮氧化物及硝酸盐贡献越发显著，城市 $PM_{2.5}$ 大气污染特征已然从煤烟型排放主导的污染特征演变为二次污染主导的复合型污染状况。

图 7-7 和图 7-8 分别展示了 2013~2022 年郑州市 $PM_{2.5}$ 组分重构结果对比。$PM_{2.5}$ 浓度在 2020 年出现一次明显反弹，整体呈下降趋势，从 2013 年的最高值 185μg/m³ 降至 2022 年的最低值 58μg/m³，降低了 127μg/m³，下降 69%。从质量浓度上看，有机物、元素碳、硫酸盐、硝酸盐、铵盐、氯盐和地壳物质呈波动下降趋势，2022 年较 2013 年同比下降 13%~82%。其中 2020 年的元素碳和地壳物质浓度反弹明显，达到 9.3μg/m³ 和 10.1μg/m³，是 $PM_{2.5}$ 浓度反弹的原因之一。就 $PM_{2.5}$ 组分占比而言，硫酸盐波动下降幅度明显，2022 年与 2013 年相比减少 7.9%；而地壳元素占比大幅增加，2022 年较 2013 年占比增加 11.9 个百分点。从各年贡献最大的组分上看，2013 年贡献最高的是硫酸盐，2014~2019 年、2021 年和 2022 年贡献最高的是有机物，2020 年贡献最高的是硝酸盐。

表 7-1 河南省主要排放源执行排放标准

排放源		次级排放源	2010年	2011年	2012年	2013年	2014年	2015年	2016年	2017年	2018年	2019年	2020年	2021年	2022年	2023年
电力		燃煤	GB 13223—2003			GB 13223—2011			超低排放标准				超低排放标准及 DB41/1424—2017			
锅炉	工业锅炉			GB 13271—2001						GB 13271—2014				DB41/2089—2021		
工业	工艺过程	平板玻璃	GB 9078—1996						GB 26453—2011, GB 29495—2013, 超低排放标准							GB 26453—2022
		烧结矿			GB 9078—1996						GB 28662—2012, 超低排放标准					
		炼焦		GB 16171—1996					GB 16171—2012, 超低排放标准					DB41/1955—2020		
		钢铁/有色金属		GB 9078—1996					GB 28663—2012, 超低排放标准				DB41/1952—2020, DB41/1954—2020			
		砖瓦	GB 9078—1996								GB 28664—2012					
		水泥		GB 4915—2004						GB 4915—2013					DB41/2234—2022	
		挥发性有机物				参照上述分行业标准					DB41/1604—2018 GB 14554—2018 GB 37822—2019 GB 37824—2019 超低排放改造		DB41/1951—2020 DB41/1956—2020 DB41/1066—2020	DB41/1953—2020		
		其他		GB 14554—1993			淘汰落后产能，加强排放监督，淘汰小型高排放企业，安装 VOCs 处理装置					DB41/1604—2018			DB41/2088—2021	
交通		汽油车		GB 14762—2008		GB 18352.5—2013					GB 18352.6—2016			DB/T 2199—2021		
		柴油车		GB 17691—2005		GB 18352.5—2013		GB 17691—2014			GB 17691—2018		GB 17691—2018		GB 18352.7—2020	
		非道路机械		GB 20891—2007							GB 20891—2014			标准升级（国六a升级为国六b）	GB 20891—2014 第四阶段	
居民		餐饮		GB 18483—2001									DB41/1604—2018			

第 7 章 河南省大气污染物管控历程与效果 341

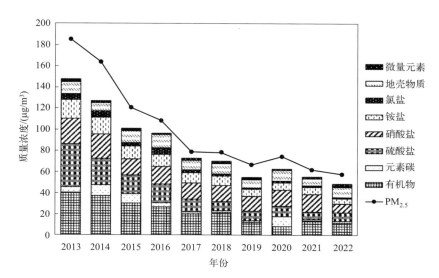

图 7-7 郑州市 2013～2022 年 $PM_{2.5}$ 及其组分重构浓度

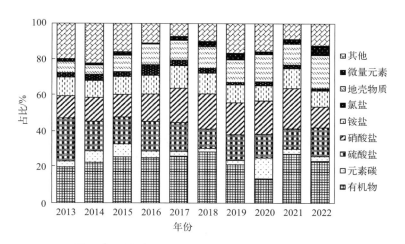

图 7-8 郑州市 2013～2022 年 $PM_{2.5}$ 组分重构占比

不同阶段郑州市 $PM_{2.5}$ 源解析结果见图 7-9。同样可以看出 $PM_{2.5}$ 污染不仅是由一次来源

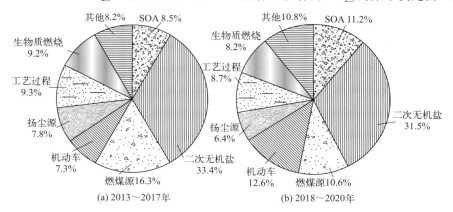

图 7-9 郑州市"大气十条"阶段（2013～2017 年）和蓝天计划阶段（2018～2020 年）的 $PM_{2.5}$ 来源解析

造成的，还受到了二次转化的影响。二次源（SOA+二次无机盐）是郑州市 $PM_{2.5}$ 的重要来源，占比达 40% 以上，且近年来占比有所增加。相较于"大气十条"实施时间，蓝天计划阶段燃煤源降幅明显，下降 5.7 个百分点，其次是扬尘源、生物质燃烧源和工艺过程源，分别下降 1.4 个百分点、1.0 个百分点、0.6 个百分点。然而随着汽车数量明显增多，机动车源和 SOA 贡献有不同幅度的上升。结合大气污染物浓度变化、典型污染组分及源解析贡献变化来看，典型城市 $PM_{2.5}$ 大气污染特征已然从煤烟型排放主导的污染特征演变为二次污染主导的复合型污染状况。

7.2 大型活动空气质量保障与疫情封控对空气质量的影响评估

7.2.1 2015 年国庆阅兵期间空气质量改善研究

纪念中国人民抗日战争暨世界反法西斯战争胜利 70 周年阅兵式（简称 9·3 阅兵或抗战胜利日阅兵），是中华人民共和国政府为纪念中国人民抗日战争暨世界反法西斯战争胜利 70 周年而开展的众多纪念活动中的一项重要活动。为了保障阅兵期间空气质量，在京津冀及周边地区大气污染防治协作小组领导下，北京、天津、山西、河南、河北、山东、内蒙古 7 个省（自治区、直辖市）高度重视空气质量保障工作，出台了一系列针对燃煤、机动车、工业、扬尘等领域包括空气质量监测及预报、北京及外省（自治区、直辖市）机动车临时交通管理、工业企业停限产、扬尘污染控制减排措施。阅兵期间（8 月 20 日~9 月 3 日），北京市空气质量总体良好，$PM_{2.5}$ 平均浓度仅为 $18\mu g/m^3$，同比下降 73.1%，连续 15 天均为一级，创下 $PM_{2.5}$ 监测以来历史最好纪录；京津冀及周边地区 70 个城市空气质量总体良好，$PM_{2.5}$ 平均浓度为 $35\mu g/m^3$，其中 52 个可比城市同比下降 34.0%。

作为协同控制区域和传输通道区域，为确保减排措施落实到位，河南省按照保障方案严格执行控制措施，此外还组织省发展改革委、省环境保护厅等单位，组成环保督导组，加大力度督促检查和执法，有力地支撑了空气质量保障活动的顺利施行。保障活动期间郑州市各类大气污染物浓度大幅下降，强化减排阶段 $PM_{2.5}$ 平均浓度为 $38\mu g/m^3$，空气质量均为优良，各类污染物浓度和组分相较于历史同期及未实行减排政策阶段均有大幅降低。空气质量保障活动的施行有力地支撑了重要活动的顺利举行，实现了"阅兵蓝"，也为河南省区域实行空气质量保障活动积累了丰富的经验，基于此本小节选取阅兵期间典型案例对河南省空气质量保障效果进行具体分析。

7.2.1.1 污染物浓度变化

阅兵期间为保障空气质量郑州市实施主要减排措施包括：

① 燃煤污染减排。活动期间未脱硫脱硝改造电厂及小型燃煤锅炉停止运行，其中共涉及市区 7 家燃煤锅炉停产，1 家燃煤锅炉间歇生产。

② 扬尘污染减排。郑州市区内各类施工工地（含建筑拆迁工地）停止土石方作业。为保障阅兵期间空气质量，郑州市对工地整治（含新建）围挡 3462km，道路面积 $1.245×10^7 m^2$，覆盖防尘网 $9.436×10^7 m^2$，3400 辆渣土车全部停运。通过对建筑及市政施工工地进行围挡将施

工区域与人们活动区域严格分开，使挖掘出的泥土不进入行车道路等区域以免扰动产生扬尘；对土石方覆盖防尘网、渣土车停运等措施对扬尘排放量减少贡献显著。8月28日起，市区189个土石方施工工地停止施工；8月29日启动应急措施后，全市2147个施工工地全面停止土石方作业。对城区主干道路提高清扫频次，路面尘土量明显减少。

③ 机动车污染减排。四环以内（不含四环）建筑垃圾和渣土运输车辆、黄标车、农用车和机动三轮车全时段禁行；全市80%公车停驶封在4000辆。

④ 工业企业污染减排。对不能达标排放的水泥、碳素、化肥、耐火材料等企业暂停生产；挥发性有机物（简称VOCs）排放企业20家长期停产，31家应急期间停产。

图7-10显示了减排期间郑州市污染物浓度变化趋势。

由图7-10可以看出减排期间郑州市$PM_{2.5}$的浓度从8月22日开始逐渐下降到国家二级标准范围内，与2013年及2014年相比颗粒物浓度有所降低。但8月28日$PM_{2.5}$浓度上升达到75μg/m³，空气质量为轻度污染。8月29日郑州市开始实施应急减排措施，随后颗粒物浓度开

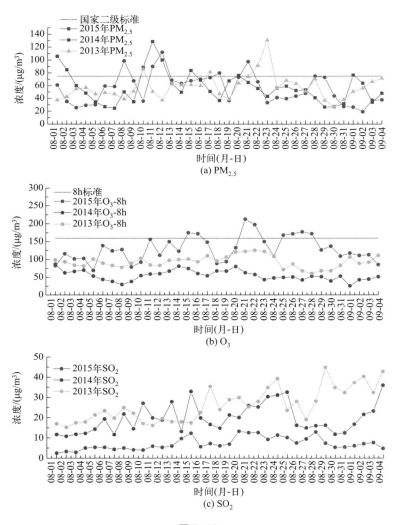

图7-10

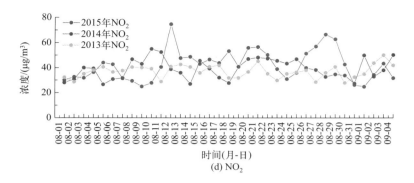

图 7-10 减排期间郑州市污染物浓度变化趋势

始下降,空气质量恢复良好水平。减排期间郑州市空气质量统计结果表明,8 月郑州市空气质量持续改善,其中空气质量优良天数达到 20d。8 月 20 日开始北京市周边开始实施各项减排措施,纪念活动期间,除 8 月 28 日空气质量为轻度污染外,8 月 29 日~9 月 2 日空气质量均为良。第一阶段减排期间 8 月 20~28 日 $PM_{2.5}$ 日均浓度为 $58\mu g/m^3$。减排第二阶段 8 月 29 日~9 月 4 日 $PM_{2.5}$ 平均浓度为 $38\mu g/m^3$。SO_2 浓度整体与 2013 年和 2014 年相比有大幅降低,均在国家标准范围内。SO_2 在活动期间的变化趋势与颗粒物相同。NO_2 与 2013 年和 2014 年相比有所增加,这与郑州机动车保有量快速增加有关。在 8 月 28 日 NO_2 浓度严重偏高时,郑州市通过启动应急方案进一步减少公务用车。使得 9 月 1~4 日 NO_2 浓度恢复到较低水平。8 月 20~28 日日均 SO_2、NO_2 浓度分别为 $12\mu g/m^3$ 和 $49\mu g/m^3$。8 月 29 日~9 月 4 日 SO_2 浓度范围为 5.3~$7.9\mu g/m^3$,平均浓度为 $6.8\mu g/m^3$。8 月 29 日~9 月 4 日 NO_2 浓度范围为 25~$62\mu g/m^3$,平均浓度为 $38\mu g/m^3$。2015 年 O_3 浓度较 2013 年和 2014 年有很大增加。且在 8 月 20~28 日之间没有明显下降反而有多天超过国家 O_3 浓度 8h 标准并成为郑州市大气首要污染物,可见郑州市 O_3 问题已日益显著。8 月 28 日后通过各项措施的实施 O_3 浓度水平逐渐降低。8 月 20~28 日 O_3 平均浓度为 $166\mu g/m^3$。8 月 29 日~9 月 4 日 O_3 浓度范围为 86~$137\mu g/m^3$,平均浓度为 $114\mu g/m^3$。

阅兵减排观测期间颗粒物及水溶性离子浓度变化趋势如图 7-11 所示(书后另见彩图),由图可知在减排第二阶段颗粒物浓度和水溶性离子浓度均为最低。说明通过减排过程颗粒物污染控制取得了良好的效果。观测期间水溶性离子浓度大小依次为 $SO_4^{2-} > NH_4^+ > NO_3^- > Ca^{2+} > Cl^- > K^+ > Na^+ > Mg^{2+} > F^-$。水溶性离子在 $PM_{2.5}$ 中的占比变化范围为 0.48~0.78,平均值为 0.63,该值和文献中报道结果基本一致。说明水溶性离子是 $PM_{2.5}$ 中的主要组分之一。其中二次无机离子 SO_4^{2-}、NH_4^+ 和 NO_3^- 占总水溶性离子的 90% 以上。SO_4^{2-} 占 $PM_{2.5}$ 质量浓度的 26%,其平均浓度为 $17.5\mu g/m^3$,变化范围为 11.0~$27.5\mu g/m^3$,SO_4^{2-} 主要前体物 SO_2 通过化学过程形成,SO_2 则主要来自燃煤燃烧过程。NH_4^+ 占 $PM_{2.5}$ 质量浓度的 17.2%,NO_3^- 占 $PM_{2.5}$ 质量浓度的 14.7%,二次无机离子占 $PM_{2.5}$ 质量浓度的 50% 以上,可见二次离子在颗粒物中处于主导地位。同样近几年研究结果表明,二次离子在颗粒物中占比明显增加。对不同减排阶段各组分进行对比分析见表 7-2。观测期间共分为三个阶段,第一阶段为 8 月 20~28 日,第二阶段为 8 月 29 日~9 月 4 日,第三阶段为 9 月 5~7 日。在活动期间第二阶段 Ca^{2+} 浓度仅为第一阶段 Ca^{2+} 浓度的 1/2,说明在第二阶段扬尘减排效果更为显著。三个阶段 $WSIIs/PM_{2.5}$ 分别为 60%、62% 和 64%,总水溶性离子对颗粒物贡献占比变化不大。NO_3^-/SO_4^{2-} 比值在第二阶段、第三阶段逐渐高于第一阶段。NO_3^-/SO_4^{2-} 值通常用来判定移动源和固定源贡献大小,结果表明在第一阶段机动车减排效果较好,第二阶段和第三阶段固定源减排效果逐渐明显。

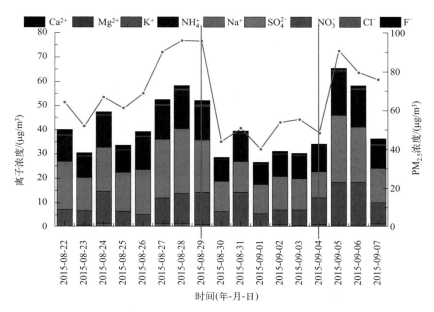

图 7-11 阅兵减排观测期间颗粒物及水溶性离子浓度变化趋势

表 7-2 阅兵期间不同减排阶段 PM$_{2.5}$ 及水溶性离子浓度 单位:μg/m³

项目	第一阶段 8月22～28日	第二阶段 8月29日～9月4日	第三阶段 9月5～7日	观测期间 8月22～9月7日
PM$_{2.5}$	71±16	55±19	82±8	67±19
F$^-$	0.09±0.04	0.04±0.02	0.04±0.01	0.06±0.04
Cl$^-$	0.81±0.55	0.64±0.28	0.97±0.32	0.77±0.41
NO$_3^-$	8.51±3.29	7.78±3.80	14.67±5.24	9.29±4.30
SO$_4^{2-}$	19.55±4.64	13.8±3.54	21.42±6.74	17.51±5.40
Na$^+$	0.29±0.08	0.19±0.06	0.29±0.05	0.25±0.08
NH$_4^+$	11.59±2.63	9.8±1.85	13.79±4.57	11.24±2.95
K$^+$	0.72±0.18	0.57±0.21	0.85±0.06	0.68±0.20
Mg^{2+}	0.14±0.03	0.11±0.06	0.13±0.06	0.13±0.05
Ca^{2+}	1.40±0.44	0.70±0.41	1.17±0.72	1.07±0.56
WSIIs/PM$_{2.5}$ 值	0.60±0.05	0.62±0.09	0.64±0.14	0.62±0.08
SIA/PM$_{2.5}$ 值	0.56±0.05	0.58±0.06	0.60±0.156	0.57±0.08
NO$_3^-$/SO$_4^{2-}$ 值	0.44±0.15	0.56±0.28	0.68±0.09	0.57±0.23
OC	10.5±5.6	8.3±8.6	9.0±4.3	9.4±6.5
EC	4.3±1.7	4.4±3.5	4.6±2.2	4.4±2.5
OC/EC	2.4±0.6	1.7±0.4	2.0±0.3	2.0±0.5

观测期间 8 月 29 日和 30 日出现短暂的小雨过程。湿沉降使污染物浓度显著下降,为保证活动期间空气质量提供了有利的条件。观测期间共分为三个阶段:8 月 20～28 日为第一阶段;8 月 29 日～9 月 4 日为应急减排阶段(第二阶段);9 月 5～7 日为第三阶段,活动结束各

生产活动逐渐恢复正常。观测期间从8月20日至8月22日郑州市空气质量仍处于轻度污染状态，随着减排初显成效和8月23日、24日有利的气象条件，空气质量达到优良，但8月28日颗粒物浓度有所反弹，达到120μg/m³，主要由不利的气象条件导致（风速小于1m/s，且无持续风向，见图7-12）。郑州市启动应急减排方案，到29日空气质量逐渐好转，达到空气质量标准，相对湿度出现明显的昼夜变化特征，变化范围为40%～95%，平均温度为24.6℃，最高温度为35.4℃，最低温度为18℃。温度相对较高使边界层高度较高，边界层条件有利于污染物扩散。9月4日保障活动结束后，颗粒物浓度上升，由9月4日的48μg/m³上升到9月5日的90μg/m³。在整个观测期间温度和湿度均表现出明显的日变化特征，表明大气对流较强，气象条件较为有利。

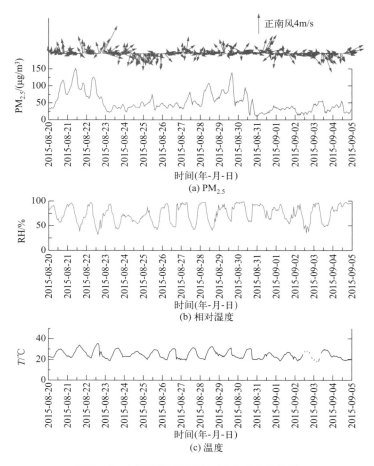

图7-12 阅兵期间颗粒物浓度与气象条件关系

7.2.1.2 EC、OC变化特征

阅兵观测期间EC和OC浓度及OC/EC值变化见图7-13，EC质量浓度变化范围为2.2～12.1μg/m³，平均值为4.4μg/m³；OC浓度变化范围为3.1～27.2μg/m³，平均值为9.4μg/m³。减排过程三个阶段OC浓度变化趋势与颗粒物浓度变化趋势一致，在三个阶段OC平均浓度分别为10.5μg/m³、8.3μg/m³和9.0μg/m³。而EC浓度在不同阶段则没有明显变化。OC与EC比值可以用来判断颗粒物来源，观测期间OC/EC值变化范围在1.1～3.2之间，通常认为OC/

EC 值在 3.8～13.2 之间主要受生物质燃烧源的影响，在 2.5～10.5 之间主要受燃煤源影响，在 2.5～5.0 之间主要受机动车尾气排放影响。观测期间结果表明 EC 和 OC 是受燃煤和机动车混合源的影响。在 8 月 31 日 OC/EC 值为 1.1，低于其他时间，可能是出现少量降雨造成颗粒物中水溶性 OC 含量减少，导致 OC/EC 值较低。EC 化学性质稳定，通常将 EC 作为一次排放的标识物。OC 与 EC 相关性可用来判断碳质颗粒来源。在 $PM_{2.5}$ 中 OC 与 EC 表现出很好的相关性，相关系数 r 为 0.947。表明 EC 和 OC 来自相同的源，且 OC/EC 值处于较低的水平，表明碳质颗粒物可能受一次污染源影响较大，与在减排期间 VOCs 排放量减少有关。

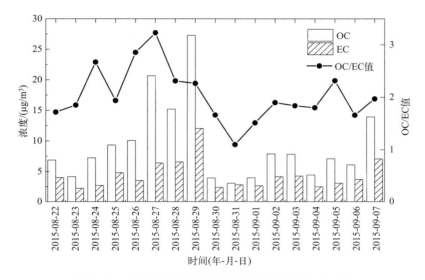

图 7-13　阅兵观测期间 EC 和 OC 浓度及 OC/EC 值变化

7.2.1.3　金属元素变化特征

表 7-3 中为阅兵观测期间不同减排阶段无机元素平均浓度，观测期间元素丰度顺序为 Ca、Mg、K、Fe、Al、Zn、Pb，占元素总浓度的 93%，其中 Ca、Mg、Al、Fe 为地壳元素标示物，很可能受扬尘源的影响。K 与生物质燃烧源有关，Zn 和 Pb 则主要来自机动车尾气排放和刹车磨损。其中 Ca、Mg、Al、Fe 均在第一阶段浓度最高第三阶段次之，在第二阶段浓度最低，说明在第二阶段减排过程中扬尘源得到很好的控制。Zn 在三个阶段浓度变化不显著说明受到减排影响较小，K 和 Pb 元素则是第三阶段浓度最高，即在减排结束机动车污染物排放量增加同样说明在减排过程中机动车尾气排放得到了很好的控制。就整体元素来说，减排第二阶段各元素浓度低于第一阶段减排过程及减排活动结束后，说明在减排过程对元素污染控制起到了很好的效果。

表 7-3　阅兵观测期间不同减排阶段无机元素平均浓度　　　　　　　　　　　单位：ng/m^3

元素	第一阶段	第二阶段	第三阶段	观测期间
Be	0.4±0.5	0.3±0.2	0.1±0.1	0.3±0.4
B	12.9±12.3	43.9±32.6	32.1±5.9	27.1±24.1
Mg	989.1±477.8	801.5±94.2	838.7±69	902.3±343.1
Al	624.4±330.5	462.6±257	460.8±153.3	543.1±280.6

续表

元素	第一阶段	第二阶段	第三阶段	观测期间
K	802.4±221.1	692.4±414.3	837.9±297.1	774.7±289.5
Ca	1160.0±542.6	926.6±167.5	968.7±111.8	1051±399.3
Ti	26.1±10.2	21.9±10.0	21.3±7.6	23.9±9.4
V	2.8±0.9	1.9±0.4	3.6±1.1	2.7±1.0
Cr	26.3±12.9	20.6±7.7	20.2±2.5	23.4±10.2
Mn	76.4±26.0	59.6±31.3	57.6±18.7	67.6±26.6
Fe	734.8±244.5	532.3±302.9	596±284.4	645.5±268.7
Co	0.7±0.3	0.6±0.2	0.6±0.1	0.7±0.2
Cu	30.2±18.3	18.2±8.9	24.1±8.1	25.3±14.7
Zn	165.1±61.3	171.8±110.9	163.1±40.5	166.8±72.6
As	22.4±12.9	10.1±3.8	11.4±1.9	16.5±10.9
Se	7.2±2.9	5.7±3.3	7.8±3.3	6.8±3.0
Sr	34.7±15.8	30.6±4.6	31.0±4.6	32.7±11.4
Ag	0.4±0.1	0.3±0.1	0.5±0.2	0.4±0.2
Cd	3.1±1.3	1.7±0.9	2.3±0.5	2.5±1.2
Sn	15.0±5.7	14.1±3.9	13.2±1.5	14.4±4.5
Sb	10.7±4.4	15.8±8.2	15.6±4.2	13.2±6.0
Ba	35.9±14.7	33.2±14.6	36±20.5	35.1±14.7
Tl	1.0±0.4	0.6±0.3	1.2±0.3	0.9±0.4
Pb	116.1±54.3	65.3±37.9	120.0±42.5	100.9±51.2

通过计算富集因子判断各元素受人为影响程度，计算结果见表 7-4。富集因子（EF）小于 10 的元素包括 Ba、Ca、Co、K、V、Fe、Al，说明这些元素主要受自然源的影响，受人为活动影响较少。富集因子在 10～100 之间的元素包括 B、Be、Cr、Sr、Mn、Mg，说明这些元素受人为活动和自然源的共同影响。富集因子大于 100 的元素包括 Cd、Se、Sb、Pb、Ag、Zn、As、Tl、Cu，说明这些元素主要受人为活动影响。对不同阶段富集因子分析发现，在减排第一阶段与减排结束恢复正常生产后各元素富集因子相当，大于减排第二阶段各元素富集因子，说明第二阶段减排效果明显好于第一阶段减排效果。在恢复生产后，Se、Cd、Pb、V元素富集因子明显高于减排活动期间。Se 和 Cd 主要来自煤燃烧，Pb 和 V 则主要来自机动车排放，说明恢复生产后燃煤和机动车对大气中金属元素贡献较大。

表 7-4 阅兵观测期间不同减排阶段金属元素富集因子

元素	第一阶段 EF	第二阶段 EF	第三阶段 EF	观测期间 EF
Be	21.7	22.0	7.4	18.8
B	33.4	153.2	112.5	80.6
Mg	13.4	14.7	15.4	14.1
Al	1.0	1.0	1.0	1.0
K	4.6	5.3	6.5	5.1
Ca	8.0	8.6	9.0	8.3
V	3.6	3.3	6.3	4.0

续表

元素	第一阶段 EF	第二阶段 EF	第三阶段 EF	观测期间 EF
Cr	45.7	48.3	47.6	46.8
Mn	15.0	15.8	15.3	15.3
Fe	2.6	2.6	2.9	2.7
Co	5.8	6.8	6.8	6.7
Cu	141.7	115.2	153.2	136.5
Zn	235.9	331.3	315.8	274.0
As	247.4	150.6	170.6	209.5
Se	2632.0	2813.0	3864.0	2858.0
Sr	25.0	29.8	30.3	27.1
Ag	326.2	330.2	552.6	375.1
Cd	3287.0	2433.0	3304.0	3047.0
Sb	937.5	1869.0	1852.0	1330.0
Ba	8.1	10.1	11.0	9.1
Tl	171.0	138.5	278.1	176.9
Pb	473.4	359.4	663.1	473.0

7.2.2 第十一届全国少数民族传统体育运动会空气质量保障案例

近年来，我国在举办重大活动时会开展一系列临时管控措施以保障空气质量。这些保障活动为污染管控和改善空气质量提供了最真实的情景案例。第十一届全国少数民族传统体育运动会（以下简称"民运会"）由国家民委、国家体育总局主办，河南省人民政府承办，于2019年9月8～16日在郑州市举行，这对河南省及郑州市空气质量保障工作是一个严峻考验，同时短期强力的控制措施的密集施行也能为郑州市及河南省区域的空气质量改善提供真实的空气质量管控经验。为开展民运会环境空气质量保障工作，落实精准化的区域协作管控措施，参照国内其他重大活动空气质量保障管控经验，河南省生态环境厅成立了民族运动会空气质量联防联控指挥部，其中郑州大学环境科学研究院研究团队基于长期在河南省及郑州市同期空气质量现状分析、大气污染物排放清单、污染成因与溯源研究、空气质量模式模拟及预报系统方面的工作，积极参与民运会空气质量保障服务工作，为民运会期间空气质量保障联防联控方案的制定、空气质量保障会商研判、保障目标的达成及空气质量保障后评估提供了科技支撑，实现了运动会期间郑州市 $PM_{2.5}$、PM_{10} 保良争优，臭氧在不发生区域污染的状况下保良，为民运会提供良好空气质量保障。本次保障活动期间，在河南省生态环境厅积极组织专家团队，科学全面落实污染防控措施的基础上，郑州市积极协调周边城市的环保合作，建立了统一协调、联合执法、信息共享、区域预警的大气污染联防联控机制，有效地积累了重大活动的管控经验和污染物管控水平。观测结果表明：管控措施对颗粒物有显著的减排效果，对一次源中的扬尘源、燃煤源和工业源减排效果显著，贡献比分别下降8.3%、8.2%和8.1%，但此次管控对二次前体物氮氧化物和VOCs的减排效果较弱。管控过程中核心区郑州市主要污染物削减均超过30%，模拟结果显示郑州市 $PM_{2.5}$ 平均浓度下降32%，主要归因于一次 $PM_{2.5}$ 的减少，郑州市自身排放削减贡献了本地 $PM_{2.5}$、NO_2 和 CO 约80%的浓度改善，协作区的减排对 SO_2 浓度改善（10%～30%）较为显著。详细保障过程如下文所述。

7.2.2.1 保障方案制定

制定科学的空气质量保障措施，需要对区域大气污染物的来源进行解析评估，找出影响区域环境空气的重点区域和重点行业，从而有针对性地进行控制。具体实施步骤为：

① 综合历史同期气象和污染物特征数据，在保障活动前识别影响郑州市空气质量的主要因素，并划定空气质量保障范围，制定空气质量保障措施；

② 基于预设排放清单，建立 WRF-CMAQ 模型模拟系统，研究排放控制措施下污染物排放情景和空气质量达标情景，最终在达标情景下提出分省市、分行业、分级别的空气质量保障措施备选实施方案。

具体实施路径如图 7-14 所示。

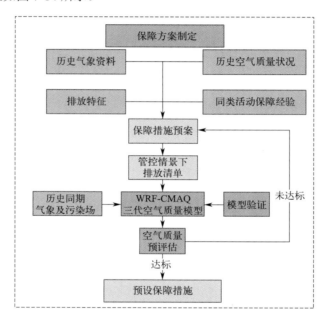

图 7-14　民运会空气质量保障方案制定流程

保障区域的划定思路为首先对郑州市历史同期（2014～2018 年）5 年间 9 月气团来源进行后向轨迹聚类，表征风向路径；随后通过气流过境频次分析和不同气团过境时的污染状况相结合的手段，确定 300km 范围内需重点管控的县、市、区，最后结合河南高污染行业分布特征综合考虑传输路径和污染强度划定核心区、严控区、控制区和协作区。对郑州市 2014～2018 年 9 月轨迹进行聚类，出现概率最大的轨迹为郑州市东南偏东方向传输到郑州的轨迹，来自许昌、周口和亳州一带，概率为 22%；其次是东北方向沿安阳—鹤壁—新乡一带的传输方向，概率为 15%；沿郑州—开封—菏泽方向的传输总计占比 14%，偏北方向的气团占比超过 40%，偏东方向气团传输影响的聚类比例超过 30%，且主导轨迹上有污染较重区域时，通常对空气质量影响较为明显。基于后向轨迹聚类结果及排放源分布特征，确定河南省内以郑州市北、东北和东南方向为主要管控方向，同时将河南省外的邯郸市、邢台市、聊城市、枣庄市、菏泽市、济宁市、徐州市、淮北市、阜阳市、宿州市、亳州市纳入协作区，在应急启动或联防联控控制时需加强上述方向地区的污染物浓度控制。最终确定管控区域，划定核心区为郑州市行政区域范围；严控区包括开封市、许昌市、新乡市和焦作市；控制区包括驻马店市、漯河市、周口市、商丘市、濮阳市、鹤壁市、安阳市、济源市、平顶山市和洛阳市；协作区包括河南省三门峡市、南阳市和信阳市，建议将河北省邯郸市、邢台市，山东省聊城市、枣庄市、菏泽市、济宁市，江苏省徐州市，安徽省淮北市、阜阳市、宿州市、亳州市纳入协作区。

研究团队参照国内其他重大活动空气质量保障管控经验，对郑州市民运会期历史同期气象和污染物特征数据进行了分析，以确定污染物管控方向和管控目标。首先研究分析了 2014 ～ 2018 年郑州市市区点位主要大气污染物平均特征，如图 7-15 所示（书后另见彩图），历年 9 月 8 ～ 16 日期间郑州市未出现过中度污染，主要以轻度污染和良为主。该时段内郑州市首要污染物以 $PM_{2.5}$ 和 O_3 为主。因此民运会期间需要以这两种大气污染物为控制对象，协同控制 $PM_{2.5}$ 和 O_3 污染。以国家二级空气质量标准的各类污染物限值（NO_2 日均值小于 40μg/m³，日最大 O_3-8h 值小于 160μg/m³，PM_{10} 和 $PM_{2.5}$ 日均值小于 70μg/m³ 和 35μg/m³）为约束对 2016 ～ 2018 年 9 月郑州市不同点位污染物浓度统计分析，其中 NO_2、$PM_{2.5}$ 和 PM_{10} 取所有站点三年平均值，O_3-8h 取三年 9 个点位中最大值。则郑州市空气质量要在民运会期间达到优良及以上，则 PM_{10}、$PM_{2.5}$、NO_2、O_3-8h 需分别下降的最大比例为 58.85%、59.41%、51.61% 和 44.78%。

项目	年份	1	2	3	4	5	6	7	8	9	10	11	12	13	14	15	16	17	18	19	20	21	22	23	24	25	26	27	28	29	30
AQI	2014	104	87	62	91	75	88	107	135	92	115	75	45	85	90	38	43	53	88	89	68	61	68	83	103	104	142	170	55	75	72
	2015	64	58	63	52	67	65	77	97	90	124	52	73	103	83	83	106	119	107	172	115	130	115	98	152	110	117	173	200	100	76
	2016	81	93	131	176	170	109	92	109	135	93	130	113	78	120	122	117	148	89	62	75	116	113	119	125	90	82	93	62	73	110
	2017	53	58	77	54	66	92	88	94	82	55	111	110	95	80	107	111	133	117	101	162	105	84		58	52	53	65	78	99	61
	2018	64	86	86	100	66	70	63	92	99	104	103	105	73	62	70	45	57	49	50	72	76	75	89	68	43	60	75	62	86	58
O_3	2014	33	68	72	83	80	72	34	37	59	87	53	62	76	72	43	40	34	30	72	73	88	90	79	93	87	102	78	54	74	44
	2015	116	109	112	87	120	76	132	130	102	134	81	86	56	131	124	119	126	120	150	148	162	96	134	93	131	138	131	90	62	86
	2016	137	144	194	241	235	155	150	169	198	151	192	174	103	182	167	171	212	100	114	130	177	174	180	118	90	75	78	66	122	101
	2017	103	109	69	64	61	150	145	115	65	62	172	171	153	136	167	156	196	178	132	227	165	137	158	94	61	76	39	130	114	74
	2018	116	143	143	160	87	124	115	150	158	164	163	165	99	68	56	61	105	66	52	32	131	118	101	121	62	112	127	100	109	83
NO_2	2014	54	34	40	53	37	46	52	35	43	39	27	22	35	34	30	34	42	55	46	49	45	54	66	44	50	65	62	27	36	31
	2015	26	37	47	33	38	30	48	77	51	42	38	58	86	63	66	80	70	75	76	83	80	64	54	81	51	69	67	42	38	51
	2016	58	74	78	80	70	61	48	57	68	57	51	32	46	55	58	48	55	30	37	57	72	54	50	88	64	41	36	33	58	99
	2017	34	40	61	39	41	36	59	75	65	44	66	64	61	54	65	91	79	76	82	62	45	64	76	41	39	40	47	43	56	48
	2018	32	48	44	42	50	30	39	51	42	46	37	53	58	49	56	36	39	38	40	57	42	60	71	49	34	44	60	44	63	32
PM_{10}	2014	126	108	74	131	100	126	139	138	102	168		45	100	75		17	45	125	95	86	71	86	106	118	105	196	211	46	100	93
	2015	42	42	76	50	78	72	77	133	107	129	53	85	146	115	112	161	187	163	235	179	210	145	130	216	168	180	225	217	131	102
	2016	80	88	155	198	158	143	67	84	125	78	97	90	64	116	141	128	170	111	59	82	127	140	131	200	120	72	89	74	80	131
	2017	44	38	88	57	82	72	99	119	87	57	125	131	113	84	117	172	147	162	151	125	115	118		65	53	56	79	105	148	71
	2018	49	79	92	70	82	67	51	77	66	87	66	88	80	45	76	43	64	49	22	63	73	75	88	72	41	52	97	73	121	65
$PM_{2.5}$	2014	78	64	33	48	42	50	80	103	68	87	55	24	63	67		11	23	65	66	46	37	43	46	77	78	108	129	39	48	35
	2015	26	19	38	36	48	47	37	64	67	94	32	32	51	44	49	75	76	76	130	82	94	87	73	116	83	88	131	150	75	42
	2016	35	31	80	118	85	82	40	34	59	36	46	60	57	78	92	88	108	66	26	36	48	56	51	87	67	60	69	18	36	56
	2017	17	18	40	34	47	39	34	43	36	33	58	59	50	36	45	74	67	75	70	54	55	46		30	30	36	32	51	64	35
	2018	25	35	24	20	30	20	14	27	25	36	26	33	37	25	44	21	32	32	18	33	27	23	31	28	23	28	52	27	35	20

图 7-15　2014 ～ 2018 年 9 月郑州市大气污染物浓度（单位：μg/m³）

基于上述大气污染物浓度下降比例的需求，利用本地化高分辨率排放清单，结合不同管控区域的具体大气污染管控措施，设置不同的管控情景并推估污染物减排比例及减排量，建议各管控区的常规管控措施和对应污染物的减排比例见表 7-5 ～表 7-8。民运会期间可实现大气污染物 20% 的减排率，日减排量达到 5700t。其中郑州市可实现大气污染物 34% 的减排率，日减排量达到 1000t；严控区可实现大气污染物 32% 的减排率，日减排量达到 2200t；控制区可实现大气污染物 12% 的减排率，日减排量达到 2400t。

表 7-5 2019 年 9 月民运会期间预设管控措施

企业类型	管控措施
工业企业 常规情景	（1）未达到一企一策深度治理的企业全部停产 （2）工业企业涉 VOCs 排放工序 9 月 5 日 0 时～17 日 12 时停产，不涉 VOCs 排放工序的可实施错峰生产 （3）热电企业及锅炉减少燃煤机组发电占比，实施绿色电力调度 （4）有色冶炼、耐材、砖瓦窑、钢铁、陶瓷、焦化、电解铝等工业企业按照《郑州市重污染天气应急预案（2018 年修订）》（郑政文〔2018〕177 号）橙色预警管控要求执行，水泥行业 9 月按计划实施停产；其他工业企业按照《郑州市重污染天气应急预案（2018 年修订）》（郑政文〔2018〕177 号）黄色预警管控和《郑州市 2018—2019 年秋冬季工业企业错峰生产实施方案》（郑工信〔2018〕155 号）执行
工业企业 加严情景	工业企业涉 VOCs 工序实施停产，其他工业企业按照《郑州市重污染天气应急预案（2018 年修订）》（郑政文〔2018〕177 号）橙色预警实施管控
移动污染源 常规情景	（1）除民生工程外全市渣土车停止运输，工地内非道路移动机械禁止使用 （2）加大公共交通运力保障，倡导"绿色出行"，机动车实施单双号限行方案 （3）全市加油站、储油库和油罐车在 8～18 时暂停装卸油
移动污染源 加严情景	全市水泥罐车、建筑物料车停止运输（经市政府批准的应急抢险、保障民生工程除外），非道路移动机械（含装载机、平地机、挖掘机、压路机、铺路机、叉车等）停止使用
扬尘源 常规情景	（1）全市停止建筑拆迁（拆除）施工，停止开挖、回填、场内倒运、掺拌石灰、混凝土剔凿等土石方作业（绿牌工地以及经市政府批准的应急抢险、保障民生工程除外）。裸露场地全天不间断洒水降尘 （2）对城区主次干道、城乡接合部道路、重要国道省道市道县道，增加吸尘、清扫、喷雾等防治扬尘作业 4 次
扬尘源 加严情景	（1）全市所有建筑工地停止施工（经市政府批准的应急抢险、保障民生工程除外） （2）对城区主次干道、城乡接合部道路、重要国道省道市道县道，增加吸尘、清扫、喷雾等防治扬尘作业 6 次
其他面源 常规情景	（1）赛事所在区域内（郑州市中心城区），规模以上餐饮企业须使用清洁能源，确保油烟治理装置正常运行，未安装油烟治理装置或装置运行不正常的餐饮企业停业整改 （2）汽修行业喷涂刷漆工序停产（9 月 5 日 0 时～17 日 12 时），不涉喷涂刷漆工序的可实施错峰营业（8～18 时停业、18 时～次日 8 时营业） （3）禁止露天和敞开式喷漆作业、喷涂作业、市政道路画线 （4）所有建筑墙体涂料粉刷工地必须配备密闭的胶黏剂和建筑涂料存储调配车间，胶黏剂和建筑涂料容器必须密闭保存；胶黏剂和建筑涂料废弃器必须集中处理，不得随处摆放 （5）严禁进行墙体粉刷、焊接 （6）禁止秸秆焚烧、垃圾焚烧、露天烧烤
其他面源 加严情景	全天禁止进行汽修喷涂作业、干洗、墙体粉刷、焊接、市政道路画线

表 7-6 各管控区域减排比例 单位：%

区域	SO_2	NO_x	CO	PM_{10}	$PM_{2.5}$	VOCs	NH_3	总计
核心区	41.8	31.7	27.6	45.4	45.1	52.2	3.8	34.0
严控区	30.7	15.6	40.0	33.8	34.5	37.7	6.3	32.4
控制区	19.0	11.0	12.7	10.8	10.6	19.1	1.1	12.3
总计	23.3	14.4	20.4	19.1	19.0	30.5	2.6	19.3

表 7-7 严控区各地市减排比例 单位：%

城市	SO_2	NO_x	CO	PM_{10}	$PM_{2.5}$	VOCs	NH_3
开封	44	15	53	42	41	61	6
许昌	22	13	38	31	32	21	2

城市	SO$_2$	NO$_x$	CO	PM$_{10}$	PM$_{2.5}$	VOCs	NH$_3$
新乡	33	19	40	35	35	46	8
焦作	29	14	35	31	32	43	7

表 7-8　控制区各地市减排比例　　　　　　　　　　　　单位：%

城市	SO$_2$	NO$_x$	CO	PM$_{10}$	PM$_{2.5}$	VOCs	NH$_3$
驻马店	24	9	7	6	6	20	3
漯河	17	8	7	6	5	34	0
周口	12	7	4	3	3	23	0
商丘	13	7	5	5	4	8	0
濮阳	24	9	6	5	6	29	1
鹤壁	19	12	13	12	12	29	0
安阳	22	17	24	16	16	15	1
济源	15	11	21	11	11	12	1
平顶山	24	14	19	15	15	10	0
洛阳	10	5	8	7	7	24	1

在初步设定减排比例后，选取 2014～2018 年间气象条件最不利的 2016 年 9 月作为模拟时段，分别模拟不采取管控措施的基准情景以及不同程度管控情景下郑州市及周边城市的空气质量，并将不同管控情景的模拟结果与基准情景进行对比分析，确定不同情景下 NO$_2$、PM$_{2.5}$、PM$_{10}$ 和 O$_3$ 的下降幅度，并与历史污染物浓度峰值进行对比分析，最终确定具体的大气污染物减排比例。此外，针对 O$_3$ 在常规控制情景下浓度反弹的问题，在常规管控措施的大气污染物减排比例的基础上分别设置 9 种不同减排情景进行模拟，以确定最佳的 NO$_x$ 和 VOCs 协同减排比例。具体情景设置如表 7-9 所列。利用 WRF-CMAQ 分别对 2016 年 9 月的基准情景和 9 种管控情景的大气污染进行模拟，并将各种管控情景下的各项大气污染物浓度与基准情景进行对比，计算得到各种情景下的大气污染物浓度均值下降率，如表 7-10 所列。

表 7-9　NO$_x$ 和 VOCs 减排情景设置

项目	常规措施 NO$_x$ 减排比例 1/3	常规措施 NO$_x$ 减排比例 2/3	常规措施 NO$_x$ 减排比例
常规措施 VOCs 减排比例 1/3	情景 9	情景 8	情景 7
常规措施 VOCs 减排比例 2/3	情景 6	情景 5	情景 4
常规措施 VOCs 减排比例	情景 3	情景 2	情景 1

表 7-10　不同情景下郑州市 2016 年 9 月主要大气污染物浓度均值下降率　　单位：%

项目	情景 1	情景 2	情景 3	情景 4	情景 5	情景 6	情景 7	情景 8	情景 9
PM$_{2.5}$	47	46	45	46	47	45	46	46	45
PM$_{10}$	59	58	58	59	59	58	59	58	58

续表

项目	情景 1	情景 2	情景 3	情景 4	情景 5	情景 6	情景 7	情景 8	情景 9
NO_2	34	22	13	35	22	11	35	22	11
O_3	−1	−7	−1	−10	3	−4	−11	−7	−3

就 $PM_{2.5}$、PM_{10} 和 NO_2 3 种污染物来看，在 9 种管控情景下均有显著的降低。可见，常规管控措施对上述 3 种污染物的管控，即使在最不利的气象条件下也均可以获得很好的效果，均可以实现民运会期间的空气质量目标。而现有管控措施对 O_3 浓度并没有明显的效果，大部分情景下 O_3 浓度均值较基准情景有所升高，所有管控情景都仍无法达到空气质量保障目标。可见，现有管控措施仍需加强对 NO_x 和 VOCs 的协同管控，才能有效降低 O_3 浓度。综上所述，在情景 1 的减排比例下，$PM_{2.5}$、PM_{10} 和 NO_2 3 种污染物浓度均值的下降率基本均高于其他管控情景；在情景 5 的减排比例下，O_3 浓度均值可以实现小幅的降低。因此，可以认为情景 1 和情景 5 两种情景下的减排比例，是最有利于实现民运会期间的空气质量保障目标的减排比例。

此外，针对 O_3 浓度反弹的问题，建立 5×5 阶的排放控制矩阵，分别对不同人为源 NO_x 和 VOCs 排放控制情景下的郑州市 2016 年 9 月的空气质量进行模拟，得到相应的 O_3-8h 和日均 $PM_{2.5}$ EKMA（经验动力学模型）曲线，如图 7-16 所示。

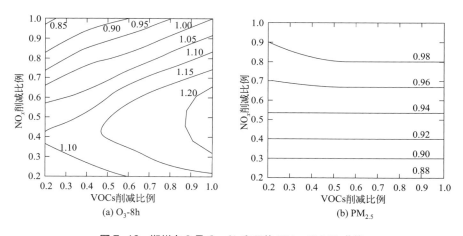

图 7-16 郑州市 9 月 O_3-8h 和日均 $PM_{2.5}$ EKMA 曲线

就 O_3-8h EKMA 曲线来看，在大多数排放控制情景下日臭氧最大 8 小时（O_3-8h）浓度均会上升，只有在人为源 VOCs 排放降低至基准情景的 25% 以下，而 NO_x 排放为基准情景的 80% 以上时，O_3-8h 浓度才会降低。可见，郑州市的 O_3 污染主要受人为源 VOCs 排放控制，只有在对 VOCs 排放进行极为严格的管控，同时对 NO_x 排放进行合理管控时才可以有效降低郑州市的 O_3 浓度。

就日均 $PM_{2.5}$ EKMA 曲线来看，因调控情景中仅包含人为源 NO_x 和 VOCs 的排放控制情景，因此 $PM_{2.5}$ 的变化基本与 NO_x 的控制方案相一致。即在模拟情景内，$PM_{2.5}$ 的变化主要受人为源 NO_x 排放控制：当 NO_x 排放降低时，$PM_{2.5}$ 中的二次硝酸盐生成也会减少，日均浓度也会随之下降；而 $PM_{2.5}$ 日均浓度则基本不随 VOCs 排放变化。可见，只要对人为源排放进行管控就可以有效降低郑州市的 $PM_{2.5}$ 浓度。

对比 O_3-8h 和日均 $PM_{2.5}$ 的 EKMA 曲线，如果想要降低郑州市的 O_3 浓度则必须对 NO_x 和 VOCs 排放进行协同管控。但是由于 NO_x 排放削减量相对较小，而这势必会对 $PM_{2.5}$ 污染的改善造成不利影响，因此需加强除 NO_x 以外的其他一次污染物的管控。如果只对 NO_x 排放进行严格的控制，则对 $PM_{2.5}$ 浓度的下降贡献不超过 10%。对民运会空气质量保障目标的可达性分析来看，$PM_{2.5}$ 和 NO_2 控制目标是可实现的，但对 O_3 的管控效果有限，必须结合民运会期间气象预报和空气质量预报进行进一步评估，针对可能出现的污染类型实施相应的加严措施（表 7-11）。

表 7-11 推估大气污染物减排比例　　　　　　　　　　　　　单位：%

管控区域	城市	SO_2	NO_x	CO	PM_{10}	$PM_{2.5}$	VOCs	NH_3
核心区	郑州	48.24	41.17	44.59	75.78	74.41	54.58	3.96
严控区	开封	43.74	14.90	52.98	42.10	41.35	60.75	6.24
	许昌	22.08	13.27	37.59	30.68	32.02	21.23	2.24
	新乡	32.59	18.58	40.11	34.68	35.16	45.91	8.44
	焦作	28.51	14.07	34.87	31.31	31.89	43.37	6.91
控制区	驻马店	23.68	9.28	7.40	6.20	5.91	19.81	3.34
	漯河	16.53	7.98	7.02	5.51	5.26	33.63	0.05
	周口	11.51	6.76	3.77	2.84	2.72	23.09	0.36
	商丘	12.66	6.77	5.39	4.52	4.31	8.38	0.03
	濮阳	23.94	8.87	6.30	5.45	5.68	28.60	1.49
	鹤壁	18.50	11.54	13.33	12.13	12.10	29.39	0.17
	安阳	21.96	17.28	23.58	15.91	16.09	14.57	1.46
	济源	14.80	10.55	21.01	11.41	11.27	11.59	0.83
	平顶山	23.67	14.16	19.19	14.65	14.84	9.75	0.21
	洛阳	10.49	4.98	8.25	6.95	7.17	23.88	0.75
改善效果	郑州	28	34	24	59	47	—	—

此外，在充分评估和制定了严密的空气质量保障方案的前提下，为提前预判空气污染状况，快速应对污染事件，保障民运会顺利进行，民运会空气质量联防联控指挥部组织专家团队对郑州市民运会期间空气质量监测预报预警结果进行逐日会商审核，形成专家会商报告，提出环境空气质量管控措施建议，为污染调控和应急减排工作提供技术支撑。相关政策措施在民运会期间有力地保障了会期空气质量的整体优良，出现明显的大气污染物"洼地"效应。

7.2.2.2 基于观测数据的会期空气质量表现

《第十一届全国少数民族传统体育运动会环境空气质量保障联防联控方案》规定，2019 年 8 月 25 日～9 月 18 日为会期保障阶段，其间郑州市政府针对颗粒物和 O_3 污染实施了严格的管控措施。为评估管控效果，本研究利用郑州大学综合观测平台的多种在线观测仪器，分析此次管控前后大气污染物浓度和颗粒物化学组分特征，并利用 PMF 进行颗粒物源解析，基于观测手段分析了短期强力的控制措施的密集施行对郑州市及河南省区域的空气质量改善的管控经验。从 2016～2019 年管控期间各类污染物的空间分布 [图 7-17（书后另见彩图），各分图仅表示研究区域污染物空间浓度变化，不体现区域行政区划] 可以看出，郑州市 2019 年管控阶段 $PM_{2.5}$、PM_{10}、SO_2、NO_2、CO 5 种污染物浓度均明显低于 2016～2018 年同期，且从 2019

年民运会期间不同阶段大气污染物浓度演变来看（图 7-18，书后另见彩图），管控措施解除后，各类污染物浓度也均有不同程度的反弹，也从侧面说明了管控措施的有效性。

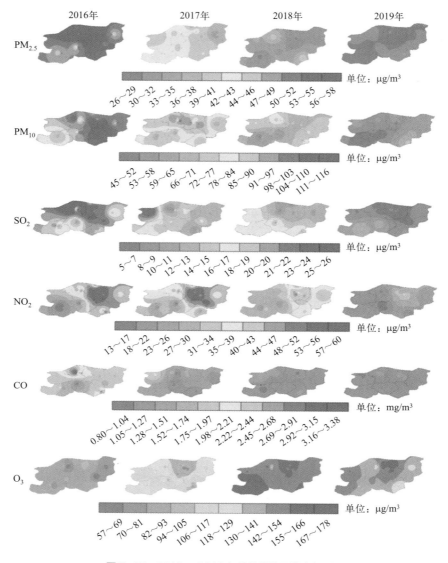

图 7-17　2016～2019 年管控措施同期空气质量

从具体的数值变化来看，表 7-12 为不同管控阶段与 2018 年同期污染物浓度和气象数据及增幅。从管控前中后空气质量六参数浓度和增长比例可以看出，管控中 NO_2 和 O_3-8h 的浓度相比管控前轻微下降，而 $PM_{2.5}$、PM_{10}、SO_2 和 CO 的浓度上升或基本持平，其中 SO_2 的增幅最明显。郑州市 8～9 月处于夏秋交替时期，温度降低、光强下降、光照时间变短、降雨减少和边界层下降等因素可能导致污染物逐步上升。表 7-12 中气象因子表明管控中和管控后相比管控前均呈现风速减小、气温和湿度下降的趋势，因此气象条件的不利也可能是导致管控中比管控前污染物浓度增加的重要原因。解除管控后所有污染物相比管控前和管控中均明显上升，并且对比管控后和管控前污染物浓度可以看出，解除管控后污染物浓度增幅均比管控中增幅大，

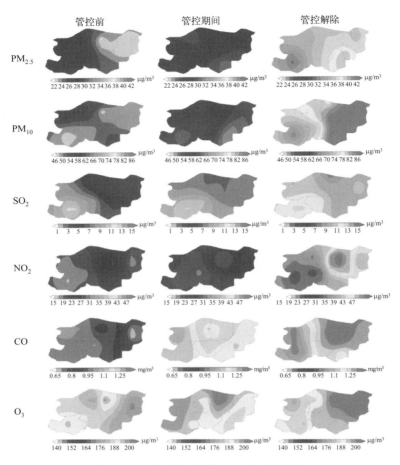

图 7-18 民运会不同阶段主要污染物空间分布

其中 $PM_{2.5}$ 和 PM_{10} 的浓度相比管控中上升 34% 和 50%，一次气态污染物 SO_2、NO_2 和 CO 相比管控期间上升了 29%、55% 和 25%，同时 O_3 浓度也上升了 25%。对比管控中 2018 年同期污染物浓度来看，相较于上年同期均呈现降低趋势。其中 SO_2 和 NO_2 浓度削减率分别为 45% 和 31%，PM_{10} 和 $PM_{2.5}$ 浓度削减率分别为 25% 和 17%，CO 削减率为 11%，O_3-8h 浓度的削减率仅为 4%，在六参数中改善幅度较小。这些结果表明管控期间对污染物的减排效果显著，有效遏制了污染物浓度的增加。

表 7-12 不同管控阶段与 2018 年同期污染物浓度和气象数据及增幅

污染物与气象	管控前	管控中		管控后			2018 年管控中同期	
	数值	数值	增幅（相比于管控前）/%	数值	增幅（相比于管控前）/%	增幅（相比于管控中）/%	数值	2019 年增幅/%
$PM_{2.5}$/($\mu g/m^3$)	25.6±8.3	27.9±13.8	9	37.3±7.0	46	34	33.5±8.5	-17
PM_{10}/($\mu g/m^3$)	56.1±14.9	58.2±22.0	4	87.2±16.2	55	50	78.1±16.2	-25
SO_2/($\mu g/m^3$)	4.7±3.0	7.0±2.0	49	9.0±3.0	91	29	12.8±3.5	-45
CO/(mg/m^3)	0.8±0.1	0.8±0.2	0	1.0±0.2	25	25	0.9±0.2	-11
NO_2/($\mu g/m^3$)	32.7±8.9	31.7±7.4	-3	49.0±17.2	50	55	45.9±16.5	-31

续表

污染物与气象	管控前	管控中		管控后			2018年管控中同期	
	数值	数值	增幅（相比于管控前）/%	数值	增幅（相比于管控前）/%	增幅（相比于管控中）/%	数值	2019年增幅/%
O_3-8h/($\mu g/m^3$)	153.3±35.7	140.6±60.3	-8	175.5±39.2	14	25	147.1±38.2	-4
风速/(m/s)	1.4±0.8	1.3±0.7	-7	1.0±0.6	-29	-23	1.8±0.5	-28
气温/℃	28.1±2.5	26.4±3.4	-6	23.9±3.7	-15	-9	25.2±3.1	5
相对湿度/%	66.9±13.7	60.0±17.5	-10	57.1±16.5	-15	-5	62.1±15.7	-3

从污染物时间序列（图7-19，书后另见彩图）中可以看出管控前和管控中污染物浓度均较低，只在8月19～29日出现了一次轻微的颗粒物污染过程，$PM_{2.5}$浓度峰值73$\mu g/m^3$，气态污染物中CO有明显的上升，最高达到2.1mg/m^3。解除管控后，颗粒物和气态污染物浓度持续上升，同时O_3也保持在较高浓度，出现了颗粒物和O_3的复合型污染。此外，管控前、中和后期的$PM_{2.5}/PM_{10}$值的平均值分别是0.43、0.46和0.45，可以看出在管控期间和管控后受到细颗粒物的影响增大。

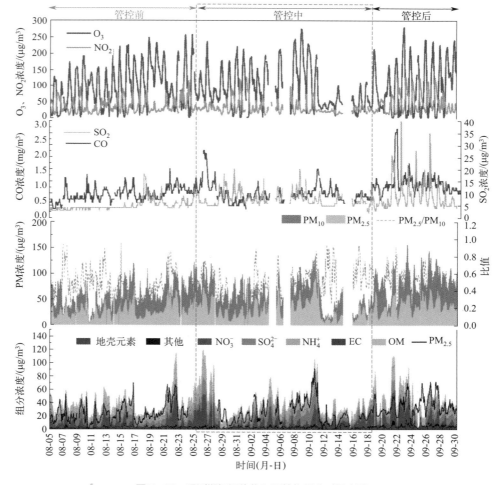

图7-19 观测期间污染物和颗粒物组分时间序列

本研究期间 $PM_{2.5}$ 与气态污染物的相关性（表 7-13）表明，管控前和管控中 $PM_{2.5}$ 与 CO 和 PM_{10} 的相关性较高，并且管控前相关性高于管控中。CO 主要来源于固定燃烧源、移动源和工业源，其中民用燃烧源占比最高。PM_{10} 主要受扬尘源的影响，其中包括道路扬尘和施工扬尘。结合民运会管控措施，可以推断出管控前 $PM_{2.5}$ 受固定燃烧源、移动源、工业源和扬尘源的影响高于管控中。解除管控后 $PM_{2.5}$ 与 CO 和 PM_{10} 的相关性降低，但是与 SO_2 和 NO_2 的相关性升高，SO_2 主要来自工业锅炉，NO_2 主要来源于工业和机动车，因此解除管控后 $PM_{2.5}$ 的升高可能主要受工业企业复工的影响。

表 7-13　不同管控阶段 $PM_{2.5}$ 与其他污染物的皮尔逊相关性系数

时期	SO_2	NO_2	O_3	CO	PM_{10}
管控前	0.002	0.332	−0.205	0.806	0.821
管控中	0.032	0.123	−0.120	0.698	0.814
管控后	0.460	0.424	−0.327	0.550	0.649

从会期不同阶段 $PM_{2.5}$ 组分（表 7-14）来看，研究期间郑州市主要组分依次是有机物（CM）、NO_3^-、NH_4^+、SO_4^{2-} 和地壳元素（EC）。管控中和管控后各组分的浓度均高于管控前。从各组分在 $PM_{2.5}$ 中占比可以看出 $PM_{2.5}$ 主要来自二次无机气溶胶（NO_3^-、SO_4^{2-} 和 NH_4^+），占比可达 50%～60%，略高于郑州市冬季和全年结果。相比于管控前，管控期间 $PM_{2.5}$ 组分中 OM 和 NO_3^- 占比分别上升了 3.9 个百分点和 0.9 个百分点，而 SO_4^{2-}、NH_4^+ 和 CM 的占比下降了 1.1 个百分点、1.9 个百分点和 2.2 个百分点；解除管控后 OM、EC 和 CM 的占比显著上升，NO_3^-、NH_4^+ 和 SO_4^{2-} 的占比下降。从气象条件分析来看，湿度是影响颗粒物二次生成的重要因素，高湿度有利于二次无机盐的异相生成。可以看出湿度在 3 个时期相差不大，排序为管控前＞管控中＞解除管控后，因此解除管控后二次无机盐占比下降可能受到湿度降低的影响。总的来看管控期间对一次污染物的减排效果显著，$PM_{2.5}$ 主要由二次组分构成，尤其是二次无机盐中的硝酸盐。解除管控后污染物排放量增大，导致一次组分如 CM 和 EC 的占比显著上升。

表 7-14　不同管控阶段 $PM_{2.5}$ 组分浓度和在 $PM_{2.5}$ 中的占比

组分	管控前		管控中		管控后	
	浓度 /(μg/m³)	占比 /%	浓度 /(μg/m³)	占比 /%	浓度 /(μg/m³)	占比 /%
CM	3.2±1.6	12.9	3.6±1.6	10.7	6.2±4.3	17.1
NO_3^-	5.5±6.5	21.8	7.6±8.4	22.7	7.2±5.5	19.7
SO_4^{2-}	4.7±2.2	18.5	5.8±3.0	17.4	5.2±1.3	14.4
NH_4^+	5.0±3.1	20.0	6.1±3.8	18.1	5.6±2.4	15.4
EC	1.0±0.1	4.0	1.5±0.4	4.4	2.2±1.1	6.0
OM	5.7±1.6	22.8	8.9±1.6	26.7	10.0±3.5	27.5

有机物是郑州市颗粒物中占比最高的组分。利用最小比值法计算不同时期的一次有机碳（POC）和二次有机碳（SOC）的浓度，见表 7-15，结果表明研究期间郑州市 $PM_{2.5}$ 中有机物主要受 SOC 的贡献，达 60% 以上。管控中和管控后 EC、OC、POC 和 SOC 相比管控前的浓度均上升。但是从 POC 和 SOC 在 OC 中的比例来看，管控期间 POC 贡献相比管控前和管

控后下降,而 SOC 的贡献增大。结果表明管控对 POC 减排有成效。SOC 的主要前体物之一是挥发性有机物,因此民运会管控对点位周边挥发性有机物的管控效果可能较弱。同时 SOC 的生成也明显受气象条件的影响,管控期间温度下降影响半挥发性有机物的气粒分配,可能导致 SOC 的浓度增大。

表 7-15 不同管控阶段碳组分浓度和占比

碳组分	管控前	管控中	管控后
OC/(μg/m³)	3.6±1.0	5.5±1.9	6.2±2.2
EC/(μg/m³)	1.0±0.3	1.5±0.7	2.2±1.1
POC/(μg/m³)	1.1±0.3	1.7±0.8	2.5±1.3
SOC/(μg/m³)	2.4±0.7	3.8±1.5	3.7±1.2
POC/OC 值	0.31	0.31	0.40
SOC/OC 值	0.67	0.69	0.60

利用 PMF 模型对组分数据进行源解析,源解析结果(表 7-16)表明,管控前郑州市 $PM_{2.5}$ 主要来源是二次硫酸(32.0%)、SOA(15.7%)、二次硝酸(12.8%)、机动车源(11.7%)、工艺过程源(10.4%)、扬尘源(8.7%)和燃煤源(8.6%);管控中主要来源是二次硝酸(38.0%)、二次硫酸(21.1%)、SOA(18.3%)、机动车源(15.5%);解除管控后主要来源是二次硝酸(26.9%)、二次硫酸(23.2%)、SOA(16.4%)、机动车源(12.8%)、工艺过程源(5.3%)。可以看出管控期间对一次源中的扬尘源、燃煤源和工艺过程源管控效果显著,相比管控前贡献比分别下降 8.3 个百分点、8.2 个百分点和 8.1 个百分点。由于管控期间机动车减排力度较小,导致机动车源的贡献比上升 3.8 个百分点。此外,二次生成的贡献显著增大,尤其是二次硝酸和 SOA 的贡献比分别上升了 25.2 个百分点和 2.6 个百分点。解除管控后,扬尘源、燃煤源和工艺过程源的贡献轻微增大。总的来说,此次管控对颗粒物一次源的管控效果显著,但是对二次前体物如 NO_x 和 VOCs 的管控效果较弱。

考虑到 O_3 污染是 9 月该地区的主要污染,政策评估还针对 VOCs 和 NO_x 进行协同分

表 7-16 不同管控阶段 $PM_{2.5}$ 源解析各源贡献浓度和占比

来源	管控前		管控中		管控后	
	贡献浓度/(μg/m³)	贡献比 /%	贡献浓度/(μg/m³)	贡献比 /%	贡献浓度/(μg/m³)	贡献比 /%
SOA	3.9	15.7	6.1	18.3	6.0	16.4
二次硝酸	8.0	12.8	7.0	38.0	8.5	26.9
二次硫酸	3.2	32.0	12.7	21.1	9.8	23.2
工艺过程源	2.6	10.4	0.8	2.3	1.9	5.3
机动车源	2.9	11.7	5.2	15.5	4.7	12.8
扬尘源	2.2	8.7	0.1	0.4	0.6	1.6
燃煤源	2.2	8.6	0.1	0.4	0.5	1.3
其他	0.3	0.1	1.3	4.0	4.6	12.5

析,以积累科学管控经验并应用于缓解 O_3 污染。本次的观测时段为 2019 年 8 月 6 日~9 月 30 日,分为 3 个时期,定义为 P1(8 月 6~25 日)、P2(8 月 26 日~9 月 18 日)和 P3(9 月 19~30 日)时期。

采样期间 O_3 和其他污染物的时间趋势如图 7-20 所示(书后另见彩图)。P1 阶段 O_3 小时浓度最高为 252μg/m³,出现在 8 月 23 日下午 3 时,同时日最大 8 小时平均(MDA8)浓度也出现在这一天(219μg/m³)。另外,P1 阶段中有 7 天 MDA8 浓度超过《环境空气质量标准》(GB 3095—2012)二级标准(限值 160μg/m³)。该阶段臭氧污染严重,超标天数占 50%;前体物浓度较高,这可能是导致光化学污染的一个重要因素。VOCs 和 NO_x 的最高浓度分别为 1017μg/m³ 和 357μg/m³,平均浓度分别为(150±93)μg/m³ 和(49±46)μg/m³。

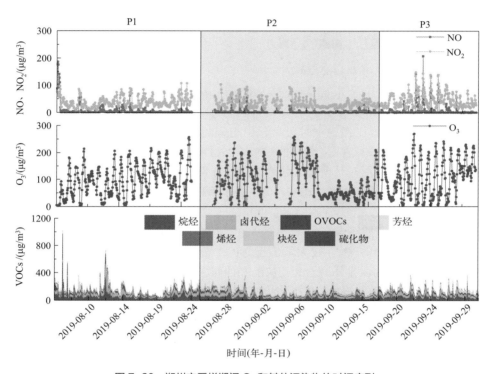

图 7-20 郑州市采样期间 O_3 和其他污染物的时间序列

在控制期 P2 阶段,前体浓度显著下降,VOCs 和 NO_x 的平均浓度分别为(121±55)μg/m³ 和(39±26)μg/m³。然而,O_3 污染并没有得到明显的缓解,即使在加强污染物减排的策略下,光化学现象仍然严重。由于 O_3 与其前体之间的高度非线性关系,通过减少 VOCs 和 NO_x 的排放来缓解 O_3 污染并非易事。需要指出的是,晚高峰时段的 O_3 浓度远高于 P1 时段。例如,9 月 7 日 18:00~20:00(民运会开幕式前一天),O_3 浓度分别为 259μg/m³、235μg/m³ 和 192μg/m³。较弱的 NO_x 滴定效应可能是造成上述现象的主要原因。随着控制结束,P3 阶段前体物浓度迅速增加,NO_x 浓度比控制阶段提高了 1.6 倍。同时,O_3 污染依然严重,轻度污染天数占 83.3%,中度污染天数占 8.3%。

总体来看,控制期内(P2 阶段)O_3 前体浓度降幅显著,整个观测期 O_3 污染严重。需要注意的是,MDA8 浓度的最大值出现在 P2 阶段,为 235μg/m³。因此,不合理地降低前体物浓度无法缓解光化学污染。

如图 7-21（书后另见彩图）所示，在 P1 阶段，VOCs 浓度的平均值为（150±93）μg/m³，范围为 41～1017μg/m³。在 P2 阶段，该值降至（121±55）μg/m³，范围为 37～333μg/m³。在 P3 阶段，VOCs 的平均浓度增加至（136±60）μg/m³。总体而言，减排控制政策有利于降低 VOCs 浓度，相较减排前后分别降低了 19% 和 11%。

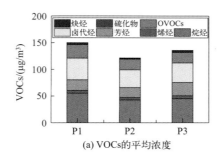 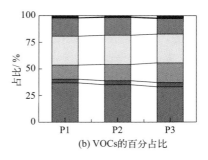

(a) VOCs的平均浓度　　(b) VOCs的百分占比

图 7-21　民运会管控前后各组 VOCs 的平均浓度和百分占比

VOCs 组分的百分占比在三个时段呈现出相似的分布规律。烷烃是该区域内的主要组分，在三个时期分别占总 VOCs 浓度的 37%、35% 和 33%；其次是卤代烃。值得注意的是，OVOCs 在整个观测期间呈现降低趋势，占比分别为 17%、16% 和 15%。然而，活性的芳烃随着时间的推移占比呈现增加趋势。除了排放源的影响外，气象条件和传输可能是影响 VOCs 组成的关键因素。

表 7-17 总结了观测期间内排名前 20 的 VOCs。结果表明三个阶段（P1～P3）VOCs 的优势物种相似，但浓度水平差异较大。正己烷和二氯甲烷等溶剂源的示踪物在控制期减少，分别减少了 42% 和 45%。此外，乙酸乙烯酯和四氯乙烯的减少相对较大，这可能归因于工业减排；与 P1 阶段相比，管控期内乙炔浓度降低了 54%，这是控制燃烧源的潜在结果。

表 7-17　民运会前后排名前 20 的 VOCs　　　　单位：μg/m³

物质	P1 阶段	物质	P2 阶段	物质	P3 阶段
正己烷	4.3	乙烷	4.2	乙烷	3.2
二氯甲烷	3.3	丙酮	2.5	丙酮	2.7
乙烷	3.1	正己烷	2.5	正丙烷	2.6
丙酮	2.9	正丙烷	2.1	乙炔	2.5
乙炔	2.6	二氯甲烷	1.8	二氯甲烷	2.2
乙酸乙烯酯	2.2	乙烯	1.4	正己烷	2.1
正丙烷	1.9	乙酸乙烯酯	1.3	乙烯	2.0
异戊烷	1.4	乙炔	1.2	异戊烷	1.6
乙烯	1.2	异戊烷	1.2	甲苯	1.5
甲苯	1.2	甲苯	1.1	1,2-二氯乙烷	1.4
1,2-二氯乙烷	1.1	1,2-二氯乙烷	1.0	苯	1.2
苯	1.0	苯	1.0	间二甲苯	1.2
间二甲苯	1.0	间二甲苯	0.9	正丁烷	1.1
正丁烷	1.0	正丁烷	0.8	乙酸乙烯酯	1.0

续表

物质	P1 阶段	物质	P2 阶段	物质	P3 阶段
氯仿	0.9	异丁烷	0.8	异丁烷	1.0
四氯乙烯	0.9	四氯乙烯	0.7	氯甲烷	0.8
异丁烷	0.9	氯仿	0.7	正戊烷	0.8
正戊烷	0.6	四氯化碳	0.6	氯仿	0.6
四氯化碳	0.6	氯甲烷	0.6	四氯乙烯	0.6
2-丁酮	0.4	正戊烷	0.6	四氯化碳	0.5

图 7-22 展示了观测期间内 VOCs 来源占比情况（书后另见彩图）。与非控制期相比，控制期内固定燃烧、机动车尾气和溶剂使用的贡献显著降低。相反，在控制期间，LPG 源的浓度显示出更高的值。生物质燃烧的峰值出现在 P2 阶段，该阶段生物质燃烧占比较高，最高浓度出现在 9 月 18 日下午。郑州及其周边地区正处于 9 月作物收获期，因此需要关注生物质燃烧的排放。

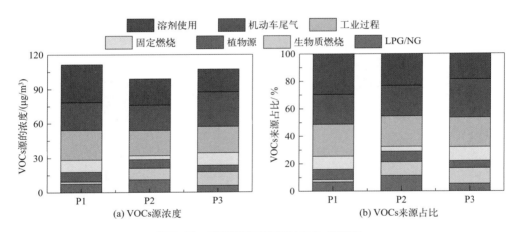

图 7-22 观测期间不同时段 VOCs 源解析

图 7-23 展示了 VOCs 源贡献的时间序列分布情况（书后另见彩图）。在 P1 阶段，溶剂使用（33μg/m³）对 VOCs 的贡献最大，占 VOCs 的 30%，其次是工业过程（26μg/m³，23%）和机动车尾气（24μg/m³，21%）。此外，固定燃烧排放的 VOCs 占比是 10%，这可能是郑州周围的几个燃煤电厂排放所致。相比之下，在此期间生物质燃烧的比例非常低，仅占 VOCs 的 2%。

在控制期 P2 阶段，溶剂使用对大气 VOCs 的贡献最大（23%），浓度为 23μg/m³，其次是工业过程（22%）、机动车尾气（22%）和 LPG/NG（11%）。在此期间，生物质燃烧占比较高，占 VOCs 的 10%。固定燃烧的贡献相对较低（3.5μg/m³），仅占 VOCs 的 4%。

在 P3 阶段，最大的贡献者是机动车尾气排放（30μg/m³），占 VOCs 的 28%。工业过程（23μg/m³）、溶剂使用（20μg/m³）、生物质燃烧（12μg/m³）、固定燃烧（11μg/m³）、LPG/NG（5.7μg/m³）及生物排放（5.6μg/m³）分别占 VOCs 的 21%、19%、11%、10%、5% 和 5%。

综上所述，在控制期内，溶剂使用源的浓度降幅显著，相较 P1 阶段降低 10μg/m³，其次是固定燃烧（7.1μg/m³）、工业过程（4.0μg/m³）和机动车尾气（2.2μg/m³），表明溶剂使用和固定燃烧的控制措施是最有效的。相比之下，由于对生物质燃烧和 LPG/NG 的控制不力，来源贡献有所增加。9 月是中国北方的农作物收获期，这意味着生物质燃烧贡献可能会随着时间的推移而增加。同时，由于缺乏液化石油气的相关控制措施，该来源贡献的峰值发生在 P2 阶段。

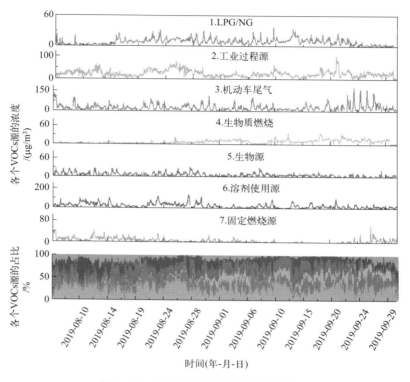

图 7-23　观测期间源解析时间序列分布情况

图 7-24 显示了这三个阶段的 OFPs 及其组成（书后另见彩图）。P2 阶段 OFPs 含量为 183μg/m³，分别比 P1 阶段、P3 阶段降低 77% 和 83%。在这三个阶段中，芳烃对 OFPs 的贡献占主导地位，分别占 42%、50% 和 56%，其次是 VOCs、烷烃、烯烃、卤代烃。芳香族化合物在 O_3 形成中起着关键作用，这与之前的许多报告类似。

利用 PMF 模型（如表 7-18 所列）计算了各个源对 OFPs 浓度的贡献。O_3 形成的最重要来源是机动车尾气排放。工业过程和溶剂使用是 O_3 形成的第二来源和第三来源。其中，溶剂使用对 OFPs 的减排贡献最大，解释了 P2 阶段 OFPs 减排量的 48%。尽管燃烧只占总 OFPs 的 10%，但该来源在 OFPs 的减少中起了重要作用，贡献为 33%。因此，溶剂利用和燃烧控制是 2019 年郑州民运会期间降低 OFPs 的最重要措施。

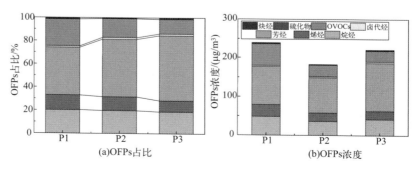

图 7-24　民运会不同时期 OFPs 分布情况

表 7-18　郑州市采样期间各 VOCs 源的 OFPs 贡献　　　　单位：μg/m³

VOCs 源	来源占比		
	P1	P2	P3
LPG/NG	8.7	13.0	6.9
生物质燃烧	1.5	8.4	9.8
生物源	18.6	16.6	13.1
固定燃烧源	14.6	4.8	14.9
工业过程	41.4	33.3	35.5
机动车尾气	72.1	65.3	89.0
溶剂使用	46.2	32.1	28.8

7.2.2.3　管控措施效果评估及经验

基于在实际管控情景中，因气象条件转好，空气质量预报结果较为积极，因此实际管控区域仅为郑州市及其北部的新乡、焦作、鹤壁、安阳和东部的开封、许昌等城市，具体管控措施执行分为两个步骤，即常规管控阶段（8月25日～9月3日）和加严管控阶段（9月4～16日）。两个阶段具体管控措施及效果如图 7-25 和表 7-19 所示。除表中主要的控制措施外，本研究还总结收集了同期管控区域内高速和市内道路分车型及车流量数据、管控企业名单企业用电能耗数据、扬尘工地管控清单、工程车辆活动数量及活动水平等数据，共同用于民运会期间较同期排放削减量的推估。经测算，在上述控制措施施行后，常规空气质量保障措施对郑州市 SO_2、NO_x、CO、PM_{10}、$PM_{2.5}$、VOCs 和 NH_3 的排放削减量比例分别为 41%、37%、34%、59%、62%、49% 和 5%，对协同区域 SO_2、NO_x、CO、PM_{10}、$PM_{2.5}$、VOCs 和 NH_3 的排放削减量比例分别为 27%、17%、37%、34%、34%、35% 和 6%。在加严情景下郑州市 SO_2、PM_{10}、$PM_{2.5}$ 和 VOCs 的排放削减量比例均超过 60%，对协同区域 CO、PM_{10}、$PM_{2.5}$ 和 VOCs 的削减比例均高于 40%。

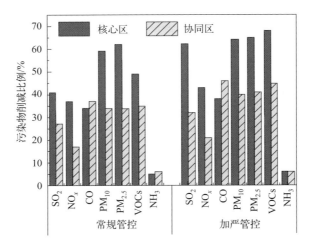

图 7-25　民运会不同控制措施下各污染物控制比例

表 7-19　2019 年 9 月民运会期间实际管控措施

管控阶段	管控措施
常规管控	核心区郑州市：工业企业，涉 VOCs 行业分两批次停产，其余工业行业按照《郑州市重污染天气应急预案（2018）》（郑政文〔2018〕177 号）中规定的橙色应急预警方案执行，道路移动源主要道路限行和尾号限行，非道路移动源中建筑工地停止施工，含扬尘的比例当中扬尘源按建筑工地停工且道路洒水降尘减 20%，生物质燃烧源按规定禁止燃烧，汽修行业停止营业；
	严控区，即焦作市、新乡市、开封市、鹤壁市、安阳市和许昌市：严控区工业企业涉溶剂生产、使用及喷涂企业停产，耐火材料、水泥、砖瓦、陶瓷、钢铁、有色金属冶炼、炼焦按《河南省重污染天气应急预案》（豫政办〔2018〕63 号）Ⅱ级响应措施实施减排，其余工业行业按《河南省重污染天气应急预案》（豫政办〔2018〕63 号）Ⅲ级响应措施实施减排，同时禁止生物质燃烧，建筑工地停止施工
加严管控	核心区郑州市：工业企业在常规措施基础上，涉 VOCs 行业停产，其余工业行业按照《郑州市重污染天气应急预案（2018）》（郑政文〔2018〕177 号）红色应急预警方案执行，道路移动源、非道路移动源、扬尘源、生物质燃烧源、汽修行业保持常规措施执行；
	严控区，即焦作市、新乡市、开封市、鹤壁市、安阳市和许昌市：严控区加严时工业企业涉 VOCs 工业企业全部停产，耐火材料、水泥行业停产，砖瓦、陶瓷、钢铁、有色金属冶炼、炼焦按《河南省重污染天气应急预案》（豫政办〔2018〕63 号）Ⅰ级响应措施实施减排，其余工业行业按《河南省重污染天气应急预案》（豫政办〔2018〕63 号）Ⅱ级响应措施实施减排，建筑工地停止施工，餐饮行业督促处理装置运行

在完成控制措施减排比例的评估后，本研究首先对模拟的每小时气象数据，包括地表 2m 处的温度、相对湿度、气压、10m 风速和 10m 风向与郑州等七个城市的观测数据进行对比，验证 WRF 模型的准确性。数据参数表现如表 7-20 所列。模拟的相对湿度略低于观测值，平均差值为 9.67%，可能与整个保障期间的密集洒水活动有关。气压和温度的模拟值与观测值基本一致。风速有略微的高估（0.36m/s），但在模拟偏差范围内，风向除 MAGE 偏差略大于约束值外，其 MB 值和 RMSE 值均在允许范围内。从郑州市气象数据模拟观测对比的时间序列来看（图 7-26，书后另见彩图），除存在湿度略微偏低及风速略微偏高的偏差外，郑州市气象模拟及观测数据完全吻合，模拟的气象场较好地捕捉了气象条件的昼夜变化特征，能够满足后续研究的需求。

表 7-20　基于七个城市站点的小时数据的气象表现

参数	观测	模拟	MB	MAGE	RMSE
气压 /hPa	997.29	997.13	−0.16	1.99	5.37
相对湿度 /%	67.56	57.89	−13.67	13.95	16.37
温度 /℃	25.11	26.00	0.89	1.72	1.20
风速 /(m/s)	1.88	2.23	0.36（≤ ±0.5）	0.84（≤ 2.0）	1.08（≤ 2.0）
风向 /(°)	160.5	168.6	8.1（≤ ±10）	53.6（≤ 30）	83.1

注：MB—平均分数偏差；MAGE—平均绝对偏差；RMSE—均方根误差。

各城市六类污染物的模拟如表 7-21 所列。CMAQ 模型对 $PM_{2.5}$ 和 PM_{10} 的模拟均表现良好，各城市的 $PM_{2.5}$ 验证指标均在最优范围内。郑州市平均分数偏差（MFB）分别为 0.13 和 −0.05，平均分数误差（MFE）分别为 0.32 和 0.31，均在最优范围内。从郑州市 $PM_{2.5}$ 浓度观测模拟值的时间序列变化来看，9 月 12 日和 13 日郑州市 $PM_{2.5}$ 浓度出现一定程度的高估，此时 $PM_{2.5}$ 和 PM_{10} 的观测值浓度较低，结合 $PM_{2.5}$ 中二次无机气溶胶成分（硝酸盐、硫酸盐和铵离子）的浓度较低，但从 $PM_{2.5}$ 中钙等气溶胶成分的浓度较高的结果来看，风速被高估导致的扬尘高估是 9 月 12 日和 13 日郑州市 $PM_{2.5}$ 浓度被高估的主要原因。

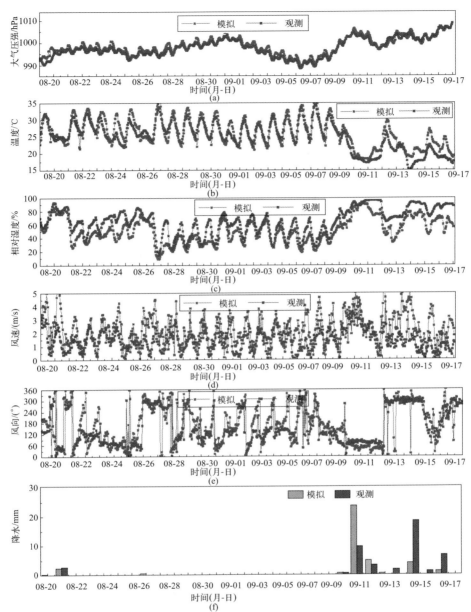

图 7-26 民运会管控期间模拟观测气象条件对比

表 7-21 基于七个城市站点的小时数据的污染物模拟表现

站点	PM$_{2.5}$		PM$_{10}$		SO$_2$		CO		NO$_2$		O$_3$-8h	
	MFB	MFE	MFB	MFE	NMB	NME	NMB	NME	NMB	NME	NMB	NME
郑州	0.13	0.32	−0.05	0.31	−0.40	0.41	−0.51	0.51	−0.11	0.24	−0.28	0.29
安阳	0.03	0.26	−0.36	0.47	0.99	0.99	−0.40	0.43	0.03	0.20	−0.31	0.31
鹤壁	−0.26	0.32	−0.52	0.53	−0.08	0.39	−0.19	0.44	−0.15	0.22	−0.30	0.30
新乡	0.05	0.20	−0.28	0.32	0.09	0.29	−0.20	0.27	−0.05	0.18	−0.27	0.27
焦作	−0.13	0.21	−0.35	0.37	0.04	0.25	−0.34	0.34	0.33	0.42	−0.29	0.36
开封	−0.17	0.30	−0.57	0.60	−0.34	0.36	−0.62	0.62	−0.15	0.29	−0.14	0.16
许昌	−0.10	0.32	−0.32	0.35	−0.52	0.52	−0.56	0.56	−0.05	0.17	−0.22	0.37

郑州市的气态污染物 NO_2 模拟效果表现良好,标准化平均偏差(NMB)和标准化平均误差(NME)分别为 –0.11 和 0.24。NO_2 浓度低估时段与 O_3 浓度低估时段具有一致性(如 8 月 29～31 日)。SO_2(NMB=–0.40,NME=0.41),CO(NMB=–0.51,NME=0.51)和 O_3-8h 浓度(NMB=–0.28,NME=0.29)均存在一定程度的低估,但 O_3 模拟性能在模拟后期有所改善,9 月 7～9 日的高 O_3 浓度得到了更好的捕捉。其他六个城市的模型性能统计数据趋势与郑州市相似,安阳市 SO_2 浓度高估略微明显,可能与安阳市本地排放较高且临近高 SO_2 排放的邯郸、邢台有关。9 月 10～16 日郑州市出现部分降水,SO_2 和 CO 的浓度不受降雨的影响,NO_2 和 O_3 在 9 月 10～16 日期间表现出较低的浓度和较弱的日变化(图 7-27,书后另见彩图),模型准确地再现了这些特征。这是由于 NO_2 和 O_3 都是在光化学反应中二次形成的,并且不会通过湿沉积显著去除,因此它们的低浓度表明 WRF-CMAQ 模型正确地再现了这些天光化学活动的减少。小时浓度的时间序列和模型性能统计数据验证了气象和排放输入以及模型设置的准确性,为进一步分析排放控制的有效性奠定了基础。

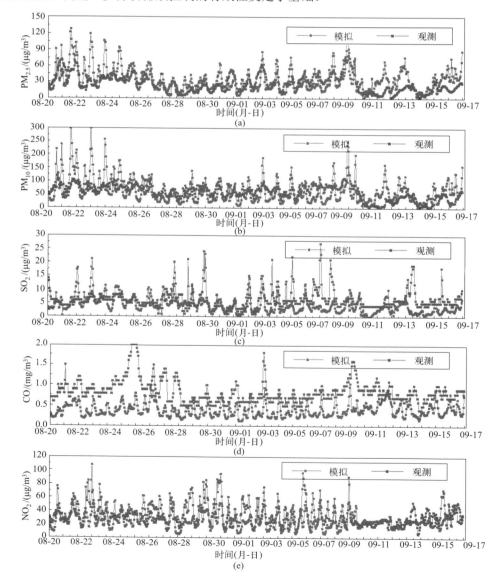

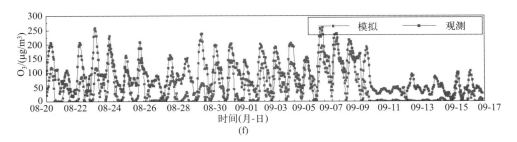

图 7-27　民运会管控期间模拟观测污染物浓度对比

模型模拟的郑州市各类污染物减排措施效果如图 7-28 所示（书后另见彩图）。$PM_{2.5}$ 和

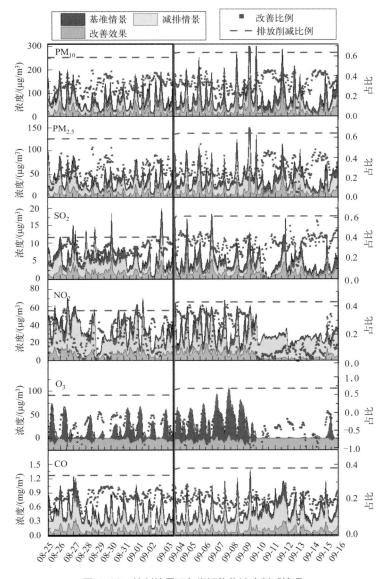

图 7-28　控制情景下各类污染物浓度削减情况

PM$_{10}$ 的峰值小时浓度分别降低了 50μg/m³ 和 100μg/m³。相对减少量在 20%～45% 之间，并且始终低于 PM$_{2.5}$ 和 PM$_{10}$ 对应的一次污染物排放的削减量（约 60%）。模拟结果中一次排放量减排和环境浓度减少之间的差异是因为除本地源外，区域传输及二次生成同样对 PM$_{2.5}$ 的总浓度有显著贡献，8 月 24～27 日和 8 月 31 日～9 月 12 日间东北方向的风占主导地位（见图 7-29，书后另见彩图），因此来自京津冀方向的区域传输可能对本地 PM$_{2.5}$ 浓度影响显著，因此郑州市 PM 浓度降低比例明显低于一次前体物的削减比例。基准情景中郑州市一次 PM$_{2.5}$（PPM$_{2.5}$）平均模拟浓度约为 30μg/m³，约占 PM$_{2.5}$ 总量的 74%，在排放控制情景下，PPM$_{2.5}$ 减少了大约 42%（13μg/m³）。然而 SNA（硫酸盐、硝酸盐和铵盐）的减少较少，仅减少 0.6μg/m³（<6%），因此总 PM$_{2.5}$ 的浓度削减率仅为 32%。NO$_x$ 和 SO$_2$ 排放的减少导致 NO$_3^-$ 和 SO$_4^{2-}$ 的浓度有微弱减少；同时尽管 NH$_3$ 排放量减少，但由于气溶胶酸度略有下降，因此控制情景下 NH$_4^+$ 浓度略有升高。

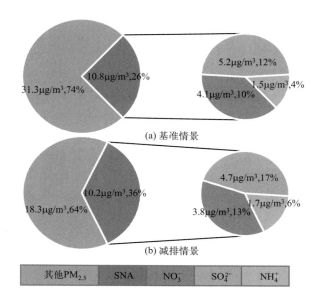

图 7-29　基准和减排情景下郑州市 PM$_{2.5}$ 组分构成及浓度

SO$_2$ 的排放控制导致环境 SO$_2$ 浓度显著降低，每小时最大降低 3～5μg/m³。在常规和严格控制期间，SO$_2$ 排放量的相对减少量分别为 40% 和 62%。相应地，在常规和严格控制期间，环境 SO$_2$ 浓度的相对降低分别约为 27% 和 35%。相对减排量和浓度变化的差异表明，控制区以外的区域存在明显的 SO$_2$ 区域传输现象。在常规控制阶段的 8 月 26 日和 8 月 30 日，SO$_2$ 环境浓度的降低比例接近排放的削减比例，表明这些时段 SO$_2$ 浓度受区域传输影响较小。CO 的排放控制措施可有效降低高值时段的小时 CO 浓度，最大减少量达到 0.2mg/m³，在高 CO 浓度时间，CO 的相对浓度降低可高达 30%，这一变化接近 35%～38% 的减排量，表明大部分 CO 来自当地排放。NO$_2$ 主要由 O$_3$ 氧化 NO 产生，还有一小部分直接排放，NO$_2$ 浓度降低约 10μg/m³。NO$_2$ 浓度的相对减少量变化最大，从 10% 到 40% 不等，接近 NO$_x$ 排放量的相对减少量。

在进行控制情景的研究基础上，本研究还根据情景设计的思路对核心区和协同区控制措施对郑州市空气质量改善效果进行了拆分，不同区域前体物控制对郑州市空气质量改善贡献如图 7-30 所示（书后另见彩图）。核心管控区郑州市的排放削减贡献对颗粒物的浓度削减贡献占颗粒物浓度降低总量的 80% 以上，同时郑州市排放削减贡献了 NO_2 和 CO 80%～90% 的减排量。协作区域的减排在大部分时间里贡献了 10%～30% 的 SO_2 浓度降低，在少数天协同区域减排对 SO_2 浓度降低贡献超过中心区域，贡献了 40%～60% 的大气 SO_2 浓度削减量。O_3 浓度的增加大部分应归因于郑州市本地排放的削减，协同控制区域排放对 O_3 浓度增加影响较小。在部分天（9月7～8日），协同控制区域的排放有助于中部区域郑州市 O_3 浓度的降低。

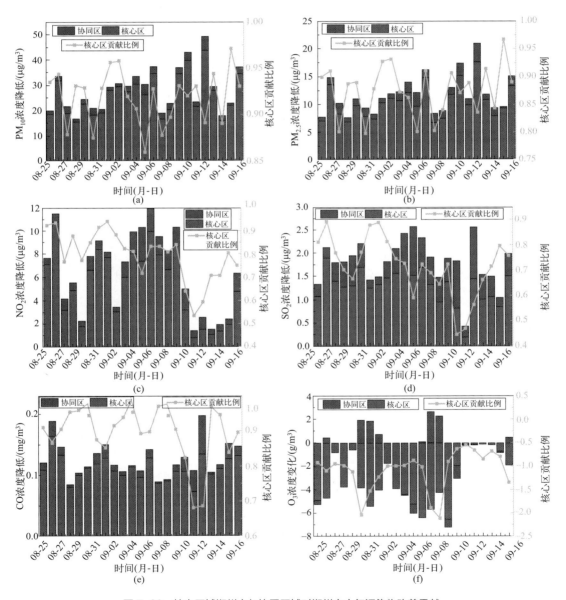

图 7-30 核心区域郑州市与协同区域对郑州市大气污染物改善贡献

7.2.3 2020年初疫情封控下的大气污染物演变特征

2020年1月下旬暴发了COVID-19疫情，2020年1月25日，中国政府在中国大陆31个省（自治区、直辖市）启动了最高级别的公共卫生应急反应，管控措施包括强制隔离，关闭非必要的公共设施，以及限制交通和接触。工业生产和汽车排放等人类活动的大幅减少，人为源排放大幅度降低至接近极限值，为研究人为排放极低影响下空气质量演变提供了宝贵案例。针对此特殊减排案例，本研究利用高分辨率的在线监测数据对河南省3个典型传输通道城市$PM_{2.5}$演变特征进行分析，探讨极低人为污染源排放情景下二次$PM_{2.5}$的生成和演变特征。观测数据表明：疫情封控对大气污染物浓度影响显著，疫情期间3个典型城市（郑州、安阳和新乡）除O_3外其他污染物浓度较疫情前均明显下降，其中NO_2和$PM_{2.5}$的降幅分别为52%～72%和51%～55%，但是污染物浓度仍相对较高，表明未来河南省冬季大气污染的较大幅度改善面临巨大挑战，冬季不利的气象条件在人为活动极低情景下仍可能造成重度污染状况，河南省北部城市冬季大气环境仍处于气象条件影响控制型。二次无机盐和有机物是观测期间$PM_{2.5}$的主要组分，并且NO_3^-和扬尘的贡献相比疫情前轻微下降。疫情期间3个城市$PM_{2.5}$中NO_3^-浓度和占比显著下降，占比降幅为4.0%～10.6%；SO_4^{2-}和有机物的占比上升，二次有机碳的贡献增大。日变化特征表明节后疫情期间大气中O_3浓度和湿度的增高可能促进了NO_2的转化，因此采取$PM_{2.5}$和O_3的协同管控，重视NO_2和VOCs的协同减排。

7.2.3.1 疫情前后常规污染物和气象条件分析

2020年1月我国暴发了COVID-19疫情，其间我国各地区大气污染源排放特征发生了显著改变。为研究该情景下$PM_{2.5}$组分特征，本研究于2020年1月1日～2月13日利用在线观测仪器对郑州市、安阳市和新乡市进行连续观测。根据疫情暴发时间，将研究时期分为疫情前（1月1～23日）、疫情中（1月24～31日）和疫情后（2月1～13日）。2020年1月1日～2020年2月13日，在郑州市、安阳市和新乡市3个点位进行同步观测。

疫情前郑州市、安阳市和新乡市大气污染较重，平均$PM_{2.5}$浓度分别为（122.6±61.1）µg/m³、（184.5±91.5）µg/m³和（156.9±71.4）µg/m³，分别是我国《环境空气质量标准》（GB 3095—2012）中日均限值二级标准（75µg/m³）的1.6倍、2.5倍和2.1倍。安阳和新乡市平均PM_{10}浓度也超过日均二级标准限值（150µg/m³）。气态污染物中SO_2、CO和O_3浓度较低，但是NO_2浓度分别达到（57.9±18.9）µg/m³、（56.8±17.9）µg/m³和（45.8±17.3）µg/m³，超过了年均标准限值（40µg/m³）。

相比于疫情前，疫情中3个城市颗粒物、CO和NO_2的浓度均下降，尤其是NO_2下降超过50%，这可能归因于疫情初期机动车流量的减少。SO_2浓度轻微增高，烟花爆竹燃放是SO_2贡献源之一，2020年初河南省采取了近年来最严格的烟花爆竹禁燃措施。对比郑州市禁燃规定前2015年的年初来看，SO_2浓度显著下降，峰值浓度从113µg/m³下降到了26µg/m³。但是河南省周边省市禁燃措施较松，其中河南省北部城市石家庄疫情中的SO_2平均浓度为18.1µg/m³，西北方向的太原市SO_2平均浓度为25.8µg/m³，东北方向的济南市SO_2平均浓度为21.1µg/m³。结合风速风向玫瑰图（图7-31，书后另见彩图）来看，疫情中郑州市主要受东北风和东风的影响，安阳市受北风和西北风的影响显著，新乡市主要受北风影响。同时相较疫情前风向来看，疫情中郑州市受东北风的影响增大，安阳市受西北风的影响增大，因此

3 个城市疫情中 SO₂ 的升高可能归因于来自河北省和山西省的传输影响。而 O₃ 浓度的上升可能是受温度上升及 PM₂.₅ 浓度下降、光强增大的影响。

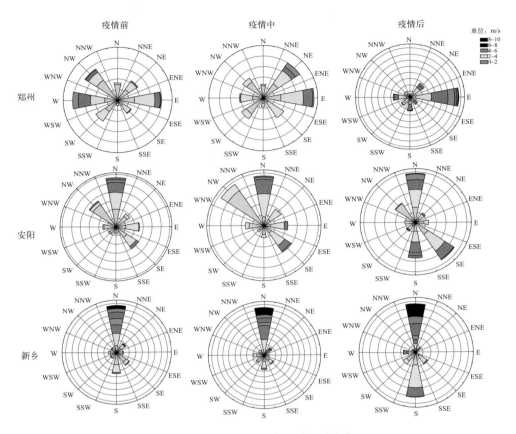

图 7-31　3 个城市不同时段风向风速玫瑰图

疫情后各污染物大幅减排，除 O₃ 外，郑州市、安阳市和新乡市其他污染物浓度均显著下降。相比疫情前下降幅度最大的为 NO₂，降幅分别为 65%、52% 和 72%，PM₂.₅ 降幅分别为 51%、55% 和 54%，SO₂ 和 CO 的降幅分别在 15%～32% 和 39%～43%。分析气象条件（表 7-22）可知，疫情后 3 个城市平均风速增大、温度上升。此外图 7-31 表明疫情后 3 个城市受污染地区传输影响减小，其中郑州市受东北风的影响减弱，安阳市受西北风的影响下降，因此有利的气象条件也是导致污染物浓度下降的重要原因之一。但是疫情后 3 个城市 PM₂.₅ 浓度仍分别达到（72.4±42.7）μg/m³、（60.5±38）μg/m³ 和（82.2±51.3）μg/m³ 的较高浓度，表明社会经济恢复正常后，河南省冬季大气污染的较大幅度改善仍面临巨大挑战。

表 7-22　3 个城市不同时段常规污染物平均浓度和气象参数

项目	郑州市			安阳市			新乡市		
	疫情前	疫情中	疫情后	疫情前	疫情中	疫情后	疫情前	疫情中	疫情后
$PM_{2.5}$/(μg/m³)	122.6±61.1	108.6±65.9	60.5±38.0	184.5±91.5	163.1±72.0	82.2±51.3	156.9±71.4	140.6±72.8	72.4±42.7

续表

项目	郑州市			安阳市			新乡市		
	疫情前	疫情中	疫情后	疫情前	疫情中	疫情后	疫情前	疫情中	疫情后
PM_{10} /($\mu g/m^3$)	131.9±59.1	115.6±64.8	76.9±39.0	226.8±81.0	172.1±73.7	105.8±58.7	220.2±97.4	179.7±92.6	81.4±46.4
SO_2 /($\mu g/m^3$)	9.8±3.5	12.5±4.7	8.3±2.7	16.8±8.0	17.0±6.0	11.5±5.6	14.7±7.6	19.2±14.2	10.9±3.9
NO_2 /($\mu g/m^3$)	57.9±18.9	27.3±12.8	20.1±8.2	56.8±17.9	29.1±10.1	27.3±13.5	45.8±17.3	20.0±7.2	12.7±6.3
CO /(mg/m^3)	1.3±0.5	1.2±0.5	0.8±0.3	2.3±1.0	2.0±0.8	1.3±0.8	1.8±0.6	1.6±0.7	1.1±0.4
O_3 /($\mu g/m^3$)	27.0±22.3	75.5±29.6	69.9±25.7	12.8±13.0	41.3±28.4	36.5±25.8	23.5±20.2	68.7±25.0	57.7±23.5
风速 /(m/s)	1.2±0.7	1.1±0.7	1.3±0.9	1.1±0.8	1.2±0.7	1.4±1.0	1.6±1.5	2.0±1.8	2.3±2.0
温度/℃	2.1±3.5	4.3±2.6	3.5±4.7	−0.24±2.5	2.6±3.3	4.5±5.2	0.3±2.8	2.8±3.5	4.6±5.4
相对湿度 /%	50.9±23.3	52.6±17.7	64.1±19.2	70.1±14.9	59.2±11.9	53.3±19.3	68.7±14.6	59.2±12.4	56.6±19.1

7.2.3.2 不同阶段颗粒物组分特征

根据 $PM_{2.5}$ 中各组分浓度（表7-22）和占比（图7-32）来看，疫情前郑州市、安阳市和新乡市 $PM_{2.5}$ 中占比最高的是二次离子（SNA），占比均大于55%，尤其是 NO_3^- 分别占比 36.1%、26.1% 和 26.4%，表明 $PM_{2.5}$ 主要来自二次无机气溶胶生成。此外，$PM_{2.5}$ 中 OM 占比分别为 19.1%、25.1% 和 32.2%，可能主要来自燃煤供暖如民用散煤、电厂和供暖锅炉用煤等。

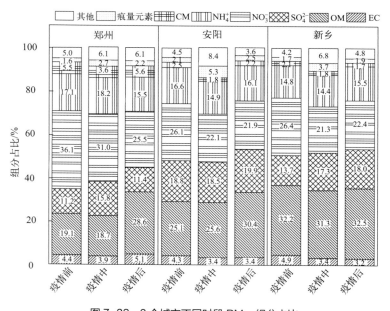

图 7-32　3 个城市不同时段 $PM_{2.5}$ 组分占比

疫情中 SNA 和 OM 在 3 个城市 PM$_{2.5}$ 中占比仍是最高，但是 NO$_3^-$ 浓度和占比均较疫情前下降。结合上述 NO$_2$ 浓度的下降，表明疫情初期机动车流量的减少对颗粒物中 NO$_3^-$ 的下降有贡献。同样 CM 的浓度和占比也均下降，可能主要受施工工地停工和道路扬尘贡献下降的影响。由于年初过年期间烟花爆竹是传统污染源之一，对比疫情前和疫情中烟花爆竹特征物 Cl$^-$、K$^+$ 和 Mg^{2+}（表 7-23）可见，3 个城市疫情中离子浓度增幅较小。同时相比以往报道来看，2015 年郑州市过年期间 K$^+$ 和 Cl$^-$ 浓度峰值分别为 41.3μg/m^3 和 24.1μg/m^3，2013 年苏州市春节期间 Cl$^-$、K$^+$ 和 Mg^{2+} 平均浓度分别达到 42.3μg/m^3、115.6μg/m^3 和 2.03μg/m^3。对比同期省外来看，相邻省份部分地区 K$^+$ 浓度高达 20～103μg/m^3，京津冀及周边地区典型城市疫情前后的 PM$_{2.5}$ 中的 Cl$^-$、K$^+$ 和 Mg^{2+} 浓度比非燃放时段上升 5～8 倍，其中北京市上述离子组分占 PM$_{2.5}$ 总量的 55%～75%，并且部分城市在污染峰值期间，烟花爆竹对 PM$_{2.5}$ 的贡献率最高可达 80% 左右。本研究表明，此次疫情期间河南省 3 个城市颗粒物浓度受烟花爆竹贡献较小，烟花爆竹禁燃禁放管控效果显著。疫情中郑州和新乡市 SO$_4^{2-}$ 浓度和占比上升，安阳市 OM 占比上升。前文对疫情中 SO$_2$ 的分析以及文献报道表明，当该研究地区风向以北风和东北风为主导时，SO$_4^{2-}$ 浓度显著升高。因此 SO$_4^{2-}$ 和 OM 的贡献增加可能主要受周边重污染区域的传输影响。此外，安阳市和新乡市观测点位于农村，年初疫情期间务工人员返乡后生活源（炊事、民用散煤和生物质燃烧等）贡献的增加也可能促进本地 SO$_4^{2-}$ 和 OM 浓度的上升。

表 7-23　3 个城市不同时段 PM$_{2.5}$ 组分浓度　　　　　　　单位：μg/m^3

组分	郑州市			安阳市			新乡市		
	疫情前	疫情中	疫情后	疫情前	疫情中	疫情后	疫情前	疫情中	疫情后
EC	4.4±2.5	3.6±2.4	2.8±1.3	6.9±4.1	5.2±3.0	3.1±1.8	7.6±4.2	4.7±2.9	3.1±1.5
OM	18.9±9.2	17.1±7.3	15.4±5.8	40.1±25.9	39.4±19.0	27.9±14.8	49.9±27.1	42.5±17.1	31.1±10.6
SO$_4^{2-}$	11.1±6.8	14.5±7.2	6.1±4.5	30.0±19.1	28.7±14.6	18.3±12.6	21.3±12.3	23.5±12.3	17.2±8.3
NO$_3^-$	35.6±18	28.5±19.6	13.7±10.4	41.7±20.4	34.0±20.4	20.2±10.1	40.9±17.6	29.0±17.8	21.4±10.9
NH$_4^+$	16.9±7.3	16.7±8.3	8.3±5.3	26.4±13.7	22.9±12.8	14.8±8.1	22.9±10.9	19.6±11.3	14.8±6.8
CM	5.4±3.3	3.3±1.5	3.0±3.8	3.8±1.8	2.7±1.2	2.0±1.1	3.2±1.3	2.3±0.9	1.6±0.6
痕量元素	1.6±0.9	2.5±1.6	1.2±1.3	3.4±1.7	8.1±6.3	2.3±1.4	2.7±1.5	5.0±3.5	1.8±1.0
Mg^{2+}	0.0±0.0	0.1±0.2	0.1±0.4	0.1±0.1	0.5±0.6	0.1±0.1	0.1±0.1	0.0±0.2	0.1±0.1
Cl$^-$	2.4±1.6	2.3±1.3	1.2±1.1	4.5±4.1	6.8±4.2	1.6±1.3	3.5±2.7	4.9±2.2	2.8±1.3
K$^+$	1.3±0.8	2.1±1.4	1.0±0.6	1.7±1.0	5.1±4.6	1.1±0.8	1.6±1.0	3.4±2.4	1.2±0.9

对比疫情前和疫情后可以看出，郑州、安阳和新乡市 PM$_{2.5}$ 各组分浓度均明显下降，SNA 中 NO$_3^-$ 降幅最大，分别为 61.6%、51.6% 和 47.7%，SO$_4^{2-}$ 降幅分别为 44.9%、39.0% 和 19.2%。此外，OM 和 CM 的降幅分别为 18.7%、30.4%、37.8% 和 44.1%、47.4% 和 49.8%。从占比（图 7-32）来看，疫情后 NO$_3^-$ 的占比均比疫情前显著下降，郑州市、安阳市和新乡市分别下降了 10.6 个百分点、4.1 个百分点和 4 个百分点，SO$_4^{2-}$ 和 OM 的占比均上升，分别上升了 0.2 个百分点、1.1 个百分点、4.3 个百分点和 9.5 个百分点、5.3 个百分点和 0.3 个百分点，表明疫情影响下本地排放的改变对 NO$_3^-$ 的削减均有成效，但是对 SO$_4^{2-}$ 和 OM 的影响较小。这可能主要是因为虽然疫情期间机动车源排放贡献急剧减少，但是一些高污染行业，如钢铁、水泥和炼焦等仍在持续生产，同时燃煤电厂和供暖等基本民生保障的污染源排放强度与疫情前相差不大，并且

民用散煤、生物质燃烧等生活源的贡献反而增加。

疫情后 3 个城市 $PM_{2.5}$ 中 OM 的占比均上升，尤其郑州市 OM 上升幅度最高并且 EC 的占比也上升。利用最小比值法计算 POC 和 SOC（表 7-24）可以看出，安阳市和新乡市疫情后 POC 和 SOC 的浓度均比疫情前下降，但是郑州市疫情后 SOC 的浓度从（3.4±2.2）$\mu g/m^3$ 上升到了（4.6±1.5）$\mu g/m^3$。从 SOC/OC 值来看，疫情后河南省 3 个城市比值均增大。此外疫情后 3 个城市 OC/EC 值均明显高于疫情前，研究发现当 OC/EC 值大于 2.0 时，大气中有二次有机碳生成，比值越大，SOC 浓度越高。光化学反应是 SOC 生成的重要途径，疫情后 O_3 的上升有利于 SOC 的生成。上述结果表明疫情后 3 个城市 $PM_{2.5}$ 受二次有机气溶胶生成的贡献增大，VOCs 是 SOC 生成的主要前体物，因此疫情对 VOCs 的削减效果较弱。相比郑州市和安阳市，新乡市 POC 浓度较高，考虑到新乡点位位于农村，疫情期间可能受居民生活用煤或生物质燃烧等一次排放的影响增大。

表 7-24　3 个城市不同时段碳组分浓度和比值

项目	郑州市			安阳市			新乡市		
	疫情前	疫情中	疫情后	疫情前	疫情中	疫情后	疫情前	疫情中	疫情后
POC/($\mu g/m^3$)	8.2±4.7	6.8±4.4	5.2±2.5	12.9±7.6	9.7±5.6	5.7±3.3	18.3±12.3	13.8±8.7	9.1±4.5
SOC/($\mu g/m^3$)	3.4±2.2	3.9±1.4	4.6±1.5	12.2±9.7	14.9±7.4	11.7±6.5	12.9±7.6	12.8±3.5	10.3±3.0
SOC/OC 值	0.3±0.1	0.4±0.1	0.5±0.1	0.5±0.1	0.6±0.1	0.7±0.1	0.4±0.1	0.5±0.1	0.5±0.1
OC/EC 值	2.8±0.6	3.2±0.7	3.7±0.8	3.7±1.1	5.2±1.7	6.1±2.2	5.7±1.6	6.4±1.3	6.8±1.3

7.2.3.3　前体物低浓度下 SNA 生成

疫情后受大幅减排和有利气象条件的影响，河南省空气质量明显改善。从图 7-33 中可以明显看出，郑州、安阳和新乡市疫情后气态前体物浓度（SO_2 和 NO_2）均较疫情前显著下降，其平均浓度下降幅度分别为 15%、32%、25% 和 65%、52%、72%。相应地，其二次产物 SO_4^{2-} 和 NO_3^- 的浓度也明显下降，平均降幅分别为 44.9%、39.0%、19.2% 和 61.6%、51.6%、47.7%，同时 $PM_{2.5}$ 浓度降幅为 51%、55% 和 54%。可以看出对前体物的管控，尤其是 NO_2 浓度的大幅度下降能够有效降低 $PM_{2.5}$ 的浓度。为深入分析低 NO_2 浓度下 NO_3^- 的生成，以郑州市为例，根据 $PM_{2.5}$ 小时值浓度将疫情前和疫情后划分为清洁时段（$PM_{2.5} \leqslant 75\mu g/m^3$）、污染时段（75～150$\mu g/m^3$）和重污染时段（>150$\mu g/m^3$）。不同污染程度下郑州市 $PM_{2.5}$ 组分占比见图 7-34，相比疫情前，疫情后各污染时段 NO_3^- 占比分别下降了 8.3%、5.8% 和 9.6%，表明疫情下郑州市减排对 NO_3^- 削减有显著成效，但 NO_3^- 仍是污染时段和重污染时段 $PM_{2.5}$ 中占比最高的组分，分别为 30.4% 和 27.1%，并且相比清洁时段的 22.5% 均明显上升。可以看出尽管疫情期间 NO_2 浓度显著降低，仍有明显的二次硝酸生成。二次硝酸的生成主要受气态前体物、大气氧化性和气象条件等影响，O_3 是主要的大气氧化剂，气象条件中的相对湿度和温度对硝酸盐影响较大。从上述参数的日变化特征来看，受机动车排放削减的影响，疫情后 NO_2 浓度下降，并且在早晚出行高峰时间段并未出现峰值，但是平均浓度仍达到（20.1±8.2）$\mu g/m^3$，可能主要来自燃气电厂和工业的排放。从 NOR 的日变化特征可以看出，疫情后郑州市 NO_2 转化速率明显高于疫情前，峰值出现在午后。气相反应是硝酸盐生成的重要途径之一，主要以气相反应为主。其中 O_3 是大气·OH 最主要的来源之一，疫情过后郑州市 O_3 浓度显著升高，峰值浓度达到 100$\mu g/m^3$ 以上，同时也有利于 NO_2 的转化。此外疫情后夜间

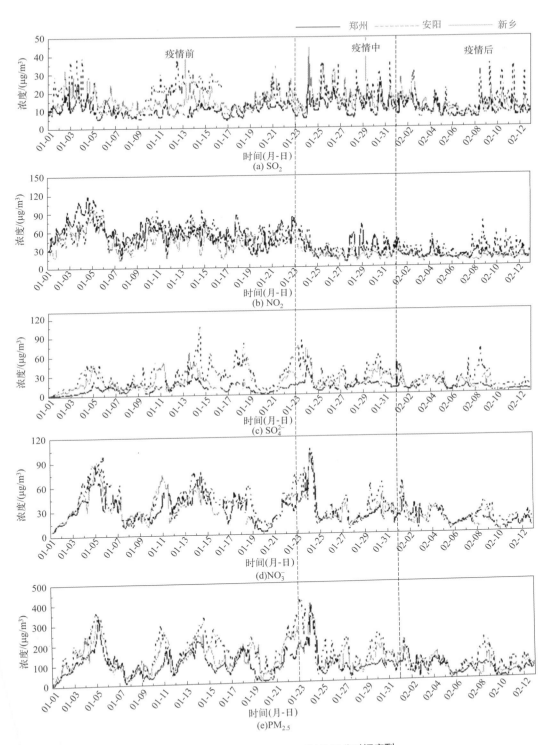

图 7-33 观测期间污染物和颗粒物组分时间序列

NOR 也明显大于疫情前，研究表明夜间 N_2O_5 的非均相水解反应形成硝酸盐的重要途径，因此疫情后郑州市大气相对湿度增大也可能促进了硝酸盐的生成。同时夜间 O_3 升高也有利于 N_2O_5 的生成。由于硝酸盐如 NH_4NO_3 易分解，温度是影响颗粒物中 NO_3^- 生成的重要气象参数，但郑州市疫情前和疫情后温度相差不大。上述结果表明郑州市疫情后在 NO_2 浓度仍较高的情况下，O_3 浓度和相对湿度的增高促进了二次硝酸的生成。因此郑州市秋冬季要重点管控颗粒物中的硝酸盐，必须加强对 NO_2 和 O_3 的协同管控。

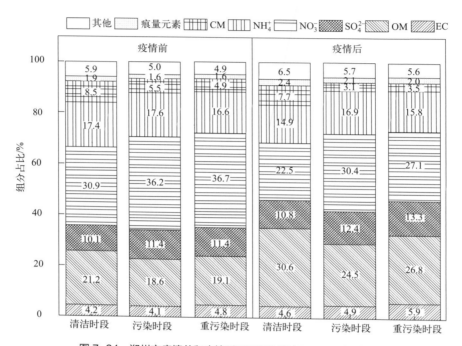

图 7-34 郑州市疫情前和疫情后不同污染程度下 $PM_{2.5}$ 组分占比

总体而言：

① 受疫情期间污染物排放下降和有利气象条件的影响，郑州市、安阳市和新乡市疫情后空气质量明显改善，除 O_3 外其他污染物浓度均明显下降，尤其是 NO_2 浓度下降显著，比疫情前分别下降了 65%、52% 和 72%。但是疫情后 3 个城市 $PM_{2.5}$ 浓度仍分别达到（72.4±42.7）$\mu g/m^3$、（60.5±38.0）$\mu g/m^3$ 和（82.2±51.3）$\mu g/m^3$，表明社会经济恢复正常后河南省冬季大气污染的大幅度改善仍面临巨大挑战。

② 二次无机气溶胶和 OM 是河南省三城市 $PM_{2.5}$ 的主要来源。疫情期间 NO_3^- 和扬尘贡献相比疫情前轻微下降。同时在河南省严格的禁燃措施下，疫情期间三个城市 $PM_{2.5}$ 花爆竹的影响较小。

③ 郑州市、安阳市和新乡市疫情后 NO_3^- 浓度降幅分别为 61.6%、51.6% 和 47.7%，中占比分别下降了 10.6%、4.1% 和 4%，SO_4^{2-} 和 OM 的占比均上升，OM 中 SOC 的贡献明疫情影响下机动车和燃气企业等排放的下降对二次硝酸的削减有成效，但是持续运炉、燃煤电厂和工业企业以及生活源的排放可能促进了大量的二次硫酸和二次有机气

④ 以郑州市为例分析 NO_3^- 生成，相比疫情前，疫情后不同污染时段 NO_3^- 占

8.3%、5.8%和9.6%,但NO_3^-仍是污染时段和重污染时段$PM_{2.5}$中占比最高的组分。除了受较高的NO_2浓度的影响外,疫情后大气中O_3浓度和相对湿度的增高,可能促进了郑州市NO_2的转化。因此郑州市未来应重视秋冬季$PM_{2.5}$和O_3的协同管控,以及NO_2和VOCs的协同减排。

7.3 结论与建议

河南省"十一五"和"十二五"期间的大气环境治理措施主要以污染物排放总量的达标为约束,整体实现减排目标。"十三五"期间以国家文件《大气污染防治行动计划》和《打赢蓝天保卫战三年行动计划》为指导,河南省发布了数十项空气质量管控、污染源头管控措施及地方排放标准,通过超低排放、煤炭压减、锅炉替代、油品升级、VOCs专项管控等专项治理活动,建立健全了一系列现代环境治理体系和能力,实现了污染物排放大幅削减,有效支撑了$PM_{2.5}$浓度的持续降低和重污染天数减少。"十三五"期间河南省环境空气质量大幅改善,主要大气污染物排放显著降低,绿色低碳转型发展成效显著。大气颗粒物浓度下降达40%,SO_2浓度下降71%;典型污染源工业源SO_2排放降幅超过50%,典型行业钢铁行业主要污染物下降均超过30%;近十年河南省单位GDP能耗降低40%,以年均1.3%的能源消费增长保障了年均约7%的经济增长。颗粒物组分变化显著,一次排放的大气污染物减排效果明显,燃煤源、扬尘源、生物质燃烧源和工艺过程源的贡献明显下降,二次生成的$PM_{2.5}$污染加剧,占比达40%以上,机动车源和SOA贡献有不同幅度的上升,大气污染特征从煤烟型污染向二次污染主导的复合型污染转化。

基于对河南省空气质量成因、演变规律、影响因素和科学改善路径的长期探索和研究总结,构建并完善了河南省大气污染防控技术体系,并在实际应用中支撑了国家重大活动的空气质量保障。郑州市在2015年阅兵期间和2019年少数民族运动会期间主要进行了包括燃煤、扬尘、机动车、工业和挥发性有机物的应急管控措施,会期颗粒物及SO_2和NO_2浓度下降显著,均在国家二级标准范围内。减排过程中一次颗粒物和气态污染物浓度下降显著,中等尺度范围内区域的协同管控实现了一次污染物的减排,会期实现了空气质量达标,但同期相比O_3浓度有所上升。

2020年疫情封控对大气污染物浓度影响显著,疫情期间除O_3外其他污染物浓度较疫情前均明显下降,其中NO_2和$PM_{2.5}$的降幅均超过50%,二次无机盐和有机物是观测期间$PM_{2.5}$的主要组分,疫情期间NO_3^-浓度和占比显著下降,SO_4^{2-}和有机物的占比上升,二次有机碳的贡献增大。同时,封控期间$PM_{2.5}$浓度仍处于高位,冬季不利的气象条件在人为活动下限排放情景中仍可能造成重度污染状况,河南省北部城市冬季大气环境仍处于气象条件影响控制型。

阅兵期间、少数民族运动会期间和疫情封控期间均有较为明显的一次污染物减排,成功实现了空气质量保障的目标。但是由于减排计划/减排措施与实际落实间存在较大偏差,尽管NO_2和VOCs实现了减排,但减排比例没能满足要求,管控过程中O_3浓度与同期相比出现上升,说明O_3的管控难度较$PM_{2.5}$的大,应加强后续的研究,O_3污染防控应吸取重大活动保障经验,加强科学减排措施的实施。

参考文献

[1] 国家统计局能源统计司. 中国能源统计年鉴（2013—2023）[M]. 北京：中国统计出版社，2013—2023.

[2] 国家统计局. 中国统计年鉴（2016—2023）[M]. 北京：中国统计出版社，2016—2023.

[3] 河南省统计局. 河南统计年鉴（2016—2023）[M]. 北京：中国统计出版社，2016—2023.

[4] 中国生态环境部. 中国生态环境状况公报（2013—2023）[EB/OL].

[5] 河南省生态环境厅. 河南省生态环境状况公报（2015—2023）[EB/OL].

[6] 国务院. 国务院关于印发打赢蓝天保卫战三年行动计划的通知[EB/OL].2018-07-03.

[7] 河南省人民政府. 河南省污染防治攻坚战三年行动计划（2018—2020 年）[EB/OL].2018-09-07.

[8] Li M, Zhang L. Haze in China：Current and future challenge[J]. Environmental Pollution，2014，189（12）：85-86.

[9] Jiang N, Li Q, Su F, et al. Chemical characteristics and source apportionment of $PM_{2.5}$ between heavily polluted days and other days in Zhengzhou, China[J]. Journal of Environmental Sciences, 2018, 66: 188-198.

[10] Geng N, Wang J, Xu Y, et al. $PM_{2.5}$ in an industrial district of Zhengzhou, China：Chemical composition and source apportionment[J]. Particuology, 2013, 11（1）:99-109.

[11] Wang J, Li X, Zhang W, et al. Secondary $PM_{2.5}$ in Zhengzhou, China：Chemical species based on three years of observations[J]. Taiwan Association for Aerosol Research, 2017, 16: 91-104.

[12] Wang J, Li X, Jiang N, et al. Long term observations of $PM_{2.5}$-associated PAHs：Comparisons between normal and episode days[J]. Atmospheric Environment, 2015, 104:228-236.

[13] 王申博，余雪，赵庆炎，等. 郑州市两次典型大气重污染过程成因分析[J]. 中国环境科学，2018，38（7）：2425-2431.

[14] Wang S, Yan Q, Zhang R, et al. Size-fractionated particulate elements in an inland city of China：Deposition flux in human respiratory, health risks, source apportionment, and dry deposition[J]. Environmental Pollution, 2019, 247: 515-523.

[15] Kang M, Hu J, Zhang H, et al. Evaluation of a highly condensed SAPRC chemical mechanism and two emission inventories for ozone source apportionment and emission control strategy assessments in China[J]. Science of The Total Environment, 2022, 813: 151922.

[16] Hakami A, Odman M T, Russell A G. High-order, direct sensitivity analysis of multidimensional air quality models[J]. Environmental Science & Technology, 2003, 37（11）: 2442-2452.

[17] Wang Q, Han Z, Wang T, et al. Impacts of biogenic emissions of VOC and NO_x on tropospheric ozone during summertime in eastern China[J]. Science of the total environment, 2008, 395（1）: 41-49.

[18] Zhang H, Chen G, Hu J, et al. Evaluation of a seven-year air quality simulation using the Weather Research and Forecasting（WRF）/Community Multiscale Air Quality（CMAQ）models in the eastern United States[J]. Science of the Total Environment, 2014, 473: 275-285.

[19] Wang P, Ying Q, Zhang H, et al. Source apportionment of secondary organic aerosol in China using a regional source-oriented chemical transport model and two emission inventories[J]. Environmental Pollution, 2018, 237: 756-766.

[20] 王媛林，李杰，李昂，等.2013—2014 年河南省 $PM_{2.5}$ 浓度及其来源模拟研究[J]. 环境科学学报，2016，36（10）：3543-3553.

[21] Li J, Du H, Wang Z, et al. Rapid formation of a severe regional winter haze episode over a megacity cluster on the North China Plain[J]. Environmental pollution, 2017, 223: 605-615.

[22] Yu S, Su F, Yin S, et al. Characterization of ambient volatile organic compounds, source apportionment, and the ozone–NO_x–VOC sensitivities in a heavily polluted megacity of central China：Effect of sporting events and emission reductions[J]. Atmospheric Chemistry and Physics, 2021, 21（19）: 15239-15257.

[23] Su F, Xu Q, Wang K, et al. On the effectiveness of short-term intensive emission controls on ozone and particulate matter in a heavily polluted megacity in central China[J]. Atmospheric Environment, 2021, 246: 118111.

[24] Su F, Xu Q, Yin S, et al. Contributions of local emissions and regional background to summertime ozone in central China[J]. Journal of Environmental Management, 2023, 338: 117778.

[25] Ying Q, Krishnan A. Source contributions of volatile organic compounds to ozone formation in southeast Texas[J]. Journal of Geophysical Research: Atmospheres, 2010, 115: 1-14.

[26] 王申博, 娄亚敏, 徐艺斐, 等. 郑州市民运会期间大气 $PM_{2.5}$ 改善效果评估[J]. 环境科学, 2020, 41（7）: 3004-3011.

[27] Liu S, Hua S, Wang K, et al. Spatial-temporal variation characteristics of air pollution in Henan of China: Localized emission inventory, WRF/Chem simulations and potential source contribution analysis[J]. Science of the total environment, 2018, 624: 396-406.

[28] Miao Y, Liu S, Guo J, et al. Unraveling the relationships between boundary layer height and $PM_{2.5}$ pollution in China based on four-year radiosonde measurements[J]. Environmental pollution, 2018, 243: 1186-1195.

[29] Wang S, Yin S, Zhang R, et al. Insight into the formation of secondary inorganic aerosol based on high-time-resolution data during haze episodes and snowfall periods in Zhengzhou, China[J]. Science of the Total Environment, 2019, 660: 47-56.

[30] 王申博, 范相阁, 和兵, 等. 河南省春节和疫情影响情景下 $PM_{2.5}$ 组分特征[J]. 中国环境科学, 2020, 40（12）: 5115-5123.

[31] Fu X, Wang T, Gao J, et al. Persistent heavy winter nitrate pollution driven by increased photochemical oxidants in Northern China[J]. Environmental Science & Technology, 2020, 54（7）: 3881-3889.

[32] Fu H, Chen J. Formation, features and controlling strategies of severe haze-fog pollutions in China[J]. Science of the Total Environment, 2016, 578: 121-138.

[33] Liu P, Ye C, Xue C, et al. Formation mechanisms of atmospheric nitrate and sulfate during the winter haze pollution periods in Beijing: Gas-phase, heterogeneous and aqueous-phase chemistry[J]. Atmospheric Chemistry and Physics, 2020, 20（7）: 4153-4165.

[34] Xue J, Yuan Z, Griffith S M, et al. Sulfate formation enhanced by a cocktail of high NO_x, SO_2, particulate matter, and droplet pH during haze-fog events in megacities in China: An observation-based modeling investigation[J]. Environmental Science & Technology, 2016, 50（14）: 7325-7334.

[35] Berglen, Tore F. A global model of the coupled sulfur/oxidant chemistry in the troposphere: The sulfur cycle[J]. Journal of Geophysical Research Atmospheres, 2004, 109: D19310.

第 8 章

中原城市群空气质量达标方案及联防联控

8.1 基于 $PM_{2.5}$ 浓度达标约束的中原城市群分阶段空气质量改善路线

8.2 中原城市群空气质量达标实施方案研究

8.3 中原城市群大气污染联防联控协作机制设计

8.4 结论与建议

明确大气污染物的演变规律，探究科学的控制路径，制定合理的目标，对环境空气质量的持续改善具有关键作用。本章研究基于党的十九大提出的"美丽中国"目标中的空气质量指标，对中原城市群空气质量改善路线进行评估，探究区域空气质量改善方案，制定区域大气污染联防联控机制，为中原城市群空气质量达标提供支撑。

8.1 基于 $PM_{2.5}$ 浓度达标约束的中原城市群分阶段空气质量改善路线

近年来，京津冀及周边地区中的北京市、天津市、河北省和山东省年均 $PM_{2.5}$ 浓度已正式进入"30+"时代，唯独中原城市群（河南省）年均 $PM_{2.5}$ 浓度仍超 $40\mu g/m^3$，秋冬季重污染天气仍然频发。京津冀及周边地区 $PM_{2.5}$ 污染中心从河北省逐步南移至河南省，且河南省是全国 $PM_{2.5}$ 污染最重的省份之一，危害了人民群众身体健康，对"美丽河南"建设造成了不利影响。因此，需进一步深入分析中原城市群（河南省） $PM_{2.5}$ 减排潜力和影响因素，针对不同城市制定分阶段改善目标，促进区域 $PM_{2.5}$ 浓度的科学有效降低。

8.1.1 中原城市群空气质量达标差距分析

8.1.1.1 空气质量超标程度分析依据

按照各项大气污染物超过国家空气质量二级标准限值的程度进行评价：污染物年均浓度超过国家二级标准 20% 及以内的为轻度超标，超标 20%～50%（包含 50%）为中度超标，超标 50%～100%（包含 100%）为重度超标，超标 100% 以上为严重超标（如表 8-1 所列）。

表 8-1 污染物超标程度分析标准

污染物	超标等级	超标程度
SO_2、NO_2、$PM_{2.5}$、PM_{10}、O_3	未超标	—
	轻度超标	超标（0%, 20%]
	中度超标	超标（20%, 50%]
	重度超标	超标（50%, 100%]
	严重超标	超标 100% 以上

8.1.1.2 中原城市群实现 $PM_{2.5}$ 达标差距分析

2013～2016 年，中原城市群 SO_2、$PM_{2.5}$、CO 年均浓度逐年下降，NO_2 年均浓度基本保持不变，PM_{10} 年浓度呈波动状态，O_3 年均浓度呈现上升趋势，首要污染物为 $PM_{2.5}$（见图 8-1，书后另见彩图），2016 年 $PM_{2.5}$ 年均浓度全国倒数第一。

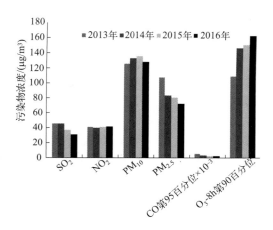

图 8-1　中原城市群历年空气质量变化情况

2016 年中原城市群 17 个地级市 $PM_{2.5}$ 年均浓度均超标 50% 以上（见图 8-2）。其中，$PM_{2.5}$ 年均浓度超标 50%～100%（含 100%）的城市有 9 个，占 52.9%；超标 1 倍以上的地级市有 8 个，占 47.1%，其中安阳市 $PM_{2.5}$ 年均浓度超标最严重，超标 134%。

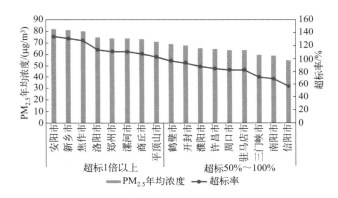

图 8-2　2016 年中原城市群各地级市 $PM_{2.5}$ 年均浓度超标情况

8.1.2　空气质量改善目标确定方法

8.1.2.1　目标确定方法

目前中原城市群区域 $PM_{2.5}$ 污染严重，2016 年 17 个地级市 $PM_{2.5}$ 年均浓度全部超标，其中安阳市的污染尤为严重。高浓度的 $PM_{2.5}$ 是造成中部区域霾污染的主要因素，对人体健康和能见度均具有重要影响。鉴于此，中原城市群分阶段空气质量改善目标的研究应以 $PM_{2.5}$ 年均浓度为重点，针对不同的区域、城市，制定分阶段改善目标。

8.1.2.2　改善阶段划分依据

将空气质量改善目标划分为 2020 年、2025 年、2030 年和 2035 年四个阶段，分别与"国民经济与社会发展五年规划"相对应;同时,2020 年和 2035 年对应于"打赢蓝天保卫战"和"基本实现美丽中国目标"的战略要求。

8.1.2.3 分阶段空气质量改善目标计算方法

采用自上而下的计算方法,以地级市为基本单元,按城市上一年 $PM_{2.5}$ 污染程度分类确定 $PM_{2.5}$ 年均浓度下降比例,逐年计算城市 $PM_{2.5}$ 浓度目标。并以此为基础,计算中原城市群区域 2020 年、2025 年、2030 年和 2035 年 $PM_{2.5}$ 年均浓度改善目标。计算公式如下:

$$C_{i,j}=C_{i-1,j}\times(1-x) \qquad (8-1)$$

$$C_i=\frac{\sum_{j=1}^{n}C_{i,j}}{n} \qquad (8-2)$$

式中　C——$PM_{2.5}$ 年均浓度,$\mu g/m^3$;
　　　i——年份;
　　　j——城市;
　　　x——$PM_{2.5}$ 年均浓度下降率;
　　　n——中原城市群区域的地级市数量。

8.1.2.4 改善情景分析

以打赢蓝天保卫战,2035 年基本实现美丽中国目标为总体战略要求,基于发达国家典型城市改善经验和我国重点城市 $PM_{2.5}$ 年均浓度改善经验,设计中原城市群 $PM_{2.5}$ 浓度改善基准情景,具体如表 8-2 所列。考虑到中原城市群内部分城市当前仍是我国区域大气污染防治的主战场,在大气污染防治措施、资金投入等方面将持续加大力度,有望加快空气质量改善的进程,研究设计了重点城市强化情景以及区域强化情景。

表 8-2　中原城市群(河南省)$PM_{2.5}$ 年均浓度改善情景设置

$PM_{2.5}$ 浓度水平	基准情景		重点城市强化情景		区域强化情景	
	重点城市	其他城市	重点城市	其他城市	重点城市	其他城市
超标 20% 及以内	年均降低 4% 左右	年均降低 3.5% 左右	降幅较基准情景更大	降幅与基准情景持平	降幅与基准情景持平	降幅较基准情景更大,但低于重点城市降幅
超标 20%~50%(含 50%)	年均降低 5% 左右	年均降低 4% 左右				
超标 50%~100%(含 100%)	年均降低 7% 左右	年均降低 6% 左右				
超标 100% 以上	年均降低 8% 左右	年均降低 7% 左右				

1.3 中原城市群空气质量改善目标

3.1 分阶段空气质量改善目标

根据空气质量改善目标情景计算了 2018~2035 年所有城市 $PM_{2.5}$ 年均浓度和达标城

市的比例。结果显示：三种情景下，中原城市群（河南省）$PM_{2.5}$ 年均浓度分别在 2035 年、2032 年、2030 年达到 $35\mu g/m^3$（见表 8-3）。三种情景下，"十四五"期间均没有城市能够达标；到 2030 年左右达标城市的比例分别达到 12%、24% 和 47%；到 2035 年左右达标城市的比例分别为 76%、99% 和 100%。三种情景下，中原城市群城市将分别在 2036 年、2035 年和 2034 年左右全部实现达标。

表 8-3　中原城市群（河南省）分阶段 $PM_{2.5}$ 浓度改善预期　　单位：$\mu g/m^3$

时间	基准情景	重点城市强化情景	区域强化情景
2020 年	57	55	52
2025 年	49	45	41
2030 年	40	37	34
2035 年	35	33	32
达标时间	2035 年	2032 年	2030 年

上述三种情景之后，区域强化情景的测算结果符合国家及河南省空气质量达标战略要求以及河南省 2020 年的实际情况。在 $PM_{2.5}$ 浓度达标约束下，2020 年、2025 年、2030 年和 2035 年中原城市群（河南省）$PM_{2.5}$ 平均浓度分别达到 $52\mu g/m^3$、$41\mu g/m^3$、$34\mu g/m^3$ 和 $32\mu g/m^3$；2030 年左右全省 $PM_{2.5}$ 年均浓度达标；2035 年所有城市 $PM_{2.5}$ 年均浓度可全部实现达标（如图 8-3 所示，书后另见彩图）。2020 年 $PM_{2.5}$ 年均浓度为 $52\mu g/m^3$，已经顺利实现第一阶段目标。

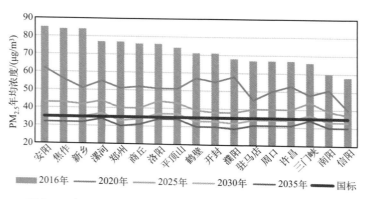

图 8-3　中原城市群（河南省）各城市分阶段空气质量达标路线图

8.1.3.2　分阶段达标城市比例

测算结果表明：三种情景下，"十四五"期间中原城市群城市 $PM_{2.5}$ 年均浓度国家空气质量二级标准；2030 年城市 $PM_{2.5}$ 年均浓度达标比例为 76.5%；2035 年均浓度将实现全部达标（见表 8-4）。

表 8-4　中原城市群（河南省）各城市分阶段空气质量改善目标

地级市	2025 年	2030 年
郑州	40	33
安阳	43	35

民经济与社会发展五年规划"相对应;同时,2020年和2035年对应于"打赢蓝天保卫战"和"基本实现美丽中国目标"的战略要求。

8.1.2.3 分阶段空气质量改善目标计算方法

采用自上而下的计算方法,以地级市为基本单元,按城市上一年 $PM_{2.5}$ 污染程度分类确定 $PM_{2.5}$ 年均浓度下降比例,逐年计算城市 $PM_{2.5}$ 浓度目标。并以此为基础,计算中原城市群区域 2020 年、2025 年、2030 年和 2035 年 $PM_{2.5}$ 年均浓度改善目标。计算公式如下:

$$C_{i,j}=C_{i-1,j}\times(1-x) \quad (8\text{-}1)$$

$$C_i=\frac{\sum_{j=1}^{n}C_{i,j}}{n} \quad (8\text{-}2)$$

式中　　C——$PM_{2.5}$ 年均浓度,$\mu g/m^3$;
　　　　i——年份;
　　　　j——城市;
　　　　x——$PM_{2.5}$ 年均浓度下降率;
　　　　n——中原城市群区域的地级市数量。

8.1.2.4 改善情景分析

以打赢蓝天保卫战,2035 年基本实现美丽中国目标为总体战略要求,基于发达国家典型城市改善经验和我国重点城市 $PM_{2.5}$ 年均浓度改善经验,设计中原城市群 $PM_{2.5}$ 浓度改善基准情景,具体如表 8-2 所列。考虑到中原城市群内部分城市当前仍是我国区域大气污染防治的主战场,在大气污染防治措施、资金投入等方面将持续加大力度,有望加快空气质量改善的进程,研究设计了重点城市强化情景以及区域强化情景。

表 8-2　中原城市群(河南省)$PM_{2.5}$ 年均浓度改善情景设置

$PM_{2.5}$ 浓度水平	基准情景		重点城市强化情景		区域强化情景	
	重点城市	其他城市	重点城市	其他城市	重点城市	其他城市
超标 20% 及以内	年均降低 4% 左右	年均降低 3.5% 左右	降幅较基准情景更大	降幅与基准情景持平	降幅与基准情景持平	降幅较基准情景更大,但低于重点城市降幅
超标 20%~50%(含 50%)	年均降低 5% 左右	年均降低 4% 左右				
超标 50%~100%(含 100%)	年均降低 7% 左右	年均降低 6% 左右				
超标 100% 以上	年均降低 8% 左右	年均降低 7% 左右				

8.1.3　中原城市群空气质量改善目标

8.1.3.1　分阶段空气质量改善目标

根据空气质量改善目标情景计算了 2018~2035 年所有城市 $PM_{2.5}$ 年均浓度和达标城

市的比例。结果显示:三种情景下,中原城市群(河南省)$PM_{2.5}$年均浓度分别在2035年、2032年、2030年达到35μg/m³(见表8-3)。三种情景下,"十四五"期间均没有城市能够达标;到2030年左右达标城市的比例分别达到12%、24%和47%;到2035年左右达标城市的比例分别为76%、99%和100%。三种情景下,中原城市群城市将分别在2036年、2035年和2034年左右全部实现达标。

表8-3 中原城市群(河南省)分阶段$PM_{2.5}$浓度改善预期   单位:μg/m³

时间	基准情景	重点城市强化情景	区域强化情景
2020年	57	55	52
2025年	49	45	41
2030年	40	37	34
2035年	35	33	32
达标时间	2035年	2032年	2030年

上述三种情景之后,区域强化情景的测算结果符合国家及河南省空气质量达标战略要求以及河南省2020年的实际情况。在$PM_{2.5}$浓度达标约束下,2020年、2025年、2030年和2035年中原城市群(河南省)$PM_{2.5}$平均浓度分别达到52μg/m³、41μg/m³、34μg/m³和32μg/m³;2030年左右全省$PM_{2.5}$年均浓度达标;2035年所有城市$PM_{2.5}$年均浓度可全部实现达标(如图8-3所示,书后另见彩图)。2020年$PM_{2.5}$年均浓度为52μg/m³,已经顺利实现第一阶段目标。

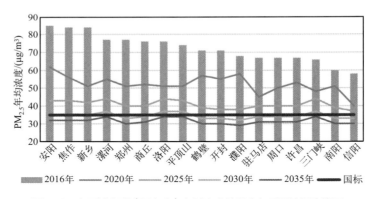

图8-3 中原城市群(河南省)各城市分阶段空气质量达标路线图

8.1.3.2 分阶段达标城市比例

测算结果表明:三种情景下,"十四五"期间中原城市群城市$PM_{2.5}$年均浓度均无法达到国家空气质量二级标准;2030年城市$PM_{2.5}$年均浓度达标比例为76.5%;2035年城市$PM_{2.5}$年均浓度将实现全部达标(见表8-4)。

表8-4 中原城市群(河南省)各城市分阶段空气质量改善目标

地级市	2025年	2030年	2035年
郑州	40	33	31
安阳	43	35	32

续表

地级市	2025 年	2030 年	2035 年
鹤壁	39	33	30
焦作	43	35	32
开封	38	33	30
漯河	44	37	34
洛阳	44	37	34
南阳	39	33	30
平顶山	43	37	34
濮阳	38	32	29
三门峡	44	37	34
商丘	40	34	31
新乡	42	35	32
信阳	37	33	30
许昌	40	34	31
周口	40	34	31
驻马店	40	34	31
全省平均	41	34	32

8.1.3.3 空气质量改善目标与经济发展的关系

"十四五"及"十五五"期间，河南省将围绕"确保高质量建设现代化河南，确保高水平实现现代化河南"的目标，实施优势再造战略、换道领跑战略、绿色低碳转型战略等"十大战略"，以传统优势产业和绿色低碳产业为重点，推动全省经济高质量发展，全省年均GDP 增速仍将保持在 5.5% 左右。在保障经济持续高质量发展的同时，"十四五"及"十五五"期间，河南省仍需持续贯彻绿色低碳转型战略，加强非电行业末端控制技术升级改造，加快推进产业、能源、交通三大结构调整，加强面源污染治理，进一步强化秋冬季大气污染综合治理攻坚，加快构建绿色低碳产业体系，确保 2030 年可以顺利完成全省 $PM_{2.5}$ 平均浓度达到 $34\mu g/m^3$ 的空气质量改善目标，实现经济高质量发展和大气环境质量持续改善的"双赢"（如图 8-4 所示，书后另见彩图）。

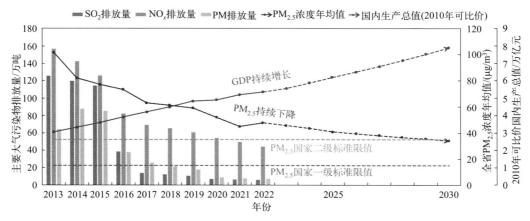

图 8-4 中原城市群（河南省）空气质量改善与经济发展关系

8.2 中原城市群空气质量达标实施方案研究

"十四五"及"十五五"期间,依据国家大气环境质量考核指标的变化,中原城市群除实现 $PM_{2.5}$ 浓度的分阶段达标外,也需要同步实现空气质量优良天数达标和重污染天数基本消除。同时随着中原城市群区域 O_3 污染日益加剧,还必须开展 $PM_{2.5}$ 与 O_3 协同管控,以 NO_x 和 VOCs 作为大气污染物排放总量考核指标,加强大气污染排放防控及治理。本章基于河南省平均 $PM_{2.5}$ 浓度 $34\mu g/m^3$ 的目标,以与周边省份均进行联防联控为前提,估算了 $PM_{2.5}$ 主要前体物的环境容量,并依据现有大气污染防治政策以及最新措施和技术,在确保河南省经济稳定高质量发展的前提下,从持续加强非电行业末端控制技术升级改造,加快推进产业、能源、交通三大结构调整,强化面源污染治理,加强区域联防联控,强化秋冬季大气污染综合治理攻坚,构建绿色低碳产业 6 个方面提出中原城市群(河南省)实现空气质量达标所需采取的控制方案(如图 8-5 所示)。

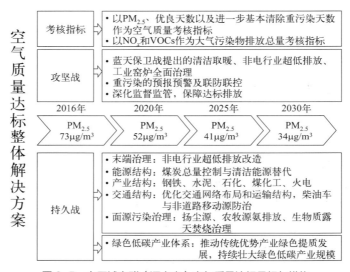

图 8-5 中原城市群(河南省)空气质量达标目标与措施

8.2.1 2030 年空气质量达标情景下的环境容量

在河南省平均 $PM_{2.5}$ 浓度 $34\mu g/m^3$ 的目标约束下,以与周边省份均进行联防联控为前提,基于 2017 年区域大气污染物排放源清单,采用空气质量模型迭代模拟的方法,计算得到各地级市 SO_2、NO_x、一次 $PM_{2.5}$ 和 NH_3 四种 $PM_{2.5}$ 主要前体物的环境容量如表 8-5 所列。可见,在 2030 年全省平均 $PM_{2.5}$ 浓度 $34\mu g/m^3$ 的目标下,河南省的 SO_2、NO_x、一次 $PM_{2.5}$ 和 NH_3 的环境容量分别为 250.09kt、552.63kt、245.25kt 和 360.81kt。就各地级市的环境容量来看,SO_2、NO_x、一次 $PM_{2.5}$ 的环境容量最大的地级市均是安阳,分别为 42.32kt、62.22kt 和 29.24kt;最小的地级市均是漯河,分别为 3.03kt、10.62kt 和 4.05kt。NH_3 环境容量最大的地级市是南阳,为 66.01kt;最小的地级市是鹤壁,为 4.79kt。

表 8-5 河南省各地级市 $PM_{2.5}$ 大气环境容量　　　　　单位：kt

地级市	SO_2	NO_x	一次 $PM_{2.5}$	NH_3
郑州	11.44	41.52	16.02	8.15
开封	7.02	14.52	8.49	26.17
洛阳	21.84	57.18	22.53	17.34
平顶山	29.17	56.23	22.06	23.28
安阳	42.32	62.22	29.24	13.54
鹤壁	5.91	11.69	5.03	4.79
新乡	19.13	31.72	11.97	16.12
焦作	11.39	29.89	9.56	7.43
濮阳	3.79	14.04	5.08	13.28
许昌	15.36	33.03	14.78	16.33
漯河	3.03	10.62	4.05	7.57
三门峡	18.85	29.74	15.31	7.39
南阳	16.43	45.64	23.60	66.01
商丘	6.63	19.37	7.49	18.69
信阳	15.26	31.04	17.77	34.49
周口	7.28	35.57	14.42	41.08
驻马店	15.24	28.61	17.85	39.15
总计	250.09	552.63	245.25	360.81

将河南省在全省平均 $PM_{2.5}$ 浓度 $34\mu g/m^3$ 目标下模型模拟得到的环境容量与 2017 年区域大气污染排放源清单中 SO_2、NO_x、一次 $PM_{2.5}$ 和 NH_3 排放量相比，2017 年河南省 SO_2、NO_x、一次 $PM_{2.5}$ 和 NH_3 的超标排放量分别为 463.78kt、1158.60kt、409.81kt 和 581.25kt。河南省想要实现 2030 年全省平均 $PM_{2.5}$ 浓度 $34\mu g/m^3$ 的目标，以 2017 年为基准年进行对比，SO_2、NO_x、一次 $PM_{2.5}$ 和 NH_3 排放量分别需要降低 64.97%、67.71%、62.56% 和 61.70%。

8.2.2 空气质量改善与大气污染物减排关系分析

从河南省空气质量和大气污染物排放量的关系来看，SO_2、NO_x、CO、PM_{10} 和 $PM_{2.5}$ 的变化趋势与六参数年均值变化趋势一致，均呈现出逐年下降的变化趋势，VOCs 则呈现出 2017 年最高，2016 年与 2018 年相对较低的情况。2019 年河南省 VOCs 的排放量相较于 2018 年有所降低，但 O_3 浓度不降反升，这可能与 NO_x 和 VOCs 不合理的减排比例以及气象条件有关。河南省 2016～2019 年全省大气污染物除 O_3 外均为下降趋势，污染天数逐渐减少，优良天数占比进一步增加。清单结果与污染物监测结果基本一致，O_3 与 VOCs 的清单结果相接近，但可能由于 O_3 前体物减排比例的不合理，导致 2019 年 O_3 浓度有所反弹，在对 O_3 进行管控时需进一步考虑前体物的减排比例。

总结河南省历年 $PM_{2.5}$ 年均浓度和大气污染物排放量变化趋势如表 8-6 所列，可以看出，$PM_{2.5}$ 的变化趋势与排放量基本一致，2016～2020 年间，全省 $PM_{2.5}$ 年均浓度下降了 20.0%；清单结果的平均下降比例与监测结果的平均下降比例较为接近，整体均呈现下降趋势，SO_2、NO_x、CO、PM_{10}、$PM_{2.5}$、VOCs、NH_3 排放量分别下降了 49.9%、32.0%、16.9%、17.0%、23.6%、2.6%、6.6%。2019 年清单结果相较于 2018 年有所下降，而监测结果有所升高,这可能与气象因素导致 $PM_{2.5}$ 当中的二次组分生成增加有关。

表 8-6 河南省 $PM_{2.5}$ 达标与减排比例关系

年份	$PM_{2.5}$年均浓度①/(μg/m³)	大气污染物排放量 /kt						
		SO_2	NO_x	CO	PM_{10}	$PM_{2.5}$	VOCs	NH_3
2016 年	65	780.9	1643.5	7154.9	1438.8	755.8	1036.1	984.5
2017 年	58	770.0	1779.5	7724.8	1404.4	713.9	1121.5	946.9
2018 年	52	541.4	1366.8	6688.9	1298.0	658.9	1038.3	913.5
2019 年	55	510.9	1249.3	6187.0	1264.0	626.9	1008.6	856.2
2020 年	52	391.4	1117.6	5946.4	1194.5	577.3	1008.9	821.0
2025 年	41	298.5	928.3	3645.3	798.9	342.0	832.8	496.1
2030 年	34	104.3	577.8	1965.5	569.6	204.9	526.6	324.4
2016~2020 年下降率 /%	20.0	49.9	32.0	16.9	17.0	23.6	2.6	16.6
2020~2025 年下降率 /%	21.2	23.7	16.9	38.7	33.1	40.8	17.5	39.6
2025~2030 年下降率 /%	17.1	65.1	37.8	46.1	28.7	40.1	36.7	34.6

① 2016~2020 年 $PM_{2.5}$ 年均浓度数据为实际值,2025 年和 2030 年为目标值。

在已有历史清单的基础上,本研究进一步估算了 2025 年和 2030 年河南省 $PM_{2.5}$ 年均浓度达到 41μg/m³ 和 34μg/m³ 时的大气污染物排放量,如表 8-6 所列。"十四五"期间,河南省的 $PM_{2.5}$ 年均浓度需要较 2020 年下降 21.2%,为实现 $PM_{2.5}$ 下降目标,SO_2、NO_x、CO、PM_{10}、$PM_{2.5}$、VOCs、NH_3 排放量需要较 2020 年下降 23.7%、16.9%、38.7%、33.1%、40.8%、17.5%、39.6%。"十五五"期间,河南省的 $PM_{2.5}$ 年均浓度需要较 2025 年下降 17.1%,为实现 $PM_{2.5}$ 下降目标,SO_2、NO_x、CO、PM_{10}、$PM_{2.5}$、VOCs、NH_3 排放量需要较 2025 年下降 65.1%、37.8%、46.1%、28.7%、40.1%、36.7%、34.6%。为实现河南省 $PM_{2.5}$ 年均浓度在 2025 年达到 41μg/m³,2030 年达到 34μg/m³ 的目标,河南省仍需要在"十四五"和"十五五"期间严格实施大气污染管控,尤其是严格执行秋冬季重污染天气期间的应急管控;并从全省的产业结构、能源结构、交通运输结构优化升级入手,大幅削减大气污染物排放量;强化面源大气污染治理,提升精细化管理水平;与周边省份积极开展大气污染联防联控,减少污染传输对全省空气质量的影响;加快构建绿色低碳产业体系,推进传统优势产业绿色提质发展,持续壮大新兴绿色低碳产业规模。

基于 2017 年排放清单,并结合空气质量分阶段目标约束下的大气环境容量,本研究结合产业结构调整、能源结构调整和交通运输结构调整等方面的减排技术和措施,估算了河南省"十四五"及"十五五"期间的大气污染物减排量,结果如表 8-7 所列。"十四五"期间,为实现 2025 年 $PM_{2.5}$ 年均值下降至 41μg/m³ 的目标,河南省的 SO_2、NO_x、CO、PM_{10}、$PM_{2.5}$、VOCs 和 NH_3 排放需要在 2017 年的基础上分别削减 471.49kt、851.21kt、4079.50kt、556.99kt、333.07kt、248.80kt、417.05kt。"十五五"期间,为实现 2030 年 $PM_{2.5}$ 年均值下降至 34μg/m³ 的目标,河南省的 SO_2、NO_x、CO、PM_{10}、$PM_{2.5}$、VOCs 和 NH_3 排放需要在 2017 年的基础上分别削减 665.64kt、1201.71kt、5759.32kt、786.34kt、470.22kt、413.11kt、588.77kt。

表 8-7 "十四五"及"十五五"期间各排放源与 2017 年相比的减排量

单位: kt

减排项目	"十四五"期间								"十五五"期间							
	SO_2	NO_x	CO	PM_{10}	$PM_{2.5}$	VOCs	NH_3		SO_2	NO_x	CO	PM_{10}	$PM_{2.5}$	VOCs	NH_3	
固定燃烧源	366.96	585.16	2099.58	156.03	102.22	26.96	5.22		518.07	826.10	2964.12	220.29	144.31	60.12	7.36	
火力发电	27.18	215.16	127.78	22.40	10.13	1.20	1.22		38.37	303.76	180.40	31.63	14.30	2.67	1.72	
工业燃烧源	318.71	366.91	1557.24	123.79	84.50	24.67	3.09		449.95	517.98	2198.46	174.77	119.30	55.02	4.36	
民用燃烧源	21.07	3.09	414.56	9.84	7.59	1.09	0.91		29.75	4.36	585.26	13.89	10.71	2.43	1.28	
道路移动源	1.01	116.59	353.08	7.40	6.49	40.75	0.43		1.42	164.60	498.47	10.44	9.17	90.90	0.61	
非道路移动源	4.21	29.94	13.25	2.76	2.19	2.99	0.00		5.94	42.26	18.71	3.90	3.10	6.66	0.00	
扬尘源	0.00	0.00	0.00	133.37	30.17	0.00	0.00		0.00	0.00	0.00	188.29	42.59	0.00	0.00	
工艺过程源	91.96	97.34	629.98	170.05	119.74	82.12	5.61		129.83	137.42	889.39	240.07	169.04	183.20	7.92	
有机溶剂使用源	0.00	0.00	0.00	0.00	0.00	28.16	0.00		0.00	0.00	0.00	0.00	0.00	62.81	0.00	
存储与运输源	0.00	0.00	0.00	0.00	0.00	4.21	0.00		0.00	0.00	0.00	0.00	0.00	9.38	0.00	
农牧源	0.00	0.00	0.00	0.00	0.00	0.00	394.55		0.00	0.00	0.00	0.00	0.00	0.00	557.01	
生物质燃烧源	7.35	22.18	983.61	87.38	72.26	63.61	11.24		10.38	31.32	1388.63	123.36	102.01	141.91	15.87	
总计减排量	471.49	851.21	4079.50	556.99	333.07	248.80	417.05		665.64	1201.71	5759.32	786.34	470.22	554.98	588.77	

8.2.3 空气质量达标路径与措施建议

8.2.3.1 中原城市群空气质量达标措施

"十三五"期间，国家主要以 $PM_{2.5}$ 和优良天数作为空气质量考核指标，以 SO_2 和 NO_x 作为大气污染物排放总量考核指标。随着 O_3 污染加剧，"十四五"及"十五五"期间中原城市群在实现 $PM_{2.5}$ 浓度的分阶段达标外，还必须开展 $PM_{2.5}$ 与 O_3 协同管控，以 $PM_{2.5}$、优良天数以及进一步基本清除重污染天数作为空气质量考核指标，以 NO_x 和 VOCs 作为大气污染物排放总量考核指标，加强大气污染防控及治理，进一步削减大气污染物排放量，尤其是要科学合理削减 NO_x 和 VOCs 排放量。在此基础上，本研究基于已有大气污染物政策措施、治理经验以及最新措施和技术，在确保经济稳定高质量发展的前提下，从持续加强非电行业末端控制技术升级改造，加快推进产业、能源、交通三大结构调整，强化面源污染治理，加强区域联防联控，强化秋冬季大气污染综合治理攻坚，以及构建绿色低碳产业体系六个方面提出河南省实现空气质量达标所需采取的控制方案建议，具体如下所述。

（1）持续加强非电行业末端控制技术升级改造

① 推进工业炉窑全面达标排放。已有行业排放标准的工业炉窑，严格执行行业排放标准相关规定，配套建设高效脱硫脱硝除尘设施，确保稳定达标排放。钢铁、水泥、焦化、化工、有色等行业，SO_2、NO_x、颗粒物、VOCs 排放全面执行大气污染物特别排放限值。暂未制定工业炉窑排放标准的行业，包括铸造、耐火材料、合成氨、电石等行业，应参照相关行业已出台的标准，全面加大污染治理力度，并加快河南省地方排放标准的制定和出台。建立排查整治清单，淘汰不成熟、不适用、无法稳定达标排放的工业炉窑。

② 全面加强无组织排放管理。严格控制工业炉窑生产工艺过程及相关物料储存、输送等无组织排放，在保障生产安全的前提下，采取密闭、封闭等有效措施，提高废气收集率。生产工艺产尘点（装置）应采取密闭、封闭或设置集气罩等措施。物料输送过程中产尘点应采取有效抑尘措施。

③ 推进重点行业污染深度治理。加快推进钢铁行业超低排放改造。积极推进电解铝、水泥、焦化等行业污染治理升级改造。电解铝企业全面推进烟气脱硫设施建设。鼓励水泥企业实施全流程污染深度治理。推进具备条件的焦化企业实施干熄焦改造，在保证安全生产前提下对焦炉实施炉体加罩封闭，并对废气进行收集处理。

④ 加强 VOCs 全流程综合治理。按照应收尽收、分质收集原则，将 VOCs 无组织排放转变为有组织排放，配套建设适宜高效治理设施进行集中治理。企业生产设施开停、检维修期间，按照要求及时收集处理产生的 VOCs 废气。规范开展 VOCs 泄漏检测与修复工作，定期开展储罐部件密封性检测。

（2）加快推进产业、能源、交通三大结构调整

① 产业结构优化措施主要包括高能耗产品产量控制、生产工艺改进、能效水平提高、发展循环经济等。针对火力发电，需要进一步提高电站锅炉能效，推广采用洁净煤技术；淘汰自备电厂小机组，加快推广先进发电技术如整体煤气化联合循环发电（IGCC）。针对工业锅炉，

需要逐步淘汰能效及排放水平落后的小容量锅炉；通过采用节能技术提高能源效率。针对工业 VOCs 排放，要推进落后传统工艺的升级换代，改善生产操作条件以减少无组织逸散，从源头上减少 VOCs 排放；进一步深化生产工艺优化和源头替代控制措施，以工业涂装、包装印刷、电子制造等行业为重点，鼓励引导企业生产和使用低 VOCs 含量涂料、油墨、胶黏剂、清洗剂，提高低（无）VOCs 含量产品比重。针对工业传统污染物排放，要严格控制高能耗工业产品产量的增长，严禁新增钢铁、水泥产能；国家、省绩效分级重点行业以及涉及锅炉炉窑的其他行业，新（改、扩）建项目原则上达到环境绩效 A 级或国内清洁生产先进水平；进一步挖掘工业节能潜力，提高能源利用效率；加强高能耗工业的产业链延伸，改进钢铁、有色金属、建材等行业的生产工艺，促进以再生钢、再生铝、建筑废料制水泥等为代表的循环经济发展。

② 能源结构优化措施主要包括电源和热源结构的优化，以及各行业部门能源消费结构优化。针对电力部门，要禁止新增除热电联产外的燃煤机组，并逐步削减燃煤发电占比；加快推进风电和集中式光伏规模化开发，提高光伏和风力发电比重，加强区域电网吸纳可再生能源的能力，提高外来清洁电力占比。针对工业锅炉，禁止新建除集中供暖外的燃煤锅炉，鼓励自备燃煤机组实施清洁能源替代；要加快推进热电联产、工业余热、地热、空气源/水源热泵、天然气替代燃煤锅炉。针对民用燃烧源，需要因地制宜地推广电代和气代技术，加快推进清洁取暖改造，推广新型清洁高效燃煤炉具，提升热效率，鼓励使用低灰、低硫的洁净煤和型煤，减少高挥发分的低变质烟煤使用，并加快农村房屋围护结构改造，积极开展光伏建筑一体化（BIPV）。针对工业窑炉，以水泥和耐材行业为重点，加快以天然气或者城市垃圾替代煤炭；加快推广工业窑炉电热技术；以化工、钢铁等行业为重点，通过技术改造，逐步推广以其他能源或原料替代煤炭作为工业原料。

③ 交通运输结构优化主要针对道路移动源，从排放标准、燃料类型、可再生能源占比和运输方式等方面进行优化。严格执行当前已发布政策，城市地区限制摩托车上牌与上路，"十四五"期间淘汰国三及以下车辆；"十五五"期间，进一步提高标准，淘汰国四及以下车辆；新增机动车为国六及以上标准。大力推广新能源汽车，进一步提高纯电动汽车和氢能源汽车在城市内客运汽车（出租车、公交车）中的占比，加快推进纯电动汽车或者氢能源汽车逐步替代传统燃油机动车，新增公务用车除特殊用途外全部实现新能源化；探索和试点大型电动货车与氢能源汽车替代现有大型柴油车辆，发展纯电动、氢燃料电池等零排放货运车队；加快实施大宗物流"公转铁"，提高货运中铁路运输占比。严格实施非道路移动柴油机械第四阶段排放标准，加快推进铁路货场、物流园区、港口、机场、工矿企业内部作业车辆和机械新能源更新改造，提高轮渡船、短途旅游船、港作船使用新能源和清洁能源比例。

（3）强化面源污染治理

① 深化扬尘源污染综合治理。针对扬尘源排放治理，主要通过转变发展方式，逐步减少大拆大建，进一步加强建筑工地管控，削减建筑扬尘排放；通过加强城市扬尘精细化治理和城市绿化，实现城市治理水平和生态环境保护水平进一步提高，削减交通扬尘排放。

② 持续推进农牧源氨排放治理。针对农牧源氨排放治理，要提高集约化养殖比例，推广低蛋白日粮技术，加强畜禽粪便管理，鼓励生猪、鸡等圈舍封闭管理，对粪污输送、存储及处理设施进行封闭改造，加强废气收集和处理，推广使用空气洗涤剂以及排泄物贮存阶段使用沸石吸附剂去除氨气的技术；进一步推广测土配方施肥，提高氮肥利用效率，削减尿素和

碳酸氢铵的使用比例，推广氮肥机械深施，提高深施比例，推广硝化抑制剂与脲酶抑制剂配合使用，控制施肥氨排放。

③ 加强生物质露天焚烧治理和综合利用。针对生物质露天焚烧排放治理，要推进生物质资源化和能源化的利用，提高秸秆还田标准化、规范化水平，完善秸秆收储运体系，实现生物质资源的全面利用；提高农村居民对大气污染的认知程度，严格管控并逐步杜绝生物质露天燃烧。

（4）加强区域联防联控

由河南省$PM_{2.5}$污染受省外传输的影响来看，河南省周边七省（湖北、安徽、陕西、江苏、山西、山东、河北）中湖北省和陕西省由于受地形因素影响，对河南省$PM_{2.5}$污染的传输贡献较小，其余五省的大气污染物传输均对河南省$PM_{2.5}$有显著贡献。山东省四季对河南省$PM_{2.5}$污染均有显著影响；安徽省和江苏省在春、夏、秋三季对河南省$PM_{2.5}$污染均有显著影响，冬季对河南省的影响则较小；山西省和河北省在冬、春两季对$PM_{2.5}$污染均有显著影响，夏秋两季的影响则较小，其中河北省在冬季时对河南省$PM_{2.5}$污染的影响远超其他省份。因此，河南省在$PM_{2.5}$污染防控工作中，还需要根据季节的不同，积极协调周边的河北省、山东省、山西省、安徽省和江苏省进行区域联防联控。

河南省周边七省2030年时$PM_{2.5}$年均浓度达到35μg/m³目标时，SO_2、NO_x、一次$PM_{2.5}$和NH_3的减排比例如图8-6所示。处于32.1%~64.5%的范围内，其中河北省需要实现的减排比例最大，湖北省需要实现的减排比例最小。

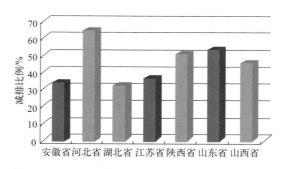

图8-6 河南省周边省份联防联控需要实现的减排比例

当周边省份实施联防联控使各省$PM_{2.5}$浓度均下降至35μg/m³时，对河南省$PM_{2.5}$浓度的影响如图8-7所示。由此可见，与周边省份进行联防联控可以有效降低河南省，尤其是

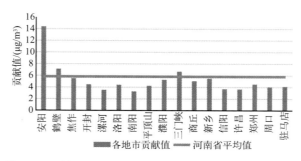

图8-7 区域联防联控对河南省$PM_{2.5}$浓度年均值下降的贡献

空气污染较重的安阳、鹤壁和三门峡 3 市的 $PM_{2.5}$ 年均浓度，有利于河南省实现 2025 年和 2030 年 $PM_{2.5}$ 年均浓度达到 $41\mu g/m^3$ 和 $34\mu g/m^3$ 的空气质量改善目标。

（5）强化秋冬季大气污染综合治理攻坚

由于降水较少、静稳天气较多和近地面湿度较大，河南省秋冬季大气环境容量显著小于春夏季；加之秋冬季大气污染物排放量显著高于春夏季，导致秋冬季大气污染物排放量远超环境容量。由此，导致河南省秋冬季重污染频发，空气质量显著差于春夏季。加强秋冬季大气污染综合治理攻坚，改善秋冬季大气环境质量，基本消除重污染天气，是实现 2030 年河南省实现空气质量达标的关键。为此，河南省需要加强秋冬季空气质量预报预警；加强重污染天气应对，全面推进绩效分级差异化管控；加强落实大气污染防治攻坚重点任务。

① 加强秋冬季空气质量预报预警。加强重污染天气气象条件精准预报，准确把握污染排放、气象和空气质量变化趋势，及时提供污染预警建议，提前进行多部门联合会商，在科学研判的基础上，及时启动重污染天气应急响应。统筹考虑气象条件、污染传输、管控预期、经济社会成本等因素，不断优化空气质量预报预警工作，提高对重污染天气发生的时间、地点、范围、预警级别等信息的预测准确度。

② 加强重污染天气应对，全面推进绩效分级差异化管控。当启动重污染天气预警时，应指导企业进行停车或及时调整生产计划；鼓励火电机组在秋冬季使用特低硫、低灰、高热值的燃煤。全面实施绩效分级差异化减排，环保绩效 A 级企业，重污染天气应急响应期间可自主采取减排措施；B 级及以下企业，应严格落实不同预警级别各绩效等级对应的减排措施要求。在全面摸排涉气污染源底数的基础上，分企业制定差异化减排措施，落实"一企一策""一厂一策"，在重污染天气预警期间，保证差异化应急减排措施落实到位。

③ 加强落实大气污染防治攻坚重点任务。淘汰和压减钢铁、建材、火电、化工等高能耗行业的落后产能；组织开展"散乱污"企业整治"回头看"，保持"散乱污"企业动态清零。进一步推进清洁取暖散煤替代工程。加快推进有条件的地区基本完成生活和冬季取暖散煤替代，提高城区清洁取暖率；严厉打击销售和使用劣质散煤违法行为；加强供热锅炉的低氮燃烧改造和煤质管控。加快优化交通运输方式。提高大宗货物铁路运输比例；加快淘汰国四及以下排放标准营运柴油货车，加强路检路查。提高城市建成区新增或更新的公交、邮政、出租、通勤、轻型物流配送车辆使用新能源车或清洁能源车的比例。加强非道路移动源污染防治。积极推进非道路移动机械编码登记工作；开展成品油市场专项整治，关停取缔非法调油窝点、非法油品销售点，严厉打击非法流动加油罐车及储存使用非标燃油等违法行为。实施重点行业深度治理攻坚。推进钢铁、焦化行业超低排放改造和燃煤电厂深度治理；加强工业炉窑大气污染治理，依法关停不达标工业炉窑，依法取缔燃煤热风炉，基本淘汰热电联产供热管网覆盖范围内的燃煤加热、烘干炉（窑）。强力开展 VOCs "夏病冬治"。加快推进重点行业水性涂料等含低挥发性有机物涂料的推广替代，加快对采用单一的低温等离子、光氧化、光催化等低效技术治理工艺企业的治理和整改。

（6）构建绿色低碳产业体系

为确保河南省在实现空气质量达标的同时，仍能保持经济稳定高质量发展，实现经济高质量发展和大气环境质量改善的"双赢",河南省亟须加快构建绿色低碳产业体系,加快推动传统优势产业绿色提质发展,并持续壮大新兴绿色低碳产业规模。

① 推动传统优势行业绿色提质发展。以钢铁、有色金属、建材、化工等行业为重点,鼓励运用先进适用技术和信息化手段改造提升传统优势产业,支持节能降碳技术与污染深度治理推广应用及装备大型化改造,支持绿色微电网、分布式光伏、储能、区域综合能源等新兴技术和模式应用。按照"储备一批、培育一批、打造一批"的原则,建设一批省级、国家级绿色工厂。

② 加快壮大绿色环保产业。加大政策支持力度,发展环保装备与服务产业,鼓励环境污染第三方治理,引导社会资本积极参与。开展重大节能环保技术装备产业化应用示范工程,加快拥有自主知识产权的重大节能环保技术的成果转化。积极引导和支持科研成果向企业集聚,以实施大项目为牵引,促进以企业为主体的产学研合作,大力提升科研成果就地转化率。

③ 加快构建绿色低碳产业链。发挥产业链"链主"企业引领作用,推动全产业链条绿色低碳发展。支持汽车、机械、电子、纺织、通信等行业龙头企业协同产业链上下游企业开展技术迭代、工艺升级、绿色低碳改造和数字化转型,带动产业链上下游企业共同实现绿色低碳升级。

④ 开展工业园区绿色低碳升级改造。支持工业园区内企业实施节能降碳、资源综合利用和污染深度治理等绿色低碳改造,推动企业和园区向产业结构高端化、能源消费低碳化、资源利用循环化和生产过程清洁化发展转型。制定涉气工业园区专项整治方案,对重污染企业依法淘汰关停或就地改造。鼓励工业园区因地制宜建设集中供热中心、集中喷涂中心、有机溶剂集中回收处置中心、活性炭集中再生中心等项目。

8.2.3.2 "十四五"及"十五五"控制方案的减排潜力核算

基于上述空气质量达标措施,根据已有的大气污染物排放清单,核算了河南省末端控制技术改造升级,产业、能源和交通三大结构调整以及面源污染治理相关措施的减排潜力。"十四五"期间,通过末端控制技术改造升级,产业、能源和交通结构调整及面源污染治理,河南省 SO_2、NO_x、$PM_{2.5}$、VOCs、NH_3 排放量可以较 2020 年下降 23.7%、16.9%、40.8%、17.7%、39.6%,可实现 2025 年 $PM_{2.5}$ 年均浓度达到 $41\mu g/m^3$ 的目标。"十五五"期间,河南省 SO_2、NO_x、$PM_{2.5}$、VOCs、NH_3 排放量可以较 2025 年下降 65.0%、37.8%、40.1%、36.7%、34.6%,可实现 2030 年 $PM_{2.5}$ 年均浓度达到 $34\mu g/m^3$ 的目标。减排方案的具体措施及减排潜力核算结果见表 8-8 与表 8-9。

表 8-8 河南省空气质量达标措施方案及减排潜力核算(一)

项目		末端治理技术改进/%	产业结构优化/%	能源结构优化/%	交通结构优化/%	面源污染治理/%	总计减排比例/%
"十四五"	SO_2	10.2	7.8	5.2	0.1	0.4	23.7
	NO_x	5.5	5.4	3.3	2.3	0.4	16.9
	$PM_{2.5}$	11.4	11.2	4.9	0.8	12.5	40.8
	VOCs	4.3	5.5	0.5	2.9	4.5	17.7
	NH_3	0.4	0.4	0.2	0.0	38.6	39.6
"十五五"	SO_2	12.1	21.2	30.6	0.1	1.0	65.0
	NO_x	4.8	11.0	15.8	5.2	1.0	37.8
	$PM_{2.5}$	5.7	10.9	10.4	0.8	12.3	40.1
	VOCs	7.9	11.2	2.2	6.0	9.4	36.7
	NH_3	0.2	0.3	0.4	0.0	33.7	34.6

表 8-9 河南省空气质量达标措施方案及减排潜力核算(二)

排放源	措施分类	"十四五" 减排措施	较 2020 年减排比例	"十五五" 减排措施	较 2025 年减排比例
火力发电	末端治理技术改进	排放控制技术进一步改进，低氮燃烧技术应用率达到 100%	减排 SO_2、NO_x、PM_{10}、$PM_{2.5}$ 分别 2%、6%、7%、6%	排放控制技术进一步改进，各种去除技术的水平进一步提升	减排 SO_2、NO_x、PM_{10}、$PM_{2.5}$ 分别 1%、3%、1%、1%
火力发电	产业结构优化	电站锅炉能效提升，推广采用洁净煤技术，保证燃煤中含硫量不高于 0.5%、灰分含量不高于 16%	减排 SO_2、NO_x、PM_{10}、$PM_{2.5}$ 分别 2%、6%、7%、6%	电站锅炉能效提升进一步提升	减排 SO_2、NO_x、PM_{10}、$PM_{2.5}$ 分别 1%、3%、1%、1%
火力发电	产业结构优化	淘汰自备电厂小机组	减排 SO_2、NO_x、PM_{10}、$PM_{2.5}$ 分别 1%、4%、4%、4%	进一步淘汰落后机组，加快推广先进发电技术，如 IGCC	减排 SO_2、NO_x、PM_{10}、$PM_{2.5}$ 分别 6%、15%、6%、5%
火力发电	能源结构优化	除热电联产机组外，禁止新增燃煤机组	—	逐步削减燃煤发电占比	减排 SO_2、NO_x、PM_{10}、$PM_{2.5}$ 分别 6%、15%、6%、5%
火力发电	能源结构优化	提高光伏和风力发电比重，加强区域电网吸纳可再生能源的能力，提高外来清洁电力占比	减排 SO_2、NO_x、PM_{10}、$PM_{2.5}$ 分别 3%、8%、10%、8%	进一步提高本地电网吸纳可再生能源的能力，加快推广风能和光伏替代燃煤火电	减排 SO_2、NO_x、PM_{10}、$PM_{2.5}$ 分别 9%、23%、9%、7%
火力发电	末端治理技术改进	提高供热锅炉排放标准，加快推进供热锅炉的超低排放改造	减排 SO_2、NO_x、PM_{10}、$PM_{2.5}$ 分别 16%、17%、32%、31%	进一步提高排放标准	减排 SO_2、NO_x、PM_{10}、$PM_{2.5}$ 分别 20%、19%、20%、20%
工业锅炉	产业结构优化	逐步淘汰小容量锅炉	减排 SO_2、NO_x、PM_{10}、$PM_{2.5}$ 分别 6%、7%、13%、13%	进一步淘汰能效及排放水平落后的锅炉	减排 SO_2、NO_x、PM_{10}、$PM_{2.5}$ 分别 20%、19%、20%、20%
工业锅炉	能源结构优化	通过采用节能技术提高能源效率	减排 SO_2、NO_x、PM_{10}、$PM_{2.5}$ 分别 3%、3%、6%、6%	加严原有的能源效率标准，大幅削减燃煤消费，进一步提高锅炉能效	减排 SO_2、NO_x、PM_{10}、$PM_{2.5}$ 分别 10%、9%、10%、10%
工业锅炉	能源结构优化	推进电清产、工业余热、地热、空气源/水源热泵、天然气替代燃煤锅炉	减排 SO_2、NO_x、PM_{10}、$PM_{2.5}$ 分别 6%、7%、13%、13%	进一步优化热源结构	减排 SO_2、NO_x、PM_{10}、$PM_{2.5}$ 分别 50%、47%、50%、49%
民用燃烧源	能源结构优化	根据居民实际情况，因地制宜地推广电代煤和气代技术	减排 SO_2、NO_x、PM_{10}、$PM_{2.5}$ 分别 4%、2%、10%、10%	进一步推广双替代，积极开展可再生源入网，实现平原地区散煤消费归零	减排 SO_2、NO_x、PM_{10}、$PM_{2.5}$ 分别 19%、10%、16%、16%
民用燃烧源	能源结构优化	推广新型清洁高效燃煤炉具，提升热效率；鼓励使用低灰、低硫的洁净煤和型煤，减少高挥发分的低变质烟煤使用	减排 SO_2、NO_x、PM_{10}、$PM_{2.5}$ 分别 4%、2%、10%、10%		
民用燃烧源		加快农村房屋围护结构改造	减排 SO_2、NO_x、PM_{10}、$PM_{2.5}$ 分别 3%、2%、8%、8%	根据各地区经济条件与地理条件，积极开展光伏建筑一体化 (BIPV)	减排 SO_2、NO_x、PM_{10}、$PM_{2.5}$ 分别 8%、4%、7%、7%
道路移动源	交通结构优化	严格执行当前已发布政策，淘汰国三及以下上路；城市地区限制摩托车的上牌与上路	NO_x、$PM_{2.5}$、VOCs 分别减排 1%、5%、4%	提高汽车淘汰政策标准，持续淘汰污染排放较高的车辆，淘汰国四及以下车辆	NO_x、$PM_{2.5}$、VOCs 分别减排 1%、2%、2%

续表

排放源	措施分类	"十四五" 减排措施	"十四五" 较2020年减排比例	"十五五" 减排措施	"十五五" 较2025年减排比例
道路移动源	交通结构优化	大力推广新能源汽车，机动车逐步被纯电动汽车或者氢能源汽车代替	NO_x、$PM_{2.5}$、VOCs分别减排1%、4%、3%	大型电动货车与氢能源汽车开始进入市场，替代现有的大型柴油车辆	NO_x、$PM_{2.5}$、VOCs分别减排2%、3%、3%
		逐步用纯电动汽车和氢能源汽车替代城市内客运汽车（出租车、公交车）	NO_x、$PM_{2.5}$、VOCs分别减排1%、5%、4%	新增机动车增长率降低，纯电动车与氢能代汽车对机动车的替代率持续增长	NO_x、$PM_{2.5}$、VOCs分别减排2%、4%、4%
		新增机动车为国六及以上标准	NO_x、$PM_{2.5}$、VOCs分别减排1%、5%、4%	新增机动车排放标准继续提高	NO_x、$PM_{2.5}$、VOCs分别减排2%、4%、4%
		大宗物流"公路转铁路"从10%提高至30%	NO_x、$PM_{2.5}$、VOCs分别减排1%、7%、5%	大宗物流"公路转铁路"从30%提高至45%	NO_x、$PM_{2.5}$、VOCs分别减排2%、4%、4%
非道路移动源	产业结构优化	转变发展方式，逐步减少大拆大建，控制非道路机械活动水平	NO_x、$PM_{2.5}$、VOCs分别减排1%、4%、3%	进一步减少非道路机械的使用	NO_x、$PM_{2.5}$、VOCs分别减排4%、4%、5%
	能源结构优化	执行非道路机械国四排放标准	NO_x、$PM_{2.5}$、VOCs分别减排5%、13%、11%	非道路机械能效水平和排放标准持续提升	NO_x、$PM_{2.5}$、VOCs分别减排7%、7%、9%
		逐步推广电力非道路机械	NO_x、$PM_{2.5}$、VOCs分别减排1%、2%、2%	进一步推广电力非道路机械，氢能源非道路机械进入市场开始对柴油非道路机械进行替代	NO_x、$PM_{2.5}$、VOCs分别减排3%、3%、4%
扬尘源	面源污染治理	转变发展方式，逐步减少大拆大建，进一步加强建筑工地管控	PM_{10}、$PM_{2.5}$分别减排8%	随着发展阶段的转变，建筑工地逐步减少，建筑扬尘排放量进一步下降	PM_{10}、$PM_{2.5}$分别减排7%
		加强城市扬尘治理和城市绿化，削减交通扬尘排放量	PM_{10}、$PM_{2.5}$分别减排8%	实现城市治理水平和生态环境保护水平进一步提高，交通扬尘持续下降	PM_{10}、$PM_{2.5}$分别减排4%
工艺过程源传统污染物排放	末端治理技术改进	以钢铁、水泥、耐火材料、有色金属、焦化和工业为重点，加快推进工业窑炉超低排放标准	SO_2、NO_x、PM_{10}、$PM_{2.5}$分别减排9%、11%、19%、17%	进一步提高排放标准	SO_2、NO_x、PM_{10}、$PM_{2.5}$分别减排16%、17%、13%、11%
	产业结构优化	严格控制高能耗工业产品产量的增长	SO_2、NO_x、PM_{10}、$PM_{2.5}$分别减排5%、5%、9%、9%	高能耗工业产品产量持续下降	SO_2、NO_x、PM_{10}、$PM_{2.5}$分别减排6%、7%、5%、5%

续表

排放源	措施分类	"十四五" 减排措施	较2020年减排比例	"十五五" 减排措施	较2025年减排比例
工艺过程源传统污染物排放	产业结构优化	进一步挖掘工业节能潜力，提高能源利用效率	SO$_2$、NO$_x$、PM$_{10}$、PM$_{2.5}$分别减排5%、5%、9%、9%	进一步提高能源利用效率	SO$_2$、NO$_x$、PM$_{10}$、PM$_{2.5}$分别减排9%、10%、8%、7%
	产业结构优化	加强高能耗工业的产业链延伸，改进钢铁、有色金属、建材等行业的生产工艺，促进以再生钢铁、建筑废料制水泥等为代表的循环经济产业发展	SO$_2$、NO$_x$、PM$_{10}$、PM$_{2.5}$分别减排2%、3%、5%、4%	进一步优化工业产业链，提升循环经济发展水平	SO$_2$、NO$_x$、PM$_{10}$、PM$_{2.5}$分别减排16%、17%、13%、11%
	能源结构优化	以水泥和耐火材料行业为重点，加快以天然气或者城市垃圾替代煤炭；加快推广工业窑炉电热技术	SO$_2$、NO$_x$、PM$_{10}$、PM$_{2.5}$分别减排2%、3%、5%、4%	进一步优化工业窑炉的能源结构；以化工、钢铁等行业为重点，通过技术改造，逐步推广以其他能源或原料替代煤炭作为工业原料	SO$_2$、NO$_x$、PM$_{10}$、PM$_{2.5}$分别减排16%、17%、13%、11%
工业VOCs排放（包含工艺过程源VOCs排放及工业溶剂使用VOCs排放）	末端治理技术改进	全面强化无组织排放控制，落实"一企一策"，提高企业废气"收集率、处理率和设施运行率"，提升综合治理效率	VOCs减排6%	进一步提高排放标准，实现VOCs超低排放	VOCs减排12%
	产业结构优化	推进落后传统工艺的升级换代，改善生产操作条件，以减少上组织逸散，从源头上减少VOCs排放	VOCs减排2%	进一步深化生产工艺优化和源头控制措施	VOCs减排18%
	产业结构优化	加强含VOCs材料全方位、全链条、全封闭密闭管理，强化无组织排放控制	VOCs减排4%		
	产业结构优化	大力推进涉VOCs生产工艺原材料替代，加强源头控制	VOCs减排3%		
建筑溶剂使用	产业结构优化	严格落实国家和地方产品VOCs含量限值标准：《建筑用墙面涂料中有害物质限量》(GB 18582—2020)、《低挥发性有机化合物含量涂料产品技术要求》(GB/T 38597—2020)	VOCs减排5%	进一步提高国家和地方产品VOCs含量限值标准	VOCs减排10%
	产业结构优化	大力推进源头替代，使用水性、粉末、高固体分、无溶剂、辐射固化等低VOCs含量的涂料	VOCs减排4%	强化和扩大低VOCs含量涂料的使用范围	VOCs减排8%

续表

排放源	措施分类	"十四五" 减排措施	较2020年减排比例	"十五五" 减排措施	较2025年减排比例
建筑溶剂使用	产业结构优化	全面使用符合国家要求的低VOCs含量原辅材料的企业纳入正面清单和政府绿色采购清单	VOCs减排2%	加强建筑工地涂料使用管理	VOCs减排5%
		全面执行《挥发性有机物无组织排放控制标准》（GB 37822—2019）	VOCs减排3%	进一步提高排放标准	VOCs减排6%
存储与运输	末端治理技术改进	深化加油站油气回收工作，推进加油站储油、油气回收治理工作，规范油气回收设施运行，提高检测频次，大型加油站安装油气自动监控设备，与环保部门联网	VOCs减排3%	强化汽油、石脑油、煤油以及原油等油品储运全过程VOCs排放控制	VOCs减排6%
		全面推动油罐车底部装卸油系统和油气回收系统安装使用，提高油气回收系统密闭性和气动阀门密闭性检测频次	VOCs减排3%	继续加强油罐车、加油站、储油库的油气回收工作，实时联网，在线监控参数能够确保能够实时调取，相关台账记录至少保存三年	VOCs减排7%
		加强储油库存油品收发过程排放的汽油蒸发过程管控，采用更严格的汽油压罐油气回收装置，提高发油装置密闭性、接口泄漏、管线液阻等方面检测，加装油气回收接口泄漏检测装置，安装油气回收自动监控设施	VOCs减排2%	提高加油枪气液比，油气回收装置密闭性、接口泄漏、管线液阻等方面检测，加装第三方检测	VOCs减排5%
农牧源	面源污染治理	提高集约化养殖比例，加强畜禽粪便管理	NH₃减排24%	推广使用空气洗涤剂以及排泄物存储阶段使用沸石吸附剂去除氨气	NH₃减排21%
		进一步推广测土配方施肥，提高氮肥利用效率，削减尿素和碳酸氢铵的使用比例，提高深施比例	NH₃减排16%	推广硝化抑制剂与脲酶抑制剂配合使用，控制施肥氨排放	NH₃减排14%
生物质燃烧	面源污染治理	推进生物质资源化和能源化的利用	SO_2、NO_x、PM_{10}、$PM_{2.5}$、VOCs分别减排10%、11%、19%、19%、16%	实现生物质资源的全面利用	SO_2、NO_x、PM_{10}、$PM_{2.5}$、VOCs均减排约70%
		提高农村居民对大气污染的认知程度，严格管控并基本杜绝生物质露天燃烧	SO_2、NO_x、PM_{10}、$PM_{2.5}$、VOCs分别减排23%、25%、44%、44%、36%	彻底杜绝生物质露天燃烧	SO_2、NO_x、PM_{10}、$PM_{2.5}$、VOCs均减排约30%

8.3 中原城市群大气污染联防联控协作机制设计

8.3.1 国内外大气污染区域联防联控协作机制经验总结

8.3.1.1 国外大气污染区域联防联控经验与启示

（1）美国大气污染区域管理

美国的跨界大气污染传输控制机构根据空气污染流动等特点，考虑设置不同的控制机构，包括州内和跨州两个层次。比较有代表性的州内控制机构有南加州海岸空气质量控制区（South Coast Air Quality Management District），而跨州控制机构有臭氧传输控制委员会（Ozone Transport Commission）。

① 南加州海岸空气质量控制区（South Coast Air Quality Management District，SCAQMD）。1976 年加州政府建立南加州海岸空气质量管理机制用以控制南海岸地区的大气污染。管理范围涉及奥兰治县、洛杉矶县、里弗赛德县和圣贝纳迪诺县 4 个县，共 27850 km^2，162 个城市，是美国第二大空气污染地区。管理区设有一个管理委员会，由 12 个委员（其中州政府代表 3 个，其他 9 个委员）由各县和部分规模较大城市代表组成，有的城市市长亲自参加。主要职能是统一加州南海岸的空气质量管理标准，整合行政管理资源，加强执法，提升区域空气质量。管理区内设立法、执法和监测 3 个主要职能部门。作为实体机构，该区域管理部门有权进行立法、执法、监督和处罚，并通过计划、规章、达标辅助、执行、监控、技术改进、宣传教育等综合手段协调开展工作。

立法部门每 3 年编制一次大气质量管理计划，确定改善大气质量的目标和措施。管理区执法部门主要负责审查颁发许可证及对各企事业单位的环保计划和措施执行情况进行监察，对违规者给予处罚。监测部门的职责是负责对大气质量的监测分析。

② 臭氧传输控制委员会（Ozone Transport Commission，OTC）。美国最初的臭氧污染控制措施主要针对受控城市的重点污染源。其后科学家们开始关注低层大气中臭氧的传输问题，发现在单个地区进行臭氧控制难有成效，需要进行区域合作。1990 年《清洁空气法修正案》开始对臭氧进行区域管理和控制，划分了臭氧传输区域，并在臭氧污染严重的东北部（包括缅因州、弗吉尼亚州等 12 个州与哥伦比亚特区）建立了管理机构——臭氧传输控制委员会，由各州行政长官、主管空气污染控制的官员以及美国环保署代表组成，主要负责开展东北部臭氧形成及传输影响的研究，同时为实现东北部各州臭氧的达标，提出适用于本区域更加严格的 VOCs 与 NO_x 控制措施。委员会的组成成员有一定的限制，参加会议的成员必须是政府环境委员，美国环保署是其中必须参与的成员之一。

为实施某项臭氧污染控制措施，臭氧传输区域（OTR）内各州首先签署谅解备忘录达成一致；之后由 OTC 负责向美国环保署提交申请，美国环保署在接到申请后 9 个月内出具是否同意实施该项臭氧控制措施的建议；在美国环保署批准的前提下，东北部各州会将 OTC 制定的更加严格的臭氧控制措施纳入州执行计划加以实施。在过去 30 多年内，通过上述机制和模式，OTR 内各州统一实施了加州机动车排放标准；提出了各类 VOCs 排放源控制要求，并制定了严于联邦标准的 OTR 消费品 VOCs 含量标准；致力于减少区域内大型燃烧源（包括电厂和大型燃煤锅炉）夏季 NO_x 排放，通过执行三个阶段（1994~1998 年、

1999～2002年、2003年以后）总量控制计划，实现了NO_x排放比基准年降低50%的目标，并在此过程中实施了NO小预算交易项目，极大限度地促进了夏季NO_x的减排；此外，2005年OTC在美国环保署清洁空气州际法案的基础上，还出台了强化计划，对其境内的电厂与大型工业锅炉执行了更加严格NO_x、SO_2、汞排放总量控制要求。

③ 能见度保护与区域霾管理。长期以来美国许多地区，特别是一些对国家意义重大的区域，如国家公园、自然保护区、国家纪念公园等都受到能见度降低问题的困扰，这主要是受到空气当中$PM_{2.5}$的影响。根据空气质量状况，美国环保署在全国范围内指定了156个一级地区（国家公园和野生动植物保护区）作为霾问题的重点治理对象。同时根据地域和空气质量，在全国范围内成立了5个致力于改善能见度的区域规划组织，即西部区域空气伙伴合作关系（Western Regional Air Partnership）、中部区域空气规划协会（Central States Regional Air Planning Association）、密歇根湖空气监测负责人联合会（Lake Michigan Air Director Consortium）、西南区域能见度改善协会（Visibility Improvement State and Tribal Association of the Southeast）、中大西洋/东北部能见度联盟（Mid-Atlantic/Northeast Visibility Union），由美国环保署提供资助，对各自区域的霾治理提供技术支持。考虑到颗粒物长距离传输的特性，这种区域联盟的做法冲破了州界范围的束缚，有利于开展颗粒物的多地区联合治理工作，推动区域环境空气质量的改善。

④ 华盛顿大都市区空气质量控制区。根据1990年《清洁空气法修正案》第176条A规定，如果某种空气污染物从一个州跨界流动，导致另一个州的部分或全部该种污染物不达标，则美国环保署可以建立一个包含该种污染物传输范围的空气污染控制区。华盛顿大都市区空气质量控制区是针对臭氧不达标设立的空气污染控制区域，该区域由华盛顿特区、马里兰州和弗吉尼亚州共同构成，该区域设立了华盛顿大都市区空气质量委员会。一般这种跨州空气质量委员会主要是协调各州制定实施区域空气质量规划，其依据是联邦《清洁空气法》，主要依据自身的章程和工作计划开展工作。

（2）欧洲区域大气污染联防联控

① 远距离跨界大气污染公约。1977年联合国欧洲经济委员会启动了"欧洲大气污染物远距离传输监测和评价合作方案"，也被称为"欧洲监测评估方案"（The European Monitoring and Evaluation Programme，EMEP）的特别行动计划，旨在对各缔约国的大气污染物浓度、沉积量和跨界传输量进行科学的监测和评估。基于EMEP提供的科学监测和评估结果，1979年，34个欧洲国家和欧洲共同体在日内瓦共同签署了《长程跨界空气污染公约》（The Convention on Long-range Transboundary Air Pollution，CLRTAP）。CLRTAP自1983年起开始生效，也是全球针对区域大气污染联防联控制定的第一个具有法律效力的国际合作公约。CLRTAP中规定了各缔约国应加强信息共享和协同，加强基础研究和空气质量监测，及时制定本国的大气污染防治政策；同时也规定各缔约国应就主要大气污染物的控制措施、监测技术和大气污染远程传输模型等方法开展合作研究。CLRTAP构建了以EMEP作为技术支撑，理事委员会作为决策机构，履行委员会作为执行机构，效果评估工作组负责定期评估，战略和审查工作组负责谈判和协定的运行机制。

② 欧洲清洁大气指令。进入21世纪后，欧洲进一步加强了大气污染区域联防联控的立法，制定了以《欧盟委员会关于大气环境质量与欧洲清洁大气的指令》（Directive 2008/50/EC of the European Parliament and of the Council of 21 May 2008 on Ambient Air Quality and Cleaner Air Europe）为代表的一系列法律法规。

2001 年欧盟开始推行"欧洲清洁空气计划"（Clean Air for Europe，CAFE），旨在建立一套欧盟国家一体化的大气污染防治战略，进一步推进区域大气污染联防联控。为确保 CAFE 目标的实现，2008 年，在对欧盟在大气污染防治经验的基础上，结合欧盟成熟的指令立法体系，欧盟通过了《欧盟委员会关于大气环境质量与欧洲清洁大气的指令》，其中提出了实施大气环境质量分区域管理，包括欧盟成员国的大气污染协调控制机制和区域空气质量管理协调机制。

在大气污染协调控制机制方面，指令中明确规定当大气污染物浓度超标时，成员国应协力合作，适时制定联合行动或协调空气质量计划，以消除超标值。在区域空气质量管理协调机制方面，指令中明确规定成员国应在其领域建立空气质量评价和管理的"区（zone）"和"块（agglomeration）"。其中"区"是各成员国对其领土进行的空气质量评价与管理区人口密度达到成员国确定的每平方公里人口密度的区域。"块"指人口超过 25 万居民的组合城市区域，以及虽是或不到 25 万居民但人口密度达到成员国确定的每平方公里人口密度的区域。

（3）英国空气污染分区管理

① 英国国家空气污染分区管理体系。英国地方空气质量管理体系是在1995年颁布的《环境法》的指导下开展的。该体系规定，地方政府应每 3 年对区域内当前和未来可能的空气质量进行一次审查和评估，地方政府应按照空气质量战略中的相关规定，将未达标或空气质量可能无法达标的区域划为 AQMA（Air Quality Management Areas）。一旦某个区域被划为 AQMA，地方政府需对其进行进一步评估，并制定针对该 AQMA 的行动计划，以改善该区域内的空气质量使其达到空气质量目标。在全国范围内，地方政府指市级或区级政府；而针对大伦敦区，地方政府指的是伦敦市或其他自治市政府。

英国地方空气质量管理体系框架下的空气质量审查和评估过程主要分两步：

第 1 步，更新筛查评估。当地方政府认为某区域空气中特定物质浓度有超标风险时，大伦敦区以外的地方政府需向英国环境、食品和农村事务部（Department for Environment, Food and Rural Affairs，DEFRA），大伦敦区政府需向大伦敦区政府（Greater London Authority，GLA）提交更新筛查评估报告并采取第 2 步措施。

第 2 步，详细评估。地方政府需于次年 4 月 30 日之前向 DEFRA 或 GLA 提交详细评估报告。同时，对于不需要做详细评估的区域，地方政府需向 DEFRA 或 GLA 提交更新筛查评估报告，并在每年 4 月 30 日之前向 DEFRA 或 GLA 提供年度进展报告。

若经过详细评估后，某区域空气中特定物质浓度仍有超标风险，则该区域将被或继续被划为 AQMA。地方政府需在 12 个月内提交进一步评估报告，并在 12～18 个月内制定空气质量行动计划，并在 4 月底前向 DEFRA 或 GLA 提交行动计划过程报告。

在后续空气质量审查和评估中，地方政府需不断对空气中特定物质浓度有超标风险的区域进行详细评估，划定出新的 AQMA；并将空气质量得到明显改善的现有 AQMA 进行修改或撤销。为此，AQMA 属于年度动态调整，将根据区域的空气污染实际情况进行名单更替。

② 大伦敦地区空气质量管理区域特点。作为英国重要的空气污染区域，大伦敦地区在空气污染分区管理上有其独特特点。大伦敦地区的空气质量由大伦敦政府单独负责，市长统筹规划，体现出较强的领导力与协调性。大伦敦地区 33 个自治市中大部分地区被划为了 AQMA。

大伦敦地区被划为 AQMA 的区域主要是因为 NO_2 小时均值和年均值超标，PM_{10} 24h 平均值和年均值超标。NO_2 与 PM_{10} 多来源于机动车尾气排放，大伦敦地区的空气污染源也主要为交通排放，且在其地方治理中也体现出了以交通治理为主的特点。除此之外，在空气质量标准、空气质量管理区域划分方法以及 AQMA 相关处罚措施上，大伦敦地区与全国基本一致。

（4）经验启示

① 注重法律体系的构建。美国从 1955 年的《空气污染控制法》到 1963 年的《清洁空气法》，1967 年的《空气质量控制法》，再到 1970 年的《清洁空气法》以及后来的 1977 年修正案、1990 年修正案等，在此基础上不断完善形成了完整的法律规范体系。美国在《清洁空气法》中规定了州与地方政府关于大气污染治理的合作；强调所有与大气污染治理相关的联邦部门、机构之间的合作；鼓励州与州之间关于防治大气污染达成共识与签署合同，并规定可建立相应的联合机构帮助此类合同和协定的有效实施。欧盟推动区域大气污染联防联控的一个重要手段就是制定包括条例、指令、决定在内的各项法规。2008 年欧盟通过的《欧盟委员会关于大气环境质量与欧洲清洁大气的指令》，旨在采用分区域的方式管理大气质量，该指令规定了成员国应当通过制定联合性或者协调性的大气质量计划开展合作。通过众多法律规范，搭建了结构合理、统筹协调的大气污染防治管理法律体系，有效推动了大气污染治理的区域机制建设。

② 设置专门机构。美国的联防联控采用层级式的管理，美国环保署依据地理和社会经济区域，设立了 10 个区域环境办公室，对所辖大区的环境保护工作进行监督，执行联邦的环境法律，实施环境治理项目，以促进跨州区域性环境问题的解决。为应对跨界空气污染，建立跨区域空气质量管理机构，负责制定区域空气质量管理规划和政策，对区域内污染源进行统一监管，如南加州海岸大气环境质量管理委员会，已成为区域联防联控的典范。美国的跨界大气环境监管实践表明，治理区域性大气污染，需要设立一个跨行政区域的、独立的专门机构，负责区域内政府、企业和公众的协调，并能够参与政府的综合决策及能源、交通和产业等方面的规划。

③ 注重信息共享。目前欧盟内部的大气环境信息已实现共享，按照欧盟清洁大气指令的规定，欧盟成员国空气质量信息应及时向公众发布，成员国之间要保证数据、技术和信息的共享，并接受来自欧盟委员会的监督和检查。环境信息的共享是区域大气污染联动措施高效开展的基础，需要搭建专门的区域信息共享平台，集成区域内各地环境空气质量监测数据、重点源大气污染排放数据、机动车监控数据、大气环境管理政策等信息，促进区域内环境信息交流。

④ 注重科技支撑。科技支撑是大气污染控制政策制定与更新的必要条件。美国大气污染区域管理制度中的一条成功经验就是依靠成熟的科学技术制定法律政策和标准。如 1970 年美国国家科学院在大量细致调查统计的基础上，研究出了一个隐形的清洁空气市场供求曲线，美国国会据此对《清洁空气法》加以修改，从而成功构建了保证清洁空气的长效机制。欧盟制定了把科学研究与大气环境政策结合在一起的制度框架，强化科技的支撑作用，如建立统一的排放清单，在政策制定中广泛应用空气质量预测模型、成本效益分析模型及综合评价模型等。

8.3.1.2 国内大气污染区域联防联控协作机制实践

（1）省际联动案例

2008 年"绿色奥运"的承诺给我国政府提出了严峻考验，我国政府为了保障北京奥运会的空气质量，首次打破行政界限，华北六省（市）签署环境保护合作协议，实施省际联动、部门联动，全面开展大气污染综合控制，确保奥运期间北京空气质量明显优于往年同期水平。之后上海世博会和广州亚运会都效仿北京奥运会的做法，分别打破长江三角洲、珠江三角洲地区行政界线，实施大气污染省际联动、部门联动，并取得显著成效。三次大型赛事开展的区域大气污染联防联控实践为我国全面开展大气污染区域联防联控积累了宝贵经验。但是这些案例均属于重大活动空气质量保障而进行的"运动式、风暴式"执法，过分依赖临时性的措施，缺乏长效机制的建设，不利于区域大气污染防治的持续运行。

（2）重点区域联防联控协作机制经验

按照党中央、国务院的统一部署，在充分借鉴北京奥运会、上海世博会等空气质量保障成功经验的基础上，我国先后建立了京津冀及周边、长江三角洲、珠江三角洲三大重点区域大气污染防治协作机制，共涉及 12 个省（自治区、直辖市）。一些地方如陕西、四川、新疆等也借鉴重点区域联防联控经验，建立了省区内的协作机制。

① 联席会议制度。三大重点区域大气污染防治协作机制分别由北京市、上海市、广东省牵头建立，由重点区域相关省（自治区、直辖市）、国务院相关部门组成。协作机制负责指导、协调和督促区域大气污染防治工作。协作机制下设办公室，负责决策落实、联络沟通、保障服务等日常工作。协作机制全体会议由组长召集和主持，全体成员参加，每年召开 1~2 次，遇重大事项可随时召开。办公室会议由办公室主任召集和主持，办公室成员及相关人员参加，原则上每季度召开一次，遇重要事项，可随时召开。

② 联合执法机制。通过开展联查、互查行动，联合打击各类环境违法行为，妥善协调处理环境事件。为打破行政区限制，统一环境执法尺度，环境保护部（现生态环境部）环境保护督察中心每年冬季逐月对重点区域开展专项执法检查，每月向政府通报，每月向媒体公开，并运用卫星和无人机不定期开展检查，产生了巨大震慑作用。此外，环境保护部还与公安部联合印发《关于加强环境保护与公安部门执法衔接配合工作的意见》，提高执法震慑力。

③ 环评会商机制。2014 年环境保护部印发了《关于落实大气污染防治行动计划严格环境影响评价准入的通知》，要求重点区域重点产业规划要开展环评会商。北京市、河北省、山西省发挥区域协作机制平台作用，在山西省低热值煤发电"十二五"规划环评工作中，首次开展环评会商，从规划层面推进区域重点产业优化布局、调整结构、控制规模。

④ 信息共享机制。依托国家现有的信息网络，逐步建立区域空气质量监测、污染源监管等专项信息平台，推动区域内信息共享，为区域重大环境问题研究提供支撑。目前，中原城市群组建机动车排放污染监管平台，实现 7 省（自治区、直辖市）跨区域机动车排放超标处罚、机动车排放监管数据共享、新车环保一致性区域联合抽查等。长江三角洲区域已建成机动车环保信息共享平台。协作机制办公室定期调度各成员单位工作进展，编发简报，向各成员单位通报。

⑤ 应急联动机制。建成三大区域空气重污染监测预警中心，形成覆盖区域、省、市三级空气重污染监测预警能力，实现了空气质量预报业务化并及时发布预警信息。遇区域性重污染天气时，及时组织开展专家会商，对重污染过程进行研判和分析，提出针对性的防控对策。协作机制督导各省（自治区、直辖市）完善空气重污染应急预案，实施区域重污染应急联动，共同应对空气重污染。在北京 APEC 会议、9·3 阅兵纪念、南京青奥会等重大活动环境空气质量保障中，各地按照保障方案要求，启动应急联动响应，圆满完成保障任务。

8.3.2 中原城市群大气污染联防联控机制框架设计

8.3.2.1 中原城市群区域发展战略定位

以河南省为主体的中原城市群位于全国"两横三纵"城市化战略格局中陆桥通道横轴和京哈京广通道纵轴的交会处，是《全国主体功能区规划》中第八个重点开发区域，是《中原经济区规划（2012—2020年）》和《中原城市群发展规划》中确定的全国重要的经济增长极。河南省区域战略定位可概括为：国家重要的粮食生产基地、先进制造业和现代服务业基地、国家重要的交通枢纽基地及航空港经济发展先行示范区、中西部地区创新创业先行区、国家生态文明先行示范区。

河南省是我国粮食大省，在全国发展大局中具有举足轻重的地位，2018年，全省耕地面积8.16万平方公里，居全国第3位。河南省现有66个国家级农产品主产县，主要分布在豫中、豫东、豫北及豫西北地区，农产品主产区面积8.69万平方公里，占全省土地面积的52.5%。

河南省是《"十三五"现代综合交通运输体系发展规划》中规划的国际性综合交通枢纽之一。2018年，河南省客运量占全国比重为6.2%，其中铁路和公路客运量占全国相应比重分别为4.9%和6.9%；货运量占全国比重为5.0%，其中铁路和公路货运量占全国相应比重分别为2.6%和5.9%。

8.3.2.2 基于污染传输-经济特征的分区管理

依据《河南省全面建设小康社会规划纲要》，可将河南省划分为中原城市群核心区、豫北地区、豫西豫西南地区和黄淮地区四个经济区。

（1）中原城市群核心区

中原城市群核心区是指以郑州为中心，包括洛阳、开封、新乡、焦作、许昌、平顶山、漯河、济源在内的城市密集区。全区由9个城市组成，土地面积为5.88万平方公里，占全省土地面积的35.3%。该经济区各城市之间距离较近；区域内矿产资源丰富，工业门类齐全，发展基础较好；公路、铁路交通便利。全省90%以上的高等院校和一些具有国内一流水平的科研院所聚集此地，区位优势显著。该区域具有资源优势、技术优势、人才优势，积极发展通信设备计算机及其他电子设备制造业、黑色金属冶炼及压延加工业、烟草制品业、电气机械及器材制造业、橡胶制品业、专用设备制造业、通用设备制造业、石油加工炼焦及核燃料加工业、有色金属冶炼及压延加工业、食品制造业、电力热力的生产和供应业、煤炭开采和洗选业等主导产业。

（2）豫北地区

豫北地区包括安阳、鹤壁、濮阳3个城市，土地面积为1.39万平方公里，占全省土地面积的8.3%。该经济区油气、煤炭资源比较丰富。豫北地区重点从资源型工业向深加工方向发展，积极发展石油和天然气开采业、黑色金属冶炼及压延加工业、纺织业、石油加工炼焦及核燃料加工业、化学原料及化学制品制造业、医药制造业、烟草制品业、天然气生产和供应业、电力热力的生产和供应业等主导产业。

（3）豫西豫西南地区

豫西豫西南地区包括三门峡和南阳 2 个城市，土地面积为 3.71 万平方公里，占全省土地面积的 22.3%。该经济区有一定工业基础，煤炭、有色金属资源比较丰富。豫西豫西南地区着重发展有色金属矿采选业、工艺品及其他制造业、有色金属冶炼及压延加工业、纺织业、服装鞋帽制造业、煤炭开采和洗选业、非金属矿物制品业、医药制造业、金属制品业、饮料制造业等主导产业。

（4）黄淮地区

黄淮地区包括驻马店、商丘、周口和信阳 4 个城市，土地面积为 5.67 万平方公里，占全省土地面积的 34.1%。该经济区位于河南省东南部，以平原为主，河网密布，农业发展条件优越。黄淮地区以农业产业化为特色，积极发展农产品深加工、精加工，建设以农产品精深加工为主的绿色农产品加工制造的产业中心，继续大力发展皮革毛皮羽毛（绒）及其制品业、木材加工及木竹藤棕草制品业、纺织服装鞋帽制造业、医药制造业、家具制造业、食品加工业、纺织业、食品制造业、塑料制品业、饮料制造业等主导产业。

本研究将河南省分为四个区域，建立省内区域联防联控协作机制，推动全省空气质量逐步改善。区域划分为：以郑州为中心的核心城市圈，包括洛阳、开封、新乡、焦作、许昌、平顶山、漯河、济源；豫北地区包括安阳、鹤壁、濮阳 3 个城市；豫西豫西南地区包括三门峡和南阳 2 个城市；黄淮地区包括驻马店、商丘、周口和信阳 4 个城市。

8.3.2.3 区域联防联控机制框架设计

区域大气污染联防联控协作机制需要依托具有足够权威、能够代表不同地方政府利益诉求的组织机构，负责统一规划、跟踪评估、协调、应急和指导区域大气污染防治工作。目前，根据大气污染区域传输影响，国家对中原城市群内城市工作要求分为三个层面，即一部分城市按照京津冀及周边区域"2+26"城市要求，一部分城市按照汾渭平原工作要求，一部分城市按照国家层面总体要求。

① 统筹区域内各城市工作，基于统一规划、统一标准、统一污染防治、统一监管等原则，建议中原城市群首先要根据全国生态保护工作的总体规划、京津冀及周边区域及汾渭平原等国家和重点区域工作目标和要求，确定中原城市群大气污染防治总体目标和分城市工作目标。

② 依据问题导向、污染特征、分业施策、分类指导的原则，从结构调整、布局优化、污染治理等方面提出统一的污染防治措施。

③ 为体现区域内各城市污染治理利益均衡，应协调统一区域环保标准体系，制定区域内统一的能源消费政策，对高架源实行统一管理，实施区域内移动源统一综合管理，建立统一的新车准入标准、油品质量标准和在用车监管办法。创新区域环境经济政策、完善区域生态补偿等制度等。

④ 在区域大气污染联防联控过程中，应建立定期考核评估机制，每年定期调度各地大气污染防治工作进展，加强区域大气污染防治规划实施效果评估。评估结果及时向区域内各行政

区反馈,以便及时调整大气污染防治任务措施,促进空气质量逐步改善。

⑤ 为实现区域环境信息资源共享,及时、准确、完整地掌握区域内环境质量和污染治理动态变化情况,需要建立区域环境大数据管理平台,实现空气质量数据、重点污染源数据、大气环境管理政策等信息的互联共享和动态更新。

8.3.2.4 区域联防联控对策建议

(1)多方参与决策的区域整体规划是区域大气环境管理有效性的关键

目前所拥有的权限不足以支撑区域环境管理需求,有关部门责任不落实,导致区域产业结构调整、能源结构优化等措施难以落到实处,推进不顺畅;有关部门环保职责不清,使得散煤治理、扬尘管控、秸秆综合利用等工作常常进展缓慢。此外,各部门基于自身利益制定环境管理政策和规划,缺乏协商与沟通,相互之间难以有效衔接,甚至存在冲突,难以形成治污合力,掣肘区域资源整合和一体化发展导致区域内存在盲目竞争、结构失调、规模失控、环境恶化等问题。

区域大气污染控制及目标的制定和实施,要同时考虑社会发展实际和目标,以及民众对环境及其社会经济各方面的现实意愿,制定区域内各行政辖区协商一致的整体目标;体现区域整体大气质量目标实现的社会成本最小化、减排责任公平化、控制标准一体化、发展权益均等化等基本原则,并通过具体的政策手段,例如区域财政转移支付等措施,体现"责任共担、权责对等、利益共享、协商统筹"基本原则。由于区域内各地发展水平的差异,为建立有效的区域大气环境管理制度,需要在整个区域范围内,通过统一监测、统一标准、统一法规、统一考核、统一规划,防止区域经济一体化进程中污染的区域间转移。

(2)统一环评与区域产业发展

产业结构调整是改善区域环境质量的根本措施,统筹区域环境治理首先要统筹区域产业发展一体化。基于区域间大气污染相互传输影响关系,从重大项目环评会商、统筹区域产业发展、统一产业准入门槛等方面,推进制度建设。

① 重大项目环评会商。建立健全区域环评会商机制,统一环评会商中的评价要素、准入门槛等要求,明确项目环评会商中各级部门的权责划分,落实操作流程,切实发挥区域环评会商的效力。

② 统筹区域产业发展。建议对钢铁等重点行业建立区域产业发展规划,制定统一的产业政策,从顶层设计入手考虑,优化产业空间布局,识别空间敏感区,实施分区分级管控,结合区域资源和环境特点,对产业链延伸方向和产业集群重点发展地区给予引导和要求。

③ 统一产业准入门槛。由于经济发展水平和经济结构存在差异,各地工业企业的准入标准也有差异。准入标准的不一致导致污染企业会向要求低的地方转移,最终不利于区域大气环境质量的改善,也会导致执法出现问题。因此,需要对区域制定统一的环境准入标准,结合区域产业发展实际和大气环境质量状况,进一步提高环境保护、能耗、安全、质量等要求;建立区域环境准入负面清单,明确禁止和限制的环境准入要求。

(3)统一污染防治

统一对区域大气污染防治措施的各项要求,重点关注区域结构性问题、高架源管理、移动源管控等单一属地难以解决的问题。在区域范围内统筹考虑污染物总量控制，优化能源、交通结构和布局，强化对区域燃煤和其他能源污染、工业污染、移动源等污染的防治，统筹温室气体排放的协同控制。

1）统筹区域结构调整

① 实施区域煤炭消费总量控制制度。根据经济社会发展需求、区域环境资源承载能力以及区域空气质量改善需求等条件，制定区域煤炭消费总量控制目标，规范煤炭消费减量替代，推进煤炭集中使用、清洁利用，重点削减非电力用煤，提高电力用煤比例。

② 建立区域清洁能源调控制度。按年度调度区域内天然气等清洁能源的供应和储备情况，结合各城市空气质量改善目标和清洁能源替代的需求，在优先保障民生的前提下，制定区域天然气等清洁能源的调配方案，经与各城市协商后，在区域层面实施统一的调度和分配。

③ 制定区域铁路货运规划，完善相关配套政策。目前交通运输结构调整工作的推进难度较大，市级及以下政府对于铁路线建设客观条件和主观意愿上均缺乏能动性，亟须依靠区域进行统筹协调。建议制定区域铁路货运规划，加快制定货运发展战略路线，对区域内铁路网规划和建设次序安排进行统筹考虑，明确大宗货物强制采用铁路运输的运输规模要求等。同时，完善配套激励政策，如铁路税收优惠、柴油车公路收费差异化等，从降低成本的角度促进市场发挥作用。

2）强化高架源的统一管理

① 实施区域大气固定源排污许可管理。建议建立中原城市群大气固定源名单，依据排污许可证实行区域性大气固定源排污许可管理。可基于区域空气质量改善目标，对纳入区域大气固定源的企业提出更为严格的固定源管理要求。

② 对区域内固定源进行分级管控。建议按照区位、固定源规模、污染控制水平进行划分，对不同级别的固定源实施不同的排放控制技术和排放监测要求，加大对重点固定源的管控力度。

（4）统一重污染天气应对

① 提升区域空气质量预测预报能力。可参照京津冀及周边的预报预警工作模式，完善和强化重污染天气联合预测预报机制，由区域空气质量预测预报中心统一提供每个城市空气质量3天准确预报和10天潜势分析。制定符合中原城市群污染特征的应急预案，传输通道城市统一重污染天气预警分级标准，实施预警联动；制定$PM_{2.5}$和O_3预警浓度阈值，统一区域内城市各级别预警措施的减排力度；结合排污许可证管理，严格控制电力、钢铁、水泥、电解铝等重点行业和"高架源"应急期间污染物排放，明确不同行业减排措施的具体工艺流程和停限产设备。

② 建立重污染天气应对联动机制，强化重污染天气应急联动。完善联合会商机制，组织环保、气象以及$PM_{2.5}$防治专家成立预警会商小组，结合不同时期污染物变化趋势特征，每周研判空气质量变化情况，当预判可能出现大范围的空气重污染时，实施统一调度，及时下达不同级别应急管控指令，督促指导各地从快从严从高启动应急响应，及时削峰降值。

③ 夯实应急减排措施。修订完善应急预案，指导各地以污染源排放清单为基础，逐个排查区域内各类污染源，摸清污染源排放实际情况，按照企业污染排放绩效水平、所处的区域区位，以及对环境影响程度等实际情况进行分类管理，确定停限产企业清单，并将应急减排清单全部纳入"河南省污染天气信息管理系统"，根据不同预警级别，统一应急联动，强化

执法监管，实施精准管控，确保停限产减排措施执行到位。

④ 科学实施错峰生产。严格落实生态环境部"放管服"要求，严防"一刀切"，准确把握企业污染物排放水平，分行业分种类实施豁免、限产、限制的差异化错峰生产，采取在线监测监控、用电量指标监控、异地督导核查等方式，实施全地域、全时段、全过程的动态监管，确保停限产企业应停尽停，应限尽限，在执行差异化错峰生产的同时严格落实应急减排措施，有效应对重污染天气。

（5）统一区域监督管理

促进中原城市群大气污染联防联控协作机制长效合理，需要通过立法明确在区域联防联控中应该构建的运行和监管制度，包括信息公开和共享、统一监管和执法等。

信息公开和共享是区域协作机制的重要组成部分，有助于区域内各行政单位之间及时沟通了解、协调制定相应的环境保护措施、开展协同环境执法等。要实现环境信息的共享需要搭建专门的区域信息共享平台，建立统一的信息发布制度，保证数据、技术和信息的及时发布与共享。

建立中原城市群环境大数据管理平台，实现区域内空气质量数据、重点污染源数据、应急减排清单、大气环境管理政策等信息的互联共享和动态更新。充分运用大数据、云计算构建区域大气环境污染形势分析、多源数据融合检索与分析系统，实现重点行业与企业排污形势及减排潜力分析、特征污染物污染形势分析、机动车数据综合分析与排放控制等。同时，建立统一的信息发布制度，定期发布区域大气污染防治规划实施进展、大气环境质量、污染物排放、重大建设项目进展等信息。

区域大气污染联防联控需要一体化的监管和执法。在统一监管方面，一是制定区域大气污染防治统一监督管理办法；二是区域内各城市应建立相互衔接的机构职责划分体系，强化各部门落实区域大气环境管理的相关监管责任；三是建立跨界环境污染纠纷处理沟通与协调机制。

在联合执法方面，一是完善区域信息网络，建立区域环境管理信息共享平台，使区域内环境保护部门及其相关部门实现企业违法排污等信息的实时发布、查询、通报和协查；二是统一区域执法标准和尺度，执法标准和尺度的不统一极易造成执法风险，应统一相关执法的规章制度和管理措施，形成一致的执法标准和尺度；三是开展交叉执法检查，发挥区域内各行政区相互监督的作用。

（6）完善区域大气环境经济政策

① 建立区域大气环境生态补偿机制。建议探索建立中原城市群大气环境生态补偿机制，结合区域大气污染问题的实际情况，按照"谁保护、谁受益，谁污染、谁付费"的原则，考虑不同补偿制度的适用条件和效果，从补偿主体、补偿方式、补偿标准、资金来源等方面设计区域大气环境生态补偿制度框架。在补偿方式上，依据空气质量考核结果，对环境空气质量同比改善的城市安排生态补偿资金，对环境空气质量同比恶化的城市扣缴生态补偿资金。统筹生态补偿资金的收集和使用，补偿资金应专项用于大气污染防治。在补偿标准方面，应针对区域空气质量改善目标，确定具体的生态补偿标准区间。

② 建立基于区域空气质量改善目标的排污权交易制度。基于排污许可制度，从促进技术进步和降低单位污染物减排社会成本的角度，建立基于区域空气质量改善目标的大气固定源

排污权交易制度，并对区域内的碳排放交易与大气排污交易体系进行整合。区域内排污单位通过淘汰落后和过剩产能、污染治理、技术改造升级等措施降低污染物的排放量，将剩余的排放配额与其他排污单位进行交易以实现边际减排效益最大化、社会成本最小化。对于纳入区域性排污许可证管理的排污单位，区域内各城市可根据区域空气质量改善需求、减排技术进步、区域大气污染防治政策，按照《排污许可管理办法（试行）》有关要求，加严排污许可证执行要求，减少排放配额，从而促进区域整体污染控制技术的升级，实现区域空气质量的持续改善。

（7）构建完善的运行机制

① 联席会议机制。建立联席会议制度，会议由组长召集和主持，全体成员参加，每年召开一至两次，遇重大事项可随时召开。办公室会议由办公室主任召集和主持，办公室成员及相关人员参加，原则上每季度召开一次，遇重要事项可随时召开。联席会议成员单位各确定一名联络员，具体负责联络沟通、协调服务等工作。

② 环评会商机制。按照有关法律法规的要求开展规划环评工作，建立可能造成跨界大气环境影响的重大规划和项目环境影响评价会商机制；从规划层面推进区域重点产业优化布局、调整结构、控制规模。逐步建立专家参与的工作机制。

③ 信息共享机制。依托现有的信息网络，逐步建立区域空气质量监测、污染源监管等专项信息平台，推动区域内信息共享，为区域重大环境问题研究提供支撑。组建机动车排放污染监管平台，实现跨区域机动车排放超标处罚、机动车排放监管数据共享、新车环保一致性区域联合抽查等。建立环境信息交流通报制度，交流大气污染防治中的重要问题、工作经验；建立统一信息发布制度，定期向区域内各级人民政府、公众发布区域大气环境监管情况和质量状况。

④ 信息调度通报机制。各成员单位每季度向协作小组书面报告工作进展情况，每年向协作小组书面报告区域大气污染防治年度任务完成情况总结和下年度工作计划。协作小组定期向各成员单位通报大气污染防治工作的进展情况。

（8）完善保障措施

① 加强组织统筹协调。河南省人民政府是辖区大气污染防治的责任主体，依据《中华人民共和国大气污染防治法》的要求，负责落实属地大气污染防治和空气质量改善任务；生态环境部门对大气污染防治各项任务落实情况进行统一监督；其他成员单位根据职责分工负责落实行业协调和保障任务。

② 创新区域环境经济政策。创新区域环境经济政策，推行区域内高耗能、高污染行业差别电价，区域生态补偿等制度；设立区域协调发展基金，支持大气污染防治、落后地区产业优化升级等工程；构建区域排污权交易管理平台，推进区域排污权指标有偿分配使用。

③ 强化区域人才培养。统一区域环保人才政策，推进环保人才合作培养。实施合理可行的人才安置补偿机制，鼓励区域内中高端人才自由流动，推动区域环境管理水平整体提升。

④ 加强科技协作。依托现有资源，建立专家库和技术支持团队，加强地方之间的技术合作，组织开展区域大气污染成因、溯源和防治政策、标准、措施等重大问题的联合科研攻关，推进大气污染联防联控的科学决策。

8.4 结论与建议

为实现生态环境根本好转和碳达峰碳中和两大战略任务，通过减污降碳协同推进经济高质量发展，国家相继发布了《减污降碳协同增效实施方案》和《空气质量持续改善行动计划》。其中《减污降碳协同增效实施方案》提出通过结构优化调整和绿色低碳发展转型协同推进大气污染防治重点区域碳达峰与空气质量改善；《空气质量持续改善行动计划》进一步提出了到 2025 年京津冀及周边地区 $PM_{2.5}$ 浓度较 2020 年下降 20% 的目标。

近年来，河南省大气环境质量得到显著改善，"十三五"期间全省 PM_{10}、$PM_{2.5}$ 浓度下降幅度均超过 30%，重污染天数减少比例高达 60%。但目前河南省大气环境质量依然较差，仍是全国 $PM_{2.5}$ 污染最重的省份，京津冀及周边地区中仅有河南省的年均 $PM_{2.5}$ 浓度仍超过 40 $\mu g/m^3$。为响应国家政策，积极推进全省空气质量达标和碳排放达峰，河南省制定了《河南省减污降碳协同增效行动方案》和《河南省空气质量持续改善行动计划》。其中《河南省减污降碳协同增效行动方案》提出到 2030 年前，全省单位生产总值二氧化碳排放强度持续下降，空气环境质量显著改善，有力推动碳达峰目标实现；《河南省空气质量持续改善行动计划》进一步提出到 2025 年，全省 $PM_{2.5}$ 浓度低于 42.5$\mu g/m^3$，重度以上污染天数比率控制在 1.4% 以内。为支撑河南省通过减污降碳协同增效推动全省绿色低碳发展转型和经济高质量发展，实现 2030 年空气质量达标，本章基于 $PM_{2.5}$ 浓度达标约束，确定了中原城市群（河南省）空气质量分阶段目标，核算了 2030 年达标情景下中原城市群（河南省）大气环境容量和主要大气污染物减排潜力，提出了中原城市群空气质量达标实施方案和中原城市群大气污染联防联控协作机制，得到以下结论：

① 在"美丽中国"空气质量目标和空气质量持续改善目标下，河南省 $PM_{2.5}$ 浓度年均值需在 2030 年达到 34$\mu g/m^3$。在 $PM_{2.5}$ 浓度达标约束下，2020 年、2025 年、2030 年和 2035 年中原城市群（河南省）$PM_{2.5}$ 平均浓度分别达到 52$\mu g/m^3$、41$\mu g/m^3$、34$\mu g/m^3$ 和 32$\mu g/m^3$；2030 年左右全省 $PM_{2.5}$ 年均浓度达标；2035 年所有城市 $PM_{2.5}$ 年均浓度可全部实现达标。2020 年 $PM_{2.5}$ 年均浓度为 52$\mu g/m^3$，实现了第一阶段目标。为实现 $PM_{2.5}$ 浓度持续下降目标，"十四五"全省大气污染物排放量需要削减 16.9%～40.8%，SO_2、NO_x、CO、PM_{10}、$PM_{2.5}$、VOCs、NH_3 排放量需要较 2020 年下降 23.7%、16.9%、38.7%、33.1%、40.8%、17.5%、39.6%；"十五五"全省大气污染物排放量需进一步削减 34.6%～65.0%，SO_2、NO_x、CO、PM_{10}、$PM_{2.5}$、VOCs、NH_3 排放量需较 2025 年下降 65.0%、37.8%、46.1%、28.7%、40.1%、36.7%、34.6%。

② 持续加强非电行业末端控制技术升级改造，加快推进产业、能源、交通三大结构调整，强化面源污染治理以及构建绿色低碳产业体系，是加强河南省大气污染源头治理，推进河南省空气质量持续改善的长效措施。"十三五"期间，河南省大气污染治理成效显著，全省空气质量明显改善，但是当前大气污染治理已逐步进入爬坡过坎的阶段，想要推进河南省空气质量的持续改善，必须通过长效措施，进一步加强大气污染源头治理。

一是持续加强全省非电行业末端控制技术升级改造，主要包括推进工业炉窑全面达标排放，加强无组织排放管理，推进重点行业污染深度治理，加强 VOCs 全流程综合治理等措施。通过加强末端治理，"十四五"期间河南省 SO_2、NO_x、$PM_{2.5}$ 和 VOCs 排放可分别下降 10.2%、5.5%、11.4% 和 4.3%，"十五五"期间可分别下降 12.1%、4.8%、5.7% 和 7.9%。

二是加快推进产业、能源、交通三大结构调整。产业结构优化主要包括严控高耗能产品产量、改进生产工艺、提升能效水平、加快淘汰落后低效产能以及加快资源循环利用。通过产业结构优化,"十四五"期间河南省 SO_2、NO_x、$PM_{2.5}$ 和 VOCs 排放可分别下降 7.8%、5.4%、11.2% 和 5.5%,"十五五"期间可分别下降 21.2%、11.0%、10.9% 和 11.2%。能源结构优化主要包括大力发展清洁能源发电和供热、严格合理控制煤炭消费总量以及工业炉窑清洁能源替代;通过能源结构优化,"十四五"期间河南省 SO_2、NO_x 和 $PM_{2.5}$ 排放可分别下降 5.2%、3.3% 和 4.9%,"十五五"期间可分别下降 30.6%、15.8% 和 10.4%。交通结构优化主要包括运输方式和结构优化,新能源汽车占比提升,油品标准和排放标准的提升;通过交通结构优化,"十四五"期间河南省 NO_x 和 VOCs 排放分别可下降 2.3% 和 2.9%,"十五五"期间可分别下降 5.2% 和 6.0%。

三是强化面源污染治理,主要包括深化扬尘源污染综合治理,持续推进农牧源氨排放治理以及加强生物质露天焚烧治理和综合利用。通过强化面源污染治理,"十四五"期间河南省 $PM_{2.5}$、VOCs 和 NH_3 排放分别可下降 12.5%、4.5% 和 38.6%,"十五五"期间可分别下降 12.3%、9.4% 和 33.7%。

四是构建绿色低碳产业体系。为确保河南省在实现空气质量达标的同时,仍能保持经济稳定高质量发展,实现经济高质量发展和大气环境质量改善的"双赢",河南省需要从推动传统优势行业绿色提质改造、发展战略性新兴产业、壮大绿色环保产业和开展工业园区绿色低碳升级改造等方面入手,构建绿色低碳的产业体系。

③加快推进河南省秋冬季重污染治理攻坚,加强秋冬季空气质量预报预警,强化重污染天气应对,加强落实大气污染防治攻坚重点任务,是推进河南省空气质量持续改善的关键措施。河南省秋冬季大气环境容量小,但污染物排放量大,由此导致空气质量较差,重污染频发。加快推进河南省秋冬季重污染治理攻坚,基本消除重污染天气是河南省实现空气质量持续改善的关键。

一是要加强秋冬季空气质量预报预警。主要包括加强重污染天气气象条件精准预报,提前进行多部门联合会商,及时启动重污染天气应急响应;提高对重污染天气发生的时间、地点、范围、预警级别等信息的预测准确度。

二是要强化重污染天气应对。主要包括重污染天气发生时,指导企业调整生产计划;全面实施绩效分级差异化减排,分企业制定差异化减排措施,落实"一企一策""一厂一策"。

三是加强落实大气污染防治攻坚重点任务。主要包括完成压减退出过剩产能任务,推进清洁取暖散煤替代工程,加快优化交通运输方式,加强非道路移动源污染防治,实施重点行业深度治理攻坚,开展 VOCs "夏病冬治"。

④构建中原城市群大气污染联防联控机制,开展周边省份跨区域大气污染联防联控,统筹区域内产业发展和污染防控,构建长效联防联控机制,统一区域内重污染应对强化应急联动机制,是推进河南省空气质量持续改善的重要保障。由于省外传输对河南省 $PM_{2.5}$ 污染有显著贡献,只有在周边省份实现空气质量达标的前提下,河南省才能实现 2030 年 $PM_{2.5}$ 浓度年均值达到 $34\mu g/m^3$ 的目标。同时国家发布的《空气质量持续改善行动计划》中已将中原城市群中除南阳、信阳和驻马店 3 个市以外其余 15 个城市纳入京津冀及周边地区,由国家统一指导开展大气污染防治工作,更便于中原城市群开展区域内大气污染联防联控。借助这一有利政策时机,构建跨区域和区域内结合、长效联防联控和应急联动结合的中原城市群大气污染联防联控机制将是推进河南省空气质量持续改善的重要保障。

一是要开展与周边省份跨区域大气污染联防联控。根据季节的不同,积极协调周边的河北省、山东省、山西省、安徽省和江苏省开展大气污染区域联防联控。当周边省份均实现空气质量达标时,可有效降低河南省 $PM_{2.5}$ 浓度年均值。二是统筹区域内产业发展和污染防控,构建长效联防联控机制。主要包括实施重大项目区域环评会商,统一区域环境准入门槛,统筹区域产业、能源和交通三大结构调整,完善区域环境信息共享机制,建立中原城市群环境大数据平台。三是统一区域内重污染应对强化应急联动机制。主要包括加强应急联动组织协调,加强区域空气质量形势联合研判;科学利用重污染过程预报预警结果,结合各城市民生保障情况,统一调度区域内城市开展差异化精准减排;统一完善和修订区域内省市县三级的重污染天气应急预案。

参考文献

[1] United States Environmental Protection Agency. Particulate matter($PM_{2.5}$)trends[EB/OL]. https://www.epa.gov/air-trends/particulate-matter-$PM_{2.5}$-trends.

[2] California Air Resources Board. Air quality and meteorological information system[EB/OL]. https://www.arb.ca.gov/adam/trends/trends1.php.

[3] 孟露露,单春艳,李洋阳,等.美国 $PM_{2.5}$ 未达标区控制对策及对中国的启示[J].南开大学学报(自然科学版),2016(1):54-61.

[4] European Environment Agency. Air quality in Europe—2014 report[R]. Denmark, 2014.

[5] 燕丽,王金南,杨金田,等.欧盟、美国、日本的 $PM_{2.5}$ 污染控制经验和启示[J].重要环境信息参考,2013,9(24):1-67.

[6] 魏巍贤,王红月.跨界大气污染治理体系和政策措施–欧洲经验及对中国的启示[J].中国人口·资源与环境,2017,27(9):6-14.

[7] 姚颖,蓝艳,张慧勇,等.欧洲大气污染防治的成效、经验和启示[J].环境与可持续发展,2021(6):176-180.

[8] 宁淼,孙亚梅,杨金田.国内外区域大气污染联防联控管理模式分析[J].环境与可持续发展,2012(5):11-18.

[9] Ministry of the Environment Government of Japan. Annual report on environmental statistics 2017[EB/OL]. http://www.env.go.jp/en/statistics/contents/2017/E2017_all.pdf.

[10] 吴舜泽,万军,秦昌波,等.正视差距,瞄准问题,突出重点,转变方式,妥善应对好"十三五"环境质量改善的供需矛盾[J].重要环境信息参考,2015,11(14):1-60.

[11] 中华人民共和国生态环境部.2017中国生态环境状况公报[EB/OL].2018-05-31.

[12] 薛文博,付飞,王金南,等.基于全国城市 $PM_{2.5}$ 达标约束的大气环境容量模拟[J].中国环境科学,2014,34(10):2490-2496.

[13] United States Environmental Protection Agency. Air pollutant emissions trends data[EB/OL]. https://www.epa.gov/air-emissions-inventories/air-pollutant-emissions-trends-data.

[14] European Environment Agency. Air pollutant emissions data viewer 1990—2016[EB/OL]. https://www.eea.europa.eu/data-and-maps/dashboards/air-pollutant-emissions-data-viewer-1.

[15] 陈健鹏,李佐军,高世楫.跨越峰值阶段的空气污染治理——兼论环境监管体制改革背景下的总量控制制度[J].环境保护,2015,43(21):31-34.

[16] 孟露露,单春艳,白志鹏,等.中国城市 $PM_{2.5}$ 空气质量改善分阶段目标研究[J].中国环境监测,2017(2):1-10.

[17] 王金南.控制 $PM_{2.5}$ 污染:中国路线图与政策机制[M].北京:科学出版社,2016.

[18] 王硕迪,董欣宜,苏方成,等.基于 $PM_{2.5}$ 浓度达标约束和区域联防联控的河南省地级市大气环境容量研究[J].环境科学研究,2024,37(5):985-995.

[19] 李敏辉,廖程浩,杨柳林,等.基于区域传输矩阵和 $PM_{2.5}$ 达标约束的大气容量计算方法[J].环境科学,2018,39(8):3485-3491.

[20] Zhu M Y, Wang K, Zhang R Q, et al. County-level emission inventory for rural residential combustion and emission reduction potential by technology optimization: A case study of Henan, China[J]. Atmospheric Environment, 2020, 228: 117436.

附 录

附录1　空气质量持续改善行动计划

附录2　减污降碳协同增效实施方案

附录 1　空气质量持续改善行动计划

国发〔2023〕24 号

为持续深入打好蓝天保卫战，切实保障人民群众身体健康，以空气质量持续改善推动经济高质量发展，制定本行动计划。

一、总体要求

（一）指导思想。以习近平新时代中国特色社会主义思想为指导，全面贯彻党的二十大精神，深入贯彻习近平生态文明思想，落实全国生态环境保护大会部署，坚持稳中求进工作总基调，协同推进降碳、减污、扩绿、增长，以改善空气质量为核心，以减少重污染天气和解决人民群众身边的突出大气环境问题为重点，以降低细颗粒物（$PM_{2.5}$）浓度为主线，大力推动氮氧化物和挥发性有机物（VOCs）减排；开展区域协同治理，突出精准、科学、依法治污，完善大气环境管理体系，提升污染防治能力；远近结合研究谋划大气污染防治路径，扎实推进产业、能源、交通绿色低碳转型，强化面源污染治理，加强源头防控，加快形成绿色低碳生产生活方式，实现环境效益、经济效益和社会效益多赢。

（二）重点区域

京津冀及周边地区。包含北京市，天津市，河北省石家庄、唐山、秦皇岛、邯郸、邢台、保定、沧州、廊坊、衡水市以及雄安新区和辛集、定州市，山东省济南、淄博、枣庄、东营、潍坊、济宁、泰安、日照、临沂、德州、聊城、滨州、菏泽市，河南省郑州、开封、洛阳、平顶山、安阳、鹤壁、新乡、焦作、濮阳、许昌、漯河、三门峡、商丘、周口市以及济源市。

长三角地区。包含上海市，江苏省，浙江省杭州、宁波、嘉兴、湖州、绍兴、舟山市，安徽省合肥、芜湖、蚌埠、淮南、马鞍山、淮北、滁州、阜阳、宿州、六安、亳州市。

汾渭平原。包含山西省太原、阳泉、长治、晋城、晋中、运城、临汾、吕梁市，陕西省西安、铜川、宝鸡、咸阳、渭南市以及杨凌农业高新技术产业示范区、韩城市。

（三）目标指标。到 2025 年，全国地级及以上城市 $PM_{2.5}$ 浓度比 2020 年下降 10%，重度及以上污染天数比率控制在 1% 以内；氮氧化物和 VOCs 排放总量比 2020 年分别下降 10%以上。京津冀及周边地区、汾渭平原 $PM_{2.5}$ 浓度分别下降 20%、15%，长三角地区 $PM_{2.5}$ 浓度总体达标，北京市控制在 32 微克/立方米以内。

二、优化产业结构，促进产业产品绿色升级

（四）坚决遏制高耗能、高排放、低水平项目盲目上马。新改扩建项目严格落实国家产业规划、产业政策、生态环境分区管控方案、规划环评、项目环评、节能审查、产能置换、重

点污染物总量控制、污染物排放区域削减、碳排放达峰目标等相关要求,原则上采用清洁运输方式。涉及产能置换的项目,被置换产能及其配套设施关停后,新建项目方可投产。

严禁新增钢铁产能。推行钢铁、焦化、烧结一体化布局,大幅减少独立焦化、烧结、球团和热轧企业及工序,淘汰落后煤炭洗选产能;有序引导高炉—转炉长流程炼钢转型为电炉短流程炼钢。到 2025 年,短流程炼钢产量占比达 15%。京津冀及周边地区继续实施"以钢定焦",炼焦产能与长流程炼钢产能比控制在 0.4 左右。

(五)加快退出重点行业落后产能。修订《产业结构调整指导目录》,研究将污染物或温室气体排放明显高出行业平均水平、能效和清洁生产水平低的工艺和装备纳入淘汰类和限制类名单。重点区域进一步提高落后产能能耗、环保、质量、安全、技术等要求,逐步退出限制类涉气行业工艺和装备;逐步淘汰步进式烧结机和球团竖炉以及半封闭式硅锰合金、镍铁、高碳铬铁、高碳锰铁电炉。引导重点区域钢铁、焦化、电解铝等产业有序调整优化。

(六)全面开展传统产业集群升级改造。中小型传统制造企业集中的城市要制定涉气产业集群发展规划,严格项目审批,严防污染下乡。针对现有产业集群制定专项整治方案,依法淘汰关停一批、搬迁入园一批、就地改造一批、做优做强一批。各地要结合产业集群特点,因地制宜建设集中供热中心、集中喷涂中心、有机溶剂集中回收处置中心、活性炭集中再生中心。

(七)优化含 VOCs 原辅材料和产品结构。严格控制生产和使用高 VOCs 含量涂料、油墨、胶粘剂、清洗剂等建设项目,提高低(无)VOCs 含量产品比重。实施源头替代工程,加大工业涂装、包装印刷和电子行业低(无)VOCs 含量原辅材料替代力度。室外构筑物防护和城市道路交通标志推广使用低(无)VOCs 含量涂料。在生产、销售、进口、使用等环节严格执行 VOCs 含量限值标准。

(八)推动绿色环保产业健康发展。加大政策支持力度,在低(无)VOCs 含量原辅材料生产和使用、VOCs 污染治理、超低排放、环境和大气成分监测等领域支持培育一批龙头企业。多措并举治理环保领域低价低质中标乱象,营造公平竞争环境,推动产业健康有序发展。

三、优化能源结构,加速能源清洁低碳高效发展

(九)大力发展新能源和清洁能源。到 2025 年,非化石能源消费比重达 20% 左右,电能占终端能源消费比重达 30% 左右。持续增加天然气生产供应,新增天然气优先保障居民生活和清洁取暖需求。

(十)严格合理控制煤炭消费总量。在保障能源安全供应的前提下,重点区域继续实施煤炭消费总量控制。到 2025 年,京津冀及周边地区、长三角地区煤炭消费量较 2020 年分别下降 10% 和 5% 左右,汾渭平原煤炭消费量实现负增长,重点削减非电力用煤。重点区域新改扩建用煤项目,依法实行煤炭等量或减量替代,替代方案不完善的不予审批;不得将使用石油焦、焦炭、兰炭等高污染燃料作为煤炭减量替代措施。完善重点区域煤炭消费减量替代管理办法,煤矸石、原料用煤不纳入煤炭消费总量考核。原则上不再新增自备燃煤机组,支持自备燃煤机组实施清洁能源替代。对支撑电力稳定供应、电网安全运行、清洁能源大规模并网消纳的煤电项目及其用煤量应予以合理保障。

(十一)积极开展燃煤锅炉关停整合。各地要将燃煤供热锅炉替代项目纳入城镇供热规划。县级及以上城市建成区原则上不再新建 35 蒸吨/小时及以下燃煤锅炉,重点区域原则上不再新

建除集中供暖外的燃煤锅炉。加快热力管网建设，依托电厂、大型工业企业开展远距离供热示范，淘汰管网覆盖范围内的燃煤锅炉和散煤。到 2025 年，$PM_{2.5}$ 未达标城市基本淘汰 10 蒸吨/小时及以下燃煤锅炉；重点区域基本淘汰 35 蒸吨/小时及以下燃煤锅炉及茶水炉、经营性炉灶、储粮烘干设备、农产品加工等燃煤设施，充分发挥 30 万千瓦及以上热电联产电厂的供热能力，对其供热半径 30 公里范围内的燃煤锅炉和落后燃煤小热电机组（含自备电厂）进行关停或整合。

（十二）实施工业炉窑清洁能源替代。有序推进以电代煤，积极稳妥推进以气代煤。重点区域不再新增燃料类煤气发生炉，新改扩建加热炉、热处理炉、干燥炉、熔化炉原则上采用清洁低碳能源；安全稳妥推进使用高污染燃料的工业炉窑改用工业余热、电能、天然气等；燃料类煤气发生炉实行清洁能源替代，或因地制宜采取园区（集群）集中供气、分散使用方式；逐步淘汰固定床间歇式煤气发生炉。

（十三）持续推进北方地区清洁取暖。因地制宜成片推进北方地区清洁取暖，确保群众温暖过冬。加大民用、农用散煤替代力度，重点区域平原地区散煤基本清零，逐步推进山区散煤清洁能源替代。纳入中央财政支持北方地区清洁取暖范围的城市，保质保量完成改造任务，其中"煤改气"要落实气源、以供定改。全面提升建筑能效水平，加快既有农房节能改造。各地依法将整体完成清洁取暖改造的地区划定为高污染燃料禁燃区，防止散煤复烧。对暂未实施清洁取暖的地区，强化商品煤质量监管。

四、优化交通结构，大力发展绿色运输体系

（十四）持续优化调整货物运输结构。大宗货物中长距离运输优先采用铁路、水路运输，短距离运输优先采用封闭式皮带廊道或新能源车船。探索将清洁运输作为煤矿、钢铁、火电、有色、焦化、煤化工等行业新改扩建项目审核和监管重点。重点区域内直辖市、省会城市采取公铁联运等"外集内配"物流方式。到 2025 年，铁路、水路货运量比 2020 年分别增长 10% 和 12% 左右；晋陕蒙新煤炭主产区中长距离运输（运距 500 公里以上）的煤炭和焦炭中，铁路运输比例力争达到 90%；重点区域和粤港澳大湾区沿海主要港口铁矿石、焦炭等清洁运输（含新能源车）比例力争达到 80%。

加强铁路专用线和联运转运衔接设施建设，最大程度发挥既有线路效能，重要港区在新建集装箱、大宗干散货作业区时，原则上同步规划建设进港铁路；扩大现有作业区铁路运输能力。对重点区域城市铁路场站进行适货化改造。新建及迁建大宗货物年运量 150 万吨以上的物流园区、工矿企业和储煤基地，原则上接入铁路专用线或管道。强化用地用海、验收投运、运力调配、铁路运价等措施保障。

（十五）加快提升机动车清洁化水平。重点区域公共领域新增或更新公交、出租、城市物流配送、轻型环卫等车辆中，新能源汽车比例不低于 80%；加快淘汰采用稀薄燃烧技术的燃气货车。推动山西省、内蒙古自治区、陕西省打造清洁运输先行引领区，培育一批清洁运输企业。在火电、钢铁、煤炭、焦化、有色、水泥等行业和物流园区推广新能源中重型货车，发展零排放货运车队。力争到 2025 年，重点区域高速服务区快充站覆盖率不低于 80%，其他地区不低于 60%。

强化新生产货车监督抽查，实现系族全覆盖。加强重型货车路检路查和入户检查。全面实施汽车排放检验与维护制度和机动车排放召回制度，强化对年检机构的监管执法。鼓励重点区域城市开展燃油蒸发排放控制检测。

（十六）强化非道路移动源综合治理。加快推进铁路货场、物流园区、港口、机场、工矿企业内部作业车辆和机械新能源更新改造。推动发展新能源和清洁能源船舶，提高岸电使用率。大力推动老旧铁路机车淘汰，鼓励中心城市铁路站场及煤炭、钢铁、冶金等行业推广新能源铁路装备。到 2025 年，基本消除非道路移动机械、船舶及重点区域铁路机车"冒黑烟"现象，基本淘汰第一阶段及以下排放标准的非道路移动机械；年旅客吞吐量 500 万人次以上的机场，桥电使用率达到 95% 以上。

（十七）全面保障成品油质量。加强油品进口、生产、仓储、销售、运输、使用全环节监管，全面清理整顿自建油罐、流动加油车（船）和黑加油站点，坚决打击将非标油品作为发动机燃料销售等行为。提升货车、非道路移动机械、船舶油箱中柴油抽测频次，对发现的线索进行溯源，严厉追究相关生产、销售、运输者主体责任。

五、强化面源污染治理，提升精细化管理水平

（十八）深化扬尘污染综合治理。鼓励经济发达地区 5000 平方米及以上建筑工地安装视频监控并接入当地监管平台；重点区域道路、水务等长距离线性工程实行分段施工。将防治扬尘污染费用纳入工程造价。到 2025 年，装配式建筑占新建建筑面积比例达 30%；地级及以上城市建成区道路机械化清扫率达 80% 左右，县城达 70% 左右。对城市公共裸地进行排查建档并采取防尘措施。城市大型煤炭、矿石等干散货码头物料堆场基本完成抑尘设施建设和物料输送系统封闭改造。

（十九）推进矿山生态环境综合整治。新建矿山原则上要同步建设铁路专用线或采用其他清洁运输方式。到 2025 年，京津冀及周边地区原则上不再新建露天矿山（省级矿产资源规划确定的重点开采区或经安全论证不宜采用地下开采方式的除外）。对限期整改仍不达标的矿山，根据安全生产、水土保持、生态环境等要求依法关闭。

（二十）加强秸秆综合利用和禁烧。提高秸秆还田标准化、规范化水平。健全秸秆收储运服务体系，提升产业化能力，提高离田效能。全国秸秆综合利用率稳定在 86% 以上。各地要结合实际对秸秆禁烧范围等作出具体规定，进行精准划分。重点区域禁止露天焚烧秸秆。综合运用卫星遥感、高清视频监控、无人机等手段，提高秸秆焚烧火点监测精准度。完善网格化监管体系，充分发挥基层组织作用，开展秸秆焚烧重点时段专项巡查。

六、强化多污染物减排，切实降低排放强度

（二十一）强化 VOCs 全流程、全环节综合治理。鼓励储罐使用低泄漏的呼吸阀、紧急泄压阀，定期开展密封性检测。汽车罐车推广使用密封式快速接头。污水处理场所高浓度有机废气要单独收集处理；含 VOCs 有机废水储罐、装置区集水井（池）有机废气要密闭收集处理。重点区域石化、化工行业集中的城市和重点工业园区，2024 年年底前建立统一的泄漏检测与修复信息管理平台。企业开停工、检维修期间，及时收集处理退料、清洗、吹扫等作业产生的 VOCs 废气。企业不得将火炬燃烧装置作为日常大气污染处理设施。

（二十二）推进重点行业污染深度治理。高质量推进钢铁、水泥、焦化等重点行业及燃煤锅炉超低排放改造。到 2025 年，全国 80% 以上的钢铁产能完成超低排放改造任务；重点区域全部实现钢铁行业超低排放，基本完成燃煤锅炉超低排放改造。

确保工业企业全面稳定达标排放。推进玻璃、石灰、矿棉、有色等行业深度治理。全面开展锅炉和工业炉窑简易低效污染治理设施排查，通过清洁能源替代、升级改造、整合退出等方式实施分类处置。推进燃气锅炉低氮燃烧改造。生物质锅炉采用专用锅炉，配套布袋等高效除尘设施，禁止掺烧煤炭、生活垃圾等其他物料。推进整合小型生物质锅炉，积极引导城市建成区内生物质锅炉（含电力）超低排放改造。强化治污设施运行维护，减少非正常工况排放。重点涉气企业逐步取消烟气和含 VOCs 废气旁路，因安全生产需要无法取消的，安装在线监控系统及备用处置设施。

（二十三）开展餐饮油烟、恶臭异味专项治理。严格居民楼附近餐饮服务单位布局管理。拟开设餐饮服务单位的建筑应设计建设专用烟道。推动有条件的地区实施治理设施第三方运维管理及在线监控。对群众反映强烈的恶臭异味扰民问题加强排查整治，投诉集中的工业园区、重点企业要安装运行在线监测系统。各地要加强部门联动，因地制宜解决人民群众反映集中的油烟及恶臭异味扰民问题。

（二十四）稳步推进大气氨污染防控。开展京津冀及周边地区大气氨排放控制试点。推广氮肥机械深施和低蛋白日粮技术。研究畜禽养殖场氨气等臭气治理措施，鼓励生猪、鸡等圈舍封闭管理，支持粪污输送、存储及处理设施封闭，加强废气收集和处理。到 2025 年，京津冀及周边地区大型规模化畜禽养殖场大气氨排放总量比 2020 年下降 5%。加强氮肥、纯碱等行业大气氨排放治理；强化工业源烟气脱硫脱硝氨逃逸防控。

七、加强机制建设，完善大气环境管理体系

（二十五）实施城市空气质量达标管理。空气质量未达标的直辖市和设区的市编制实施大气环境质量限期达标规划，明确达标路线图及重点任务，并向社会公开。推进 $PM_{2.5}$ 和臭氧协同控制。2020 年 $PM_{2.5}$ 浓度低于 40 微克/立方米的未达标城市"十四五"期间实现达标；其他未达标城市明确"十四五"空气质量改善阶段目标。已达标城市巩固改善空气质量。

（二十六）完善区域大气污染防治协作机制。国家统筹推进京津冀及周边地区大气污染联防联控工作，继续发挥长三角地区协作机制、汾渭平原协作机制作用。国家加强对成渝地区、长江中游城市群、东北地区、天山北坡城市群等区域大气污染防治协作的指导，将粤港澳大湾区作为空气质量改善先行示范区。各省级政府加强本行政区域内联防联控。鼓励省际交界地区市县积极开展联防联控，推动联合交叉执法。对省界两侧 20 公里内的涉气重点行业新建项目，以及对下风向空气质量影响大的新建高架源项目，有关省份要开展环评一致性会商。

（二十七）完善重污染天气应对机制。建立健全省市县三级重污染天气应急预案体系，明确地方各级政府部门责任分工，规范重污染天气预警启动、响应、解除工作流程。优化重污染天气预警启动标准。完善重点行业企业绩效分级指标体系，规范企业绩效分级管理流程，鼓励开展绩效等级提升行动。结合排污许可制度，确保应急减排清单覆盖所有涉气企业。位于同一区域的城市要按照区域预警提示信息，依法依规同步采取应急响应措施。

八、加强能力建设，严格执法监督

（二十八）提升大气环境监测监控能力。完善城市空气质量监测网络，基本实现县城全

覆盖,加强数据联网共享。完善沙尘调查监测体系,强化沙源区及沙尘路径区气象、空气质量等监测网络建设。重点区域城市加强机场、港口、铁路货场、物流园区、工业园区、产业集群、公路等大气环境监测。地级及以上城市开展非甲烷总烃监测,重点区域、成渝地区、长江中游城市群和其他 VOCs 排放量较高的城市开展光化学监测。重点区域和其他 $PM_{2.5}$ 未达标城市继续开展颗粒物组分监测。加强大气环境监测系列卫星、航空、地基等遥感能力建设。完善空气质量分级预报体系,加强区域预报中心建设。开展亚洲地区沙尘暴监测预报预警服务及技术研发。在沙尘路径区开展沙尘源谱监测分析,聚焦北京市进行沙尘源解析,评估各地沙尘量及固沙滞沙成效。

地级及以上城市生态环境部门定期更新大气环境重点排污单位名录,确保符合条件的企业全覆盖。推动企业安装工况监控、用电(用能)监控、视频监控等。加强移动源环境监管能力建设,国家和重点区域省份建设重型柴油车和非道路移动机械远程在线监控平台。

(二十九)强化大气环境监管执法。拓展非现场监管手段应用。加强污染源自动监测设备运行监管,确保监测数据质量和稳定传输。提升各级生态环境部门执法监测能力,重点区域市县加快配备红外热成像仪、便携式氢火焰离子检测仪、手持式光离子化检测仪等装备。加强重点领域监督执法,对参与弄虚作假的排污单位和第三方机构、人员依法追究责任,涉嫌犯罪的依法移送司法机关。

(三十)加强决策科技支撑。研究低浓度、大风量、中小型 VOCs 排放污染治理技术,提升 VOCs 关键功能性吸附催化材料的效果和稳定性。研究分类型工业炉窑清洁能源替代和末端治理路径,研发多污染物系统治理、低温脱硝、氨逃逸精准调控等技术和装备。推进致臭物质识别、恶臭污染评估和溯源技术方法研究。开展沙尘天气过程发生发展机理研究。到2025 年,地级及以上城市完成排放清单编制,重点区域城市实现逐年更新。

九、健全法律法规标准体系,完善环境经济政策

(三十一)推动法律法规制修订。研究启动修订大气污染防治法。研究修订清洁生产促进法,明确企业使用低(无)VOCs 含量原辅材料的法律责任。研究制定移动源污染防治管理办法。

(三十二)完善环境标准和技术规范体系。启动环境空气质量标准及相关技术规范修订研究工作。研究制定涂层剂、聚氨酯树脂、家用洗涤剂、杀虫气雾剂等 VOCs 含量限值强制性国家标准,建立低(无)VOCs 含量产品标识制度;制定有机废气治理用活性炭技术要求;加快完善重点行业和领域大气污染物排放标准、能耗标准。研究制定下一阶段机动车排放标准,开展新阶段油品质量标准研究。研究制定生物质成型燃料产品质量、铁路内燃机车污染物排放等强制性国家标准。鼓励各地制定更加严格的环境标准。

(三十三)完善价格税费激励约束机制。落实峰谷分时电价政策,推进销售电价改革。强化价格政策与产业和环保政策的协同,综合考虑能耗、环保绩效水平,完善高耗能行业阶梯电价制度。对港口岸基供电实施支持性电价政策,推动降低岸电使用服务费。鼓励各地对新能源城市公共汽电车充电给予积极支持。研究完善清洁取暖"煤改电"及采暖用电销售侧峰谷电价制度;减少城镇燃气输配气层级,合理制定并严格监管输配气价格,建立健全终端销售价格与采购价格联动机制,落实好清洁取暖气价政策。完善铁路运价灵活调整机制,规范铁路货运杂费,研究推行"一口价"收费政策,广泛采用"量价互保"协议运输模式。完

善环境保护税征收体系，加快把 VOCs 纳入征收范围。

（三十四）积极发挥财政金融引导作用。有序扩大中央财政支持北方地区清洁取暖范围，对减污降碳协同项目予以倾斜。按照市场化方式加大传统产业及集群升级、工业污染治理、铁路专用线建设、新能源铁路装备推广等领域信贷融资支持力度，引导社会资本投入。按要求对银行业金融机构开展绿色金融评价，吸引长期机构投资者投资绿色金融产品。积极支持符合条件的企业、金融机构发行绿色债券，开展绿色债券信用评级，提高绿色债券的信息披露水平。

十、落实各方责任，开展全民行动

（三十五）加强组织领导。坚持和加强党对大气污染防治工作的全面领导。地方各级政府对本行政区域内空气质量负总责，组织制定本地实施方案。生态环境部要加强统筹协调，做好调度评估。国务院各有关部门要协同配合落实任务分工，出台政策时统筹考虑空气质量持续改善需求。

（三十六）严格监督考核。将空气质量改善目标完成情况作为深入打好污染防治攻坚战成效考核的重要内容。对超额完成目标的地区给予激励；对未完成目标的地区，从资金分配、项目审批、荣誉表彰、责任追究等方面实施惩戒；对问题突出的地区，视情组织开展专项督察。组织对重点区域开展监督帮扶。

（三十七）推进信息公开。加强环境空气质量信息公开力度。将排污单位和第三方治理、运维、检测机构弄虚作假行为纳入信用记录，定期依法向社会公布。重点排污单位及时公布自行监测和污染排放数据、污染治理措施、环保违法处罚及整改等信息。机动车和非道路移动机械生产、进口企业依法公开排放检验、污染控制技术等环保信息。

（三十八）加强宣传引导和国际合作。广泛宣传解读相关政策举措，大力普及大气环境与健康基本理念和知识，提升公民大气环境保护意识与健康素养。加强大气环境管理和防沙治沙国际合作。推广中国大气污染治理技术和经验、防沙治沙实用技术和模式，讲好中国生态环保故事。

（三十九）实施全民行动。动员社会各界广泛参与大气环境保护。政府带头开展绿色采购，全面使用低（无）VOCs 含量产品。完善举报奖励机制，鼓励公众积极提供环境违法行为线索。中央企业带头引导绿色生产，推进治污减排。强化公民环境意识，推动形成简约适度、绿色低碳、文明健康的生活方式，共同改善空气质量。

附录 2 减污降碳协同增效实施方案

环综合〔2022〕42 号

为深入贯彻落实党中央、国务院关于碳达峰碳中和决策部署，落实新发展阶段生态文明建设有关要求，协同推进减污降碳，实现一体谋划、一体部署、一体推进、一体考核，制定本实施方案。

一、面临形势

党的十八大以来，我国生态文明建设和生态环境保护取得历史性成就，生态环境质量持续改善，碳排放强度显著降低。但也要看到，我国发展不平衡、不充分问题依然突出，生态环境保护形势依然严峻，结构性、根源性、趋势性压力总体上尚未根本缓解，实现美丽中国建设和碳达峰碳中和目标愿景任重道远。与发达国家基本解决环境污染问题后转入强化碳排放控制阶段不同，当前我国生态文明建设同时面临实现生态环境根本好转和碳达峰碳中和两大战略任务，生态环境多目标治理要求进一步凸显，协同推进减污降碳已成为我国新发展阶段经济社会发展全面绿色转型的必然选择。

面对生态文明建设新形势新任务新要求，基于环境污染物和碳排放高度同根同源的特征，必须立足实际，遵循减污降碳内在规律，强化源头治理、系统治理、综合治理，切实发挥好降碳行动对生态环境质量改善的源头牵引作用，充分利用现有生态环境制度体系协同促进低碳发展，创新政策措施，优化治理路线，推动减污降碳协同增效。

二、总体要求

（一）指导思想。

以习近平新时代中国特色社会主义思想为指导，全面贯彻党的十九大和十九届历次全会精神，按照党中央、国务院决策部署，深入贯彻习近平生态文明思想，坚持稳中求进工作总基调，立足新发展阶段，完整、准确、全面贯彻新发展理念，构建新发展格局，推动高质量发展，把实现减污降碳协同增效作为促进经济社会发展全面绿色转型的总抓手，锚定美丽中国建设和碳达峰碳中和目标，科学把握污染防治和气候治理的整体性，以结构调整、布局优化为关键，以优化治理路径为重点，以政策协同、机制创新为手段，完善法规标准，强化科技支撑，全面提高环境治理综合效能，实现环境效益、气候效益、经济效益多赢。

（二）工作原则。

突出协同增效。坚持系统观念，统筹碳达峰碳中和与生态环境保护相关工作，强化目标协同、区域协同、领域协同、任务协同、政策协同、监管协同，增强生态环境政策与能源产业政策协同性，以碳达峰行动进一步深化环境治理，以环境治理助推高质量达峰。

强化源头防控。紧盯环境污染物和碳排放主要源头，突出主要领域、重点行业和关键环节，强化资源能源节约和高效利用，加快形成有利于减污降碳的产业结构、生产方式和生活方式。

优化技术路径。统筹水、气、土、固废、温室气体等领域减排要求，优化治理目标、治理工艺和技术路线，优先采用基于自然的解决方案，加强技术研发应用，强化多污染物与温室气体协同控制，增强污染防治与碳排放治理的协调性。

注重机制创新。充分利用现有法律、法规、标准、政策体系和统计、监测、监管能力，完善管理制度、基础能力和市场机制，一体推进减污降碳，形成有效激励约束，有力支撑减污降碳目标任务落地实施。

鼓励先行先试。发挥基层积极性和创造力，创新管理方式，形成各具特色的典型做法和有效模式，加强推广应用，实现多层面、多领域减污降碳协同增效。

（三）主要目标。

到 2025 年，减污降碳协同推进的工作格局基本形成；重点区域、重点领域结构优化调整和绿色低碳发展取得明显成效；形成一批可复制、可推广的典型经验；减污降碳协同度有效提升。

到 2030 年，减污降碳协同能力显著提升，助力实现碳达峰目标；大气污染防治重点区域碳达峰与空气质量改善协同推进取得显著成效；水、土壤、固体废物等污染防治领域协同治理水平显著提高。

三、加强源头防控

（四）强化生态环境分区管控。构建城市化地区、农产品主产区、重点生态功能区分类指导的减污降碳政策体系。衔接国土空间规划分区和用途管制要求，将碳达峰碳中和要求纳入"三线一单"（生态保护红线、环境质量底线、资源利用上线和生态环境准入清单）分区管控体系。增强区域环境质量改善目标对能源和产业布局的引导作用，研究建立以区域环境质量改善和碳达峰目标为导向的产业准入及退出清单制度。加大污染严重地区结构调整和布局优化力度，加快推动重点区域、重点流域落后和过剩产能退出。依法加快城市建成区重污染企业搬迁改造或关闭退出。（生态环境部、国家发展改革委、工业和信息化部、自然资源部、水利部按职责分工负责）

（五）加强生态环境准入管理。坚决遏制高耗能、高排放、低水平项目盲目发展，高耗能、高排放项目审批要严格落实国家产业规划、产业政策、"三线一单"、环评审批、取水许可审批、节能审查以及污染物区域削减替代等要求，采取先进适用的工艺技术和装备，提升高耗能项目能耗准入标准，能耗、物耗、水耗要达到清洁生产先进水平。持续加强产业集群环境治理，明确产业布局和发展方向，高起点设定项目准入类别，引导产业向"专精特新"转型。在产业结构调整指导目录中考虑减污降碳协同增效要求，优化鼓励类、限制类、淘汰类相关项目类别。优化生态环境影响相关评价方法和准入要求，推动在沙漠、戈壁、荒漠地区加快规划建设大型风电光伏基地项目。大气污染防治重点区域严禁新增钢铁、焦化、炼油、电解铝、水泥、平板玻璃（不含光伏玻璃）等产能。（生态环境部、国家发展改革委、工业和信息化部、水利部、市场监管总局、国家能源局按职责分工负责）

（六）推动能源绿色低碳转型。统筹能源安全和绿色低碳发展，推动能源供给体系清洁化低碳化和终端能源消费电气化。实施可再生能源替代行动，大力发展风能、太阳能、生物质能、海洋能、地热能等，因地制宜开发水电，开展小水电绿色改造，在严监管、确保绝对安全前提下有序发展核电，不断提高非化石能源消费比重。严控煤电项目，"十四五"时期严格合理控制煤炭消费增长、"十五五"时期逐步减少。重点削减散煤等非电用煤，严禁在国家政策允许的领域以外新（扩）建燃煤自备电厂。持续推进北方地区冬季清洁取暖。新改扩建工业炉窑采用清洁低碳能源，优化天然气使用方式，优先保障居民用气，有序推进工业燃煤和农业用煤天然气替代。（国家发展改革委、国家能源局、工业和信息化部、自然资源部、生态环境部、住房城乡建设部、农业农村部、水利部、市场监管总局按职责分工负责）

（七）加快形成绿色生活方式。倡导简约适度、绿色低碳、文明健康的生活方式，从源头上减少污染物和碳排放。扩大绿色低碳产品供给和消费，加快推进构建统一的绿色产品认证与标识体系，完善绿色产品推广机制。开展绿色社区等建设，深入开展全社会反对浪费行动。推广绿色包装，推动包装印刷减量化，减少印刷面积和颜色种类。引导公众优先选择公共交通、自行车和步行等绿色低碳出行方式。发挥公共机构特别是党政机关节能减排引领示范作用。探索建立"碳普惠"等公众参与机制。（国家发展改革委、生态环境部、工业和信息化部、财政部、住房城乡建设部、交通运输部、商务部、市场监管总局、国管局按职责分工负责）

四、突出重点领域

（八）推进工业领域协同增效。实施绿色制造工程，推广绿色设计，探索产品设计、生产工艺、产品分销以及回收处置利用全产业链绿色化，加快工业领域源头减排、过程控制、末端治理、综合利用全流程绿色发展。推进工业节能和能效水平提升。依法实施"双超双有高耗能"企业强制性清洁生产审核，开展重点行业清洁生产改造，推动一批重点企业达到国际领先水平。研究建立大气环境容量约束下的钢铁、焦化等行业去产能长效机制，逐步减少独立烧结、热轧企业数量。大力支持电炉短流程工艺发展，水泥行业加快原燃料替代，石化行业加快推动减油增化，铝行业提高再生铝比例，推广高效低碳技术，加快再生有色金属产业发展。2025年和2030年，全国短流程炼钢占比分别提升至15%、20%以上。2025年再生铝产量达到1150万吨，2030年电解铝使用可再生能源比例提高至30%以上。推动冶炼副产能源资源与建材、石化、化工行业深度耦合发展。鼓励重点行业企业探索采用多污染物和温室气体协同控制技术工艺，开展协同创新。推动碳捕集、利用与封存技术在工业领域应用。（工业和信息化部、国家发展改革委、生态环境部、国家能源局按职责分工负责）

（九）推进交通运输协同增效。加快推进"公转铁"、"公转水"，提高铁路、水运在综合运输中的承运比例。发展城市绿色配送体系，加强城市慢行交通系统建设。加快新能源车发展，逐步推动公共领域用车电动化，有序推动老旧车辆替换为新能源车辆和非道路移动机械使用新能源清洁能源动力，探索开展中重型电动、燃料电池货车示范应用和商业化运营。到2030年，大气污染防治重点区域新能源汽车新车销售量达到汽车新车销售量的50%左右。加快淘汰老旧船舶，推动新能源、清洁能源动力船舶应用，加快港口供电设施建设，推动船舶靠港使用岸电。（交通运输部、国家发展改革委、工业和信息化部、生态环境部、住房城乡建设部、中国国家铁路集团有限公司按职责分工负责）

（十）推进城乡建设协同增效。优化城镇布局，合理控制城镇建筑总规模，加强建筑拆建管理，多措并举提高绿色建筑比例，推动超低能耗建筑、近零碳建筑规模化发展。稳步发展装配式建筑，推广使用绿色建材。推动北方地区建筑节能绿色改造与清洁取暖同步实施，优先支持大气污染防治重点区域利用太阳能、地热、生物质能等可再生能源满足建筑供热、制冷及生活热水等用能需求。鼓励在城镇老旧小区改造、农村危房改造、农房抗震改造等过程中同步实施建筑绿色化改造。鼓励小规模、渐进式更新和微改造，推进建筑废弃物再生利用。合理控制城市照明能耗。大力发展光伏建筑一体化应用，开展光储直柔一体化试点。在农村人居环境整治提升中统筹考虑减污降碳要求。（住房城乡建设部、自然资源部、生态环境部、农业农村部、国家能源局、国家乡村振兴局等按职责分工负责）

（十一）推进农业领域协同增效。推行农业绿色生产方式，协同推进种植业、畜牧业、渔业节能减排与污染治理。深入实施化肥农药减量增效行动，加强种植业面源污染防治，优化稻田水分灌溉管理，推广优良品种和绿色高效栽培技术，提高氮肥利用效率，到2025年，三大粮食作物化肥、农药利用率均提高到43%。提升秸秆综合利用水平，强化秸秆焚烧管控。提高畜禽粪污资源化利用水平，适度发展稻渔综合种养、渔光一体、鱼菜共生等多层次综合水产养殖模式，推进渔船渔机节能减排。加快老旧农机报废更新力度，推广先进适用的低碳节能农机装备。在农业领域大力推广生物质能、太阳能等绿色用能模式，加快农村取暖炊事、农业及农产品加工设施等可再生能源替代。（农业农村部、生态环境部、国家能源局按职责分工负责）

（十二）推进生态建设协同增效。坚持因地制宜，宜林则林，宜草则草，科学开展大规模国土绿化行动，持续增加森林面积和蓄积量。强化生态保护监管，完善自然保护地、生态保护红线监管制度，落实不同生态功能区分级分区保护、修复、监管要求，强化河湖生态流量管理。加强土地利用变化管理和森林可持续经营。全面加强天然林保护修复。实施生物多样性保护重大工程。科学推进荒漠化、石漠化、水土流失综合治理，科学实施重点区域生态保护和修复综合治理项目，建设生态清洁小流域。坚持以自然恢复为主，推行森林、草原、河流、湖泊、湿地休养生息，加强海洋生态系统保护，改善水生态环境，提升生态系统质量和稳定性。加强城市生态建设，完善城市绿色生态网络，科学规划、合理布局城市生态廊道和生态缓冲带。优化城市绿化树种，降低花粉污染和自然源挥发性有机物排放，优先选择乡土树种。提升城市水体自然岸线保有率。开展生态改善、环境扩容、碳汇提升等方面效果综合评估，不断提升生态系统碳汇与净化功能。（国家林草局、国家发展改革委、自然资源部、生态环境部、住房城乡建设部、水利部按职责分工负责）

五、优化环境治理

（十三）推进大气污染防治协同控制。优化治理技术路线，加大氮氧化物、挥发性有机物（VOCs）以及温室气体协同减排力度。一体推进重点行业大气污染深度治理与节能降碳行动，推动钢铁、水泥、焦化行业及锅炉超低排放改造，探索开展大气污染物与温室气体排放协同控制改造提升工程试点。VOCs等大气污染物治理优先采用源头替代措施。推进大气污染治理设备节能降耗，提高设备自动化智能化运行水平。加强消耗臭氧层物质和氢氟碳化物管理，加快使用含氢氯氟烃生产线改造，逐步淘汰氢氯氟烃使用。推进移动源大气污染物排放和碳排放协同治理。（生态环境部、国家发展改革委、工业和信息化部、交通运输部、国家能源局按职责分工负责）

（十四）推进水环境治理协同控制。大力推进污水资源化利用。提高工业用水效率，推进产业园区用水系统集成优化，实现串联用水、分质用水、一水多用、梯级利用和再生利用。构建区域再生水循环利用体系，因地制宜建设人工湿地水质净化工程及再生水调蓄设施。探索推广污水社区化分类处理和就地回用。建设资源能源标杆再生水厂。推进污水处理厂节能降耗，优化工艺流程，提高处理效率；鼓励污水处理厂采用高效水力输送、混合搅拌和鼓风曝气装置等高效低能耗设备；推广污水处理厂污泥沼气热电联产及水源热泵等热能利用技术；提高污泥处置和综合利用水平；在污水处理厂推广建设太阳能发电设施。开展城镇污水处理和资源化利用碳排放测算，优化污水处理设施能耗和碳排放管理。以资源化、生态化和可持续化为导向，因地制宜推进农村生活污水集中或分散式治理及就近回用。（生态环境部、国家发展改革委、工业和信息化部、住房城乡建设部、农业农村部按职责分工负责）

（十五）推进土壤污染治理协同控制。合理规划污染地块土地用途，鼓励农药、化工等行业中重度污染地块优先规划用于拓展生态空间，降低修复能耗。鼓励绿色低碳修复，优化土壤污染风险管控和修复技术路线，注重节能降耗。推动严格管控类受污染耕地植树造林增汇，研究利用废弃矿山、采煤沉陷区受损土地、已封场垃圾填埋场、污染地块等因地制宜规划建设光伏发电、风力发电等新能源项目。（生态环境部、国家发展改革委、自然资源部、住房城乡建设部、国家能源局、国家林草局按职责分工负责）

（十六）推进固体废物污染防治协同控制。强化资源回收和综合利用，加强"无废城市"建设。推动煤矸石、粉煤灰、尾矿、冶炼渣等工业固废资源利用或替代建材生产原料，到2025年，新增大宗固废综合利用率达到60%，存量大宗固废有序减少。推进退役动力电池、光伏组件、风电机组叶片等新型废弃物回收利用。加强生活垃圾减量化、资源化和无害化处理，大力推进垃圾分类，优化生活垃圾处理处置方式，加强可回收物和厨余垃圾资源化利用，持续推进生活垃圾焚烧处理能力建设。减少有机垃圾填埋，加强生活垃圾填埋场垃圾渗滤液、恶臭和温室气体协同控制，推动垃圾填埋场填埋气收集和利用设施建设。因地制宜稳步推进生物质能多元化开发利用。禁止持久性有机污染物和添汞产品的非法生产，从源头减少含有毒有害化学物质的固体废物产生。（生态环境部、国家发展改革委、工业和信息化部、住房城乡建设部、商务部、市场监管总局、国家能源局按职责分工负责）

六、开展模式创新

（十七）开展区域减污降碳协同创新。基于深入打好污染防治攻坚战和碳达峰目标要求，在国家重大战略区域、大气污染防治重点区域、重点海湾、重点城市群，加快探索减污降碳协同增效的有效模式，优化区域产业结构、能源结构、交通运输结构，培育绿色低碳生活方式，加强技术创新和体制机制创新，助力实现区域绿色低碳发展目标。（生态环境部、国家发展改革委等按职责分工负责）

（十八）开展城市减污降碳协同创新。统筹污染治理、生态保护以及温室气体减排要求，在国家环境保护模范城市、"无废城市"建设中强化减污降碳协同增效要求，探索不同类型城市减污降碳推进机制，在城市建设、生产生活各领域加强减污降碳协同增效，加快实现城市绿色低碳发展。（生态环境部、国家发展改革委、住房城乡建设部等按职责分工负责）

（十九）开展产业园区减污降碳协同创新。鼓励各类产业园区根据自身主导产业和污染物、碳排放水平，积极探索推进减污降碳协同增效，优化园区空间布局，大力推广使用新能源，促进园区能源系统优化和梯级利用、水资源集约节约高效循环利用、废物综合利用，升级改造污水处理设施和垃圾焚烧设施，提升基础设施绿色低碳发展水平。（生态环境部、国家发展改革委、科技部、工业和信息化部、住房城乡建设部、水利部、商务部等按职责分工负责）

（二十）开展企业减污降碳协同创新。通过政策激励、提升标准、鼓励先进等手段，推动重点行业企业开展减污降碳试点工作。鼓励企业采取工艺改进、能源替代、节能提效、综合治理等措施，实现生产过程中大气、水和固体废物等多种污染物以及温室气体大幅减排，显著提升环境治理绩效，实现污染物和碳排放均达到行业先进水平，"十四五"期间力争推动一批企业开展减污降碳协同创新行动；支持企业进一步探索深度减污降碳路径，打造"双近零"排放标杆企业。（生态环境部负责）

七、强化支撑保障

（二十一）加强协同技术研发应用。加强减污降碳协同增效基础科学和机理研究，在大气污染防治、碳达峰碳中和等国家重点研发项目中设置研究任务，建设一批相关重点实验室，部署实施一批重点创新项目。加强氢能冶金、二氧化碳合成化学品、新型电力系统关键技术等研发，推动炼化系统能量优化、低温室效应制冷剂替代、碳捕集与利用等技术试点应用，推广光储直柔、可再生能源与建筑一体化、智慧交通、交通能源融合技术。开展烟气超低排放与碳减排协同技术创新，研发多污染物系统治理、VOCs源头替代、低温脱硝等技术和装备。充分利用国家生态环境科技成果转化综合服务平台，实施百城千县万名专家生态环境科技帮扶行动，提升减污降碳科技成果转化力度和效率。加快重点领域绿色低碳共性技术示范、制造、系统集成和产业化。开展水土保持措施碳汇效应研究。加强科技创新能力建设，推动重点方向学科交叉研究，形成减污降碳领域国家战略科技力量。（科技部、国家发展改革委、生态环境部、住房城乡建设部、交通运输部、水利部、国家能源局按职责分工负责）

（二十二）完善减污降碳法规标准。制定实施《碳排放权交易管理暂行条例》。推动将协同控制温室气体排放纳入生态环境相关法律法规。完善生态环境标准体系，制修订相关排放标准，强化非二氧化碳温室气体管控，研究制订重点行业温室气体排放标准，制定污染物与温室气体排放协同控制可行技术指南、监测技术指南。完善汽车等移动源排放标准，推动污染物与温室气体排放协同控制。（生态环境部、司法部、工业和信息化部、交通运输部、市场监管总局按职责分工负责）

（二十三）加强减污降碳协同管理。研究探索统筹排污许可和碳排放管理，衔接减污降碳管理要求。加快全国碳排放权交易市场建设，严厉打击碳排放数据造假行为，强化日常监管，建立长效机制，严格落实履约制度，优化配额分配方法。开展相关计量技术研究，建立健全计量测试服务体系。开展重点城市、产业园区、重点企业减污降碳协同度评价研究，引导各地区优化协同管理机制。推动污染物和碳排放量大的企业开展环境信息依法披露。（生态环境部、国家发展改革委、工业和信息化部、市场监管总局、国家能源局按职责分工负责）

（二十四）强化减污降碳经济政策。加大对绿色低碳投资项目和协同技术应用的财政政策支持，财政部门要做好减污降碳相关经费保障。大力发展绿色金融，用好碳减排货币政策工具，引导金融机构和社会资本加大对减污降碳的支持力度。扎实推进气候投融资，建设国家气候投融资项目库，开展气候投融资试点。建立有助于企业绿色低碳发展的绿色电价政策。将清洁取暖财政政策支持范围扩大到整个北方地区，有序推进散煤替代和既有建筑节能改造工作。加强清洁生产审核和评价认证结果应用，将其作为阶梯电价、用水定额、重污染天气绩效分级管控等差异化政策制定和实施的重要依据。推动绿色电力交易试点。（财政部、国家发展改革委、生态环境部、住房城乡建设部、交通运输部、人民银行、银保监会、证监会按职责分工负责）

（二十五）提升减污降碳基础能力。拓展完善天地一体监测网络，提升减污降碳协同监测能力。健全排放源统计调查、核算核查、监管制度，按履约要求编制国家温室气体排放清单，建立温室气体排放因子库。研究建立固定源污染物与碳排放核查协同管理制度，实行一体化监管执法。依托移动源环保信息公开、达标监管、检测与维修等制度，探索实施移动源碳排放核查、核算与报告制度。（生态环境部、国家发展改革委、国家统计局按职责分工负责）

八、加强组织实施

（二十六）加强组织领导。各地区各有关部门要认真贯彻落实党中央、国务院决策部署，充分认识减污降碳协同增效工作的重要性、紧迫性，坚决扛起责任，抓好贯彻落实。各有关部门要加强协调配合，各司其职，各负其责，形成合力，系统推进相关工作。各地区生态环境部门要结合实际，制定实施方案，明确时间目标，细化工作任务，确保各项重点举措落地见效。（各相关部门、地方按职责分工负责）

（二十七）加强宣传教育。将绿色低碳发展纳入国民教育体系。加强干部队伍能力建设，组织开展减污降碳协同增效业务培训，提升相关部门、地方政府、企业管理人员能力水平。加强宣传引导，选树减污降碳先进典型，发挥榜样示范和价值引领作用，利用六五环境日、全国低碳日、全国节能宣传周等广泛开展宣传教育活动。开展生态环境保护和应对气候变化科普活动。加大信息公开力度，完善公众监督和举报反馈机制，提高环境决策公众参与水平。（生态环境部、国家发展改革委、教育部、科技部按职责分工负责）

（二十八）加强国际合作。积极参与全球气候和环境治理，广泛开展应对气候变化、保护生物多样性、海洋环境治理等生态环保国际合作，与共建"一带一路"国家开展绿色发展政策沟通，加强减污降碳政策、标准联通，在绿色低碳技术研发应用、绿色基础设施建设、绿色金融、气候投融资等领域开展务实合作。加强减污降碳国际经验交流，为实现 2030 年全球可持续发展目标贡献中国智慧、中国方案。（生态环境部、国家发展改革委、科技部、财政部、住房城乡建设部、人民银行、市场监管总局、中国气象局、证监会、国家林草局等按职责分工负责）

（二十九）加强考核督察。统筹减污降碳工作要求，将温室气体排放控制目标完成情况纳入生态环境相关考核，逐步形成体现减污降碳协同增效要求的生态环境考核体系。（生态环境部牵头负责）

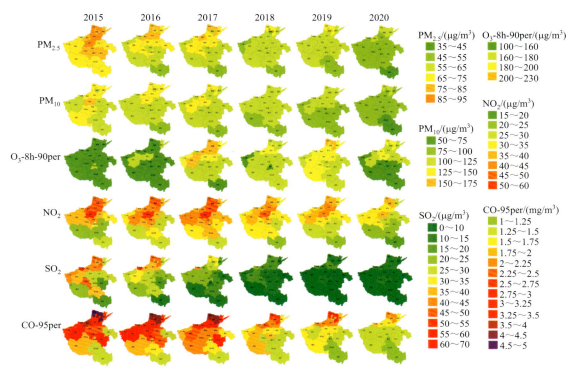

图 1-17 河南省 2015 ~ 2020 年空气质量六参数区域变化趋势

（O_3-8h-90per 表示在一年内，O_3-8h 平均浓度的第 90 百分位数；CO-95per 表示 CO 的第 95 百分位浓度）

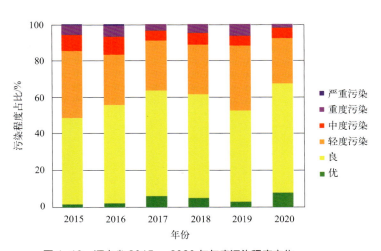

图 1-18 河南省 2015 ~ 2020 年年度污染程度变化

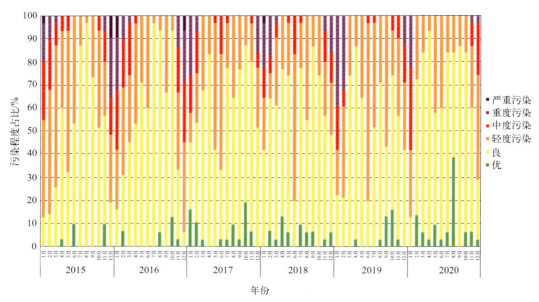

图 1-19　河南省 2015～2020 年月度污染程度变化

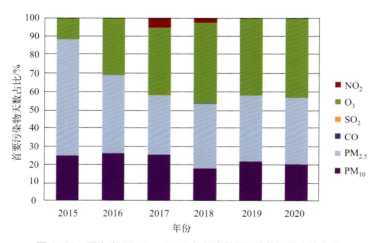

图 1-20　河南省 2015～2020 年年度首要污染物天数占比变化

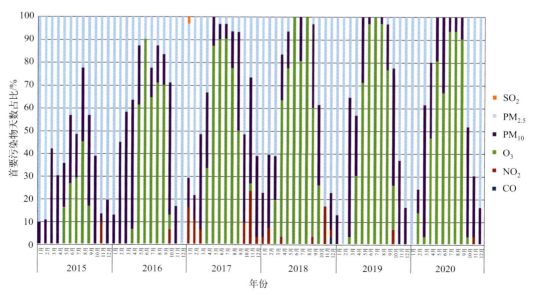

图 1-21　河南省 2015～2020 年月度首要污染物天数占比变化

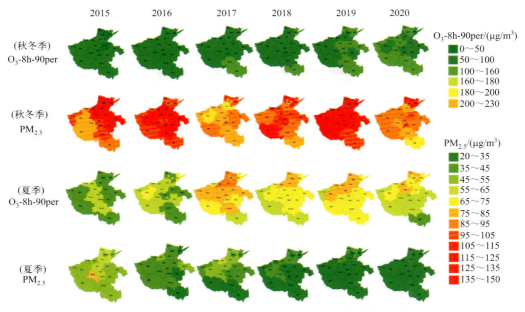

图 1-22 河南省 2015~2020 年 O_3 和 $PM_{2.5}$ 季节区域变化趋势

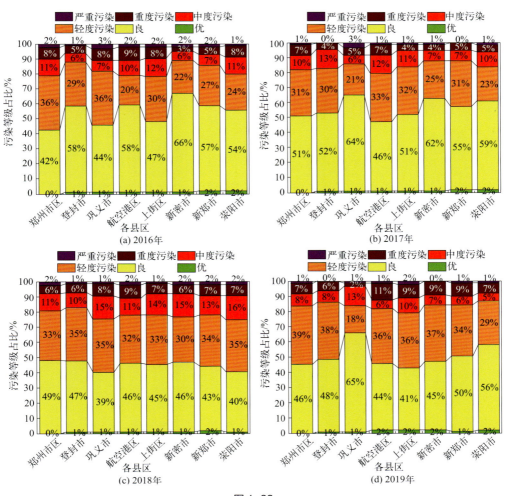

图 1-32

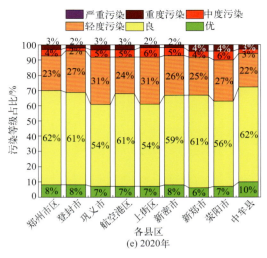

图 1-32 郑州市 2016～2020 年污染程度变化

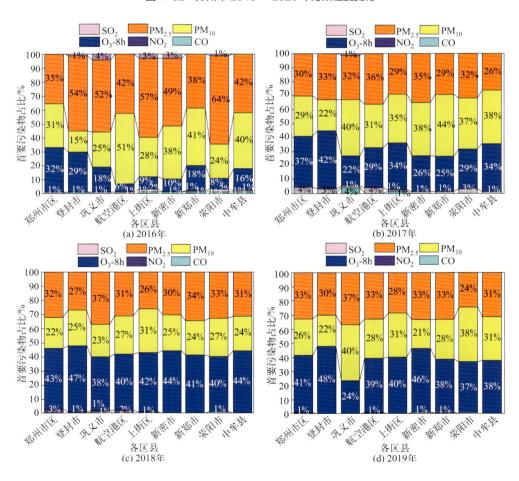

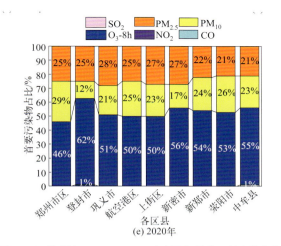

(e) 2020年

图 1-33 郑州市 2016～2020 年首要污染物天数占比变化

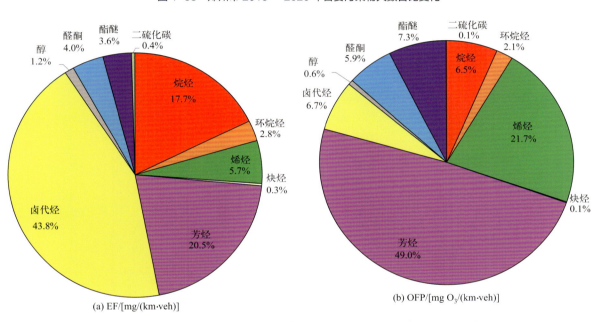

图 2-2 郑州市机动车排放 VOCs 中各组分占比及其对臭氧生成潜势的贡献

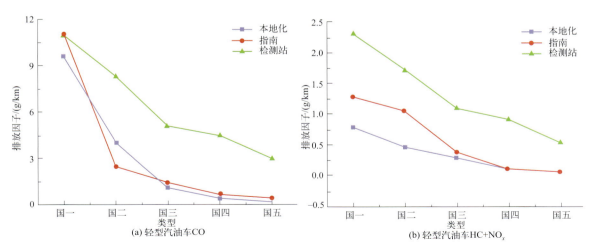

图 2-9

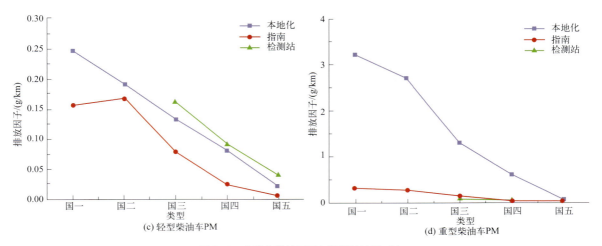

图 2-9 本地化排放因子与检测站结果对比

[图（c）和图（d）中检测站缺少国一和国二排放数据；PM 表示颗粒物]

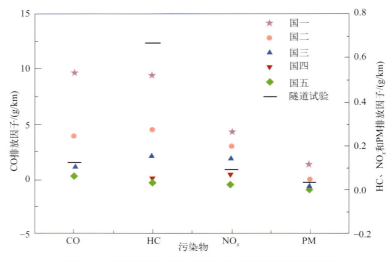

图 2-10 轻型汽油车本地化排放因子与隧道试验结果对比

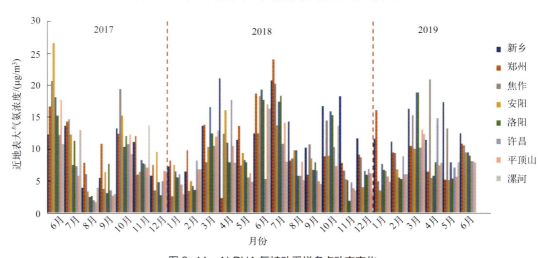

图 2-11 ALPHA 氨被动采样多点动态变化

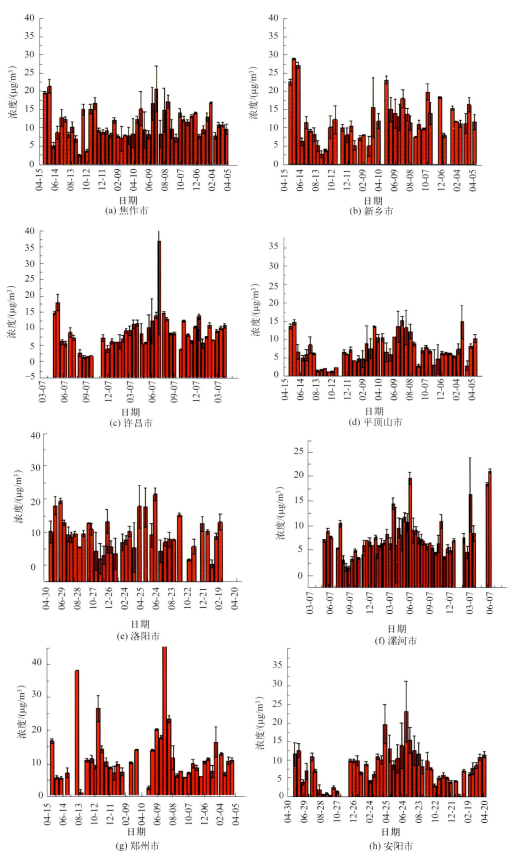

图 2-12 不同城市近地表氨浓度动态变化情况

(日期:月-日)

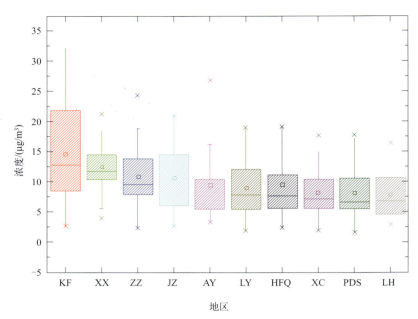

图 2-13 不同地区农田近地表氨浓度平均值
（AY 表示安阳；HFQ 表示黄泛区）

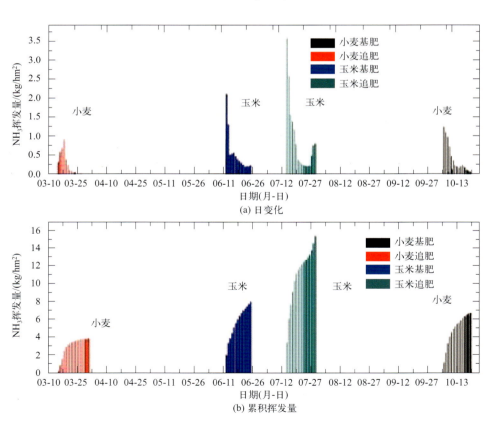

图 2-14 潮土小麦玉米轮作农田氨挥发日变化及累积挥发量

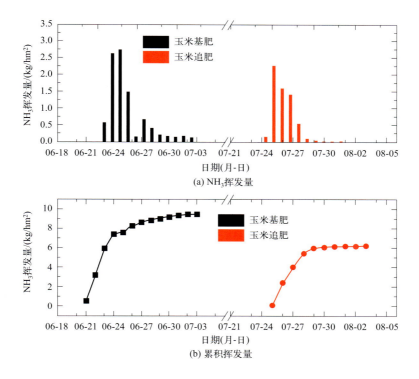

图 2-15 砂姜黑土玉米季氨挥发量及累积挥发量（2019 年 6～8 月）

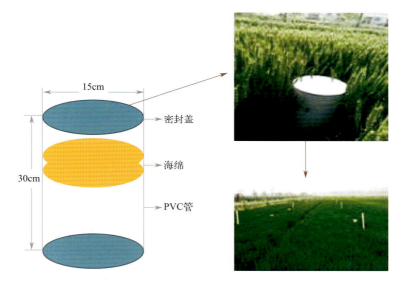

图 2-17 海绵法采样装置及田间布置图

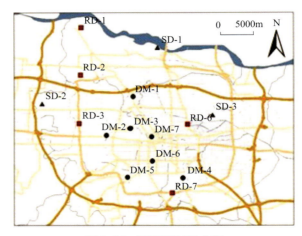

图 2-24 现场采样点位分布

RD—道路扬尘；DM—拆迁扬尘；SD—土壤扬尘

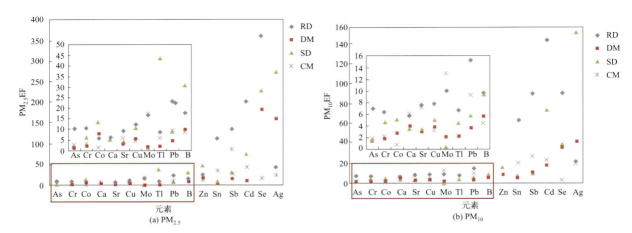

图 2-28 4 类扬尘源颗粒物 $PM_{2.5}$ 和 PM_{10} 中的元素富集因子

RD—道路扬尘；DM—拆迁扬尘；SD—土壤扬尘；CM—水泥尘

图 2-30 不同秸秆模拟燃烧时的火焰和烟气

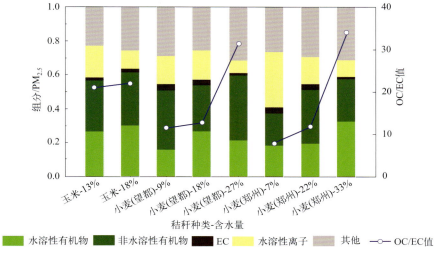

图 2-31 不同含水量对应组分占燃烧排放 PM$_{2.5}$ 的比值

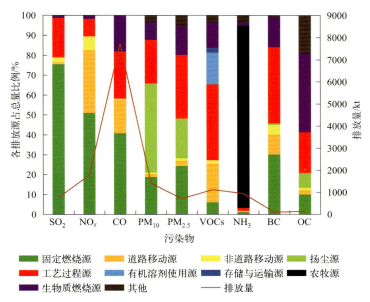

图 3-2 河南省 2017 年各污染物排放量及各排放源贡献占比

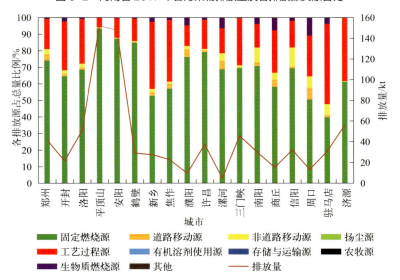

图 3-3 河南省 2017 年各城市 SO$_2$ 排放量及各排放源贡献占比

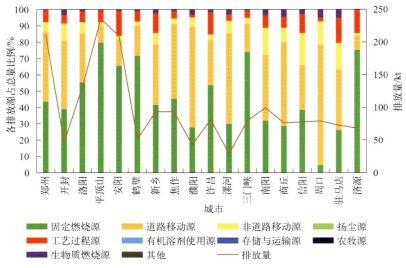

图 3-4 河南省 2017 年各城市 NO_x 排放量及各排放源贡献占比

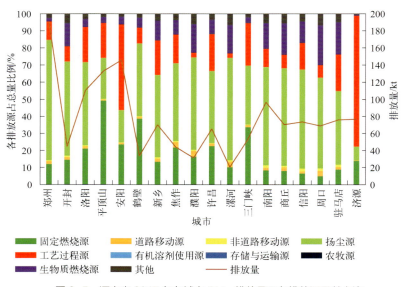

图 3-5 河南省 2017 年各城市 PM_{10} 排放量及各排放源贡献占比

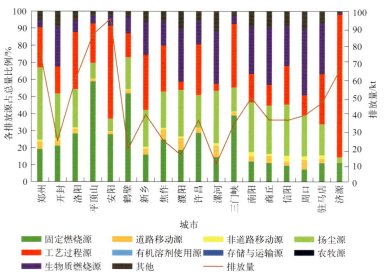

图 3-6 河南省 2017 年各城市 $PM_{2.5}$ 排放量及各排放源贡献占比

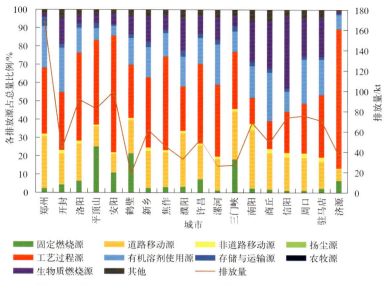

图 3-7 河南省 2017 年各城市 VOCs 排放量及各排放源贡献占比

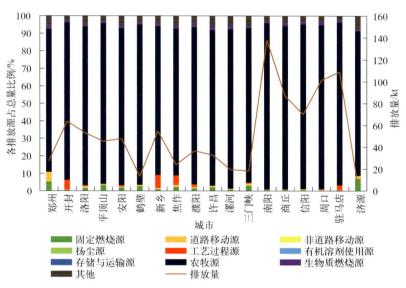

图 3-8 河南省 2017 年各城市 NH_3 排放量及各排放源贡献占比

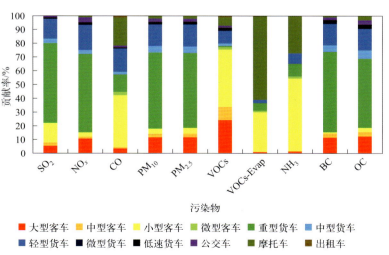

图 3-12 按车型划分 2017 年河南省机动车污染物贡献率

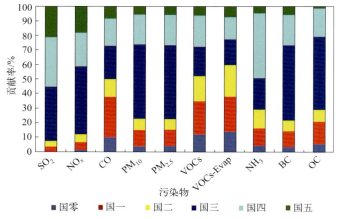

图 3-13 按排放标准划分 2017 年河南省机动车污染物贡献率

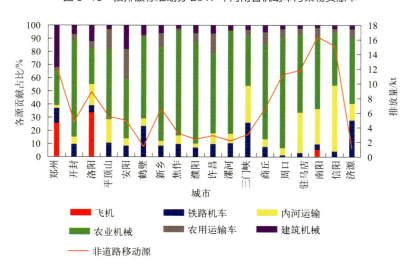

图 3-15 2017 年河南省各城市非道路移动源 NO_x 排放量及各源占比

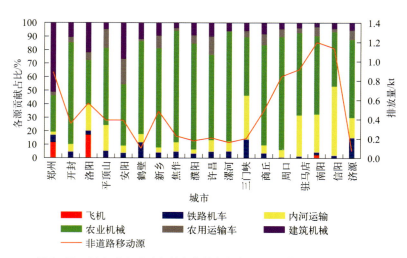

图 3-16 2017 年河南省各城市非道路移动源 $PM_{2.5}$ 排放量及各源占比

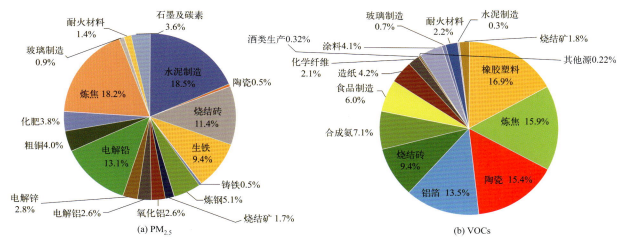

图 3-17　工艺过程源各排放源 $PM_{2.5}$ 与 VOCs 贡献

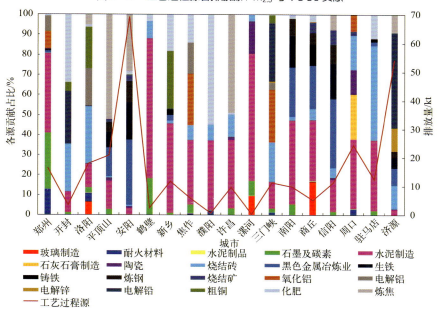

图 3-18　工艺过程源各市 $PM_{2.5}$ 排放量及各源贡献占比

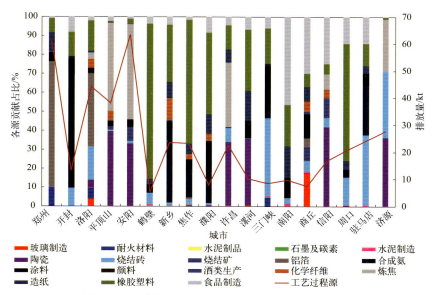

图 3-19　工艺过程源各市 VOCs 排放量及各源贡献占比

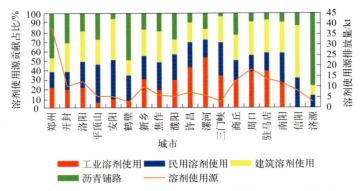

图 3-23 2017 年各市溶剂使用源 VOCs 排放量及各源贡献占比

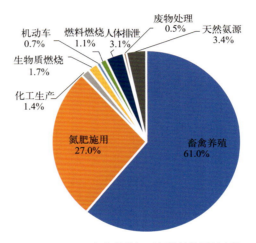

图 3-24 2017 年各排放源对氨排放的贡献占比

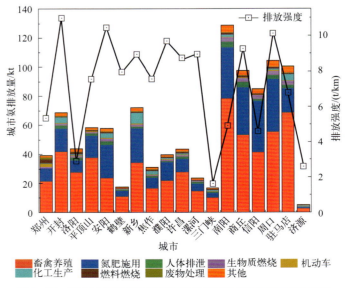

图 3-25 2017 年河南省各市不同排放源氨排放量构成及排放强度

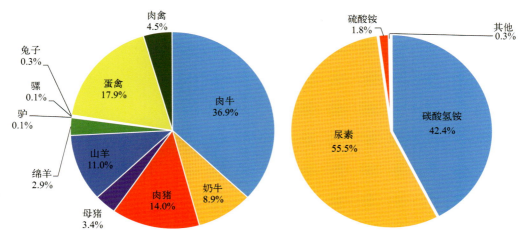

图 3-26　河南省各类畜禽排放贡献率　　　图 3-27　不同种类氮肥排放占比

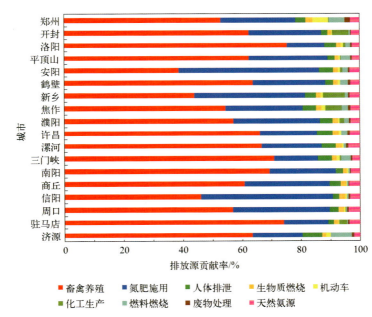

图 3-28　河南省 2017 年各城市不同排放源氨排放贡献率

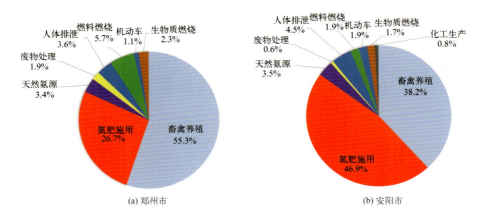

(a) 郑州市　　　　　　　　　　(b) 安阳市

图 3-29

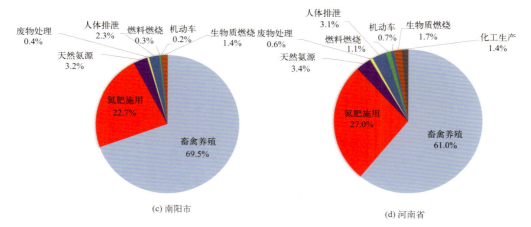

图 3-29 河南省以及典型城市（郑州、安阳和南阳）排放贡献

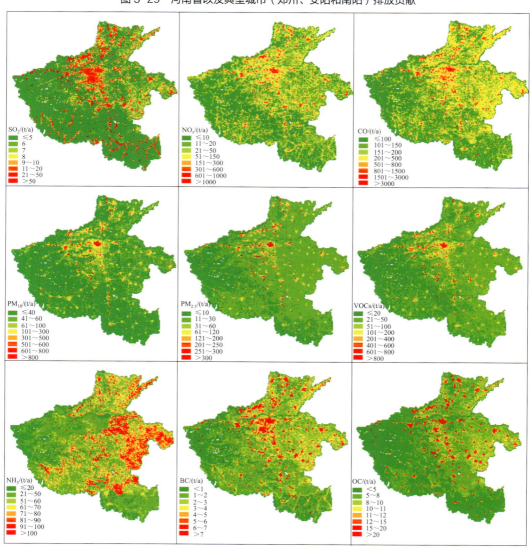

图 3-30 河南省各大气污染物 3km×3km 网格空间分布

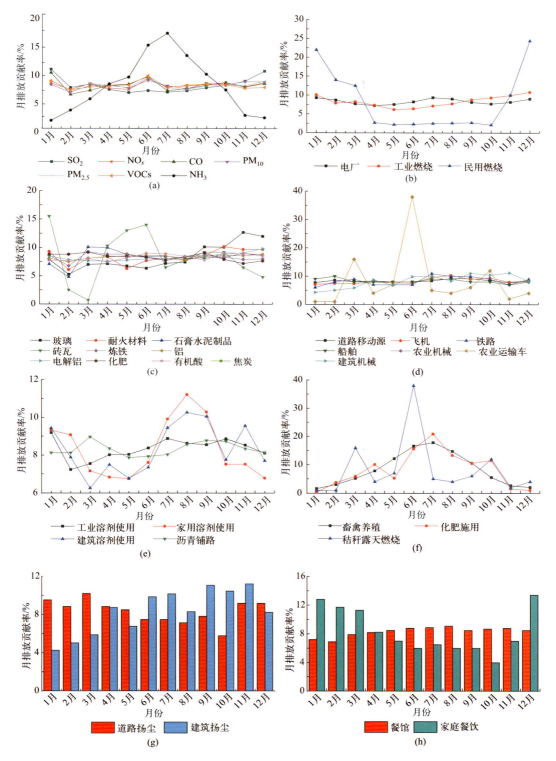

图 3-31

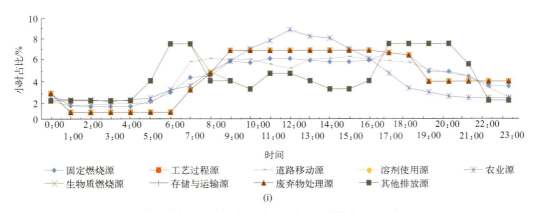

图 3-31 河南省 2017 年各污染源及污染物时间分布

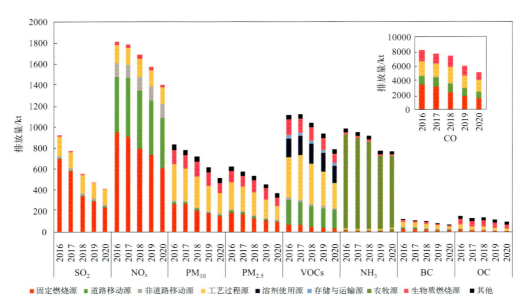

图 3-32 河南省 2016~2020 年各污染物排放量变化趋势

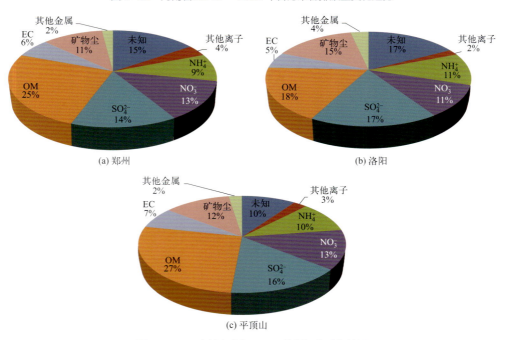

图 4-13 三个城市大气 $PM_{2.5}$ 化学组分重构结果

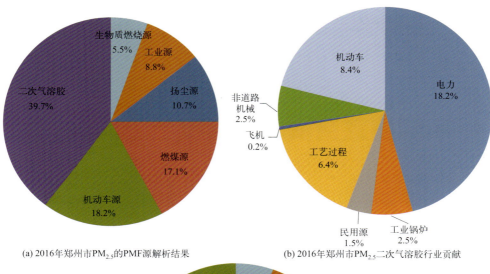

(a) 2016年郑州市PM$_{2.5}$的PMF源解析结果

(b) 2016年郑州市PM$_{2.5}$二次气溶胶行业贡献

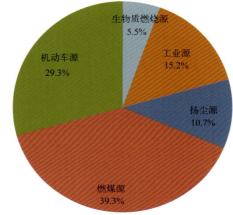

(c) 2016年郑州市PM$_{2.5}$综合源解析结果

图4-14 2016年郑州市PM$_{2.5}$源解析结果

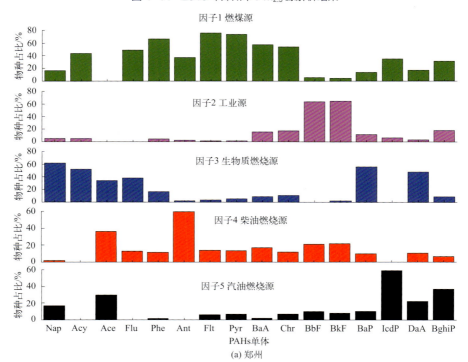

(a) 郑州

图4-15

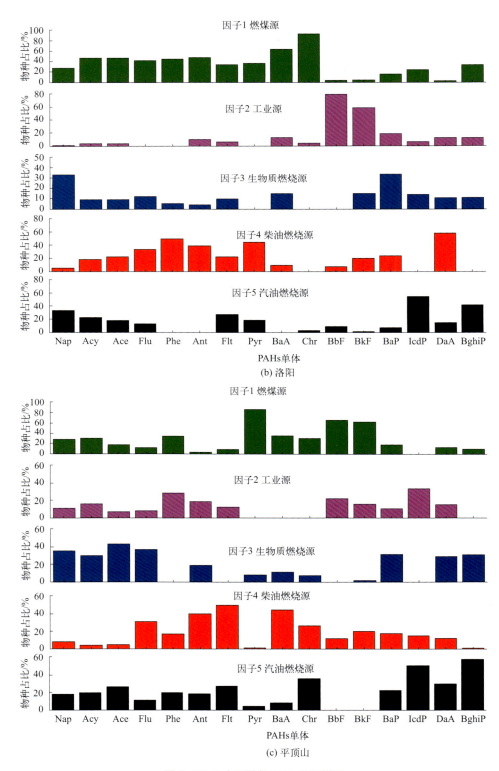

图 4-15 3个采样点 PAHs 因子谱图

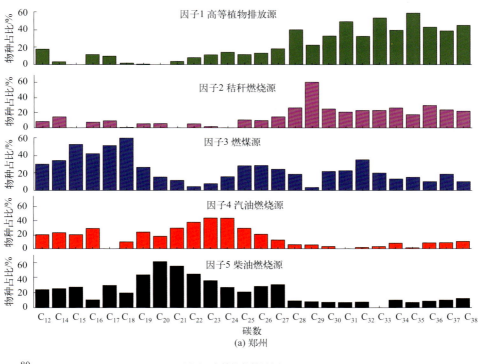

(a) 郑州

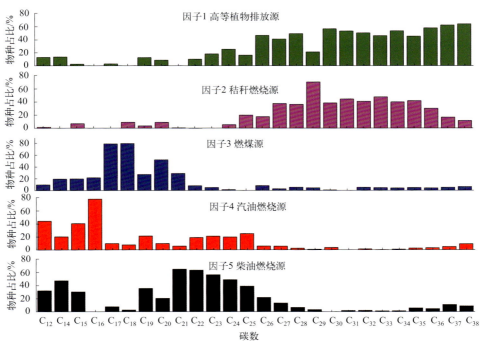

(b) 洛阳

图 4-16

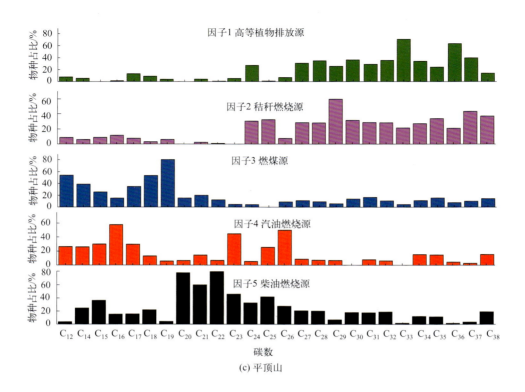

(c) 平顶山

图 4-16　3 个采样点正构烷烃因子谱图

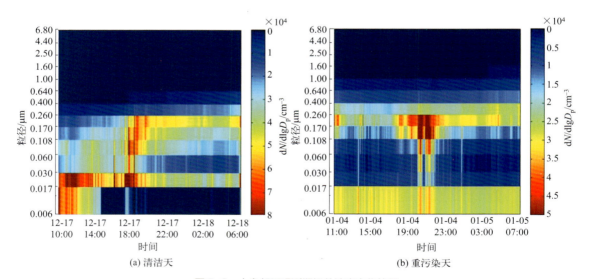

(a) 清洁天　　　　　　　　　　　　　(b) 重污染天

图 5-3　中牟郊区观测期间数浓度变化特征

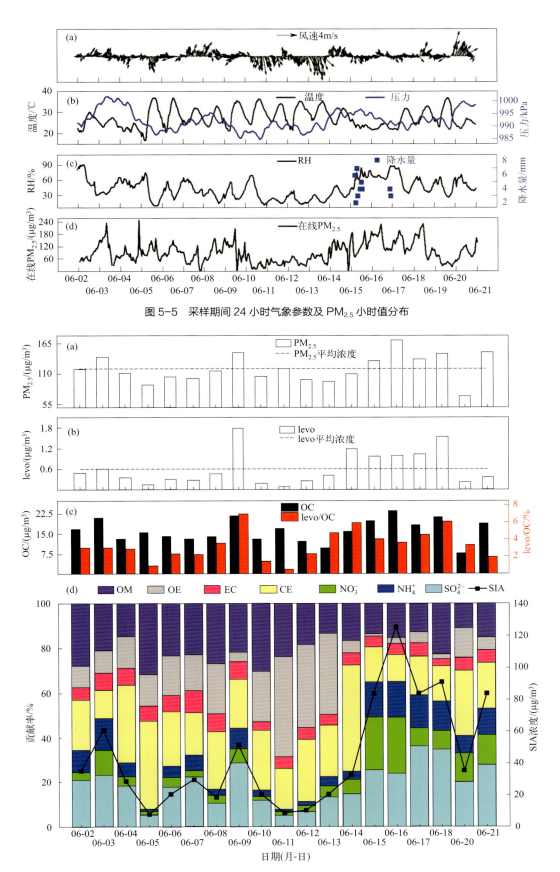

图 5-5 采样期间 24 小时气象参数及 PM$_{2.5}$ 小时值分布

图 5-6 各化学组分日均浓度及 PM$_{2.5}$ 重构结果

OM—有机物；OE—其他元素；EC—元素碳；CE—地壳元素

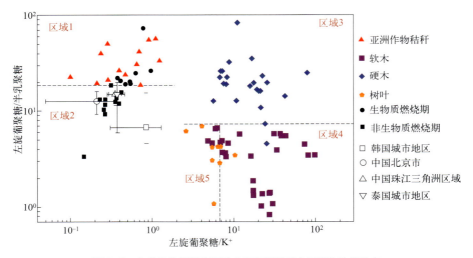

图 5-7 各类生物质燃烧源及大气环境样品中示踪物比值分布

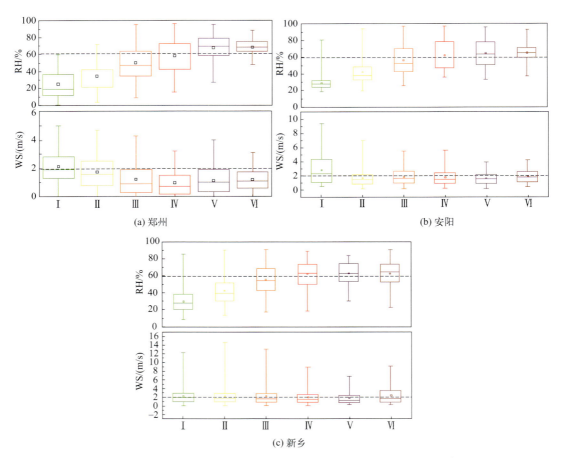

图 5-8 郑州、安阳和新乡 2017～2018 年秋冬季风速和湿度随污染等级变化

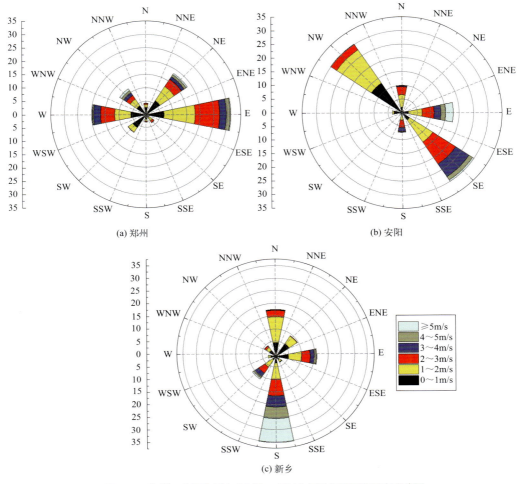

图 5-9　郑州、安阳和新乡 2017～2018 年秋冬季风速风向玫瑰图

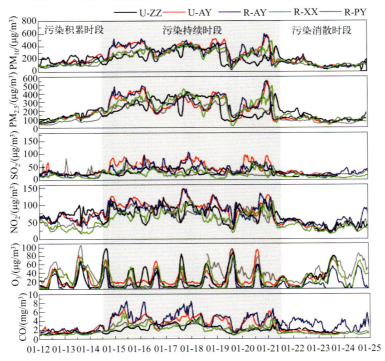

图 5-10　霾污染过程中五个点位大气常规污染物浓度时间序列

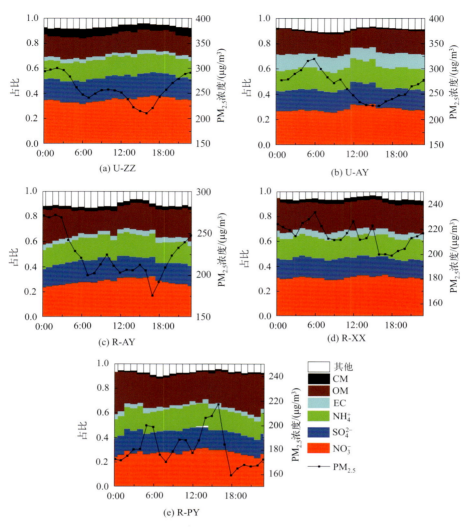

图 5-11 霾污染过程中 5 个点位 $PM_{2.5}$ 浓度及其重构化学组分占比的日变化特征

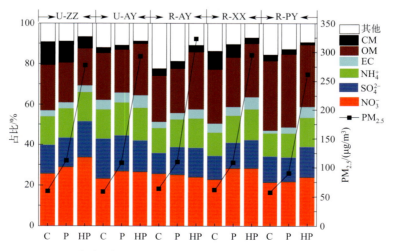

图 5-12 霾污染过程中不同污染程度 5 个点位 $PM_{2.5}$ 浓度及其重构化学组分占比

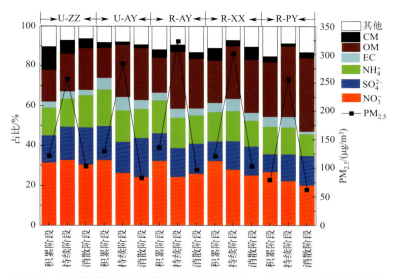

图 5-13 霾污染过程中不同污染阶段 5 个点位 PM$_{2.5}$ 浓度及其重构化学组分占比

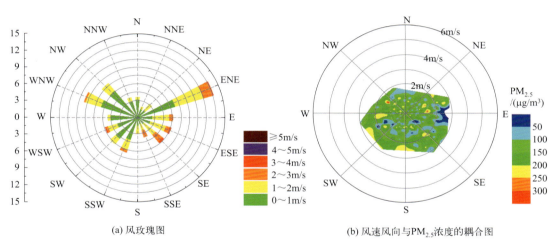

(a) 风玫瑰图 (b) 风速风向与 PM$_{2.5}$ 浓度的耦合图

图 5-14 本地积聚过程风玫瑰图和风速风向与 PM$_{2.5}$ 浓度的耦合图

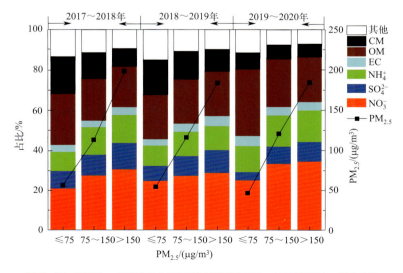

图 5-15 2017～2020 年本地积聚过程不同 PM$_{2.5}$ 浓度下 PM$_{2.5}$ 组分占比

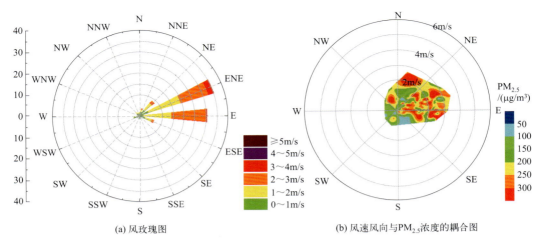

图 5-16 传输污染过程风玫瑰图和风速风向与 PM$_{2.5}$ 浓度的耦合图

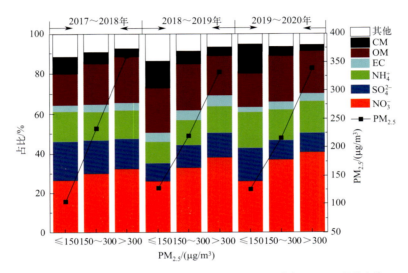

图 5-17 2017～2020 年传输污染过程不同 PM$_{2.5}$ 浓度下 PM$_{2.5}$ 组分占比

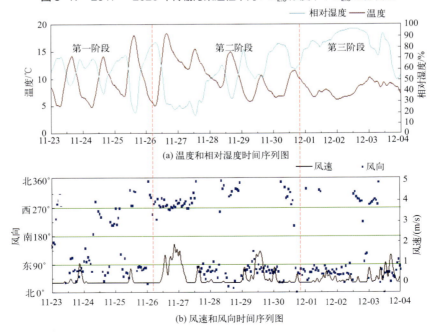

图 5-19 监测期间气象参数（温度、相对湿度、风速和风向）时间序列图

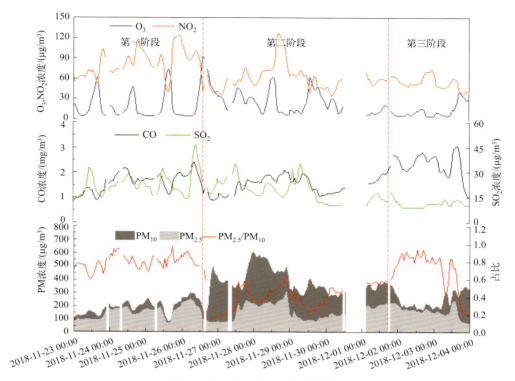

图 5-18 污染过程六参数浓度变化

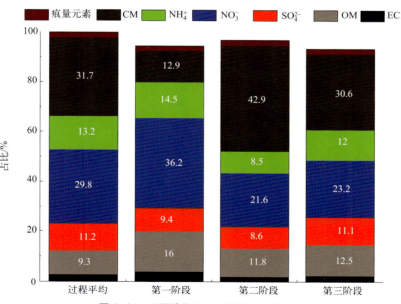

图 5-21 不同阶段 $PM_{2.5}$ 化学组分重构图

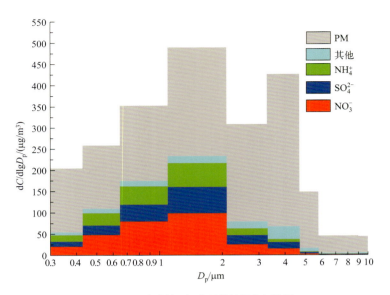

图 5-23 水溶性无机离子的粒径分布特征

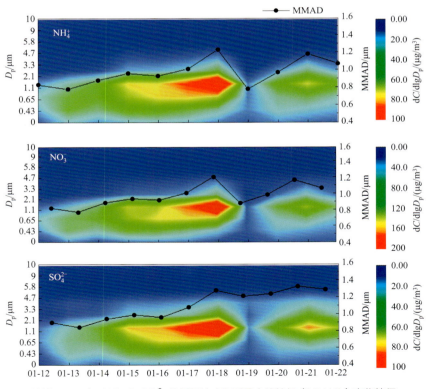

图 5-24 不同粒径下 NH_4^+、NO_3^- 和 SO_4^{2-} 的质量浓度和质量中值粒径（MMAD）变化特征

（色标表示质量浓度大小）

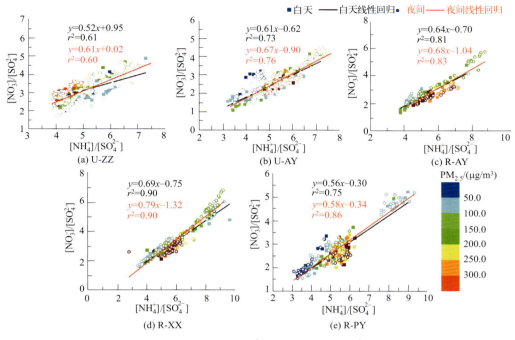

图 5-25 五个点位白天和夜间 [NO_3^-]/[SO_4^{2-}] 与 [NH_4^+]/[SO_4^{2-}] 摩尔浓度比值的相关性
（色标表示 $PM_{2.5}$ 浓度）

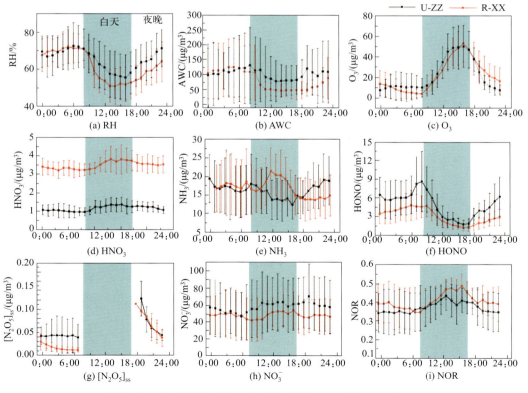

图 5-26 U-ZZ 和 R-XX 点位 RH、AWC、O_3、HNO_3、NH_3、
HONO、[N_2O_5]$_{ss}$、NO_3^- 和 NOR 的日变化

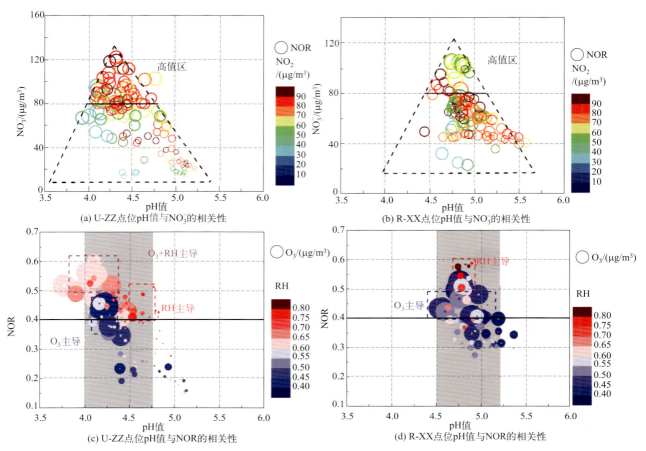

图5-27 U-ZZ和R-XX点位pH值与NO_3^-的相关性；U-ZZ和R-XX点位pH值与NOR的相关性

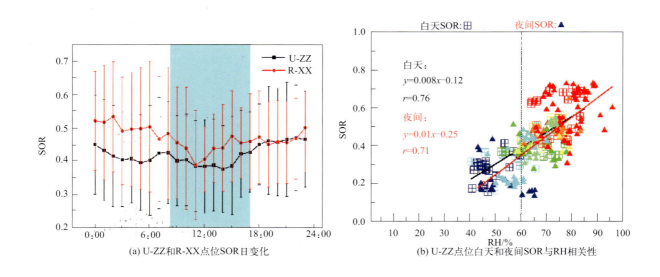

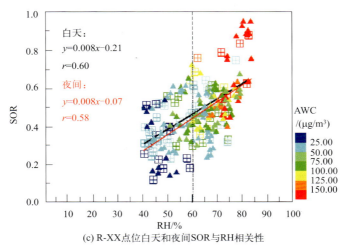

(c) R-XX 点位白天和夜间 SOR 与 RH 相关性

图 5-28　U-ZZ 和 R-XX 点位 SOR 日变化；U-ZZ 和 R-XX 点位白天和夜间 SOR 与 RH 相关性
（色标表示 AWC 浓度）

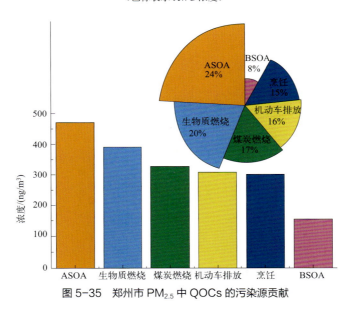

图 5-35　郑州市 $PM_{2.5}$ 中 QOCs 的污染源贡献

图 5-37　SDCAs/OC 值与氧化性气体、AWC 和气象条件之间的相关性

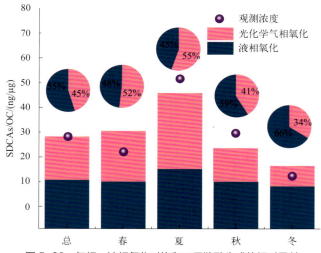

图 5-38　气相、液相氧化对饱和二元羧酸生成的相对贡献

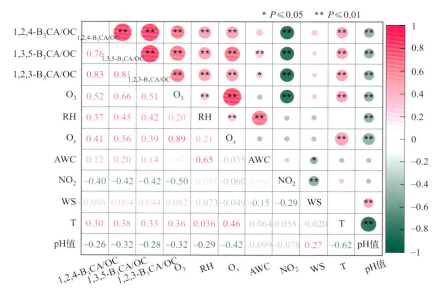

图 5-39　B_3CA/OC 值与氧化性气体、AWC、气象条件之间的相关性关系

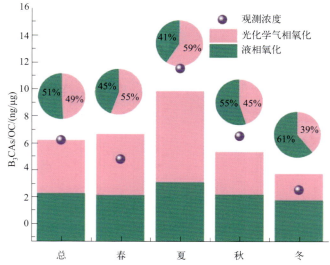

图 5-40　郑州市气相、液相氧化对 Σ 苯三甲酸生成的相对贡献

图 5-41 郑州市气相、液相氧化对 3 种苯三甲酸生成的相对贡献

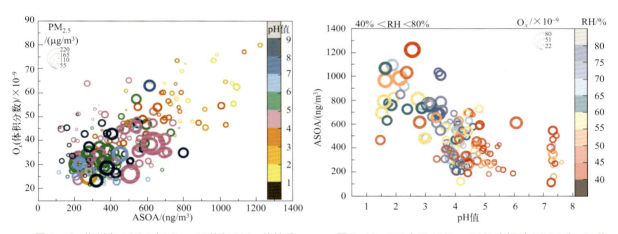

图 5-42 郑州市 ASOA 与 O_x、pH 值和 $PM_{2.5}$ 的关系

图 5-43 RH 介于 40%～80% 之间时 ASOA 和 pH 值、O_x 和 RH 的关系

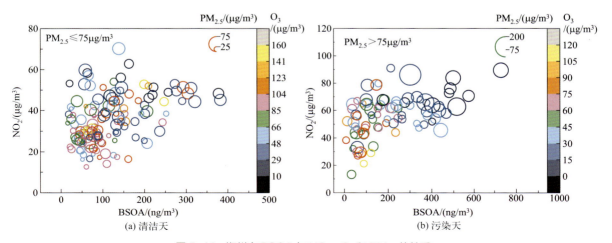

图 5-44 郑州市 BSOA 与 NO_2、O_x 和 $PM_{2.5}$ 的关系

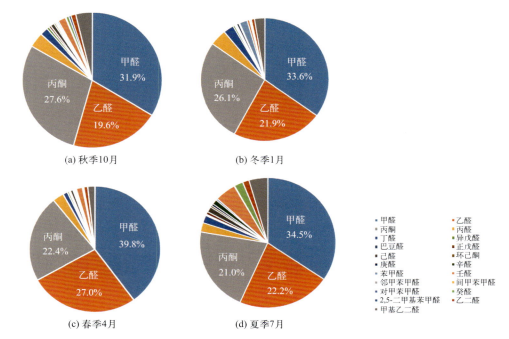

图 5-47 郑大点位气相羰基化合物物种组成

图 5-49 郑大点位 4 次观测期间主要羰基化合物臭氧生成潜势（OFP）

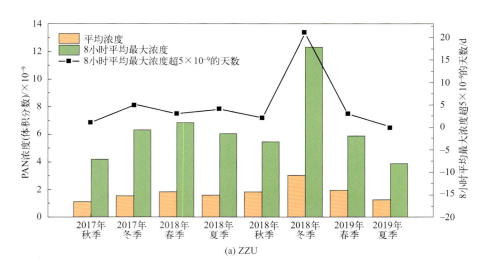

(a) ZZU

图 5-56　郑州市城区和郊区各季节 PAN 平均浓度、8 小时平均最大浓度以及 8 小时平均最大浓度超标天数

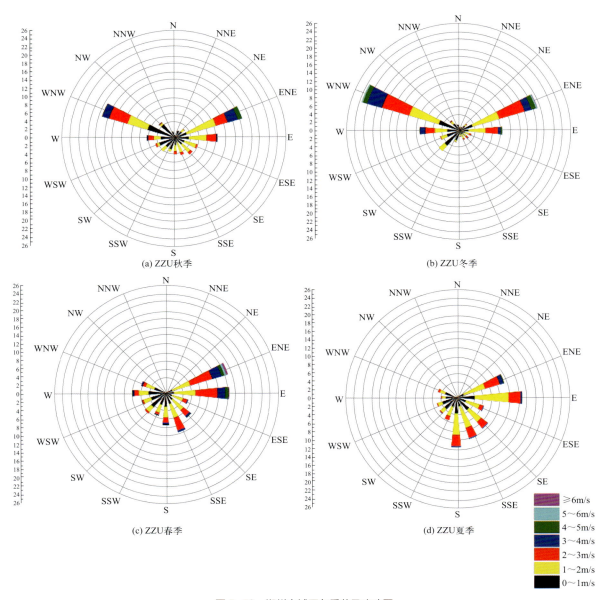

图 5-58　郑州市城区各季节风玫瑰图

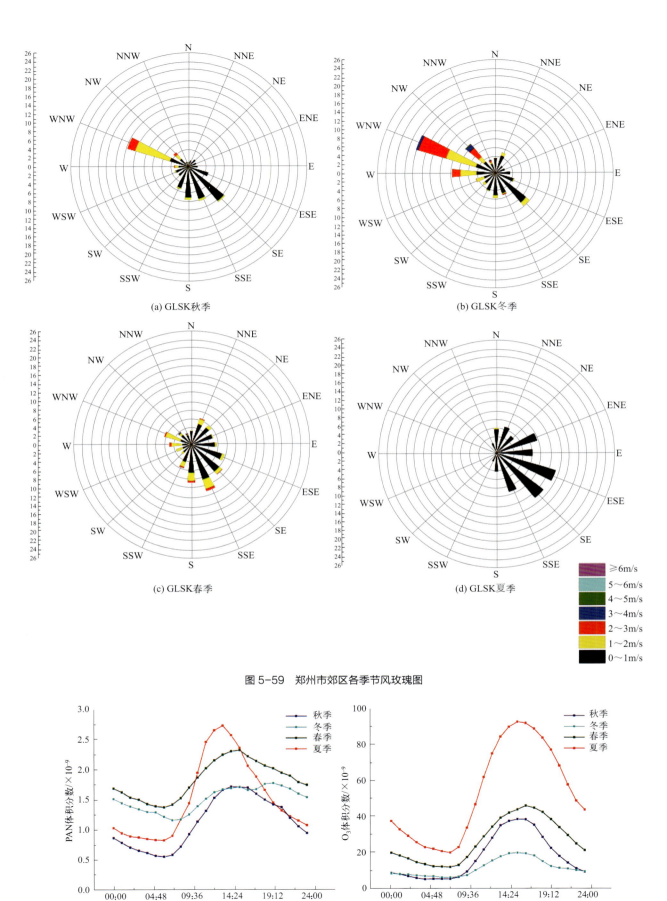

图 5-59 郑州市郊区各季节风玫瑰图

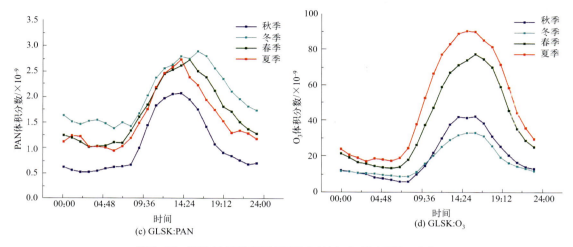

图 5-60 郑州市城区和郊区各季节 PAN 与 O_3 浓度平均日变化

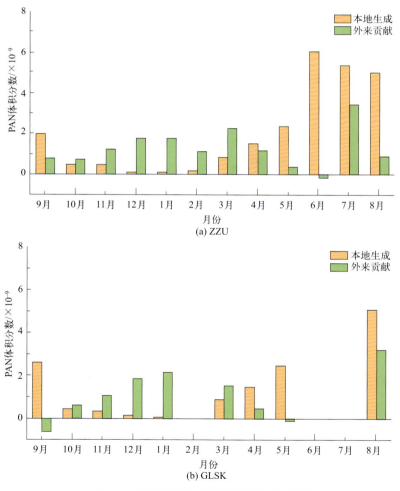

图 5-64 郑州市城区和郊区各月 PAN 来源解析

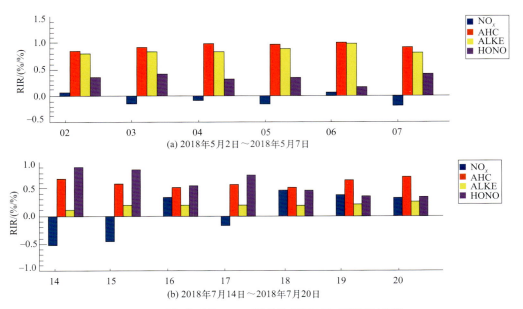

图 5-66 重污染时段 PAN 对前体物的逐日相对增量反应活性

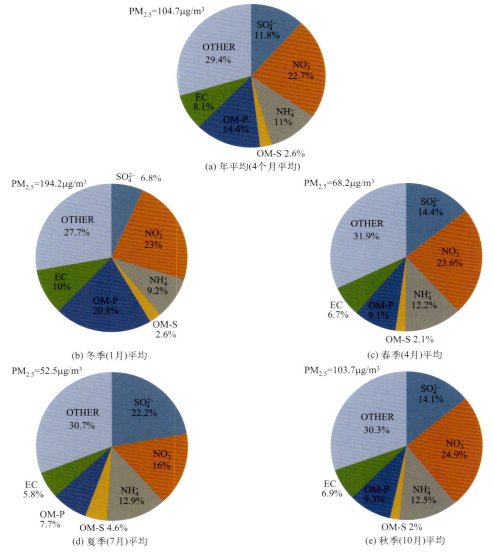

图 6-13 郑州市不同季节 $PM_{2.5}$ 组分

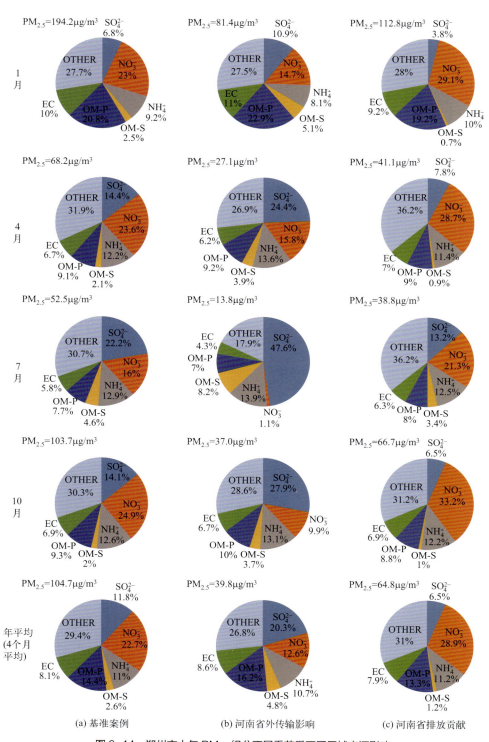

图 6-14 郑州市大气 $PM_{2.5}$ 组分不同季节受不同区域来源影响

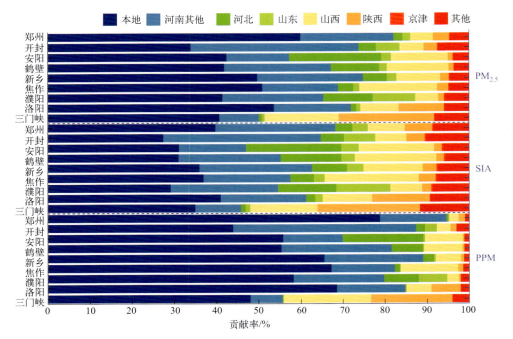

图 6-16　2017 年 11 月～2018 年 1 月中原城市群主要城市的 $PM_{2.5}$ 及其组分来源

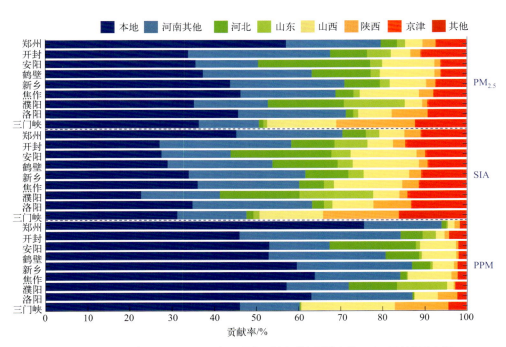

图 6-17　2018 年 11 月～2019 年 1 月中原城市群主要城市的 $PM_{2.5}$ 及其组分来源

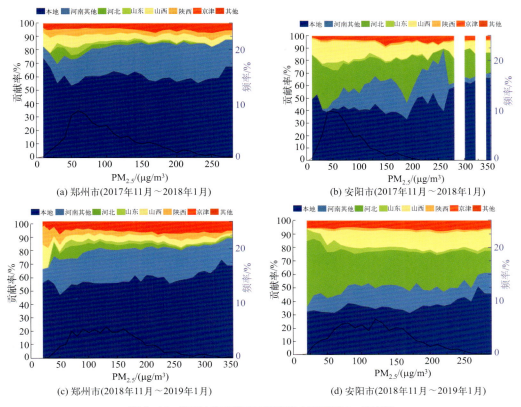

图6-18 郑州市和安阳市不同污染水平下 PM$_{2.5}$ 的来源

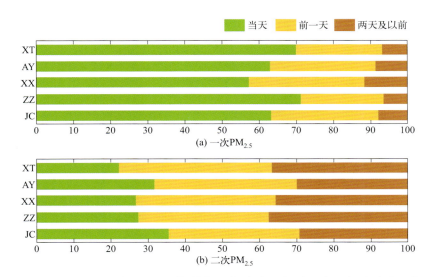

图6-20 高 PM$_{2.5}$ 浓度下，不同时间排放源对邢台（XT）、安阳（AY）、新乡（XX）、郑州（ZZ）和晋城（JC）一次、二次 PM$_{2.5}$ 的贡献

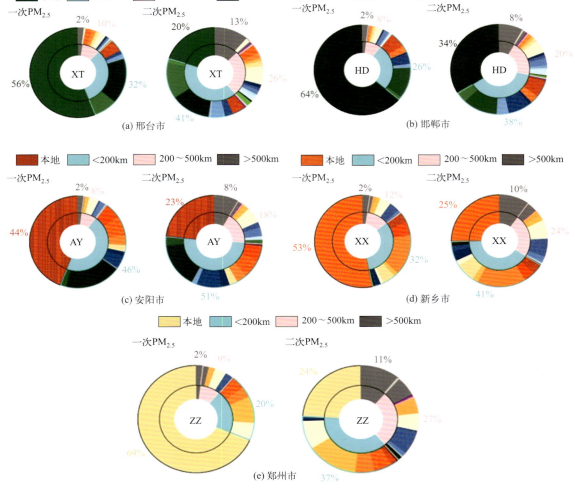

图 6-19 高 $PM_{2.5}$ 浓度下,不同地区排放源对邢台市、邯郸市、安阳市、新乡市和郑州市一次及二次 $PM_{2.5}$ 组分的贡献

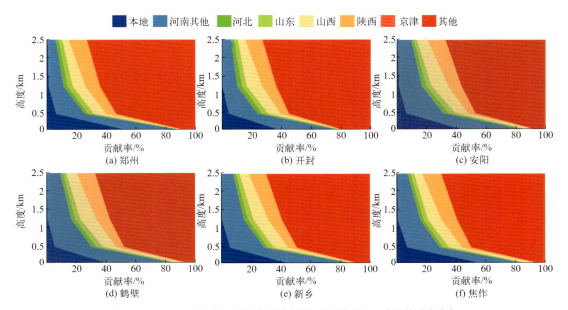

图 6-21 2017 年个例 1 期间中原城市群主要城市 $PM_{2.5}$ 来源的垂直分布

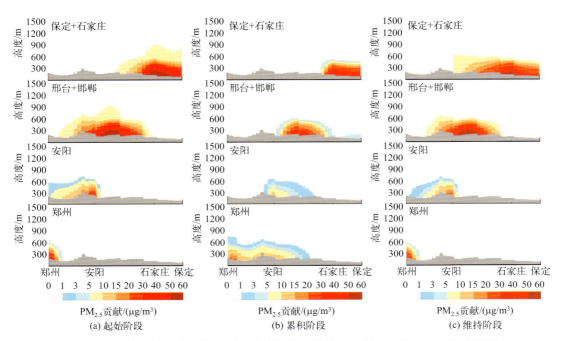

图6-22 个例2起始阶段、累积阶段和维持阶段不同污染源区(保定和石家庄;邢台和邯郸;安阳;郑州)在传输路径1上对郑州$PM_{2.5}$浓度贡献的垂直分布

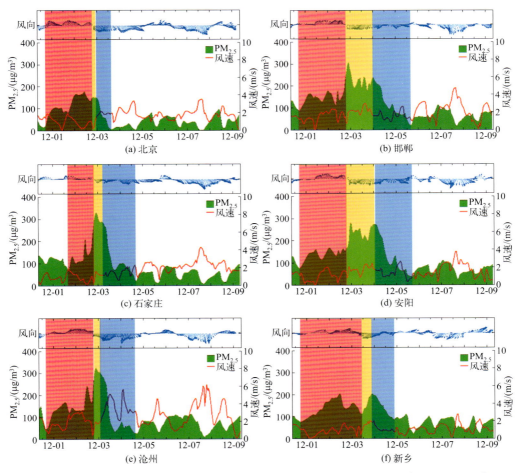

图6-23 城市群北部、中部、南部城市$PM_{2.5}$浓度变化和风场变化时间序列图(时间:月-日)

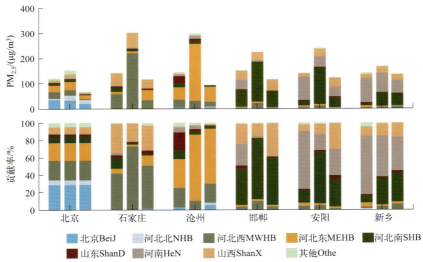

图 6-24 阶段Ⅰ（柱状图左侧）、阶段Ⅱ（柱状图中间）和阶段Ⅲ（柱状图右侧）内北京、石家庄、沧州、邯郸、安阳和新乡 PM$_{2.5}$ 来自标记区域的贡献

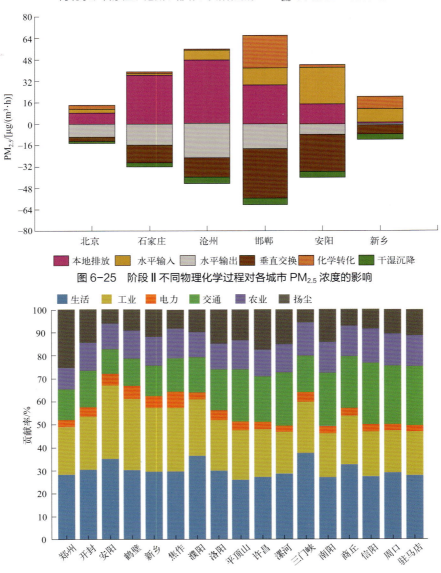

图 6-25 阶段Ⅱ不同物理化学过程对各城市 PM$_{2.5}$ 浓度的影响

图 6-27 2017 年 11 月～2018 年 1 月各行业对中原城市群主要城市平均 PM$_{2.5}$ 的贡献

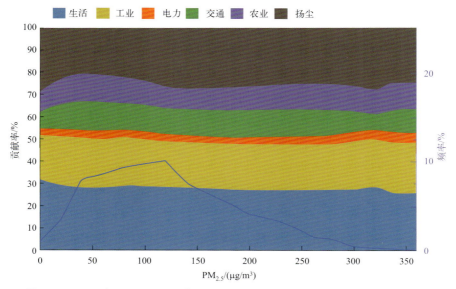

图 6-28　2017 年 11 月～2018 年 1 月不同 PM$_{2.5}$ 浓度下各行业对郑州 PM$_{2.5}$ 的贡献

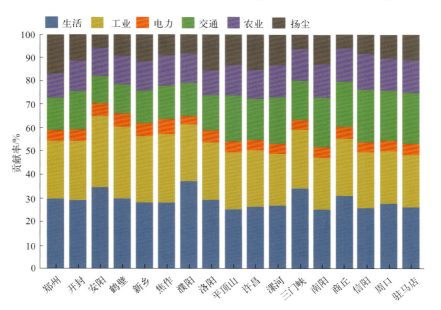

图 6-29　2018 年 11 月～2019 年 1 月各行业对中原城市群主要城市平均 PM$_{2.5}$ 的贡献

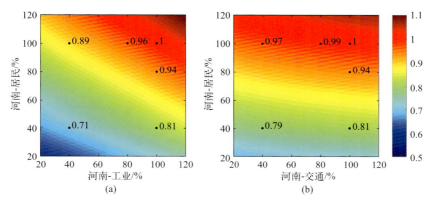

图 6-30

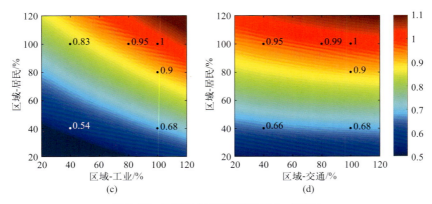

图 6-30 不同行业减排对郑州 $PM_{2.5}$ 的影响

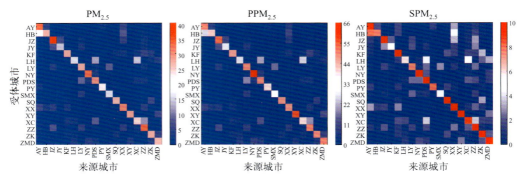

图 6-31 2017 年河南省内 $PM_{2.5}$ 及其组分的传输情况

（右侧色柱表示贡献率 /%）

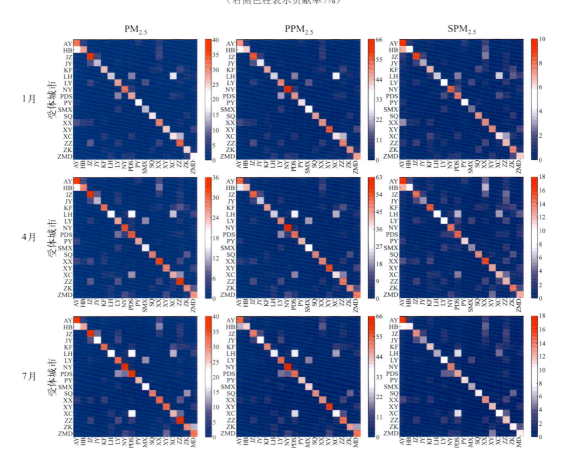

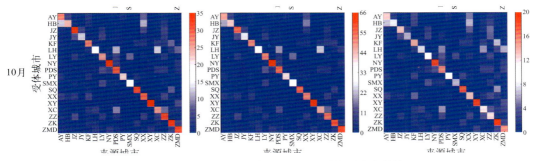

图 6-32　2017 年各季节河南省内 PM$_{2.5}$ 及其组分的传输情况

（右侧色柱表示贡献率 /%）

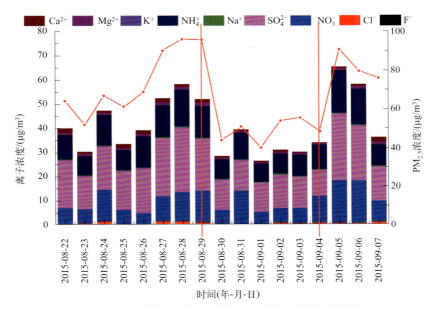

图 7-11　阅兵减排观测期间颗粒物及水溶性离子浓度变化趋势

项目	年份	1	2	3	4	5	6	7	8	9	10	11	12	13	14	15	16	17	18	19	20	21	22	23	24	25	26	27	28	29	30
AQI	2014	104	87	62	91	75	88	107	135	92	115	75	45	85	90	38	43	53	88	89	68	61	68	83	103	104	142	170	55	75	72
	2015	64	58	63	52	67	65	77	97	90	124	52	73	103	83	83	106	119	107	172	115	130	115	98	152	110	117	173	200	100	76
	2016	81	93	131	176	170	109	92	109	135	93	130	113	78	120	122	117	148	95	116	113	119	125	90	73	110					
	2017	53	58	77	54	66	92	88	94	82	55	111	110	95	80	107	111	133	117	101	162	105	84		58	52	53	74	99	61	
	2018	64	86	86	100	66	70	63	92	99	104	103	105	73	62	70	45	57	49	50	72	76		89	68	43	60	75	62	86	58
O$_3$	2014	33	46	72	83	80	72	34	37	59	87	53	62	76	72	43	40	34	30	72	73	88	90	79	93	87	102	78	54	74	44
	2015	116	109	112	87	120	76	132	130	102	134	81	86	79	131	124	119	126	120	150	148	162	96	134	93	131	138	131	90	62	86
	2016	137	144	194	241	235	155	150	169	198	151	192	174	103	182	167	171	212	100	180	118	90	75	78	66	122	101				
	2017	103	109	69	64	61	150	145	115	65	62	172	171	153	136	167	156	196	178	132	227	165	137	158	94	76	39	130	114	74	
	2018	116	143	143	160	87	124	115	150	158	164	163	165	99	68	56	61	105	66	52	32	131	118	101	121	62	112	127	100	109	83
NO$_2$	2014	54	34	40	53	37	46	52	35	43	25	27	22	35	38	25	30	34	42	55	46	45	47	54	66	44	50	65	62	27	36	31
	2015	26	47	37	33	38	30	48	77	51	42	38	58	86	63	46	58	75	76	83	80	64	54	81	67	42	38	51			
	2016	58	74	78	80	70	61	48	57	51	32	46	55	58	48	55	30	37	57	72	54	50	88	64	41	36	33	58	99		
	2017	34	40	61	39	41	36	59	75	65	44	66	61	41	54	65	91	79	76	82	62	45	64	76	41	39	40	47	43	56	48
	2018	32	48	44	42	50	30	39	51	42	46	37	53	58	49	56	39	42	38	40	57	42	60	71	49	34	44	60	44	63	32
PM$_{10}$	2014	126	108	74	131	100	126	139	138	102	168		45	100	75		17	45	125	95	86	71	86	106	118	105	196	211	46	100	93
	2015	42	46	76	50	78	72	77	133	107	129	53	85	146	115	112	145	187	163	235	179	210	145	130	225	217	131	117	66		
	2016	80	88	155	198	158	143	67	84	125	76	97	89	76	116	141	128	170	111	96	82	127	140	131	200	120	72	89	74	80	131
	2017	44	38	88	57	82	72	99	119	87	57	125	131	113	84	117	172	147	162	151	125	115	118		65	53	56	79	105	148	71
	2018	49	79	92	70	82	67	51	77	66	87	66	88	80	47	76	62	64	49	22	63	73	75	88	72	41	52	97	73	121	65
PM$_{2.5}$	2014	78	64	33	48	42	50	80	103	66	87	55	24	63	67		11	23	65	66	46	37	43	46	77	78	108	129	39	48	35
	2015	26	19	38	36	48	47	67	94	32	51	44	49	75	76	76	130	82	94	87	75	63	68	131	150	75	64	49			
	2016	35	31	80	118	85	82	40	34	59	36	46	60	57	78	92	88	108	66	67	63	87	67	60	69	18	36	56			
	2017	17	18	40	34	47	35	43	58	39	33	58	50	50	36	45	74	67	75	70	54	55	46		30	30	36	32	51	64	35
	2018	25	35	24	20	30	20	14	27	36	26	33	35	44	21	32	32	18	30	25	23	31	28	23	28	52	27	35	20		

图 7-15　2014～2018 年 9 月郑州市大气污染物浓度（单位：μg/m^3）

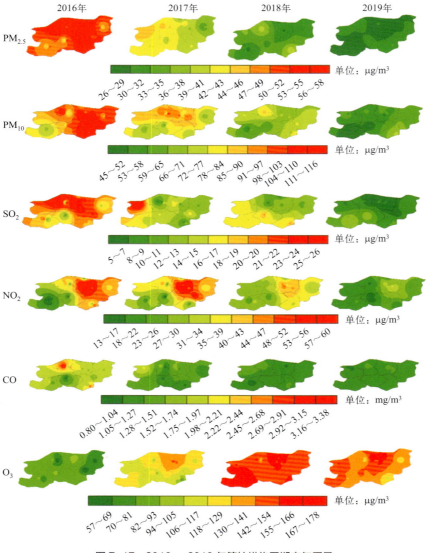

图 7-17　2016～2019 年管控措施同期空气质量

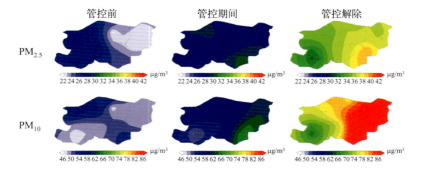

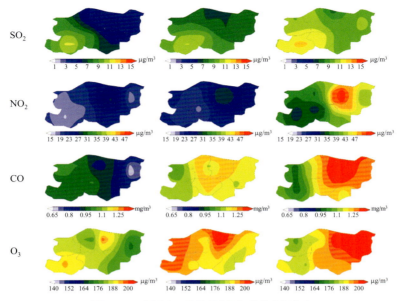

图 7-18 民运会不同阶段主要污染物空间分布

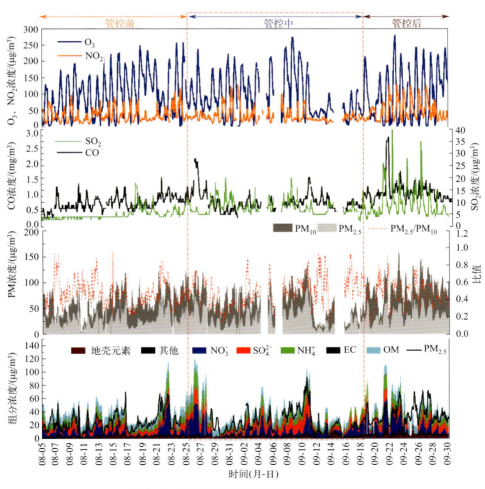

图 7-19 观测期间污染物和颗粒物组分时间序列

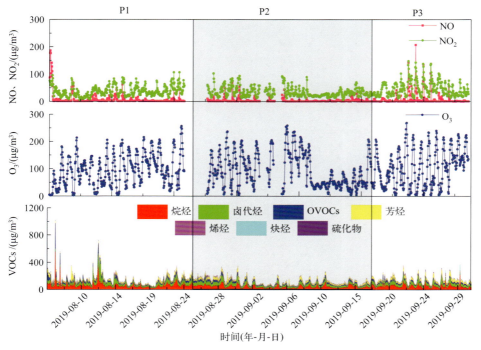

图 7-20 郑州市采样期间 O_3 和其他污染物的时间序列

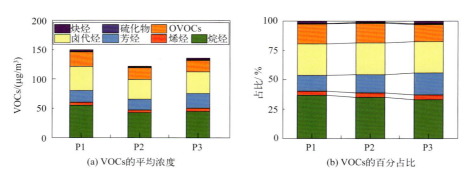

图 7-21 民运会管控前后各组 VOCs 的平均浓度和百分占比

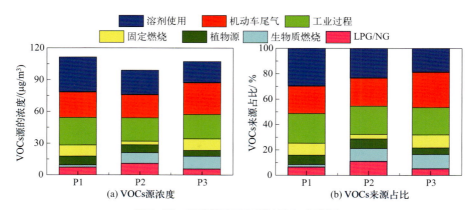

图 7-22 观测期间不同时段 VOCs 源解析

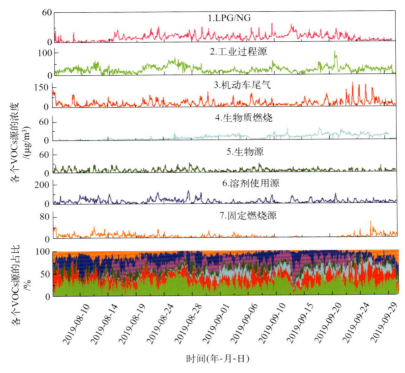

图 7-23 观测期间源解析时间序列分布情况

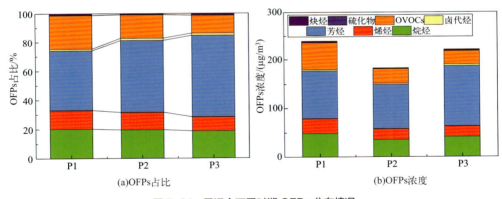

图 7-24 民运会不同时期 OFPs 分布情况

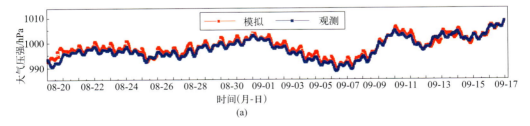

图 7-26

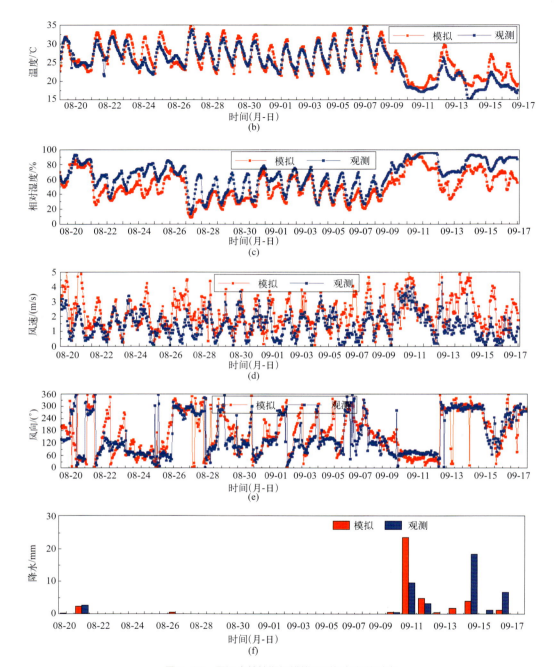

图 7-26 民运会管控期间模拟观测气象条件对比

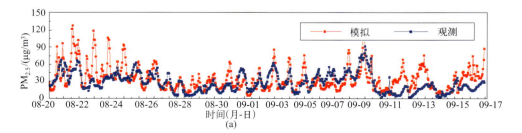

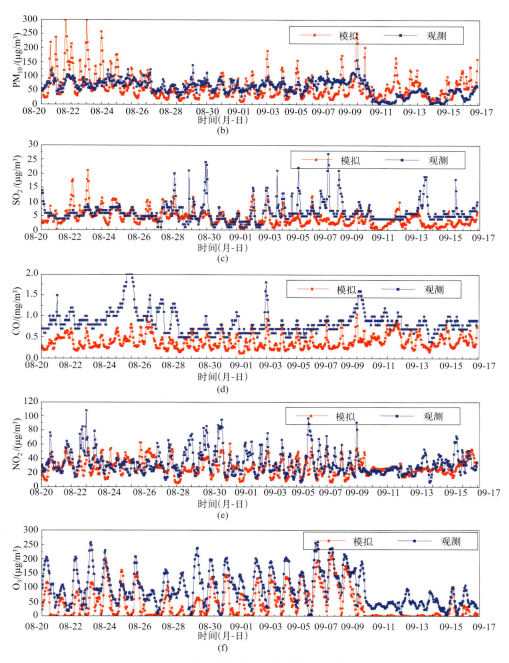

图 7-27 民运会管控期间模拟观测污染物浓度对比

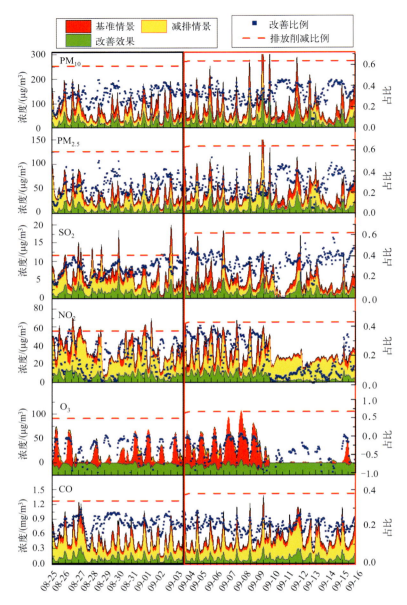

图 7-28 控制情景下各类污染物浓度削减情况

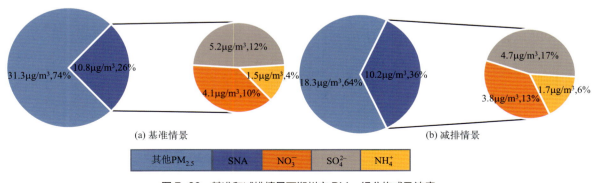

图 7-29 基准和减排情景下郑州市 $PM_{2.5}$ 组分构成及浓度

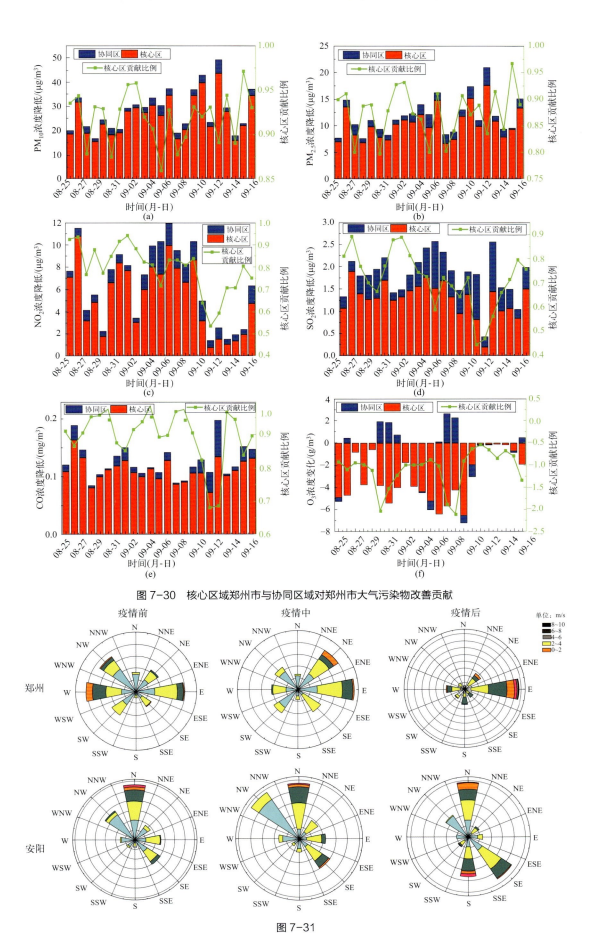

图 7-30 核心区域郑州市与协同区域对郑州市大气污染物改善贡献

图 7-31

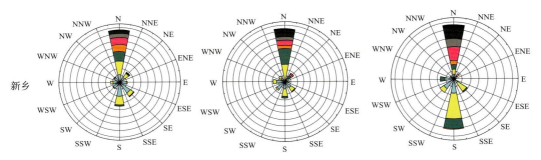

图 7-31 3 个城市不同时段风向风速玫瑰图

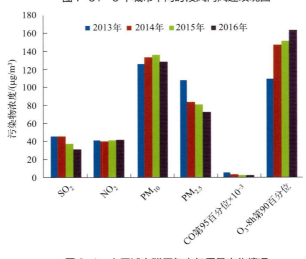

图 8-1 中原城市群历年空气质量变化情况

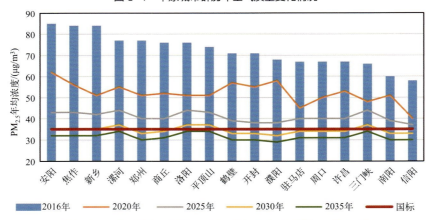

图 8-3 中原城市群（河南省）各城市分阶段空气质量达标路线图

图 8-4 中原城市群（河南省）空气质量改善与经济发展关系